Juan Carlos Moreno Esteve
José F. Martínez-Canales Murcia
Salvador Sancho Vivó
Esteban Gaja Díaz

NOCIONES TEÓRICAS, CUESTIONES Y PROBLEMAS DE ELECTROMAGNETISMO

3ª edición

edUPV
Universitat Politècnica de València

Para referenciar esta publicación utilice la siguiente cita:
Moreno Esteve; Juan Carlos; Martínez-Canales Murcia, José Francisco; Sancho Vivó, Salvador; Gaja Díaz, Esteban. (2025). *Nociones teóricas, cuestiones y problemas de electromagnetismo* (3ª ed.). edUPV

Venta: www.lalibreria.upv.es / Ref.: 0374_05_03_01

ISBN: 978-84-1396-005-0
Depósito Legal: V-3246-2025

Imprime: Byprint Percom, S. L.

Si el lector detecta algún error en el libro o bien quiere contactar con los autores, puede enviar un correo a edicion@editorial.upv.es

edUPV se compromete con la ecoimpresión y utiliza papeles de proveedores que cumplen con los estándares de sostenibilidad medioambiental https://editorialupv.webs.upv.es/compromiso-medioambiental/

Impreso en España

Dedicado a

mi hijo Daniel
mi nieto Diego
Gema
Mireia

PRÓLOGO

3ª edición

El presente libro pretende contribuir al conocimiento del Electromagnetismo. Su índice está ajustado al nivel exigido en las Titulaciones de Grado Universitarias como, por ejemplo, la Ingeniería Técnica Industrial (GITI) de la Escuela Técnica Superior de Ingenieros Industriales de la Universitat Politècnica de València.

El texto contiene diez capítulos; los ocho primeros, desarrollan el electromagnetismo, el noveno trata la corriente continua y el último, es una importante aplicación técnica, como es la corriente alterna. Cada capítulo consta de una introducción teórica y un conjunto de cuestiones y problemas resueltos. La mayoría de ellos formaron parte de exámenes pasados. En el Anexo nº 1 hay un breve desarrollo del transformador monofásico.

Todos los capítulos han sido mejorados, ampliados y revisados tanto en la parte de las nociones teóricas como en los problemas.

Los autores pretenden motivar el pensamiento científico y en concreto de la Física. Los estudiantes deben comprender que aprobar los exámenes de una asignatura, no es el único objetivo a conseguir. Con el tiempo, se debe alcanzar también formación personal, además de una serie de valores intelectuales. Es necesario esforzarse por "ser" más, en vez de "tener" más.

Para garantizar el éxito en cualquier iniciativa hay que intentar seguir a los grandes en cada materia, por tanto, nada mejor que revisar las ideas de Henri Poincaré. Para comenzar reflexionemos el sentido de la siguiente frase: "La experiencia es la única fuente de la verdad; sólo ella puede enseñarnos algo nuevo; sólo ella puede darnos la certeza". Dos afirmaciones sin discusión, pero que requieren complementarlas. Si la experiencia es todo, ¿qué lugar quedará para la física matemática? Puesto que existe y ha ofrecido servicios innegables a la ciencia es preciso explicar su conexión con el progreso. No es suficiente con observar; hay que utilizar esas observaciones, y para ello es necesario generalizar. Eso es lo que se ha hecho siempre. En la evolutiva cognoscitiva, el ser humano se ha vuelto cada vez más circunspecto, se ha observado cada vez más y se ha generalizado cada vez menos. Se corre el riesgo de desconocer el verdadero carácter de la ciencia. El sabio debe ordenar; se hace ciencia con hechos como una casa con piedras, pero una acumulación de hechos no es ciencia, lo mismo que un montón de piedras no es una casa. La siguiente tarea del sabio es prever, y para ello debe generalizar. Sin generalización, la previsión es imposible. Las circunstancias en que se ha observado no se repetirán jamás todas a la vez; el hecho observado no volverá a comenzar jamás; lo único que se puede afirmar es que en circunstancias análogas un hecho análogo se repetirá. Entonces para prever es preciso, al menos, establecer la analogía, es decir, la antesala de la generalización. Admitir las ideas precedentes, es admitir la unidad y simplicidad de la Naturaleza. Si las distintas partes del Universo no fueran como los órganos de un mismo cuerpo, no actuarían unas sobre otras, se ignorarían mutuamente, de manera que nosotros sólo conoceríamos una sola. Luego vamos directamente de la cuestión de la unidad de la Naturaleza a cómo es esa unidad. La tarea no es fácil. Nada puede garantizar que la Naturaleza sea simple. En principio se puede suponer que todo sigue un curso de simplicidad. Por ejemplo, cuando tenemos una nube de puntos en una representación gráfica, y deseamos encontrar la curva de ajuste de dichos puntos, a nadie se le ocurre trazar una curva tortuosa que pase por todos los puntos. Porque sabemos de antemano o creemos saber, que la ecuación a expresar no puede ser tan complicada. La tendencia común es considerar a todas las leyes con expresión simple hasta que se pruebe lo contrario. Luego la idea de la simplicidad la necesitamos. Ahora bien, si todo depende de todo (Anaxágoras), las relaciones en que intervienen tantos objetos distintos no pueden ser simples.

Y en ese contexto del conocimiento de la Naturaleza, con sus aciertos, y sus aproximaciones, se encuentra la Física. La resolución de problemas de Física es fuente de sabiduría y fortaleza mental. En general, comprende dos fases en las cuales la actitud del espíritu difiere notablemente. La primera es de meditación física y la segunda de matemáticas. La meditación necesita a su vez, la concentración, que, según Balmes, es la aplicación de la mente a un objeto. El primer requisito para pensar bien es atender. La continua atención va colocando naturalmente las ideas en la cabeza de una manera ordenada. Descartes aconsejaba la conducción ordenada de los pensamientos empezando por los objetos más simples, para ir ascendiendo poco a poco, hasta el conocimiento de los más complejos. De cualquier manera, el motor de los pensamientos y del conocimiento debe ser la inquietud intelectual y la actitud de no considerar algo por verdadero sin demostrarlo.

Hace falta pues comenzar con una lectura pausada y completa del enunciado intentando imaginarse la experiencia en cuestión, para deducir las leyes físicas puestas en juego. Esta fase suele ser la más difícil, porque los fenómenos físicos son normalmente complicados y generalmente hay que hacer suposiciones, unas veces explícitas en el enunciado, y otras no, para simplificarlos. Como técnica de trabajo es conveniente dividir cada una de las dificultades, en cuantas partes fueran posibles, y en cuantas se necesitase para su mejor solución. El entrenamiento progresivo permite alcanzar el nivel de sentido físico adecuado para evitar posibles errores de interpretación.

La segunda fase es aparentemente más sencilla. Únicamente se trata de resolver las ecuaciones planteadas en la meditación del enunciado. Es preciso poner interés en los cálculos, puesto que en Física y en la Ingeniería es el resultado numérico es de trascendental importancia, porque luego se toman decisiones.

De forma velada y progresiva los estudiantes que sigan estos consejos irán aumentando capacidades como, por ejemplo, concentración, sentido común, pericia, diligencia, conciencia, habilidad matemática, etc. Según W. Churchill, la gente bien formada necesita estas cualidades, no sólo desde el punto de vista cultural, sino también desde el práctico, ya que son ilimitados los beneficios que los seres humanos pueden proporcionarse los unos a los otros cuando utilizan al máximo su diligencia y su habilidad.

En la portada de esta nueva edición se transmite el mensaje de aspectos, a nuestro juicio importantes, del electromagnetismo. En ella se muestran líneas de fuerza de las cargas positiva y negativa del campo electrostático conservativo, y líneas del campo magnético solenoidal creado por un imán. Se pretende inculcar la importancia de la consideración del concepto de campo en la Física. Además, se manifiesta el interés de aplicación de las nociones del electromagnetismo en la técnica, por ello se muestra imágenes de la corriente alterna, y ciclo de histéresis magnética en coordenadas B-H.

A continuación, en la imagen central, se expresan las ecuaciones de James Clerk Maxwell en forma integral, que fueron reformulas y agrupadas por Oliver Heaviside y Wiliard Gibbs. En el año 1865 el profesor escocés J. C. Maxwell en su obra "**A Dynamical Theory of the Electromagnetic Field**", publicó ocho ecuaciones denominadas con las letras de la A a la H, (las cuales constituyen el germen de unificación de la Física, cuya ampliación posterior a otras áreas de la Física, originó las bases de la Física del Todo, todavía inconclusa). Además, Albert Einstein, quedó impresionado por la simetría de dichas ecuaciones de Maxwell, y la utilidad que representan al agrupar las leyes fundamentales del electromagnetismo y su descripción completa.

Con este trabajo los autores pretenden inculcar ánimo y fuerza a los estudiantes, para que pongan empeño en la apasionante aventura de descubrir la Naturaleza. Para llegar a esto, hay que amar la cultura, la cual es la base del pensamiento. Como ya dijo el gran matemático Henri Poincaré "El pensamiento es como un rayo de luz en la eterna noche de la vida…, pero ese rayo lo es todo".

Sin pensamiento no hay progreso en la civilización. Y va enlazado a ese estado mental, concentración y memoria, necesarios para visualizar y abstraer las ideas como danza sobre el espacio, como colapso de estrellas, como volcán en erupción, como terremoto apocalíptico….

" QUI POTEST CAPERE CAPIAT "

Valencia, 2025

TEORÍA DEL CONOCIMIENTO

Se me ha pedido por parte de los autores de este excelente libro de Física "Física III, Nociones Teóricas, Cuestiones y Problemas Resueltos" que presente brevemente, una introducción al análisis histórico-sistemático sobre la teoría del conocimiento.

En primer lugar, desearía ofrecer una definición de la ciencia del conocimiento, y posteriormente, complementarla con una breve descripción histórico-sistemática de la misma.

Con pocas palabras podríamos decir que el "conocer es una adecuada reconstrucción, asimilación e identificación en el sujeto cognoscente de los objetos exteriores". Lógicamente, en esta breve definición ya se supone que hay "objetos exteriores" y un "sujeto cognoscente". Aquí se trataría de ver la manera de cómo esos objetos externos "entran" en nuestro conocimiento interno o si es más bien nuestro conocimiento el que configura los objetos externos. La primera impresión que tenemos cuando conocemos algo es que "algo viene hacia nosotros: el *objeto* del conocimiento", mientras que, cuando queremos, "algo" sale de nosotros: un *acto* de nuestra voluntad libre". Los que admiten la existencia de objetos fuera de la mente, tienen que demostrar este "cómo" los conocemos, siendo así que están "fuera". En cierta manera, el conocer es un tipo de "pasividad receptora".

Hay dos formas de conocer: la sensible, a través de los sentidos, y la intelectual o "espiritual", a través de la inteligencia y la razón.

De alguna manera, los objetos externos sensibles tienen que producir algo que "entre" en nuestra mente. En la sensibilidad, todos conocemos la "teoría específica de los sentidos", según la cual, cada sentido tiene sus propias y específicas maneras de "conocer" los objetos externos: la vista, la luz, el oído, el sonido, etc. Señal de que hay objetos "visibles", "audibles", etc. que envían su "energía" a los correspondientes sentidos, que las perciben a su manera propia, a través del complicado sistema nervioso central, radicado en el cerebro. Los sentidos codifican sólo la *intensidad* de la energía recibida, pero no la *cualidad* de las "cosas". En esto están todos los científicos de acuerdo.

El problema surge cuando se trata de saber "cómo" desde la sensación se llega a un conocimiento "científico" universal, que va más allá de la mera sensación. ¿Hay "energías" especiales de carácter "intencional", que lleguen a nuestro conocimiento? ¿Tienen las cosas su propia "inteligibilidad", es decir, una capacidad de ser entendidas por el hombre con su inteligencia? ¿Se pueden entender intelectualmente los objetos externos particulares uno a uno? A esto lo llamaban los escolásticos "inteligencia de lo particular". Así lo creía Francisco Suárez, en contra de los tomistas, que aseveraban que no hay una inteligencia de lo particular, sino sólo de lo universal, a la que se llega abstrayendo de lo particular la materia y la singularidad, por medio del entendimiento "agente", que es el que posibilita la captación de lo esencial en lo particular. Ahora bien, del conocimiento intelectual de lo particular se llega a lo universal, combinando, agrupando, dividiendo, comparando, hasta llegar a lo universal científico. Los escolásticos decían que el conocimiento intelectual actúa "per compositionem et divisionem".

Para ello, qué mejor que asombrarnos sobre el gran misterio del conocimiento humano, porque, como ya decían los griegos, *el principio de la sabiduría es la admiración* (*zaumatsein* en griego significa *admirarse*), de la que surge con el trabajo científico-filosófico la ciencia. Algo parecido dice la Biblia cuando asegura que el *principio de la sabiduría es el temor de Dios* (Salmo 110). Si se permanece en la mera *admiración*, el "estupor" admirativo ante los fenómenos que el hombre va descubriendo en la naturaleza se queda en mera "estupidez", como ya decía Ortega y Gasset, en su obra *Historia como sistema* (Oxford, p. 114). El resultado de este trabajo es el conocer científico. Es la respuesta trabajosa, a veces, a la pregunta que nos hacemos con admiración.

Podríamos destacar cuatro tipos de admiración ante la naturaleza y ante nosotros mismos:

Admiración mítica. El mito consiste en querer poner la razón o la causa de un fenómeno en un plano superior al mismo, sin analizar más profundamente este tipo de causalidad. Por ejemplo, cuando el hombre cree que la lluvia está causada por un ser superior, de cualquier clase que éste sea. Ahora bien, el mito no es, por ello, desechable, pues, como dice el mismo Aristóteles, el "mitólogo" es también "filósofo", porque ambos se fundan en la "admiración". El mito es una forma imaginativa de describir aquello que nos admira, por lo que más que a la ciencia pertenece a la poesía.

Admiración teológica. Se diferencia del mito en que el hombre reflexiona intelectualmente sobre la causalidad de cualquier fenómeno natural, intentando descubrir bien desde la revelación –fundamentada para un cristiano en la historia y doctrina de Jesús– o bien desde un análisis filosófico-teológico, que Dios es la causa última de todo lo creado, admitiendo, sin embargo, que existen causas segundas, que, sin contradicción con la primera, nos pueden ofrecer una explicación de algún fenómeno, y digo de algún fenómeno, porque no hay ningún científico serio que crea que la ciencia lo puede explicar todo, absolutamente todo. Podrá, eso sí, solucionar los "problemas" –y no siempre todos–, pero no los "misterios".

Admiración agnóstica. Más que admiración, sería una actitud. Es la de aquellos que piensan que el ser humano es incapaz de conocer la "verdad". Es el agnosticismo total o parcial. Creen en la "Vida", pero no en el "Ser". Su postura debería ser el silencio, porque hay una contradicción entre "no saber nada y saber que no saben nada."

Admiración científica. Mantiene las causas de un fenómeno en el mismo plano en que éste se encuentra. Así, se descubre que la lluvia, por ejemplo, tiene una explicación científica, que se descubre en la misma naturaleza de este elemento. O que la caída de los graves se debe a la ley de la gravedad, descubierta y descrita matemáticamente por Isaac Newton. Entre estos científicos hay quien renuncia a toda explicación primigenia por parte de Dios: los científicos ateos. Pero hay también científicos que admiten la coexistencia de ambas causalidades. Los escolásticos, por ejemplo, pero también científicos de renombre como Kepler y Descartes son un buen ejemplo de ello.

Como se desea un conocimiento *seguro*, entonces ninguna de las cuatro alternativas parece del todo satisfactoria. Pero si no hay una justificación satisfactoria, entonces tampoco hay conocimiento seguro.

Breve historia de la teoría del conocimiento con algunos de sus más insignes representantes:

Podemos presentar las diferentes concepciones en el siguiente esquema, analizando después su significado en cada unos de estos autores:

Idealismo / *Racionalismo*: Platón (427-347 a. C.) / Descartes (1596-1650). Proponen que el sujeto cognoscente posee ideas innatas, como la idea de Dios. Así, san Anselmo de Canterbury (1033-1109) decía que Dios es "aquello más allá de lo cual no podemos pensar nada"; es el así llamado *argumento ontológico* de la existencia de Dios. Algo más grande podría pensarse, a saber, un ser que existiese en la realidad extramental y no únicamente en la idea. (Cfr. su obra *Monologium*).

Realismo crítico: Aristóteles (384 - 322 a. C.) / Escolástica (con matices, según los autores). El entendimiento es como una "tabula rasa, en la que nada hay escrito"; no hay, pues, ideas innatas, sino adquiridas a través del "entendimiento agente", cuyo significado varía según los diversos autores, y que consiste en un "modelo" de actividad mental para explicar el paso de lo sensorial a lo intelectual.

Objetivismo: Ayn Rand (1905-1929). Parte de la teoría aristotélica de que hay una realidad independiente de la mente humana, a la que se llega mediante la "identificación no contradictoria", utilizando la razón.

Dogmatismo del conocimiento: Los Estoicos. Afirman que podemos tener un conocimiento seguro, cierto y universal del mundo.

Dogmatismo de la experiencia: Antístenes (450-445 a.C.), fundador de la Escuela Cínica. / Diógenes de Sínope (413-323 a. C.). No son partidarios de que haya certeza en las verdades universales, pero sí admiten que hay una certeza total en la experiencia sensible. Desprecian las riquezas, pues la civilización es mala, y aseguran que el hombre tiene autonomía para alcanzar el bien verdadero.

Escepticismo: Fundado por Zenón de Citio (aprox. 333-262 a. C.) / Arcesilao (315-240 a. C.) / Carnéades (215-129 a. C) / Pirrón (360-270 a. C) / Sexto Empírico (160-210). Proponen, primero, la *suspensión del juicio* (*epoché*) y, después, la *indiferencia* (*ataraxía*). Se oponen al dogmatismo. Caen en un estado de duda continuada ante los problemas del conocimiento. Están siempre preguntándose si la "cosa" es verdadera o no.

Empirismo: John Locke (1632-1704) / David Hume (1711-1776). Piensan que, según Aristóteles, todo conocimiento proviene de la experiencia, que el hombre nace, por tanto, sin ideas innatas, como una "tabula rasa", siendo la experiencia la que nos permite el conocimiento de las ideas, al contrario de lo que decía Descartes.

Criticismo o idealismo trascendental: Immanuel Kant (1724-1804). El sujeto cognoscente es activo y no meramente pasivo en el acto vital del conocer, capaz de "construir" el objeto del conocimiento. Admite la verdad absoluta, conocida a través de la crítica del conocimiento. Cualquier verdad provisional puede estar sometida a la "falsificabilidad". La materia del conocimiento constituye el *noumenon* o "cosa en sí" (*Ding an sich*), totalmente desconocida. Lo único que podemos percibir es el *mundo fenoménico* o "fenómeno", a través de las formas *a priori* del espacio y el tiempo, llegando a los conceptos universales mediante las categorías del intelecto y de las "ideas regulativas" de la razón (*Vernunft*). Su gran obra: *Kritik der reinen Vernunft* (*Crítica de la razón pura*).

Idealismo alemán: J. G. Fichte (1762-1814) / F. W. J. von Schelling (1775-1854) / G. W. F. Hegel (1770-1831). Intentan descubrir qué es esa "cosa en sí", que Kant dejó en el aire. Para Fichte, es el "yo absoluto"; para Schelling la "naturaleza"; para Hegel, lo "absoluto" que se desarrolla dialécticamente de forma "trinitaria": tesis, antítesis, síntesis.

Fenomenología: Edmund Husserl (1859-1938) / Martin Heidegger (1869-1976) / Maurice Merleau Ponty (1908-1961). Hay que destacar entre los discípulos de Husserl a la reciente (1 de mayo de 1987) santa mártir alemana, Edith Stein (1891-1942), que ingresó en la orden carmelitana con el nombre de Teresa Benedicta de la Cruz y que fue víctima del nazismo en el campo de concentración de Auschwitz. Los fenomenólogos utilizan el término "fenómeno" en el sentido de que es lo que se nos presenta al conocimiento de forma inmediata, debiendo éste evitar, mediante la "epoché", es decir, mediante la abstracción de todo lo que psicológica o históricamente se ha pensado sobre ello. Conocemos así las "esencias" de las cosas, abstrayéndola de las sensaciones, pero desde ellas.

Relativismo / Sofística: Protágoras de Abdera (485 - 411 a. C.) / Los Sofistas griegos. Niegan la existencia de una verdad absoluta, defendiendo la idea de que cada individuo tiene *su propia* verdad, que depende del tiempo y del espacio en que éste se encuentre.

Constructivismo: Para los defensores de esta teoría es el sujeto cognoscente el que "construye" estructuras mentales que "representan" dentro de sí la realidad, mediante la interacción con los objetos. De esta manera, no es sólo la experiencia pura la que proporciona el conocimiento, sino la transformación de estas estructuras por parte del sujeto.

Estructuralismo: J. Piaget (1896-1980). De manera semejante al constructivismo, Piaget desarrolló un "constructivismo genético", intentando descubrir así la génesis de las estructuras en el individuo, mediante la "asimilación" y la "acomodación", conceptos éstos que él tomó de la biología.

Perspectivismo: Ortega y Gasset (1883-1955). Admite la existencia de una verdad absoluta, pero el hombre sólo puede alcanzar una pequeña parte de la misma, según la *perspectiva* en que se encuentre.

Evolucionismo: Gerhard Vollmer (1943-). Sostiene que el conocimiento del hombre está sujeto a evolución, al estilo de la evolución biológica.

Neurobiologismo: Gerhard Roth (1942-). Los contenidos mentales no son más que el resultado de la actividad cerebral.

Analítica del lenguaje: Hilary Putnam (1926-) / Donald Davidson (1917-2003). El lenguaje es algo más que la expresión de las ideas; tiene un valor propio y definitivo a la hora de conocer.

Pragmática: J.L.Austin (1911-1960). Hablar equivale a "hacer" (*pragma*, en griego, *hechos*). De ahí el título de su obra principal: *How to do Things with Words*.

Materialismo dialéctico: K. Marx (1818-1883) / V. Engels (1820-1895). Conocer no es más que un "reflejo" en el sujeto de la "realidad", formándose a lo largo de la historia del materialismo dialéctico e influido por las clases sociales, que lo determinan.

Lógica epistémica: Fue Frederick Fitch quien propuso esta frase: "Si toda verdad se pudiera conocer, entonces toda verdad sería conocida". Pero, como no toda verdad es conocida, se sigue que no es posible conocer todas las verdades. A este estado del conocer se le reconoce como la "paradoja de la concupiscibilidad de Fitch".

Solipsismo: Es una extraña manera de concebir nuestra situación en el mundo. Postula la tesis de que sólo existen los propios estados de conciencia individuales. No hay, pues, ningún mundo exterior; sólo existe su "reflejo" en nuestra conciencia. Lógicamente le es imposible tener una convivencia auténtica y una participación de sus conocimientos a los demás, que sólo existen en mi conciencia, no realmente.

Ya desde las más antiguas culturas, los pensadores se han aplicado fervientemente al estudio de este problema del conocimiento.

Nos vamos a referir sólo a la cultura judeo-greco-cristiana.

Fueron, sobre todo, los griegos los que más se preocuparon en hacer una ciencia del conocimiento.

Pero también la Escolástica –desde san Agustín, pasando por santo Tomás y otros insignes filósofos y teólogos, como Guillermo de Occam hasta Francisco Suárez, del que tomó el mismo Descartes bastantes ideas– debatió extensamente este crucial problema, que consideró como una de las ramas clásicas de la filosofía.

En la Modernidad, la problemática del conocimiento se transformó en una búsqueda de la certeza y la indagación por los límites del conocimiento, que atravesó toda esta etapa, desde Renato Descartes hasta Immanuel Kant, pasando por David Hume y los demás empiristas ingleses.
He aquí una breve y esquemática descripción de las distintas respuestas que a estas preguntas han dado los más insignes pensadores de nuestra historia occidental judeo-greco-latina:

PLATÓN (427-347 a. C.). Desarrolló su teoría del conocimiento en sus diálogos *Menon, Teeteto* y en *La República* (VI). Para Platón conocer significa "recordar", porque él postulaba la existencia eterna de las almas humanas en el "Reino de las ideas", lugar mitológico donde éstas estaban en conexión inmediata con las ideas eternas. En este "reino" no había que preguntarse por la razón y el fundamento del conocer. Era algo "connatural". Pero, al "caer" (expresión mitológica) las almas en los cuerpos, experimentaban éstas un olvido de las mismas, que sólo, gracias a la filosofía dialéctica con ayuda de la razón, se podían recuperar mediante el "recuerdo" (en griego *anámnesis*). El ponía como ejemplo la labor que realizan las parteras, ayudando a nacer. De manera semejante, el maestro-filósofo "ayuda" al discípulo a "recordar" las ideas que él mismo ya albergaba en su ser. Para ello emplea el método socrático de la "ironía", es decir, supone que el discípulo está convencido de que no sabe nada, pero, a base de preguntas por parte del maestro, se da cuenta aquél de *que él mismo ha descubierto las ideas que ya tenía. Por eso, una idea es lo "concebido" (conceptus).* Así, por ejemplo, para Platón los conocimientos matemático-geométricos se adquieren, con independencia de los sentidos, mediante una pura reflexión conceptual, siendo éstos los únicos evidentes. Aquellos conocimientos que se fundaran en los sentidos, siempre podrían ser falsos, debido a que éstos nos pueden engañar. A este tipo de conocimiento lo llama Platón "opinión". No obstante, el mismo Platón, en su diálogo *Philebo*, parece haber abandonado esta teoría, al comparar el entendimiento con un libro en el que escriben los sentidos, tomando de ellos las ideas intelectuales.

ARISTÓTELES (384-322 a.C.). En su tratado *De anima* desarrolla Aristóteles su teoría del conocimiento empírico, adquirido a través de los sentidos, estudiando en su *Metafísica* (lib. IV, cap. 4 ss.), el origen de los *primeros principios* del conocimiento. Su epistemología se puede encontrar básicamente en su obra *Analíticos posteriores*. Para Platón y Aristóteles sólo puede haber ciencia de lo *inmutable*. Para Platón esto eran las ideas; para Aristóteles, la *sustancia*. Pero, a pesar de que Aristóteles era discípulo de Platón, se opone a su maestro, criticándole la existencia de ese "Reino de las ideas". No tenemos constancia de él. El hombre nace, como producto de la eterna naturaleza (*Physis*) sin ideas innatas. Como una "tabula rasa", según expresión de uno de sus discípulos. El hombre va adquiriendo, gracias a sus sentidos y a la experiencia, noticia de su mundo circundante y de sus propios afectos y sentimientos de carácter psicológico. Los sentidos son capaces de asimilar, por medio de las "especies", es decir, estímulos sensoriales, que las cosas producen, llegando así a un conocimiento sensorial. Pero existe, además, un conocimiento intelectual, que no puede ser producido por el sensorial: son de muy distinta naturaleza: el sensorial es particular; el intelectual o "espiritual" es universal, pues la ciencia trata de cosas universales, válidas para muchos casos. El instrumento que inventó

Aristóteles para llegar al conocimiento universal fue el "entendimiento agente", que transformaba lo particular en universal, por medio de la abstracción de la materia y de lo singular. Fue el inicio de la ciencia moderna.

LA ESCOLÁSTICA. Podemos considerar a san Agustín el iniciador de esta escuela. Él no conocía todavía la obra de Aristóteles, considerándosele como un postplatónico. Como tal, pensó, en cristiano, que la "iluminación divina" era la única que avalaba nuestro conocimiento. Es famosa su frase: "Las cosas no las ves porque son, sino que son porque Tú las ves". Después de haberse conocido la filosofía aristotélica en el ya avanzado siglo XIII –antes sólo se conocía la obra de Platón– mediante la traducción que los árabes hicieron de la obra griega de Aristóteles y que fue de nuevo traducida al latín. Europa, a través de los escolásticos, tuvo conocimiento de la gran obra científico-filosófica de las grandes obras del Estagirita. Las estudió y las analizó, desde una perspectiva cristiana. Se dice que santo Tomás "bautizó a Aristóteles". En principio, pero con divergencias esenciales, mantuvo la Escolástica la teoría epistemológica de Aristóteles, pero criticando el *ultrarrealismo* de Guillermo de Champeaux y el "representacionismo" de Roscelino.

Yo quisiera destacar entre los escolásticos la figura del español Francisco Suárez, SI (Granada 1557-Lisboa 1614), que, es la figura estelar postescolástica en el Renacimiento, que determinará toda la filosofía moderna. Junto a los miembros de otras órdenes religiosas (dominicos, franciscanos, sobre todo), ofreció a la Europa de entonces un soberbio edificio científico, en el que no faltaba ninguna de las ciencias: desde la mineralogía, biología, cosmología, medicina, matemáticas, filosofía, teología hasta la teoría del conocimiento

Con DESCARTES (1596-1650), seguidor en algunos aspectos de las teorías escolásticas, intentó profundizar más aún en los problemas del conocimiento. Como buen matemático, pensó que todo conocimiento debería seguir el estilo del conocimiento matemático, cuyas ideas –dijo– son "claras y distintas". Pues bien, la única idea clara y distinta que la filosofía tiene es el "yo pienso, luego existo". Desde ella intentó fundamentar toda la teoría del conocimiento, basado en la evidencia de los conceptos, cuya verdad está avalada por Dios, que no nos engaña. Para Descartes no es lo mismo "verdad" que "certeza". Ésta es un estado de conciencia; aquélla, algo "objetivo".

Sus obras *Discurso del método* (1637) y *Meditaciones metafísicas* (1641) están dedicadas al problema epistemológico, en las que propone la "duda metódica" como instrumento racional para evitar falsas desviaciones dogmáticas en la tarea del conocer.

FRANCIS BACON (1561-1626). Sus obras *Advancement of knowledge* y *Novum Organum* promovieron la tradición empírica, continuada por Locke.

JOHN LOCKE (1632-1704). Es todo lo contrario de un racionalista. Con su empirismo piensa que todo conocimiento proviene de la experiencia sensorial, siendo, por tanto, innecesarias e inexistentes las ideas innatas, como Platón sugería. Su obra principal es *Ensayo sobre el entendimiento humano.*

DAVID HUME (1711-1776). Al estilo del empirismo de Locke, postulaba, sin embargo, la instalación de un sistema de causalidad, con referencias al problema de cómo nos es posible llegar a un conocimiento universal-científico a partir de combinaciones sensoriales. Este sistema se puede denominar "inducción". Hume era escéptico en cuanto a la posibilidad de llegar a un principio universal de causalidad. Aunque este sistema de la *inducción* (sistema de alcanzar lo universal desde lo particular) que ya fue empleado por los antiguos pensadores, alcanza con Hume su punto culminante, pues es quizás mediante la inducción cómo las ciencias naturales de hoy solucionan los problemas científicos. Sus obras: *Tratado de la naturaleza humana* e *Investigación sobre el entendimiento humano*. Hay dos sistemas de inducción: la *completa* (imposible de realizar, pues podemos estudiar *todos* los casos particulares existentes o posibles) y la incompleta, que sí que es posible, aunque habría que determinar *cuántos casos particulares son necesarios para una inducción*. Esto ocurre en la estadística, que debe determinar el número de casos particulares estudiados, pero, además, si éstos reflejan proporcionalmente la esfera social estudiada.

IMMANUEL KANT (1724-1804), pensó que hasta ahora se había comenzado por los objetos exteriores como medida de nuestro conocimiento, lo que había producido serios problemas a la hora de relacionar el objeto externo con el conocimiento interno. Y él se imaginó que podríamos proceder al revés: empezar por el estudio crítico de nuestro conocimiento interno, para llegar así mejor a saber cómo conocemos los objetos externos. Pues bien, motivado por el escepticismo de Hume, quien "lo despertó de su sueño dogmático" –como solía decir– pensó que esta manera empirista de conocer no nos puede llevar a un resultado, apto para establecer una ciencia de carácter universal; a lo más que nos puede llevar es a crear un "conjunto de sensaciones", que nunca alcanzará el grado de conocimiento. Para alcanzar este grado máximo de conocimiento científico e inspirado por la magna obra de Isaac Newton, cuyos resultados científico-matemáticos eran patentes, postuló la existencia de una "autoconciencia", que no proviene de la experiencia, sino que es algo dado "a priori", es decir "antes de toda experiencia". Esto supone, a su vez, que hay conceptos que no provienen de la experiencia, sino que son también "a priori". La experiencia es necesaria como *materia* del conocimiento (salvando así un racionalismo idealizado, al estilo de Platón), pero la *forma* del conocer la tenemos "a priori" dada en nuestra "autoconciencia" (*Selbstbewusstsein*). Así, el espacio y el tiempo son formas "a priori" de nuestra sensibilidad, a través de las cuales podemos tener un conocimiento de estos temas. Pero, además de la sensibilidad, poseemos conceptos "a priori" que pueden explicar los problemas de la causalidad universal y de todos los otros problemas científicos. Su insistencia en la *materia* del conocimiento, le llevó a negar cualquier concepto que no estuviera relacionado con nuestra experiencia sensorial. Así, negó que pudiéramos alcanzar un conocimiento de lo que no es sensible. No tenemos experiencia ni de Dios (teología), ni del alma (psicología), ni del mundo (cosmología). Por ello estos conceptos más que conceptos se pueden llamar "ideas", es decir, son como "receptáculos" formales en los que introducimos todo lo que afecta a estos objetos.

J. G. FICHTE (1762-1814) / F. W. J. VON SCHELLING (1775-1854) / G. W. F. HEGEL (1770-1831). Intentan descubrir qué es esa "cosa en sí", que Kant dejó en el aire. Para Fichte, es el "yo absoluto", que "pone el no-yo"; para Schelling la "naturaleza"; para Hegel, lo "absoluto" que se desarrolla dialécticamente de forma "trinitaria": tesis, antítesis, síntesis. Hay que tener en cuenta que, aunque Fichte proclama el "yo absoluto" como primer principio del conocimiento, ante la presencia de los demás "otros yo absolutos", se abstiene de considerarlos como "puestos" por el yo absoluto; todos los "yo absolutos" forman el "reino de los espíritus".

GERHARD VOLLMER (1943-) es un pionero de la teoría de la evolución epistemológica, es decir, que, al estilo de la evolución biológica (Darwin), también nuestro sistema de conocimiento evoluciona con el tiempo, mediante procesos de selección y mutación. Esto supone la concesión de la existencia de un mundo exterior independiente del conocer humano, en el que se realiza esta evolución.

GERHARD ROTH (1942-) representa el "constructivismo neurobiológico", según el cual hay una estricta separación entre un tipo de realidad, a la que él denomina *Realität*, que es el mundo exterior, en el que existen objetos, como el hombre, y otro, llamado por él *Wircklichkeit*, que es una construcción de nuestro cerebro y, en general, de nuestro sistema nervioso. A Roth no sólo le interesa éste último, pues es el campo de la ciencia neurológica, sino también el primero, sacando de ello consecuencias epistemológicas diferentes a las anteriores.

PUTNAM (1926-) En este sentido discute Putnam problemas epistemológicos ante la pregunta: ¿Qué significan las expresiones habladas? Es, por su parte, uno de los primeros representantes de la "filosofía analítica". Esta filosofía postula que lo principal en un pensamiento es que la actividad central de nuestros juicios está fundamentada en el "habla", en nuestro "decir": son juicios-locuciones.

J.L. AUSTIN (1911-1960) / J. R. SEARLE (1932-). En su libro "How to Do Things with Words", entiende Austin el lenguaje como una parte de la acción y la conducta humana: hablar equivale a "hacer". Distingue tres tipos de actividad lingüística: a) la "locución" o acto locutivo (lo que digo en sonidos y gramaticalmente correcto); b) la "ilocución" o acto ilocutivo (de qué forma hablo: aseverando, prometiendo, jurando, etc. "a quién y de qué forma se lo digo"); y c) la "perlocución" o acto perlocutivo (qué resultados tienen en los demás mis "locuciones": ofensa, convencimiento, etc.). Le siguió, ampliando estas ideas, J.R. Searle. El argumento en contra de lo que Searle denomina inteligencia artificial fuerte, es parte de una posición más amplia en lo que respecta a la relación mente-cuerpo. La tesis central de la inteligencia artificial fuerte, es que los procesos realizados por una computadora son idénticos a los que realiza el cerebro, y por lo tanto se puede deducir que, si el cerebro genera conciencia, también las computadoras deben ser conscientes. Para refutar esta posición, Searle desarrolla el siguiente experimento mental. Imaginemos que un individuo es colocado en una habitación cerrada al exterior en China. Por una rendija le son entregados papeles con símbolos chinos que desconoce absolutamente pues el individuo no conoce el idioma chino. Con unas instrucciones en inglés (o cualquiera que fuera su lengua madre) se le indica que debe sacar por la misma rendija una respuesta de acuerdo a un manual que se le ha entregado. En dicho manual sólo aparecen símbolos chinos de entrada y los correspondientes símbolos de salida. Así, el individuo puede localizar los símbolos que le son entregados y puede sacar papeles con símbolos diferentes. Los chinos que estén fuera de la habitación pensarán que el de la habitación conoce el chino, pues han recibido respuestas satisfactorias. (Cfr. Test de Turing).[1] Searle considera que lo mismo ocurre con una computadora. Ésta manipula diferentes códigos sintácticos que nada tienen que ver con la com-prensión semántica de los contenidos procesados. Evidentemente, el concepto de *Intencionalildad* está en el fondo del argumento de la Habitación china de Searle en contra de la inteligencia artificial.

DAVIDSON (1917-2003) se adhiere, igual que Putnam, a la "filosofía analítica", haciendo hincapié en el problema de cómo los hombres se entienden entre sí, o, mejor, cómo se entiende, por parte de los demás, lo que cada uno "hace", lo que "dice", lo que "piensa". Una de sus más urgentes preguntas es: ¿Cómo puedo decir que los demás tienen los mismos estados psicológicos que yo? ¿Cómo puedo saber lo que "pasa" en el interior de los demás? Pero, sobre todo: ¿Cómo puedo yo saber que mis pensamientos se relacionan realmente con los objetos del mundo exterior? Esto no es más que formular el problema clásico de la Epistemología, aunque teniendo más en cuenta el estado psicológico de los sujetos cognoscentes, que viven en comunicación con los demás.

Confío en que el presente texto concentrado y esquemático sobre la Epistemología ayude a los físicos y matemáticos a apreciar el don maravilloso que todo hombre ha recibido del Creador, gracias al cual hoy podemos comprender con más admiración estas fórmulas matemáticas con las que se intenta describir la realidad de una estructura que nos envuelve, llamada universo.

Salvador Castellote

Dr. en Filosofía por la Universidad Ludovico-Maximilianea" de München (Alemania), con la tesis "Die Anthropologie des Suárez", Alber Verlag, Freiburg i. Br., 1968.

Dr. en Filosofía por la Universidad Literaria de Valencia, con la tesis "Edición e interpretación del Manuscrito inédito suareciano "De anima", Valencia, 1971.

Canónigo-secretario del Cabildo Metropolitano de Valencia.

[1] La prueba consiste en un desafío. Se supone un juez situado en una habitación, una máquina y un ser humano en otras. El juez debe descubrir cuál es el ser humano y cuál es la máquina, estándoles a los dos permitido mentir al contestar por escrito las preguntas que el juez les hiciera. La tesis de Turing es que, si ambos jugadores son suficientemente hábiles, el juez no podría distinguir quién era el ser humano y quién la máquina. Todavía ninguna máquina puede pasar este examen en una experiencia con método científico.

ÍNDICE

APÉNDICES

CAPÍTULO I

CAMPO ELECTROSTÁTICO

«El concepto de campo fue, en un principio, sólo un medio para facilitar la explicación de los fenómenos eléctricos desde un punto de vista mecánico. En el nuevo lenguaje del campo, es la descripción del campo entre las cargas, y no las cargas mismas, lo esencial para comprender la acción de las últimas»

A. Einstein, L. Infeld

1. CARGA ELÉCTRICA Q

■ LEY DE COULOMB

Las cargas Q pueden ser (+Q) o (– Q). La fuerza electrostática entre cargas eléctricas es atractiva si las cargas son de distinto signo y repulsiva si las cargas son de igual signo.

$$\vec{F}_{12}=k\frac{q_1q_2}{r_{12}^3}\vec{r}_{12}=\frac{1}{4\pi\varepsilon_0}\frac{q_1q_2}{r_{12}^3}\vec{r}_{12}\ \text{fuerza sobre } q_2;\ \overrightarrow{r_{12}}=[x_2-x_1]\vec{i}+[y_2-y_1]\vec{j}+[z_2-z_1]\vec{k}$$

Distribución discreta: $\vec{F}_{q_j}=\dfrac{q_j}{4\pi\varepsilon_0}\sum\limits_{\substack{i\neq j\\ i=1}}^{n}\dfrac{q_i}{r_{ij}^3}\vec{r}_{ij}$ fuerza sobre q_j; $\vec{r}_{ij}=[x_j-x_i]\vec{i}+[y_j-y_i]\vec{j}+[z_j-z_i]\vec{k}$

Distribución continua: $\vec{F}_Q=\dfrac{Q}{4\pi\varepsilon_0}\displaystyle\int\frac{dq}{r^3}\vec{r}$ fuerza sobre Q debida a las cargas dq; $\vec{r}=\overrightarrow{P_{dq}P_Q}$

Distribuciones continuas de cargas: $dq=\lambda\, d\ell=\sigma\, dS=\rho\, d\tau$.

λ= densidad lineal. σ= densidad superficial. ρ= densidad volúmica.

S.I.$\Rightarrow$ $1_{U.S.I.Q}=1$ Coulomb; S.C.G.S.E.E.$\Rightarrow$ $1_{U.E.E.Q}=1$ Franklin$=10^{-9}/3$ C; $[Q]=T\,I$.

Unidad de carga eléctrica fundamental en la naturaleza: $|q_{e^-}|=|e^-|=1{,}602176\cdot10^{-19}$ C.

■ CONSTANTE DIELÉCTRICA DEL VACÍO

$$\varepsilon_0=\frac{1}{4\pi k}=8{,}854187\cdot10^{-12}A^2s^2N^{-1}m^{-2};\ k=\frac{1}{4\pi\varepsilon_0}\approx 9\cdot10^9A^{-2}s^{-2}N\,m^2;[\varepsilon_0]=M^{-1}L^{-3}T^4I^2$$

2. CAMPO ELECTROSTÁTICO $\vec{E}$

El campo electrostático es una acción a distancia que se manifiesta asociada a una región del espacio, mediante una fuerza que actúa sobre cualquier carga eléctrica o cuerpo cargado eléctricamente introducido en dicha región.

$\vec{E}=E_x\vec{i}+E_y\vec{j}+E_z\vec{k}=\lim\limits_{q\to0}\dfrac{\vec{F}}{q}=\dfrac{\vec{F}}{q}$. Dimensiones del campo electrostático: $[E]=MLT^{-3}I^{-1}$

Campo creado en P por carga puntual q: $\overrightarrow{E_P}=\dfrac{1}{4\pi\varepsilon_0}\dfrac{q}{r^3}\vec{r}$; $\vec{r}=[x_P-x_q]\vec{i}+[y_P-y_q]\vec{j}+[z_P-z_q]\vec{k}$

Distribución discreta: $\overrightarrow{E_P}=\dfrac{1}{4\pi\varepsilon_0}\sum\limits_{i=1}^{n}\dfrac{q_i}{r_i^3}\vec{r}_i$. Distribución continua: $\overrightarrow{E_P}=\dfrac{1}{4\pi\varepsilon_0}\displaystyle\int\frac{dq}{r^3}\vec{r}$

$\vec{r}=\overrightarrow{P_{q_i}P}=[x_P-x_{q_i}]\,\vec{i}+[y_P-y_{q_i}]\,\vec{j}+[z_P-z_{q_i}]\,\vec{k}$; cargas q_i creadoras de $\vec{E}$ están en P_{q_i}.

3. POTENCIAL ELECTROSTÁTICO V

Potencial electrostático V= V(x, y, z), es una función escalar continua que representa el trabajo por unidad carga, realizado por las fuerzas del campo electrostático.

También se define como energía potencial electrostática por unidad de carga eléctrica.

$$-\,dV=\vec{E}\cdot d\vec{r}=\frac{dW_{Ext}}{q};\ W_{Ext}=q\,[V_B-V_A]=-\int_A^B q\,\vec{E}\cdot d\vec{r};\ \int_1^2 dV=V_2-V_1=-\int_1^2\vec{E}\cdot d\vec{r}$$

El campo electrostático es conservativo y por lo tanto cumple:

$$\vec{E}=-\,\overrightarrow{\text{grad}}\,V=-\vec{\nabla}V=-[\frac{\partial V}{\partial x}\vec{i}+\frac{\partial V}{\partial y}\vec{j}+\frac{\partial V}{\partial z}\vec{k}]\ \Rightarrow \text{rot}\vec{E}=\vec{\nabla}\wedge\vec{E}=\vec{0}\ \Rightarrow\oint_C\vec{E}\cdot d\vec{r}=0$$

Potencial en P(x,y,z): $V_P = \int_P^{\infty} \frac{dq}{4\pi\varepsilon_0 r}$;si no hay q en infinito⇒V_∞=0, origen de potencial.

Carga puntual: $V_P = \frac{1}{4\pi\varepsilon_0}\frac{q}{r}$. Distribución continua: $V = \frac{1}{4\pi\varepsilon_0}\int \frac{dq}{r}$; dq=λ dℓ=σ dS=ρ dτ.

Distribución discreta:

$$V_P = \frac{1}{4\pi\varepsilon_0}\Sigma\frac{q_i}{r_i},\ \vec{r_i} = \overrightarrow{P_{q_i}P} = [x-x_i]\,\vec{i} + [y-y_i]\,\vec{j} + [z-z_i]\,\vec{k}\,;\ r_i = \sqrt{[x-x_i]^2+[y-y_i]^2+[z-z_i]^2}$$

ENERGÍA POTENCIAL ELECTROSTÁTICA

$W_{POTENCIAL}=q_j\,V_P$, producto entre la carga q_j en P(x,y,z) y el potencial electrostático que hay en ese punto P, creado por q_i cargas eléctricas existentes en los puntos P_i (x_i, y_i, z_i).

$$W_P = \frac{q_j}{4\pi\varepsilon_0}\Sigma\frac{q_i}{r_i} = \frac{q_j}{4\pi\varepsilon_0}\Sigma\frac{q_i}{\sqrt{[x-x_i]^2+[y-y_i]^2+[z-z_i]^2}}$$

Toda carga q situada dentro de un campo electrostático se desplaza siempre hacia la posición de equilibrio en el cual es mínima su energía potencial electrostática.
SUPERFICIE EQUIPOTENCIAL: Lugar geométrico de puntos en donde V(x, y, z)= V_0= cte.

LÍNEAS DE FUERZA≡LÍNEAS DE CAMPO: Lugar geométrico de puntos en donde los vectores $\vec{E}$ y $d\vec{r}$ son paralelos. Ecuación diferencial de líneas de campo: $\frac{dx}{E_x} = \frac{dy}{E_y} = \frac{dz}{E_z}$

Líneas del campo $\vec{E}$ son ⊥ a superficies equipotenciales V_0= cte., en cada punto.

4. FLUJO DEL CAMPO ELECTROSTÁTICO. TEOREMA DE GAUSS

Flujo elemental del campo $\vec{E}$ a través de un elemento diferencial de superficie:
$d\Phi = \vec{E}\cdot d\vec{S} = \vec{E}\cdot\vec{n}\,dS$; $\vec{n}$ vector unitario ⊥ a S; ángulo sólido elemental: $d\Omega = \frac{\vec{r}\cdot d\vec{S}}{r^3}$.

Teorema de Gauss: $\Phi = \oint\!\!\oint_S \vec{E}\cdot d\vec{S} = \oint\!\!\oint_S \frac{Q}{4\pi\varepsilon_0 r^3}\vec{r}\cdot d\vec{S} = \frac{Q}{4\pi\varepsilon_0}\oint\!\!\oint_S d\Omega = \frac{Q}{\varepsilon_0}$ ⇒ flujo de $\vec{E}$.

Sólo las cargas eléctricas Q, interiores a superficie cerrada S, crean campo eléctrico $\vec{E}$ que produce flujo a través de la citada superficie S cerrada, denominada "gaussiana".

Si dentro de S cerrada hay:
- $Q>0 \Rightarrow \Phi>0 \Rightarrow$ Flujo eléctrico es saliente de S
- $Q<0 \Rightarrow \Phi<0 \Rightarrow$ Flujo eléctrico es entrante a S
- $Q=0 \Rightarrow \Phi=0 \Rightarrow$ Flujo eléctrico es conservativo en S

Sistema discreto de cargas puntuales: $\Phi = \oint\!\!\oint_S \vec{E}\cdot d\vec{S} = \frac{1}{\varepsilon_0}\sum_{i=1}^{n} q_i$

Sistema continuo de cargas en volumen: $\Phi = \oint\!\!\oint_S \vec{E}\cdot d\vec{S} = \frac{1}{\varepsilon_0}\iiint_\tau \rho\, d\tau$

5. APLICACIONES DEL TEOREMA DE GAUSS PARA HALLAR $\vec{E}$

Cálculo del campo $\vec{E}$ creado por sistema de cargas cuando en la superficie S:

- $|\vec{E}|$= constante.
- Angulo entre los vectores $\vec{E}$ y $d\vec{S} = dS\,\vec{n}$ es constante.

■ Carga puntual q.

$$\vec{E}_P = \frac{1}{4\pi\varepsilon_0}\frac{q}{r^3}\vec{r} = \frac{q}{4\pi\varepsilon_0 r^2}\vec{u}_r;\ \vec{r}=\overrightarrow{P_qP}=[x_P - x_q]\vec{i}+[y_P - y_q]\vec{j}+[z_P - z_q]\vec{k};\ \vec{u}_r = \frac{\vec{r}}{r}$$

■ Distribución Esférica uniforme con densidad de carga en volumen ρ= cte.

$$\vec{E}_P = \frac{1}{4\pi\varepsilon_0}\frac{Q}{r^3}\vec{r} = \frac{1}{4\pi\varepsilon_0}\frac{Q}{r^2}\vec{u}_r;\quad Q= \frac{4\pi R^3}{3}\rho,\ \text{siendo: } R < r.$$

■ Distribución Axial uniforme ⇒ eje cargado con densidad de carga lineal λ= cte.

$$\vec{E}_P = \frac{\lambda}{2\pi\varepsilon_0 r}\vec{u}_r;\ \vec{u}_r\ \text{vector unitario radial, } \perp \text{ al eje cargado.}$$

■ Plano Indefinido uniformemente cargado (una sola cara, espesor infinitesimal).

$$\vec{E}_{P_{EXTERIOR}} = \frac{\sigma}{2\varepsilon_0}\vec{n};\ \vec{n} = \text{vector unitario} \perp \text{a plano cargado con densidad de carga } \sigma = \text{cte.}$$

■ Placa Indefinida uniformemente cargada (dos caras, espesor finito, tiene anchura).

$$\vec{E}_{P_{INTERIOR}} = 0;\ \vec{E}_{P_{EXTERIOR}} = \frac{\sigma}{\varepsilon_0}\vec{n};\ \vec{n} = \text{vector unitario} \perp \text{a plano cargado con } \sigma = \text{cte.}$$

6. DIPOLO ELÉCTRICO EN EL PLANO XOY. ACCIONES SOBRE DIPOLO

Dipolo es un sistema formado por dos cargas eléctricas puntuales iguales +q y −q, de distinto signo, separadas entre sí, una distancia constante muy pequeña $\ell=2a \ll r$.

Momento dipolar: $\vec{p} = q\,\vec{\ell} = q\,\ell\,\vec{n} = 2\,a\,q\,\vec{n}$, es la magnitud eléctrica característica del dipolo.

Vector unitario dipolo≡ $\vec{n}$, dirigido de − q a + q; $\vec{r} = \overrightarrow{OP} = r\cos\theta\,\vec{i} + r\,\text{sen}\,\theta\,\vec{j} = r\,\vec{u}_r = x\,\vec{i} + y\,\vec{j}$

Dipolo está O (0, 0). Campo y potencial se van a hallar en el punto P (x, y) ≡ P (r, θ).

■ <u>DIPOLO DE EJE **X**</u>. $\vec{n} = \vec{i} \Rightarrow \vec{p} = p\,\vec{n} = p\,\vec{i} = p\,[\cos\theta\,\vec{u}_r - \text{sen}\theta\,\vec{u}_\theta]$

POTENCIAL:

$$V_P = \frac{q}{4\pi\varepsilon_o}\left[\frac{1}{r_2} - \frac{1}{r_1}\right] \begin{Bmatrix} r_1^2 = r^2 + a^2 + 2ra\cos\theta \\ r_2^2 = r^2 + a^2 - 2ra\cos\theta \end{Bmatrix} \text{ mediante desarrollo en serie}$$

$$V_P \approx \frac{\vec{p}\cdot\vec{r}}{4\pi\varepsilon_o r^3} = \frac{p\cos\theta}{4\pi\varepsilon_o r^2} = \frac{p\,x}{4\pi\varepsilon_0[x^2 + y^2]^{3/2}}$$

CAMPO: $\vec{E}_P = -\vec{\nabla} V_P = -\left[\frac{\partial V_P}{\partial r}\vec{u}_r + \frac{1}{r}\frac{\partial V_P}{\partial \theta}\vec{u}_\theta\right] = \frac{3[\vec{p}\cdot\vec{r}]\,\vec{r} - r^2\vec{p}}{4\pi\varepsilon_0 r^5}$

$$\vec{E}_P = \frac{p}{4\pi\varepsilon_0 r^3}[2\cos\theta\,\vec{u}_r + \operatorname{sen}\theta\,\vec{u}_\theta] = \frac{p\,[(2x^2 - y^2)\,\vec{i} + 3xy\,\vec{j}\,]}{4\pi\varepsilon_0[x^2 + y^2]^{5/2}}$$

SUPERFICIES EQUIPOTENCIALES: $r^2 = K_1 \cos\theta$, son normales a las líneas de campo.

LÍNEAS DE CAMPO: $r = K_2 \operatorname{sen}^2\theta$, son normales a las superficies equipotenciales.

- DIPOLO DE EJE **Y**. $\vec{n} = \vec{j} \Rightarrow \vec{p} = p\,\vec{n} = p\,\vec{j} = p\,[\operatorname{sen}\theta\,\vec{u}_r + \cos\theta\,\vec{u}_\theta]$

POTENCIAL: $V_P \approx \frac{\vec{p}\cdot\vec{r}}{4\pi\varepsilon_0 r^3} = \frac{p\operatorname{sen}\theta}{4\pi\varepsilon_0 r^2} = \frac{p\,y}{4\pi\varepsilon_0[x^2 + y^2]^{3/2}}$

CAMPO: $\vec{E}_P = \frac{p}{4\pi\varepsilon_0 r^3}[2\operatorname{sen}\theta\,\vec{u}_r - \cos\theta\,\vec{u}_\theta] = \frac{p\,[3xy\,\vec{i} + (2y^2 - x^2)\,\vec{j}]}{4\pi\varepsilon_0\,[x^2 + y^2]^{5/2}}$

SUPERFICIES EQUIPOTENCIALES: $r^2 = K_1 \operatorname{sen}\theta$, son normales a líneas de campo.

LÍNEAS DE CAMPO: $r = K_2/\cos^2\theta$, son normales a las superficies equipotenciales.

- DIPOLO DE EJE CUALQUIERA EN PLANO XOY. $\vec{n} = \operatorname{sen}\alpha\,\vec{i} + \cos\alpha\,\vec{j} \Rightarrow \vec{p} = p\,\vec{n}$

$\vec{p} = p\,[\cos\alpha\,\vec{i} + \operatorname{sen}\alpha\,\vec{j}\,] = p\cos\alpha\,[\cos\theta\,\vec{u}_r - \operatorname{sen}\theta\,\vec{u}_\theta] + p\operatorname{sen}\alpha\,[\operatorname{sen}\theta\,\vec{u}_r + \cos\theta\,\vec{u}_\theta]$

POTENCIAL: $V_P \approx \frac{\vec{p}\cdot\vec{r}}{4\pi\varepsilon_0 r^3} = \frac{p[\cos\alpha\cos\theta + \operatorname{sen}\alpha\operatorname{sen}\theta]}{4\pi\varepsilon_0 r^2} = \frac{p[x\cos\alpha + y\operatorname{sen}\alpha]}{4\pi\varepsilon_0[x^2 + y^2]^{3/2}}$

CAMPO: $\vec{E}_P = -\vec{\nabla} V_P = -\left[\frac{\partial V_P}{\partial r}\vec{u}_r + \frac{1}{r}\frac{\partial V_P}{\partial \theta}\vec{u}_\theta\right] = \frac{3[\vec{p}\cdot\vec{r}]\,\vec{r} - r^2\vec{p}}{4\pi\varepsilon_0 r^5} = \frac{3[\vec{n}\cdot\vec{r}]\,\vec{r} - r^2\vec{n}}{4\pi\varepsilon_0 r^5}p$

$$\vec{E}_P = \frac{p}{4\pi\varepsilon_0 r^3}\left[2(\cos\alpha\cos\theta + \operatorname{sen}\alpha\operatorname{sen}\theta)\vec{u}_r + (\cos\alpha\operatorname{sen}\theta - \operatorname{sen}\alpha\cos\theta)\vec{u}_\theta\right]$$

$$\vec{E}_P = p\frac{[(2x^2 - y^2)\cos\alpha + 3xy\operatorname{sen}\alpha]\,\vec{i} + [(2y^2 - x^2)\operatorname{sen}\alpha + 3xy\cos\alpha]\,\vec{j}}{4\,\pi\,\varepsilon_0\,[x^2 + y^2]^{5/2}}$$

SUPERFICIES EQUIPOTENCIALES: $r^2 = K_3\cos\theta + K_4\operatorname{sen}\theta$

- ACCIONES Y ENERGÍA SOBRE DIPOLO, al actuar sobre él un campo exterior:

$\vec{E}_o$ cualquiera $\Rightarrow$ FUERZA: $\vec{F} = \vec{\nabla}\,[\vec{p}\cdot\vec{E}_o]$.

$\vec{E}_o$ uniforme $\Rightarrow \vec{F} = \vec{0}$; MOMENTO: $\vec{M} = \vec{p}\wedge\vec{E}_o$; ENERGÍA POTENCIAL: $W_{POTENCIAL} = -\vec{p}\cdot\vec{E}_o$

7. POSICIONES DE EQUILIBRIO Y ESTABILIDAD

Las cargas eléctricas situadas en el espacio adoptan una posición de equilibrio (cargas en reposo) cuando sobre ellas actúa el campo electrostático creado por otras cargas adyacentes. El equilibrio de dichas cargas se puede hallar de dos formas:

■ ESTÁTICA. En equilibrio, las cargas están en reposo, la resultante de la fuerza es nula

$$\vec{F}_{q_j} = \frac{q_j}{4\pi\varepsilon_0}\sum_{\substack{i \neq j \\ i=1}}^{n} \frac{q_i}{r_{ij}^3}\vec{r}_{ij} \text{ fuerza sobre } q_j;\ \vec{r}_{ij} = [x_j - x_i]\vec{i} + [y_j - y_i]\vec{j} + [z_j - z_i]\vec{k}.\ r_{ij} = \sqrt{[x_j - x_i]^2 + [y_j - y_i]^2 + [z_j - z_i]^2}$$

$$\vec{F}_{q_j} = \frac{q_j}{4\pi\varepsilon_0}\sum_{\substack{i \neq j \\ i=1}}^{n} \frac{q_i}{\left[[x_j - x_i]^2 + [y_j - y_i]^2 + [z_j - z_i]^2\right]^{3/2}}\left[[x_j - x_i]\vec{i} + [y_j - y_i]\vec{j} + [z_j - z_i]\vec{k}\right] = \vec{0};\ \overrightarrow{F_{q_j}} = 0$$

Resolviendo la ecuación vectorial se halla la posición de equilibrio $P_0\,(x_0, y_0, z_0)$.

■ ENERGÍA POTENCIAL. En equilibrio hay Máximo/Mínimo de la Energía Potencial.

El potencial electrostático V_P en carga q_j, situada en P(x, y, z), creado por las cargas puntuales q_i existentes en los puntos $P_i\,(x_i, y_i, z_i)$ es: $V_P = V(x, y, z) = V_P = \frac{1}{4\pi\varepsilon_0}\Sigma\frac{q_i}{r_i}$

$$\vec{r}_i = \overrightarrow{P_{q_i}P} = [x - x_i]\,\vec{i} + [y - y_i]\,\vec{j} + [z - z_i]\,\vec{k};\ r_i = \sqrt{[x - x_i]^2 + [y - y_i]^2 + [z - z_i]^2}$$

Energía Potencial electrostática en q_j: $W_P = \frac{q_j}{4\pi\varepsilon_0}\Sigma\frac{q_i}{r_i} = \frac{q_j}{4\pi\varepsilon_0}\Sigma\frac{q_i}{\sqrt{[x - x_i]^2 + [y - y_i]^2 + [z - z_i]^2}}$

$\frac{dW_P}{dx} = 0;\ \frac{dW_P}{dy} = 0;\ \frac{dW_P}{dz} = 0 \Rightarrow$ se halla posición de equilibrio $P_0\,(x_0, y_0, z_0)$ de carga q_j.

$\frac{d^2W_{P_0}}{dx^2} < 0;\ \frac{d^2W_{P_0}}{dy^2} < 0;\ \frac{d^2W_{P_0}}{dz^2} < 0 \Rightarrow W_{P_0\,\text{MÁXIMO}}$ en $P_0(x_0, y_0, z_0)$, el equilibrio de q_j es Inestable.

$\frac{d^2W_{P_0}}{dx^2} > 0;\ \frac{d^2W_{P_0}}{dy^2} > 0;\ \frac{d^2W_{P_0}}{dz^2} > 0 \Rightarrow W_{P_0\,\text{MÍNIMO}}$ en $P_0(x_0, y_0, z_0)$, el equilibrio de q_j es Estable.

CUESTIONES

1.1. Una superficie cerrada, es tal que en todos sus puntos el vector campo eléctrico es saliente. ¿Qué se puede afirmar de la posible carga encerrada en su interior?

A) Que siempre es positiva.
B) Que siempre es negativa.
C) Que siempre es cero.
D) El vector campo eléctrico nunca puede atravesar superficies cerradas.

1.2. El potencial electrostático representa:

A) El trabajo realizado para desplazar la unidad de carga entre dos puntos cualesquiera.
B) La energía potencial electrostática por unidad de carga.
C) El trabajo realizado para desplazar cualquier carga hasta el infinito.
D) El campo electrostático por unidad de carga.

1.3. Las cargas eléctricas positivas abandonadas en campo eléctricos, se desplazan espontáneamente:

A) En cualquier dirección.
B) Hacia el máximo de energía potencial.
C) En el sentido de los potenciales decrecientes.
D) En el sentido de los potenciales crecientes.

1.4. Sea un conductor rectilíneo indefinido con una densidad lineal de carga uniforme λ. Indicar cual la función matemática que expresa la diferencia de potencial electrostático entre dos puntos:

A) Es siempre constante para todos los puntos.
B) Función lineal basándose en que el potencial es nulo en el infinito.
C) Función exponencial.
D) Función logarítmica.

1.5. La carga eléctrica está cuantizada y se conserva en un sistema aislado eléctricamente.

A) Únicamente cierto en la física cuántica. Pero en los sistemas aislados macroscópicos no se produce la conservación.
B) Es cierto en la física cuántica: cuantización y conservación.
C) Es cierto siempre.
D) La carga eléctrica se conserva pero no posee cuantización.

1.6. El rotacional nulo de un campo vectorial significa que dicho campo:

A) Puede expresarse como el gradiente de un campo escalar.
B) Es un campo no conservativo.
C) Es un campo conservativo según situaciones.
D) Puede expresarse como la divergencia de un campo escalar.

1.7. El teorema de Gauss:

A) Expresa el flujo del campo electrostático a través de una superficie cerrada, siendo igual a la suma algebraica de las cargas situadas en el interior, dividido por la constante de permitividad del vacío.
B) Expresa el flujo del campo eléctrico a través de una superficie abierta, siendo igual a la suma algebraica de las cargas situadas en el interior, dividido por la constante de permitividad del vacío.
C) Relaciona el flujo del campo eléctrico con la existencia de cargas eléctricas y su posición dentro de una superficie cerrada imaginaria denominada "gaussiana".
D) Relaciona el flujo del campo eléctrico creado por las cargas interiores y exteriores a la superficie cerrada imaginaria denominada "gaussiana".

1.8. ¿Cuál de las siguientes afirmaciones es cierta?

A) La circulación del vector campo electrostático en una trayectoria cerrada es siempre nula.
B) La circulación del vector campo magnético en una trayectoria cerrada es siempre nula.
C) La circulación del vector campo electrostático en una trayectoria cerrada puede ser nula.
D) Ninguna de las anteriores.

1.9. El principio de superposición es:

A) Una justificación teórica sin base experimental.
B) Un resultado experimental sin justificación teórica.
C) Consecuencia del pensamiento "la suma de las partes es el todo", y además demostrado empíricamente.
D) Consecuencia del pensamiento "la suma de las partes es el todo", sin demostración experimental.

1.10. El campo electrostático es:

A) Un ente abstracto que explica la existencia real de fuerzas eléctricas.
B) Una causa física de las ficticias fuerzas eléctricas.
C) Un ente que permite relacionar matemáticamente la carga y fuerzas eléctricas.
D) Ninguna de las respuestas anteriores.

1.11. En el teorema de Gauss, el flujo del campo electrostático:

A) Es independiente de la situación de las cargas dentro de la superficie gaussiana, pero depende de la situación de las cargas exteriores.
B) Depende únicamente de la situación de las cargas negativas dentro de la superficie gaussiana.
C) Es independiente de la situación de las cargas que hay dentro de la superficie gaussiana y de la existencia, o no, de las cargas exteriores a dicha superficie.
D) Depende de la distribución simétrica de las cargas interiores.

1.12. Todas las predicciones de la Electrostática provienen de:

A) La ley de Gauss y de que la circulación de un campo electrostático es nula.
B) El rotacional del campo electrostático es nulo.
C) La circulación de un campo electrostático es distinta de cero.
D) La ley de Coulomb.

1.13. Las líneas del campo electrostático y las superficies equipotenciales se cortan entre sí bajo un ángulo:

A) De 180º.
B) De 0º.
C) De 90º.
D) Nunca se cortan.

1.14. La función potencial electrostático es:

A) Una función vectorial que no está unívocamente definida, pudiendo añadirle cualquier constante sin afectar al valor del campo eléctrico.
B) Consecuencia de obtener un rotacional de campo electrostático distinto de cero.
C) Una función escalar tal que al aplicarle el operador gradiente genera el campo electrostático.
D) Un artilugio matemático para simplificar el cálculo de los campos electrostáticos cuando se presentan movimientos de cargas.

1.15. Un dipolo eléctrico $\vec{p}$ está orientado de forma que su dirección es perpendicular al $\overrightarrow{E_0}$ Campo electrostático exterior, existente en la región donde se encuentra el citado dipolo. En esta situación la energía potencial del dipolo es:

A) Nula.
B) Mínima.
C) Máxima.
D) Ninguna de las anteriores.

PROBLEMA 1.1

En los puntos A (a, 0, 0) y B (–a, 0, 0) existen dos cargas puntuales positivas iguales +q, situadas en el vacío. En el punto medio del segmento que las une, hay un plano perpendicular a dicho segmento (plano X= 0). Se pide determinar:

1º.- Campo electrostático que crean ambas cargas en un punto genérico del plano X= 0 que dista una distancia R del origen de coordenadas.

2º.- Lugar geométrico de los puntos de dicho plano donde la intensidad del campo electrostático producido por las dos cargas es máxima. Módulo del campo máximo.

3º.- Aplicación numérica del apartado anterior para: a = 20 cm, q= $5\cdot10^{-10}$ C.

4º.- Se sitúa una carga -2q en el eje OX entre las cargas +q, las cuales están en los puntos A y B (ver figura adjunta del primer apartado).

SOLUCIÓN

1º.- Campo electrostático $\vec{E}$.

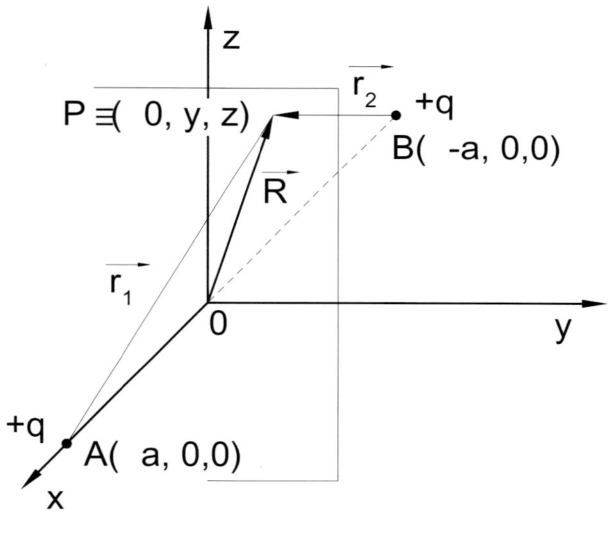

Carga situada en A, produce:

$$\left.\begin{array}{l} \vec{E}_A = \dfrac{q}{4\pi\varepsilon_0}\dfrac{\vec{r}_1}{r_1^3} \\ \\ \vec{r}_1 = -a\vec{i} + \vec{R}; r_1 = \sqrt{a^2 + R^2} \end{array}\right\} \Rightarrow \vec{E}_A = \frac{q}{4\pi\varepsilon_0}\frac{-a\vec{i} + \vec{R}}{\left(a^2 + R^2\right)^{3/2}}$$

Carga situada en B produce:

$$\left.\begin{array}{l} \vec{E}_B = \dfrac{q}{4\pi\varepsilon_0}\dfrac{\vec{r}_2}{r_2^3} \\ \\ \vec{r}_2 = a\vec{i} + \vec{R};\, r_2 = \sqrt{a^2 + R^2} \end{array}\right\} \Rightarrow \vec{E}_B = \frac{q}{4\pi\varepsilon_0}\frac{a\vec{i} + \vec{R}}{\left(a^2 + R^2\right)^{3/2}}$$

Mediante el Principio de Superposición, se obtiene el campo total creado por ambas cargas en un punto genérico (0, y, z) del plano X= 0:

$\vec{E}_{Total} = \vec{E}_A + \vec{E}_B = \dfrac{q}{2\pi\varepsilon_0\left(a^2 + R^2\right)^{3/2}}\vec{R}$, donde $\vec{R} = \overline{OP} = y\vec{j} + z\vec{k}$, por tanto:

$$\vec{E}_{Total} = \vec{E}_A + \vec{E}_B = \frac{q}{2\pi\varepsilon_0\left(a^2 + y^2 + z^2\right)^{3/2}}\,[y\,\vec{j} + z\,\vec{k}]$$

2º.- Lugar geométrico de campo máximo. Módulo del campo máximo.

El módulo del campo total: $\left|\vec{E}_{Total}\right| = \dfrac{q}{2\pi\varepsilon_0}\dfrac{R}{\left(a^2 + R^2\right)^{3/2}}$

Para obtener el máximo de la anterior expresión, hallamos la derivada respecto de la variable independiente R y después igualamos a cero:

$$\frac{dE_{Total}}{dR} = \frac{q}{2\pi\varepsilon_0}\frac{\left(a^2 + R^2\right)^{3/2} - \dfrac{3R}{2}\left(a^2 + R^2\right)^{1/2} 2R}{\left(a^2 + R^2\right)^3} = 0 \qquad \Rightarrow$$

$\left(a^2 + R^2\right)^{3/2} - \dfrac{3R}{2}\left(a^2 + R^2\right)^{1/2} 2R = 0$; operando: $a^2 - 2R^2 = 0 \Rightarrow R = \dfrac{\sqrt{2}}{2}a$.

El lugar geométrico de puntos donde el campo es máximo: circunferencia situada en el plano X=0 de centro O y de radio $R = \dfrac{\sqrt{2}}{2}a$

Módulo del campo electrostático máximo: $E_{Máximo} = \dfrac{\sqrt{3}}{9\pi\varepsilon_0}\dfrac{q}{a^2}$

3º.- Aplicación numérica del apartado anterior.

Para los datos del enunciado: a = 20 cm y q= $5\cdot 10^{-10}$ C.

El lugar geométrico:

Circunferencia situada en el plano X= 0, de centro O y radio $R = \sqrt{2}\cdot 10^{-1}$m

Módulo del campo electrostático máximo:

$$E_{Máximo} = \frac{\sqrt{3}}{9\pi\varepsilon_0}\frac{q}{a^2} = \frac{\sqrt{3}}{9\,\pi\cdot 8{,}854\cdot 10^{-12}}\frac{5\cdot 10^{-10}}{4\cdot 10^{-2}} = 86{,}48\ \text{V m}^{-1}$$

4º.- Se sitúa una carga -2q sobre el eje OX, entre los puntos A y B, y a una distancia "x" del punto B. Calcular la posición de equilibrio de la carga -2q.

Para facilitar los cálculos, trasladamos el origen del sistema referencial de coordenadas al punto B, como indica la siguiente figura.

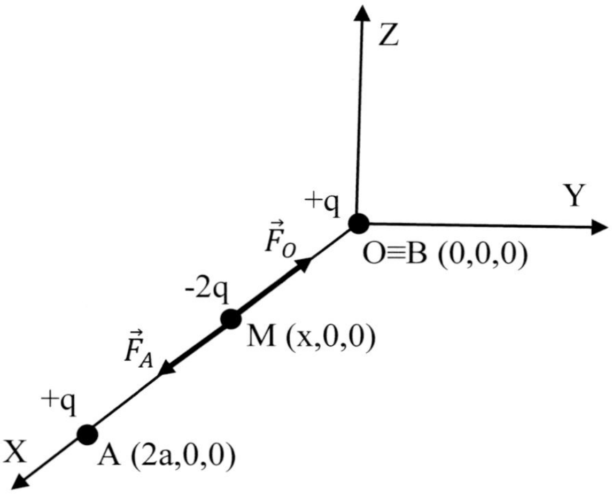

La carga +q en O, provoca una fuerza de atracción electrostática sobre -2q:

$$\vec{F}_O = \frac{2q \cdot q}{4\pi\varepsilon_o x^2}\ (-\vec{\imath})$$

La carga +q en A, provoca una fuerza de atracción electrostática sobre -2q:

$$\vec{F}_A = \frac{2q \cdot q}{4\pi\varepsilon_o (2a - x)^2}\ (\vec{\imath})$$

En la posición de equilibrio se verifica que, $\vec{F}_O + \vec{F}_A = \vec{0}$, entonces,

$$\frac{2q^2}{[2a - x]^2} = \frac{2q^2}{x^2} \quad \rightarrow \quad x = a$$

Para estudiar la estabilidad del equilibrio, se analiza cómo varían las fuerzas atractivas con la distancia "x".

$$\frac{dF_O}{dx} = \frac{q^2}{\pi\varepsilon_o x^3} \quad ; \quad \frac{dF_A}{dx} = \frac{q^2}{\pi\varepsilon_o [2a - x]^3}$$

Lo que implica que para un pequeño desplazamiento "dx>0" de la posición de equilibrio, la fuerza F_A aumenta, mientras que la fuerza F_O disminuye, y en consecuencia tiende a separarse más de la posición de equilibrio, significando un equilibrio inestable.

Se puede resolver considerando la energía potencial electrostática de la carga -2q en el campo electrostático creado por el conjunto de cargas +q. Las posiciones de equilibrio corresponderán a los máximos de dicha energía potencial (equilibrio inestable) y a los mínimos (equilibrio estable).

El potencial electrostático en el punto M de la figura es:

$$V = \frac{q}{4\pi\varepsilon_o}\left[\frac{1}{x} + \frac{1}{2a - x}\right]$$

Y la energía potencial E_P de la carga -2q situada en M será:

$$E_P = -2q \cdot V = -\frac{2q^2}{4\pi\varepsilon_o}\left[\frac{1}{x} + \frac{1}{2a - x}\right]$$

Se realiza la búsqueda de máximos o mínimos. Primero se determina la derivada respecto de la variable "x"; se iguala a cero y se hallan las raíces,

$$\frac{dE_P}{dx} = -\frac{2q^2}{4\pi\varepsilon_o}\left[-\frac{1}{x^2} + \frac{1}{(2a - x)^2}\right] = 0 \rightarrow x = a$$

Se determina la segunda derivada y se sustituye,

$$\frac{d^2E_P}{dx^2} = -\frac{2q^2}{4\pi\varepsilon_o}\left[\frac{1}{x^3} + \frac{2}{(2a-x)^3}\right]$$

Que al sustituir $x = a$ se obtiene $\frac{d^2E_P}{dx^2} < 0$ luego es un máximo, y en consecuencia es un equilibrio inestable.

PROBLEMA 1.2

Sea un conductor rectilíneo e indefinido con densidad lineal de carga eléctrica λ, situado en el eje OZ, de un sistema cartesiano. Determinar:

1º.- Campo electrostático producido en un punto P a una distancia "R", de la perpendicular desde el punto P al conductor.

2º.- Lugar geométrico de puntos donde $E = 4\ V\ m^{-1}$, siendo $\lambda = 20\ pC\ cm^{-1}$.

SOLUCIÓN

1º.- Campo electrostático producido en punto P.

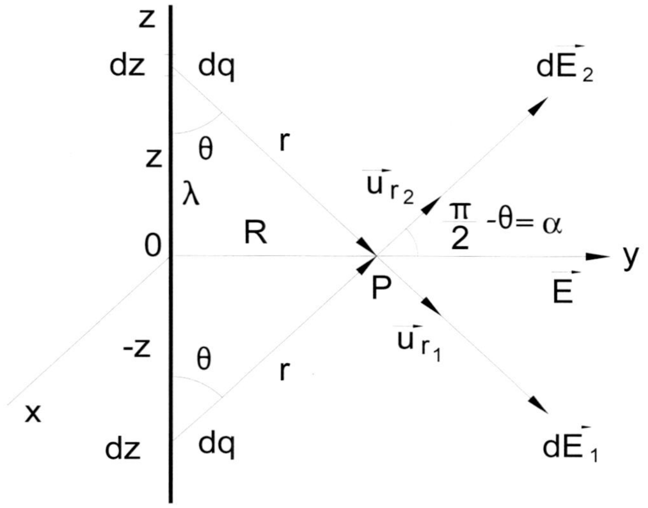

<u>MÉTODO Nº 1</u>

Tomando dos elementos diferenciales de carga (dq) simétricos, respecto al punto O (pie de la perpendicular desde el punto P al conductor), tenemos el diferencial del campo electrostático siguiente:

$$d\vec{E} = d\vec{E}_1 + d\vec{E}_2 = dE[-\cos\theta\vec{k} + \text{sen}\theta\vec{j}] + dE[\cos\theta\vec{k} + \text{sen}\theta\vec{j}] = 2\,dE\,\text{sen}\,\theta\,\vec{j}$$

Integrando la expresión anterior para todo el conductor rectilíneo e indefinido, mediante el intervalo de variación del ángulo θ entre: $\pi/2$ y 0.

$$\vec{E} = \int_{-\infty}^{+\infty} d\vec{E} = 2\int_{+\pi/2}^{0} dE\text{sen}\theta\,\vec{j} \text{ donde } dE = \frac{1}{4\pi\varepsilon_0}\frac{dq}{r^2}$$

$$\left.\begin{array}{l} \left.\begin{array}{l} dq = \lambda dz \\ z = \dfrac{R}{tg\theta} \rightarrow dz = -\dfrac{R}{\text{sen}^2\theta}d\theta \end{array}\right\} dq = -\dfrac{R\lambda}{\text{sen}^2\theta}d\theta \\ r = \dfrac{R}{\text{sen}\theta};\ \text{límites integral}\left\{\begin{array}{l} Enz = 0 \rightarrow \theta = \dfrac{\pi}{2} \\ Enz = \infty \rightarrow \theta = 0 \end{array}\right. \end{array}\right\} \Rightarrow dE = \frac{-1}{4\pi\varepsilon_0}\frac{\lambda}{R}d\theta$$

Sustituyendo resulta: $\left|\vec{E}\right| = -2\int_{\pi/2}^{0} \frac{1}{4\pi\varepsilon_0}\frac{\lambda \operatorname{sen}\theta}{R} d\theta = \frac{1}{2\pi\varepsilon_0}\frac{\lambda}{R}\left[\cos\theta\right]_{\pi/2}^{0} = \frac{\lambda}{2\pi\varepsilon_0 R}$

Según los ejes de la figura el campo electrostático en el punto P es:

$$\vec{E}_P = \frac{\lambda}{2\pi\varepsilon_0 R}\vec{j}$$

MÉTODO Nº 2

Como en el apartado anterior, se toman dos elementos diferenciales de carga (dq) simétricos, respecto al punto O (pie de la perpendicular desde el punto P al conductor), pero el ángulo es ahora: $\alpha = \frac{\pi}{2} - \theta$.

El diferencial del campo electrostático resulta:

$$d\vec{E} = d\vec{E}_1 + d\vec{E}_2 = dE[-\operatorname{sen}\alpha\ \vec{k} + \cos\alpha\ \vec{j}] + dE[\operatorname{sen}\alpha\ \vec{k} + \cos\alpha\ \vec{j}] = 2\,dE\cos\alpha\ \vec{j}$$

Integrando la expresión anterior para todo el conductor rectilíneo e indefinido, mediante el campo de variación del ángulo α: desde 0 a π/ 2.

$$\vec{E} = \int_{-\infty}^{+\infty} d\vec{E} = 2\int_{0}^{+\pi/2} dE\cos\alpha\ \vec{j} \quad \text{donde} \quad dE = \frac{1}{4\pi\varepsilon_0}\frac{dq}{r^2}$$

$$\left.\begin{array}{l} \left.\begin{array}{l} dq = \lambda\ dz \\ z = R\operatorname{tg}\alpha \rightarrow dz = \dfrac{R}{\cos^2\alpha}d\alpha \end{array}\right\} dq = \dfrac{R\lambda}{\cos^2\alpha}d\alpha \\ \\ r = \dfrac{R}{\cos\alpha};\ \text{límites integral}\left\{\begin{array}{l} \text{En } z = 0 \rightarrow \alpha = 0 \\ \text{En } z = \infty \rightarrow \alpha = \dfrac{\pi}{2} \end{array}\right. \end{array}\right\} \Rightarrow dE = \frac{1}{4\pi\varepsilon_0}\frac{dq}{r^2} = \frac{1}{4\pi\varepsilon_0}\frac{\lambda}{R}d\alpha$$

Sustituyendo resulta: $\left|\vec{E}\right| = 2\int_{0}^{\pi/2} \frac{1}{4\pi\varepsilon_0}\frac{\lambda\cos\alpha}{R} d\alpha = \frac{1}{2\pi\varepsilon_0}\frac{\lambda}{R}\left[\operatorname{sen}\alpha\right]_{0}^{\pi/2} = \frac{\lambda}{2\pi\varepsilon_0 R}$

Campo electrostático en P: $\vec{E}_P = \frac{\lambda}{2\pi\varepsilon_0 R}\vec{j}$ coincidente con el obtenido en método nº 1.

2º.- Lugar geométrico de puntos donde E= 4 V m^{-1} siendo λ= 20 pC cm^{-1}.

Para obtener el lugar geométrico buscado, hacemos constante el valor del módulo del campo antes obtenido: $\left|\vec{E}\right| = \frac{\lambda}{2\pi\varepsilon_0 R} = 4$, por tanto resulta $R = \frac{\lambda}{8\pi\varepsilon_0}$.

Sustituyendo datos se obtiene el lugar geométrico que es:

L.G. ≡ Cilindro de eje OZ y de radio $R = \frac{20\cdot 10^{-12}\cdot 10^{2}}{8\pi\varepsilon_0} = 9\cdot 10^{9}\cdot 10^{-9} = 9$ m

PROBLEMA 1.3

Sobre una lámina situada en el vacío, de espesor despreciable, longitud infinita y anchura 2b, existe una distribución uniforme de carga positiva de densidad superficial σ. Calcular el campo electrostático creado por dicha distribución en un punto P situado a una distancia "d" de la línea central de la lámina, como indica la figura.

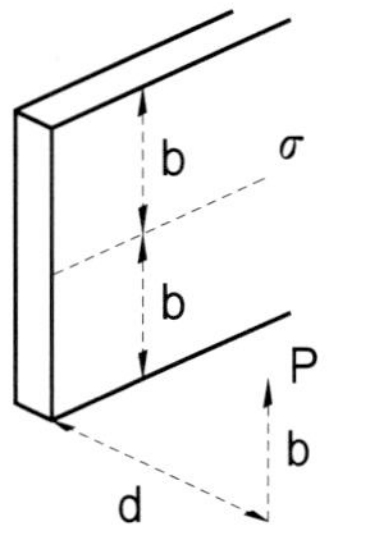

SOLUCIÓN

Descomponemos la lámina en infinitos elementos diferenciales cuya altura es diferencial (dz), asimilados a hilos indefinidos con distribución lineal uniforme λ.

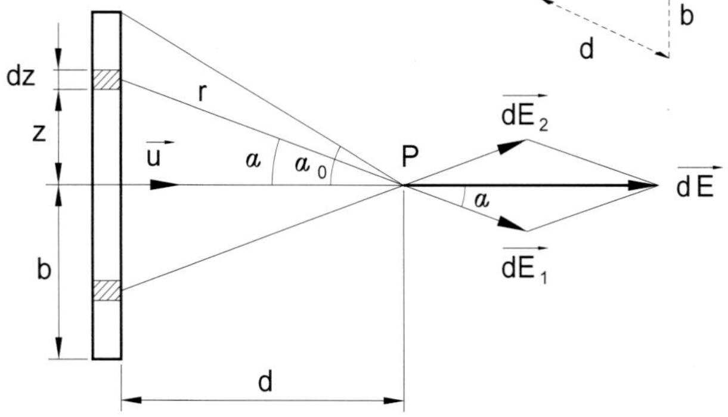

$$\left.\begin{array}{l} \text{carga diferencial en dz: } dq = \sigma\, dz\, \ell \\ \text{carga en el hilo indefinido: } dq = \lambda\, \ell \end{array}\right\} \Rightarrow \lambda = \sigma\, dz$$

El campo electrostático diferencial producido por un hilo indefinido con distribución de carga lineal uniforme λ, en un punto P a una distancia "r" del hilo cargado es:

$$\left.\begin{array}{l} dE_1 = \dfrac{\lambda}{2\pi\varepsilon_0 r} \\ \text{con } \lambda = \sigma\, dz \end{array}\right\} \Rightarrow dE_1 = \frac{\sigma\, dz}{2\pi\varepsilon_0 r}$$

Tomando 2 hilos simétricos, respecto al pie de la perpendicular a la lámina que pasa por el punto P, se tiene el diferencial del campo electrostático total en el punto:

$$dE = 2\, dE_1 \cos\alpha = \frac{\sigma\, dz}{\pi\varepsilon_0 r}\cos\alpha\text{; por tanto:} \quad \left.\begin{array}{l} E = \displaystyle\int_{\text{Lámina}} dE = \int_0^{\alpha_0} \frac{\sigma\cos\alpha}{\pi\varepsilon_0 r}\, dz \\ z = d\,\tan\alpha \rightarrow dz = d\dfrac{d\alpha}{\cos^2\alpha};\ r = \dfrac{d}{\cos\alpha} \end{array}\right\}$$

$$\left.\begin{array}{l} E = \displaystyle\int_0^{\alpha_0} \frac{\sigma\, d\alpha}{\pi\varepsilon_0} \\ \text{siendo } \alpha_0 = \text{arc tan}\dfrac{b}{d} \end{array}\right\} \Rightarrow \vec{E} = \frac{\sigma}{\pi\varepsilon_0}\text{arc tan}\frac{b}{d}\,\vec{u}$$

PROBLEMA 1.4

Una corona circular metálica de radios R_1 y R_2 ($R_1 < R_2$), de espesor despreciable, está cargada con una densidad uniforme de σ (C/m^2). Se pide calcular en un punto cualquiera P del eje perpendicular al plano de la corona:

1°.- Potencial electrostático V_P.

2°.- Campo electrostático $\overrightarrow{E_P}$.

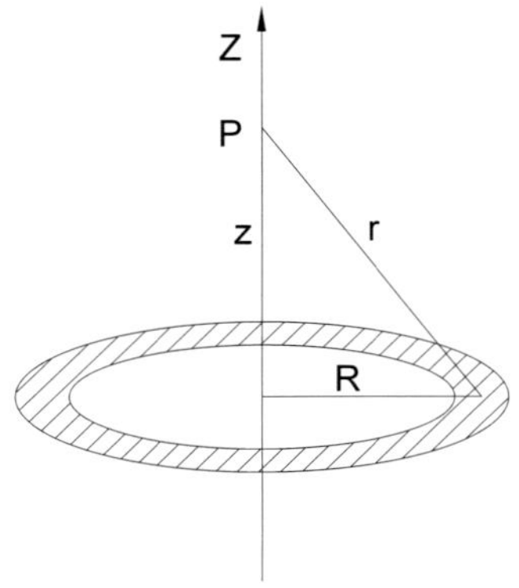

SOLUCIÓN

1°.- Potencial V_P

La carga dq situada en una corona circular de anchura "dR", produce un potencial V_P en el punto P del eje situado a una distancia "z" del plano:

$$\left.\begin{array}{l} dV = \dfrac{dq}{4\pi\varepsilon_0 r} \\ \\ dq = \sigma dS = \sigma 2\pi R dR \end{array}\right\} \Rightarrow \left.\begin{array}{l} V_P = \displaystyle\iint_S dV_P = \frac{\sigma}{4\pi\varepsilon_0}\int \frac{2\pi R dR}{r} \\ S \equiv \text{corona circular} \\ \text{siendo } r = \sqrt{R^2+z^2} \end{array}\right\} \Rightarrow V_P = \frac{\sigma}{2\varepsilon_0}\int_{R_1}^{R_2} \frac{R\,dR}{\sqrt{R^2+z^2}}$$

Integrando obtenemos: $V_P = \dfrac{\sigma}{2\varepsilon_0}\left[\sqrt{R_2^2+z^2} - \sqrt{R_1^2+z^2}\right]$

2°.- Campo electrostático $\overrightarrow{E_P}$

A partir del campo hallado en el apartado anterior resulta:

$$\left.\begin{array}{l} \vec{E} = -\vec{\nabla} V = -\overrightarrow{\text{grad}}\, V \\ \\ \text{El potencial es: } V = V(z) \end{array}\right\} \Rightarrow \vec{E} = -\frac{dV}{dz}\vec{k} = -\frac{d}{dz}\left[\frac{\sigma}{2\varepsilon_0}\left[\sqrt{R_2^2+z^2} - \sqrt{R_1^2+z^2}\right]\right]\vec{k}$$

$$\vec{E} = \frac{\sigma}{2\varepsilon_0}\cdot\left[\frac{z}{\sqrt{R_1^2+z^2}} - \frac{z}{\sqrt{R_2^2+z^2}}\right]\vec{k}$$

PROBLEMA 1.5

El conductor metálico de la figura, se encuentra en el vacío, está formado por tres tramos entre los que no hay contacto físico, sus características son:

Tramo 1: Rectilíneo Semi-indefinido con densidad de carga $\lambda_1 = \lambda_0$ C/m.

Tramo 2: Semicircunferencia de radio R y densidad de carga $\lambda_2 = 2\lambda_0$ C/m.

Tramo 3: Rectilíneo Semi-indefinido con densidad de carga $\lambda_3 = 3\lambda_0$ C/m.

Se pide determinar la expresión vectorial del campo electrostático E que se crea por los tres tramos de conductor cargado en el origen de coordenadas, en función de λ_0 y de R.

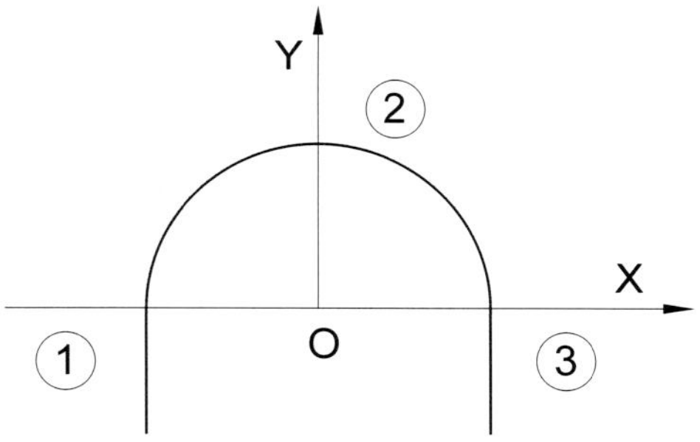

SOLUCIÓN

Por el Principio de Superposición el campo electrostático en el origen de coordenadas $\vec{E}_O$ será la suma de los campos electrostáticos que producen cada tramo en el origen:

$$\vec{E}_O = \vec{E}_{O1} + \vec{E}_{O2} + \vec{E}_{O3}$$

Tramo 1. Con $\lambda_1 = \lambda_0$, siendo $\vec{r}$ vector que va desde "dq" hasta "O".

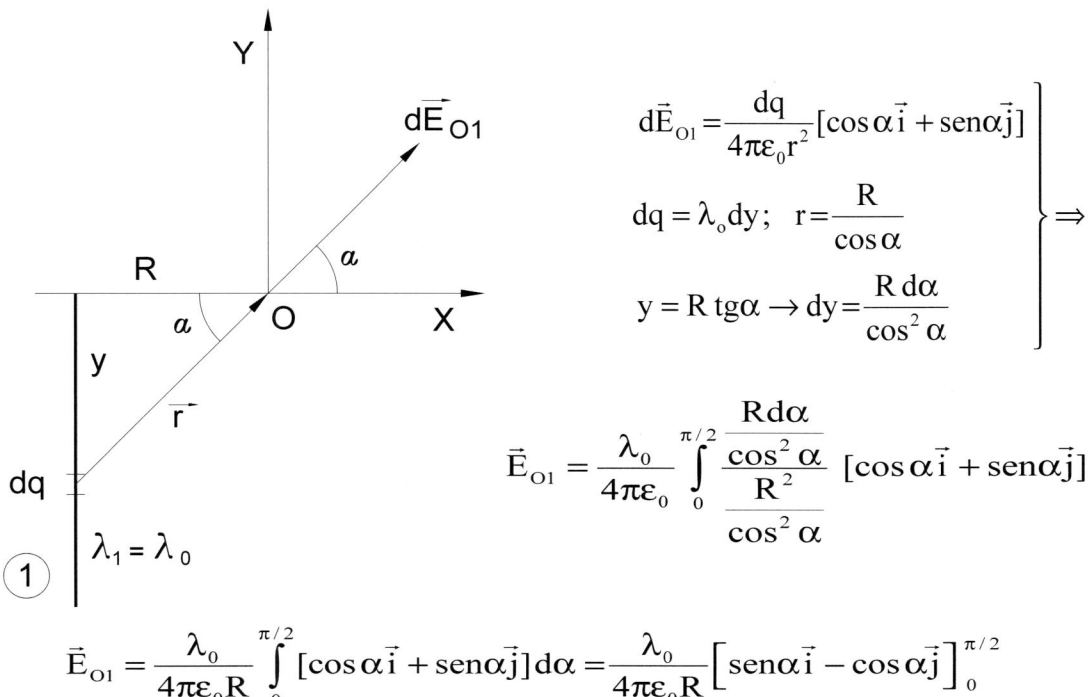

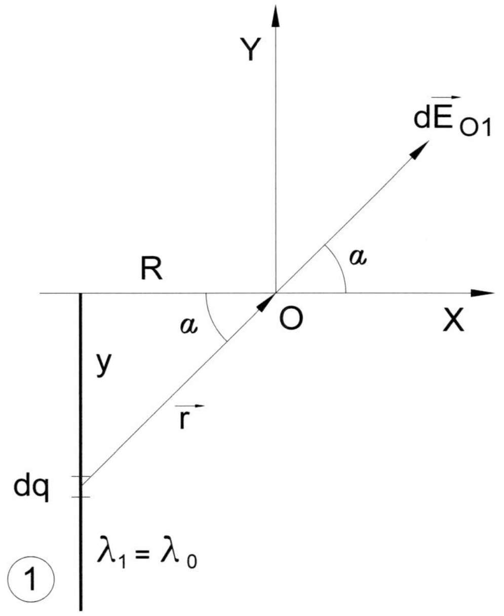

$$\left.\begin{aligned} & d\vec{E}_{O1} = \frac{dq}{4\pi\varepsilon_0 r^2}[\cos\alpha\,\vec{i} + \operatorname{sen}\alpha\,\vec{j}] \\ & dq = \lambda_0 dy; \quad r = \frac{R}{\cos\alpha} \\ & y = R\,\operatorname{tg}\alpha \rightarrow dy = \frac{R\,d\alpha}{\cos^2\alpha} \end{aligned}\right\} \Rightarrow$$

$$\vec{E}_{O1} = \frac{\lambda_0}{4\pi\varepsilon_0}\int_0^{\pi/2} \frac{\dfrac{R\,d\alpha}{\cos^2\alpha}}{\dfrac{R^2}{\cos^2\alpha}}\,[\cos\alpha\,\vec{i} + \operatorname{sen}\alpha\,\vec{j}]$$

$$\vec{E}_{O1} = \frac{\lambda_0}{4\pi\varepsilon_0 R}\int_0^{\pi/2}[\cos\alpha\,\vec{i} + \operatorname{sen}\alpha\,\vec{j}]\,d\alpha = \frac{\lambda_0}{4\pi\varepsilon_0 R}\Big[\operatorname{sen}\alpha\,\vec{i} - \cos\alpha\,\vec{j}\Big]_0^{\pi/2}$$

$$\vec{E}_{O1} = \frac{\lambda_0}{4\pi\varepsilon_0 R}[\vec{i}+\vec{j}]$$

Tramo 2. Con $\lambda_2 = 2\lambda_0$, siendo $\vec{R}$ vector que va desde donde está "dq" hasta "O".

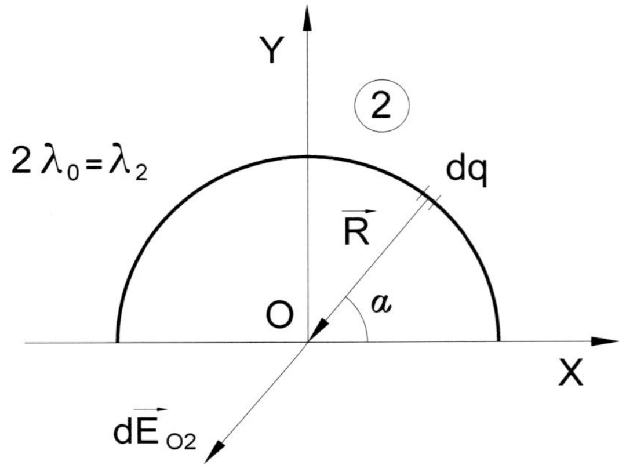

$$\left.\begin{array}{l} d\vec{E}_{O2} = \dfrac{dq}{4\pi\varepsilon_0 R^2}[-\cos\alpha\,\vec{i} - \operatorname{sen}\alpha\,\vec{j}] \\ dq = 2\lambda_0 R\, d\alpha \end{array}\right\} \Rightarrow$$

$$\vec{E}_{O2} = \frac{2\lambda_0}{4\pi\varepsilon_0 R}\int_0^{\pi}[-\cos\alpha\,\vec{i} - \operatorname{sen}\alpha\,\vec{j}]\, d\alpha$$

Integrando se obtiene: $\vec{E}_{O2} = \dfrac{2\lambda_0}{4\pi\varepsilon_0 R}\left[-\operatorname{sen}\alpha\,\vec{i} - \cos\alpha\,\vec{j}\right]_0^{\pi} = -\dfrac{4\lambda_0}{4\pi\varepsilon_0 R}\vec{j}$

Tramo 3. Con $\lambda_3 = 3\lambda_0$, siendo $\vec{r}$ vector que va desde donde está "dq" hasta "O".

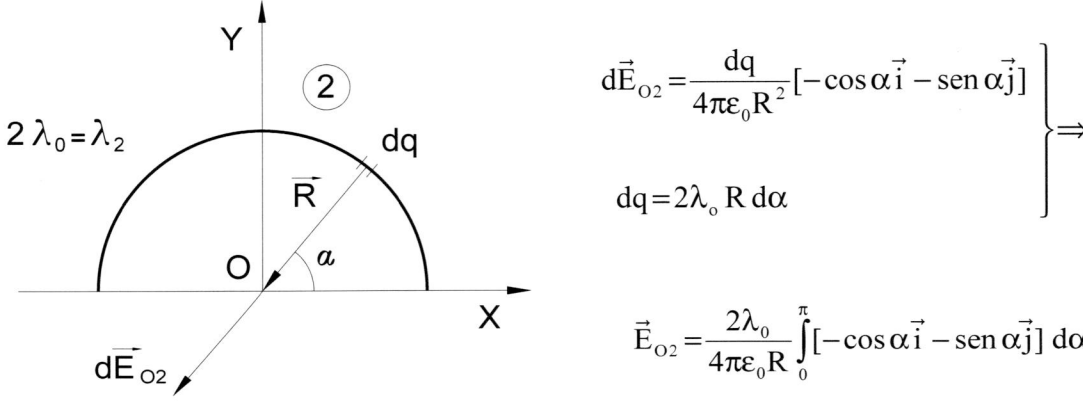

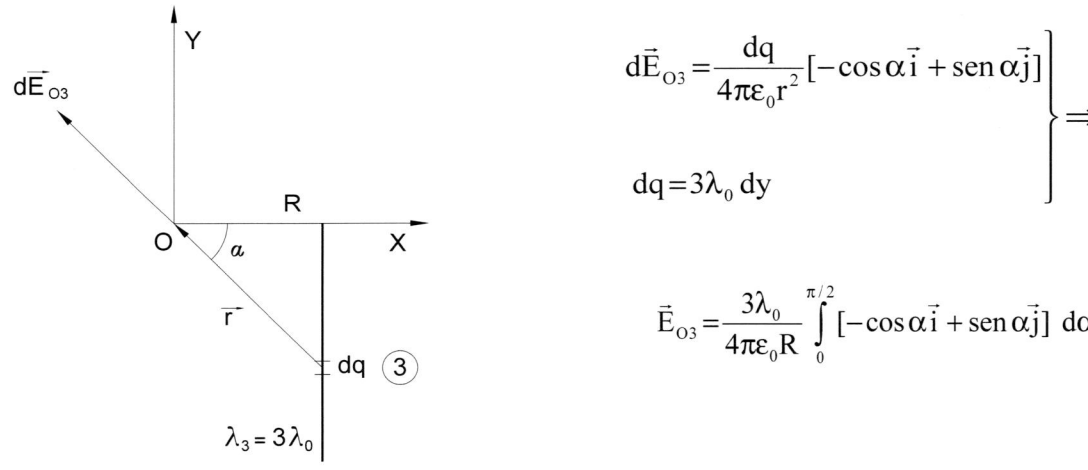

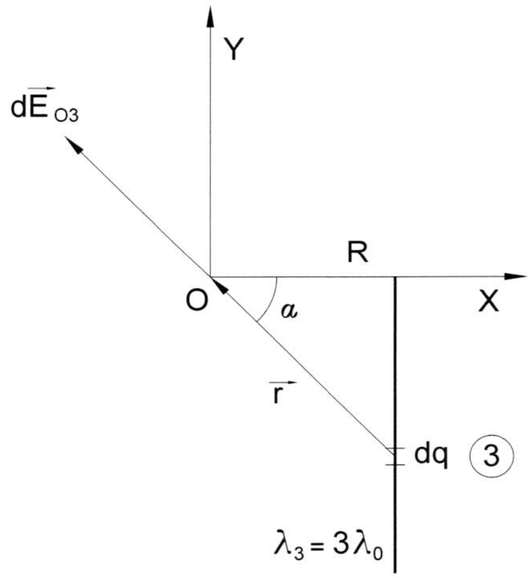

$$\left.\begin{array}{l} d\vec{E}_{O3} = \dfrac{dq}{4\pi\varepsilon_0 r^2}[-\cos\alpha\,\vec{i} + \operatorname{sen}\alpha\,\vec{j}] \\ dq = 3\lambda_0\, dy \end{array}\right\} \Rightarrow$$

$$\vec{E}_{O3} = \frac{3\lambda_0}{4\pi\varepsilon_0 R}\int_0^{\pi/2}[-\cos\alpha\,\vec{i} + \operatorname{sen}\alpha\,\vec{j}]\, d\alpha$$

$$\vec{E}_{O3} = \frac{3\lambda_0}{4\pi\varepsilon_0 R}\left[-\operatorname{sen}\alpha\,\vec{i} - \cos\alpha\,\vec{j}\right]_0^{\pi/2} = \frac{3\lambda_0}{4\pi\varepsilon_0 R}\left[-\vec{i} + \vec{j}\right]$$

El campo electrostático resultante en el origen de coordenadas es, por el Principio de Superposición: $\vec{E}_O = \vec{E}_{O1} + \vec{E}_{O2} + \vec{E}_{O3} = \dfrac{-\lambda_0}{2\pi\varepsilon_0 R}\vec{i}$

N.B.: Compruebe el lector que al permutar los límites de integración se obtienen unos vectores de campo electrostático que carecen de significado físico. Por ejemplo, en el tramo 1, el resultado que se obtendría al permutar dichos límites, sería un vector campo eléctrico con sentido hacia las cargas positivas.

PROBLEMA 1.6

Dada una distribución lineal de carga constante (tramos 1, 2, 3 y 4), como se indica en la figura, cargada uniformemente con λ (C/m). Se pide calcular el campo electrostático creado por la distribución en el origen de coordenadas (O).

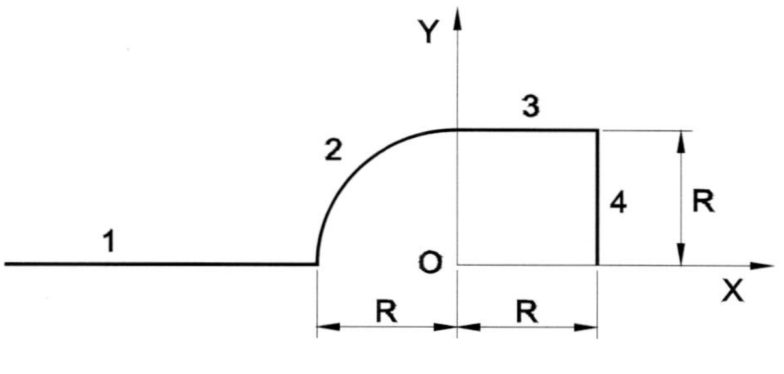

Nota: El tramo 1 sobre el eje X negativo es semiindefinido. Por eso va de $-\infty$ a $-R$

SOLUCIÓN

Tramo 1

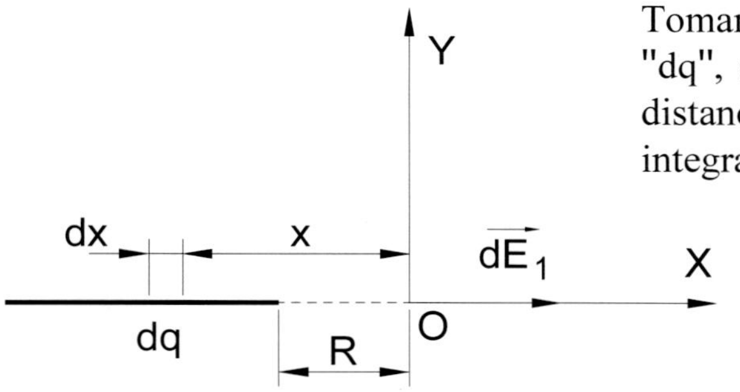

Tomamos un elemento diferencial de carga "dq", sobre el diferencial de tramo "dx", a una distancia "x" del origen de coordenadas, y lo integraremos desde $-\infty$ a $-R$.

$$d\vec{E}_1 = dE_1\,\vec{i}$$

$$\left.\begin{array}{l} dE_1 = \dfrac{dq}{4\pi\varepsilon_0 x^2} \\ \\ dq = \lambda\, dx \end{array}\right\} \Rightarrow dE_1 = \frac{\lambda\, dx}{4\pi\varepsilon_0 x^2} \Rightarrow E_1 = \frac{\lambda}{4\pi\varepsilon_0}\int_{-\infty}^{-R}\frac{dx}{x^2} = \frac{\lambda}{4\pi\varepsilon_0}\left[-\frac{1}{x}\right]_{-\infty}^{-R} = \frac{\lambda}{4\pi\varepsilon_0}\left[\frac{1}{R} - \frac{1}{\infty}\right] = \frac{\lambda}{4\pi\varepsilon_0 R}$$

En el tramo 1 produce un campo electrostático en el origen de coordenadas, de valor:

$$\vec{E}_1 = \frac{\lambda}{4\pi\varepsilon_0 R}\vec{i}$$

Tramo 2

Tomamos un elemento diferencial de carga "dq", sobre el diferencial de arco "$d\ell$", a una distancia "R" del origen de coordenadas, y lo integraremos desde 0 y $\pi/2$.

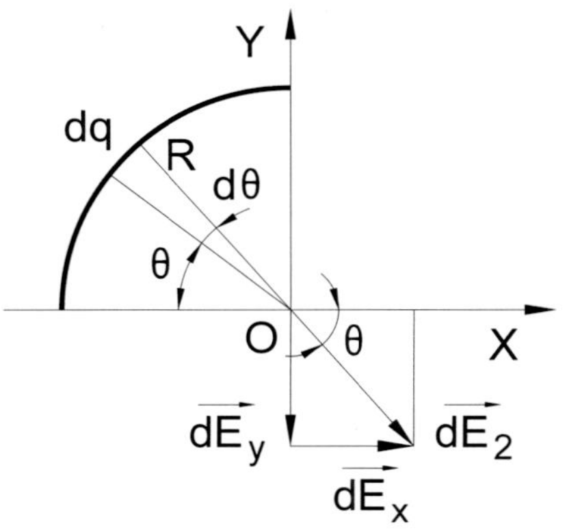

$$\left.\begin{array}{l} d\vec{E}_2 = dE_x\vec{i} - dE_y\vec{j} \\ dE_x = dE_2\cos\theta \\ dE_y = dE_2\,\text{sen}\theta \end{array}\right\} \Rightarrow d\vec{E}_2 = dE_2[\cos\theta\,\vec{i} - \text{sen}\theta\,\vec{j}]$$

$$\left.\begin{array}{l} dE_2 = \dfrac{dq}{4\pi\varepsilon_0 R^2} \\ dq = \lambda\, d\ell \\ d\ell = R\, d\theta \end{array}\right\} \Rightarrow d\vec{E}_2 = \frac{\lambda R d\theta}{4\pi\varepsilon_0 R^2}[\cos\theta\,\vec{i} - \text{sen}\theta\,\vec{j}]$$

Integrando resulta:

$$\vec{E}_2 = \frac{\lambda}{4\pi\varepsilon_0 R}\left\{\int_0^{\pi/2}\cos\theta\, d\theta\,\vec{i}\int_0^{\pi/2}\operatorname{sen}\theta\, d\theta\,\vec{j}\right\} = \frac{\lambda}{4\pi\varepsilon_0 R}\left\{[\operatorname{sen}\theta]_0^{\pi/2}\,\vec{i} - [-\cos\theta]_0^{\pi/2}\,\vec{j}\right\}$$

El tramo 2 produce un campo electrostático en el origen de coordenadas, de valor:

$$\vec{E}_2 = \frac{\lambda}{4\pi\varepsilon_0 R}[\vec{i} - \vec{j}]$$

Tramo 3

Tomamos un elemento diferencial de carga "dq", sobre el diferencial de tramo "dx", a una distancia "r" del origen de coordenadas, y lo integraremos desde 0 a R.

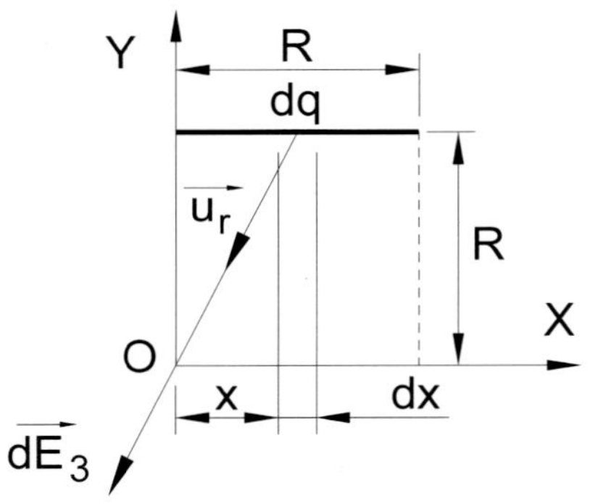

$$\left.\begin{array}{l} d\vec{E}_3 = dE_3\,\vec{u}_r \\ \vec{u}_r = \dfrac{-[x\vec{i} + R\vec{j}]}{\sqrt{x^2 + R^2}} \end{array}\right\} \Rightarrow d\vec{E}_3 = -dE_3\frac{x\vec{i} + R\vec{j}}{\sqrt{x^2 + R^2}}$$

$$\left.\begin{array}{l} dE_3 = \dfrac{dq}{4\pi\varepsilon_0 r^2} \\ dq = \lambda\, dx \\ r^2 = x^2 + R^2 \end{array}\right\} \Rightarrow dE_3 = \frac{\lambda\, dx}{4\pi\varepsilon_0[x^2 + R^2]}$$

$$d\vec{E}_3 = -\frac{\lambda\, dx}{4\pi\varepsilon_0[x^2 + R^2]}\,\frac{[x\vec{i} + R\vec{j}]}{\sqrt{x^2 + R^2}}\ ;\ \vec{E}_3 = -\frac{\lambda}{4\pi\varepsilon_0}\left\{\int_0^R \frac{x\, dx}{[x^2 + R^2]^{3/2}}\,\vec{i} + R\int_0^R \frac{dx}{[x^2 + R^2]^{3/2}}\,\vec{j}\right\}$$

$$\vec{E}_3 = -\frac{\lambda}{4\pi\varepsilon_0}\left\{\int_0^R \frac{x\, dx}{[x^2 + R^2]^{3/2}}\,\vec{i} + R\int_0^R \frac{dx}{[x^2 + R^2]^{3/2}}\,\vec{j}\right\}$$

$$\vec{E}_3 = -\frac{\lambda}{4\pi\varepsilon_0}\left\{\left[\frac{-1}{\sqrt{x^2 + R^2}}\right]_0^R \vec{i} + R\left[\frac{x}{R^2\sqrt{x^2 + R^2}}\right]_0^R \vec{j}\right\} = \frac{-\lambda}{4\pi\varepsilon_0}\left\{\left[\frac{-1}{R\sqrt{2}} + \frac{1}{R}\right]\vec{i} + R\left[\frac{R}{R^2 R\sqrt{2}} - 0\right]\vec{j}\right\}$$

El tramo 3 produce un campo electrostático en el origen de coordenadas, de valor:

$$\vec{E}_3 = \frac{-\lambda}{4\pi\varepsilon_0 R}\left[[1 - \frac{1}{\sqrt{2}}]\vec{i} + \frac{1}{\sqrt{2}}\vec{j}\right]$$

Tramo 4

Tomamos un elemento diferencial de carga "dq", sobre el diferencial de tramo "dy", a una distancia "r" del origen de coordenadas, y lo integraremos desde 0 a R.

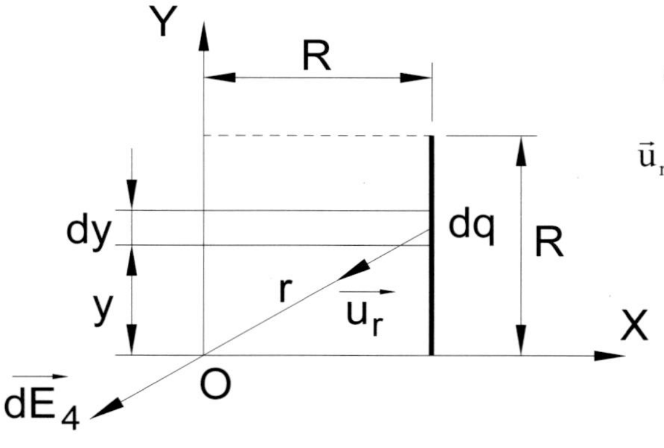

$$\left.\begin{array}{l} d\vec{E}_4 = dE_4\,\vec{u}_r \\ \vec{u}_r = \dfrac{-[R\vec{i} + y\vec{j}]}{\sqrt{y^2+R^2}} \end{array}\right\} \Rightarrow d\vec{E}_4 = -dE_4 \frac{[R\vec{i} + y\vec{j}]}{\sqrt{y^2+R^2}}$$

$$\left.\begin{array}{l} dE_4 = \dfrac{dq}{4\pi\varepsilon_0 r^2} \\ dq = \lambda\,dy \\ r^2 = y^2 + R^2 \end{array}\right\} \Rightarrow dE_4 = \frac{\lambda\,dy}{4\pi\varepsilon_0[y^2+R^2]}$$

$$d\vec{E}_4 = -\frac{\lambda\,dy}{4\pi\varepsilon_0[y^2+R^2]}\frac{[R\vec{i} + y\vec{j}]}{\sqrt{y^2+R^2}}$$

$$\vec{E}_4 = -\frac{\lambda}{4\pi\varepsilon_0}\left\{R\int_0^R \frac{dy}{[y^2+R^2]^{3/2}}\vec{i} + \int_0^R \frac{y\,dy}{[y^2+R^2]^{3/2}}\vec{j}\right\}$$

$$\vec{E}_4 = -\frac{\lambda}{4\pi\varepsilon_0}\left\{R\left[\frac{y}{R^2\sqrt{y^2+R^2}}\right]_0^R \vec{i} + \left[\frac{-1}{\sqrt{y^2+R^2}}\right]_0^R \vec{j}\right\} = \frac{-\lambda}{4\pi\varepsilon_0}\left\{R\left[\frac{R}{R^2R\sqrt{2}} - 0\right]\vec{i} + \left[\frac{-1}{R\sqrt{2}} + \frac{1}{R}\right]\vec{j}\right\}$$

El tramo 3 produce un campo electrostático en el origen de coordenadas, de valor:

$$\vec{E}_4 = \frac{-\lambda}{4\pi\varepsilon_0 R}\left\{\frac{1}{\sqrt{2}}\vec{i} + [1 - \frac{1}{\sqrt{2}}]\vec{j}\right\}$$

Sumando los tramos 3 y 4 queda:

$$\vec{E}_3 + \vec{E}_4 = \frac{-\lambda}{4\pi\varepsilon_0 R}\left\{[1 - \frac{1}{\sqrt{2}} + \frac{1}{\sqrt{2}}]\vec{i} + [\frac{1}{\sqrt{2}} + 1 - \frac{1}{\sqrt{2}}]\vec{j}\right\} = \frac{-\lambda}{4\pi\varepsilon_0 R}[\vec{i} + \vec{j}]$$

Aplicando el Principio de Superposición y considerando los cuatro tramos resulta:

$$\vec{E}_O = \vec{E}_1 + \vec{E}_2 + \vec{E}_3 + \vec{E}_4 = \frac{\lambda}{4\pi\varepsilon_0 R}[\vec{i} + \vec{i} - \vec{j} - \vec{i} - \vec{j}] = \frac{\lambda}{4\pi\varepsilon_0 R}[\vec{i} - 2\vec{j}]$$

PROBLEMA 1.7

Las componentes de un campo electrostático son: $E_x = E_z = 0$; $E_y = b\,y^{1/2}$, en donde la constante b= 800 $N/Cm^{1/2}$, en un sistema cartesiano trirrectangular OXYZ. Dado un cubo de lado "a" cuyas caras se encuentran en los siguientes planos:

CARA	1	2	3	4	5	6
PLANO	y = a	x = a	y = 2 a	x = 0	z = 0	z = a

Se pide determinar:

1°.- Flujo electrostático que atraviesa cada una de las caras del cubo.

2°.- Carga q en el interior del cubo.

Si en el centro del cubo anterior, hubiera situada una carga Q, calcular:

3°.- Flujo electrostático que atraviesa la cara n° 5 del cubo.

Si la carga Q se situa en el vértice donde concurren las caras n° 1, 4 y 6 determinar:

4°.- Flujo electrostático a través de la cara n° 5 del cubo.

SOLUCIÓN

1°.- Flujo electrostático que atraviesa cada una de las caras del cubo

El flujo electrostático ϕ por una cara, se expresa como el producto escalar del campo electrostático que atraviesa esa cara $\vec{E}$ por el vector superficie de dicha cara $\vec{S}$.

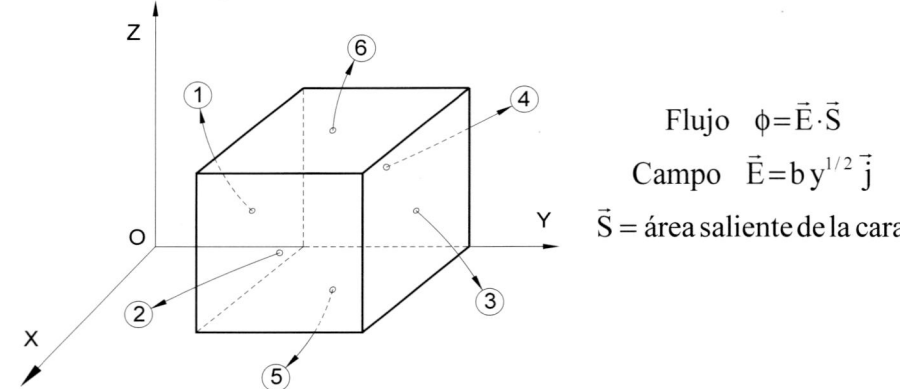

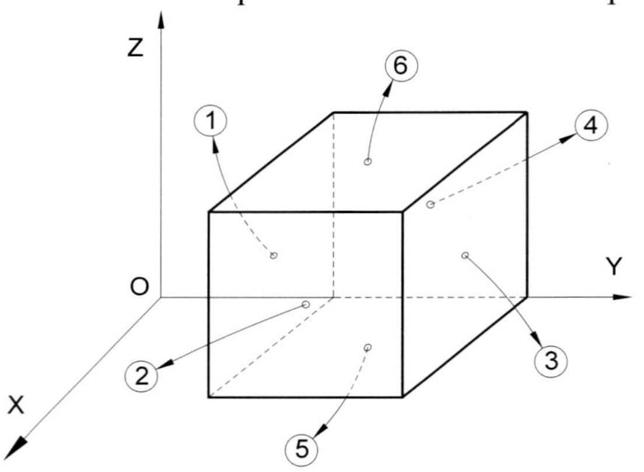

$$\left.\begin{array}{r}\text{Flujo}\quad \phi=\vec{E}\cdot\vec{S}\\ \text{Campo}\quad \vec{E}=b\,y^{1/2}\,\vec{j}\\ \vec{S}=\text{área saliente de la cara}\end{array}\right\}\Rightarrow \phi = b y^{1/2}\vec{j}\cdot a^2\vec{n}$$

CARA 1: (y = a) $\Rightarrow$ $\phi_1 = \vec{E}\cdot\vec{S}_1 = E_y\vec{j}\cdot[-a^2\vec{j}] = -b\,a^{5/2}$

CARA 2: (x = a) $\Rightarrow$ $\phi_2 = \vec{E}\cdot\vec{S}_2 = E_y\vec{j}\cdot[a^2\vec{i}] = 0$

CARA 3: (y = 2 a) $\Rightarrow$ $\phi_3 = \vec{E}\cdot\vec{S}_3 = b\sqrt{2a}\;\vec{j}\cdot[a^2\vec{j}] = \sqrt{2}\,b\,a^{5/2}$

CARA 4: (x = 0) $\Rightarrow$ $\phi_4 = \vec{E}\cdot\vec{S}_4 = E_y\vec{j}\cdot[-a^2\vec{i}] = 0$

CARA 5: (z = 0) $\Rightarrow$ $\phi_5 = \vec{E}\cdot\vec{S}_5 = E_y\vec{j}\cdot[-a^2\vec{k}] = 0$

CARA 6: (z = a) $\Rightarrow$ $\phi_6 = \vec{E}\cdot\vec{S}_6 = E_y\vec{j}\cdot[a^2\vec{k}] = 0$

El flujo total saliente por las seis caras, creado por el campo electrostático es:

$$\phi_T = \sum \phi_i = b\,a^{5/2}[\sqrt{2}-1] = 800\;[\sqrt{2}-1]a^{5/2}\;\; NC^{-1}m^2$$

2º.- Carga q en el interior del cubo

Aplicando teorema de Gauss, a las seis caras que encierran el volumen del cubo:

$$\left.\begin{array}{l}\phi_T = \displaystyle\oiint_{S=CUBO} \vec{E}\cdot d\vec{S} \\ \text{siendo}: \phi_T = \dfrac{q}{\varepsilon_0}\end{array}\right\} \Rightarrow q = \varepsilon_0 800\ [\sqrt{2}-1]a^{5/2}\ C$$

3º.- Flujo electrostático que atraviesa la cara nº 5 del cubo. Q está en el centro

Si la carga Q está situada en el centro del cubo, el flujo electrostático total que atraviesa las seis caras del cubo, según el teorema de Gauss será: $\phi_T = \dfrac{Q}{\varepsilon_0}$

La cara nº 5 es una cara del cubo y el flujo que la atraviesa es por simetría la sexta parte del flujo total, es decir: $\phi'_5 = \dfrac{1}{6}\dfrac{Q}{\varepsilon_0}$

4º.- Flujo electrostático que atraviesa la cara nº 5 del cubo. Q está en el vértice

Si la carga Q está situada en el vértice donde concurren las caras nº 1, 4 y 6, dicho vértice se considera en centro de ocho cubos iguales de lado a.

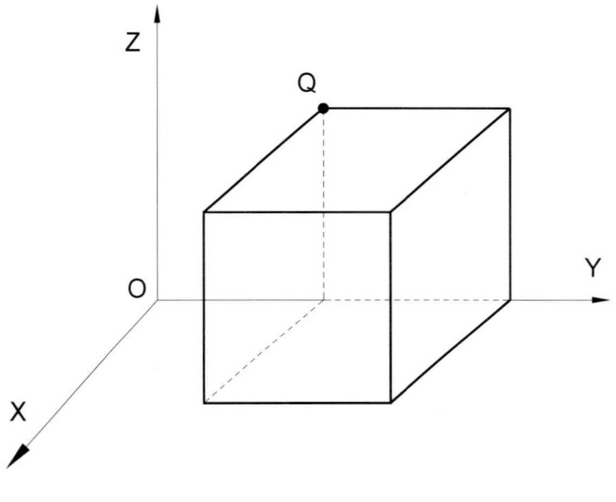

El flujo total a través de los ocho cubos será: $\phi''_T = \dfrac{Q}{\varepsilon_0}$ (8 cubos)

Luego el flujo a través de un solo cubo será la octava parte del flujo total, es decir:

$$\phi_{1\,cubo} = \frac{\phi''_T}{8} = \frac{Q}{8\varepsilon_0}$$

El flujo de la carga Q sólo atraviesa las caras 2, 3 y 5, es decir, tres caras y por tanto el flujo por una sola cara será la tercera parte del flujo total en un cubo, por tanto, el flujo a través de la cara nº 5 será: $\phi_{cara\,5} = \dfrac{\phi_{1\,cubo}}{3} = \dfrac{Q}{24\varepsilon_0}$

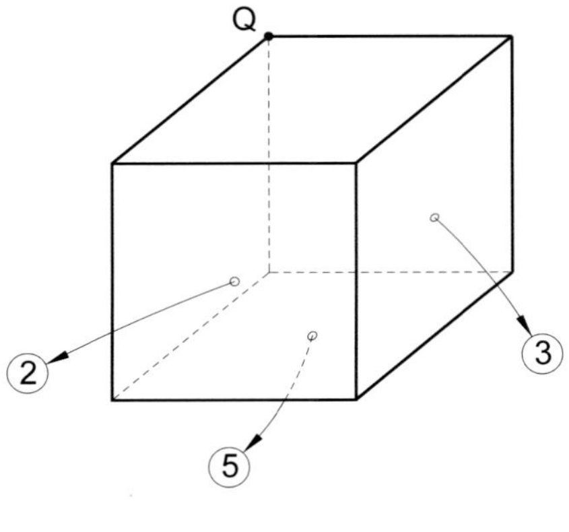

Las otras caras 1, 4 y 6 coinciden en el vértice donde está situada la carga Q y por tanto originan flujo nulo sobre las mismas.

PROBLEMA 1.8

Se realiza un orificio de forma circular de radio R y centro O, en un plano indefinido uniformemente cargado con una densidad superficial electrostática de carga $+\sigma$ constante. El círculo extraído de centro O', se sitúa paralelamente al plano a una distancia "d" coincidiendo sus respectivos centros (O y O'). Admitiendo que las distribuciones de cargas en el plano y en el círculo no quedan afectadas por la operación descrita, determinar:

1º.- Campo electrostático en el vacío debido al plano, en un punto P_1 de la normal situada en O que une los centros O y O', a una distancia "z" de O.

2º.- Campo electrostático en el vacío debido al círculo cargado en un punto P_2 de la normal situada en O' que une los centros O y O' a una distancia "z" de O'.

3º.- Campo electrostático total en un punto P_3 entre el plano y el disco.

Situando una partícula inicialmente en reposo, de masa m y carga eléctrica +q, en el punto medio entre los centros del agujero y del círculo, y en las condiciones dadas en el problema. Obtener razonadamente:

4º.- Tipo de movimiento que realiza la partícula, calculando su velocidad en un punto extremo del segmento "d".

SOLUCIÓN

1º.- Campo electrostático debido al plano indefinido con orificio

Integramos mediante coronas circulares

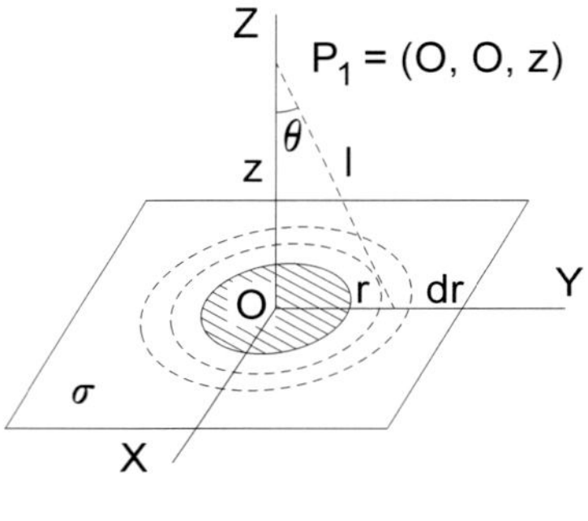

$$\left.\begin{aligned} d\vec{E} &= \frac{dQ}{4\,\pi\,\varepsilon_0\,\ell^2}\cos\theta\,\vec{k} \\ dQ &= \sigma\,2\,\pi\,r\,dr \\ \ell &= \sqrt{z^2+r^2};\cos\theta = \frac{z}{\sqrt{z^2+r^2}} \end{aligned}\right\} \Rightarrow \vec{E} = \frac{\sigma z}{2\varepsilon_0}\int_R^\infty \frac{r\,dr}{\left[z^2+r^2\right]^{3/2}}\vec{k}$$

El campo electrostático en el punto P_1 resulta: $\vec{E}_1 = \dfrac{\sigma}{2\varepsilon_0}\dfrac{z}{[z^2+R^2]^{1/2}}\vec{k}$

2º.- Campo electrostático debido al disco

Integramos mediante coronas circulares

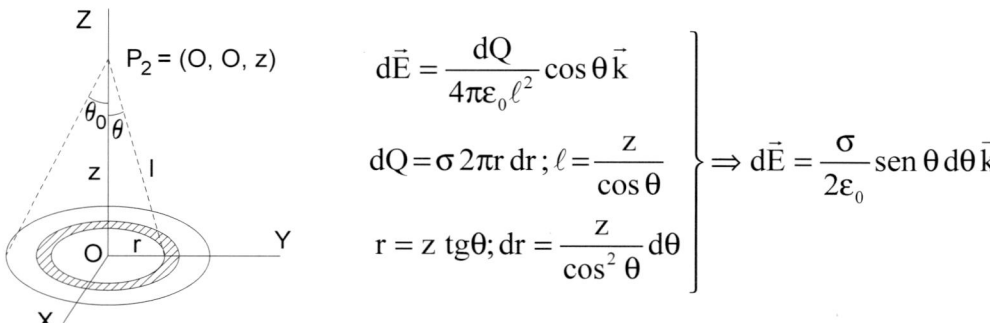

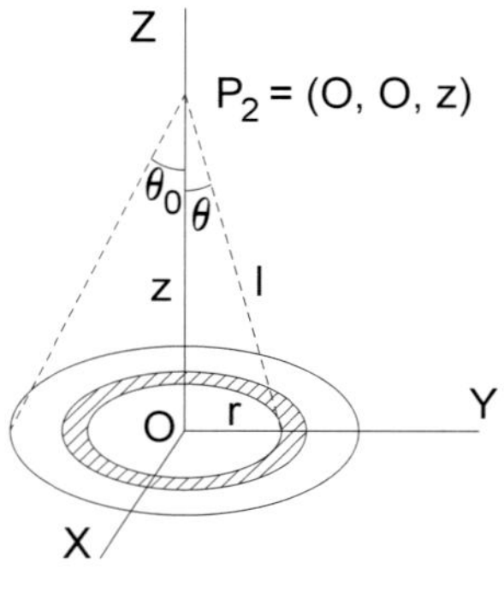

$$\left.\begin{aligned} d\vec{E} &= \frac{dQ}{4\pi\varepsilon_0\ell^2}\cos\theta\,\vec{k} \\ dQ &= \sigma\,2\pi r\,dr\,;\ \ell = \frac{z}{\cos\theta} \\ r &= z\ \mathrm{tg}\theta;\ dr = \frac{z}{\cos^2\theta}d\theta \end{aligned}\right\} \Rightarrow d\vec{E} = \frac{\sigma}{2\varepsilon_0}\mathrm{sen}\,\theta\,d\theta\,\vec{k}$$

El campo electrostático en el punto P_2 resulta:

$$\vec{E}_2 = \frac{\sigma}{2\varepsilon_0}\int_0^{\theta_0} \operatorname{sen}\theta\, d\theta\, \vec{k} \Rightarrow \vec{E}_2 = \frac{\sigma}{2\varepsilon_0}\left[1 - \frac{z}{\sqrt{z^2 + R^2}}\right]\vec{k}$$

3º.- Campo electrostático total en P_3 entre el plano y el disco

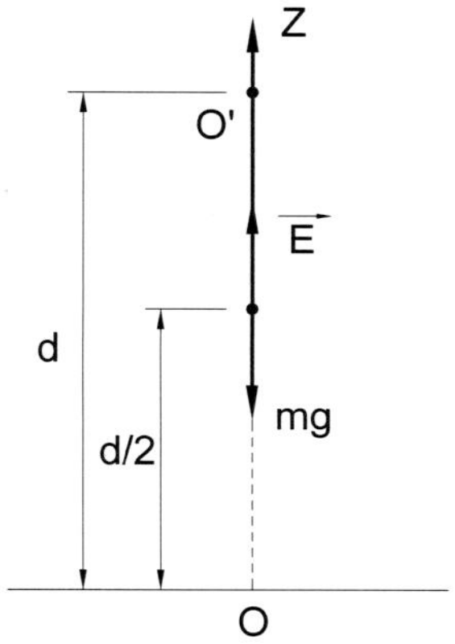

El campo resultante en P_3 se obtendrá aplicando el "Principio de Superposición", para los dos campos hallados en los apartados anteriores, acoplando las distancias al referencial de la figura:

$$\vec{E}_3 = \frac{\sigma}{2\varepsilon_0}\frac{z}{[z^2 + R^2]^{1/2}}\vec{k} - \frac{\sigma}{2\varepsilon_0}\left[1 - \frac{[d-z]}{\left[[d-z]^2 + R^2\right]^{1/2}}\right]\vec{k}$$

4º.- Tipo de movimiento realizado por la partícula cargada.

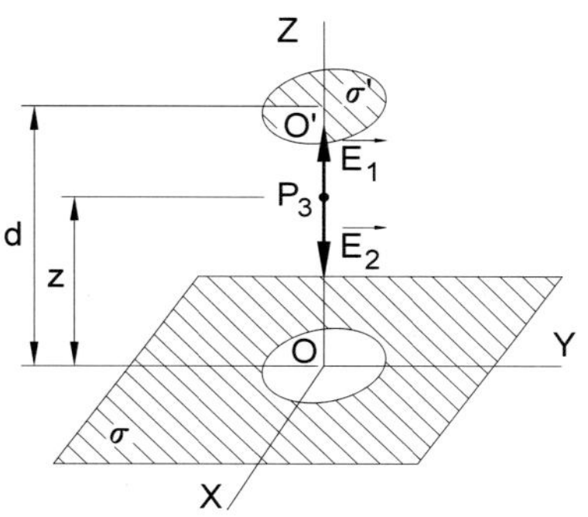

Aplicando la 2ª Ley de Newton $\Sigma\vec{F} = m\,\vec{a}$, donde:

Fuerza eléctrica en "q": $\vec{F}_e = q\,E_3\,\vec{k}$

Fuerza gravitatoria: $\vec{F}_g = -mg\,\vec{k}$

La aceleración la tomamos como:

$$a = \frac{dv}{dt} = \frac{dv}{dz}\frac{dz}{dt} = v\frac{dv}{dz}$$

Por tanto: $q\,E_3 - m\,g = m\frac{dv}{dz}v \Rightarrow \int_{d/2}^{z}\left[\frac{q}{m}E_3 - g\right]dz = \int_0^v v\,dv$

Si no se tiene en cuenta la acción gravitatoria, integrando:

$$\frac{m}{2q}v^2 = \frac{\sigma}{2\varepsilon_0}\left[\sqrt{z^2 + R^2}\right]_{\frac{d}{2}}^{d} - \frac{\sigma}{2\varepsilon_0}\left[z - \sqrt{(d-z)^2 + R^2}\right]_{\frac{d}{2}}^{d}$$

$$v^2 = \frac{q\sigma}{m\varepsilon_0}\left[R - \frac{d}{2} + \sqrt{d^2 + R^2} - 2\sqrt{\frac{d^2}{4} + R^2}\right]$$

Con los datos: $\sigma = 5\cdot 10^{-11}\,C\,m^2$; R=1 m; d=10 m; m=$10^{-6}$ kg; q=1 μC, resulta:

$$\vec{v} = 1{,}937\,\vec{k}\ m\ s^{-1}$$

La partícula cargada es acelerada hacia el centro del disco cargado, ya que el campo electrostático creado por el plano cargado con el orificio circular, es mayor que el campo electrostático que produce el disco cargado.

PROBLEMA 1.9

Un dipolo puntual $\vec{p_1} = p\,\vec{k}$ situado en el origen de coordenadas crea un campo eléctrico $\vec{E_1}$ en el espacio. En el punto A(a, 0, a) se encuentra otro dipolo de momento dipolar $|\vec{p_2}| = p$ dirigido hacia el origen de coordenadas. Determinar:

1º.- Campo $\vec{E_1}$ que $\vec{p_1} = p\,\vec{k}$ crea en A(a, 0, a).

2º.- Momento que actúa sobre $\vec{p_2}$ debido a $\vec{E_1}$.

3º.- Energía potencial de $\vec{p_2}$ debido a $\vec{E_1}$.

SOLUCIÓN

1º.- Campo $\vec{E}$ creado por $\vec{p_1} = p\,\vec{k}$ en el punto A(a, 0, a)

El campo que crea el dipolo $\vec{p_1}$ se expresa: $\vec{E_1} = \dfrac{1}{4\pi\varepsilon_0 r^3}\,[3\,(\vec{p_1}\cdot\vec{r_{0_1}})\,\vec{r_{0_1}} - \vec{p_1}]$

Siendo: $\vec{p_1} = p\,\vec{k}$; $\vec{r_{0_1}} = \dfrac{\sqrt{2}}{2}[\vec{i}+\vec{k}]$ y $r = \sqrt{2}\,a$

Sustituyendo, se obtiene el campo creado en A por el dipolo, expresado en coordenadas cartesianas: $\vec{E_1} = \dfrac{\sqrt{2}}{32\pi\varepsilon_0 a^3}\,p\,[3\,\vec{i}+\vec{k}]$

2º.- Momento que actúa sobre $\vec{p_2}$ debido a $\vec{E_1}$

La expresión del momento es: $\vec{M_2} = \vec{p_2}\wedge\vec{E_1}$. Siendo $\vec{p_2} = p\,\vec{r_{0_2}} = -p\dfrac{\sqrt{2}}{2}[\vec{i}+\vec{k}]$

$$\vec{M_2} = \begin{vmatrix} \vec{i} & \vec{j} & \vec{k} \\ -p\dfrac{\sqrt{2}}{2} & 0 & -p\dfrac{\sqrt{2}}{2} \\ \dfrac{3\sqrt{2}}{32\pi\varepsilon_0 a^3}p & 0 & \dfrac{\sqrt{2}}{32\pi\varepsilon_0 a^3}p \end{vmatrix} = \frac{-p^2}{16\pi\varepsilon_0 a^3}\,\vec{j}$$

Dicho momento tiende a alinear el dipolo $\vec{p_2}$ con campo electrostático $\vec{E_1}$.

3º.- Energía potencial de $\vec{p_2}$ debido a $\vec{E_1}$

Siendo la energía potencial: $W_{Pot} = -\vec{p_2}\cdot\vec{E_1}$ sustituyendo los valores conocidos.

Operando resulta: $W_{Pot} = -p\dfrac{\sqrt{2}}{2}[-\vec{i}-\vec{k}]\cdot\dfrac{\sqrt{2}}{32\pi\varepsilon_0 a^3}\,p\,[3\,\vec{i}+\vec{k}] = \dfrac{p^2}{8\pi\varepsilon_0 a^3}$

PROBLEMA 1.10

Se denomina "Filtro Cottrell" a un dispositivo usado, en la industria, para atraer partículas ionizadas, mediante procedimiento electrostático, minimizando así la emisión a la atmósfera de los desechos nocivos gaseosos. La descontaminación electrostática, patentada en 1907 por F.G. Cottrell, es muy eficiente y por tal motivo los filtros han de limpiarse frecuentemente.

En una factoría industrial, se producen desechos gaseosos que contienen iones $^{87}Sr^{++}$, de masa atómica $m_{^{87}Sr} = 87$ u.m.a., y al ser tóxicos no se pueden emitir a la atmósfera.

Por tal motivo se usa un "Filtro Cottrell", consistente en una rejilla metálica plana circular R=1 m, con carga electrostática constante $Q = -1{,}2$ μC, situada dentro de la chimenea por donde salen a la atmósfera los humos tóxicos gaseosos. El filtro ocupa toda la sección transversal de la chimenea y es perpendicular a su eje vertical.

La rejilla, sólo a efectos eléctricos, equivale a una placa circular metálica, eléctricamente cargada en sus dos caras, por tanto con espesor finito y sin agujeros.

Los iones tóxicos, junto con los humos, ascienden por el interior de la chimenea, debido a una pequeña bomba impulsora, que produce sobre ellos a una débil fuerza vertical constante ascendente F_I.

Cuando el filtro no está activado, Q=0 C, los iones tóxicos no son atraídos electrostáticamente, y debido a la bomba impulsora, atraviesan la rejilla escapando por la chimenea a la atmósfera exterior.

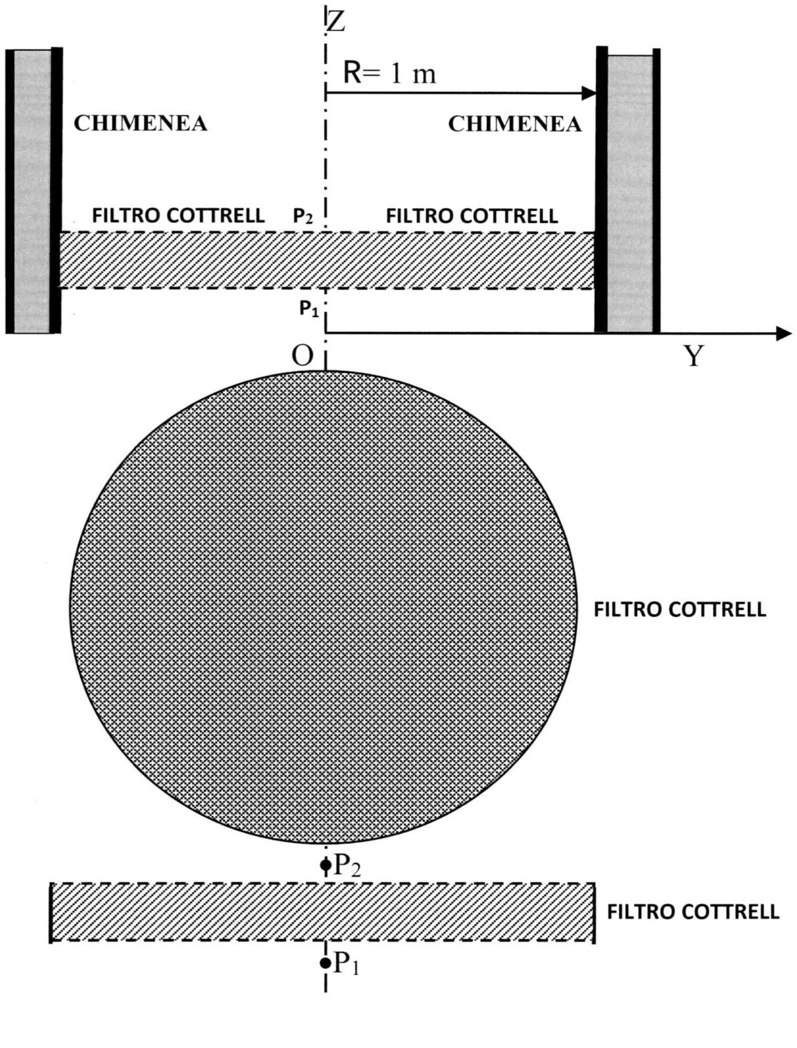

Los puntos P_1 (z_1, 0, 0) y P_2 (z_2, 0, 0) está infinitamente próximos al filtro, pero situados, respectivamente, por debajo y por arriba (ver la figura).

Suponemos el filtro activo, con carga electrostática, entonces los iones ascienden, debido a F_I, por el eje Z de la chimenea, partiendo desde los puntos A).- P_1 (z_1, 0, 0) y B).- P_2 (z_2, 0, 0), con velocidad inicial es nula $\overrightarrow{v_0} = v_{0x}\overrightarrow{i} + v_{0y}\overrightarrow{j} + v_{0z}\overrightarrow{k} = \overrightarrow{0}$.

Obtener, sobre el ión $^{87}Sr^{++}$ situado en los puntos A).- y B).- la expresión teórica exacta, sin aproximaciones, de:

1°.- Campo electrostático, vectorialmente.

2°.- Fuerzas actuantes y fuerza total, ambas en forma vectorial.

3°.- Ecuación de la trayectoria en coordenadas paramétricas.

4°.- Velocidad y aceleración, en módulo.

Ahora, mediante los datos reseñados al final del enunciado, calcular sobre el ión $^{87}Sr^{++}$, el valor aproximado, partiendo desde los puntos con coordenadas A).- P_1 (z_1, 0, 0) y B).- P_2 (z_2, 0, 0), de:

5°.- Campo electrostático, vectorialmente.

6°.- Fuerzas actuantes y fuerza total, ambas en forma vectorial.

7°.- Ecuación de la trayectoria en coordenadas paramétricas. Indicar si el ión es capturado o no, por el Filtro Cottrell al estar activado electrostáticamente.

DATOS.- $F_I = 1{,}2\cdot10^{-9}$ dina; $|q_e| = 1{,}60217\cdot10^{-19}$ C; 1 u. a. m.$=1{,}66058\cdot10^{-27}$ kg.

$g = 9{,}80665$ m s^{-2}; $\varepsilon_0 = 8{,}85418\cdot 10^{-12}$ A^2 s^2 N^{-1} m^{-2}.

SOLUCIÓN

1°. Campo electrostático, vectorialmente

A).- En P_1: $\overrightarrow{E_{P1}} = \dfrac{\sigma}{\varepsilon_0}\overrightarrow{n_{P1}} = \dfrac{Q}{\varepsilon_0 \pi R^2}\overrightarrow{k}$.

B).- En P_2: $\overrightarrow{E_{P2}} = \dfrac{\sigma}{\varepsilon_0}\overrightarrow{n_{P2}} = -\dfrac{Q}{\varepsilon_0 \pi R^2}\overrightarrow{k}$

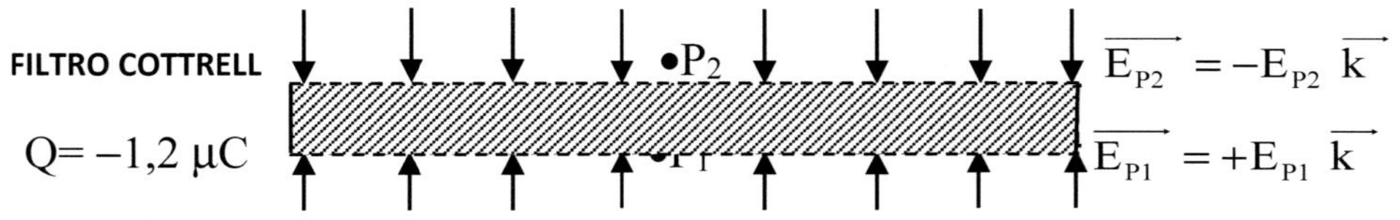

2°. Fuerzas actuantes y fuerza total, ambas en forma vectorial

A).- En P_1 existen sobre el ión tres fuerzas que expresadas vectorialmente son:

Fuerza de la bomba impulsora vertical: $\vec{F_I} = F_I \ \vec{k}$

Peso debido a la gravedad: $\vec{P_m} = -\, m_{^{87}Sr}\, g\, \vec{k}$

Fuerza electrostática de Coulomb: $\vec{F_{E_{P1}}} = Q_{Sr^{++}}\, \vec{E} = 2\, |q_e|\, \dfrac{Q}{\varepsilon_0 \pi\, R^2}\ \vec{k}$

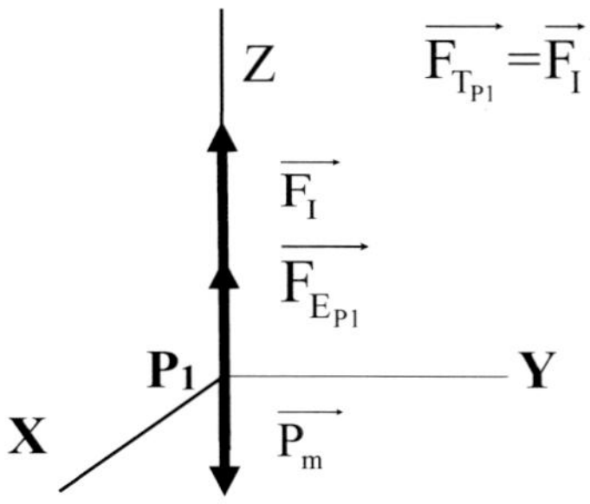

$$\vec{F_{T_{P1}}} = \vec{F_I} + \vec{F_{E_{P1}}} + \vec{P_m} = [F_I + 2\, |q_e| \frac{Q}{\varepsilon_0 \pi\, R^2} - m_{^{87}Sr}\, g]\ \vec{k}$$

B).- En P_2 la fuerza total sobre el ión es suma de tres fuerzas, su expresión vectorial es:

Como ahora en el punto P_2: $\vec{E_{P2}} = -E_{P2}\ \vec{k}$

$$\vec{F_{T_{P2}}} = \vec{F_I} + \vec{F_{E_{P2}}} + \vec{P_m} = [F_I - 2\, |q_e| \frac{Q}{\varepsilon_0 \pi\, R^2} - m_{^{87}Sr}\, g]\ \vec{k}$$

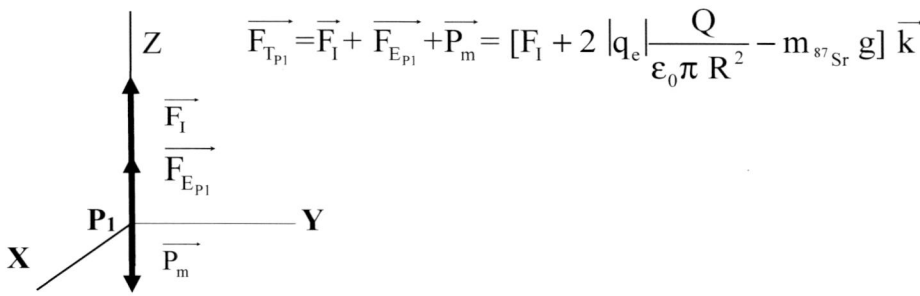

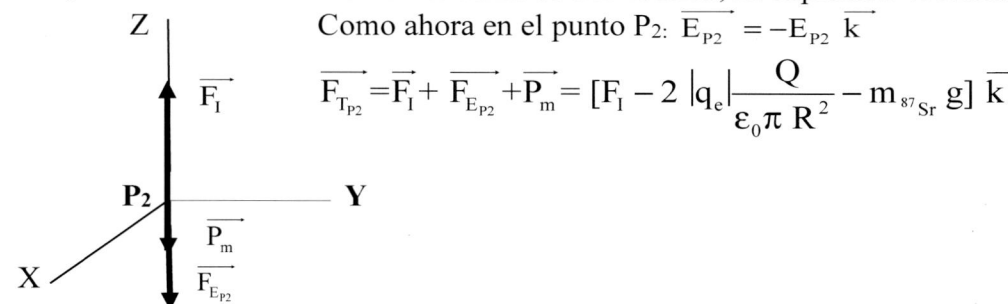

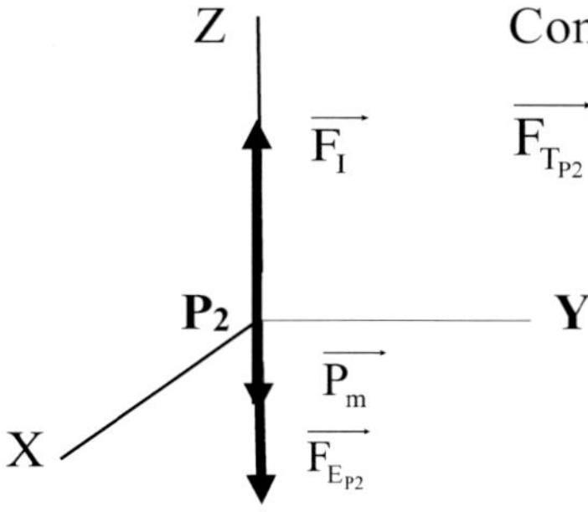

3°. Ecuación de la trayectoria del ión en coordenadas paramétricas

A) Punto P_1 $(z_1, 0, 0)$

La ecuación fundamental de la dinámica, teniendo en cuenta las fuerzas que actúan sobre la partícula cargada situada inicialmente en P_1, es:

$$\vec{F_{T_{P1}}} = m_{^{87}Sr}\, \vec{a} = \vec{F_I} + \vec{F_{E_{P1}}} + \vec{P_m} = [F_I + 2\, |q_e|\, \frac{Q}{\varepsilon_0 \pi\, R^2} - m_{^{87}Sr} g]\ \vec{k} = m_{^{87}Sr} [\frac{d^2x(t)}{dt^2}\, \vec{i} + \frac{d^2y(t)}{dt^2}\, \vec{j} + \frac{d^2z(t)}{dt^2}\, \vec{k}]$$

Desarrollando la ecuación vectorial diferencial e integrando dos veces, respecto al tiempo, obtendremos las tres ecuaciones diferenciales, en coordenadas paramétricas temporales en función del tiempo, de la trayectoria del ión al ascender por el eje de la chimenea, tras atravesar el filtro.

$$\left.\begin{aligned} & m_{^{87}Sr}\frac{d^2x}{dt^2}=0 && [1] \\ & m_{^{87}Sr}\frac{d^2y}{dt^2}=0 && [2] \\ & m_{^{87}Sr}\frac{d^2z}{dt^2}=F_I+2\,|q_e|\frac{Q}{\varepsilon_0\pi\,R^2}-m_{^{87}Sr}\,g && [3] \end{aligned}\right\}\text{Integrando respecto al tiempo}$$

$$m_{^{87}Sr}\frac{dx}{dt}=C_1\ [4]\ ;\ m_{^{87}Sr}\frac{dy}{dt}=C_2\ [5];\ m_{^{87}Sr}\frac{dz}{dt}=\left[F_I+\frac{2\,|q_e|\,Q}{\varepsilon_0\pi\,R^2}-m_{^{87}Sr}g\right]t+C_3\ [6]$$

Las constantes de integración se hallan a partir de las condiciones iniciales de contorno que se son: $t = 0 \Rightarrow x = 0,\ y = 0,\ z = z_1$, y $\vec{v_0}=v_{0x}\,\vec{i}+v_{0y}\,\vec{j}+v_{0z}\,\vec{k}=\vec{0}$

Operando en las ecuaciones [4], [5] y [6] con las condiciones iniciales de contorno resulta: $C_1 = C_2 = C_3 = 0$. Por tanto, las ecuaciones diferenciales son:

$$v_{x1}=\frac{dx}{dt}=0\ [4'];\ v_{y1}=\frac{dy}{dt}=0\ \ [5'];\ v_{z1}=\frac{dz}{dt}=\left[\frac{F_I+\frac{2\,|q_e|\,Q}{\varepsilon_0\pi\,R^2}-m_{^{87}Sr}g}{m_{^{87}Sr}}\right]t\qquad [6']$$

Integrando otra vez respecto al tiempo:

$$m_{^{87}Sr}x=C'_1\quad [4''];\ m_{^{87}Sr}y=C'_2\quad [5''];\ m_{^{87}Sr}z=\frac{1}{2}[F_I+\frac{2\,|q_e|\,Q}{\varepsilon_0\pi\,R^2}-m_{^{87}Sr}g]\,t^2+C'_3\quad [6'']$$

Las nuevas constantes de integración se hallan a partir de las condiciones iniciales de contorno, y operando sobre las ecuaciones [4''], [5''] y [6''] resulta: $C'_1= C'_2=0$, $C'_3= z_1$.

Ecuación en paramétricas de la trayectoria:

$$x=0\ [7];\quad y=0\ [8];\quad z=z_1+\frac{1}{2\,m_{^{87}Sr}}\left[F_I+\frac{2\,|q_e|\,Q}{\varepsilon_0\pi\,R^2}-m_{^{87}Sr}g\right]t^2\ [9]$$

La trayectoria es una recta que pasa por el eje OZ.

B) Punto P_2 (z_2, 0, 0)

La ecuación fundamental de la dinámica, teniendo en cuenta las fuerzas que actúan sobre la partícula cargada, situada inicialmente en P_2 es:

$$\overrightarrow{F_{T_{P2}}}=m_{^{87}Sr}\vec{a}=\vec{F_I}+\overrightarrow{F_{E_{P2}}}+\vec{P_m}=[F_I-2\,|q_e|\frac{Q}{\varepsilon_0\pi\,R^2}-m_{^{87}Sr}g]\,\vec{k}=m_{^{87}Sr}[\frac{d^2x(t)}{dt^2}\vec{i}+\frac{d^2y(t)}{dt^2}\vec{j}+\frac{d^2z(t)}{dt^2}\vec{k}]$$

Desarrollando la ecuación vectorial diferencial e integrando dos veces obtendremos las tres ecuaciones diferenciales en coordenadas paramétricas temporales en función del tiempo de la trayectoria del ión al ascender por el eje de la chimenea, antes de atravesar el filtro.

$$\left.\begin{array}{ll} m_{^{87}Sr}\dfrac{d^2x}{dt^2}=0 & [1^*] \\ m_{^{87}Sr}\dfrac{d^2y}{dt^2}=0 & [2^*] \\ m_{^{87}Sr}\dfrac{d^2z}{dt^2}=F_I-2\,|q_e|\dfrac{Q}{\varepsilon_0\pi\,R^2}-m_{^{87}Sr}g & [3^*] \end{array}\right\}\text{Integrando respecto al tiempo}$$

$$m_{^{87}Sr}\frac{dx}{dt}=C^*_1\ [4^*];\ m_{^{87}Sr}\frac{dy}{dt}=C^*_2\ [5^*];\ m_{^{87}Sr}\frac{dz}{dt}=\left[F_I-\frac{2\,|q_e|\,Q}{\varepsilon_0\pi\,R^2}-m_{^{87}Sr}g\right]t+C_3^*\ [6^*]$$

Las constantes de integración se hallan a partir de las condiciones iniciales de contorno que se son:

$$t=0\Rightarrow x=0,\ y=0,\ z=z_2,\ y\ \ \overrightarrow{v_0}=v_{0x}\,\overrightarrow{i}+v_{0y}\,\overrightarrow{j}+v_{0z}\,\overrightarrow{k}=\overrightarrow{0}$$

Operando en las ecuaciones [4*], [5*] y [6*] con las condiciones iniciales de contorno resulta: $C^*_1= C^*_2= C^*_3= 0$.

Las nuevas ecuaciones diferenciales son:

$$v_{x2}=\frac{dx}{dt}=0\ [4'^*];\ v_{y2}=\frac{dy}{dt}=0\ [5'^*];\ v_{z2}=\frac{dz}{dt}=\left[\frac{F_I-\dfrac{2\,|q_e|\,Q}{\varepsilon_0\pi\,R^2}-m_{^{87}Sr}g}{m_{^{87}Sr}}\right]t\quad [6'^*]$$

Integrando otra vez respecto al tiempo:

$$m_{^{87}Sr}x=C'^*_1\ [4''^*];\ m_{^{87}Sr}y=C'^*_2[5''^*];\ m_{^{87}Sr}z=\frac{1}{2}\left[F_I-\frac{2\,|q_e|\,Q}{\varepsilon_0\pi\,R^2}-m_{^{87}Sr}g\right]t^2+C'^*_3\quad [6''^*]$$

Las nuevas constantes de integración se hallan a partir de las condiciones iniciales de contorno, operando sobre ecuaciones [4''*], [5''*] y [6''*] resulta:
$C'^*_1= C'^*_2= 0$, $C'^*_3= z_2$.
Ecuación en paramétricas:

$$x=0\ [7^*];\ \ y=0\ [8^*];\ \ z=z_2+\frac{1}{2\,m_{^{87}Sr}}\left[F_I-\frac{2\,|q_e|\,Q}{\varepsilon_0\pi\,R^2}-m_{^{87}Sr}g\right]t^2\quad [9^*]$$

La trayectoria es una recta que pasa por el eje OZ.

4º. Velocidad y aceleración del ión en módulo

A).- En P_1: velocidad módulo: $v_1=\sqrt{v_{x1}^2+v_{y1}^2+v_{z1}^2}=\dfrac{F_I+\dfrac{2\,|q_e|\,Q}{\varepsilon_0\pi\,R^2}-m_{^{87}Sr}g}{m_{^{87}Sr}}t=a_1\,t$

Aceleración módulo: $a_1 = \sqrt{a_{x1}^2 + a_{y1}^2 + a_{z1}^2} = \dfrac{F_I + \dfrac{2\,|q_e|\,Q}{\varepsilon_0 \pi\, R^2} - m_{^{87}Sr}\, g}{m_{^{87}Sr}} = cte$

B).- En P2: velocidad módulo: $v_2 = \sqrt{v_{x2}^2 + v_{y2}^2 + v_{z2}^2} = \dfrac{F_I - \dfrac{2\,|q_e|\,Q}{\varepsilon_0 \pi\, R^2} - m_{^{87}Sr}\, g}{m_{^{87}Sr}}\, t = a_2\, t$

Aceleración módulo: $a_2 = \sqrt{a_{x2}^2 + a_{y2}^2 + a_{z2}^2} = \dfrac{F_I - \dfrac{2\,|q_e|\,Q}{\varepsilon_0 \pi\, R^2} - m_{^{87}Sr}\, g}{m_{^{87}Sr}} = cte$

5º. Campo electrostático, vectorialmente

A).- En P1: $\overrightarrow{E_{P1}} = \dfrac{\sigma}{\varepsilon_0}\, \overrightarrow{n_{P1}} = \dfrac{Q}{\varepsilon_0 \pi\, R^2}\, \overrightarrow{k} = \dfrac{1{,}2\cdot 10^{-6}}{8{,}85418\cdot 10^{-12}\ \pi\ 1^2} = 4{,}314028\cdot 10^4\ \overrightarrow{k}\ V\ m^{-1}$

B).- En P2: $\overrightarrow{E_{P2}} = \dfrac{\sigma}{\varepsilon_0}\, \overrightarrow{n_{P2}} = \dfrac{Q}{\varepsilon_0 \pi\, R^2} [-\overrightarrow{k}] = -4{,}314028\cdot 10^4\ \overrightarrow{k}\ V\ m^{-1}$

6º. Fuerzas actuantes y fuerza total, ambas en forma vectorial

A).- En el punto P1

Fuerza vertical de la pequeña bomba impulsora: $\overrightarrow{F_I} = 1{,}2\cdot 10^{-14}\overrightarrow{k}\ N$

Peso de la partícula: $\overrightarrow{P_m} = -m_{^{87}Sr}\, g\, \overrightarrow{k} = -87\cdot 1{,}66058\cdot 10^{-27}\cdot 9{,}8066\ \overrightarrow{k}\ N = -1{,}41676\cdot 10^{-24}\overrightarrow{k}\ N$

Fuerza electrostática: $\overrightarrow{F_{E_{P1}}} = Q_{Sr^{++}}\overrightarrow{E} = 2\ q_e\ E\ \overrightarrow{k} = 2\cdot 1{,}60217\cdot 10^{-19}\cdot 4{,}314028\cdot 10^4\ \overrightarrow{k}\, N = 13{,}82361\cdot 10^{-15}\overrightarrow{k}\, N$

Fuerza total: $\overrightarrow{F_{TP1}} = [25{,}82361 - 1{,}41676\cdot 10^{-9}]10^{-15}\ \overrightarrow{k}\ N \cong 25{,}82361\cdot 10^{-15}\ \overrightarrow{k}\ N$

La partícula, situada bajo el filtro activado, es atraída por él y es adhiere al mismo.

B).- En el punto P2

Fuerza impulsora: $\overrightarrow{F_I} = 1{,}2\cdot 10^{-14}\overrightarrow{k}\ N$; Peso $\overrightarrow{P_m} = -m_{^{87}Sr}\, g\, \overrightarrow{k} = -1{,}41676\cdot 10^{-24}\overrightarrow{k}\ N$

Fuerza electrostática: $\overrightarrow{F_{E_{P2}}} = -2\ q_e\ E\ \overrightarrow{k} = -2\cdot 1{,}60217\cdot 10^{-19}\cdot 4{,}3140\cdot 10^4\ \overrightarrow{k}\ N = -13{,}8235\cdot 10^{-15}\overrightarrow{k}\ N$

Fuerza total: $\overrightarrow{F_{TP2}} = [-1{,}82361 - 1{,}41676\cdot 10^{-9}]10^{-15}\ \overrightarrow{k}\ N \cong -1{,}82361\cdot 10^{-15}\ \overrightarrow{k}\ N$

La partícula, situada sobre el filtro activado, es atraída por él y es adhiere al mismo.

7º. Ecuación de la trayectoria del ión en coordenadas paramétricas. Indicar si el ión es capturado o no, por el filtro Cottrell al estar activado electrostáticamente.

A).- En el punto P_1

- La trayectoria es una recta coincidente con eje OZ.

$$x = 0,\ y = 0,\ z = z_1 + \frac{1}{2 \cdot 87 \cdot 1{,}66058 \cdot 10^{-27}} 25{,}82361 \cdot 10^{-15}\ t^2 = z_1 + 8{,}93733 \cdot 10^{10}\ t^2$$

- Cuando el filtro Cottrell cuando está activado electrostáticamente, el ión se mueve ascendiendo hacia el referido filtro, acaba siendo capturado adhiriéndose a él, debido a la atracción electrostática creada por la carga constante Q=−1,2 μC.

B).- En el punto P_2.

- La trayectoria es una recta coincidente con eje OZ.

$$x = 0,\ y = 0,\ z = z_2 - \frac{1}{2 \cdot 87 \cdot 1{,}66058 \cdot 10^{-27}} 1{,}82361 \cdot 10^{-15}\ t^2 = z_2 - 6{,}31135 \cdot 10^{9}\ t^2$$

- Cuando el Filtro Cottrell cuando está activado electrostáticamente, el ión se mueve descendiendo hacia el referido filtro, acaba siendo capturado adhiriéndose a él, debido a la atracción electrostática creada por la carga constante Q=−1,2 μC.

CAPÍTULO II

CONCEPTOS GENERALES DE LOS CONDUCTORES

«Tandem felix» (por fin feliz)

Escrito en la lápida de Ampère por su azarosa vida personal

1. PRINCIPIO DE CONSERVACIÓN DE LA CARGA ELÉCTRICA

La carga total que posee el conductor se conserva mientras esté aislado.

A) Conductor cargado y en equilibrio

Un campo exterior $\vec{E}_0$ (inductor), que actúa sobre un conductor cargado y en equilibrio, provoca un desplazamiento instantáneo de sus cargas, y crea en su superficie S una densidad de carga $\sigma \neq 0$ que contrarresta el campo exterior $\vec{E}_0$. Dentro del conductor se cumple: $\vec{E}_{Int} = \vec{0}$, $\rho = 0$ y $V_{Int.} = V_{Sup.}$=cte. El conductor es opaco al campo eléctrico, no puede ser atravesado por las líneas de fuerza del campo eléctrico.

La expresión $\vec{E}$ del campo creado por un conductor cargado y en equilibrio en un:

Punto situado en:
- el exterior e infinitamente próximo a S $\Rightarrow \vec{E}_{Ext} = \dfrac{\sigma}{\varepsilon_0}\vec{n}$
- sobre la propia superficie S $\Rightarrow \vec{E}_{Sup} = \dfrac{\sigma}{2\varepsilon_0}\vec{n}$
- el interior de la superficie S $\Rightarrow \vec{E}_{Int} = \vec{0}$

Siendo $\vec{n}$ vector unitario $\perp$ a la superficie S del conductor.

Al atravesar la superficie S que limita el contorno del conductor cargado, en la que existe una densidad de carga superficial σ: el campo $\vec{E}$ es discontinuo y sin embargo el potencial V es continuo.
En el infinito se cumple la condición de normalidad $\Rightarrow V_\infty = 0$.

La presión electrostática se expresa: $p = \dfrac{dF}{dS} = \dfrac{\sigma^2}{2\varepsilon_0} = \dfrac{1}{2}\varepsilon_0 E^2_{Ext}$ es normal a la superficie S del conductor y tiende a aumentar su volumen.

B) Conductor hueco

Cuando se coloca una carga +q (inductor), en el interior de un conductor hueco (inducido), aparecerá en la superficie interior de del conductor hueco, por "Influencia total" una carga –q inducida. Si el conductor hueco estaba descargado inicialmente, y además aislado, aparecerá en la superficie exterior del conductor por "Conservación de carga" una carga +q.

C) Acciones sobre un conductor

Aislado. Por el Principio de Conservación de la carga eléctrica Q= cte.
Conectado a generador se suministran cargas y por lo tanto V= cte.
Conectado a Tierra, V= 0.
Conectados entre sí, hay transferencia de cargas hasta que: $V_1 = V_2$.

2. LEY DE CARGAS CORRESPONDIENTES

Las cargas eléctricas correspondientes a las dos superficies cargadas de dos conductores ① y ②, interiores al tubo de fuerza, que va de uno a otro de los conductores en presencia, son iguales y de signo contrario $Q_{S1} = -Q_{S2}$.

3. LEY DE INFLUENCIA PARCIAL

Al ser los dos conductores ① y ② mutuamente externos, no todas las líneas de campo eléctrico que parten de la superficie S_1 del conductor ①, llegan a la superficie S_2 del conductor ②, por lo cual se cumple: $\left|Q_{\text{TOTAL INDUCTORA}}\right| > \left|Q_{\text{TOTAL INDUCIDA}}\right|$

4. LEY DE INFLUENCIA TOTAL

Al estar el conductor ① situado dentro del conductor ②, todas las líneas de campo eléctrico que parten de la superficie S_1 del conductor ①, llegan a la superficie S_2 del conductor ② y por tanto: $Q_{\text{TOTAL INDUCTORA}} = -Q_{\text{TOTAL INDUCIDA}}$

5. TEOREMA DE LAS PANTALLAS ELÉCTRICAS

Un conductor hueco mantenido a potencial constante V= cte., equivale a una pantalla eléctrica que divide el espacio en dos regiones: la zona del hueco y la zona exterior al conductor. Estas dos regiones son eléctricamente independientes, no existiendo influencia eléctrica alguna de una región sobre la otra.

CUESTIONES

2.1. En las superficies interiores de los huecos de un conductor cargado:

A) Sólo habrá cargas si el conductor se mantiene a potencial constante.
B) Nunca existen cargas.
C) Siempre hay cargas.
D) Sólo habrá cargas inducidas por influencia total cuando existan cargas en el volumen del hueco.

2.2. Dado un conductor hueco, descargado y aislado en cuyo interior se aloja otro conductor cargado positivamente. Indicar la carga en el conductor hueco:

A) Positiva en su exterior si aislamos.
B) Negativa en su exterior si aislamos.
C) Positiva en su exterior.
D) Negativa en su exterior.

2.3. En un conductor cargado y en equilibrio:

A) Sólo es equipotencial su superficie exterior.
B) Sólo es equipotencial su volumen.
C) Son equipotenciales su superficie y su volumen.
D) Sólo son equipotenciales sus superficies interiores.

2.4. Una pantalla electrostática es un conductor hueco:

A) Cargado que independiza electrostáticamente dos zonas del espacio.
B) Cargado que engloba a otro conductor.
C) Conectado a potencial constante que independiza electrostáticamente dos zonas del espacio.
D) Siempre con simetría esférica que independiza electrostáticamente dos zonas del espacio.

2.5. Un conductor hueco mantenido a potencial constante representa:

A) Una pantalla eléctrica.
B) La ley de cargas correspondientes.
C) Únicamente un conjunto de cargas negativas.
D) Un caso particular de la ley de influencia parcial.

2.6. El módulo del campo electrostático en la vecindad exterior de un conductor cargado en equilibrio es:

A) El cociente entre la densidad superficial de carga y la permitividad del vacío.
B) El cociente entre la mitad de densidad superficial de carga y permitividad del vacío.
C) Nulo.
D) Nulo si en el interior del conductor existe una acumulación de carga negativa.

2.7. El principio de conservación de la carga eléctrica aplicado a un conductor cargado en equilibrio se verifica:

A) Dependiendo del campo electrostático exterior (campo inductor).
B) Según el tipo de movimiento de los electrones libres en el conductor.
C) En determinados valores de la carga total del conductor.
D) Siempre.

2.8. El campo electrostático en el interior $\vec{E}_{Int}$ de un conductor en equilibrio es:

A) Constante porque la movilidad de los electrones de valencia permite que se establezcan unas líneas de campo electrostático que uniformizan su valor en el interior del conductor.
B) Nulo porque el potencial en el conductor es nulo.
C) Nulo porque el potencial en el conductor es constante.
D) Variable dependiente del valor de las cargas.

2.9. La presión electrostática en un conductor cargado en equilibrio tiende a:

A) Disminuir las dimensiones del conductor.
B) Distribuir las cargas eléctricas uniformemente por la superficie del conductor.
C) Aumentar el volumen del conductor.
D) Cargar el conductor.

2.10. La "ley de Cargas Correspondientes" es:

A) Consecuencia de la interacción de cargas de igual magnitud y signo.
B) Consecuencia de la ley de Lorentz.
C) Una inducción de cargas en el mismo conductor cargado en equilibrio.
D) Una inducción de cargas en otro conductor externo.

2.11. El campo electrostático interior $\vec{E}_{Int}$ de un conductor cargado y en equilibrio es:

A) Siempre $\vec{E}_{Int} = \frac{\sigma}{\varepsilon_0}$.

B) Siempre $\vec{E}_{Int} = \frac{\sigma}{2\varepsilon_0}$.

C) Depende del signo de la carga del conductor.

D) Siempre $\vec{E}_{Int} = \vec{0}$.

2.12. La presión electrostática es:

A) La acción mecánica consecuencia de la atracción de cargas interiores de un conductor.
B) La fuerza por unidad de carga en un conductor cargado en equilibrio.
C) La fuerza por unidad de superficie que tiende a impulsar las cargas hacia dentro del conductor.
D) La fuerza por unidad de superficie que tiende a impulsar las cargas hacia la superficie exterior del conductor.

2.13. ¿Pueden penetrar las líneas de campo electrostático exterior en el interior de un conductor?:

A) No. Porque el campo electrostático interior del conductor es constante.
B) Si, debido a que las cargas libres se reorganizan en el conductor reforzando el efecto del campo exterior.
C) Si. Porque la presión electrostática es siempre positiva.
D) No, debido a que las cargas libres se reorganizan en el conductor de manera que el campo interior es nulo.

2.14. Una esfera aislada conductora maciza tiene una carga q. Se rodea dicha esfera de otra esfera hueca que inicialmente tiene una carga Q.

A continuación, se conecta la superficie interior de la esfera hueca a tierra, la carga de la superficie exterior es:

A) – q.
B) Q – q.
C) q – Q.
D) Nula.

2.15. Un conductor macizo esférico de radio R_0, se conecta inicialmente al polo negativo de una batería de continua de 10 V, una vez cargado se aísla; otro conductor esférico, hueco, de radios $R_1 < R_2$, está inicialmente descargado y aislado.

A continuación, se introduce el conductor macizo dentro del hueco, entonces la carga de la superficie exterior del conductor hueco en R_2 es:

A) $Q = 40 \pi \varepsilon_0 [R_2 + R_0]$.
B) $Q = -4 \pi \varepsilon_0 R_2$.
C) $Q = -40 \pi \varepsilon_0 R_0$.
D) $Q = -40 \pi \varepsilon_0 [R_2 - R_0]$.

PROBLEMA 2.1

Una esfera conductora de radio R que está inicialmente aislada tiene un potencial V_0. Posteriormente se le acerca otra esfera conductora del mismo radio que está conectada a tierra y se sitúa a una distancia d >> R (d = distancia entre centros).Calcular:

1°.- Carga eléctrica final de cada esfera.

2°.- Potencial final de cada esfera.

SOLUCIÓN

1°.- Carga eléctrica

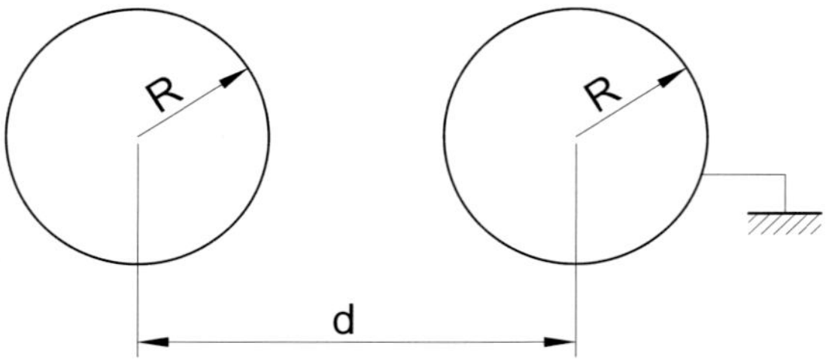

Cuando se acercan las esferas se produce el fenómeno de influencia eléctrica entre ambas.

Debido a que d >>R el reparto de las cargas es UNIFORME en ambas superficies esféricas.

Estado de equilibrio final:

ESFERA	CARGA		POTENCIAL	
	INICIAL	FINAL	INICIAL	FINAL
1	Q_1	Q_1	V_0	V_1
2	Q= 0	Q_2	V_2=0 (TIERRA)	V_2=0 (TIERRA)

Esfera 1: Debido al potencial inicial y como la esfera 2 está descargada:

$$Q_1 = 4\pi\varepsilon_0 R V_0$$

Aplicando el Principio de Superposición a los estados de equilibrio:

$$\left.\begin{array}{l} \text{Esfera 1}: V_1 = \dfrac{Q_1}{4\pi\varepsilon_0 R} + \dfrac{Q_2}{4\pi\varepsilon_0 d} \\ \text{Esfera 2}: V_2 = \dfrac{Q_1}{4\pi\varepsilon_0 d} + \dfrac{Q_2}{4\pi\varepsilon_0 R} = 0 \end{array}\right\}$$

Por tanto, resulta: $Q_1 = 4\pi\varepsilon_0 R V_0$; $\quad Q_2 = \dfrac{-R}{d} Q_1 = -\dfrac{4\pi\varepsilon_0 R^2}{d} V_0$

2°.- Potencial

$$\left.\begin{array}{l} V_1 = \dfrac{Q_1}{4\pi\varepsilon_0 R} + \dfrac{Q_2}{4\pi\varepsilon_0 d} \\ Q_2 = -\dfrac{R}{d} Q_1 \end{array}\right\} \Rightarrow V_1 = [1 - \frac{R^2}{d^2}] V_0 \text{ y } V_2 = 0$$

PROBLEMA 2.2

Se disponen de tres esferas macizas ❶, ❷ y ❸ metálicas idénticas de radio R, tal como se expresa en la figura, cumpliéndose que $R \ll d_1$ y $R \ll d_2$. Con dichas esferas se realizan las siguientes operaciones:

- Inicialmente las esferas ❶ y ❸ tienen carga nula, la esfera ❷, central, una carga Q_2.

- Se unen mediante un hilo conductor metálico las esferas ❶ y ❷. A continuación, se suprime dicha unión, uniendo mediante un hilo conductor las esferas ❷ y ❸, determinar:

1º.- Carga de las esferas ❷ y ❸, en función de los datos.

2º.- Carga y potencial de las esferas ❷ y ❸.

3º.- Variación porcentual de potencial de esfera ❷, al sufrir d_1 una variación elemental.

Datos: R= 10 cm; $d_2 = 2\,d_1 = 8000$ cm. $Q_2 = 25\cdot10^{-9}$ C.

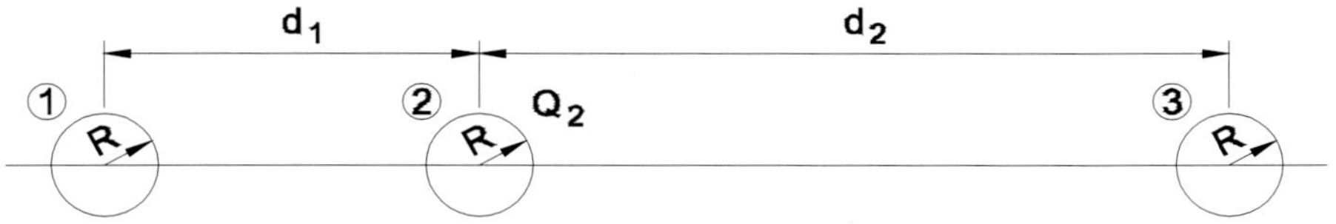

SOLUCIÓN

1º.- Carga de las esferas ❷ y ❸, en función de los datos

* Al ser $R \ll d_1$ y $R \ll d_2$, reparto de cargas es uniforme sobre superficie de las esferas.

* Admitimos influencia de una esfera sobre la otra.

* Aplicando el teorema de Gauss y existiendo simetría esférica, se considera como si toda la carga estuviera concentrada en el centro de cada esfera.

El estado de equilibrio inicial es:

ESFERA	CARGA	POTENCIAL
1	$q_1=0$	V_1
2	Q_2	V_2
3	$q_3=0$	V_3

Donde: $V_1 = \dfrac{Q_2}{4\pi\varepsilon_0 d_1}$; $V_2 = \dfrac{Q_2}{4\pi\varepsilon_0 R}$; $V_3 = \dfrac{Q_2}{4\pi\varepsilon_0 d_2}$

- Unimos las esferas ❶ y ❷ por un hilo conductor.

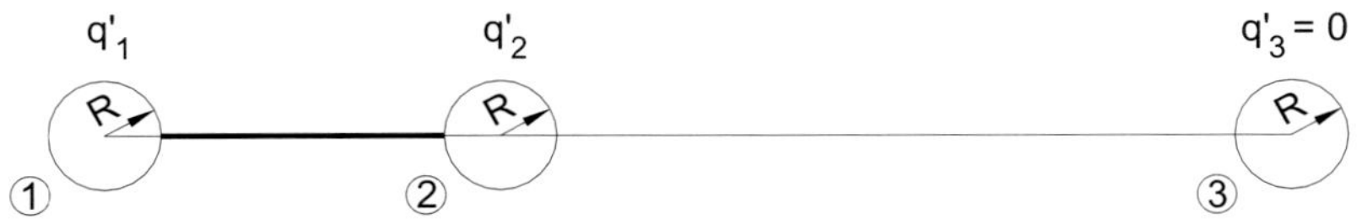

La carga de las esferas ❶ y ❷ será la misma y su suma igual a Q_2, por tanto, como las esferas son iguales: $q'_1 = q'_2 = \dfrac{Q_2}{2}$; $q'_3 = 0$ (inicialmente tiene carga nula)

El potencial de las esferas ❶ y ❷, al estar unidas por el conductor, será el mismo:

$$V'_1=V'_2=\frac{q'_1}{4\pi\varepsilon_0 R}+\frac{q'_2}{4\pi\varepsilon_0 d_1}=\frac{q'_1}{4\pi\varepsilon_0 d_1}+\frac{q'_2}{4\pi\varepsilon_0 R}=\frac{Q_2}{8\pi\varepsilon_0}\left(\frac{1}{R}+\frac{1}{d_1}\right)$$

Potencial de la esfera ❸: $V'_3=\dfrac{q'_1}{4\pi\varepsilon_0[d_1+d_2]}+\dfrac{q'_2}{4\pi\varepsilon_0 d_2}=\dfrac{Q_2}{8\pi\varepsilon_0}\left(\dfrac{1}{d_1+d_2}+\dfrac{1}{d_2}\right)$

- Desconectamos las esferas ❶ y ❷; y unimos con un hilo conductor las esferas ❷ y ❸

La esfera ❶ mantendrá su carga.

La esfera ❷ compartirá su carga con la esfera ❸

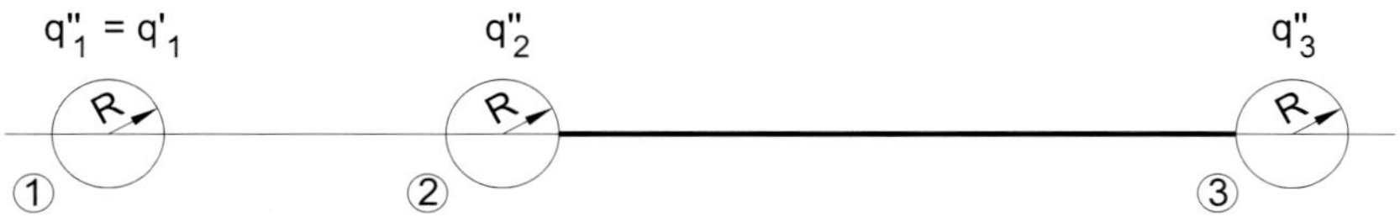

$$q''_1=q'_1=\frac{Q_2}{2};\qquad q''_2+q''_3=q'_2=\frac{Q_2}{2}$$

$q''_2\neq q''_3$ ya que la esfera ❷ tiene la influencia de la esfera ❶.

Las esferas ❷ y ❸ están unidas eléctricamente por un hilo conductor por lo tanto sus potenciales coinciden, $V''_2=V''_3$

$$V''_2=\frac{q''_1}{4\pi\varepsilon_0 d_1}+\frac{q''_2}{4\pi\varepsilon_0 R}+\frac{q''_3}{4\pi\varepsilon_0 d_2}\;;\quad V''_3=\frac{q''_1}{4\pi\varepsilon_0[d_1+d_2]}+\frac{q''_2}{4\pi\varepsilon_0 d_2}+\frac{q''_3}{4\pi\varepsilon_0 R}$$

Teniendo en cuenta que $q''_1=\dfrac{Q_2}{2}$ y que $V''_2=V''_3$, resulta:

$$\frac{Q_2}{2\cdot 4\pi\varepsilon_0 d_1}+\frac{q''_2}{4\pi\varepsilon_0 R}+\frac{q''_3}{4\pi\varepsilon_0 d_2}=\frac{Q_2}{2\cdot 4\pi\varepsilon_0[d_1+d_2]}+\frac{q''_2}{4\pi\varepsilon_0 d_2}+\frac{q''_3}{4\pi\varepsilon_0 R}\text{; reordenando:}$$

$$\frac{Q_2}{2}\left(\frac{1}{[d_1+d_2]}-\frac{1}{d_1}\right)=\frac{1}{R}[q''_2-q''_3]-\frac{1}{d_2}[q''_2-q''_3];$$

$$\frac{Q_2}{2}\left(\frac{-d_2}{d_1[d_1+d_2]}\right)=[q''_2-q''_3]\left(\frac{1}{R}-\frac{1}{d_2}\right),\quad \text{como } q''_2=\frac{Q_2}{2}-q''_3\text{, resulta}$$

$$\frac{-Q_2}{2}\left(\frac{d_2}{d_1[d_1+d_2]}\right)=\left(\frac{Q_2}{2}-2q''_3\right)\left(\frac{1}{R}-\frac{1}{d_2}\right),\quad \text{de donde despejando } q''_3 \text{ queda:}$$

$$q''_3 = \frac{Q_2}{4}\left[1 + \frac{R\ d_2^2}{[d_2 - R]d_1[d_1 + d_2]}\right]$$

$$q''_2 = \frac{Q_2}{2} - q''_3 = \frac{Q_2}{4}\left[1 - \frac{R\ d_2^2}{[d_2 - R]d_1[d_1 + d_2]}\right]$$

2º.- Carga y potencial de las esferas ❷ y ❸

Para los datos del enunciado resulta: R= 10 cm; d_2 =2 d_1 = 8000 cm. Q_2= $25\cdot10^{-9}$ C.

$$q''_3 = \frac{25}{4}\left[1 + \frac{1\cdot8000^2}{[8000-10]\ 4000\ [8000+4000]}\right]10^{-9} = 6{,}251\cdot10^{-9}\ \text{C}$$

$$q''_2 = \frac{Q_2}{2} - q''_3 = \frac{Q_2}{4}\left[1 - \frac{R\ d_2^2}{[d_2 - R]d_1[d_1 + d_2]}\right] = 6{,}249\cdot10^{-9}\ \text{C}$$

Las esferas ❷ y ❸ están unidas eléctricamente por un hilo conductor por lo tanto sus potenciales coinciden $V''_2 = V''_3$; como $q''_1 = \frac{Q_2}{2}$ resulta:

$$V''_2 = \frac{q''_1}{4\pi\varepsilon_0 d_1} + \frac{q''_2}{4\pi\varepsilon_0 R} + \frac{q''_3}{4\pi\varepsilon_0 d_2} = V''_3 = \frac{q''_1}{4\pi\varepsilon_0[d_1 + d_2]} + \frac{q''_2}{4\pi\varepsilon_0 d_2} + \frac{q''_3}{4\pi\varepsilon_0 R}$$

$$V''_2 = V''_3 = \frac{1}{4\pi\varepsilon_0}\left[\frac{q''_1}{d_1} + \frac{q''_2}{R} + \frac{q''_3}{d_2}\right] = 9\cdot10^9\left[\frac{12{,}5}{40} + \frac{6{,}249}{10\cdot10^{-2}} + \frac{6{,}251}{80}\right]10^{-9} = 565{,}92\ \text{V}$$

3º.- Variación en % del potencial de la esfera ❷, cuando d_1 sufre una variación elemental

Diferenciando en la expresión del potencial, obtenido en apartado nº 1, se obtiene:

$$dV''_2 = \frac{\partial V''_2}{\partial d_1}d(d_1) + \frac{\partial V''_2}{\partial d_2}d(d_2) + \frac{\partial V''_2}{\partial R}d(R)$$

Siendo d_2 y R constantes, se cancelan los términos segundo y tercero, por tanto $dV''_2 = \frac{\partial V''_2}{\partial d_1}d(d_1) = \frac{q''_1}{4\pi\varepsilon_0}\left(-\frac{1}{d_1^2}\right)\ d\ (d_1)$.

Suponiendo que la variación elemental de d_1 es d (d_1) =Δ d_1 = +1 cm, sustituyendo valores: $dV''_2 = \frac{q''_1}{4\pi\varepsilon_0}\left(-\frac{1}{d_1^2}\right)\ d\ (d_1) = 9\cdot10^9\cdot12{,}5\cdot10^{-6}\left[-\frac{1}{80^2}\right]\cdot[10^{-2}] = -0{,}1758\ \text{V}$

Si es $d(d_1) = \Delta d_1 = -1$ cm, sustituyendo valores:

$$dV''_2 = \frac{q''_1}{4\pi\varepsilon_0}\left(-\frac{1}{d_1^{\ 2}}\right) d(d_1) = 9{\cdot}10^9{\cdot}12{,}5{\cdot}10^{-9}\left[-\frac{1}{80^2}\right]{\cdot}[-10^{-2}] = +0{,}1758{\cdot}10^{-4}\ \text{V}$$

Como $V''_2 = 565{,}92$ V, resulta una variación relativa porcentual, en valor absoluto

$$\left|\frac{dV''_2}{V''_2}\right| 100 = 0{,}031{\cdot}10^{-4}\ \%$$

PROBLEMA 2.3

La esfera (I) de radio R se carga a un potencial V_0 (I) y se aísla. Después de estar aislada se le aproxima otra esfera (II) idéntica pero puesta a tierra. La distancia d entre centros de ambas esferas es d >> R. Se pide:

1º.- Carga y potencial de la esfera I, Q_1 (I) y V_1 (I) y de la esfera II, Q_1(II) y V_1 (II).

La esfera II permanece puesta a tierra mientras la esfera inicial se vuelve a su potencial inicial V_1 (I). Calcular:

2º.- Cargas de las dos esferas Q_2 (I), Q_2 (II).

En el estado inicial, en ausencia de la esfera II, se rodea la esfera I de otra esfera III conductora, de radios 2R y 3R, inicialmente neutra y aislada. Hallar:

3º.- Potenciales V_3 (I) y V_3 (III).

En el estado inicial, en presencia de la esfera II, se rodea la esfera I con la esfera III del apartado anterior. Calcular:

4º.- Nuevos potenciales de las esferas.

Datos: R=1cm; d=10cm; $V_0(I)=3\cdot10^4V$; $1/4\pi\varepsilon_0=9\cdot10^9 Nm^2/A^2s^2$; $\varepsilon_0=8,85\cdot10^{-12}A^2s^2/Nm^2$

SOLUCIÓN

1º.- Carga y potencial de la esfera I, Q_1 (I) y V_1 (I) y de la esfera II, Q_1(II) y V_1 (II).

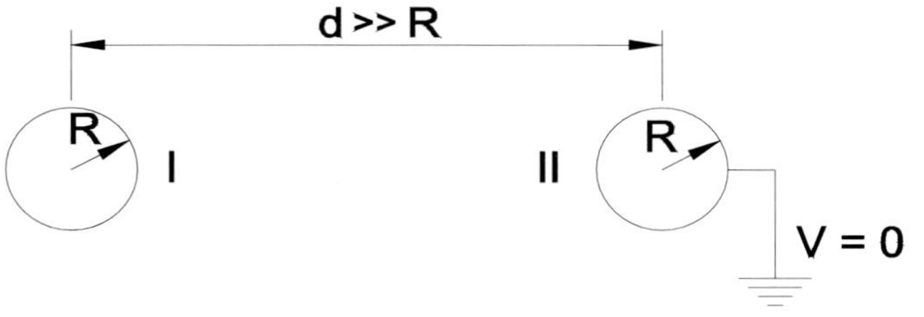

	Q	Q	V	V
ESTADOS	ESFERA (I)	ESFERA (II)	ESFERA (I)	ESFERA (II)
INICIAL	$Q_0(I)$	$Q_0(II)=0$	$V_0(I)$	$V_0(II)=0$
FINAL	$Q_1(I)= Q_0(I)$	$Q_1(II)$	$V_1(I)$	$V_1(II)=0$

- Esfera I "Estado inicial " $V_0(I)=\dfrac{Q_0(I)}{4\pi\varepsilon_0 R} \quad \Rightarrow \quad Q_0(I)=4\pi\varepsilon_0 R\ V_0(I)$

- En el estado de equilibrio final se admite:

  * Reparto UNIFORME de cargas debido a d >> R.

  * INFLUENCIA de la esfera I sobre la II.

  La esfera I al estar aislada, conserva su carga Q_1 (I) = Q_0 (I)

Considerando la carga concentrada en el centro de cada esfera y aplicando el principio de superposición a los estados de equilibrio.

$$\left.\begin{array}{l}\text{Esfera (I):}\quad V_1(I)=\dfrac{Q_0(I)}{4\pi\varepsilon_0 R}+\dfrac{Q_1(II)}{4\pi\varepsilon_0 d}\\[2ex] \text{Esfera (II):}\ V_1(II)=\dfrac{Q_0(I)}{4\pi\varepsilon_0 d}+\dfrac{Q_1(II)}{4\pi\varepsilon_0 R}=0\end{array}\right\}$$

$$Q_1(I)=Q_0(I)=4\pi\varepsilon_0 R\ V_0(I)\quad ;\ Q_1(II)=-\,4\pi\varepsilon_0\frac{R^2}{d}V_0(I)$$

$$V_1(I)=\left(1-\frac{R^2}{d^2}\right)V_0(I)\qquad ;\qquad V_1(II)=0$$

2º.- Cargas de las dos esferas Q_2 (I), Q_2 (II).

Al llevar I a V_0(I) las cargas serán Q_2(I) y Q_2(II). En el nuevo estado de equilibrio se tiene:

$$\left.\begin{array}{l}V_0(I)=\dfrac{Q_2(I)}{4\pi\varepsilon_0 R}+\dfrac{Q_2(II)}{4\pi\varepsilon_0 d}\\[2ex] 0=\dfrac{Q_2(I)}{4\pi\varepsilon_0 d}+\dfrac{Q_2(II)}{4\pi\varepsilon_0 R}\end{array}\right\}\Rightarrow\quad \begin{array}{l}Q_2(I)=\dfrac{4\pi\varepsilon_0 R V_0(I)}{\left[1-\dfrac{R^2}{d^2}\right]}\\[2ex] Q_2(II)=-\dfrac{R}{d}Q_2(I)\end{array}$$

$$\left.\begin{array}{l}-\dfrac{R^2}{d^2}=x\Rightarrow(1+x)^{-1}=1-x+x^2-x^3+\ldots\\[2ex] x=-\dfrac{R^2}{d^2};\ d>>R\Rightarrow\left[1-\dfrac{R^2}{d^2}\right]^{-1}\cong 1+\dfrac{R^2}{d^2}\end{array}\right\}\Rightarrow\quad \begin{array}{l}Q_2(I)=4\pi\varepsilon_0 R\left[1-\dfrac{R^2}{d^2}\right]V_0(I)\\[2ex] Q_2(II)=-\dfrac{4\pi\varepsilon_0 R^2}{d}\left[1-\dfrac{R^2}{d^2}\right]V_0(I)\end{array}$$

3º.- Potenciales V_3 (I) y V_3 (III)

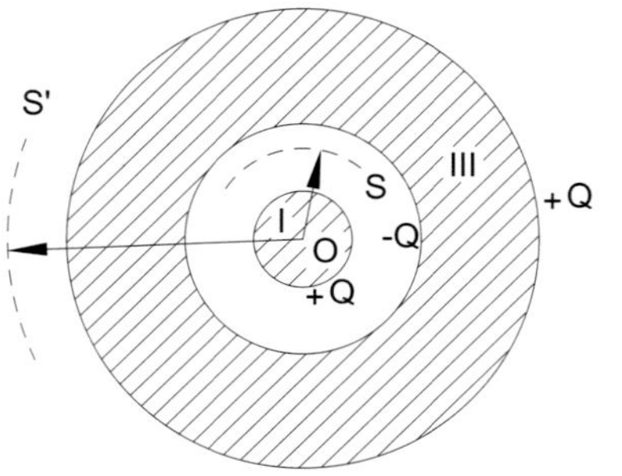

Esfera I: Aislada. $\Rightarrow$ Conserva la carga Q_0 (I)

Esfera III: Neutra $\Rightarrow$ No tiene carga inicial

Las esferas I y III están en influencia total.

Aplicando T. de Gauss a superficie esférica S' (O, r)

$$\left.\begin{array}{l}\Phi = \oiint_{S'} \vec{E}\cdot d\vec{S} = E\cdot 4\pi r^2 \\ \\ \Phi = \dfrac{\Sigma Q}{\varepsilon_0} = \dfrac{Q - Q + Q}{\varepsilon_0}\end{array}\right\} \Rightarrow E = \frac{Q_0(I)}{4\pi r^2 \varepsilon_0}$$

$$V = -\int \vec{E}\cdot \vec{dr} = -\frac{Q_0(I)}{4\pi\varepsilon_0}\int \frac{dr}{r^2} \Rightarrow V = \frac{Q_0(I)}{4\pi\varepsilon_0 r} + C;$$ para $r = \infty$: $V = 0$ y $C = 0$, por tanto:

Para $r = 3R$: $V_3(III) = \dfrac{Q_0(I)}{4\pi\varepsilon_0 3R} \quad \Rightarrow \quad V_3(III) = \dfrac{1}{3}\, V_0(I)$

Aplicando el Teorema de Gauss a la superficie gaussiana esférica S (O, r)

$$\left.\begin{array}{l}\Phi = \oiint_{S} \vec{E}\cdot d\vec{S} = E\cdot 4\pi r^2 \\ \\ \Phi = \dfrac{\Sigma Q}{\varepsilon_0} = \dfrac{Q_0(I)}{\varepsilon_0} = \dfrac{4\pi\varepsilon_0 R\ V_0(I)}{\varepsilon_0}\end{array}\right\} \Rightarrow E = \frac{Q_0(I)}{4\pi\varepsilon_0 r^2}$$

$$V = -\int \vec{E}\cdot \vec{dr} = -\frac{Q_0(I)}{4\pi\varepsilon_0}\int \frac{dr}{r^2} \Rightarrow V = \frac{Q_0(I)}{4\pi\varepsilon_0 r} + C_1;$$ para $r = 2R$; $V = V_3(III) \Rightarrow C_1 = -\dfrac{Q_0(I)}{24\pi\varepsilon_0 R}$

Por tanto: $V_3(I) = \dfrac{5}{6}\, V_0(I)$

4º.- Potenciales: V_4 (I), V_4 (II) y V_4 (III)

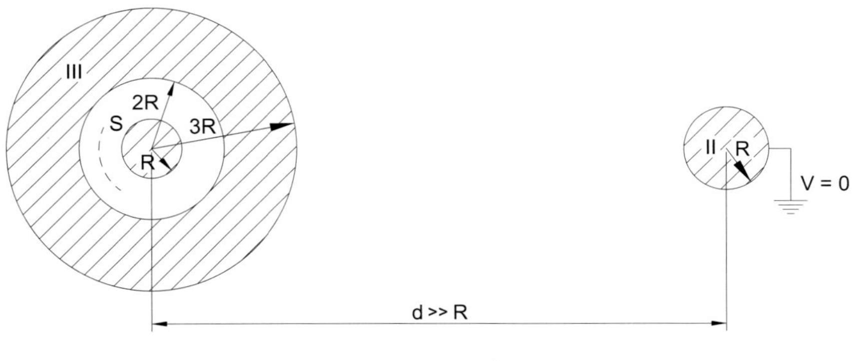

Sistema II y III

$$\left.\begin{aligned} V_4(III) &= \frac{Q_0(I)}{4\pi\varepsilon_0 3R} + \frac{Q_4(II)}{4\pi\varepsilon_0 d} \\ V_4(II) &= \frac{Q_0(I)}{4\pi\varepsilon_0 d} + \frac{Q_4(II)}{4\pi\varepsilon_0 R} = 0 \end{aligned}\right\} \Rightarrow \quad V_4(III) = \left(\frac{1}{3} - \frac{R^2}{d^2}\right) V_0(I)$$

Sistema I y III

Aplicamos el teorema de Gauss a la superficie gaussiana esférica S (O, r)

$$\left.\begin{aligned} \Phi &= \oint\!\!\oint_S \vec{E}\cdot d\vec{S} = 4\pi r^2\ E \\ \Phi &= \frac{\Sigma Q}{\varepsilon_0} = \frac{Q_0(I)}{\varepsilon_0} = \frac{4\pi\varepsilon_0 R\ V_0(I)}{\varepsilon_0} \end{aligned}\right\} \Rightarrow E = \frac{Q_0(I)}{4\pi\varepsilon_0 r^2}$$

$$V = -\int \vec{E}\cdot \overrightarrow{dr} = -\frac{Q_0(I)}{4\pi\varepsilon_0}\int \frac{dr}{r^2} \Rightarrow V = \frac{Q_0(I)}{4\pi\varepsilon_0 r} + C_2\ ;$$ Para r= 2R; V= V_4(III)

$$C_2 = -\left(\frac{1}{6} + \frac{R^2}{d^2}\right) V_0(I) \quad \Rightarrow \quad V_4(I) = \left(\frac{5}{6} - \frac{R^2}{d^2}\right) V_0(I)$$

Como la esfera II está conectada a tierra: $V_4(II) = 0$

Soluciones con la aplicación numérica:

1º.- $Q_1(I) = \frac{1}{3}10^{-7}\,C$; $Q_1(II) = -\frac{1}{3}10^{-8}\,C$; $V_1(I) = 2{,}97\cdot 10^4\,V$; $V_1(II) = 0$

2º.- $Q_2(I) = 0{,}3366\cdot 10^{-7}\,C$; $Q_2(II) = -0{,}3366\cdot 10^{-7}\,C$

3º.- $V_3(III) = 10^4\,V$; $V_3(I) = 2{,}5\cdot 10^4\,V$

4º.- $V_4(III) = 9{,}7\cdot 10^3\,V$; $V_4(I) = 2{,}47\cdot 10^4\,V$; $V_4(II) = 0\,V$

PROBLEMA 2.4

Una esfera metálica maciza S_1 aislada, de radio R_1= 5 cm de centro O, con carga inicial Q = 1 μ C, introducida en el interior de otra esfera S_2 inicialmente sin carga eléctrica y aislada, de radios interior R_2= 10 cm y exterior R_3= 11 cm. Determinar:

1º.- Potenciales V_1 de S_1 y V_2 de S_2.

A continuación la esfera S_2 se conecta a tierra, calcular:

2º.- Potencial V'_1 de la esfera S_1.

Finalmente aislamos la esfera S_2 y la esfera S_1 se conecta mediante conductor metálico a tierra. Hallar:

3º.- Carga q de S_1 y el potencial V''_2 de S_2.

4º.- Densidades superficiales de carga en las superficies S_1 y S_2.

5º.- Campo E exterior y presión electrostática en puntos de la superficie de la esfera S_1.

SOLUCIÓN

1º.- Potenciales V_1 de S_1 y V_2 de S_2

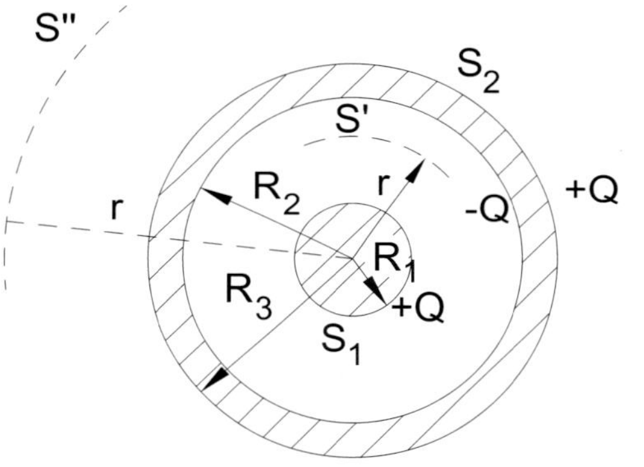

S_1 aislada: Conserva la carga

S_2 neutra: No posee carga (inicialmente)

Por influencia total: Las líneas de campo que nacen la esfera S_1 (creadora del campo), finalizan en la superficie interior de la esfera S_2. Por tanto, debido a la influencia total se inducen cargas, ver la figura.

En R_2 $\Rightarrow$ $-$ Q debido a la influencia total.

En R_3 $\Rightarrow$ + Q ya que S_2 es neutra $[\Sigma Q_{S_2} = 0]$

Apliquemos el teorema de Gauss a S_2 y S_1.

Esfera S_2 (consideremos una superficie S'' esférica gaussiana de r > R_3)

$$\phi = \oiint_{S''} \vec{E} \cdot d\vec{S} = \frac{\Sigma q}{\varepsilon_0} = \frac{+Q - Q + Q}{\varepsilon_0} \Rightarrow E\ 4\pi r^2 = \frac{Q}{\varepsilon_0} \Rightarrow E = \frac{Q}{4\pi\varepsilon_0 r^2}$$

La expresión del potencial en la superficie esférica gaussiana de radio r es:

$$V=-\int \vec{E}\cdot d\vec{r}=-\frac{Q}{4\pi\varepsilon_0}\int\frac{dr}{r^2} \quad\Rightarrow V=\frac{Q}{4\pi\varepsilon_0 r}+C$$ con la condición de contorno de que en el infinito (si no hay cargas) el potencial es cero: $\left\{\begin{array}{l} r=\infty \\ V=0 \end{array}\right. \Rightarrow C=0$

El potencial es: $V=\frac{Q}{4\pi\varepsilon_0 r}$ que para $\left.\begin{array}{l} r=R_3 \\ V=V_2 \end{array}\right\} \Rightarrow V_2=\frac{1}{4\pi\varepsilon_0}\frac{Q}{R_3}$

$$V_2=9\cdot 10^9\ \frac{N\ m^2}{C^2}\ \frac{1\cdot 10^{-6}\ C}{0{,}11\ m}=81{,}8\cdot 10^3\ \frac{N\ m}{C}=81{,}8\cdot 10^3\ V$$

Esfera S_1 (consideremos una superficie S' esférica gaussiana de $R_2 \geq r \geq R_1$)

$$\phi=\oint\!\!\oint_{S'}\vec{E}\cdot d\vec{S}=\frac{\Sigma q}{\varepsilon_0}=\frac{+Q}{\varepsilon_0} \quad\Rightarrow\ E\ 4\pi r^2=\frac{Q}{\varepsilon_0} \ \Rightarrow E=\frac{Q}{4\pi\varepsilon_0 r^2}$$

La expresión del potencial en la superficie esférica gaussiana de radio r es:

$$V=-\int \vec{E}\cdot \vec{dr}=-\frac{Q}{4\pi\varepsilon_0}\int\frac{dr}{r^2} \quad\Rightarrow V=\frac{Q}{4\pi\varepsilon_0 r}+C \Rightarrow \text{condición de contorno: } \left\{\begin{array}{l} r=R_2 \\ V=V_2 \end{array}\right.$$

$$\frac{1}{4\pi\varepsilon_0}\frac{Q}{R_3}=\frac{1}{4\pi\varepsilon_0}\frac{Q}{R_2}+C \quad\Rightarrow\ C=\frac{Q}{4\pi\varepsilon_0}\left(\frac{1}{R_3}-\frac{1}{R_2}\right)$$ por tanto el potencial es:

$$V=\frac{Q}{4\pi\varepsilon_0}\left(\frac{1}{r}+\frac{1}{R_3}-\frac{1}{R_2}\right) \text{ que para } \left.\begin{array}{l} r=R_1 \\ V=V_1 \end{array}\right\} \quad\Rightarrow V_1=\frac{Q}{4\pi\varepsilon_0}\left(\frac{1}{R_1}-\frac{1}{R_2}+\frac{1}{R_3}\right)$$

$$V_1=9\cdot 10^9\ \frac{N\cdot m^2}{C^2}\ 1\cdot 10^{-6}\ C\left(\frac{1}{0{,}05}-\frac{1}{0{,}10}+\frac{1}{0{,}11}\right)\frac{1}{m}=171{,}82\cdot 10^3\ V$$

2º.- Potencial V'₁ de S₁ (conectando S₂ a tierra)

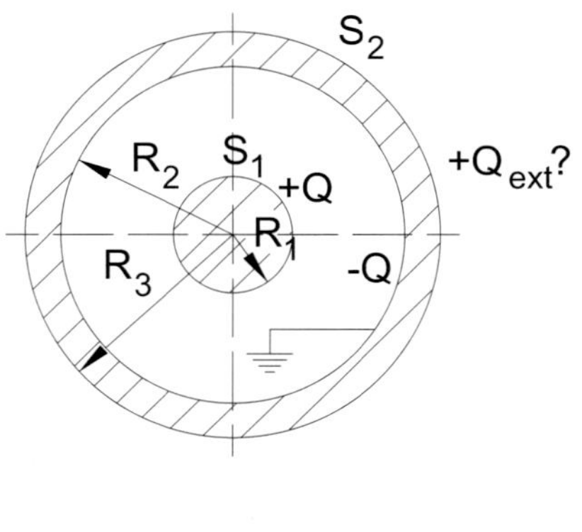

La conexión a tierra $\Rightarrow$ potencial cero ($V'_2=0$)

Por seguir existiendo influencia total:

En $R_2 \Rightarrow -Q$ (inducida)

En $R_3 \Rightarrow Q_{\text{exterior}}$

Del apartado anterior $V_2 = \dfrac{1}{4\pi\varepsilon_0 R_3}[+Q - Q + Q_{ext}] = \dfrac{Q_{ext}}{4\pi\varepsilon_0 R_3}$

Ahora: $V_2 \equiv V'_2 = 0 = \dfrac{Q_{ext}}{4\pi\varepsilon_0 R_3} \Rightarrow Q_{ext} = 0$

Del apartado anterior: $V = \dfrac{Q}{4\pi\varepsilon_0 r} + C$; condición de contorno: $\begin{cases} r = R_2 \\ V = 0 \end{cases} \Rightarrow C = \dfrac{-Q}{4\pi\varepsilon_0 R_2}$

Por tanto: $V = \dfrac{Q}{4\pi\varepsilon_0}\left(\dfrac{1}{r} - \dfrac{1}{R_2}\right)$ para $\left.\begin{matrix} r = R_1 \\ V = V'_1 \end{matrix}\right\} \Rightarrow V'_1 = \dfrac{Q}{4\pi\varepsilon_0}\left(\dfrac{1}{R_1} - \dfrac{1}{R_2}\right) = 90 \cdot 10^3\ \text{V}$

3º.- Carga q de S_1 y potencial V''_2 de S_2

En S_1, no toda la carga deriva a tierra, ya que existe influencia con S_2. En S_2 por estar aislada, conserva la carga total –Q, que quedará repartida entre las superficies interior (– q) y exterior (– q')

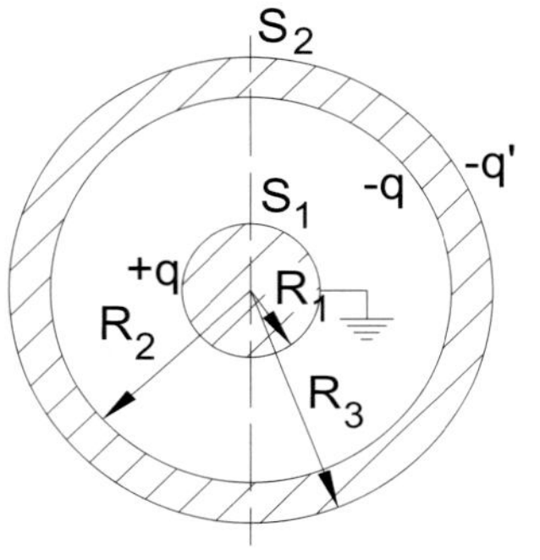

Supongamos que $-Q = (-q) + (-q')$ (I)

Del apartado 1º tenemos: $V''_1 = \dfrac{1}{4\pi\varepsilon_0}\left(\dfrac{q}{R_1} - \dfrac{q}{R_2} - \dfrac{q'}{R_3}\right) = 0 \Rightarrow q\left(\dfrac{1}{R_1} - \dfrac{1}{R_2}\right) = \dfrac{q'}{R_3}$ (II)

Operando con las expresiones (I) y (II) tenemos:

$$\left.\begin{matrix} q = Q\dfrac{R_1 R_2}{R_1R_2 + R_2R_3 - R_1R_3} = 0,47619 \cdot 10^{-6}\ \text{C} \\ \\ q' = Q\dfrac{R_3[R_2 - R_1]}{R_1R_2 + R_2R_3 - R_1R_3} = 0,52381 \cdot 10^{-6}\ \text{C} \end{matrix}\right]$$

Se comprueba que $q + q' = Q = 1 \cdot 10^{-6}\ \text{C}$

La carga de S_1 es: q= $0{,}47619 \cdot 10^{-6}\ \text{C}$, y la carga que ha descargado en la conexión a tierra es: q'= $0{,}52381 \cdot 10^{-6}\ \text{C}$.

El potencial V'_2 de esfera S_2 es: $V''_2 = -\dfrac{q'}{4\pi\varepsilon_0 R_3} = -\ 42857,2\ \text{V}$

4º.- Densidades superficiales de σ_1 y σ_2 carga en S_1 y S_2

En la esfera maciza S_1:

$$\sigma_{S_1} = \frac{q}{4\pi R_1^2} = \frac{Q}{4\pi R_1} \frac{R_2}{R_1R_2 + R_2R_3 - R_1R_3} = \frac{0,47619 \cdot 10^{-6}}{4\pi \cdot 5^2 \cdot 10^{-4}} = 1,51575 \cdot 10^{-5}\ \mathrm{C\ m^{-2}}$$

En la esfera hueca S_2:

$$\sigma_{S_2R_2} = \frac{-q}{4\pi R_2^2} = \frac{-Q}{4\pi R_2} \frac{R_1}{R_1R_2 + R_2R_3 - R_1R_3} = -\frac{0,47619 \cdot 10^{-6}}{4\pi \cdot 10^2 \cdot 10^{-4}} = -3,78939 \cdot 10^{-6}\ \mathrm{C\ m^{-2}}$$

$$\sigma_{S_2R_3} = \frac{-q'}{4\pi R_3^2} = \frac{-Q}{4\pi R_3} \frac{[R_2 - R_1]}{R_1R_2 + R_2R_3 - R_1R_3} = -\frac{0,52381 \cdot 10^{-6}}{4\pi \cdot 11^2 \cdot 10^{-4}} = -3,44491 \cdot 10^{-6}\ \mathrm{C\ m^{-2}}$$

5º.- Campo $\vec{E}$ y presión electrostática en puntos de la superficie esfera S_1

El campo electrostático en puntos de la superficie de la esfera S_1 es:

$$\vec{E}_{P_{S1}} = \frac{\sigma_{S_1}}{2\varepsilon_0}\vec{n} = \frac{Q}{8\pi\varepsilon_0 R_1} \frac{R_2}{R_1R_2 + R_2R_3 - R_1R_3}\vec{n} = 8,5595 \cdot 10^5\ \vec{n}\ \ \mathrm{N\ C^{-1}}$$

$\vec{n}$ vector unitario normal a la superficie S_1

En puntos de la superficie esférica S_1 la presión electrostática, se define por:

$$p_{S_1} = \frac{\sigma_{S_1}^2}{2\varepsilon_0} = \frac{1}{2}\varepsilon_0 E_{Ext}^2 = 12,974\ \mathrm{N\ m^{-2}}$$

PROBLEMA 2.5

Una esfera conductora de centro O y radio R_1 está conectada a tierra. Se la rodea de otra esfera conductora concéntrica con la anterior de radio interior R_2 y exterior R_3 que se encuentra aislada con una carga +Q. Calcular en el estado de equilibrio:

1°.- Cargas.

2°.- Potenciales.

SOLUCIÓN

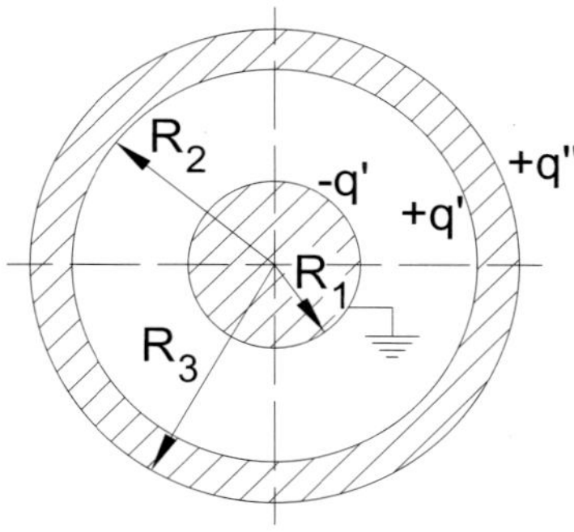

La carga Q se reparte en:

q' en superficie de radio R_2

q" en superficie de radio R_3

$Q = q' + q''$ (1)

Por existir influencia total, en la esfera de radio R_1 se tiene una carga $-q'$

Para la superficie esférica gaussiana exterior de radio $r \geq R_3$: $E = \dfrac{q''}{4\pi\varepsilon_0 r^2}$

Como: $V = -\int \vec{E} \cdot \vec{dr}$; $V_{ext} = \dfrac{q''}{4\pi\varepsilon_0 r} + C$ con la condición de contorno de que en el infinito el potencial es cero: $\begin{cases} r = \infty \\ V = 0 \end{cases} \Rightarrow C = 0$; por tanto: $V_{ext} = \dfrac{q''}{4\pi\varepsilon_0 r}$ (2)

Para la superficie esférica gaussiana interior de radio $R_2 \geq r \geq R_1$: $E = \dfrac{-q'}{4\pi\varepsilon_0 r^2}$

Siendo $V = -\int \vec{E} \cdot \vec{dr}$, se tiene $V_{int} = \dfrac{-q'}{4\pi\varepsilon_0 r} + C$; (3) (Visto desde la esfera interior, en el infinito el potencial no es nulo, ya que se tiene la esfera exterior)

Por tanto, la constante C se calcula mediante la condición de continuidad del potencial en la esfera exterior (es único), es decir: $V_{ext}\big|_{r=R_3} = V_{int}\big|_{r=R_2}$.

Entonces: $\dfrac{q''}{4\pi\varepsilon_0 R_3} = \dfrac{-q'}{4\pi\varepsilon_0 R_2} + C$; de donde: $C = \dfrac{1}{4\pi\varepsilon_0}\left(\dfrac{q''}{R_3} + \dfrac{q'}{R_2}\right)$; (4)

Los potenciales de las esferas: $V_{int} = \dfrac{-q'}{4\pi\varepsilon_0 r} + \dfrac{1}{4\pi\varepsilon_0}\left(\dfrac{q''}{R_3} + \dfrac{q'}{R_2}\right)$; (5) $V_{ext} = \dfrac{q''}{4\pi\varepsilon_0 r}$ (2)

Al estar la esfera interior conectada a tierra, con la condición $\begin{cases} r = R_1 \\ V_{int} = 0 \end{cases}$; se tiene:

$$0 = V_{int} = \frac{-q'}{4\pi\varepsilon_0 R_1} + \frac{1}{4\pi\varepsilon_0}\left(\frac{q''}{R_3} + \frac{q'}{R_2}\right) \Rightarrow \frac{q'}{R_1} = \frac{q''}{R_3} + \frac{q'}{R_2} \Rightarrow q'\left(\frac{1}{R_1} - \frac{1}{R_2}\right) = \frac{q''}{R_3} \quad (6)$$

De la expresión (1) se tiene: $q'' = Q - q'$, por tanto sustituyendo en (6) queda:

$$q'\left(\frac{1}{R_1} - \frac{1}{R_2}\right) = \frac{1}{R_3}[Q - q'] \Rightarrow q' = \frac{Q}{R_3\left(\frac{1}{R_1} - \frac{1}{R_2} + \frac{1}{R_3}\right)}$$

Como $q'' = Q - q'$, resulta: $q'' = Q\,\dfrac{\left[R_3\left(\frac{1}{R_1} - \frac{1}{R_2} + \frac{1}{R_3}\right) - 1\right]}{R_3\left(\frac{1}{R_1} - \frac{1}{R_2} + \frac{1}{R_3}\right)}$

En el estado de equilibrio la expresión de los potenciales es:

$$V_{int} = 0$$

$$V_{ext}\Big|_{r=R_3} = \frac{q''}{4\pi\varepsilon_0 R_3} = \frac{Q}{4\pi\varepsilon_0 R_3}\,\frac{\left[R_3\left(\frac{1}{R_1} - \frac{1}{R_2} + \frac{1}{R_3}\right) - 1\right]}{R_3\left(\frac{1}{R_1} - \frac{1}{R_2} + \frac{1}{R_3}\right)}$$

PROBLEMA 2.6

Tres esferas macizas metálicas❶, ❷ y ❸, idénticas cuyo radio "r", cumple la condición r << a, están dispuestas de forma que sus centros se hallan situados en los vértices de un triángulo equilátero de lado "a". Cada una de las tres esferas está aislada y con carga eléctrica + Q.

Sucesivamente, y en el orden 1, 2, 3 se une cada esfera a tierra y luego se aísla de nuevo. Determinar en función de los datos:

1º.- Carga de cada esfera.

Se unen ahora las esferas ❷ y ❸, mediante un hilo conductor muy fino cuyo efecto electrostático es despreciable. Calcular:

2º.- Potencial de la esfera ❶.

Después se unen las tres esferas mediante un hilo conductor, muy fino. Obtener:

3º.- Potencial en el centro del triángulo equilátero.

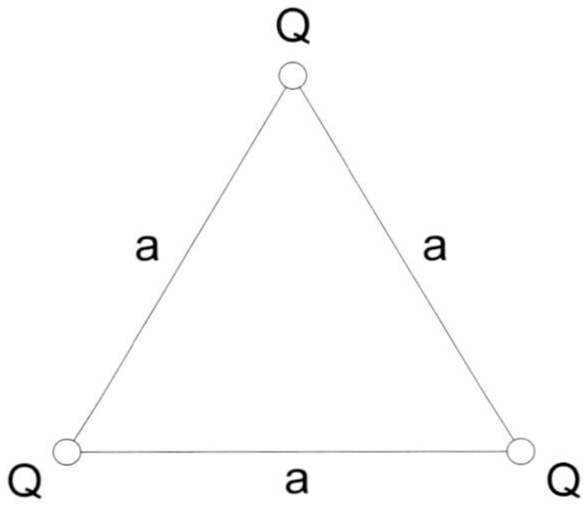

SOLUCIÓN

1º.- Carga de cada esfera

* Al ser r << a, el reparto de cargas es uniforme sobre superficie de las esferas.

* Admitimos influencia eléctrica de una esfera sobre la otra.

* Por simetría esférica se considera toda la carga concentrada en centro de cada esfera.

Las esferas se van conectando sucesivamente a tierra. Adquiere potencial cero. En cada estado la expresión del potencial para cada una de ellas es:

$$\left.\begin{array}{l} \text{Esfera (1):}\quad V_1 = \dfrac{1}{4\pi\varepsilon_0}\left[\dfrac{Q_1}{r} + \dfrac{Q_2}{a} + \dfrac{Q_3}{a}\right] = 0 \Longrightarrow\ a\,Q_1 + 2\,r\,Q = 0 \\ \text{Esfera (2):}\quad V_2 = \dfrac{1}{4\pi\varepsilon_0}\left[\dfrac{Q_1}{a} + \dfrac{Q_2}{r} + \dfrac{Q_3}{a}\right] = 0 \Longrightarrow r\,Q_1 + a\,Q_2 + r\,Q = 0 \\ \text{Esfera (3):}\ V_3 = 0 = \dfrac{1}{4\pi\varepsilon_0}\left[\dfrac{Q_1}{a} + \dfrac{Q_2}{a} + \dfrac{Q_3}{r}\right] \Longrightarrow r\,[Q_1 + Q_2] + a\,Q_3 = 0 \end{array}\right\}$$

Resolviendo, por Kramer, el sistema de tres ecuaciones, tenemos las cargas buscadas:

$$\text{Esfera ❶: } Q_1 = -\frac{2r}{a}Q\,;\ \text{Esfera ❷: } Q_2 = \frac{r}{a}\left[\frac{2r}{a} - 1\right] Q\,;\ \text{Esfera ❸: } Q_3 = \frac{r^2}{a^2}\left[3 - \frac{2r}{a}\right] Q$$

2º.- Potencial de la esfera ❶

Al unir mediante un conductor las esferas ❷ y ❸ su potencial es el mismo, pero sus cargas se redistribuyen y por consiguiente cambian.

Igualdad de potencial: $V_2 = \frac{1}{4\pi\varepsilon_0}[\frac{Q_1}{a} + \frac{Q'_2}{r} + \frac{Q'_3}{a}] = \frac{1}{4\pi\varepsilon_0}[\frac{Q_1}{a} + \frac{Q'_2}{a} + \frac{Q'_3}{r}] = V_3$ [1]

Conservación de cargas: $Q'_2 + Q'_3 = \frac{r}{a}[\frac{2r}{a} - 1]\,Q + \frac{r^2}{a^2}[3 - \frac{2r}{a}]\,Q$ [2]

Resolviendo el sistema de ecuaciones [1] y [2], las nuevas cargas de ambas esferas son iguales: $Q'_2 = Q'_3 = \frac{r}{2a^3}[5ra - a^2 - 2r^2]\,Q$

Por tanto el potencial de la esfera ❶ es:

$$V_1 = \frac{1}{4\pi\varepsilon_0}[\frac{Q_1}{r} + \frac{Q'_2}{a} + \frac{Q'_3}{a}] = \frac{1}{4\pi\varepsilon_0}\left[\frac{-\frac{2r}{a}Q}{r} + \frac{2}{a}\,\frac{r}{2a^3}[5ra - a^2 - 2r^2]\,Q\right] \text{ operando}$$

$$V_1 = \frac{Q}{4\pi\varepsilon_0 a}\left[\frac{r}{a^3}[5ra - a^2 - 2r^2] - 2\right]$$

3º.- Potencial en el centro del triángulo equilátero

Al unir las tres esferas mediante un conductor, los potenciales se igualan, y las cargas cambian y se redistribuyen:

$$V_1 = \frac{1}{4\pi\varepsilon_0}[\frac{Q'_1}{r} + \frac{Q''_2}{a} + \frac{Q''_3}{a}] = V_2 = \frac{1}{4\pi\varepsilon_0}[\frac{Q'_1}{a} + \frac{Q''_2}{r} + \frac{Q''_3}{a}] = V_3 = \frac{1}{4\pi\varepsilon_0}[\frac{Q'_1}{a} + \frac{Q''_2}{a} + \frac{Q''_3}{r}]$$

Conservación de cargas: $Q'_1 + Q''_2 + Q''_3 = -\frac{2r}{a}Q + \frac{r}{a}[\frac{2r}{a} - 1]\,Q + \frac{r^2}{a^2}[3 - \frac{2r}{a}]\,Q$

Tras resolver el sistema de ecuaciones, se obtiene:

$$Q'_1 = Q''_2 = Q''_3 = \frac{r}{3a^3}[5ra - 3a^2 - 2r^2]Q$$

El potencial en el punto P, centro del triángulo equilátero, es el potencial debido a estas tres cargas iguales de cada esfera, cuya distancia a P es igual para las tres cargas: $\frac{a}{\sqrt{3}}$

$$V(P) = \frac{1}{4\pi\varepsilon_0}\left[\frac{Q'_1}{a/\sqrt{3}} + \frac{Q''_2}{a/\sqrt{3}} + \frac{Q''_3}{a/\sqrt{3}}\right] = \frac{\sqrt{3}\,r}{4\pi\varepsilon_0 a^4}[5ra - 3a^2 - 2r^2]Q$$

PROBLEMA 2.7

Sean dos conductores con forma de semicircunferencia de radio R, situados en dos planos paralelos, que distan entre si $h \ll R$, y el eje OZ es perpendicular a los citados planos, tal como se indica en la figura.

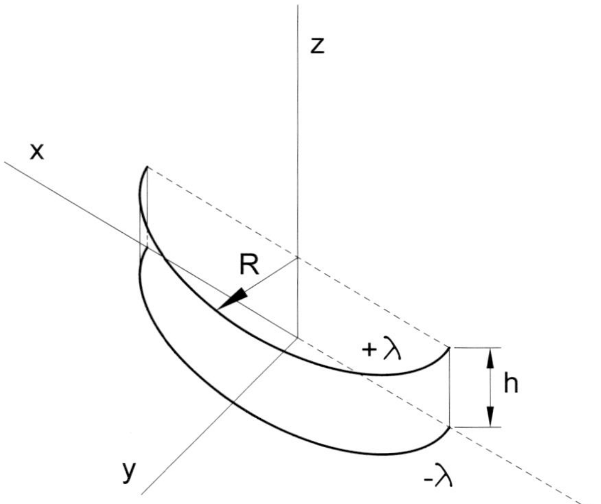

Este conjunto cargado respectivamente con densidad lineal de carga $+\lambda$ y $-\lambda$, de forma que se asocia a una distribución de dipolos. Determinar en un punto del eje OZ:

1º.- Campo electrostático $\vec{E}$.

2º.- Potencial V.

SOLUCIÓN

1º.- Campo electrostático $\vec{E}$ en un punto del eje OZ

Los dos conductores equivalen a una distribución continua de dipolos, cuyo dipolo elemental es el correspondiente a un elemento diferencial de arco de circunferencia, siendo su momento dipolar: $d\vec{p} = dp\ \vec{k} = dq\ h\ \vec{k} = \lambda\ R\ d\varphi\ h\ \vec{k}$

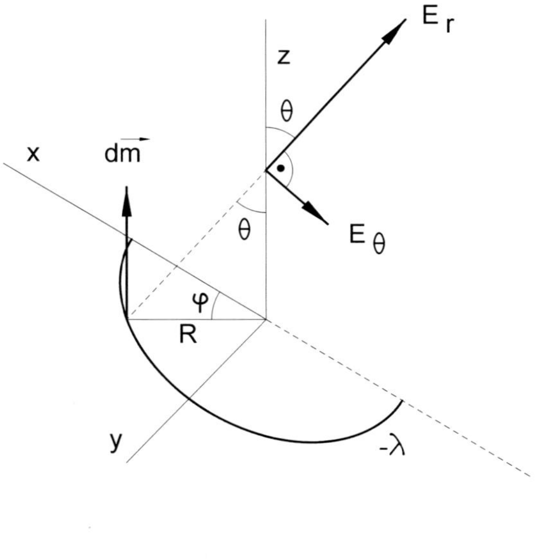

En la expresión del campo creado por un dipolo en coordenadas polares:

$$\vec{E} = \frac{p}{4\pi\varepsilon_0 r^3}\left[2(\cos\alpha\cos\theta + \text{sen}\alpha\,\text{sen}\theta)\vec{u}_r + (\cos\alpha\,\text{sen}\theta - \text{sen}\alpha\cos\theta)\vec{u}_\theta\right] = E_r\vec{u}_r + E_\theta\vec{u}_\theta$$

Como $\alpha = 0°$, el campo diferencial creado por un dipolo elemental es:

$$d\vec{E} = \frac{dp}{4\pi\varepsilon_0 r^3}[2\cos\theta\ \vec{u}_r + \text{sen}\theta\ \vec{u}_\theta] = dE_r\vec{u}_r + dE_\theta\vec{u}_\theta$$

El campo dipolar diferencial, $\vec{E}$ en cartesianas para un punto P (0, 0, z) es:

$dE_x = 0$ por simetría.; $dE_z = dE_r\cos\theta - dE_\theta\ \text{sen}\theta$; $dE_y = -[dE_r\ \text{sen}\theta\ + dE_\theta\ \cos\theta]\ \text{sen}\varphi$

Como: $\cos\theta = \frac{z}{r} = \frac{z}{\sqrt{z^2+R^2}}$; $\text{sen}\theta = \frac{R}{r} = \frac{R}{\sqrt{z^2+R^2}}$; $dp = \lambda\ R\ h\ d\varphi$

$$dE_z = dE_r\cos\theta - dE_\theta\ \text{sen}\theta = \frac{dp}{4\pi\varepsilon_0 r^3}[2\cos\theta\ \cos\theta - \text{sen}\theta\ \text{sen}\theta] = \frac{\lambda Rh}{4\pi\varepsilon_0 r^3}\left[2\cos^2\theta - \text{sen}^2\theta\right]d\varphi$$

$$dE_z = \frac{\lambda Rh}{4\pi\varepsilon_0}\frac{2z^2 - R^2}{[z^2+R^2]^{5/2}}d\varphi \quad [1]$$

$$dE_y = -[dE_r\ \text{sen}\theta\ + dE_\theta\ \cos\theta]\ \text{sen}\varphi = -\frac{dp}{4\pi\varepsilon_0 r^3}[2\cos\theta\ \text{sen}\theta + \text{sen}\theta\ \cos\theta]\ \text{sen}\varphi$$

$$dE_y = -\frac{3Rh}{4\pi\varepsilon_0 r^3}\cos\theta{\cdot}\text{sen}\theta{\cdot}\text{sen}\varphi{\cdot}d\varphi = -\frac{\lambda Rh}{4\pi\varepsilon_0}\frac{3Rz}{[z^2+R^2]^{5/2}}\text{sen}\varphi{\cdot}d\varphi \quad [2]$$

Integrando [1] y [2] entre los límites del ángulo φ comprendidos entre 0 y π radianes:

$$E_z = \int_0^\pi dE_z = \frac{\lambda Rh}{4\pi\varepsilon_0}\frac{2z^2-R^2}{[z^2+R^2]^{5/2}}\int_0^\pi d\varphi = \frac{\lambda Rh}{4\pi\varepsilon_0}\frac{2z^2-R^2}{[z^2+R^2]^{5/2}}\pi$$

$$E_y = \int_0^\pi dE_y = -\frac{\lambda Rh}{4\pi\varepsilon_0}\frac{3Rz}{[z^2+R^2]^{5/2}}\int_0^\pi \text{sen}\varphi\ d\varphi = -\frac{\lambda Rh}{4\pi\varepsilon_0}\frac{6Rz}{[z^2+R^2]^{5/2}}$$

El campo dipolar en el punto P: $\vec{E} = \frac{\lambda Rh}{4\pi\varepsilon_0[z^2+R^2]^{5/2}}\left[-\ 6Rz\ \vec{j} + \pi\ [2z^2 - R^2]\ \vec{k}\right]$

2º.- Potencial V en un punto del eje OZ

La expresión del potencial para un dipolo elemental de eje OZ es:

$dV = \frac{dp\ \text{sen}\ \theta}{4\pi\varepsilon_0 r^2}$ como $\text{sen}\theta = \frac{R}{r} = \frac{R}{\sqrt{z^2+R^2}}$; $dp = \lambda\ R\ h\ d\varphi$ por lo tanto, tras sustituir estos valores, el diferencial del potencial creado por el dipolo elemental resulta:

$$dV = \frac{\lambda\ R^2\ h}{4\pi\varepsilon_0[z^2+R^2]^{3/2}}\ d\varphi$$

Integrando entre límites del ángulo φ comprendidos entre 0 y π radianes:

$$V = \int_0^{\pi} dV = \frac{\lambda\, R^2\, h}{4\pi\varepsilon_0 [z^2 + R^2]^{3/2}} \int_0^{\pi} d\varphi = \frac{\lambda\, R^2\, h}{4\pi\varepsilon_0 [z^2 + R^2]^{3/2}} \pi$$

Potencial en el punto P del eje OZ: $V = \dfrac{\lambda\, R^2\, h}{4\varepsilon_0 [z^2 + R^2]^{3/2}}$

PROBLEMA 2.8

A lo largo del semieje +OX, de un sistema cartesiano, se encuentra un conductor con una densidad lineal de carga eléctrica $-\lambda$.

En la semirrecta que pasa por el punto (0, 0, c) y es paralela a +OX también se encuentra un conductor con densidad lineal de carga eléctrica $+\lambda$. Determinar:

1º.- Expresión en coordenadas cartesianas del campo $\vec{E}$ creado en el punto P (0,0, h) por ambas distribuciones. Para obtener $\vec{E}_{+\lambda}$, bastará con sustituir en la expresión de $\vec{E}_{-\lambda}$, h por h-c y tener en cuenta el valor de la densidad lineal de carga.

Suponiendo que ambos conductores con densidad lineal de carga $+\lambda$ y $-\lambda$, se asocia a una distribución uniforme de dipolos. Calcular:

2º.- Expresión en cartesianas de $\vec{E}$ creado en el punto P (0,0, h) por los dipolos.

Aplicando la teoría de desarrollos en serie, se pide:

3º.- Comprobar que los resultados antes obtenidos son equivalentes y hallar el error cometido entre ambos.

NOTA.- Se supone que h >> c. El medio es el vacío.

SOLUCIÓN

1º.- Campo electrostático $\vec{E}$ creado por $+\lambda$ y $-\lambda$ en P (0, 0, h)

<u>Conductor con $-\lambda$</u>

El campo que crea, en un punto (0, 0, h) una carga elemental $dq = -\lambda\, dx$, es:

$$d\vec{E}_r = \frac{-\lambda\, dx}{4\pi\varepsilon_0 r^3}\vec{r} = \frac{-\lambda\, dx}{4\pi\varepsilon_0 r^2}[\cos\theta\,\vec{k} - \text{sen}\theta\,\vec{i}]$$

De la figura resulta: $r = \dfrac{h}{\cos\theta}$

$x = h\,\text{tg}\theta$, diferenciando $\Rightarrow$ $dx = \dfrac{h\, d\theta}{\cos^2\theta}$

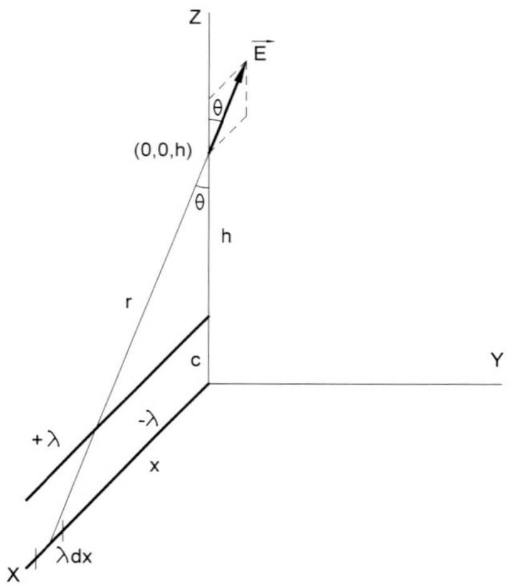

Para abarcar toda la longitud del conductor se ha de integrar la variable angular θ, entre los límites de π/2 y 0 radianes.

$$E_x = \frac{\lambda}{4\pi\varepsilon_0}\int_0^{\pi/2}\text{sen}\theta\frac{1}{r^2}dx = \frac{\lambda}{4\pi\varepsilon_0}\int_0^{\pi/2}\text{sen}\theta\frac{h\,d\theta}{\cos^2\theta}\frac{1}{\frac{h^2}{\cos^2\theta}} = \frac{\lambda}{4\pi\varepsilon_0 h}\int_0^{\pi/2}\text{sen}\theta\, d\theta = \frac{\lambda}{4\pi\varepsilon_0 h}[-\cos\theta]_0^{\pi/2} = \frac{\lambda}{4\pi\varepsilon_0 h}$$

$$E_z = \frac{-\lambda}{4\pi\varepsilon_0}\int_0^{\pi/2}\cos\theta\frac{1}{r^2}dx = \frac{-\lambda}{4\pi\varepsilon_0}\int_0^{\pi/2}\cos\theta\frac{h\,d\theta}{\cos^2\theta}\frac{1}{\frac{h^2}{\cos^2\theta}} = \frac{-\lambda}{4\pi\varepsilon_0 h}\int_0^{\pi/2}\cos\theta\, d\theta = \frac{-\lambda}{4\pi\varepsilon_0 h}[\text{sen}\theta]_0^{\pi/2} = \frac{-\lambda}{4\pi\varepsilon_0 h}$$

Por tanto, la expresión vectorial del campo es: $\vec{E}_{-\lambda} = \dfrac{\lambda}{4\pi\varepsilon_0 h}[\ \vec{i} - \ \vec{k}]$

Conductor con $+\lambda$

Partiendo de la expresión anterior, según el enunciado, se sustituye: $-\lambda$, por $+\lambda$, y h por h−c y resulta el campo: $\vec{E}_{\lambda} = \dfrac{\lambda}{4\pi\varepsilon_0[h-c]}[-\vec{i} + \ \vec{k}]$

Mediante la aplicación del Principio de Superposición, el campo total creado por ambos conductores en el punto P (0, 0, h), en coordenadas cartesianas es:

$$\vec{E} = \vec{E}_{-\lambda} + \vec{E}_{\lambda} = \frac{\lambda}{4\pi\varepsilon_0}[\frac{1}{[h-c]} - \frac{1}{h}][-\vec{i} + \ \vec{k}] \quad [1]$$

2º.- Campo electrostático $\vec{E}_D$ creado por dipolos en P (0, 0, h)

Los dos conductores paralelos equivalen a una distribución continua de dipolos, cuyo dipolo elemental es el correspondiente a un elemento diferencial de longitud, siendo su momento dipolar elemental: $d\vec{p} = dp\ \vec{k} = dq\ c\ \vec{k} = \lambda\ c\ dx\ \vec{k}$

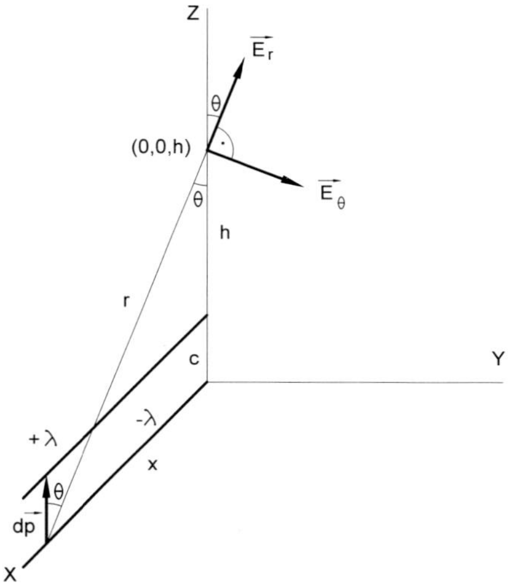

En la expresión del campo creado por un dipolo:

$$\vec{E}_D = \frac{p}{4\pi\varepsilon_0 r^3}\left[2(\cos\alpha\cos\theta + \text{sen}\alpha\,\text{sen}\theta)\vec{u}_r + (\cos\alpha\,\text{sen}\theta - \text{sen}\alpha\cos\theta)\vec{u}_\theta\right] = E_r\vec{u}_r + E_\theta\vec{u}_\theta$$

Como $\alpha = 0^\circ$, pues dipolo elemental es $d\vec{p} = \lambda\ c\ dx\vec{k}$, el campo diferencial creado es:

$$d\vec{E}_D = \frac{dp}{4\pi\varepsilon_0 r^3}[2\cos\theta\ \vec{u}_r + \text{sen}\theta\ \vec{u}_\theta] = dE_r\vec{u}_r + dE_\theta\vec{u}_\theta$$

El campo dipolar elemental, en cartesianas, para un punto P (0, 0, h) es:

$dE_x = -[dE_r\ \text{sen}\theta + dE_\theta\ \cos\theta]$; $dE_y = 0$; $dE_z = dE_r\cos\theta - dE_\theta\ \text{sen}\theta$

De la figura resulta: $r = \dfrac{h}{\cos\theta}$; $x = h\ \text{tg}\theta$, diferenciando $\Rightarrow$ $dx = \dfrac{h\ d\theta}{\cos^2\theta}$

$$dE_x = -[dE_r \operatorname{sen}\theta + dE_\theta \cos\theta] = -\frac{dp}{4\pi\varepsilon_0 r^3}[2\cos\theta \operatorname{sen}\theta + \operatorname{sen}\theta \cos\theta] = \frac{-3dp}{4\pi\varepsilon_0 r^3}\cos\theta \operatorname{sen}\theta$$

$$dE_x = -\frac{3\lambda c}{4\pi\varepsilon_0 r^3}\cos\theta \operatorname{sen}\theta \, dx = -\frac{3\lambda c}{4\pi\varepsilon_0}\frac{1}{\frac{h^3}{\cos^3\theta}}\cos\theta \operatorname{sen}\theta \frac{h}{\cos^2\theta} d\theta = \frac{-3\lambda c}{4\pi\varepsilon_0 h^2}\cos^2\theta \operatorname{sen}\theta \, d\theta$$

$$dE_z = dE_r \cos\theta - dE_\theta \operatorname{sen}\theta = \frac{dp}{4\pi\varepsilon_0 r^3}[2\cos\theta \cos\theta - \operatorname{sen}\theta \operatorname{sen}\theta]\frac{\lambda c}{4\pi\varepsilon_0 r^3}\left[2\cos^2\theta - \operatorname{sen}^2\theta\right]dx$$

$$dE_z = \frac{\lambda c}{4\pi\varepsilon_0 r^3}\left[2\cos^2\theta - \operatorname{sen}^2\theta\right]dx = \frac{\lambda c}{4\pi\varepsilon_0}\frac{1}{\frac{h^3}{\cos^3\theta}}\left[2\cos^2\theta - \operatorname{sen}^2\theta\right]\frac{h\,d\theta}{\cos^2\theta}$$

$$dE_z = \frac{\lambda c}{4\pi\varepsilon_0 h^2}\left[2\cos^3\theta - \operatorname{sen}^2\theta \cos\theta\right]d\theta$$

Integrando entre los límites del ángulo θ comprendidos entre 0 y $\pi/2$ radianes:

$$E_x = \int_0^{\pi/2} dE_x = \frac{-3\lambda c}{4\pi\varepsilon_0 h^2}\int_0^{\pi/2}\cos^2\theta \operatorname{sen}\theta \, d\theta = \frac{-3\lambda c}{4\pi\varepsilon_0 h^2}\left[-\frac{\cos^3\theta}{3}\right]_0^{\pi/2} = -\frac{c\lambda}{4\pi\varepsilon_0 h^2}$$

$$E_z = \int_0^{\pi/2} dE_z = \frac{\lambda c}{4\pi\varepsilon_0 h^2}\int_0^{\pi/2}[2\cos^3\theta - \operatorname{sen}^2\theta \cos\theta]\, d\theta = \frac{\lambda c}{4\pi\varepsilon_0 h^2}\left[\frac{2}{3}(\cos 2\theta \operatorname{sen}\theta + \operatorname{sen}\theta) - \frac{\operatorname{sen}^3\theta}{3}\right]_0^{\pi/2}$$

$E_z = \dfrac{\lambda c}{4\pi\varepsilon_0 h^2}$, por tanto para el punto P: $\vec{E}_D = E_x\vec{i} + E_z\vec{k} = \dfrac{\lambda c}{4\pi\varepsilon_0 h^2}[-\vec{i} + \vec{k}]$ [2]

3º.- Comprobar que los resultados antes obtenidos son equivalentes y hallar el error cometido entre ambos

El valor del campo de [1] es: $\vec{E} = \vec{E}_{-\lambda} + \vec{E}_{\lambda} = \dfrac{\lambda}{4\pi\varepsilon_0}[\dfrac{1}{[h-c]} - \dfrac{1}{h}][-\vec{i} + \vec{k}]$

El valor del campo de [2] es: $\vec{E}_D = \dfrac{\lambda c}{4\pi\varepsilon_0 h^2}[-\vec{i} + \vec{k}]$

En la ecuación [1] llamando: $M = \dfrac{1}{[h-c]} - \dfrac{1}{h} = \dfrac{c}{h[h-c]} = \dfrac{c}{h}\dfrac{1}{[h-c]}$

Desarrollado en serie: $\dfrac{1}{h-c} = \dfrac{1}{h}\dfrac{1}{1-\frac{c}{h}} = \dfrac{1}{h}\left[1 + \dfrac{c}{h} + \dfrac{c^2}{h^2} + \ldots\right]$

Por tanto: $M = \dfrac{1}{[h-c]} - \dfrac{1}{h} = \dfrac{c}{h[h-c]} = \dfrac{c}{h^2}\left[1 + \dfrac{c}{h} + \dfrac{c^2}{h^2} + \ldots\right] \cong \dfrac{c}{h^2}$ como $\dfrac{c}{h} << 1$

El error cometido entre ambos resultados es:

$$\Delta = \frac{c}{h\,[h-c]} - \frac{c}{h^2} = \frac{1}{[h-c]} - \frac{1}{h} - \frac{c}{h^2} = \frac{c^2}{h^2\,[h-c]} <<< 1$$

PROBLEMA 2.9

Una esfera de radio R conductora está cargada con una carga +q. Se le añade una carga +q', y se pide determinar, para dicha esfera:

1º.- Valor de q' para que la presión electrostática se incremente en un 100%.

2º.- Cociente de los potenciales después y antes de incrementar la carga.

Aplicación numérica: R= 100 mm. q= 10^{-1} μC. $\varepsilon_0 = 8{,}8542 \cdot 10^{-12}$ A^2s^2 N^{-1} m^{-2}.

SOLUCIÓN

1º.- Valor de q' para que la presión electrostática se incremente en un 100%

La presión electrostática es $p = \dfrac{dF}{dS} = \dfrac{\sigma^2}{2\varepsilon_0}$, como $q = 4\pi R^2 \sigma$, por tanto, la presión en función de la carga se expresa: $p = \dfrac{q^2}{32\varepsilon_0 \pi^2 R^4}$.

Con el incremento de carga, q + q', la nueva presión electrostática es: $p' = \dfrac{[q+q']^2}{32\varepsilon_0 \pi^2 R^4}$

La condición impuesta en el enunciado es: $\Delta p = p' - p = \dfrac{[q+q']^2}{32\varepsilon_0 \pi^2 R^4} - \dfrac{q^2}{32\varepsilon_0 \pi^2 R^4} = 1$

Por tanto: $q'^2 + 2qq' - 32\varepsilon_0 \pi^2 R^4 = 0$; resolviendo $q' = \dfrac{-2q \pm \sqrt{4q^2 + 128\varepsilon_0 \pi^2 R^4}}{2}$

Simplificando, el valor de la carga añadida resulta: $q' = -q + \sqrt{q^2 + 32\varepsilon_0 \pi^2 R^4}$

Aplicación numérica: $q' = -10^{-7} + \sqrt{10^{-14} + 32 \cdot 8{,}8542 \cdot 10^{-12} \pi^2 10^{-4}} = 0{,}43818\ \mu C$

2º.- Cociente de potenciales después y antes de incrementar la carga

Para la carga q, el potencial de la esfera es: $V = \dfrac{q}{4\pi\varepsilon_0 R}$.

Para la carga q+ q', el potencial es: $V' = \dfrac{q+q'}{4\pi\varepsilon_0 R}$ como conocemos q', resulta:

$$V' = \frac{q+q'}{4\pi\varepsilon_0 R} = \frac{q - q + \sqrt{q^2 + 32\varepsilon_0 \pi^2 R^4}}{4\pi\varepsilon_0 R} = \frac{\sqrt{q^2 + 32\varepsilon_0 \pi^2 R^4}}{4\pi\varepsilon_0 R}$$

Por tanto, el cociente pedido es: $\dfrac{V'}{V} = \dfrac{\sqrt{q^2 + 32\varepsilon_0 \pi^2 R^4}}{q} = \sqrt{1 + \dfrac{32\varepsilon_0 \pi^2 R^4}{q^2}}$

Aplicación numérica: $\dfrac{V'}{V} = \dfrac{q+q'}{q} = \sqrt{1 + \dfrac{32\varepsilon_0 \pi^2 10^{-4}}{10^{-14}}} = 5{,}3818$

PROBLEMA 2.10

Tres esferas macizas metálicas idénticas de radio R, con sus centros alineados, están dispuestas como se expresa en la figura, cumpliéndose que R<< d.

La esfera ❶ tiene una carga q, la esfera ❷ está conectada tierra, y la esfera ❸ tiene una carga q. Determinar en función de los datos:

1°.- Carga de la esfera ❷.

2°.- Potencial de las esferas ❶ y ❸

Después se corta la conexión a tierra de la esfera ❷ y se unen las tres esferas mediante un delgado cable cuyo efecto electrostático es despreciable. Obtener para las esferas:

3°.- Cargas.

4°.- Potencial.

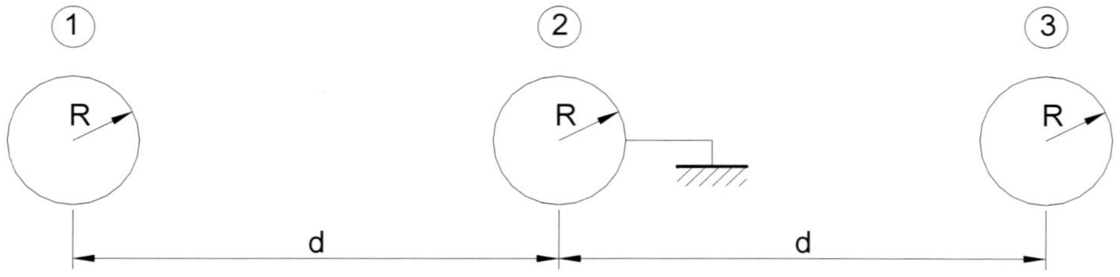

SOLUCIÓN

1°.- Carga de la esfera ❷

* Al ser R<< d, el reparto de cargas es uniforme sobre la superficie de las esferas.

* Admitimos influencia eléctrica de una esfera sobre la otra.

* Al existir simetría esférica, se considera como si toda la carga estuviera concentrada en el centro de cada esfera.

El estado de equilibrio inicial es:

ESFERA	CARGA	POTENCIAL
1	$q_1 = q$	V_1
2	q_2	$V_2 = 0$
3	$q_3 = q$	V_3

Los potenciales expresados en función de los coeficientes de inducción son:

$$\left.\begin{aligned} V_1 &= K_{11}\, q_1 + K_{12}\, q_2 + K_{13}\, q_3 \\ V_2 &= K_{21}\, q_1 + K_{22}\, q_2 + K_{23}\, q_3 \\ V_3 &= K_{31}\, q_1 + K_{32}\, q_2 + K_{33}\, q_3 \end{aligned}\right\}$$

Debido a la simetría de la figura: $K_{11} = K_{22} = K_{33}$; $K_{12} = K_{21} = K_{23} = K_{32}$; $K_{13} = K_{31}$

$$K_{11}=\left[\frac{V_1}{q_1}\right]_{q_2=q_3=0}=\frac{1}{4\pi\varepsilon_0 R};\quad K_{12}=\left[\frac{V_1}{q_2}\right]_{q_1=q_3=0}=\frac{1}{4\pi\varepsilon_0 d};\quad K_{13}=\left[\frac{V_1}{q_1}\right]_{q_1=q_2=0}=\frac{1}{8\pi\varepsilon_0 d}$$

Llevando al sistema de las tres ecuaciones de los potenciales: $q_1= q_2= q$ y $V_2= 0$

$$V_1=\frac{1}{4\pi\varepsilon_0}[\frac{q}{R}+\frac{q_2}{d}+\frac{q}{2d}];\quad V_2=0=\frac{1}{4\pi\varepsilon_0}[\frac{q}{d}+\frac{q_2}{R}+\frac{q}{d}];\quad V_3=\frac{1}{4\pi\varepsilon_0}[\frac{q}{2d}+\frac{q_2}{d}+\frac{q}{R}]$$

De la segunda ecuación se obtiene la carga inducida de la esfera ❷ : $q_2=-\frac{2R}{d}q$

2º.- Potencial de esferas ❶ y ❸

El potencial de estas dos esferas es el mismo por simetría:

$$V_1=V_3=\frac{1}{4\pi\varepsilon_0}[\frac{q}{R}+\frac{q_2}{d}+\frac{q}{2d}]=\frac{1}{4\pi\varepsilon_0}[\frac{q}{R}+\frac{-\frac{2R}{d}q}{d}+\frac{q}{2d}]=\frac{q}{4\pi\varepsilon_0}[\frac{1}{R}-\frac{2R}{d^2}+\frac{1}{2d}]$$

$$V_1=V_3=\frac{q}{4\pi\varepsilon_0}\frac{2d^2-4R^2-dR}{2Rd^2}=\frac{q}{4\pi\varepsilon_0}\frac{d[2d+R]-4R^2}{2Rd^2}$$

3º.- Cargas de las tres esferas

La evolución de cargas y potenciales entre los dos estados:

ESFERA	CARGA		POTENCIAL	
	ESTADOS		ESTADOS	
	INICIAL	FINAL	INICIAL	FINAL
1	$q_1= q$	q'_1	$V_1 = V_3$	V'
2	$q_2= - 2q\ R/d$	q'_2	$V_2 = 0$	V'
3	$q_3= q$	$q'_3 = q'_1$	$V_3 =V_1$	V'

La conservación de las cargas eléctricas: $2q'_1+q'_2=2q-\frac{2R}{d}q=2q\ [1-\frac{R}{d}]$ [1]

Como las tres esferas están unidas mediante un conductor metálico, el potencial es común para todas ellas, por tanto:

$V'_1=\frac{1}{4\pi\varepsilon_0}[\frac{q'_1}{R}+\frac{q'_2}{d}+\frac{q'_1}{2d}]=V'_2=\frac{1}{4\pi\varepsilon_0}[\frac{q'_1}{d}+\frac{q'_2}{R}+\frac{q'_1}{d}]$ [3]; operando se llega a:

$\frac{q'_1}{R}+\frac{q'_2}{d}+\frac{q'_1}{2d}=\frac{q'_1}{d}+\frac{q'_2}{R}+\frac{q'_1}{d}$, agrupando: $q'_1[\frac{1}{R}-\frac{2}{d}+\frac{1}{2d}]=q'_2[\frac{1}{R}-\frac{1}{d}]$ [2]

Mediante las ecuaciones [1] y [2], obtenemos las cargas de las esferas:

$$q'_1 = q'_3 = \frac{2\,[1-\frac{R}{d}][\frac{1}{R}-\frac{1}{d}]}{[\frac{3}{R}-\frac{7}{2d}]}\,q\ ; \qquad q'_2 = \frac{2\,[1-\frac{R}{d}][\frac{1}{R}-\frac{7}{2d}]}{[\frac{3}{R}-\frac{7}{2d}]}\,q$$

4º.- Potencial de las tres esferas

Partiendo de la ecuación $V'_1 = \frac{1}{4\pi\varepsilon_0}\left[q'_1[\frac{1}{R}+\frac{1}{2d}]+\frac{q'_2}{d}\right]$ [3] y sustituyendo los valores de las cargas en el estado final, determinados en el apartado anterior, operando resulta el valor del potencial común a las tres esferas:

$$V'_1 = V'_2 = V'_3 = \frac{q}{2\pi\varepsilon_0}\left[[\frac{1}{R}+\frac{1}{2d}]\,[\frac{1}{R}-\frac{1}{d}]+[\frac{1}{R}-\frac{7}{2d}]\,\frac{1}{d}\right]\frac{[1-\frac{R}{d}]}{[\frac{3}{R}-\frac{7}{2d}]}$$

CAPÍTULO III

CAPACIDAD ELÉCTRICA

«La verdad puede surgir más fácilmente del error que de la confusión»

Aforismo de F. Bacon muy apreciado por M. Faraday

1. CAPACIDAD ELÉCTRICA DE UN CONDUCTOR AISLADO

Es la relación entre la carga total del sistema y el potencial que adquiere debido a poseer dicha carga, $C=\frac{Q}{V}$ su valor es constante, depende de geometría del conductor y también depende del medio que rodea al citado sistema conductor.

Para conductor esférico: $C= 4\pi\varepsilon_0 R$. Dimensiones de la capacidad: $[C]= M^{-1} L^{-2} T^4 I^2$

Unidades: S. I.: 1 $_{\text{U.S.I.}}$ c =1 Faradio. C. G. S. E. E.: 1 $_{\text{U.E.E.}}$ c $=\frac{10^{-11}}{9}$ Faradios.

Submúltiplos: micro = $\mu \equiv 10^{-6}$; nano = $n \equiv 10^{-9}$; pico = $p \equiv 10^{-12}$.

2. CONDENSADOR

Sistema formado por dos conductores distintos (denominados armaduras) que poseen la misma carga total, pero de distinto signo, situados en posición de "Influencia Total". Se define como capacidad del condensador al cociente entre la carga común y la diferencia de potencial entre las dos armaduras que lo forman.

Cálculo de la capacidad:

Campo electrostático $\vec{E}$, según teorema de Gauss: $\Phi=\oiint_S \vec{E}\cdot d\vec{S}=\frac{1}{\varepsilon_0}\sum_{i=1}^{n} q_i$

Diferencia de potencial entre armaduras: $V_1 - V_2 = -\int_2^1 \vec{E}\cdot d\vec{r}$

Capacidad $C=\frac{Q}{V_1 - V_2}=\frac{Q}{\Delta V}$ magnitud de valor positivo y constante.

CONDENSADORES TIPOS	CAPACIDAD	DIFERENCIA POTENCIAL ENTRE PLACAS CONDUCTORAS	CAMPO ELECTRICO [**SOLO EXISTE ENTRE PLACAS**] DENSIDAD SUPERFICIAL
ESFÉRICO $R_1 < R_2$ está tierra	$C=\frac{Q}{\Delta V}=\frac{4\pi\varepsilon_0 R_2 R_1}{R_2 - R_1}$	$\Delta V=V_1 - V_2=\frac{Q}{4\pi\varepsilon_0}\frac{R_2 - R_1}{R_2 R_1}$	$\vec{E}=\frac{Q}{4\pi\varepsilon_0 R^2}\vec{u}_R=\frac{\sigma_1 R_1^2}{\varepsilon_0 R^2}\vec{u}_R$ $R_1^2\sigma_1=-R_2^2\sigma_2$
CILÍNDRICO $r_1 < r_2$ está tierra $r_1 < r_2 << h$	$C=\frac{Q}{\Delta V}=\frac{2\pi\varepsilon_0 h}{\ln\frac{r_2}{r_1}}$	$\Delta V=V_1 - V_2=\frac{Q}{2\pi\varepsilon_0 h}\ln\frac{r_2}{r_1}$	$\vec{E}=\frac{\sigma_1 r_1}{\varepsilon_0 r}\vec{u}_r$; $\sigma_1 r_1=-\sigma_2 r_2$
PLANO Superf.=S; Espesor= e	$C=\frac{Q}{\Delta V}=\frac{\varepsilon_0 S}{e}$	$\Delta V=V_1 - V_2=\frac{e\,\sigma}{\varepsilon_0}=\frac{e\,Q}{\varepsilon_0 S}$	$\vec{E}=\frac{\sigma}{\varepsilon_0}\vec{n}$; $\sigma_1=-\sigma_2=\sigma$

3. ASOCIACIÓN DE CONDENSADORES

TIPO DE ASOCIACIÓN	CAPACIDAD EQUIVALENTE	DIFERENCIA DE POTENCIAL	CARGA EN PLACAS
PARALELO Acumula carga Misma **V** en todos	$C_P=\Sigma C_i=\frac{Q_{Equiv}}{V}$	$V_1=\frac{q_1}{C_1}=V_2=\ldots=V=cte$ Igual V en todos	$q_1 \neq q_2 \neq \ldots \neq q_n$ $Q_{Equiv}=\sum_{i=1}^{n} q_i$
SERIE Divisor de tensión Misma **Q** en todos	$C_S=\frac{1}{\Sigma[\frac{1}{C_i}]}=\frac{Q}{V_{Equiv}}$	$V_j \neq V_i \Rightarrow V_{Equiv}=\Sigma V_i=Q\,\Sigma\frac{1}{C_i}$	$q_1=q_2=\ldots=Q=cte$ Igual Q en todos

4. ENERGÍA ALMACENADA EN CONDENSADORES

La energía electrostática se almacena sólo en la región del espacio donde hay campo electrostático E, que es el espacio existente entre las placas del condensador cargado:

$$W_{ELECT}=\int_0^V CVdV=\frac{1}{2}CV^2=\frac{1}{2}\frac{Q^2}{C}=\frac{1}{2}QV=\frac{1}{2}\frac{\sigma^2}{\varepsilon_o}\tau \text{ (}\tau\text{= volumen entre armaduras o placas)}$$

Energía electrostática almacenada por unidad de volumen: $u=\frac{W_{ELEC}}{\tau}=\frac{1}{2}\varepsilon_o E^2=\frac{1}{2}\sigma E$

Generalización. Energía electrostática que posee una distribución de cargas eléctricas en volumen ρ: $W_{ELECTROSTÁTICA}=\frac{1}{2}\varepsilon_o\iiint_\tau E^2 d\tau=\frac{1}{2}\iiint_\tau VdQ=\frac{1}{2}\iiint_\tau V\rho\, d\tau$.

5. ACCIONES ENTRE PLACAS DE UN CONDENSADOR

Las acciones mecánicas entre las placas de un condensador cargado se realizan de forma que siempre tiende al mínimo la energía potencial electrostática.

TIPOS DE ACCIONES MECÁNICAS SOBRE CONDENSADOR	**FUERZA** Disminuye la distancia entre placas Aumenta la capacidad	**MOMENTO** Aumenta superficie Aumenta capacidad
AISLADO **Q = cte.** $0= F\,dx+ dW_{ELÉCTRICO}$	$F=\frac{Q^2}{2C^2}\frac{\delta C}{\delta x}\Rightarrow$ Condensador Plano $F=-\frac{Q^2}{2\varepsilon_0 S}$	$M=\frac{Q^2}{2C^2}\frac{\delta C}{\delta\theta}$
CONECTADO A UN GENERADOR. **V = cte.** $dW_{GEN}= F\,dx+ dW_{ELÉCTRICO}$	$F=\frac{V^2}{2}\frac{\delta C}{\delta x}\Rightarrow$ Condensador plano $F=-\frac{\varepsilon_o S V^2}{2x^2}$	$M=\frac{V^2}{2}\frac{\delta C}{\delta\theta}$

6. COEFICIENTES DE INFLUENCIA. COEFICENTES DE INDUCCIÓN. ENERGÍA ELECTROSTÁTICA DE CONDUCTORES EN EQUILIBRIO

▪ COEFICIENTES DE INFLUENCIA≡ COEFICIENTES DE CAPACIDAD

Son magnitudes constantes de naturaleza puramente geométrica, cuyo valor queda determinado exclusivamente por la forma, dimensiones y disposición espacial de los n conductores, aunque también dependen del medio material en el que se están los conductores a través de la constante dieléctrica, ε_0 si es el vacío, pero son totalmente independientes del estado eléctrico del sistema.

Las cargas de "n" conductores en presencia y en equilibrio, expresadas en función de los coeficientes de influencia:

$q_1 = C_{11} V_1 + C_{12} V_2 + C_{13} V_3 \ldots + C_{1h} V_h \ldots + C_{1n} V_n$

$q_2 = C_{21} V_1 + C_{22} V_2 + C_{23} V_3 \ldots + C_{2h} V_h \ldots + C_{2n} V_n$

....

$q_h = C_{h1} V_1 + C_{h2} V_2 + C_{h3} V_3 \ldots + C_{hh} V_h \ldots + C_{hn} V_n$

....

$q_n = C_{n1} V_1 + C_{n2} V_2 + C_{n3} V_3 \ldots + C_{nh} V_h \ldots + C_{nn} V_n$

El sistema de "n" ecuaciones expresado en forma matricial: {q}={C} x {V}.
El determinante de las ecuaciones de los coeficientes de influencia cumple: $|C| \neq 0$.

$C_{ii} > 0$; $C_{ij} = C_{ji} < 0$ $(i \neq j)$; $C_{jj} \geq \Sigma |C_{ij}|$ en la suma $i \neq j$.

El coeficiente de influencia tiene la misma dimensión que la capacidad eléctrica.

La resolución del sistema de ecuaciones lineales se efectúa por el método de Kramer.

$$V_h = \frac{\begin{vmatrix} C_{11} & C_{12} & C_{13} & q_1 & C_{1n} \\ C_{21} & C_{22} & C_{23} & q_2 & C_{2n} \\ C_{31} & C_{32} & C_{33} & q_3 & C_{3n} \\ C_{h1} & C_{h2} & C_{h3} & q_h & C_{hn} \\ C_{n1} & C_{n2} & C_{n3} & q_n & C_{nn} \end{vmatrix}}{\begin{vmatrix} C_{11} & C_{12} & C_{13} & C_{1h} & C_{1n} \\ C_{21} & C_{22} & C_{23} & C_{2h} & C_{2n} \\ C_{31} & C_{32} & C_{33} & C_{3h} & C_{3n} \\ C_{h1} & C_{h2} & C_{h3} & C_{hh} & C_{hn} \\ C_{n1} & C_{n2} & C_{n3} & C_{nh} & C_{nn} \end{vmatrix}} = \frac{\Delta_h}{|C|} = \frac{\Delta_{C1h}}{|C|} q_1 + \frac{\Delta_{C2h}}{|C|} q_2 + \ldots + \frac{\Delta_{Chh}}{|C|} q_h + \ldots \frac{\Delta_{Chn}}{|C|} q_n$$

El potencial del conductor "h" expresado de forma indicial, en función de las cargas de los "n" conductores que componen el sistema: $V_h = \dfrac{\Delta_h}{|C|} = \displaystyle\sum_{j=1}^{j=n} \frac{\Delta_{C\,j\,h}}{|C|} q_j$

Δ_{Cjh} es el adjunto del elemento C_{jh} que se expresa mediante: $\Delta_{Cjh} = [-1]^{j+h} M_{Cjh}$, siendo M_{Cjh} su menor complementario.

■ **COEFICIENTES DE INDUCCIÓN≡ COEFICIENTES DE POTENCIAL**

Son magnitudes de naturaleza puramente geométrica, cuyo valor queda determinado exclusivamente por la forma, dimensiones y la disposición espacial de los n conductores, aunque también dependen del medio material en el que se están los conductores a través de la constante dieléctrica, ε_0 si es el vacío, pero estas magnitudes son totalmente independientes del estado eléctrico del sistema.
Los potenciales de "n" conductores en presencia y en equilibrio, expresados en función de los coeficientes de inducción:

$V_1 = K_{11} q_1 + K_{12} q_2 + K_{13} q_3 \ldots. + K_{1h} q_h \ldots + K_{1n} q_n$

$V_2 = K_{21} q_1 + K_{22} q_2 + K_{23} q_3 \ldots. + K_{2h} q_h \ldots + K_{2n} q_n$

....

$V_h = K_{h1} q_1 + K_{h2} q_2 + K_{h3} q_3 \ldots + K_{hh} q_h \ldots + K_{hn} q_n$

....

$V_n = K_{n1} q_1 + K_{n2} q_2 + K_{n3} q_3 \ldots. + K_{nh} q_h \ldots + K_{nn} q_n$

El sistema de "n" ecuaciones expresado matricialmente: {V}={K}x{q}.

El determinante de las ecuaciones de los coeficientes de inducción cumple: $|K| \neq 0$.

$K_{ii} > 0$; $K_{ij} = K_{ji} > 0$ $(i \neq j)$; $K_{ii} \geq \Sigma K_{ij}$, en la suma $i \neq j$.

El coeficiente de inducción tiene por dimensión la inversa de la dimensión de la capacidad eléctrica.

Las matrices de los coeficientes de inducción y de los coeficientes de influencia son simétricas y además entre si son inversas: $\{K\}=\{C\}^{-1}$.

La resolución del sistema lineal de ecuaciones se efectúa por el método de Kramer.

$$q_h = \frac{\begin{vmatrix} K_{11} & K_{12} & K_{13} & V_1 & K_{1n} \\ K_{21} & K_{22} & K_{23} & V_2 & K_{2n} \\ K_{31} & K_{32} & K_{33} & V_3 & K_{3n} \\ K_{h1} & K_{h2} & K_{h3} & V_h & K_{hn} \\ K_{n1} & K_{n2} & K_{n3} & V_n & K_{nn} \end{vmatrix}}{\begin{vmatrix} K_{11} & K_{12} & K_{13} & K_{1h} & K_{1n} \\ K_{21} & K_{22} & K_{23} & K_{2h} & K_{2n} \\ K_{31} & K_{32} & K_{33} & K_{3h} & K_{3n} \\ K_{h1} & K_{h2} & K_{h3} & K_{hh} & K_{hn} \\ K_{n1} & K_{n2} & K_{n3} & K_{nh} & K_{nn} \end{vmatrix}} = \frac{\Delta_h}{|K|} = \frac{\Delta_{K1h}}{|K|} V_1 + \frac{\Delta_{K2h}}{|K|} V_2 + \ldots + \frac{\Delta_{Khh}}{|K|} V_h + \ldots \frac{\Delta_{Khn}}{|K|} V_n$$

La carga del conductor "h" expresada de forma indicial, en función de los potenciales de los "n" conductores que componen el sistema: $q_h = \dfrac{\Delta_h}{|K|} = \displaystyle\sum_{j=1}^{j=n} \frac{\Delta_{Kj\,h}}{|K|} V_j$

Δ_{Kjh} es adjunto del elemento K_{jh} que se expresa mediante: $\Delta_{Kjh} = [-1]^{j+h} M_{Kjh}$, siendo M_{Kjh} su menor complementario.

Por tanto, resulta que la relación entre los coeficientes de inducción y coeficientes de influencia, es: $K_{jh} = \dfrac{\Delta_{Cjh}}{|C|} = [-1]^{j+h} \dfrac{M_{Cjh}}{|C|}$

Coeficientes de influencia y coeficientes de inducción, es: $C_{jh} = \dfrac{\Delta_{Kjh}}{|K|} = [-1]^{j+h} \dfrac{M_{Kjh}}{|K|}$

■ ENERGÍA ELECTROSTÁTICA

Un sistema de "n" conductores cargados en equilibrio y en presencia unos de otros, poseen una energía electrostática que se expresa mediante:

$$W_{ELECTROSTÁTICA} = \frac{1}{2}\Sigma V_j\, q_j = \frac{1}{2}\Sigma\,\Sigma\, K_{ij} q_j\, q_i$$

CUESTIONES

3.1. Las placas de un condensador plano cargado se atraen:

A) Sólo si está cargado y aislado.
B) Sólo si está cargado y conectado a la fuente de tensión.
C) Siempre, ya que evoluciona hacia un mínimo de energía potencial electrostática.
D) Siempre, ya que evoluciona hacia un mínimo de energía potencial electrostática si el sistema está aislado eléctricamente del exterior.

3.2. En un condensador cargado perfecto el campo electrostático en:

A) Las armaduras es nulo.
B) Las armaduras no es nulo.
C) Entre placas no es constante.
D) Entre placas es variable.

3.3. La fuerza entre placas de un condensador cargado:

A) Sólo depende del medio entre placas.
B) Sólo depende de la carga.
C) Siempre será repulsiva.
D) Siempre será atractiva.

3.4. La capacidad de un condensador plano (vacío entre placas) es función de:

A) Sólo de la diferencia de potencial entre armaduras.
B) Sólo de la carga.
C) Sólo de las cargas.
D) De la superficie de las placas, de la permitividad del medio y de la distancia entre las mismas.

3.5. Se tienen dos condensadores en paralelo, inicialmente descargados, el segundo de capacidad mitad del primero. Se conectan a una fuente de tensión continua y resulta:

A) La carga del primer condensador es doble que la del segundo.
B) La carga del segundo condensador es doble que la del primero.
C) La carga del primer condensador es mitad que la del segundo.
D) Ninguna de las anteriores.

3.6. En un condensador cargado perfecto el campo electrostático:

A) Es inversamente proporcional a la densidad superficial de carga de la armadura.
B) Es directamente proporcional a la densidad superficial de carga de la armadura.
C) Es proporcional a la densidad volúmica de carga entre armaduras.
D) Ninguna de las anteriores.

3.7. En un condensador plano de capacidad C y conectado a una pila de V voltios, si reducimos la distancia entre sus armaduras:

A) La capacidad disminuye.
B) El potencial varía.
C) La carga varía.
D) La capacidad aumenta.

3.8. La energía almacenada en un condensador cargado es:

A) Proporcional a la capacidad y al cuadrado de la d. d. p. entre armaduras.
B) Nula.
C) Proporcional a la carga y al cuadrado de la d. d. p. entre armaduras.
D) Proporcional a la capacidad y a la d. d. p. entre armaduras.

3.9. Dos placas conductoras cuadradas de lado "L" y paralelas entre sí separadas una distancia "d" se conectan a una batería de V voltios. El módulo del campo electrostático entre las dos placas es:

A) Nulo.
B) Directamente proporcional a V e inversamente proporcional a "d".
C) Directamente proporcional a V y a "d".
D) Ninguna de las anteriores.

3.10. Si en un condensador plano cargado y aislado colocamos entre sus armaduras una placa de material conductor paralelamente a ellas de iguales dimensiones, entonces la capacidad:

A) No varía.
B) Varía proporcionalmente respecto del espesor de la placa.
C) Varía y depende de la posición relativa de dicha placa respecto las armaduras.
D) Varía inversamente proporcional al espesor de la placa.

3.11. Si un conjunto de condensadores están conectados en serie:

A) Su capacidad vale lo mismo.
B) La diferencia de potencial entre placas vale siempre lo mismo.
C) La carga en sus placas vale siempre lo mismo en magnitud y signo.
D) La carga en sus placas vale siempre lo mismo con signos opuestos.

3.12. Un condensador plano de capacidad C, se conecta permanentemente a una fuente de tensión V, adquiriendo una caga Q. Posteriormente se inicia un proceso de separación de las placas del condensador. La fuerza que se ejerce entre placa:

A) Permanece constante.
B) Disminuye.
C) Es inversamente proporcional a la distancia entre placas.
D) Aumenta proporcionalmente al cuadrado de la distancia entre placas.

3.13. La capacidad C de un condensador depende solamente:

A) De la carga.
B) Del potencial.
C) De la relación V/Q.
D) De sus propiedades físicas y geométricas.

3.14. La energía almacenada por unidad de volumen en un condensador entre cuyas armaduras existe el vacío está dada por la expresión:

A) $u=\frac{1}{\varepsilon_o}E^2$

B) $u=\frac{1}{\sigma}\varepsilon_o E^2$

C) $u=\frac{1}{2}\varepsilon_o E^2$

D) $u=\varepsilon_o E^2$

3.15. Se dispone de un condensador cilíndrico, de radios $r_1 < r_2$, con el vacío ε_0 entre sus armaduras, estando conectada a tierra la armadura de radio mayor. La densidad superficial de carga, en esta armadura conectada a tierra, viene dada por:

A) $\sigma_2 = -\varepsilon_o \frac{r_1}{r_2}\sigma_1$

B) $\sigma_2 = -\varepsilon_o \frac{r_2}{r_1}\sigma_1$

C) $\sigma_2 = -\frac{r_2}{r_1}\sigma_1$

D) $\sigma_2 = -\frac{r_1}{r_2}\sigma_1$

PROBLEMA 3.1

En la asociación de tres condensadores de la figura adjunta, C_1= 5 μF y V_{AB}= 400 V. Con la condición de que la capacidad total resultante de la asociación valga C_2, se pide determinar:

1º.- Capacidad de C_2, en función de la capacidad conocida C_1.

2º.- Carga de cada condensador expresada en unidades del S. I.

3º.- Energía electrostática del sistema de los tres condensadores.

4º.- Diferencia de potencial V_{AD} y V_{DB} .

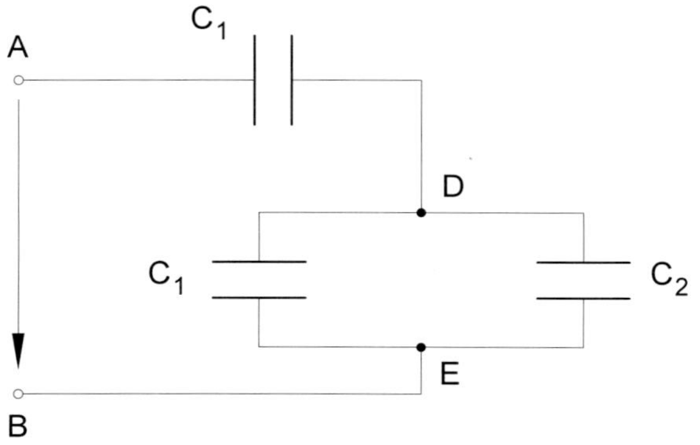

SOLUCIÓN

1º.- Capacidad C_2 en función de C_1

Entre los puntos D y E existen dos condensadores en paralelo, cuya capacidad equivalente es C_1+C_2. La condición del enunciado impone como capacidad total de la agrupación el valor de la capacidad del condensador C_2. Entonces,

$$\frac{1}{C_T}=\frac{1}{C_1}+\frac{1}{C_1+C_2}; \quad C_T=C_2 \Rightarrow \quad C_2^2+C_1C_2-C_1^2=0 \quad \Rightarrow \quad C_2=\frac{-C_1\pm\sqrt{5C_1^2}}{2}=3{,}09\,\mu\text{F}$$

2º.- Carga de cada condensador

A su vez se dispone de un condensador en serie que tendrá la misma carga Q_T que la resultante de la asociación de los dos condensadores conectados en paralelo. Según el enunciado, se debe cumplir la siguiente condición: la capacidad total resultante de la agrupación vale C_2; luego esto implica, $Q_T = C_2\, V_{AB}$

El valor del potencial entre los puntos A y D es: $V_{AD}=\dfrac{Q_T}{C_1}=\dfrac{C_2}{C_1}V_{AB}$

El potencial entre DB es: $V_{DB}=V_{AB}-V_{AD}=V_{AB}-\dfrac{C_2}{C_1}V_{AB}=\dfrac{C_1-C_2}{C_1}V_{AB}$

Las cargas en cada condensador se calculan a partir de las capacidades y potenciales. Sabiendo que V_{AB} = 400 V y C_1 = 5 μF, se obtiene,

$$Q_1=C_1\,V_{AD}=C_2\,V_{AB}=1{,}236\cdot10^{-3}\text{ C}$$

$$Q'_1=C_1\,V_{DB}=[C_1-C_2]V_{AB}=0{,}764\cdot10^{-3}\text{ C}$$

$$Q'_2 = C_2 V_{DB} = C_2 \frac{C_1 - C_2}{C_1} V_{AB} = 0{,}472 \cdot 10^{-3}\ C$$

3º.- Energía electrostática del sistema de los tres condensadores

La energía electrostática del sistema de condensadores está dada por la expresión:

$$W_T = \frac{1}{2}\left[\frac{Q_1^2}{C_1} + \frac{Q'^2_1}{C_1} + \frac{Q'^2_2}{C_2}\right]$$

Sustituyendo los valores de las cargas y potenciales antes hallados:

$$W_T = \frac{1}{2}\left[\frac{1{,}236^2}{5} + \frac{0{,}764^2}{5} + \frac{0{,}472^2}{3{,}09}\right] = 0{,}247\ J$$

También se podría haber hallado directamente la energía total del sistema a partir de la capacidad total del sistema:

$$W_T = \frac{1}{2} C_T V^2{}_{AB} = \frac{1}{2} 3{,}09 \cdot 10^{-6} \cdot 400^2 = 0{,}247\ J$$

4º.- Diferencia de potencial V_{AD} y V_{DB}

El valor del potencial entre los puntos A y D es: $V_{AD} = \frac{Q_T}{C_1} = \frac{1{,}235 \cdot 10^{-3}}{5 \cdot 10^{-6}} = 247{,}2\,V$

El valor del potencial entre los puntos D y B es: $V_{DB} = \frac{Q'_1}{C_1} = \frac{0{,}764 \cdot 10^{-3}}{5 \cdot 10^{-6}} = 152{,}8V$

Como comprobación del resultado obtenido, se cumple:

$V_{AD} + V_{DB} = 247{,}2 + 152{,}8 = V_{AB} = 400$ V según enunciado.

PROBLEMA 3.2

Se tienen dos condensadores conectados en serie, inicialmente descargados, de capacidades C_1= 2 μF y C_2= 4 μF. Ambos condensadores se conectan a una fuente de tensión de V_{AB}= 200 V y posteriormente se desconectan de la fuente quedando aislados. Calcular:

1º.- Cargas Q_1 y Q_2 de cada uno de los condensadores.

2º.- Potenciales V_1 y V_2 de cada condensador.

Dos condensadores descargados de capacidades C_3= 6 μF y C_4= 8 μF conectados en serie se unen en paralelo con los condensadores C_1 y C_2, (ver figura). Se pide obtener:

3º.- Cargas de cada condensador.

4º.- Diferencias de potencial entre armaduras de cada condensador.

5º.- Capacidad equivalente entre los puntos A y B.

6º.- Energía potencial electrostática inicial de los condensadores C_1 y C_2.

7º.- Energía potencial electrostática final de la asociación de los cuatro condensadores.

8º.- Diferencia de potencial entre los puntos a y b.

Se unen los bornes A y B a una fuente de tensión de 56 V. Seguidamente, se conectan los puntos a y b mediante un hilo conductor de capacidad despreciable.

9º.- Determinar la carga que circula entre los puntos a y b.

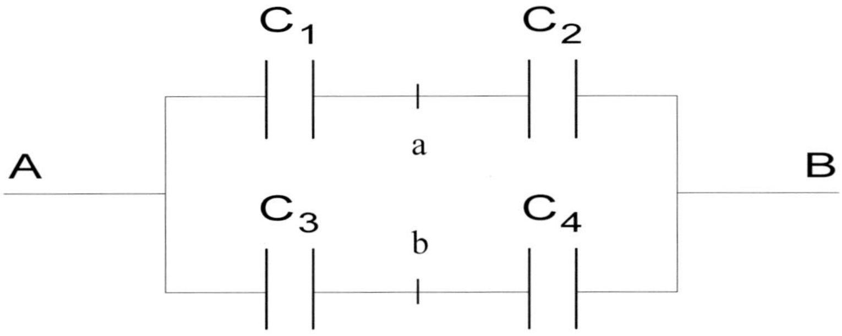

SOLUCIÓN

1º.- Cargas de los condensadores C_1 y C_2

Al ser una conexión en serie la carga de los condensadores es la misma. Primero se determina la capacidad equivalente de la asociación en serie y luego se aplica el concepto de capacidad eléctrica.

$$\frac{1}{C_{12}} = \frac{1}{C_1} + \frac{1}{C_2} \Rightarrow C_{12} = \frac{4}{3}\,\mu F \qquad Q_1 = Q_2 = Q = C_{12}\,V_{AB} = \frac{8}{3} \cdot 10^{-4}\ C$$

2º.- Potenciales de C_1 y C_2

De la definición de la capacidad eléctrica: $V_1 = \frac{Q_1}{C_1} = \frac{4}{3}\cdot 10^2$ V; $V_2 = \frac{Q_2}{C_2} = \frac{2}{3}\cdot 10^2$ V

Se comprueba que: $V_1 + V_2 = V_{AB} = 200$ V

3º.- Cargas de cada condensador, cuando se conectan en paralelo

Los condensadores C_1 y C_2 al conectarse a una fuente de tensión adquirieron una carga eléctrica Q. Cuando se conectan los condensadores C_3 y C_4, parte de la carga confinada en C_1 y C_2 se expande a los otros condensadores quedando cargados, (ver figura).

En la rama de los condensadores C_1 y C_2, como están en serie tiene la misma carga q_1.

En la rama de los condensadores C_3 y C_4, como están en serie tiene la misma carga q_2.

Por la conservación de la carga eléctrica: $Q = q_1 + q_2 = \frac{8}{3}10^{-4}$

La caída de potencial, al ser una asociación en paralelo, es: $V_1 + V_2 = V_3 + V_4$

Si se sustituye en función de cargas y capacidades queda:

$$\frac{q_1}{C_1} + \frac{q_1}{C_2} = \frac{q_2}{C_3} + \frac{q_2}{C_4} \Rightarrow \frac{q_1}{2} + \frac{q_1}{4} = \frac{q_2}{6} + \frac{q_2}{8} \Rightarrow \frac{3q_1}{2} = \frac{7q_2}{12}$$

Las anteriores relaciones entre cargas forman un sistema de ecuaciones cuya resolución aporta las cargas en cada condensador.

$$\left.\begin{aligned} q_1 + q_2 &= \frac{8}{3}10^{-4} \\ \frac{3q_1}{2} &= \frac{7q_2}{12} \end{aligned}\right\} \Rightarrow q_1 = \frac{56}{75}10^{-4}{=}0{,}7466\cdot 10^{-4}\text{C}; \quad q_2 = \frac{144}{75}10^{-4}{=}1{,}92\cdot 10^{-4}\text{C}$$

4º.- Diferencias de potencial entre armaduras de cada condensador

Mediante la definición de capacidad eléctrica se obtiene,

$$V'_1 = \frac{q_1}{C_1} = 37{,}33 \text{ V} \ ; \ V'_2 = \frac{q_1}{C_2} = 18{,}66 \text{ V} \ ; \ V'_3 = \frac{q_2}{C_3} = 32 \text{ V} \ ; \ V'_4 = \frac{q_2}{C_4} = 24 \text{ V}$$

La caída de tensión en cada rama de la asociación en paralelo debe ser la misma. Se comprueban los resultados: $V'_1 + V'_2 = 56$ V ; $V'_3 + V'_4 = 56$ V

5º.- Capacidad equivalente entre los puntos A y B.

C_1 y C_2 están en serie; su capacidad es: $C_{12} = \frac{C_1\ C_2}{C_1 + C_2} = \frac{4}{3}\ \mu$F.

C_3 y C_4 también están en serie, su capacidad es: $C_{34} = \frac{C_3 C_4}{C_3 + C_4} = \frac{24}{7}\ \mu$F

Las dos asociaciones se conectan en paralelo siendo su capacidad total

$$C_T = C_{12} + C_{34} = \frac{100}{21} = 4,7619 \quad \mu F$$

6º.- Energía potencial electrostática inicial de los condensadores C1 y C2

$$W_{POTENCIAL_{INICIAL}} = \frac{1}{2}C_1V_1^2 + \frac{1}{2}C_2V_2^2 = 2,66{\cdot}10^{-2} \text{ J}$$

7º.- Energía potencial electrostática final de asociación de cuatro condensadores

$$W_{POTENCIAL_{FINAL}} = \frac{1}{2}C_1V'^2_1 + \frac{1}{2}C_2V'^2_2 + \frac{1}{2}C_3V'^2_3 + \frac{1}{2}C_4V'^2_4 = 0,746{\cdot}10^{-2} \text{ J}$$

Lógicamente, la energía potencial final se podría haber calculado a partir de la capacidad y tensión total.

$$W_{POTENCIAL_{FINAL}} = \frac{1}{2}C_TV_T^2 = 0,746{\cdot}10^{-2} \text{ J}$$

8º.- Diferencia de potencial entre los puntos a y b

Con la información del apartado 4º, y realizando un gráfico tensión-coordenada recorrido del circuito, se deduce que el punto "b" tiene mayor potencial que el punto "a".

Las caídas de potencial en los condensadores 1 y 3 son 37,33 V y 32 V, respectivamente. En el gráfico, el punto "a" está a más bajo nivel de potencial que el punto "b".

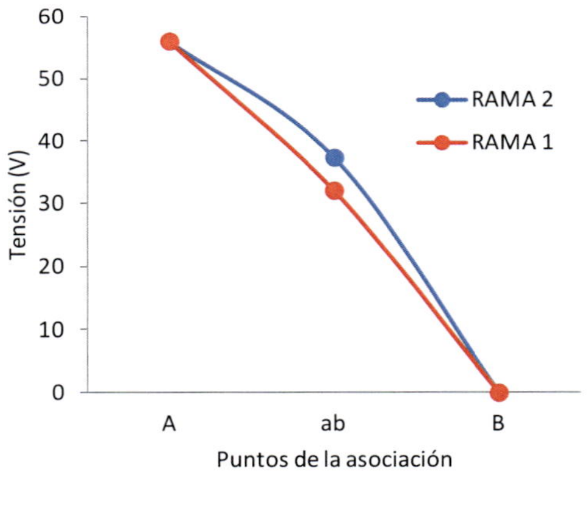

Por lo tanto, entre los puntos "a y b" hay una diferencia de potencial de 5,33 V.

9º.- Determinar la carga que circula entre los puntos a y b

Al unir los puntos a y b se produce movimiento de cargas desde el punto de mayor potencial hacia el punto de menor potencial, hasta que se igualan dichos potenciales. El hecho de que está conectada una fuente a los bornes A y B, mantiene el potencial del punto "b" con su nivel, elevándose, consecuentemente, el potencial del punto "a". En el caso de este problema, quedarían dichos puntos a y b con 24 V.

Carga en el condensador C_1, $Q_1' = C_1[V_A - V_a] = 2\mu F[56 - 24] = 64\ \mu F$

Carga en el condensador C_2, $Q_2' = C_2[V_a - V_B] = 4\mu F[24 - 0] = 96\ \mu F$

Carga en el condensador C_3, $Q_3' = C_3[V_A - V_b] = 6\mu F[56 - 24] = 192\ \mu F$

Carga en el condensador C_4, $Q_4' = C_3[V_b - V_B] = 8\mu F[24 - 0] = 192\ \mu F$

Balance de cargas en el punto "a": $Q_a' = -64\ \mu F + 96\ \mu F = 32\ \mu F$

Balance de cargas en el punto "b": $Q_b' = -192\ \mu F + 192\ \mu F = 0\ \mu F$

Las cargas que transitan son aportadas por la fuente de tensión.

PROBLEMA 3.3

Se tienen dos condensadores conectados en serie, inicialmente descargados, de capacidades C_1= 2 μF y C_2= 4 μF. Ambos condensadores se conectan a una fuente de tensión de V_{AB}= 200 V y posteriormente se desconectan de la fuente quedando aislados. Calcular:

1º.- Cargas Q_1 y Q_2 de cada uno de los condensadores.

2º.- Potenciales V_1 y V_2 de cada condensador.

Dos condensadores descargados de capacidades C_3= 6 μF y C_4= 8 μF conectados en serie se unen en paralelo con los condensadores C_1 y C_2, (ver figura). Se pide obtener:

3º.- Cargas de cada condensador.

4º.- Diferencias de potencial entre armaduras de cada condensador.

5º.- Capacidad equivalente entre los puntos A y B.

6º.- Energía potencial electrostática inicial de los condensadores C_1 y C_2.

7º.- Energía potencial electrostática final de la asociación de los cuatro condensadores.

8º.- Diferencia de potencial entre los puntos a y b.

Se unen los puntos a y b mediante un hilo conductor de capacidad despreciable, y se pide determinar

9.- La carga que circula entre los puntos a y b, estando el circuito aislado.

Se conectan ahora los extremos A y B del circuito a una fuente de tensión V=cte, y se pide determinar:

10.- La carga que circula entre los puntos a y b.

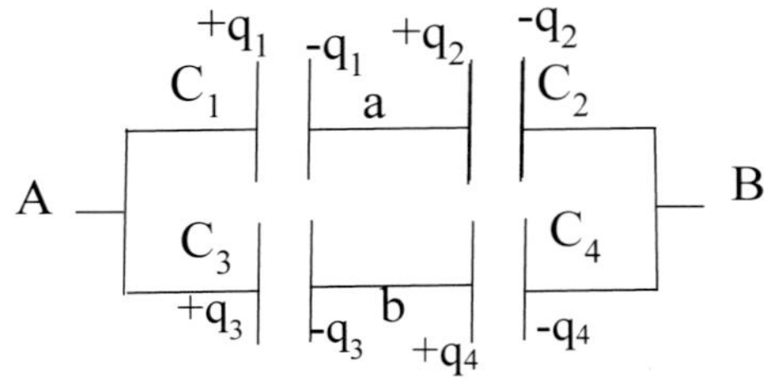

SOLUCIÓN

1º.- Cargas de los condensadores C_1 y C_2

Al ser una conexión en serie la carga de los condensadores es la misma. Primero se determina la capacidad equivalente de la asociación en serie y luego se aplica el concepto de capacidad eléctrica.

$$\frac{1}{C_{12}} = \frac{1}{C_1} + \frac{1}{C_2} \quad \Rightarrow \quad C_{12} = \frac{4}{3}\,\mu\text{F} \qquad q_1 = q_2 = Q = C_{12}\, V_{AB} = \frac{8}{3} \cdot 10^{-4}\ \text{C}$$

2º.- Potenciales de C_1 y C_2

De la definición de la capacidad eléctrica: $V_1 = \frac{q_1}{C_1} = \frac{4}{3} \cdot 10^2\ \text{V}$; $V_2 = \frac{q_2}{C_2} = \frac{2}{3} \cdot 10^2\ \text{V}$

Se comprueba que: $V_1 + V_2 = V_{AB} = 200\ \text{V}$

3º.- Cargas de cada condensador, cuando se conectan en paralelo

Los condensadores C_1 y C_2 al conectarse a una fuente de tensión adquirieron una carga eléctrica Q. Cuando se conectan los condensadores C_3 y C_4, parte de la carga confinada en C_1 y C_2 se expande a los otros condensadores quedando cargados, (ver figura).

En la rama de los condensadores C_1 y C_2, como están en serie tiene la misma carga q_1. En la rama de los condensadores C_3 y C_4, como están en serie tiene la misma carga q_3.

Por la conservación de la carga eléctrica: $Q = q_1 + q_3 = \frac{8}{3}10^{-4}\ C$

La caída de potencial, al ser una asociación en paralelo, es: $V_1 + V_2 = V_3 + V_4$

Si se sustituye en función de cargas y capacidades queda:

$$\frac{q_1}{C_1} + \frac{q_1}{C_2} = \frac{q_3}{C_3} + \frac{q_3}{C_4} \Rightarrow \frac{q_1}{2} + \frac{q_1}{4} = \frac{q_3}{6} + \frac{q_3}{8} \Rightarrow \frac{3q_1}{2} = \frac{7q_3}{12}$$

Las anteriores relaciones entre cargas forman un sistema de ecuaciones cuya resolución aporta las cargas en cada condensador.

$$\left.\begin{aligned} q_1 + q_3 &= \frac{8}{3}10^{-4}C \\ \frac{3q_1}{2} &= \frac{7q_3}{12} \end{aligned}\right\} \Rightarrow q_1 = \frac{56}{75}10^{-4}{=}0{,}7466\cdot 10^{-4}C; \quad q_3 = \frac{144}{75}10^{-4}{=}1{,}92\cdot 10^{-4}C$$

4º.- Diferencias de potencial entre armaduras de cada condensador

Mediante la definición de capacidad eléctrica se obtiene,

$$V'_1 = \frac{q_1}{C_1} = 37{,}33\ V; \quad V'_2 = \frac{q_1}{C_2} = 18{,}66 V; \quad V'_3 = \frac{q_3}{C_3} = 32\ V; \quad V'_4 = \frac{q_3}{C_4} = 24 V$$

+La caída de tensión en cada rama de la asociación en paralelo debe ser la misma. Se comprueban los resultados: $V'_1 + V'_2 = 56\ \ V\ ;\ V'_3 + V'_4 = 56\ \ V$

5º.- Capacidad equivalente entre los puntos A y B

C_1 y C_2 están en serie; su capacidad es: $C_{12} = \frac{C_1\ C_2}{C_1 + C_2} = \frac{4}{3}\mu F$.

C_3 y C_4 también están en serie, su capacidad es: $C_{34} = \frac{C_3 C_4}{C_3 + C_4} = \frac{24}{7}\mu F$

Las dos asociaciones se conectan en paralelo siendo su capacidad total

$$C_T = C_{12} + C_{34} = \frac{100}{21} = 4{,}7619\ \ \mu F$$

6º.- Energía potencial electrostática inicial de los condensadores C_1 y C_2.

$$W_{POTENCIAL_{INICIAL}} = \frac{1}{2}C_1V_1^2 + \frac{1}{2}C_2V_2^2 = 2{,}66 \cdot 10^{-2}\ J$$

7º.- Energía potencial electrostática final de asociación de cuatro condensadores.

$$W_{POTENCIAL_{FINAL}} = \frac{1}{2}C_1V'^2_1 + \frac{1}{2}C_2V'^2_2 + \frac{1}{2}C_3V'^2_3 + \frac{1}{2}C_4V'^2_4 = 0{,}746 \cdot 10^{-2}\ J$$

Lógicamente, la energía potencial final se podría haber calculado a partir de la capacidad y tensión total.

$$W_{POTENCIAL_{FINAL}} = \frac{1}{2}C_TV_T^2 = 0{,}746 \cdot 10^{-2}\ J$$

8º.- Diferencia de potencial entre los puntos a y b.

Con la información del apartado 4º, y realizando un gráfico tensión-coordenada recorrido del circuito, se deduce que el punto "b" tiene mayor potencial que el punto "a".

Las caídas de potencial en los condensadores 1 y 3 son 37,33 V y 32 V, respectivamente. En el gráfico, el punto "a" está a más bajo nivel de potencial que el punto "b".

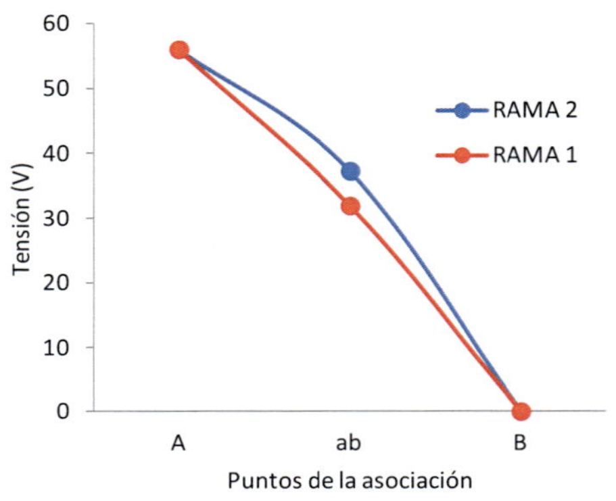

Por lo tanto, entre los puntos "a y b" hay una diferencia de potencial de 5,33 V.

$$\left.\begin{array}{lll} V'_1 = V_A - V_a & \rightarrow & V_a = V_A - V'_1 = 56 - 37.33 = 18.66\ V \\ V'_3 = V_A - V_b & \rightarrow & V_b = V_A - V'_3 = 56 - 32 = 24\ V \end{array}\right\} \rightarrow V_b - V_a = 5.33\ V$$

9.- Determinar la carga que circula entre los puntos a y b, estando el circuito aislado

Al unir los puntos "a" y "b" y al estar el sistema aislado, la carga total Q se conserva, quedando el circuito como indica la siguiente figura.

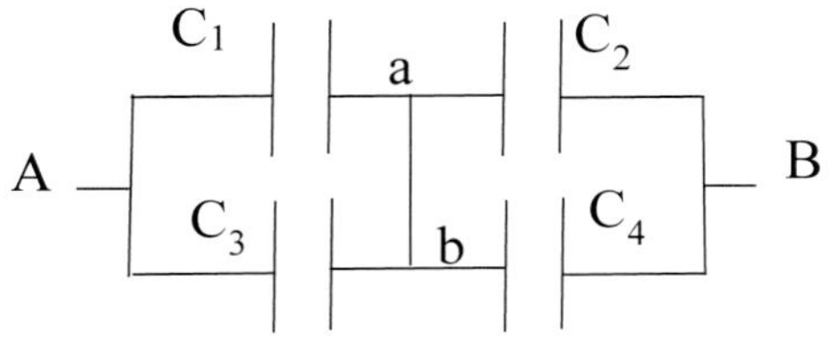

Figura que podemos representarla de las siguientes formas para realizar los cálculos.

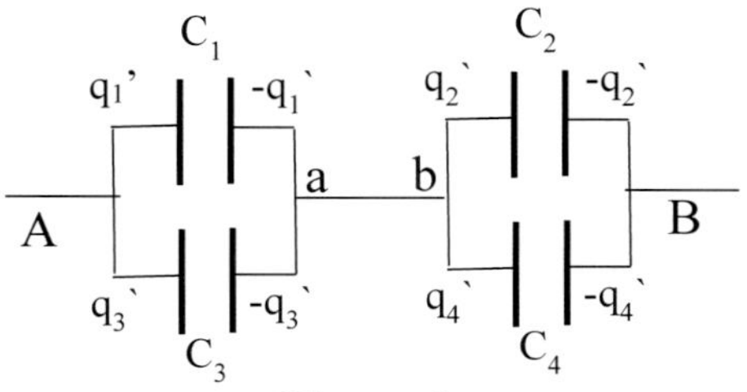

Figura 1

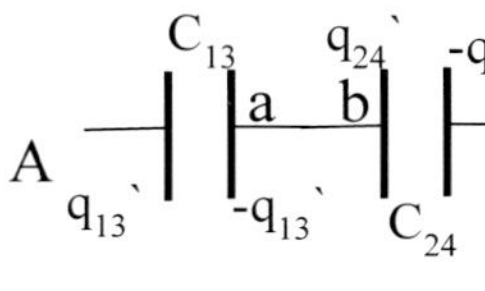

Figura 2

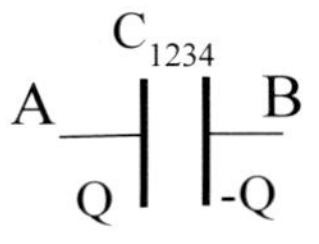

Figura 3

En la figura 1 se observa que los condensadores C_1 y C_3 están en paralelo, así como los condensadores C_2 y C_4, siendo sus capacidades equivalentes: C_{13} y C_{24}.

$$C_{13} = C_1 + C_3 = 2 \cdot 10^{-6} + 6 \cdot 10^{-6} = 8 \cdot 10^{-6}\, F = 8\, \mu F$$

$$C_{24} = C_2 + C_4 = 4 \cdot 10^{-6} + 8 \cdot 10^{-6} = 12 \cdot 10^{-6}\, F = 12\, \mu F$$

En la figura 2 se observa que los condensadores C_{13} y C_{24}, están en serie, siendo la capacidad equivalente: C_{1234}

$$\frac{1}{C_{1234}} = \frac{1}{C_{13}} + \frac{1}{C_{24}} \rightarrow C_{1234} = \frac{C_{13} \cdot C_{24}}{C_{13} + C_{24}} = \frac{8 \cdot 12}{8+12} \cdot 10^{-6} = 4.8\, \mu F$$

De la figura 3, y al estar el circuito aislado Q=cte=800/3 μC, la d.d.p. V_{AB} es:

$$V_{AB} = V_A - V_B = \frac{Q}{C_{1234}} = \frac{\frac{800}{3}}{4.8} = 55.55\, V$$

De la figura 2, al estar los condensadores C_{13} y C_{24} en serie, ambos tendrán la misma carga Q; es decir:

$$q_{13} = q'_1 + q'_3 = Q = \frac{800}{3} = 266.66\, \mu C \qquad q_{24} = q'_2 + q'_4 = Q = \frac{800}{3} = 266.66\, \mu C$$

Y las d.d.p. entre los extremos de cada condensador C_{13} y C_{24} es:

$$V'_1 = V_A - V'_a = \frac{q_{13}}{C_{13}} = \frac{\frac{800}{3}}{8} = 33.33\, V \quad ; \quad V'_2 = V'_b - V_B = \frac{q_{24}}{C_{24}} = \frac{\frac{800}{3}}{12} = 22.22\, V$$

$$V'_a = V_A - V'_1 = 55.55 - 33.33 = 22.22\, V; V'_b = V'_2 + V_B = 22.22 + 0 = 22.22\, V$$

De la figura 1, con los datos obtenidos se tiene:

$$V'_1 = \frac{q'_1}{C_1} = \frac{q'_3}{C_3} \begin{cases} q'_1 = V'_1 \cdot C_1 = 33.33 \cdot 2\,\mu F = 66.66\,\mu C \\ q'_3 = V'_3 \cdot C_3 = 33.33 \cdot 6\,\mu F \cong 200\,\mu C \end{cases} \rightarrow q'_1 + q'_3 = 266.66\,\mu C$$

$$V'_2 = \frac{q'_2}{C_2} = \frac{q'_4}{C_4} \begin{cases} q'_2 = V'_2 \cdot C_2 = 22.22 \cdot 4\,\mu F = 88.89\,\mu C \\ q'_4 = V'_4 \cdot C_4 = 22.22 \cdot 8\,\mu F = 177.77\,\mu C \end{cases} \rightarrow q'_2 + q'_4 = 266.66\,\mu C$$

Para calcular la carga que se intercambian los puntos "a" y "b", partimos de las gráficas:

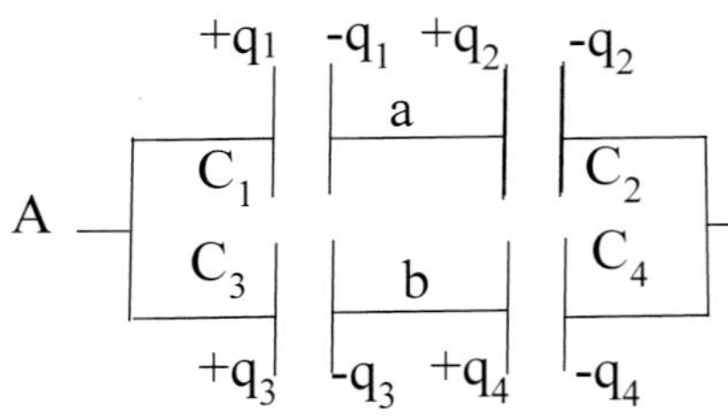

ANTES de unir "a" y "b"

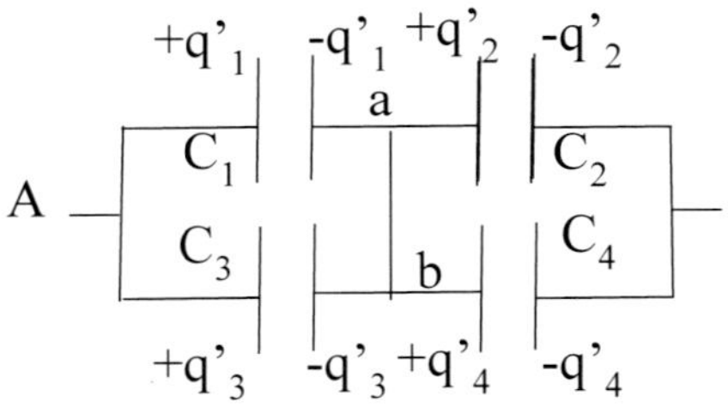

DESPUÉS de unir "a" y "b"

Los valores de las cargas de los condensadores, antes y después de unir "a" y "b" son:

CONDENSADOR	ANTES q_i (μC)	DESPUÉS q'_i (μC)	DIFERENCIA Δq (μC)	RESULTADO (μC)
C_1	q_1= 74.66	q'_1= 66.66	q'_1-q_1= -8	NUDO "a"
C_2	q_2= 74.66	q'_2= 88.89	q'_2-q_2= +14.23	-8+14.23=+6.23
C_3	q_3= 192	q'_3= 200	q'_3-q_3= 8	NUDO "b"
C_4	q_4= 192	q'_4= 177.77	q'_4-q_4= -14.23	+8-14.23=-6.23

El nudo "a" está unido a la armadura negativa del condensador C_1 y a la positiva del condensador C_2; por tanto, si el condensador C_1 disminuye en 8 μC y el condensador C_2 aumenta en 14.23 μC, por el nudo "a" pasan q_a=-8+14.23=+6.23 μC, que obviamente, provienen del nudo "b"

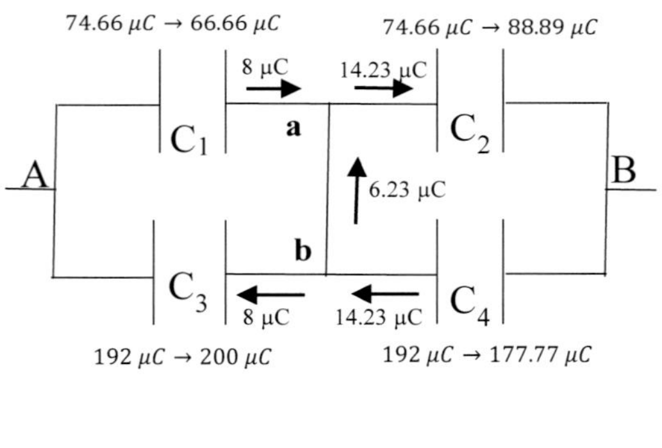

El nudo "b" está unido a la armadura negativa del condensador C_3 y a la positiva del condensador C_4; por tanto, si el condensador C_3 aumenta en 8 μC y el condensador C_4 disminuye en 14.23 μC, por el nudo "b" pasan: q_b=+8-14.23=-6.23 μC. que suministra al nudo "a".

La carga que circula del nudo "b" hacia el "a", es debida a que el nudo "b" se encuentra a mayor potencial que el nudo "a" (V_b–V_a=24-18.66= 5.33 V), y esa transferencia de carga se realiza en un período transitorio muy breve, hasta que los potenciales de ambos nudos se igualan (V'_b–V'_a=22.22-22.22=0 V).

10.- Determinar la carga que circula entre los puntos a y b, con fuente de tensión V=cte entre A y B

Al unir los puntos a y b con un hilo conductor de capacidad despreciable, y conectar los puntos A y B a una fuente de tensión V, el circuito queda como se muestra en la figura:

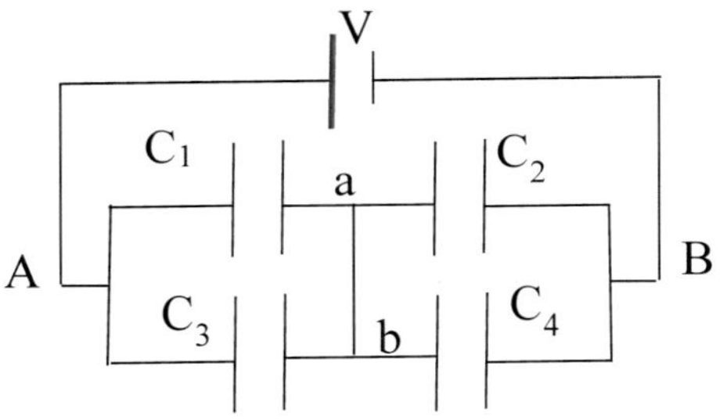

Figura que podemos representarla de las siguientes formas para realizar los cálculos.

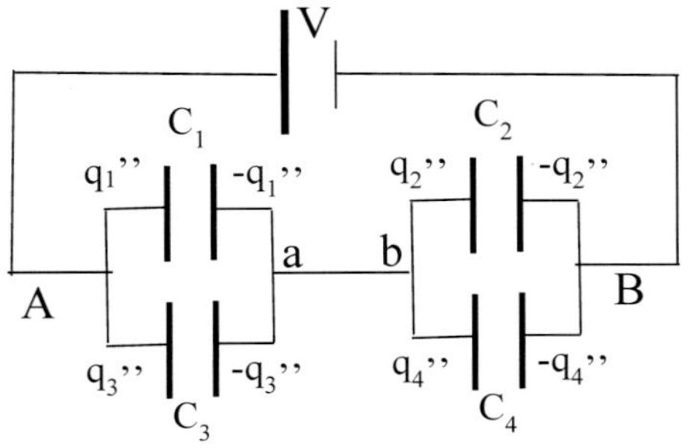

Figura 1

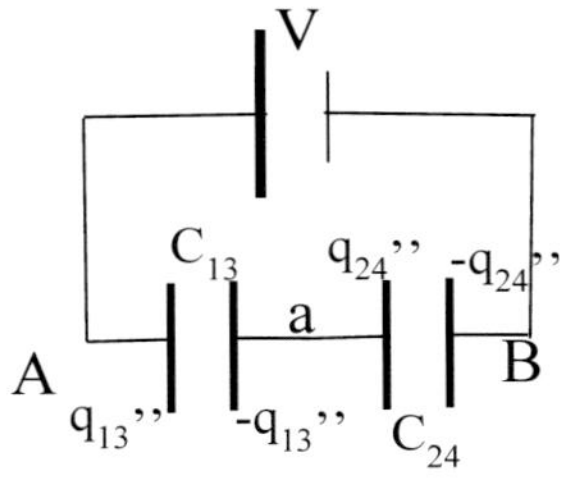

Figura 2

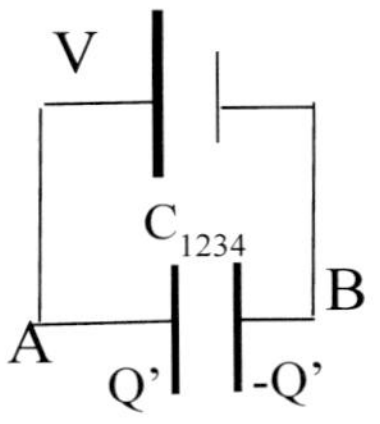

Figura 3

En la figura 1 se observa que los condensadores C_1 y C_3 están en paralelo, así como los condensadores C_2 y C_4, siendo sus capacidades equivalentes: C_{13} y C_{24}.

$$C_{13} = C_1 + C_3 = 2 \cdot 10^{-6} + 6 \cdot 10^{-6} = 8 \cdot 10^{-6}\, F = 8\, \mu F$$

$$C_{24} = C_2 + C_4 = 4 \cdot 10^{-6} + 8 \cdot 10^{-6} = 12 \cdot 10^{-6}\, F = 12\, \mu F$$

En la figura 2 se observa que los condensadores C_{13} y C_{24}, están en serie, siendo la capacidad equivalente: C_{1234}

$$\frac{1}{C_{1234}} = \frac{1}{C_{13}} + \frac{1}{C_{24}} \to C_{1234} = \frac{C_{13} \cdot C_{24}}{C_{13} + C_{24}} = \frac{8 \cdot 12}{8 + 12} \cdot 10^{-6} = 4.8\, \mu F$$

De la figura 3, y al estar el circuito conectado a una fuente de tensión V=cte, expresamos la carga Q' en función de la diferencia de potencial entre los extremos A y B:

$$Q' = (V'_A - V'_B) \cdot C_{1234} = V \cdot C_{1234} = V \cdot 4.8\, \mu C$$

De la figura 2, al estar los condensadores C_{13} y C_{24} en serie, ambos tendrán la misma carga Q'; es decir:

$$q'_{13} = Q' = V \cdot 4.8\, \mu C \qquad q'_{24} = Q' = V \cdot 4.8\, \mu C$$

Y las d.d.p. entre los extremos de cada condensador C_{13} y C_{24} son:

$$V''_1 = V'_A - V_a = \frac{q'_{13}}{C_{13}} = \frac{V\cdot 4.8}{8} = V\cdot 0.6\,(\mathrm{V})\,;\; V''_2 = V_b - V'_B = \frac{q'_{24}}{C_{24}} = \frac{V\cdot 4.8}{12} = V\cdot 0.4\,(V)$$

De la figura 1, con los datos obtenidos se tiene:

$$V''_1 = \frac{q''_1}{C_1} = \frac{q''_3}{C_3}\begin{cases} q''_1 = V\cdot 0.6\cdot C_1 = V\cdot 1.2\,\mu C \\ q''_3 = V\cdot 0.6\cdot C_3 = V\cdot 3.6\,\mu C \end{cases} \rightarrow q''_1 + q''_3 = V\cdot 4.8\,\mu C$$

$$V''_2 = \frac{q''_2}{C_2} = \frac{q''_4}{C_4}\begin{cases} q''_2 = V\cdot 0.4\cdot C_2 = V\cdot 1.6\,\mu C \\ q''_4 = V\cdot 0.4\cdot C_4 = V\cdot 3.2\,\mu C \end{cases} \rightarrow q''_2 + q''_4 = V\cdot 4.8\,\mu C$$

I. V=55.55 V

Para calcular la carga que se intercambian los puntos "a" y "b", partimos de las gráficas:

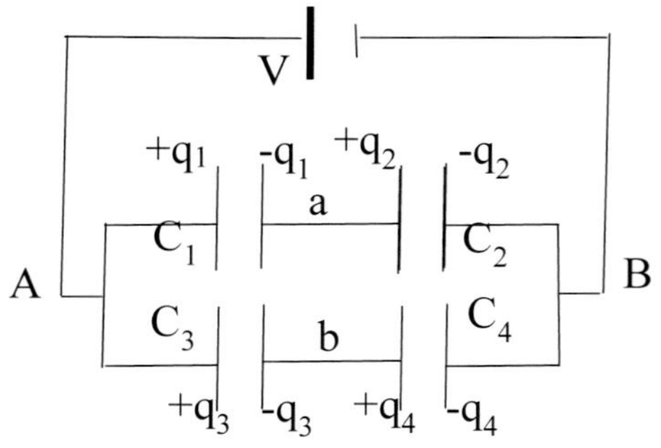

ANTES de unir "a" y "b"

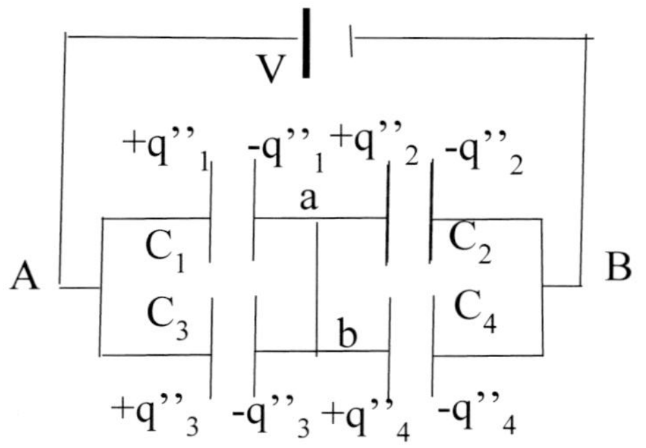

DESPUÉS de unir "a" y "b"

V (V)	Q' (μC) (Q'=V·4.8)	V''₁ (V) (V''₁=V·0.6)	V''₂ (V) (V''₂=V·0.4)	q''₁ (μC) (q''₁=V·1.2)	q''₂ (μC) (q''₂=V·1.6)	q''₃ (μC) (q''₃=V·3.6)	q''₄ (μC) (q''₄=V·3.2)
55.55	266.64	33.33	22.22	66.66	88.88	199.98	177.76

Los valores de las cargas de los condensadores, antes y después de unir "a" y "b" son:

CONDENSADOR	ANTES q_i (μC)	DESPUÉS q''_i (μC)	VARIACIÓN Δq (μC)	RESULTADO (μC)
1	66.66	66.66	0	NUDO "a"
2	88.89	88.89	0	0
3	200	200	0	NUDO "b"
4	177.77	177.77	0	0

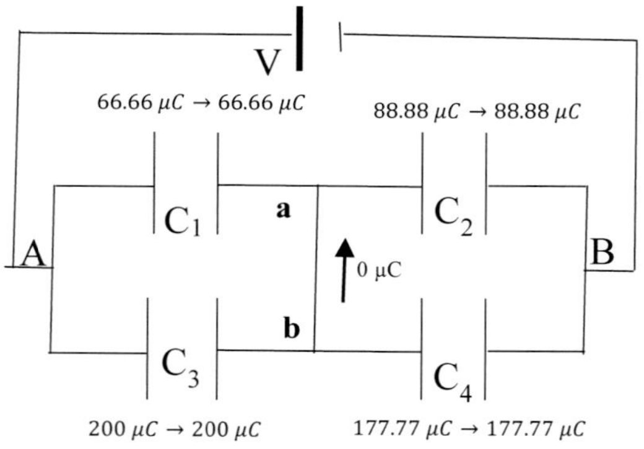

Al tener la fuente de tensión la misma diferencia de potencial que tenía el circuito antes de conectarla, las cargas permanecen constantes, por lo que no circulan cargas entre los puntos "a" y "b".

II. V=60 V

La carga total del circuito antes de conectar la fuente de tensión era de $Q = 266.66\,\mu C$, y al conectar la fuente V=60 V, el circuito posee una carga total de $Q' = 288\,\mu C$; por lo que la fuente de tensión proporciona una carga de $Q' - Q = 21.34\,\mu C$

Para calcular la carga que se intercambian los puntos "a" y "b", partimos de las gráficas:

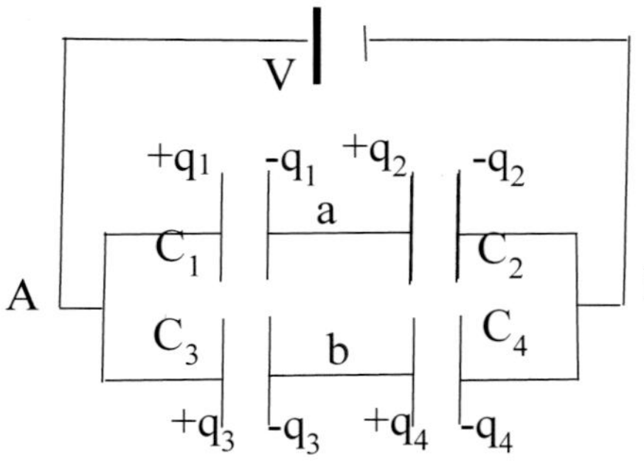

ANTES de unir "a" y "b"

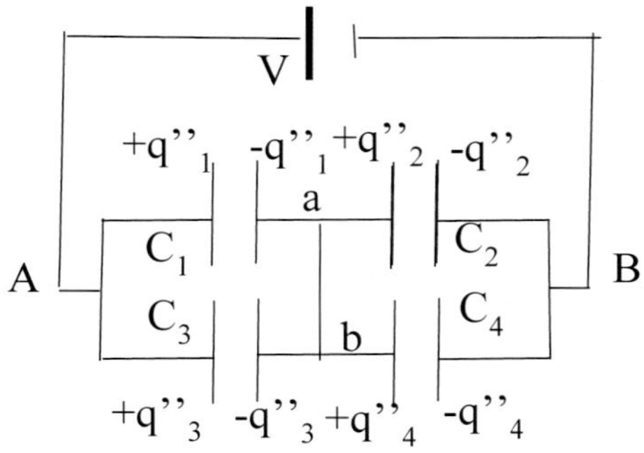

DESPUÉS de unir "a" y "b"

V (V)	Q' (μC) (Q'=V·4.8)	V''₁ (V) (V''₁=V·0.6)	V''₂ (V) (V''₂=V·0.4)	q''₁ (μC) (q''₁=V·1.2)	q''₂ (μC) (q''₂=V·1.6)	q''₃ (μC) (q''₃=V·3.6)	q''₄ (μC) (q''₄=V·3.2)
60	288	36	24	72	96	216	192

Los valores de las cargas de los condensadores, antes y después de unir "a" y "b" son:

CONDENSADOR	ANTES q_i (μC)	DESPUÉS q'_i (μC)	DIFERENCIA Δq (μC)	VARIACIÓN (μC)
1	66.66	72	5.34	NUDO "a"
2	88.89	96	7.11	+1.77
3	200	216	16	NUDO "b"
4	177.77	192	14.23	-1.77

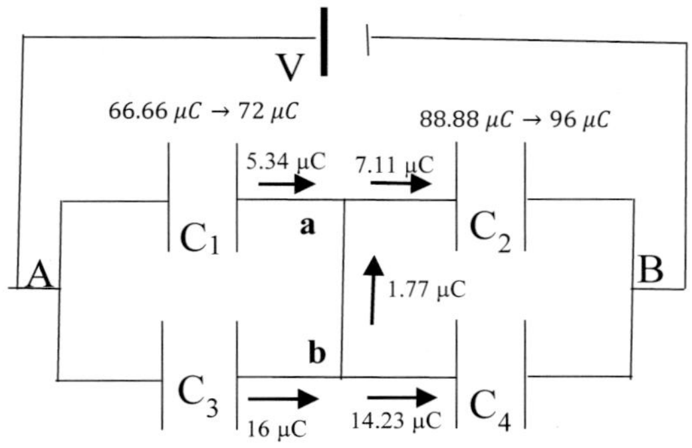

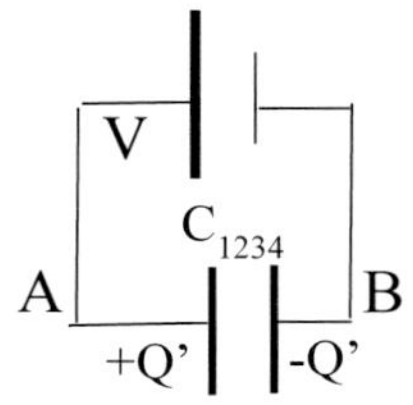

El condensador C_1 aumenta en 5.34 μC y el condensador C_3 aumenta en 16 μC, lo que hace que la armadura positiva del condensador equivalente C_{1234} se incremente en 21.34 μC.

De la misma forma, el condensador C_2 aumenta en 7.11 μC y el condensador C_4 aumenta en 14.23 μC, lo que hace que la armadura negativa del condensador equivalente C_{1234} se incremente en 21.34 μC.

Ese incremento de carga ha sido proporcionado por la fuente de tensión.

El nudo "a", está unido a la armadura negativa del condensador C_1 y a la positiva del condensador C_2; por tanto, en el nudo "a" entra una carga de q_a=-5.34+7.11=+1.77 μC. que obviamente, provienen del nudo "b". Y el nudo "b", unido a la armadura negativa del condensador C_3 y a la positiva del condensador C_4; por tanto, del nudo "b" sale una carga de q_b=-16+14.23=-1.77 μC. Es decir:

Nudo a: $\sum Q(a) = 0 \rightarrow q_{C_1} + q_{C_2} + q_a = 0 \rightarrow q_a = -5.34 + 7.11 = +1.77$ μC

Nudo b: $\sum Q(b) = 0 \rightarrow q_{C_3} + q_{C_4} + q_b = 0 \rightarrow q_b = -16 + 14.23 = -1.77$ μC

III. V=50 V

La carga total del circuito antes de conectar la fuente de tensión era de $Q = 266.66\, \mu C$, y al conectar la fuente V=50 V, el circuito posee una carga total de $Q'' = 240\, \mu C$; por lo que $Q'' - Q = -26.66\, \mu C$, indica que el circuito aporta esa carga a la fuente de tensión.

Para calcular la carga que se intercambian los puntos "a" y "b", partimos de las gráficas:

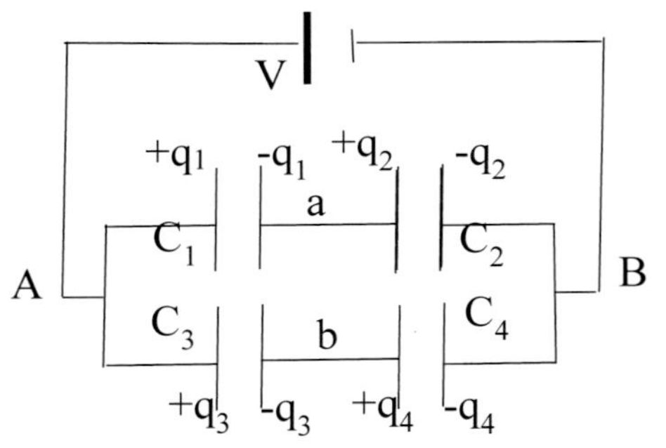

ANTES de unir "a" y "b"

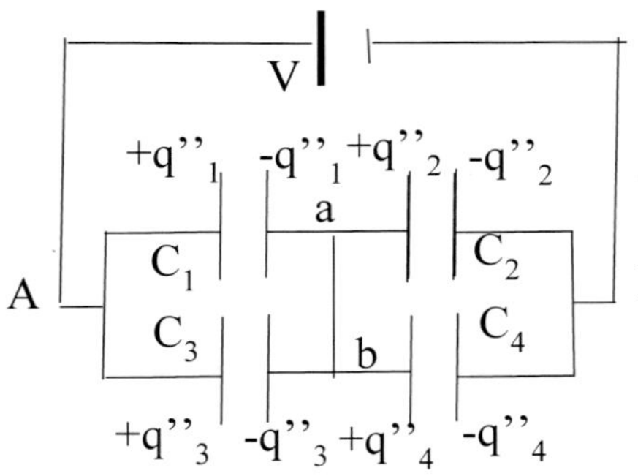

DESPUÉS de unir "a" y "b"

V (V)	Q' (μC) (Q'=V·4.8)	V''₁ (V) (V''₁=V·0.6)	V''₂ (V) (V''₂=V·0.4)	q''₁ (μC) (q''₁=V·1.2)	q''₂ (μC) (q''₂=V·1.6)	q''₃ (μC) (q''₃=V·3.6)	q''₄ (μC) (q''₄=V·3.2)
50	240	30	20	60	80	180	160

Los valores de las cargas de los condensadores, antes y después de unir "a" y "b" son:

CONDENSADOR	ANTES q_i (μC)	DESPUÉS q'_i (μC)	DIFERENCIA Δq (μC)	VARIACIÓN (μC)
1	66.66	60	-6.66	NUDO "a"
2	88.89	80	-8.89	+2.23
3	200	180	-20	NUDO "b"
4	177.77	160	-17.77	-2.23

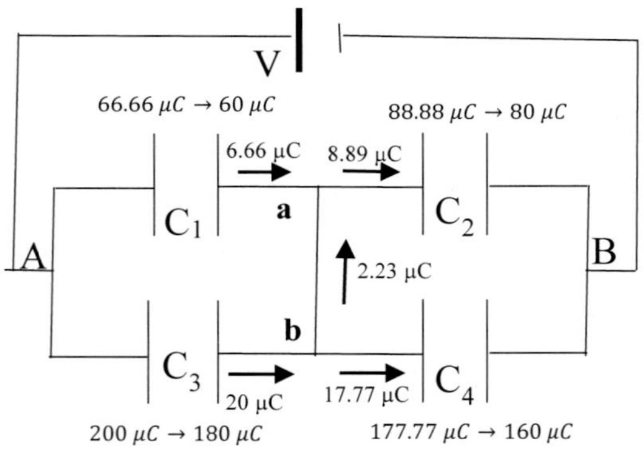

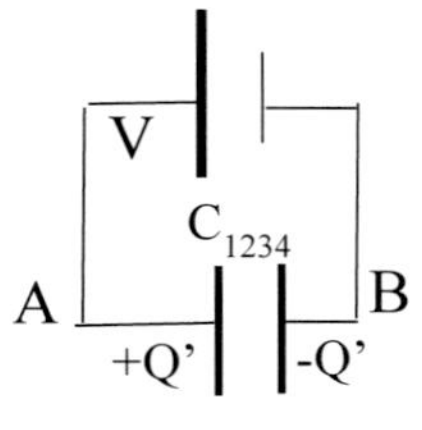

El condensador C_1 disminuye en 6.66 μC y el condensador C_3 disminuye en 20 μC, lo que hace que la armadura positiva del condensador equivalente C_{1234} disminuya en 26.66 μC.

De la misma forma, el condensador C_2 disminuye en 8.89 μC y el condensador C_4 disminuye en 17.77 μC, lo que hace que la armadura negativa del condensador equivalente C_{1234} disminuya en 26.66 μC. Esa carga ha sido proporcionada por el circuito a la fuente de tensión.

El nudo "a", está unido a la armadura negativa del condensador C_1 y a la positiva del condensador C_2; por tanto, en el nudo "a" entra una carga de q_a=-6.66+8.89=+2.23 μC. que obviamente, provienen del nudo "b". Y el nudo "b", unido a la armadura negativa del condensador C_3 y a la positiva del condensador C_4; por tanto, del nudo "b" sale una carga de q_b=-20+17.77=-2.23 μC. Es decir:

Nudo a: $\sum Q(a) = 0 \rightarrow q_{C_1} + q_{C_2} + q_a = 0 \rightarrow q_a = -6.66 + 8.89 = +2.23$ μC

Nudo b: $\sum Q(b) = 0 \rightarrow q_{C_3} + q_{C_4} + q_b = 0 \rightarrow q_b = -20 + 17.77 = -2.23$ μC

V (V)	Q' (μC) (Q'=V·4.8)	V''₁ (V) (V''₁=V·0.6)	V''₂ (V) (V''₂=V·0.4)	q''₁ (μC) (q''₁=V·1.2)	q''₂ (μC) (q''₂=V·1.6)	q''₃ (μC) (q''₃=V·3.6)	q''₄ (μC) (q''₄=V·3.2)
50	240	30	20	60	80	180	160
56	268.8	33.6	22.4	67.2	89.6	201.6	179.2
60	288	36	24	72	96	216	192
55.55	266.64	33.33	22.22	66.66	88.88	199.98	177.76

Al unir los puntos a y b se produce movimiento de cargas desde el punto de mayor potencial hacia el punto de menor potencial, hasta que se igualan dichos potenciales. El hecho de que está conectada una fuente a los bornes A y B, mantiene el potencial del punto "b" con su nivel, elevándose, consecuentemente, el potencial del punto "a". En el caso de este problema, quedarían dichos puntos a y b con 24 V. NO ES CIERTO Los puntos a y b alcanzarán un nuevo potencial DIFERENTE al que tenían antes de la unión.

Carga en el condensador C_1, $Q'_1 = C_1[V_A - V_a] = 2\mu F[56 - 24] = 64\ \mu F$

Carga en el condensador C_2, $Q'_2 = C_2[V_a - V_B] = 4\mu F[24 - 0] = 96\ \mu F$

Carga en el condensador C_3, $Q'_3 = C_3[V_A - V_b] = 6\mu F[56 - 24] = 192\ \mu F$

Carga en el condensador C_4, $Q'_4 = C_3[V_b - V_B] = 8\mu F[24 - 0] = 192\ \mu F$

Balance de cargas en el punto "a": $Q'_a = -64\ \mu F + 96\ \mu F = 32\ \mu F$^

Balance de cargas en el punto "b": $Q'_b = -192\ \mu F + 192\ \mu F = 0\ \mu F$

Las cargas que transitan son aportadas por la fuente de tensión.

Los puntos a y b alcanzarán un nuevo potencial DIFERENTE al que tenían antes de la unión.

PROBLEMA 3.4

Tres condensadores de capacidades respectivas $C_1 = 2\ \mu F$, $C_2 = 4\ \mu F$ y $C_3 = 8\ \mu F$, se conectan en serie a una batería de 70 V. Determinar:

1º.- Carga de cada condensador.

2º.- Diferencias de potencial entre placas de cada condensador.

3º.- Energía electrostática almacenada en cada condensador y la energía total almacenada.

Se desconectan la batería y los condensadores, y se unen las armaduras con carga negativa de los tres condensadores, cerrando el circuito sin batería. Se pide obtener:

4º.- Carga final en cada condensador.

5º.- Energía electrostática en cada condensador y la energía electrostática total almacenada.

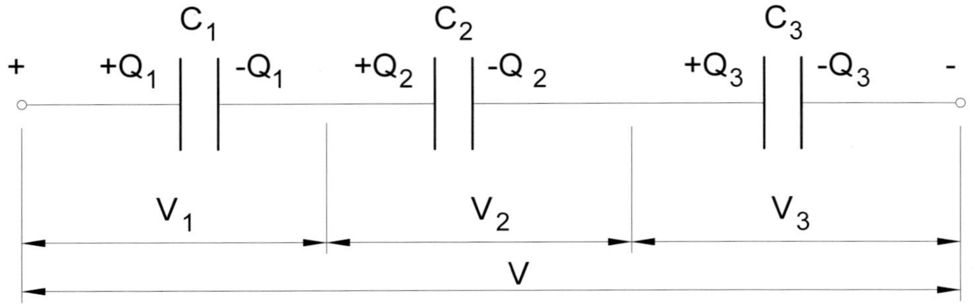

SOLUCIÓN

1º.- Carga de cada condensador

Al estar los tres condensadores conectados en serie tendremos, $Q_1 = Q_2 = Q_3$

2º.- Diferencias de potencial entre placas de cada condensador

Como están conectados en serie: $V_1 + V_2 + V_3 = V$ resulta:

$$V = \frac{Q_1}{C_1} + \frac{Q_2}{C_2} + \frac{Q_3}{C_3} = \frac{Q_1}{C_1} + \frac{Q_1}{C_2} + \frac{Q_1}{C_3}; \quad 70 = [\frac{Q_1}{2} + \frac{Q_1}{4} + \frac{Q_1}{8}] \cdot 10^6$$

$$Q_1 = Q_2 = Q_3 = 80\ \mu C; \quad V_1 = \frac{80 \cdot 10^{-6}}{2 \cdot 10^{-6}} = 40\ V; V_2 = \frac{80 \cdot 10^{-6}}{4 \cdot 10^{-6}} = 20\ V; V_3 = \frac{80 \cdot 10^{-6}}{8 \cdot 10^{-6}} = 10\ V$$

3º.- Energía electrostática almacenada en cada condensador y en total

$$W_1 = \frac{1}{2} C_1 V_1^2 = 16 \cdot 10^{-4}\ J\ ;\ W_2 = \frac{1}{2} C_2 V_2^2 = 8 \cdot 10^{-4}\ J\ ;\ W_3 = \frac{1}{2} C_3 V_3^2 = 4 \cdot 10^{-4}\ J$$

Energía electrostática total: $W = W_1 + W_2 + W_3 = 28 \cdot 10^{-4}\ J$

4º.- Carga final en cada condensador

Al unir las placas cargadas negativamente y cerrar el circuito uniendo las placas cargadas positivamente, tendremos:

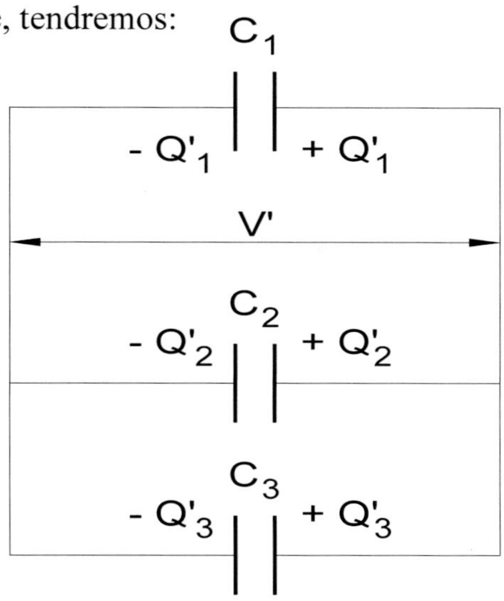

Por el principio de la conservación de la carga: $3\,Q = Q'_1 + Q'_2 + Q'_3$

La diferencia de potencial es la misma, están en paralelo: $V' = \dfrac{Q'_1}{C_1} = \dfrac{Q'_2}{C_2} = \dfrac{Q'_3}{C_3}$

$$\left.\begin{array}{l} Q'_1 + Q'_2 + Q'_3 = 240\ \mu C \\ \\ V' = \dfrac{Q'_1}{2} = \dfrac{Q'_2}{4} = \dfrac{Q'_3}{8} \end{array}\right\}\ \text{Resolviendo el sistema}$$

$$Q'_1 = \frac{240}{7}\ \mu C\ ;\quad Q'_2 = \frac{480}{7}\ \mu C\ ;\ Q'_3 = \frac{960}{7}\ \mu C;\ V' = \frac{120}{7}\ V$$

5º.- Energía electrostática almacenada en cada condensador y en total

$$W'_1 = \frac{1}{2} C_1\, V'^2_1 = 2{,}938{\cdot}10^{-4}\ J\ ;\ W'_2 = \frac{1}{2} C_2 V'^2_2 = 5{,}877{\cdot}10^{-4}\ J\ ;\ W'_3 = \frac{1}{2} C_3 V'^2_3 = 11{,}755{\cdot}10^{-4}\ J$$

Energía electrostática total: $W' = W'_1 + W'_2 + W'_3 = 20{,}570{\cdot}10^{-4}\ J$

PROBLEMA 3.5

Sea una esfera conductora de radio R_1 con una carga Q. Calcular:

1º.- Energía electrostática.

A continuación, se conecta, mediante un hilo conductor de capacidad despreciable, a otra esfera conductora de radio R_2, inicialmente descargada. Admitiendo que dichas esferas están lo suficientemente alejadas entre sí para que los fenómenos de influencia sean despreciables, hallar:

2º.- Energía del sistema antes y después de conectar las esferas.

3º.- Capacidad del sistema después de conectar las esferas.

Supongamos que el hilo conductor tiene una capacidad C_3, obtener:

4º.- Energía de la asociación las esferas y el conductor.

SOLUCIÓN

1º.- Energía electrostática

Se tiene una esfera con carga Q de radio R_1; como la capacidad de la esfera es $C_I = 4\pi\varepsilon_o R_1$ y la energía electrostática es, $W_I = \dfrac{Q^2}{2C_I}$ la energía depende del radio.

2º.- Energía del sistema antes y después de conectar las esferas

Al conectar eléctricamente las esferas los potenciales se igualan:

$$V_1 = \frac{Q_1}{4\pi\varepsilon_o R_1} = V_2 = \frac{Q_2}{4\pi\varepsilon_o R_2}$$

Consiguiendo una relación de cargas y radios, $Q_2 = Q_1 \dfrac{R_2}{R_1}$ (1)

Aplicando el principio de conservación de la carga eléctrica, $Q=Q_1+Q_2$ y sustituyendo la ecuación (1) se obtiene una ecuación de la carga de cada esfera en función de los radios de ambas y la carga total,

$$Q_1 = Q\frac{R_1}{R_1 + R_2} \quad ; \quad Q_2 = Q\frac{R_2}{R_1 + R_2} \quad (2)$$

Las energías electrostáticas de cada esfera serán:

$W_1 = \dfrac{Q_1^2}{2C_1}$; $W_2 = \dfrac{Q_2^2}{2C_2}$ La energía total del sistema, $W_F = W_1 + W_2$

Sustituyendo las ecuaciones (2) permite obtener la energía total en función de la carga y radios: $W_F = \dfrac{1}{8\pi\varepsilon_o}\dfrac{Q^2}{[R_1 + R_2]}$

Se puede expresar la energía final en función de la energía inicial y radios, aprovechando el resultado del primer apartado, $W_F = W_I \dfrac{R_1}{R_1 + R_2}$

3º.- Capacidad del sistema después de conectar las esferas

Los conductores están en paralelo, con capacidad total: $C_{eq} = C_1 + C_2 = 4\pi\varepsilon_0(R_1 + R_2)$

Comentario: El mismo resultado de la energía final se puede conseguir determinando previamente el potencial adquirido.

El potencial de la asociación es [ecuaciones (1) y (2)], $V = V_1 = V_2 = \dfrac{1}{4\pi\varepsilon_o}\dfrac{Q}{[R_1 + R_2]}$

Por lo tanto, la energía del sistema es, $W_F = \dfrac{1}{2}C_{eq}V^2 = \dfrac{Q^2}{8\pi\varepsilon_o[R_1 + R_2]}$

4º.- Energía de la asociación de las esferas y el conductor

Teniendo en cuenta la capacidad del hilo conductor y como los conductores están en paralelo, por estar todos al mismo potencial, la capacidad total es, $C_T = C_1 + C_2 + C_3$

El potencial es el mismo en cada condensador,

$$V_1 = V_2 = V_3 \quad ; \quad \frac{Q_1}{C_1} = \frac{Q_2}{C_2} = \frac{Q_3}{C_3}$$

La carga del sistema, $Q = Q_1 + Q_2 + Q_3$

Las cargas de cada esfera serán,

$$Q_1 = \frac{QC_1}{C_1 + C_2 + C_3} \quad ; \quad Q_2 = \frac{QC_2}{C_1 + C_2 + C_3} \quad ; \quad Q_3 = \frac{QC_3}{C_1 + C_2 + C_3} \qquad (3)$$

El potencial es, $V = \dfrac{Q}{C_1 + C_2 + C_3}$ entonces la energía del sistema,

$$W_F = \frac{1}{2}C_{eq}V^2 = \frac{1}{2}[C_1 + C_2 + C_3]\frac{Q^2}{[C_1 + C_2 + C_3]^2} = \frac{Q^2}{2[C_1 + C_2 + C_3]} \qquad (4)$$

Del primer apartado, la energía inicial es, $W_I = \dfrac{Q^2}{2C_1}$

En consecuencia, la energía final en función de la inicial será, $W_F = W_I \dfrac{C_1}{C_1 + C_2 + C_3}$

La energía se pudo determinar sumando las energías de cada esfera,

$$W_1 = \frac{Q_1^2}{2C_1} \quad ; \quad W_2 = \frac{Q_2^2}{2C_2} \quad ; \quad W_3 = \frac{Q_3^2}{2C_3}$$

Sustituyendo las ecuaciones (3) en las expresiones anteriores y sumando se obtiene:

$$W_F = W_1 + W_2 + W_3 = \frac{Q^2}{2[C_1 + C_2 + C_3]}$$

PROBLEMA 3.6

Un sistema en equilibrio está formado por tres esferas macizas metálicas ❶, ❷ y ❸, idénticas cuyo radio "r", cumpliéndose r < d, están dispuestas de forma que sus centros se hallan situados en los vértices de un triángulo equilátero de lado "d". La esfera ❶se encuentra a potencial V_1; la esfera ❷ se encuentra a potencial V_2; la esfera ❸ se está conectada a tierra. Determinar en función de los datos anteriores:

1º.- Carga de cada esfera.

2º.- Energía electrostática del sistema.

3º.- Coeficientes de influencia.

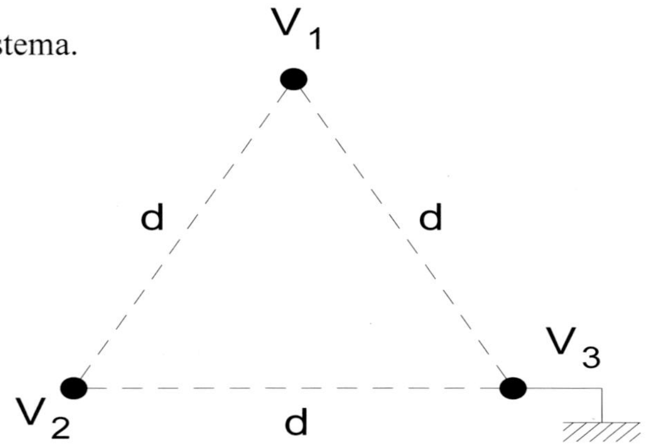

SOLUCIÓN

1º.- Carga de cada esfera

Suponemos: el reparto de cargas uniforme sobre superficie de las esferas, se admite influencia eléctrica de una esfera sobre la otra y se considera como si toda la carga estuviera concentrada en el centro de cada esfera. El potencial de cada esfera en función de los coeficientes de inducción, o coeficientes de potencial K_{ij} es:

$$\left.\begin{aligned} &\text{Esfera (I):}\quad V_1 = \frac{1}{4\pi\varepsilon_0}\left[\frac{Q_1}{r} + \frac{Q_2}{d} + \frac{Q_3}{d}\right] \\ &\text{Esfera (II):}\quad V_2 = \frac{1}{4\pi\varepsilon_0}\left[\frac{Q_1}{d} + \frac{Q_2}{r} + \frac{Q_3}{d}\right] \\ &\text{Esfera (III):}\ V_3 = 0 = \frac{1}{4\pi\varepsilon_0}\left[\frac{Q_1}{d} + \frac{Q_2}{d} + \frac{Q_3}{r}\right] \end{aligned}\right\}\text{Resolviendo las ecuaciones por Kramer}$$

Esfera ❶

$$Q_1 = \frac{\Delta_1}{\Delta} = 4\pi\varepsilon_0 \frac{\begin{vmatrix} V_1 & \frac{1}{d} & \frac{1}{d} \\ V_2 & \frac{1}{r} & \frac{1}{d} \\ 0 & \frac{1}{d} & \frac{1}{r} \end{vmatrix}}{\begin{vmatrix} \frac{1}{r} & \frac{1}{d} & \frac{1}{d} \\ \frac{1}{d} & \frac{1}{r} & \frac{1}{d} \\ \frac{1}{d} & \frac{1}{d} & \frac{1}{r} \end{vmatrix}} = 4\pi\varepsilon_0 \frac{rd}{[2r+d][d-r]}[(r+d)V_1 - rV_2]$$

Esfera ❷

$$Q_2 = \frac{\Delta_2}{\Delta} = 4\pi\varepsilon_0 \frac{\begin{vmatrix} \frac{1}{r} & V_1 & \frac{1}{d} \\ \frac{1}{d} & V_2 & \frac{1}{d} \\ \frac{1}{d} & 0 & \frac{1}{r} \end{vmatrix}}{\begin{vmatrix} \frac{1}{r} & \frac{1}{d} & \frac{1}{d} \\ \frac{1}{d} & \frac{1}{r} & \frac{1}{d} \\ \frac{1}{d} & \frac{1}{d} & \frac{1}{r} \end{vmatrix}} = 4\pi\varepsilon_0 \frac{rd}{[2r+d][d-r]}[-rV_1 + (r+d)V_2]$$

Esfera ❸

$$Q_3 = \frac{\Delta_3}{\Delta} = 4\pi\varepsilon_0 \frac{\begin{vmatrix} \frac{1}{r} & \frac{1}{d} & V_1 \\ \frac{1}{d} & \frac{1}{r} & V_2 \\ \frac{1}{d} & \frac{1}{d} & 0 \end{vmatrix}}{\begin{vmatrix} \frac{1}{r} & \frac{1}{d} & \frac{1}{d} \\ \frac{1}{d} & \frac{1}{r} & \frac{1}{d} \\ \frac{1}{d} & \frac{1}{d} & \frac{1}{r} \end{vmatrix}} = -4\pi\varepsilon_0 \frac{rd}{[2r+d][d-r]}[rV_1 + rV_2]$$

2º.- Energía electrostática del sistema

La energía electrostática del sistema en equilibrio, formado por las tres esferas dadas, está dada por la expresión: $W = \frac{1}{2}[Q_1V_1 + Q_2V_2 + Q_3V_3]$

Sustituyendo los valores de las cargas antes hallados y teniendo en cuenta que en la esfera ❸, su potencial es $V_3 = 0$ resulta:

$$W = \frac{4\pi\varepsilon_0}{2}\left[V_1 \frac{rd}{[2r+d][d-r]}[(r+d)V_1 - rV_2] + V_2 \frac{rd}{[2r+d][d-r]}[-rV_1 + (r+d)V_2]\right] + \frac{1}{2}Q_3 \cdot 0$$

$$W = 2\pi\varepsilon_0 \frac{rd}{[2r+d][d-r]}\left[(r+d)[V_1^2 + V_2^2] - 2rV_1V_2\right]$$

3º.- Coeficientes de influencia

Estos coeficientes expresan las cargas en función de los potenciales de cada esfera:

$q_1 = C_{11} V_1 + C_{12} V_2 + C_{13} V_3$

$q_2 = C_{21} V_1 + C_{22} V_2 + C_{23} V_3$

$q_3 = C_{31} V_1 + C_{32} V_2 + C_{33} V_3$

El determinante de los coeficientes de inducción del apartado nº 1 es:

$$|K| = \frac{1}{4\pi\varepsilon_0}\begin{vmatrix} \frac{1}{r} & \frac{1}{d} & \frac{1}{d} \\ \frac{1}{d} & \frac{1}{r} & \frac{1}{d} \\ \frac{1}{d} & \frac{1}{d} & \frac{1}{r} \end{vmatrix} = \frac{d^3 + 2r^3 - 3rd^2}{4\pi\varepsilon_0 r^3 d^3} \neq 0\,.$$

Las matrices de los coeficientes de influencia, también llamados coeficientes de capacidad, y de los coeficientes de inducción son simétricas y además son inversas: $\{K\}=\{C\}^{-1}$. Por tanto los coeficientes de influencia, se expresan:

$$C_{ij} = \frac{\Delta_{Kij}}{|K|} = [-1]^{i+j}\, M_{Kij},$$

Δ_{Kij} es el adjunto del elemento K_{ij} y M_{Kij} es el menor complementario del elemento K_{ij}.

$$C_{11} = \frac{\Delta_{K11}}{|K|} = \frac{[-1]^{1+1}}{|K|}\begin{vmatrix} \frac{1}{r} & \frac{1}{d} \\ \frac{1}{d} & \frac{1}{r} \end{vmatrix} = \frac{\frac{d^2 - r^2}{d^2r^2}}{\frac{d[d^2 - 3r^2] + 2r^3}{4\pi\varepsilon_0 r^3 d^3}} = 4\pi\varepsilon_0 \frac{rd[d^2 - r^2]}{d[d^2 - 3r^2] + 2r^3}$$

$$C_{12} = \frac{\Delta_{K12}}{|K|} = \frac{[-1]^{1+2}}{|K|}\begin{vmatrix} \frac{1}{d} & \frac{1}{d} \\ \frac{1}{d} & \frac{1}{r} \end{vmatrix} = -\frac{\frac{d-r}{d^2 r}}{\frac{d[d^2-3r^2]+2r^3}{4\pi\varepsilon_0 r^3 d^3}} = -4\pi\varepsilon_0 \frac{r^2 d[d-r]}{d[d^2-3r^2]+2r^3}$$

$$C_{13} = \frac{\Delta_{K13}}{|K|} = \frac{[-1]^{1+3}}{|K|}\begin{vmatrix} \frac{1}{d} & \frac{1}{r} \\ \frac{1}{d} & \frac{1}{d} \end{vmatrix} = \frac{\frac{r-d}{d^2 r}}{\frac{d[d^2-3r^2]+2r^3}{4\pi\varepsilon_0 r^3 d^3}} = -4\pi\varepsilon_0 \frac{r^2 d[d-r]}{d[d^2-3r^2]+2r^3}$$

$$C_{22} = \frac{\Delta_{K22}}{|K|} = \frac{[-1]^{2+2}}{|K|}\begin{vmatrix} \frac{1}{r} & \frac{1}{d} \\ \frac{1}{d} & \frac{1}{r} \end{vmatrix} = \frac{\frac{d^2-r^2}{d^2 r^2}}{\frac{d[d^2-3r^2]+2r^3}{4\pi\varepsilon_0 r^3 d^3}} = 4\pi\varepsilon_0 \frac{rd[d^2-r^2]}{d[d^2-3r^2]+2r^3}$$

$$C_{33} = \frac{\Delta_{K33}}{|K|} = \frac{[-1]^{3+3}}{|K|}\begin{vmatrix} \frac{1}{r} & \frac{1}{d} \\ \frac{1}{d} & \frac{1}{r} \end{vmatrix} = \frac{\frac{d^2-r^2}{d^2 r^2}}{\frac{d[d^2-3r^2]+2r^3}{4\pi\varepsilon_0 r^3 d^3}} = 4\pi\varepsilon_0 \frac{rd[d^2-r^2]}{d[d^2-3r^2]+2r^3}$$

$$C_{23} = \frac{\Delta_{K23}}{|K|} = \frac{[-1]^{2+3}}{|K|}\begin{vmatrix} \frac{1}{r} & \frac{1}{d} \\ \frac{1}{d} & \frac{1}{d} \end{vmatrix} = -\frac{\frac{d-r}{d^2 r}}{\frac{d[d^2-3r^2]+2r^3}{4\pi\varepsilon_0 r^3 d^3}} = -4\pi\varepsilon_0 \frac{r^2 d[d-r]}{d[d^2-3r^2]+2r^3}$$

Como es una matriz simétrica se cumple: $C_{12} = C_{21}$, $C_{13} = C_{31}$ y $C_{23} = C_{32}$.

PROBLEMA 3.7

Los seis condensadores cuyas capacidades son: $C_1= C_2= C_6=1$ µF y $C_3= C_4= C_5= 2$ µF están conectados entre si como se indica en la figura; el punto A está unido a un generador, su potencial es $V_A= 510$ V, y el punto B está a tierra. Se quiere obtener:

1º.- Diferencia de potencial entre armaduras de cada condensador.

2º.- Carga de cada condensador.

3º.- Energía electrostática del sistema de los seis condensadores.

Ahora un nuevo condensador se conecta, entre A y B, de igual forma que el sistema anterior y adquiere la misma energía electrostática que dicho sistema. Determinar:

4º.- Carga y capacidad del nuevo condensador.

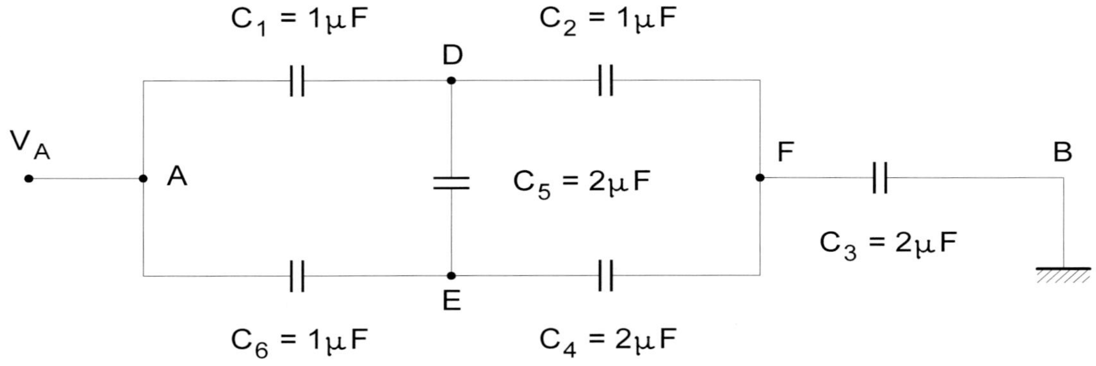

SOLUCIÓN

1º.- Diferencia de potencial entre armaduras de cada condensador

Como A está conectado al generador, su potencial es positivo, por tanto las polaridades de cada placa de los diferentes condensadores son:

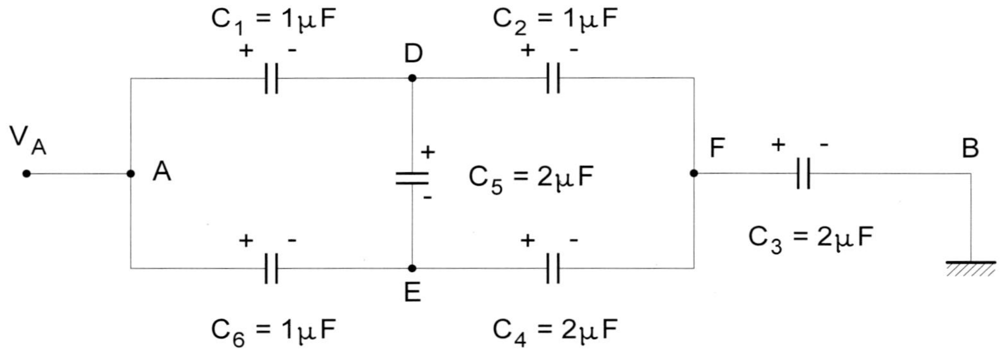

En el circuito, se plantean las seis ecuaciones siguientes:

Diferencia de potencial entre ADFB: $V_A - V_B = V_1 + V_2 + V_3 = V_A$ [1]

Diferencia de potencial entre AEFB: $V_A - V_B = V_6 + V_4 + V_3 = V_A$ [2]

Nudo D, no se acumula carga por tanto: $-C_1 V_1 + C_2V_2 + C_5V_5 = 0$ [3]

Nudo E, no se acumula carga por tanto: $C_4 V_4 - C_5V_5 - C_6V_6 = 0$ [4]

Nudo F, no se acumula carga por tanto: $-C_2V_2 + C_3V_3 - C_4V_4 = 0$ [5]

Malla primera, caídas de tensión: $V_1 + V_5 - V_6 = 0$ [6]

De la ecuación [1], se obtiene: $V_1 = V_A - V_2 - V_3$

De la ecuación [2], se obtiene: $V_6 = V_A - V_4 - V_3$

De la ecuación [6], se obtiene: $V_5 = V_6 - V_1 = V_2 - V_4$

Con estas ecuaciones llevadas a las otras restantes anteriores y teniendo en cuenta los valores de las capacidades de cada condensador, resulta el sistema:

$$\left.\begin{array}{l} [3]:\ 4V_2 + V_3 - 2V_4 = V_A \\ [4]:\ -2V_2 + V_3 + 5V_4 = V_A \\ [5]:\ -V_2 + 2V_3 - 2V_4 = 0 \end{array}\right\}$$ Resolviendo el sistema de ecuaciones por Kramer.

$$V_2 = \frac{\Delta_1}{\Delta} = \frac{\begin{vmatrix} 1 & 1 & -2 \\ 1 & 1 & 5 \\ 0 & 2 & -2 \end{vmatrix}}{\begin{vmatrix} 4 & 1 & -2 \\ -2 & 1 & 5 \\ -1 & 2 & -2 \end{vmatrix}} V_A = \frac{14}{51} \cdot 510 = 140 \text{ V}$$

$$V_3 = \frac{\Delta_2}{\Delta} = \frac{\begin{vmatrix} 4 & 1 & -2 \\ -2 & 1 & 5 \\ -1 & 0 & -2 \end{vmatrix}}{\begin{vmatrix} 4 & 1 & -2 \\ -2 & 1 & 5 \\ -1 & 2 & -2 \end{vmatrix}} V_A = \frac{19}{51} \cdot 510 = 190 \text{ V}$$

$$V_4 = \frac{\Delta_3}{\Delta} = \frac{\begin{vmatrix} 4 & 1 & 1 \\ -2 & 1 & 1 \\ -1 & 2 & 0 \end{vmatrix}}{\begin{vmatrix} 4 & 1 & -2 \\ -2 & 1 & 5 \\ -1 & 2 & -2 \end{vmatrix}} V_A = \frac{12}{51} \cdot 510 = 120 \text{ V}$$

Los restantes potenciales son:

$V_1 = 510 - 140 - 190 = 180$ V; $V_6 = 510 - 120 - 190 = 200$ V; $V_5 = 140 - 120 = 20$ V

Como todos los potenciales obtenidos anteriormente son positivos, la polaridad elegida inicialmente en el esquema es la correcta.

2º.- Carga de cada condensador

Partiendo de los potenciales antes calculados, se obtiene:

$Q_1 = C_1\, V_1 = 1\mu F \cdot 180\ V = 180\ \mu C$; $\quad Q_2 = C_2\, V_2 = 1\mu F \cdot 140\ V = 140\ \mu C$

$Q_3 = C_3\, V_3 = 2\mu F \cdot 190\ V = 380\ \mu C$; $\quad Q_4 = C_4\, V_4 = 2\mu F \cdot 120\ V = 240\ \mu C$

$Q_5 = C_5\, V_5 = 2\mu F \cdot 20\ V = 40\ \mu C$; $\quad Q_6 = C_6\, V_6 = 1\mu F \cdot 200\ V = 200\ \mu C$

3º.- Energía electrostática del sistema de seis condensadores

La energía electrostática del sistema de condensadores está dada por la expresión:

$$W = \frac{1}{2}[Q_1V_1 + Q_2V_2 + Q_3V_3 + Q_4V_4 + Q_5V_5 + Q_6V_6]$$

Sustituyendo los valores de las cargas y potenciales antes hallados:

$$W = \frac{1}{2}[180 \cdot 180 + 140 \cdot 140 + 380 \cdot 190 + 240 \cdot 120 + 40 \cdot 20 + 200 \cdot 200]\ 10^{-6} = 9{,}69 \cdot 10^{-2}\ J$$

4º.- Carga y capacidad del nuevo condensador

Según el enunciado se impone la condición de igualdad de energías electrostáticas del sistema de seis condensadores y del nuevo condensador, conectado entre A y B, sabiendo que $V_A = 510V$:

$$W = \frac{1}{2}[Q_1V_1 + Q_2V_2 + Q_3V_3 + Q_4V_4 + Q_5V_5 + Q_6V_6] = \frac{1}{2}Q_0V_A = \frac{1}{2}Q_0 510$$

Por tanto $Q_0 = \dfrac{Q_1V_1 + Q_2V_2 + Q_3V_3 + Q_4V_4 + Q_5V_5 + Q_6V_6}{V_A} = \dfrac{193800}{510} = 380\ \mu C$

La capacidad del nuevo condensador será: $C_0 = \dfrac{Q_0}{V_A} = \dfrac{380}{510} \cdot 10^{-6} = 74{,}509\ 10^{-8} F$

Esta C_0 es la capacidad equivalente al sistema formado por los seis condensadores, conectados entre sí según el esquema dado en el enunciado.

Otra forma: La carga y la capacidad del condensador equivalente que tenga la misma d.d.p. (V_A) y energía electrostática (W) que el del enunciado, se puede calcular:

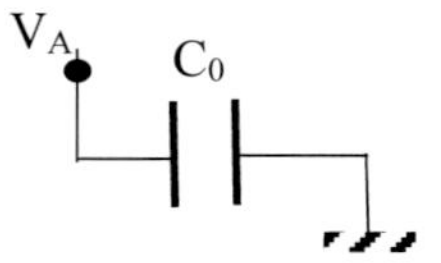

Calculamos primeramente la capacidad equivalente C_0:

$$W = \frac{1}{2}\, C_0\, V_A^2\ ; \quad \text{de donde:}$$

$$C_0 = \frac{2\,W}{V_A^2} = \frac{2 \cdot 969 \cdot 10^{-2}}{510^2} = 74{,}509 \cdot 10^{-8}\ F$$

La carga en las armaduras del condensador Q_0 es:

$$Q_0 = C_0\, V_A = 74{,}509 \cdot 10^{-8} \cdot 510 = 380\ \mu C$$

Mismos resultados que los obtenidos anteriormente.

CAPÍTULO IV

DIELÉCTRICOS

«De vi atractiva ignis electrici ac phenomenis inde pendentibus»

Primer escrito científico de A. Volta

1. INTRODUCCIÓN

Atendiendo a su comportamiento eléctrico, los materiales pueden clasificarse en dos categorías: conductores y aislantes (dieléctricos). En los dieléctricos, las partículas cargadas están fuertemente ligadas a los átomos que forman la materia, estas partículas sólo pueden cambiar ligeramente sus posiciones, bajo la acción de un campo eléctrico, pero sin alejarse de la vecindad de los átomos (formación de dipolos moleculares de momento dipolar $\vec{p} = q\,\vec{\ell}$). Los dieléctricos pueden mostrar una débil conductividad.

2. VECTOR POLARIZACIÓN $\vec{P}$

Cuando un campo eléctrico exterior $\vec{E}_0$ actúa sobre un material dieléctrico se forman dipolos moleculares, que a continuación se orientan en la dirección del campo.

Polarización: $\vec{P} = n\,\vec{p} = \chi\,\varepsilon_0 \vec{E} = \frac{\chi\,\varepsilon_0}{\varepsilon'}\vec{E}_0$, su módulo es el momento dipolar por unidad de volumen, que es coincidente con la densidad de cargas aparentes de polarización: $\left|\vec{P}\right| = \sigma_p ; n = \frac{n^o\,\text{dipolos}}{\text{u. de volumen}}$. El campo dentro del dieléctrico es: $\vec{E} = \frac{\vec{E}_0}{\varepsilon'} < \vec{E}_0$; $[P]=L^{-2}\,T^{-1}\,I$

Susceptibilidad eléctrica del medio es un escalar adimensional: $\chi = \varepsilon' - 1$. Vacío $\chi = 0$

Permitividad dieléctrica absoluta del medio: $\varepsilon = \varepsilon_0\,\varepsilon'$; vacío $\varepsilon'=1$; aire $\varepsilon'=1{,}0006$ (c.n.)

3. VECTOR DESPLAZAMIENTO ELÉCTRICO $\vec{D}$

Definido mediante la relación entre el campo eléctrico interior $\vec{E}$ debido a cargas totales y el campo debido a cargas de polarización $\vec{P}$: $\vec{D} = \vec{P} + \varepsilon_0 \vec{E} = \varepsilon_0 \vec{E}_0 = \varepsilon \vec{E}$; $[D]= L^{-2}\,T^{-1}\,I$

VECTOR CAMPO / DEPENDENCIA MEDIO	EXPRESIÓN VECTORIAL DEL CAMPO. RELACIONES	MÓDULO DEL CAMPO	FUENTE DEL CAMPO	FLUJO DEL CAMPO
ELÉCTRICO EXTERIOR / NO DEPENDE DEL MEDIO	$\vec{E}_0$	$\left\|\vec{E}_0\right\| = \frac{\sigma}{\varepsilon_0}$	Q REALES	$\Phi = \frac{Q}{\varepsilon_0}$
ELÉCTRICO INTERIOR / SI DEPENDE DEL MEDIO	$\vec{E} = \frac{\vec{E}_0}{\varepsilon'} = \frac{\vec{D}}{\varepsilon} = \vec{E}_0 + \vec{E}' < \vec{E}_0$	$\left\|\vec{E}\right\| = \frac{\sigma - \sigma_p}{\varepsilon_0} = \frac{\sigma}{\varepsilon}$	$Q_T = Q + Q_P$ TOTALES	$\Phi = \frac{Q_T}{\varepsilon_0} = \frac{Q}{\varepsilon}$
POLARIZACIÓN / SI DEPENDE DEL MEDIO	$\vec{P} = \chi\,\varepsilon_0 \vec{E} = \frac{\chi\,\varepsilon_0}{\varepsilon'}\vec{E}_0 = -\varepsilon_0 \vec{E}'$	$\left\|\vec{P}\right\| = \sigma_p = \frac{\chi\,\sigma}{\varepsilon'}$	$-Q_P$ POLARIZACIÓN	$\Phi = -Q_p$
DESPLAZAMIENTO ELÉCTRICO / NO DEPENDE DEL MEDIO	$\vec{D} = \vec{P} + \varepsilon_0 \vec{E} = \varepsilon_0 \vec{E}_0 = \varepsilon \vec{E}$	$\left\|\vec{D}\right\| = \sigma$	Q REALES	$\Phi = Q$
ELÉCTRICO INTERIOR DESPOLARIZANTE / SI DEPENDE DEL MEDIO	$\vec{E}' = \vec{E} - \vec{E}_0 = -\chi\,\vec{E} = -\frac{\vec{P}}{\varepsilon_0} = -\frac{\chi}{\varepsilon'}\vec{E}_0$	$\left\|\vec{E}'\right\| = \frac{\sigma_P}{\varepsilon_0}$	Q_P POLARIZACIÓN	$\Phi = \frac{Q_P}{\varepsilon_0}$

4. CONDICIONES EN LA SUPERFICIE LÍMITE DE SEPARACIÓN DE DOS MEDIOS MATERIALES DIELÉCTRICOS

En la superficie límite de separación entre dos dieléctricos de permitividades absolutas ε_1 y ε_2, suponiendo que en dicha superficie no hay cargas reales, sólo habrá cargas aparentes de polarización. Entonces, se puede demostrar para los vectores campo eléctrico $\vec{E}$ y desplazamiento eléctrico $\vec{D}$, que sus componentes normales (perpendiculares a la superficie límite) y sus componentes tangenciales (paralelas a la superficie límite) cumplen lo siguiente:

$$D_{N_1} = D_{N_2} \Rightarrow \ \varepsilon_1 E_{N_1} = \varepsilon_2 E_{N2}\,; \ E_{T_1} = E_{T_2} \Rightarrow \ \frac{D_{T_1}}{\varepsilon_1} = \frac{D_{T_2}}{\varepsilon_2}.$$

Siendo α_1 y α_2 los ángulos de incidencia y de refracción, formados por las líneas del campo eléctrico con la normal a la superficie límite de separación, se cumple:

$$\operatorname{tg}\alpha_1 = \frac{D_{T_1}}{D_{N_1}} = \frac{E_{T_1}}{E_{N_1}};\ \operatorname{tg}\alpha_2 = \frac{D_{T_2}}{D_{N_2}} = \frac{E_{T_2}}{E_{N_2}} \text{ dividiendo ambas} \Rightarrow \frac{\operatorname{tg}\alpha_1}{\operatorname{tg}\alpha_2} = \frac{D_{T_1}}{D_{T2}} = \frac{E_{N_2}}{E_{N1}} = \frac{\varepsilon_1}{\varepsilon_2} = \frac{\varepsilon'_1}{\varepsilon'_2}$$

$$E_1 = \sqrt{E^2_{T_1} + E^2_{N_1}} \ ; \ E_2 = \sqrt{E^2_{T_2} + E^2_{N_2}} = \sqrt{E^2_{T_1} + \frac{\varepsilon^2_1}{\varepsilon^2_2} E^2_{N_1}}$$

5. CONDENSADORES CON DIELÉCTRICO ENTRE SUS ARMADURAS

La capacidad de un condensador C con un material dieléctrico es mayor que la correspondiente capacidad C_0 del mismo condensador pero con aire.

$C = \varepsilon' C_0$ siendo ε' la permitividad relativa del material dieléctrico que hay entre placas.

6. ENERGÍA ALMACENADA EN CONDENSADOR CON DIELÉCTRICO

- Condensador permanentemente unido a una fuente de tensión V_o= cte.

  $W = \varepsilon' W_o = \frac{1}{2} C\, V_0^2$ siendo W_o la energía del condensador solo con aire.

La energía suministrada por el generador V_o para cargar el condensador lleno de dieléctrico entre sus armaduras, denominada energía de polarización, es: $W_P = [\varepsilon' - 1]\ W_o$

- Condensador aislado y cargado con carga Q_o= cte.

  $W = \frac{W_o}{\varepsilon'} = \frac{Q_0^2}{2C}$ la existencia de dieléctrico disminuye la energía total del sistema, ya

que la energía necesaria para polarizar el dieléctrico sólo puede proceder del sistema (el condensador) por estar aislado. La energía de polarización se expresa: $W_P = \frac{\varepsilon' - 1}{\varepsilon'} W_o$

7. CONDENSADORES CON DIELÉCTRICOS MÚLTIPLES

CONDENSADOR	CAPACIDAD EQUIVALENTE	DENSIDAD DE Q DE POLARIZACIÓN ΔV ENTRE ARMADURAS EXTERNAS	CAMPO ELÉCTRICO INTERIOR Q TOTALES Y Q_i DE POLARIZACIÓN
PLANO $d = \Sigma\, d_i$ ESPESOR S = SUPERFICIE Q = CARGA REAL TOTAL	$C = \dfrac{\varepsilon_0 S}{\Sigma \dfrac{d_i}{\varepsilon'_i}}$	$\sigma_{iP} = \dfrac{\chi_i}{\varepsilon'_i}\sigma = \dfrac{\chi_i}{1+\chi_i}\dfrac{Q}{S}$ $\Delta V = \Sigma\, E_i d_i = \dfrac{\sigma}{\varepsilon_o}\Sigma \dfrac{d_i}{\varepsilon_i}$	$E_i = \dfrac{\sigma_{iP}}{\varepsilon_0 \chi_i} = \dfrac{\sigma}{\varepsilon_i}$ $Q = \sigma S$ TOTAL [REAL] $Q_i = \sigma_{iP} S$, CAPA i [POLARIZACIÓN]
CILÍNDRICO $d = r_n - r_0$ ESPESOR Q = CARGA REAL TOTAL h = LONGITUD CILINDRO $h >> r_n > r_0$	$C = \dfrac{2\pi\varepsilon_0 h}{\Sigma\left[\dfrac{1}{\varepsilon'_i}\ln[\dfrac{r_i}{r_{i-1}}]\right]}$	$\sigma_{iP} = \dfrac{\chi_i}{\varepsilon'_i}\dfrac{Q}{2\pi h r_i}$ $\Delta V = \dfrac{Q}{2\pi\varepsilon_o h}\Sigma\left[\dfrac{1}{\varepsilon'_i}\ln[\dfrac{r_i}{r_{i-1}}]\right]$	$E_i(r) = \dfrac{Q}{2\pi\varepsilon_i h r} = \dfrac{Q - Q_i}{2\pi\varepsilon_0 h r}$ $Q = 2\pi\sigma h\, r_0$ TOTAL [REAL] $Q_i = 2\pi\sigma h\, r_i$, CAPA i [POLARIZACIÓN]
ESFÉRICO $d = R_n - R_0$ ESPESOR Q = CARGA REAL TOTAL	$C = \dfrac{4\pi\varepsilon_0}{\Sigma\left[\dfrac{1}{\varepsilon'_i}\dfrac{R_i - R_{i-1}}{R_{i-1}R_i}\right]}$	$\sigma_{iP} = \dfrac{\chi_i}{\varepsilon'_i}\dfrac{Q}{4\pi R_i^2}$ $\Delta V = \dfrac{Q}{4\pi\varepsilon_o}\Sigma\left[\dfrac{R_i - R_{i-1}}{\varepsilon'_i R_i R_{i-1}}\right]$	$E_i(R) = \dfrac{Q}{4\pi\varepsilon_i R^2} = \dfrac{Q - Q_i}{4\pi\varepsilon_0 R^2}$ $Q = 4\pi\sigma R_0^2$ TOTAL [REAL] $Q_i = 4\pi\sigma_i R^2_{i-1}$, CAPA i [POLARIZACIÓN]

CUESTIONES

4.1. El factor despolarizante de un material dieléctrico:

A) Es independiente de la geometría del cuerpo dieléctrico.
B) Es siempre mayor que la unidad.
C) Su valor es menor o igual que la unidad.
D) Tiene las mismas dimensiones del campo eléctrico.

4.2. El módulo del vector polarización $\vec{P}$ es:

A) Función del tiempo.
B) Igual a la densidad aparente de las cargas de polarización.
C) Igual a las cargas de polarización en valor absoluto.
D) Igual al módulo del momento dipolar.

4.3. El vector desplazamiento se caracteriza porque su módulo:

A) Tiene siempre un valor fijo.
B) Depende del medio material polarizado.
C) Es igual a la densidad de cargas verdaderas.
D) Es igual a las cargas verdaderas.

4.4. El vector desplazamiento eléctrico $\vec{D}$ depende de:

A) El medio en que se encuentra.
B) Las cargas de polarización.
C) De la densidad de cargas verdaderas.
D) El grado de polarización alcanzado en el medio material.

4.5. En la superficie límite de separación entre dos materiales dieléctricos se cumple que las componentes:

A) Tangenciales del vector campo eléctrico se mantienen constantes.
B) Normales del vector campo eléctrico se mantienen constantes.
C) Normales del vector desplazamiento no se mantienen constantes.
D) Tangenciales del vector desplazamiento se mantienen constantes.

4.6. En la superficie límite de separación entre dos medios dieléctricos se cumple que:

A) La componente tangencial del vector desplazamiento es la misma en los dos medios.
B) La componente normal del campo electrostático es la misma en los dos medios.
C) El vector desplazamiento se separa más de la normal en el medio de mayor permitividad dieléctrica.
D) Ninguna de las anteriores.

4.7. Para un condensador cargado y aislado el cociente entre la energía electrostática almacenada entre sus placas con dieléctrico y sin dieléctrico W/W_o es:

A) Siempre mayor que la unidad.
B) Siempre menor que la unidad.
C) Igual a la constante dieléctrica relativa.
D) $W = \varepsilon' W_0$.

4.8. La densidad de energía electrostática almacenada en un dieléctrico depende:

A) De la permitividad eléctrica del vacío.
B) De la intensidad del campo electrostático en el vacío.
C) Del cuadrado de la intensidad del campo electrostático existente en el volumen interior del dieléctrico.
D) Del cuadrado de la densidad superficial de carga en sus armaduras.

4.9. Las fuentes del vector desplazamiento eléctrico son:

A) Las cargas totales.
B) Las cargas de polarización.
C) Las cargas totales menos las cargas reales.
D) Las cargas reales.

4.10. La susceptibilidad eléctrica es una magnitud de dimensiones:

A) $M^{1/2} L^{-1} T I^2$.
B) $M L^{-2} T I^2$.
C) Adimensional.
D) Ninguna de las respuestas anteriores.

4.11. La expresión del vector desplazamiento $\vec{D}$ en función del campo despolarizante $\vec{E}'$ existente dentro de un material dieléctrico de permitividad dieléctrica relativa ε' es:

A) $\vec{D} = \varepsilon \vec{E}'$.

B) $\vec{D} = -\dfrac{\varepsilon}{\varepsilon' - 1} \vec{E}'$.

C) $\vec{D} = \dfrac{\varepsilon_o}{\varepsilon' - 1} \vec{E}'$.

D) $\vec{D} = -\dfrac{\chi}{\varepsilon' - 1} \vec{E}'$.

4.12. Sea un condensador con dieléctrico de permitividad relativa ε' entre sus armaduras, conectado permanentemente a un generador, de modo que la diferencia de potencial entre armaduras V_o se mantiene constante. W_0 es la energía almacenada en el mismo condensador, cuando está conectado al generador, pero con aire entre sus armaduras. La energía W_P, para polarizar el dieléctrico, expresada en función W_0 es:

A) $W_P = [\varepsilon' - 1] W_0$.

B) $W_P = [\dfrac{\varepsilon' - 1}{\varepsilon'}] W_0$.

C) $W_P = [1 - \varepsilon'] W_0$.

D) $W_P = \varepsilon' W_0$.

4.13. El campo despolarizante $\vec{E}'$ existente en el interior de un material dieléctrico polarizado, de permitividad relativa ε' y de susceptibilidad χ, expresado en función de $\vec{E}$ campo electrostático que hay en el interior del material dieléctrico, es :

A) $\vec{E}' = [\chi - 1] \vec{E}$.

B) $\vec{E}' = [\varepsilon' - 1] \vec{E}$.

C) $\vec{E}' = -[\varepsilon_0 - 1] \vec{E}$.

D) $\vec{E}' = -[\varepsilon' - 1] \vec{E}$.

4.14. En la superficie límite de separación de dos medios dieléctricos $\varepsilon'_1 = 6$ y $\varepsilon'_2 = 3{,}5$, donde sólo hay cargas de polarización, el campo electrostático incidente en el medio ❶ tiene componentes, tangencial $E_{1T} = 4$ V m^{-1} y normal $E_{1N} = 5$ V m^{-1}.

El ángulo β de refracción de las líneas del campo electrostático al atravesar la superficie límite de separación citada, cuando se pasa del medio material dieléctrico ❶ al medio material dieléctrico ❷ es:

A) β= 14,33°.
B) β= 50,42°.
C) β= 25,01°.
D) Imposible de calcular, por falta de datos.

4.15. En un cuerpo de material dieléctrico de permitividad absoluta $\varepsilon = \varepsilon_0\ \varepsilon'$, existen cargas de polarización q_P. El flujo del vector polarización $\vec{P}$, obtenido mediante la aplicación del teorema de Gauss, se expresa por:

A) $\Phi = +\dfrac{q_P}{\varepsilon'}$.

B) $\Phi = -\dfrac{q_P}{\varepsilon'}$.

C) $\Phi = -\dfrac{q_P}{\varepsilon}$.

D) $\Phi = -\ q_P$.

PROBLEMA 4.1

Un condensador plano unido permanentemente a una fuente de tensión $V_o = 20$ V tiene armaduras cuadradas de 10 cm de lado separadas 3 mm. Sabiendo que

$\varepsilon_o = 8{,}854 \cdot 10^{-12} \quad C^2N^{-1}m^{-2}$

El espacio entre las armaduras se rellena con un dieléctrico de permitividad relativa 3.

Determinar:

1º. Capacidad que adquiere: $C = \varepsilon' C_o = \varepsilon' \varepsilon_o \frac{S}{d} = 88{,}54 \cdot \mathrm{pF}$

2º. Energía almacenada en el condensador: $W = \varepsilon' W_o = \frac{1}{2} C {V_o}^2 = 17{,}71$ nJ

3º. Densidad de carga verdadera: $W = \frac{1}{2}\frac{\sigma^2}{\varepsilon}\tau \rightarrow \sigma = 177{,}1 \quad \mathrm{nC} \cdot \mathrm{m}^{-2}$

4º. Carga eléctrica en las armaduras: $Q = \sigma \cdot S = 1{,}771 \;\; \mathrm{nC}$

También se puede calcular la carga a partir de la tensión y capacidad; $Q = CV_o$

5º. Energía necesaria para polarizar el dieléctrico:

$W_P = [\varepsilon' - 1]W_o = [\varepsilon' - 1]\frac{1}{2}C_o{V_o}^2 = 11{,}8\,\vec{\jmath} \quad \mathrm{nJ}$

6º. Campo electrostático en el interior del dieléctrico:
$W = \frac{1}{2}\sigma E \tau \rightarrow \vec{E} = 6666{,}66 \;\vec{\jmath} \quad \mathrm{V} \cdot \mathrm{m}^{-1}$

Se elige el sentido del eje OY > 0 ; esto implica situar la armadura positiva en el plano XOZ y la negativa en el plano XOZ sobre el eje OY en el semieje positivo.

7º. Vector Polarización: $\vec{P} = [\varepsilon' - 1]\varepsilon_o \vec{E} = 118 \;\vec{\jmath}\; \mathrm{nC} \cdot \mathrm{m}^{-2}$

8º. Vector Desplazamiento eléctrico: $\vec{D} = \varepsilon_o \vec{E} + \vec{P} = 177{,}1\,\vec{\jmath} \quad \mathrm{nC} \cdot \mathrm{m}^{-2}$

También se puede utilizar, $D = \sigma \rightarrow \quad \vec{D} = 177{,}1\,\vec{\jmath} \quad \mathrm{nC} \cdot \mathrm{m}^{-2}$

9º. Densidad de carga aparente de polarización:

$\sigma_P = \sigma\left[1 + \frac{1}{\varepsilon'}\right] = 236{,}13 \;\; \mathrm{nC} \cdot \mathrm{m}^{-2} \;\; = P$

10º. Campo despolarizante: $\vec{E}' = -\frac{\vec{P}}{\varepsilon_o} = 13333{,}33\;(-\vec{\jmath}) \quad \mathrm{V} \cdot \mathrm{m}^{-1}$

11º. Campo eléctrico exterior: $\vec{E}_o = \frac{\sigma}{\varepsilon_o} \;\vec{\jmath} = 20002{,}25 \;\vec{\jmath} \quad \mathrm{V} \cdot \mathrm{m}^{-1}$

12º. El campo electrostático en el interior del dieléctrico se puede calcular a partir de los campos exterior y despolarizante: $\vec{E} = \vec{E}_o + \vec{E}' = 6666{,}66\,\vec{\jmath} \quad \mathrm{V} \cdot \mathrm{m}^{-1}$

13º. Fuerza que tiende a introducir completamente el dieléctrico entre las placas.

Supongamos que el dieléctrico está introducido entre las placas únicamente una distancia "h". Se forma una asociación de dos condensadores en paralelo.

$$C = \frac{\varepsilon_o b}{d}[a + h(\varepsilon' - 1)]$$

$$F = \frac{V_o^2}{2}\left[\frac{\partial C}{\partial x}\right]_{V_o} = \frac{V_o^2}{2}\frac{\varepsilon_o b}{d}(\varepsilon' - 1) = 393{,}51\ \vec{k} \quad nN$$

14º. Evolución de la carga sobre las armaduras conforme se introduce el dieléctrico:

$$Q = CV_o = \frac{\varepsilon_o b}{d}[a + h(\varepsilon' - 1)]V_o$$

$$Q_I = \frac{\varepsilon_o[a - h]b}{d}V_o \quad ; \quad \text{Si } h = 0 \rightarrow Q_I = \frac{\varepsilon_o ab}{d}V_o = Q_o$$

$$Q_{II} = \frac{\varepsilon_o \varepsilon' hb}{d}V_o \quad ; \quad \text{Si } h = 0 \rightarrow Q_{II} = 0$$

Con el dieléctrico introducido una distancia "h".

$$Q_I = \frac{\varepsilon_o[a - h]b}{d}V_o \quad ; \quad \text{Si } h = a \text{ (introducido completamente)} \rightarrow Q_I = 0$$

$$Q_{II} = \frac{\varepsilon_o \varepsilon' hb}{d}V_o \quad ; \quad \text{Si } h = a \rightarrow Q_{II} = \frac{\varepsilon_o \varepsilon' ab}{d}V_o = 1{,}771\ nC$$

15º. Carga aparente en el dieléctrico:

$$Q_{P_{II}} = Q_{II}\left[1 - \frac{1}{\varepsilon'}\right] = 0{,}3935\ nC$$

Introduciendo el dieléctrico:

$$Q_{P_{II}} = \frac{\varepsilon_o \varepsilon' hb}{d}V_o\left[1 - \frac{1}{\varepsilon'}\right] \quad ;$$

$$\text{Si } h = a \text{ (introducido totalmente)} \rightarrow Q_{P_{II}} = \frac{\varepsilon_o \varepsilon' ab}{d}V_o\left[1 - \frac{1}{\varepsilon'}\right]$$

$$Q_{P_{II}} = \frac{\varepsilon_o \varepsilon' ab}{d}V_o - \frac{\varepsilon_o ab}{d}V_o = Q - Q_o = 1{,}377\ nC$$

Siendo "Q" la carga del condensador con dieléctrico y "Q_o" la carga sin dieléctrico. Entonces, la carga que aumenta en sus armaduras es igual a la carga aparente de polarización.

PROBLEMA 4.2

En la figura están representados tres condensadores planos de capacidades C_1, C_2 y C_3, cuyas características geométricas son las siguientes:

- sección de cada placa cuadrada $S= a^2$.
- distancia entre las dos placas d.

En C_1 y C_3, el espacio interior entre sus placas es el vacío, además, según se indica en la figura, existe un dieléctrico cuya constante dieléctrica relativa es ε'.

En C_2, el espacio interior entre sus placas es el vacío además también hay una lámina metálica de espesor $h < d$, paralela a las placas y de igual área S que ellas.

Determinar lo siguiente:

1º. Capacidades C_1, C_2, C_3 en función de ε', d, h y de la capacidad C_0 del condensador plano de iguales dimensiones que los citados y dentro del cual sólo hay vacío.

Suponiendo que $\varepsilon'= 2$ y que $h= 0{,}1\ d$, se pide:

2º. Ordenar de mayor a menor las capacidades resultantes de cada uno de los tres condensadores, en función de la capacidad C_0.

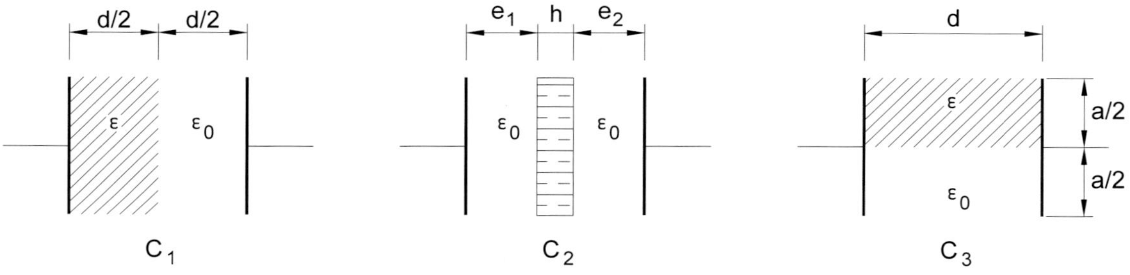

SOLUCIÓN

1º. Capacidades C_1, C_2, C_3

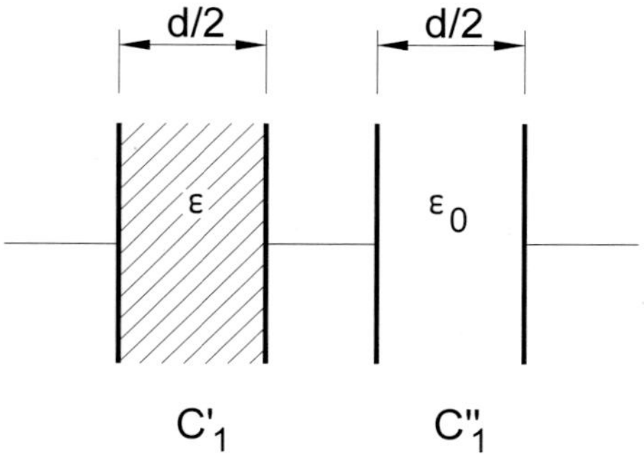

Condensador C_1: Equivale a dos condensadores en serie de capacidades C'_1 y C''_1, ambos de iguales dimensiones. En su interior un condensador tiene el vacío ε_0 y el otro contiene un material dieléctrico de permitividad ε.

La capacidad equivalente es: $\dfrac{1}{C_1} = \dfrac{1}{C'_1} + \dfrac{1}{C''_1}$; $C_1 = \dfrac{C'_1 C''_1}{C'_1 + C''_1}$

$$C_1=\frac{\frac{\varepsilon S}{d/2}\frac{\varepsilon_0 S}{d/2}}{\frac{\varepsilon S}{d/2}+\frac{\varepsilon_0 S}{d/2}}=\frac{2\,\varepsilon\,S}{[\varepsilon'+1]\,d}\text{ y como }C_0=\frac{\varepsilon_0 S}{d}\text{ resultará, por tanto: }C_1=\frac{2\,\varepsilon'}{1+\varepsilon'}C_0$$

<u>Condensador C_2</u>: Equivale a dos condensadores en serie de capacidades C'_2 y C''_2 con distancia entre sus placas e_1 y e_2 respectivamente, siendo el espacio interior entre sus placas el vacío.

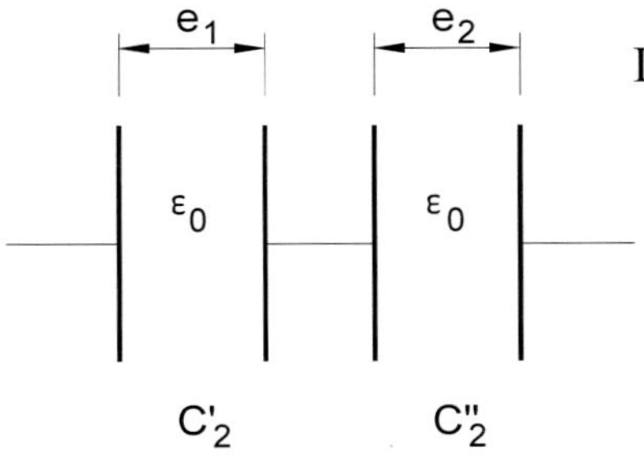

La capacidad equivalente es: $\frac{1}{C_2}=\frac{1}{C'_2}+\frac{1}{C''_2}$; $C_2=\frac{C'_2\,C''_2}{C'_2+C''_2}$

$$C_2=\frac{\frac{\varepsilon_0 S}{e_1}\frac{\varepsilon_0 S}{e_2}}{\frac{\varepsilon_0 S}{e_1}+\frac{\varepsilon_0 S}{e_2}}=\frac{\varepsilon_0 S}{e_1+e_2}=\frac{\varepsilon_0 S}{d-h},\text{ como }C_0=\frac{\varepsilon_0 S}{d}$$

Resultará, por tanto $C_2=\frac{d}{d-h}C_0$

<u>Condensador C_3</u>: Equivale a dos condensadores en paralelo de capacidades C'_3 y C'_3, cuyas placas tienen la superficie $S'= a\ a/2 = S/2$. En el espacio interior entre placas un condensador tiene el vacío y otro contiene material dieléctrico de permitividad ε.

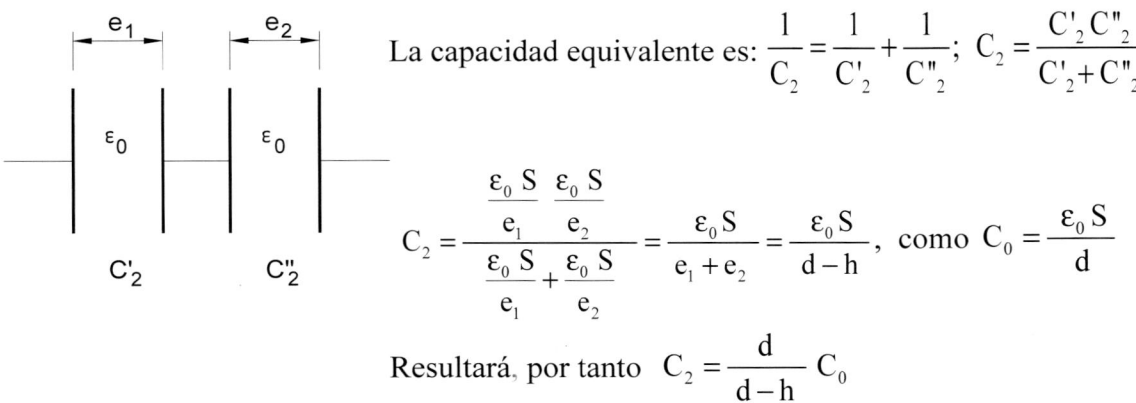

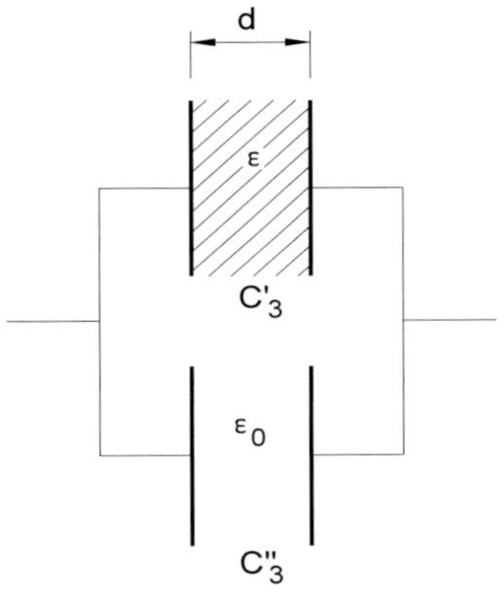

$$C_3 = C'_3 + C''_3=\frac{\varepsilon\ S/2}{d}+\frac{\varepsilon_0 S/2}{d}=\frac{\varepsilon'+1}{2}C_0$$

2º. Ordenar de mayor a menor las capacidades resultantes.

Para los valores dados de $\varepsilon'= 2$ y $h= 0{,}1\ d$ al sustituirlos en las expresiones halladas de C_1, C_2 y C_3 en el apartado anterior resulta:

$$C_1=\frac{2\,\varepsilon'}{1+\varepsilon'}C_0=\frac{4}{3}C_0=1{,}3333C_0;\ C_2=\frac{d}{d-h}C_0=\frac{10}{9}C_0=1{,}1111C_0$$

$$C_3=\frac{\varepsilon'+1}{2}C_0=\frac{3}{2}C_0=1{,}5\ C_0$$

El orden pedido de las tres capacidades de mayor a menor es: $C_3 > C_1 > C_2$.

PROBLEMA 4.3

Una esfera conductora de radio R_1 tiene una densidad de carga superficial una densidad superficial de carga eléctrica σ = cte. C m^{-2}

Dicha esfera a su vez está recubierta por una capa esférica de radio $R_2 = 2R_1$, de dieléctrico de permitividad relativa ε'. Determinar en función de R_1, σ y ε' :

1º. Densidad de las cargas aparentes de polarización existente sobre las superficies del dieléctrico de radios R_1 y R_2.

2º. Expresión vectorial del campo electrostático $\vec{E}(r)$ dentro del dieléctrico $R_1 < r < R_2$.

3º. Expresión de la Polarización $\vec{P}(r)$ y del campo despolarizante $\vec{E'}(r)$ en el interior del dieléctrico $R_1 < r < R_2$.

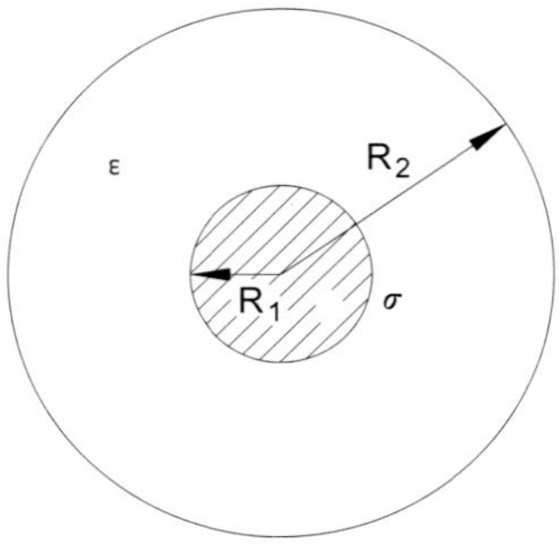

SOLUCIÓN

1º. Densidad de cargas aparentes de polarización en el dieléctrico en R_1 y R_2

Como $\sigma_P = \sigma[1 - \frac{1}{\varepsilon'}]$ y debido a que la superficie que enfrenta las partes negativas de los dipolos del dieléctrico con las cargas reales de la esfera es la misma, se tiene

$Q_P = Q_{REAL}\left[1 - \frac{1}{\varepsilon'}\right]$, siendo $Q_{REAL} = 4\pi R_1^2 \sigma$

Con este valor obtenido de las cargas aparentes de polarización, hallaremos seguidamente las densidades de cargas en las dos superficies esféricas acoplando el signo según la zona que interese.

En $r = R_1 \Rightarrow \sigma_{P-} = \frac{Q_P}{4\pi R_1^2} = -\sigma\left[1 - \frac{1}{\varepsilon'}\right]$

En $r = R_2 \Rightarrow \sigma_{P+} = \frac{Q_P}{4\pi R_2^2} = \frac{R_1^2 \sigma}{R_2^2}\left[1 - \frac{1}{\varepsilon'}\right]$

Se deduce que las densidades superficiales aparentes de polarización son función del radio. En la geometría del condensador plano son iguales.

2º. Expresión vectorial del campo electrostático $\vec{E}$ (r) en el interior del dieléctrico

Se obtendrá hallando el flujo del vector desplazamiento mediante el teorema de Gauss Generalizado en una superficie cerrada esférica S de radio r tal que $R_1 < r < R_2$ y en cuyo interior están distribuidas las cargas reales.

$$\Phi = \oiint \vec{D} \cdot d\vec{S} = Q_{REAL} \quad ; \quad D \cdot 4\pi r^2 = 4\pi R_1^2 \sigma \quad ; \quad \vec{D} = \frac{\sigma R_1^2}{r^2} \vec{u}_r$$

Como el vector desplazamiento está relacionado con el campo eléctrico por $\vec{D} = \varepsilon \vec{E}$

El campo eléctrico se expresa: $\vec{E} = \frac{\sigma R_1^2}{\varepsilon r^2} \vec{u}_r$ siendo válido entre $R_1 < r < R_2$.

3º. Polarización $\vec{P}$ (r) y campo despolarizante $\vec{E}'$ (r) en el interior del dieléctrico

El vector polarización es $\vec{P} = [\varepsilon' - 1] \varepsilon_0 \vec{E}$ y como conocemos el campo eléctrico obtenido en el apartado anterior resultará: $\vec{P} = \frac{[\varepsilon' - 1]}{\varepsilon'} \frac{\sigma R_1^2}{r^2} \vec{u}_r$

El vector del campo despolarizante es: $\vec{E}' = -[\varepsilon' - 1] \vec{E}$ como conocemos el campo eléctrico, su expresión es: $\vec{E}' = -\frac{[\varepsilon' - 1]}{\varepsilon} \frac{\sigma R_1^2}{r^2} \vec{u}_r$

PROBLEMA 4.4

El condensador cilíndrico de la figura está formado por dos conductores cilíndricos concéntricos, el interior es muy delgado y macizo de radio R_0, y en él existe una densidad de carga eléctrica λ C/m. El conductor exterior es hueco de radio interior R_1.

En el espacio existente entre ambos conductores, hay un dieléctrico de constante dieléctrica relativa ε'=2,5 cuyo campo eléctrico de ruptura, también denominado campo eléctrico máximo admisible vale $E_{máx}= 6,7\cdot 10^3$ V/mm. Sabiendo que $R_1= 20\ R_0$, y también que el radio del conductor interior macizo es $R_0= 4$ mm, se pide calcular:

1º. Valor máximo admisible de la diferencia de potencial entre las armaduras del condensador, por encima del cual tiene lugar la descarga eléctrica, con la consiguiente perforación del dieléctrico.

Suponemos ahora que el condensador tiene el dieléctrico de las mismas características antes citadas, el radio del conductor interior macizo es variable, y que el radio interior del conductor hueco es conocido R_1=cte. Para este supuesto hallar:

2º. Expresión del radio R'_0 del conductor interior macizo, en función de R_1 para el cual la diferencia de potencial entre las armaduras del condensador sea máxima.

3º. Expresión de la diferencia de potencial máxima entre las armaduras del condensador en función de R_1.

Aplicación numérica para determinar ambas expresiones siendo R_1= 14 mm.

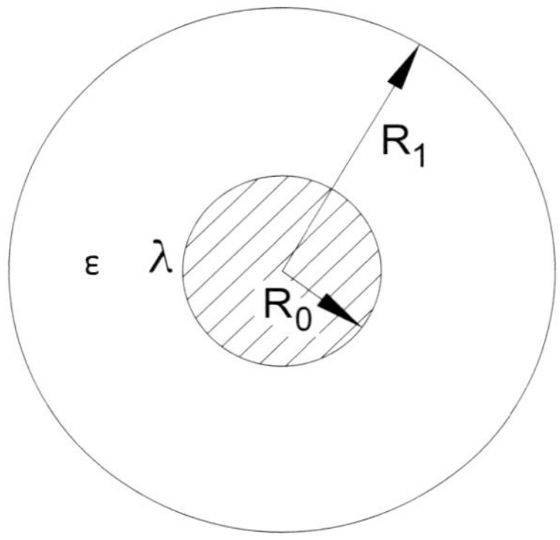

SOLUCIÓN

1º. Valor máximo admisible de la diferencia de potencial entre las armaduras

Hallamos mediante teorema de Gauss el campo eléctrico; luego se calcula la diferencia de potencial entre las armaduras del condensador, y obligando a que el campo eléctrico sea máximo obtendremos la máxima diferencia de potencial posible.

- Campo eléctrico.

Mediante el teorema de Gauss se halla el flujo del vector Desplazamiento en una superficie cilíndrica cerrada de sección recta S, altura ℓ y de radio r ; $R_0 < r < R_1$.

$$\phi = \oiint_S \vec{D}\cdot d\vec{S} = Q_{Real} = 2\pi r \ell D = \lambda \ell \text{ ; como } \vec{D} = \varepsilon \vec{E} \text{, el campo eléctrico es: } \vec{E}\,(\vec{r}) = \frac{\lambda}{2\pi\varepsilon r}\,\vec{u_r} \quad [1]$$

- Potencial. Se obtiene por integración del campo eléctrico.

$$-dV = \vec{E}\cdot d\vec{r} = \frac{\lambda}{2\pi\,\varepsilon r}\,\vec{u_r}\cdot\vec{u_r}dr \text{, integrando: } \int_{V_0}^{V} dV = -\int_{R_0}^{r}\frac{\lambda}{2\pi\varepsilon r}dr \text{, para } r = R_0 \Rightarrow V(R_0) = V_0$$

Operando se halla el potencial en función de r: $V(r) = V_0 - \frac{\lambda}{2\pi\varepsilon}\ln\left[\frac{r}{R_0}\right]$ [2]

- La diferencia de potencial entre las dos armaduras del condensador se determina a partir de la ecuación [2] y teniendo en cuenta además que $R_1 = 20\ R_0$

$$\Delta V = V(R_0) - V(R_1) = V(R_0) - V(R_0) + \frac{\lambda}{2\pi\varepsilon} \ln\left[\frac{R_1}{R_0}\right] = \frac{\lambda}{2\pi\varepsilon} \ln\left[\frac{20\ R_0}{R_0}\right] = \frac{\lambda}{2\pi\varepsilon} \ln 20 \quad [3]$$

- La perforación del dieléctrico tendrá lugar para $E_r = E_{MÁX}$ y como el campo es inversamente proporcional a r, el valor máximo del campo se da en $r = R_0$ que es el radio mínimo.

En la ecuación (1) hacemos $r = R_0$ y el campo máximo es $E_{MÁX} = \dfrac{\lambda}{2\pi\varepsilon R_0}$ [4]

Eliminando λ entre las ecuaciones (3) y (4) se obtiene: $\Delta V = R_0\, E_{MÁX} \ln 20$

como $R_0 = 4$ mm y $E_{MÁX} = 6{,}7 \cdot 10^3$ V/ mm sustituyendo en la expresión resulta:

$\Delta V_{MÁX} = 80{,}285$ V. Es la máxima diferencia de potencial admisible entre armaduras.

2º. Radio R'_0 en función de R_1 para que la diferencia de potencial sea máxima

Del apartado anterior sabemos que: $\Delta V = \dfrac{\lambda}{2\pi\varepsilon} \ln\left[\dfrac{R_1}{R'_0}\right] = E_r\, R'_0 \ln\left[\dfrac{R_1}{R'_0}\right]$ [5]

En este caso R_1= cte. y $R_0 = R'_0$= variable, por tanto, para hallar el valor máximo de la diferencia de potencial entre las armaduras del condensador, tenemos que derivar en la expresión (5) respecto a la variable R'_0 y después igualar a cero:

$$\frac{d(\Delta V)}{dR'_0} = E_r \ln\left[\frac{R_1}{R'_0}\right] + E_r\, R'_0 \left[\frac{R'_0}{R_1}\right]\left[\frac{-R_1}{R'^2_0}\right] = 0 \quad \text{simplificando queda} \quad \ln\left[\frac{R_1}{R'_0}\right] = 1$$

Por lo tanto, la expresión buscada del radio que hace máxima la diferencia de potencial entre las armaduras del condensador es: $R'_0 = \dfrac{R_1}{e}$.

Aplicación numérica si $R_1 = 14$ mm, el radio menor será $R'_0 = \dfrac{R_1}{e} = \dfrac{14}{2{,}7182} = 5{,}15\,\text{mm}$

3º. Diferencia de potencial máxima entre las armaduras del condensador expresada en función de R_1

Partiendo de la expresión (5), sustituimos en ella el valor antes obtenido de $R'_0 = \dfrac{R_1}{e}$

$$\Delta V_{MÁX} = E_r\, R'_0 \ln\left[\frac{R_1}{R'_0}\right] = E_r \frac{R_1}{e} \ln\left[\frac{R_1}{R_1/e}\right] = E_r \frac{R_1}{e} \ln e = E_r \frac{R_1}{e}$$

La expresión de la diferencia de potencial máxima entre armaduras $\Delta V_{MÁX} = \dfrac{E_r\, R_1}{e}$.

La aplicación numérica, $R_1 = 14$ mm. y $E_r = E_{máx} = 6{,}7 \cdot 10^3$ V/mm sustituyendo en la expresión anterior, la diferencia de potencial máxima entre las armaduras del condensador es: $\Delta V_{MÁX} = \dfrac{E_r\, R_1}{e} = \dfrac{6{,}7 \cdot 10^3 \cdot 14 \cdot 10^{-3}}{2{,}7182} = 34{,}507$ V.

PROBLEMA 4.5

Se tiene un condensador C_1 de placas planas paralelas de sección S= a b y separadas sus armaduras una distancia "d", que se conecta a una fuente de tensión V_0. Una vez cargado se desconecta de la misma. A continuación, se introduce el condensador C_1 en un líquido dieléctrico de permitividad relativa ε'_1, y el mismo asciende hasta una altura h como indica la figura, se pide determinar:

1º. Densidades superficiales de carga en las armaduras σ_I y σ_{II}, en las dos zonas (aire y dieléctrico).

2º. Fuerza F que introduce el dieléctrico hasta la altura h.

3º. Campo electrostático en las dos zonas.

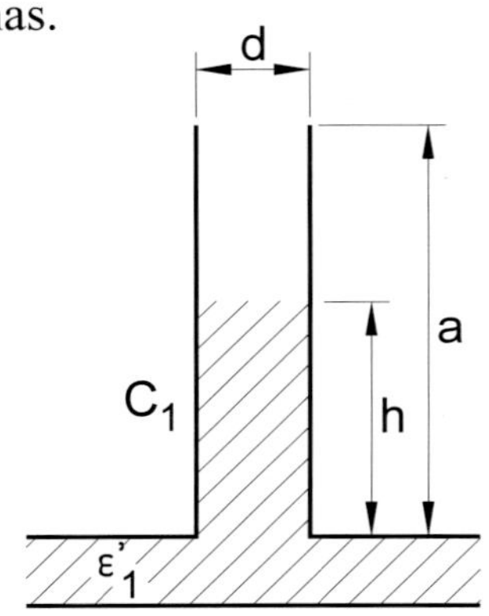

SOLUCIÓN

1º. Densidades superficiales de carga σ_I y σ_{II}

a) Carga inicial $Q_0 = C_0 V_0 = \varepsilon_0 \dfrac{a\,b}{d} V_0$

b) Introducción del dieléctrico = Equivale a dos condensadores en paralelo.

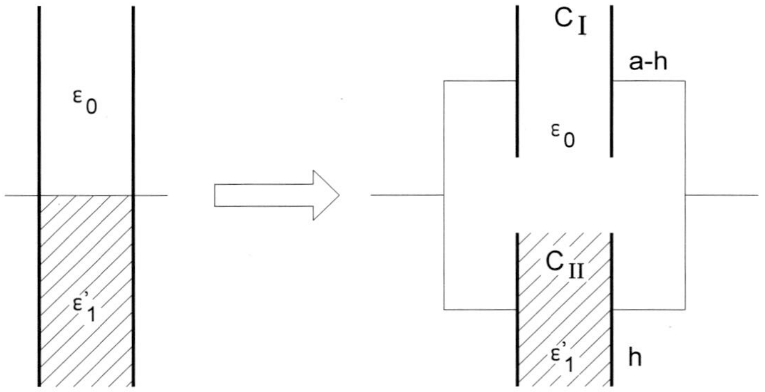

$$\left.\begin{array}{l} C_1 = C_I + C_{II} = \dfrac{\varepsilon_0[a-h]b}{d} + \dfrac{\varepsilon_0 \varepsilon'_1 hb}{d} \\ \text{Conservación de carga } Q_0 = Q_1 \end{array}\right\} \rightarrow \text{nueva d.d.p. } V_1 = \frac{Q_0}{C_1}$$

$$Q_I = C_I V_1 = \frac{\varepsilon_0[a-h]b}{d}\frac{Q_0}{\frac{\varepsilon_0}{d}b\left[a-h+\varepsilon'_1 h\right]} = \frac{[a-h]Q_0}{\left[a-h+\varepsilon'_1 h\right]} = \varepsilon_0\frac{a\,b}{d}V_0\frac{[a-h]}{\left[a-h+\varepsilon'_1 h\right]}$$

$$Q_{II} = C_{II} V_1 = \frac{\varepsilon_0\varepsilon'_1 hb}{d}\frac{Q_0}{\frac{\varepsilon_0}{d}b\left[a-h+\varepsilon'_1 h\right]} = \frac{\varepsilon'_1 hQ_0}{\left[a-h+\varepsilon'_1 h\right]} = \varepsilon_0\frac{a\,b}{d}V_0\frac{\varepsilon'_1 h}{\left[a-h+\varepsilon'_1 h\right]}$$

Las densidades de carga en las armaduras serán:

$$\text{Aire: } \sigma_I = \frac{Q_I}{[a-h]b} \qquad\qquad \sigma_I = \frac{\varepsilon_0\, a\, V_0}{d\left[a+h(\varepsilon'_1-1)\right]}$$

$$\Rightarrow$$

$$\text{Dieléctrico: } \sigma_{II} = \frac{Q_{II}}{h\,b} \qquad\qquad \sigma_{II} = \frac{\varepsilon'_1\,\varepsilon_0\, a\, V_0}{d\left[a+h(\varepsilon'_1-1)\right]}$$

2º. Fuerza F que introduce el dieléctrico hasta la altura h

Como el condensador está aislado: $dW_{Eléctrico} + dW_{Virtual} = 0$

$$W_{Eléctrico} = \frac{Q_0^2}{2C_1} \Rightarrow dW_{Eléctrico} = -\frac{Q_0^2}{2C_1^2}\,dC$$

Para un desplazamiento virtual: $\Rightarrow dW_{Virtual} = F\,dh$

Con las expresiones anteriores se llega a: $F = \dfrac{Q_0^2}{2\,C_1^2}\left[\dfrac{dC}{dh}\right]_{Q=Cte}$

$$F = \frac{Q_0^2}{2C_1^2}\frac{d}{dh}\left[\frac{\varepsilon_0 b}{d}\left[a+h(\varepsilon'_1-1)\right]\right] = \frac{Q_0^2}{2C_1^2}\frac{\varepsilon_0 b}{d}[\varepsilon'_1-1]\text{, conocemos } Q_0 \text{ y } C_1$$

$$\text{La fuerza es: } F = \frac{[\varepsilon'_1-1]\varepsilon_0\, a^2\, V_0^2\, b}{2d\left[a+h(\varepsilon'_1-1)\right]^2}$$

3º. Campo electrostático en las dos zonas

$$\text{Zona sin dieléctrico I: } E_I = \frac{\sigma_I}{\varepsilon_0};\Rightarrow E_I = \frac{a\,V_0}{d\left[a+h(\varepsilon'_1-1)\right]}$$

$$\text{Zona con dieléctrico II: } E_{II} = \frac{\sigma_{II}}{\varepsilon_1} \Rightarrow E_{II} = \frac{a\,V_0}{d\left[a+h(\varepsilon'_1-1)\right]}$$

PROBLEMA 4.6

Se tienen dos condensadores C_1 y C_2 de placas planas paralelas de sección a·b y separadas sus armaduras una distancia "d", ambos se conectan en paralelo y luego se unen a una fuente de tensión V_0 y, una vez cargados, se desconectan de la fuente de tensión, se pide obtener:

1º. Carga de cada uno de los dos condensadores.

Se corta la unión entre ambos condensadores y se coloca un dieléctrico de permitividad dieléctrica relativa ε'_1; de sección S= a b y espesor d/2 en el condensador C_1, calcular:

2º. Potencial del condensador C_1, en función de ε'_1 y V_0.

Se unen de nuevo ambos condensadores en paralelo. Para este caso determinar:

3º. Carga que adquiere el condensador C_2.

4º. Potencial del condensador C_1.

Se corta de nuevo la unión de ambos condensadores en paralelo y se introduce el condensador C_2 en un líquido dieléctrico de densidad ρ y permitividad dieléctrica relativa ε'_2, hallar:

5º. Ecuación que expresa la altura h, del líquido, que se produce en el dieléctrico.

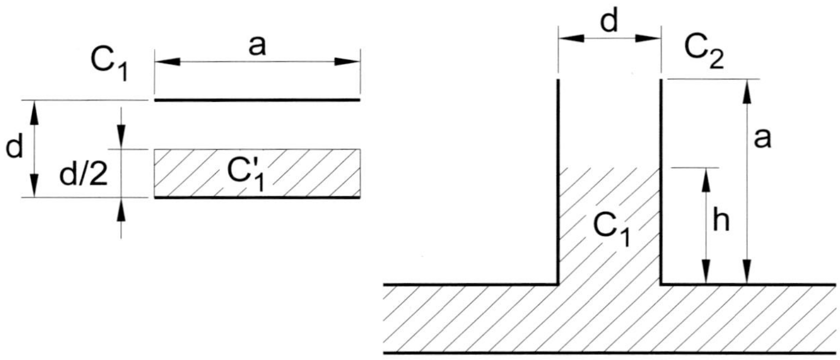

SOLUCIÓN

1º. Carga de los condensadores

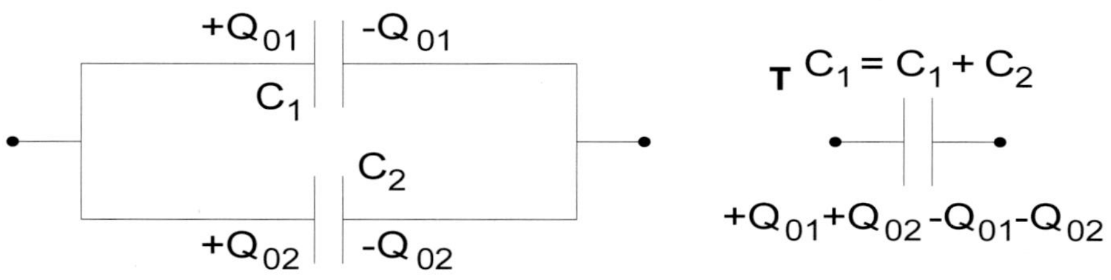

Al aislar los condensadores de la fuente V_0 la carga Q se conserva.

$$\left.\begin{array}{l}\text{Condensadores idénticos}: C_T = 2\,\dfrac{\varepsilon_0\ a\ b}{d}\\ \text{Como la carga es}: Q_{0T} = C_T\ V_0\end{array}\right\} \rightarrow Q_{0T} = 2\,\dfrac{\varepsilon_0\ a\ b}{d}\,V_0$$

Conexión en paralelo:

$$\left.\begin{array}{l}\text{Suma de cargas}: Q_{0T} = Q_{01} + Q_{02}\\ \text{Como } Q_{0T} = 2\,\dfrac{\varepsilon_0\ a\ b}{d}\,V_0\end{array}\right\}\quad Q_{01} = Q_{02} = \frac{\varepsilon_0\ a\ b}{d}\,V_0$$

2º. Potencial de V_1 en C_1 (Cortando la unión con C_2 y colocando dieléctrico ε'_1)

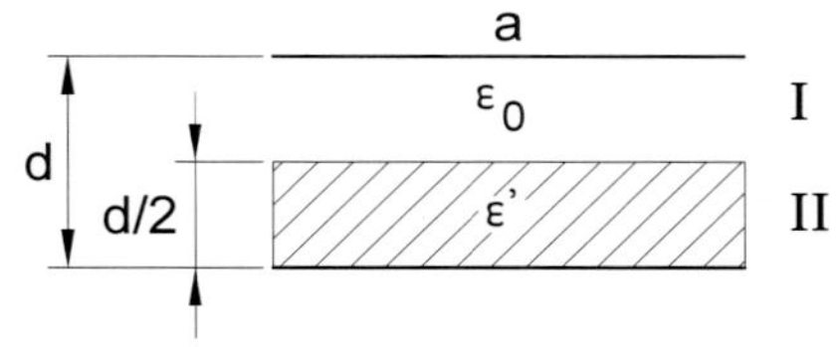

C_1 está aislado: Q_{01} = se mantiene constante

Tenemos dos condensadores en serie con capacidad total C'_1

$$\frac{1}{C'_1} = \frac{1}{C_I} + \frac{1}{C_{II}} = \frac{1}{\varepsilon_0 \dfrac{a\ b}{d/2}} + \frac{1}{\varepsilon_0\ \varepsilon'_1 \dfrac{a\ b}{d/2}} \Rightarrow C'_1 = \frac{2\,C_1}{1 + \dfrac{1}{\varepsilon'_1}}$$

$$\text{Diferencia de potencial en las placas: } V_1 = \frac{Q_{01}}{C'_1} = \frac{\dfrac{\varepsilon_0\,a\ b}{d}V_0}{\dfrac{2\varepsilon_0\,a\ b}{d[1 + \dfrac{1}{\varepsilon'_1}]}} \Rightarrow V_1 = \frac{V_0}{2}[1 + \frac{1}{\varepsilon'_1}]$$

3º. Carga del condensador C_2 cuando se une al condensador C_1

Respecto al sistema se han de tener en cuenta dos consideraciones:

Sistema aislado $\Rightarrow$ La carga se conserva.

Condensadores conectados en paralelo $\Rightarrow$ Mismo potencial.

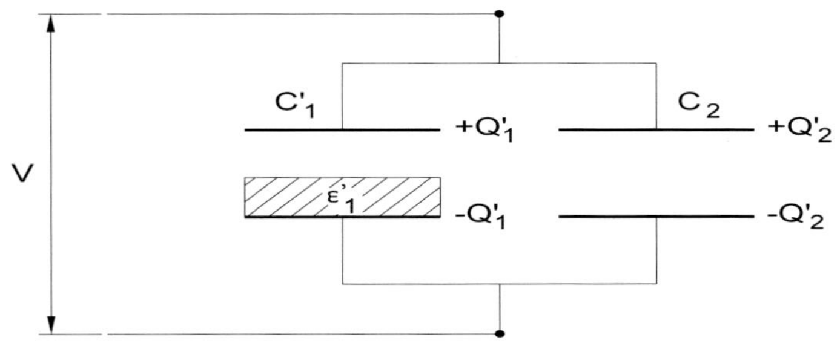

$$\text{Carga = constante} \Rightarrow Q'_1 + Q'_2 = Q_{01} + Q_{02} = 2\frac{\varepsilon_0\ a\ b}{d}V_0 = 2Q_0$$

$$\text{Potencial}\left\{\begin{matrix} \left.\begin{matrix} V=\dfrac{Q'_1}{C'_1} \\ V=\dfrac{Q'_2}{C_2}\end{matrix}\right\} \dfrac{Q'_1}{C'_1}=\dfrac{Q'_2}{C_2} \\ \\ Q'_1+Q'_2=2\,Q_0 \end{matrix}\right\} \to \frac{2Q_0-Q'_2}{C'_1}=\frac{Q'_2}{C_2};\ [2\,Q_0-Q'_2]C_2=Q'_2\,C'_1$$

Operando resulta:

$$[2\,Q_0-Q'_2]\frac{\varepsilon_0\,a\,b}{d}=Q'_2\,\frac{2\varepsilon_0\,a\,b}{d[1+\dfrac{1}{\varepsilon'_1}]} \Rightarrow Q'_2=\frac{[1+\varepsilon'_1]}{[1+3\varepsilon'_1]}\,2\,Q_0$$

4º. Potencial de C_1

$$\text{Como } V=\frac{Q'_2}{C_2}=\frac{1+\varepsilon'_1}{1+3\varepsilon'_1}\frac{2Q_0}{C_2} \quad \text{y} \quad V_0=\frac{Q_0}{C_2} \to V=2\,V_0\,\frac{1+\varepsilon'_1}{1+3\varepsilon'_1}$$

5º. Ecuación de la altura h del líquido en C_2 (cortando la unión con C_1)

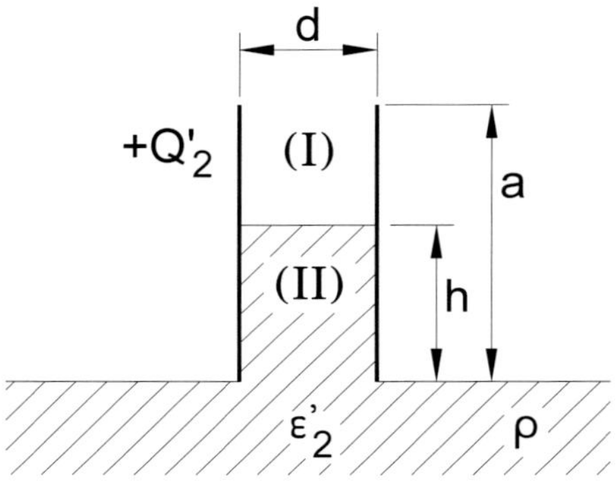

$$\left.\begin{matrix}\text{Energía potencial electrostática: } C_2 \Rightarrow W=\dfrac{Q'^2_2}{2C} \\ \text{Siendo } C=C_I+C_{II}=\dfrac{\varepsilon_0[a-h]b}{d}+\dfrac{\varepsilon_0\varepsilon'_2\,hb}{d}\end{matrix}\right\} \to W=\frac{Q'^2_2\,d}{2\varepsilon_0 b\left[a+h(\varepsilon'_2-1)\right]}$$

Como el condensador se encuentra a Q= cte la fuerza atractiva sobre el circuito es:

$$F=-\left(\frac{dW}{dh}\right)_{Q'_2}=\frac{Q'^2_2\,d}{2\varepsilon_0 b}\frac{\varepsilon'_2-1}{\left[a+h(\varepsilon'_2-1)\right]^2}$$

El equilibrio se alcanza cuando: $F_{\text{eléctrica}}$= Peso de la columna de líquido= ρ g V.

Siendo V el volumen V= h b d

$$\left.\begin{array}{l}\rho g h b d = \dfrac{Q'_2 d}{2\varepsilon_0 b}\dfrac{\varepsilon'_2 - 1}{[a + h(\varepsilon'_2 - 1)]^2} \\ Q'_2 = 2Q_0\dfrac{1+\varepsilon'_1}{1+3\varepsilon'_1}\ ;\ Q_0 = \dfrac{\varepsilon_0 a b}{d}V_0\end{array}\right\} \rightarrow$$ Eliminando las cargas llegamos a una ecuación

de tercer grado en la variable h:

$$[\varepsilon'_2 - 1]^2 h^3 + 2a[\varepsilon'_2 - 1]h^2 + a^2 h = \frac{2\varepsilon_0 a^2 V_0 [1+\varepsilon'_1][\varepsilon'_2 - 1]}{\rho g d^2 [1+3\varepsilon'_1]}$$

PROBLEMA 4.7

Sean dos condensadores C_1 y C_2 de idénticas dimensiones, cuyas armaduras planas paralelas tienen una sección $S = 10^{-2}\ m^2$ y están separadas una distancia d= 16 mm.

En ambos condensadores entre sus armaduras hay tres materiales dieléctricos: ebonita, mica y vidrio cuyas permitividades dieléctricas relativas son $\varepsilon'_B = 2$, $\varepsilon'_M = 6$ y $\varepsilon'_V = 8$, la disposición de los mencionados materiales se indica la figura. Expresar:

1º. Capacidades de C_1 y C_2.

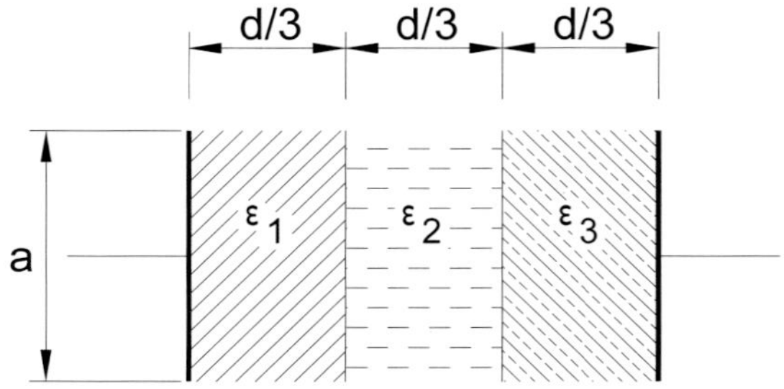

C1

C2

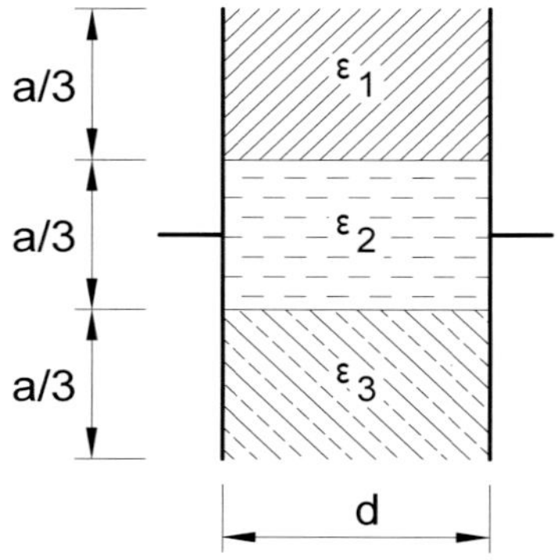

En el condensador C_1 la carga real en sus armaduras es $Q_1 = 10^{-10}$ C, calcular:

2º. Densidad de cargas de polarización y campo electrostático en cada dieléctrico.

3º. Diferencia de potencial entre sus armaduras.

Suponiendo que el valor máximo admisible del campo electrostático (rigidez dieléctrica) para la ebonita es $E'_B = 6$ kV cm^{-1}, para la mica es $E'_M = 2{,}5$ kV cm^{-1}, y para el vidrio es $E'_V = 4$ kV cm^{-1}, con la disposición de los dieléctricos según C_1, hallar:

4º. Máxima diferencia de potencial entre armaduras y máxima carga admisible.

5º. Máximas densidades admisibles de cargas de polarización en cada dieléctrico.

SOLUCIÓN

1º. Capacidades de C_1 y C_2

El condensador C_1 es de dieléctrico múltiple, su capacidad se expresa:

$$C_1 = \frac{\varepsilon_0 S}{\Sigma \frac{d_i}{\varepsilon'_i}} = \frac{\varepsilon_0 S}{\frac{d}{3\varepsilon'_B} + \frac{d}{3\varepsilon'_M} + \frac{d}{3\varepsilon'_V}} = 3\,\frac{\varepsilon_0 S}{d}\,\frac{1}{\frac{1}{\varepsilon'_B} + \frac{1}{\varepsilon'_M} + \frac{1}{\varepsilon'_V}} = \frac{3}{\frac{1}{\varepsilon'_B} + \frac{1}{\varepsilon'_M} + \frac{1}{\varepsilon'_V}}\,C_0$$

$$C_1 = \frac{3}{\frac{1}{2} + \frac{1}{6} + \frac{1}{8}}\;\frac{8{,}85 \cdot 10^{-12} \cdot 10^{-2}}{16 \cdot 10^{-3}} = 2{,}0960 \cdot 10^{-11}\,\mathrm{F}$$

El condensador C_2 equivale a tres condensadores en paralelo, con $S' = S/3 = 10^{-2}/3\ m^2$.

Por estar en paralelo, la capacidad total es: $C_2 = C'_{2B} + C'_{2M} + C'_{2V}$:

$$C_2 = \varepsilon_0 \varepsilon'_B \frac{S/3}{d} + \varepsilon_0 \varepsilon'_M \frac{S/3}{d} + \varepsilon_0 \varepsilon'_V \frac{S/3}{d} = \varepsilon_0 \frac{S}{3\,d}[\varepsilon'_B + \varepsilon'_M + \varepsilon'_V] = \frac{\varepsilon'_B + \varepsilon'_M + \varepsilon'_V}{3}\,C_0$$

$$C_2 = \frac{2+6+8}{3}\ \frac{8,85{\cdot}10^{-12}{\cdot}10^{-2}}{16{\cdot}10^{-3}} = 2,95{\cdot}10^{-11}\text{F}$$

2º. Densidad de cargas de polarización y campo electrostático en cada dieléctrico

La densidad de carga real en las armaduras es $\sigma = \frac{Q_1}{S} = \frac{10^{-10}}{10^{-2}} = 10^{-8}\text{C m}^{-2}$, por tanto,

La densidad de cargas aparentes de polarización en las superficies de cada dieléctrico:

Ebonita: $\sigma_{B\,P} = \sigma\,[\frac{\varepsilon'_B - 1}{\varepsilon'_B}] = 10^{-8}\,[\frac{2-1}{2}] = 5{\cdot}10^{-9}\text{C m}^{-2}$

Mica: $\sigma_{M\,P} = \sigma\,[\frac{\varepsilon'_M - 1}{\varepsilon'_M}] = 10^{-8}[\frac{6-1}{6}] = 8,333{\cdot}10^{-9}\text{C m}^{-2}$

Vidrio: $\sigma_{V\,P} = \sigma\,[\frac{\varepsilon'_V - 1}{\varepsilon'_V}] = 10^{-8}[\frac{8-1}{8}] = 8,75{\cdot}10^{-9}\text{C m}^{-2}$

El campo electrostático dentro de cada dieléctrico es:

Ebonita: $E_B = \frac{\sigma_{B\,P}}{\varepsilon_0\,\chi_B} = \frac{\sigma}{\varepsilon_B} = \frac{10^{-8}}{2\cdot 8,85{\cdot}10^{-12}} = 5,649{\cdot}10^{2}\text{V m}^{-1}$

Mica: $E_M = \frac{\sigma_{M\,P}}{\varepsilon_0\,\chi_M} = \frac{\sigma}{\varepsilon_M} = \frac{10^{-8}}{6\cdot 8,85{\cdot}10^{-12}} = 1,883{\cdot}10^{2}\text{V m}^{-1}$

Vidrio: $E_V = \frac{\sigma_{V\,P}}{\varepsilon_0\,\chi_V} = \frac{\sigma}{\varepsilon_V} = \frac{10^{-8}}{8\cdot 8,85{\cdot}10^{-12}} = 1,412{\cdot}10^{2}\text{V m}^{-1}$

3º. Diferencia de potencial entre sus armaduras

La diferencia de potencial entre las dos armaduras del condensador C_1 se expresa:

$V_1 = E_B\ d/3 + E_M\ d/3 + E_V\ d/3 = [5,649+1,883+1,412]\ 10^2\,[16/3]\ 10^{-3} = 4,77\ \text{V}$

También se podría haber hallado directamente: $V_1 = \frac{Q_1}{C_1} = \frac{10^{-10}}{2,0960{\cdot}10^{-11}} = 4,77\ \text{V}$

4º. Máxima diferencia de potencial entre armaduras y máxima carga admisible

La máxima diferencia de potencial admisible entre armaduras, antes de que se perfore el dieléctrico, y por tanto que sea inservible el condensador, es la obtenida cuando en cada material dieléctrico el campo electrostático interior tiene el valor máximo que es el correspondiente a su rigidez dieléctrica, por tanto:

$V_{1MÁX} = E'_B \cdot d/3 + E'_M \cdot d/3 + E'_V \cdot d/3 = [\,6+2,5+4\,]10^3\,[16/3]10^{-3} = 66,666\ \text{V}$

La carga máxima admisible que pueden soportar las armaduras del condensador antes de la perforación de los dieléctricos, es la correspondiente a la máxima diferencia de potencial, que ha sido calculada antes, por tanto:

$Q_{MÁX} = C_1\ V_{1\,MÁX} = 2,0960\cdot 10^{-11}\cdot 66,6666 = 13,973{\cdot}10^{-10}\ \text{C}$

5º. Máximas densidades admisibles de cargas de polarización en cada dieléctrico

El valor máximo admisible, para cada dieléctrico, de la carga de polarización, es el correspondiente al valor máximo admisible de la densidad de carga que pueden admitir las armaduras del condensador.

Máxima densidad de carga real: $\sigma_{MÁX} = \dfrac{Q_{MÁX}}{S} = \dfrac{13{,}9733 \cdot 10^{-10}}{10^{-2}} = 13{,}9733 \cdot 10^{-8}\,C\ m^{-2}$.

Densidad máxima admisible de cargas aparentes de polarización en las superficies de cada uno de los tres dieléctricos:

Ebonita: $\sigma_{BP_{MAX}} = \sigma_{MÁX}\ [\dfrac{\varepsilon'_B - 1}{\varepsilon'_B}] = 13{,}9733 \cdot 10^{-8}\ [\dfrac{2-1}{2}] = 6{,}986 \cdot 10^{-8}\,C\ m^{-2}$

Mica: $\sigma_{M\ P_{MÁX}} = \sigma_{MÁX}\ [\dfrac{\varepsilon'_M - 1}{\varepsilon'_M}] = 13{,}9733 \cdot 10^{-8}\ [\dfrac{6-1}{6}] = 11{,}664 \cdot 10^{-8}\,C\ m^{-2}$

Vidrio: $\sigma_{V\ P_{MÁX}} = \sigma_{MÁX}\ [\dfrac{\varepsilon'_V - 1}{\varepsilon'_V}] = 13{,}9733 \cdot 10^{-8}\ [\dfrac{8-1}{8}] = 12{,}266 \cdot 10^{-8}\,C\ m^{-2}$

PROBLEMA 4.8

Un conductor cilíndrico indefinido de 10 mm de diámetro y que se encuentra a un potencial de 66 kV está cubierto por una primera capa de dieléctrico ❶ de $\varepsilon'_1 = 4$ y una segunda capa de dieléctrico ❷ de $\varepsilon'_2 = 2{,}5$ como se indica en la figura. Se pide hallar:

1º. Capacidad por unidad de longitud axial del conductor recubierto de los dieléctricos, en función de $\varepsilon'_1, \varepsilon'_2$, ε_0, R, R_1, R_2.

El máximo valor del campo electrostático (rigidez dieléctrica) en el dieléctrico ❶ para que no se perfore es de 60 kV cm^{-1} y en el dieléctrico ❷ es de 40 kV cm^{-1}, calcular con estos valores:

2º. Valores mínimos de los radios R_1 y R_2.

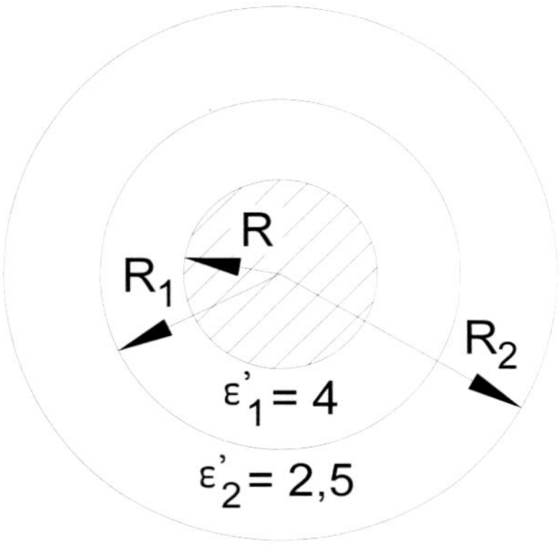

SOLUCIÓN

1º. Capacidad del conductor por unidad de longitud axial

a) Campo electrostático se calcula mediante el Teorema de Gauss aplicado a la superficie S cerrada cilíndrica de radio r y altura h:

$$\text{Para } R \le r \le R_1: \quad \Phi = \oiint_S \vec{E}_1 \cdot d\vec{S} = \frac{\Sigma Q}{\varepsilon} \qquad E_1 = \frac{Q}{2\pi\varepsilon_0\varepsilon'_1 hr} \quad (1)$$

$$\text{Para } R_1 \le r \le R_2: \quad \Phi = \oiint_S \vec{E}_2 \cdot d\vec{S} = \frac{\Sigma Q}{\varepsilon} \qquad E_2 = \frac{Q}{2\pi\varepsilon_0\varepsilon'_2 hr} \quad (2)$$

b) Diferencia de potencial entre conductor y tierra:

$$V = -\int_{R_1}^{R} E_1 dr - \int_{R_2}^{R_1} E_2 dr = -\frac{Q}{2\pi\varepsilon_0 h}\left[\int_{R_1}^{R}\frac{dr}{\varepsilon'_1 r} + \int_{R_2}^{R_1}\frac{dr}{\varepsilon'_2 r}\right] = \frac{Q}{2\pi\varepsilon_0 h}\left[\frac{1}{\varepsilon'_1}\ln[\frac{R_1}{R}] + \frac{1}{\varepsilon'_2}\ln[\frac{R_2}{R_1}]\right]$$

c) La capacidad C' del conductor por unidad de longitud axial será por tanto:

$$C = \frac{Q}{V} \Rightarrow \quad C' = \frac{C}{h} = \frac{2\pi\varepsilon_0}{\dfrac{1}{\varepsilon'_1}\ln[\dfrac{R_1}{R}] + \dfrac{1}{\varepsilon'_2}\ln[\dfrac{R_2}{R_1}]}$$

2º. Valores mínimos de los radios R_1 y R_2

Para hallar el $E_{máx}$ en la expresión del campo particularizamos para $x_{mínimo}$

$$\left.\begin{array}{l} E_{1\,máx}=\dfrac{Q}{2\pi\varepsilon_0\varepsilon'_1 R} \\ \\ Q=C\,V \end{array}\right\} \rightarrow E_{1\,máx}=\dfrac{V}{\varepsilon'_1 R\left[\dfrac{1}{\varepsilon'_1}\ln[\dfrac{R_1}{R}]+\dfrac{1}{\varepsilon'_2}\ln[\dfrac{R_2}{R_1}]\right]} \qquad (3)$$

$$\left.\begin{array}{l} E_{2\,máx}=\dfrac{Q}{2\pi\varepsilon_0\varepsilon'_2 R_1} \\ \\ Q=C\,V \end{array}\right\} \rightarrow E_{2\,máx}=\dfrac{V}{\varepsilon'_2 R_1\left[\dfrac{1}{\varepsilon'_1}\ln[\dfrac{R_1}{R}]+\dfrac{1}{\varepsilon'_2}\ln[\dfrac{R_2}{R_1}]\right]} \qquad (4)$$

Entonces, dividiendo las expresiones (3) y (4):

$$\frac{E_{1\,máx}}{E_{2\,max}}=\frac{\varepsilon'_2 R_1}{\varepsilon'_1 R} \rightarrow R_1=\frac{\varepsilon'_1 R}{\varepsilon'_2}\frac{E_{1\,max}}{E_{2\,max}} \qquad (5)$$

Mediante la ecuación (3) $\rightarrow \ln[\dfrac{R_2}{R_1}]=\varepsilon'_2\left[\dfrac{V}{\varepsilon'_1 E_{1\,max} R}-\dfrac{1}{\varepsilon'_1}\ln[\dfrac{R_1}{R}]\right]$ (6)

A partir de la ecuación (5): $\dfrac{R_1}{R}=\dfrac{\varepsilon'_1}{\varepsilon'_2}\dfrac{E_{1\,max}}{E_{2\,max}}$; llevando (5) a (6) se tiene:

$$\ln R_2=\varepsilon'_2\left[\frac{V}{\varepsilon'_1 E_{1\,max} R}-\frac{1}{\varepsilon'_1}\ln\left[\frac{\varepsilon'_1}{\varepsilon'_2}\frac{E_{1\,max}}{E_{2\,max}}\right]\right]+\ln R_1=\frac{\varepsilon'_2}{\varepsilon'_1}\left[\frac{V}{E_{1\,max} R}-\ln\left[\frac{\varepsilon'_1}{\varepsilon'_2}\frac{E_{1\,max}}{E_{2\,max}}\right]\right]+\ln R_1$$

Aplicación numérica:

$$\left.\begin{array}{l} R=5\text{ mm};\ V=66\text{kV} \\ \varepsilon'_1=4\ ;\ \varepsilon'_2=2{,}5 \\ E_{1\,máx}=60\dfrac{\text{kV}}{\text{cm}};E_{2\,máx}=40\dfrac{\text{kV}}{\text{cm}} \end{array}\right\} R_1=\frac{4\cdot 5}{2{,}5}\frac{60}{40}=12\text{ mm}$$

Por tanto, para hallar R_2 actuamos sobre la ecuación (3):

$$\frac{1}{4}\ln[\frac{12}{5}]+\frac{1}{2{,}5}\ln[\frac{R_2}{12}]=\frac{66}{4\cdot 0{,}5\cdot 60}=\frac{66}{120}=0{,}55;\ \ln[\frac{R_2}{12}]=0{,}8278 \Rightarrow R_2=27{,}46\text{ mm.}$$

PROBLEMA 4.9

Dos condensadores esféricos ❶ y ❷ geométricamente iguales de radios interior r y exterior R, cuyo espacio entre armaduras está relleno de dieléctrico de permitividades relativas ε'_1 y ε'_2 respectivamente, están conectados a un potencial V_A, como se indica en la figura. Determinar:

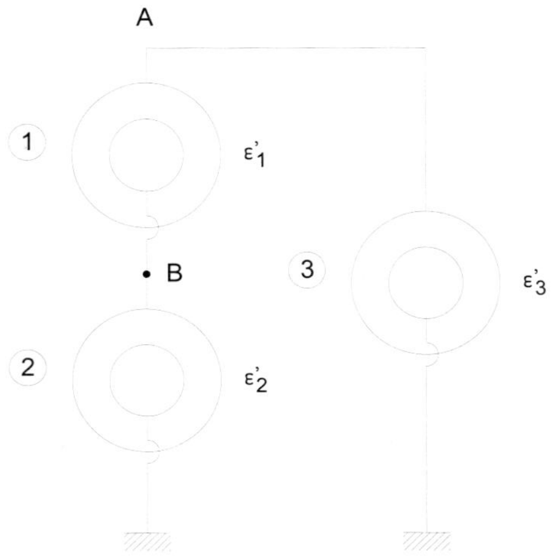

1º. Capacidad del sistema y carga de cada uno de los dos condensadores.

Si conectamos el sistema anterior a otro condensador ❸ de la misma geometría, pero de permitividad dieléctrica relativa ε'_3 que se encuentra inicialmente descargado, cuando se cierra el interruptor, obtener:

2º. Capacidad del nuevo sistema, carga de cada condensador y potencial de A y B.

SOLUCIÓN

1º. Capacidad del sistema y carga de cada uno de los dos condensadores

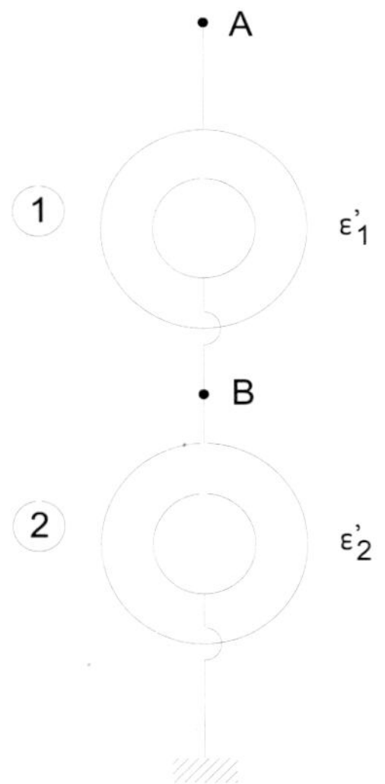

La configuración del sistema es equivalente a dos condensadores en serie, por tanto, la capacidad total es: $\dfrac{1}{C'_T} = \dfrac{1}{C_1} + \dfrac{1}{C_2}$; $C'_T = \dfrac{C_1\,C_2}{C_1 + C_2}$

Cada condensador esférico tiene una capacidad:

$$C_1 = 4\pi\varepsilon_1 \frac{R\,r}{R - r} \text{ y } C_2 = 4\pi\varepsilon_2 \frac{R\,r}{R - r}$$

Capacidad total: $C'_T = 4\pi\varepsilon_0 \dfrac{\varepsilon'_1\,\varepsilon'_2}{\varepsilon'_1 + \varepsilon'_2} \dfrac{Rr}{R - r}$

Al estar conectados en serie, la carga es común a los dos: $Q_1 = Q_2 = Q = C'_T\,V_A$

$$Q_1 = Q_2 = C'_T\ V_A = 4\pi\varepsilon_0 \frac{\varepsilon'_1\,\varepsilon'_2}{\varepsilon'_1 + \varepsilon'_2} \frac{R\,r}{R - r} V_A$$

2º. Capacidad del nuevo sistema, carga de cada condensador y potencial de A y B

La nueva configuración del sistema es equivalente a conexión en paralelo, por tanto, la capacidad equivalente es:

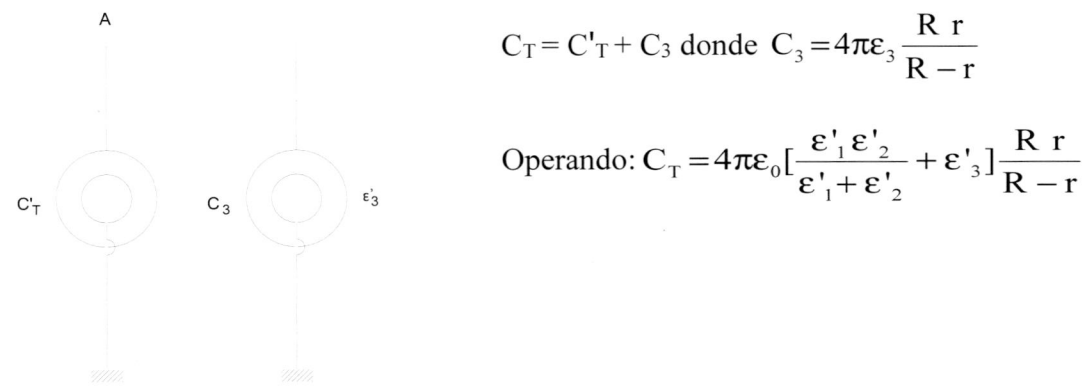

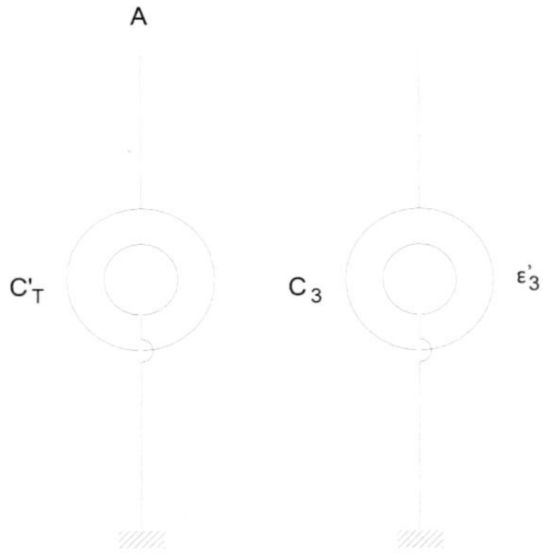

$C_T = C'_T + C_3$ donde $C_3 = 4\pi\varepsilon_3 \dfrac{R\,r}{R-r}$

Operando: $C_T = 4\pi\varepsilon_0 [\dfrac{\varepsilon'_1 \varepsilon'_2}{\varepsilon'_1 + \varepsilon'_2} + \varepsilon'_3] \dfrac{R\,r}{R-r}$

Por Conservación de la carga eléctrica: $Q = Q_3 + Q_4$

Al estar conectados en paralelo, el potencial es común: $V = \dfrac{Q_4}{C'_T} = \dfrac{Q_3}{C_3}$

Por tanto operando con las dos ecuaciones anteriores, las cargas son:

Carga común a los condensadores (1) y (2), pues están en serie: $Q_4 = \dfrac{C'_T}{C'_T + C_3} Q$

Carga del condensador (3): $Q_3 = \dfrac{C_3}{C'_T + C_3} Q$

Los potenciales de A y B son: $V_A = \dfrac{Q_4}{C'_T} = \dfrac{Q_3}{C_3} = \dfrac{Q}{C'_T + C_3}$; $V_B = \dfrac{Q_4}{C_2} = \dfrac{Q}{C'_T + C_3} \dfrac{C'_T}{C_2}$

PROBLEMA 4.10

A través de la superficie de separación de dos medios dieléctricos conductores homogéneos e isótropos, con permitividades relativas ε'_1 y ε'_2, y resistividades ρ_1 y ρ_2 circula una corriente eléctrica en régimen estacionario cuya densidad volúmica es $\vec{J}_\tau$. Calcular:

1º. Módulo de E_2 en función de las componentes E_1 de ε'_1 y ε'_2.

2º. Densidad superficial de carga estática σ, sobre la superficie de separación.

SOLUCIÓN

1º. Módulo de E_2 en función de las componentes de E_1 y de ε'_1 y ε'_2

Al atravesar la superficie de separación entre dos medios dieléctricos diferentes se cumplen las siguientes relaciones, entre las componentes normales y tangenciales del campo eléctrico:

$$\varepsilon_1\, E_{1n} = \varepsilon_2\, E_{2n}\,;\; E_{1t} = E_{2t} \Rightarrow E_2 = \sqrt{E^2_{2t} + E^2_{2n}} = \sqrt{E^2_{1t} + \frac{\varepsilon'^2_1}{\varepsilon'^2_2} E^2_{1n}}$$

2º. Densidad superficial de carga estática σ, sobre la superficie de separación

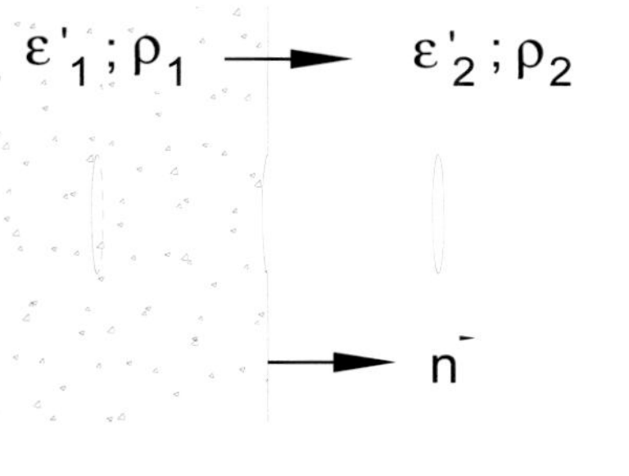

Aplicando el teorema de Gauss al cilindro:

$$\phi = \oiint_{\text{CILINDRO}} \vec{E}\cdot d\vec{S} = \frac{q}{\varepsilon_o} \Rightarrow E_{2n} - E_{1n} = \frac{\sigma}{\varepsilon_2} - \frac{\sigma}{\varepsilon_1} \quad [1]$$

Densidad de corriente: S= bases del cilindro

$$\iint_S \vec{J}\cdot d\vec{S} = J_{\tau n 2} dS - J_{\tau n 1} dS = 0 \Rightarrow J_{\tau n 2} = J_{\tau n 1} = J_{\tau n}$$

En la pared lateral del cilindro se cumple: $\vec{E}$ es $\perp$ $d\vec{S}$ y por tanto: $\iint_{\text{LATERAL}} \vec{J}\cdot d\vec{S} = 0$

Siendo ρ la resistividad del medio, la relación entre el campo eléctrico y la densidad volúmica de corriente es:

$$E_{1n} = \rho_1 J_{\tau n};\quad E_{2n} = \rho_2 J_{\tau n} \Rightarrow E_{2n} - E_{1n} = [\rho_2 - \rho_1]\, J_{\tau n} \quad [2]$$

De las ecuaciones [1] y [2] obtenemos: $\dfrac{\sigma}{\varepsilon_2} - \dfrac{\sigma}{\varepsilon_1} = [\rho_2 - \rho_1]\, J_{\tau n}$

Despejando la densidad superficial de carga es: $\sigma = \dfrac{\varepsilon_1 - \varepsilon_2}{\varepsilon_1\, \varepsilon_2}[\rho_2 - \rho_1]\, J_{\tau n}$

CAPÍTULO V

CAMPO MAGNÉTICO EN EL VACÍO

«El cambio del campo eléctrico, engendra en proximidad un campo magnético, e inversamente cada variación de un campo magnético origina uno eléctrico. Dado que, acciones eléctricas se propagan con velocidad finita de punto a punto, se podrán concebir los cambios periódicos (en dirección e intensidad) de un campo eléctrico como una propagación de ondas. Tales ondas eléctricas están necesariamente acompañadas por ondas magnéticas indisolublemente ligadas a ellas.»

J.C. Maxwell

1. CONCEPTOS BÁSICOS. CICLOTRÓN

Campo magnético es, la manifestación, en una región del espacio, de ciertas propiedades selectivas, siendo la fundamental la acción a distancia (fuerza magnética) sobre cargas eléctricas móviles. Si la carga eléctrica es inmóvil no actúa sobre ella el campo magnético. El magnetismo es un efecto derivado del movimiento de cargas eléctricas y por tanto las fuentes del campo magnético son las corrientes eléctricas.

- **MOVIMIENTO DE CARGA ELÉCTRICA MÓVIL DENTRO DE CAMPO MAGNÉTICO**

Una carga eléctrica q móvil $\vec{v}$, dentro del campo $\vec{B} = \overrightarrow{cte}$ tiene un movimiento que es

HELICOIDAL: Traslación + Rotación; siendo α= cte, ángulo entre $\vec{B}$ y $\vec{v} = \vec{v}_B + \vec{v}_N$.

Traslación: en la dirección del campo magnético: $v_B = v \cos\alpha$

Rotación: $\vec{\omega} = -\frac{q}{m}\vec{B}$; radio: $r = \frac{mv}{qB}\operatorname{sen}\alpha$; paso hélice: $p = 2\pi \frac{m\, v \cos\alpha}{q\, B}$

- **CICLOTRÓN**

Sirve para acelerar partículas cargadas, de masa relativamente grande, mediante un campo magnético $\vec{B}$ uniforme y un campo eléctrico $\vec{E}$ variable, $E=E_0 \operatorname{sen} t\, \omega_{CORR.\ ALT}$, generado por un oscilador de alta frecuencia, el campo es constantemente nulo dentro de las "Des". Su funcionamiento se basa en la condición de sincronismo.

R= radio máximo de las "Des" del ciclotrón. $\omega_{CORRIENTE\ ALTERNA} = 2\pi\, \nu_{CORRIENTE\ ALTERNA}$

Entre las "Des": sólo actúa el campo $\vec{E}$, la trayectoria de la partícula cargada tiene la forma rectilínea. Al pasar de una D a otra D la velocidad de la partícula $\Rightarrow \vec{v} \nearrow$.

Dentro de las "Des": sólo actúa $\vec{B}$, la trayectoria de la partícula cargada tiene forma semicircular de radio $\Rightarrow r = \frac{m\, v}{q\, B}$. La velocidad permanece constante dentro de la D.

Condición de sincronismo: $\nu_{CORR.\ ALTERNA} = \frac{\omega_{CORR.\ ALTERNA}}{2\pi} = \nu_{PARTÍCULA} = \frac{1}{2\, t_D} = \frac{q\, B}{2\, \pi\, m} = \text{cte.}$

Energía máxima de partícula al salir del ciclotrón: $E_{CIN.\ máx} = \frac{1}{2} m\, v^2_{max} = \frac{q^2\, B^2\, R^2}{2m} = 2\, N\, q\, V_0$

Nº vueltas de partícula en ciclotrón: $N = \frac{q\, B^2\, R^2}{4m\, V_0}$; V_0= tensión eficaz del oscilador.

Tiempo que está la partícula dentro de una "D": $t_D = \frac{1}{2\nu_{PARTÍCULA}} = \frac{\pi\, m}{q\, B}$.

Tiempo total que está la partícula dentro del ciclotrón: $t_{TOTAL} = 2\, N\, t_D = \frac{\pi}{2}\frac{B\, R^2}{V_0}$

2. IMANES Y SOLENOIDES. EQUIVALENCIA

El momento magnético de un solenoide de N espiras y sección S es: $\vec{m}_S = N I \vec{S}$

El momento dipolar de una barra imantada es: $\vec{m}_I = p\,\vec{\ell}$; el polo magnético p, se define por analogía con los dipolos eléctricos, para un imán de longitud ℓ : $p = \frac{|\vec{m}_I|}{\ell}$

Existe equivalencia entre imán y solenoide cuando: $\vec{m}_S = N I \vec{S} = \vec{m}_I = p\,\vec{\ell} \Rightarrow p = \frac{NIS}{l}$

Por analogía con la ley de Coulomb, la fuerza magnética entre dos polos magnéticos puntuales p y p' situados en el vacío a una distancia r, es: $\vec{F} = \frac{\mu_0}{4\pi}\frac{p\,p'}{r^2}\vec{u}_r = \frac{\mu_0}{4\pi}\frac{p\,p'}{r^3}\vec{r}$

La permeabilidad magnética del vacío es: $\mu_0 = 4\pi 10^{-7}$ N A^{-2}; $[\mu_0]$= L M $T^{-2} I^{-2}$

3. LEY DE AMPÈRE-LAPLACE. CASOS DE GENERACIÓN DE CAMPO $\vec{B}$

Toda carga eléctrica móvil, así como también una corriente eléctrica (electrones en movimiento) generan un campo electrostático y además un campo magnético.

Campo magnético creado en el punto P por la carga q móvil ($\vec{v}$) situada en el punto M:

$\vec{B}_P = \frac{\mu_o}{4\pi}\frac{q[\vec{v} \wedge \vec{r}]}{r^3}$; $\vec{r} = \overrightarrow{MP} = [x_P - x_M]\vec{i} + [y_P - y_M]\vec{j} + [z_P - z_M]\vec{k}$ cartesianas. [B]= M $T^{-2} I^{-1}$

■ LEY DE AMPÈRE-LAPLACE

Todo elemento de corriente de un conductor filiforme ℓ, crea un campo magnético en cualquier punto del espacio P, de valor: $d\vec{B} = \frac{\mu_0}{4\pi} I \frac{d\vec{\ell} \wedge \vec{r}}{r^3} \Rightarrow \vec{B} = \frac{\mu_0}{4\pi} I \int_\ell \frac{d\vec{\ell} \wedge \vec{r}}{r^3}$

$\vec{B}$ es normal al plano formado por elemento de corriente $d\vec{\ell}$ y el vector $\vec{r}$ que va desde el elemento de corriente al punto P. Por tanto $\vec{B}$ es tangente a la trayectoria circular de radio r, contenida en plano normal al elemento de corriente, con centro en tal elemento.

■ CAMPO MAGNÉTICO GENERADO POR CONDUCTOR RECTILÍNEO E INDEFINIDO

El conductor recorrido por una corriente eléctrica I, genera según la Ley de Ampere-Laplace, en un punto P, que dista r del conductor, un campo magnético, normal al plano formado por P y el conductor, esta expresión es la Ley de Biot-Savart. El punto O está situado en el conductor. La expresión del campo magnético, en el punto P es:

$\vec{B}_P = \frac{\mu_0 I}{2\pi\, r}[\vec{u}_I \wedge \vec{u}_r]$; $\vec{u}_I$= unitario según I; $\vec{u}_r = \frac{\vec{r}}{r}$; $\vec{r} = \overrightarrow{OP}$= $[x_P - x_O]\vec{i} + [y_P - y_O]\vec{j} + [z_P - z_O]\vec{k}$

■ CAMPO MAGNÉTICO CREADO POR ESPIRA PLANA CONDUCTORA CIRCULAR DE RADIO R

Una espira, situada en plano XOY, por la que circula I, crea un campo magnético, según Ley de Ampère-Laplace, en puntos P (0, 0, z) y P'(0, 0,− z) de su eje de simetría:

$$\vec{B}_P = \vec{B}_{P'} = \pm\frac{\mu_0 I R^2}{2[R^2+z^2]^{3/2}}\vec{k} = \pm\frac{\mu_0 I}{2R}\text{sen}^3\alpha\,\vec{k};\ \text{tg}\alpha = \frac{R}{z};\text{Si I tiene sentido}\begin{cases}\text{Horario} \Rightarrow \text{signo } + \\ \text{Antihorario} \Rightarrow \text{signo } -\end{cases}$$

Cuando P≡ O (0, 0, 0), centro de la espira ⇒ z= 0 ; α= π/2 ⇒ $\vec{B}_o = \pm\dfrac{\mu_0 I}{2R}\vec{k}$

■ CAMPO MAGNÉTICO CREADO POR UN SOLENOIDE

Un solenoide puede considerarse como una aplicación al caso de N espiras arrolladas, a través de las que circula la misma intensidad I. Mediante integración del campo generado por un conjunto de espiras contenidas en un elemento diferencial de longitud de solenoide, recorridas todas por la misma intensidad $dI' = I\dfrac{N}{\ell}d\ell$ obtenemos:

- Solenoide en un punto interior: $\vec{B} = \dfrac{\mu_0 n I}{2}[\cos\beta - \cos\alpha]\vec{u} = \dfrac{\mu_o N I}{2\ell}[\cos\beta - \cos\alpha]\,\vec{u}$
- Solenoide indefinido en su centro ($\beta = 180^\circ$ y $\alpha = 0^\circ$): $\vec{B}_C = \mu_0 n I = \dfrac{\mu_0 N}{\ell} I\vec{u}$
- Solenoide indefinido en un extremo ($\beta = 90^\circ$ y $\alpha = 0^\circ$): $\vec{B}_E = \dfrac{\mu_0 n I}{2} = \dfrac{\mu_0 N I}{2\ell}\vec{u}$

El campo magnético tiene la dirección del vector $\vec{u}$, unitario según eje del solenoide y su sentido, depende del sentido de circulación de la corriente I que recorre el solenoide.

- Solenoide toroidal: $\vec{B} = \dfrac{\mu_o N I}{2\pi R}\vec{u}_\theta$; $\vec{u}_\theta$ unitario tangencial ; R radio medio del toroide.

4. TEOREMA DE AMPÈRE. COMPARACIÓN ENTRE $\vec{E}$ y $\vec{B}$

■ TEOREMA DE AMPÈRE

La circulación del campo magnético a lo largo de una trayectoria cerrada C, es igual a la permeabilidad magnética del vacío multiplicada por la suma algebraica de las intensidades de corrientes eléctricas, que cortan cualquier superficie S simplemente conexa apoyada en la citada trayectoria cerrada C:

$$\oint_C \vec{B}\cdot d\vec{\ell} = \mu_0 \iint_S \vec{J_T}\cdot d\vec{S} = \mu_0\, \Sigma\, I_T;\ \text{siendo:} \vec{J_T} = \vec{J} + \vec{J_a} + \vec{J_e} + \vec{J_D}$$

Las corrientes totales se obtienen mediante la suma de la corriente real, la corriente aparente de polarización, la corriente de imantación y la corriente de desplazamiento.

■ **COMPARACIÓN ENTRE CAMPO ELECTROSTÁTICO Y CAMPO MAGNÉTICO**

	$\vec{E}$ **CAMPO ELECTROSTÁTICO**	$\vec{B}$ **CAMPO MAGNÉTICO**
DEFINICIÓN	$\vec{E} = -\text{grad}\, V = -\vec{\nabla} V$ $V \equiv$ Potencial Escalar de $\vec{E}$	$\vec{B} = \text{rot}\,\vec{A} = \vec{\nabla} \wedge \vec{A}$ $\vec{A} \equiv$ Potencial Vector de $\vec{B}$
EXPRESIÓN	$\vec{E} = \frac{q}{4\pi\varepsilon_o}\frac{\vec{r}}{r^3} = \frac{q}{4\pi\varepsilon_o}\frac{\vec{u_r}}{r^2}$ $\vec{E}$ tiene dirección radial $\vec{u_r} = \frac{\vec{r}}{r}$	Carga móvil: $\vec{B} = \frac{\mu_o}{4\pi}\frac{q[\vec{v}\wedge\vec{r}]}{r^3} \Rightarrow \vec{B} \perp$ a $\vec{v}$ y $\vec{r}$ Corriente: $\vec{B} = \frac{\mu_o I}{4\pi}\int_L \frac{d\vec{\ell}\wedge\vec{r}}{r^3} \Rightarrow \vec{B} \perp$ a $d\vec{\ell}$ y $\vec{r}$
CARACTERÍSTICA FUNDAMENTAL	Existen aisladas cargas eléctricas positivas y cargas negativas.	No existen aislados polos magnéticos positivos, ni existen aislados polos magnéticos negativos.
FUENTES	Creado por cargas eléctricas, que no han de ser necesariamente móviles. Fuentes de $\vec{E}$ son de naturaleza escalar	Creado por corrientes eléctricas, o por cargas eléctricas móviles, o también por imanes. Fuentes de $\vec{B}$ son de naturaleza vectorial $\vec{J}_T$
CIRCULACIÓN	$\oint_C \vec{E}\cdot d\vec{\ell} = 0 \Rightarrow \vec{E}$ CONSERVATIVO $C \equiv$ línea cerrada	$\oint_C \vec{B}\cdot d\vec{\ell} = \mu_0 \iint_S \vec{J_T}\cdot d\vec{S} = \mu_0 \Sigma I_T$ TEOREMA AMPÈRE DENSIDAD DE CORRIENTE ELÉCTRICA TOTAL $\vec{J_T} = \vec{J} + \vec{J_a} + \vec{J_e} + \vec{J_D}$ $S \equiv$ superficie cualquiera apoyada en línea cerrada C
FLUJO	$\Phi_E = \oiint_S \vec{E}\cdot d\vec{S} = \iiint_\tau \text{div}\vec{E}\, d\tau = \frac{\Sigma q_{i_T}}{\varepsilon_o} \neq 0$ TEOREMA GAUSS	$\Phi_B = \oiint_S \vec{B}\cdot d\vec{S} = \iiint_\tau \text{div}\vec{B}\, d\tau = 0$ TEOREMA GAUSS $\tau \equiv$ volumen interior a la superficie cerrada S
DIVERGENCIA	$\nabla\cdot\vec{E} = \text{div}\vec{E} = \frac{\rho_T}{\varepsilon_0} = \frac{\rho}{\varepsilon}$; $\rho_T = \rho + \rho_P$ ρ_T= c. Total; ρ= c. Libre; ρ_P= c. Polarización	$\nabla\cdot\vec{B} = \text{div}\,\vec{B} = 0 \Rightarrow \vec{B}$ SOLENOIDAL ≡ ADIVERGENTE
ROTACIONAL	$\text{rot}\,\vec{E} = \vec{\nabla}\wedge\vec{E} = \vec{0}$; $\Rightarrow \vec{E}$ IRROTACIONAL	$\text{rot}\,\vec{B} = \vec{\nabla}\wedge\vec{B} = \mu_0\vec{J_T} \neq \vec{0}$; $\vec{J_T} = \vec{J} + \vec{J_a} + \vec{J_e} + \vec{J_D}$
ACCIÓN SOBRE LA CARGA q'	$\vec{F_E} = q'\,\vec{E}$;aunque q' sea inmóvil $\vec{v'} = \vec{0}$	$\vec{F_B} = q'[\vec{v'}\wedge\vec{B}]$; q' ha de ser móvil $\vec{v'} \neq \vec{0}$
LÍNEAS CAMPO	Son radiales, abiertas y discontinuas. Nacen en + Q y mueren en – Q.	Son siempre cerradas y además continuas. No tienen ni principio, ni tampoco final.

5. ACCIONES DEL CAMPO MAGNÉTICO. POSICIÓN DE EQUILIBRIO

■ **ACCIÓN SOBRE UNA CARGA ELÉCTRICA EN MOVIMIENTO**

Toda carga eléctrica q, móvil $\vec{v}$, que se desplaza en el seno de un campo magnético uniforme, está sometida a la acción de una fuerza magnética expresada mediante la Ley de Lorentz: $\vec{F}_{\text{MAGNÉTICA}} = q\,[\vec{v}\wedge\vec{B}]$ la fuerza es $\perp$ al plano formado por $\vec{v}$ y $\vec{B}$.

■ **ACCIÓN ENTRE CARGAS ELÉCTRICAS MÓVILES**

La carga móvil $q_1\,[\vec{v_1}]$ crea $\vec{E}$ y $\vec{B}$, ambos campos actúan sobre la carga móvil $q_2\,[\vec{v_2}]$

$$\vec{F}_{\text{MAGNÉTICA}} = q_2\vec{v_2}\wedge\vec{B} = q_2\vec{v_2}\wedge\left[\frac{\mu_0}{4\pi}q_1\frac{[\vec{v_1}\wedge\vec{r}]}{r^3}\right] = \frac{\mu_0}{4\pi}\frac{q_1 q_2}{r^3}\left[[\vec{v_2}\cdot\vec{r}]\,\vec{v_1} - [\vec{v_1}\cdot\vec{v_2}]\,\vec{r}\right]$$

$$\overrightarrow{F}_{TOTAL} = \vec{F}_{ELÉCTRICA} + \vec{F}_{MAGNÉTICA} = q_1\vec{E} + q_2\overrightarrow{v_2} \wedge \vec{B} = \frac{q_1 q_2}{4\pi r^3}\left[\left(\frac{1}{\varepsilon_0} - \mu_0 \overrightarrow{v_1} \cdot \overrightarrow{v_2}\right)\vec{r} + \mu_0[\overrightarrow{v_2} \cdot \vec{r}]\,\vec{v}_1\right]$$

Si las cargas eléctricas q_1 y q_2 tienen el igual signo y además se cumple: $\overrightarrow{v_1} = \overrightarrow{v_2} = \vec{v}$

$$\overrightarrow{F}_{MAGNÉTICA} = -\varepsilon_0\,\mu_0\,v^2 \cdot \overrightarrow{F}_{ELÉCTRICA} = -\frac{v^2}{c_0^{\,2}}\overrightarrow{F}_{ELÉCTRICA} = -\frac{v^2}{c_0^{\,2}}\frac{q_1 q_2}{4\,\pi\,r^3}\vec{r}\,;\ c_0 = \text{velocidad de la luz.}$$

Siendo $\vec{r} = \overrightarrow{P_{q_1}P_{q_2}} = [x_{q_2} - x_{q_1}]\,\vec{i} + [y_{q_2} - y_{q_1}]\,\vec{j} + [z_{q_2} - z_{q_1}]\,\vec{k}$ en coordenadas cartesianas.

■ **ACCIÓN ENTRE DOS CONDUCTORES RECTILÍNEOS, INDEFINIDOS Y PARALELOS**

Acción por unidad de longitud ℓ entre los conductores recorridos por I_1= cte, I_2= cte.

$$|f| = \frac{|\overrightarrow{F}|}{\ell} = \frac{\mu_o}{2\pi}\frac{I_1\,I_2}{d} \text{ cuando } I_1 \text{ e } I_2 \text{ tienen} \begin{cases} \text{Mismo sentido} \Rightarrow \text{Fuerza de atracción} \\ \text{Opuesto sentido} \Rightarrow \text{Fuerza de repulsión} \end{cases}$$

■ **ACCIÓN SOBRE UN CONDUCTOR ELÉCTRICO**

Todo conductor, de longitud ℓ, recorrido por una intensidad de corriente eléctrica I, situado en el interior de un campo magnético, está sometido a una fuerza: $\vec{F} = I\int_\ell d\vec{\ell} \wedge \vec{B}$

Conductor rectilíneo, si $\vec{B} = \overrightarrow{cte} \Rightarrow \vec{F} = I\,\ell\,\overrightarrow{u_\ell} \wedge \vec{B}$

Conductor cerrado, si $\vec{B} = \overrightarrow{cte} \Rightarrow \vec{F} = \vec{0}$

■ **ACCIÓN SOBRE UN CIRCUITO ELÉCTRICO**

Cuando un circuito eléctrico de sección S, recorrido por una corriente I, con momento magnético $\overrightarrow{m} = N\,I\,\vec{S}$ está situado dentro de un campo magnético $\vec{B}$, se ejercen sobre él dos acciones, par de giro y fuerza (Torsor), tal que la espira gira hasta que se alinea su vector superficie con $\vec{B}$, llevando al circuito a alcanzar su posición de equilibrio.

Par de giro: $\overrightarrow{M} = N\,I\;\vec{S} \wedge \vec{B} = \vec{m} \wedge \vec{B}$; Fuerza: $\vec{F} = \vec{\nabla}[\vec{m} \cdot \vec{B}] = -\vec{\nabla}\,[E_{POTENCIAL}]$

■ **POSICIÓN DE EQUILIBRIO DE CIRCUITO ELÉCTRICO SITUADO EN EL INTERIOR DE $\vec{B}$**

Todo circuito eléctrico, móvil, situado en el interior de un campo magnético, tiende espontáneamente al equilibrio, buscando la posición de mínima energía potencial.

La energía potencial se expresa mediante la ecuación:

$$E_{POT} = -\overrightarrow{m} \cdot \vec{B} = -\,I\,\Phi\,;\ d\,W_{EXTERIORES} = -\,d\,E_{POTENCIAL} \Rightarrow \vec{F} = \vec{\nabla}\,[\vec{m} \cdot \vec{B}] = -\vec{\nabla}\,E_{POTENCIAL}$$

Cuando $\vec{B}$ y $\vec{S}$ forman ángulo $\varphi = 0°$ $\Rightarrow$ Equilibrio Estable $\Rightarrow$ $\Phi_{MAGNÉTICO}$ = Máximo

El mínimo de energía potencial se alcanzará en posiciones donde el flujo magnético sea máximo. Entonces el campo magnético y el vector superficie del circuito eléctrico se alinean hasta tener la misma dirección y sentido.

A igual conclusión se llega, al analizar la posición de equilibrio considerando las denominadas cara norte y cara sur de los circuitos. La cara sur de un circuito es aquella cuyo sentido de circulación de la corriente eléctrica es horario y la cara de un circuito norte es la que tiene sentido de circulación de la corriente antihorario:

Todo circuito eléctrico situado en el interior de un campo magnético $\vec{B}$, se orienta de modo que el flujo magnético creado por dicho campo magnético, que penetre por su cara sur, sea máximo.

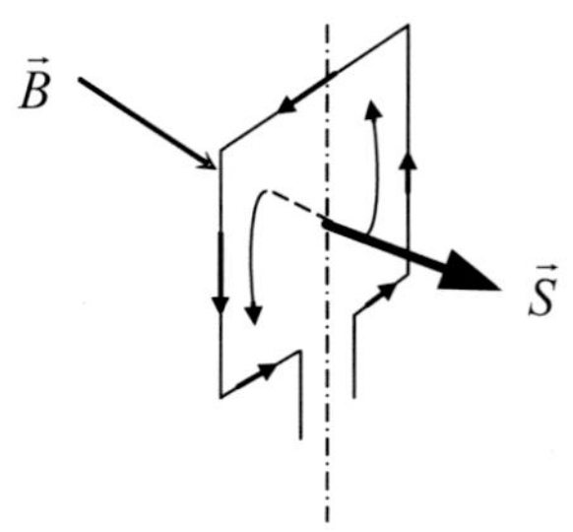

CARA NORTE

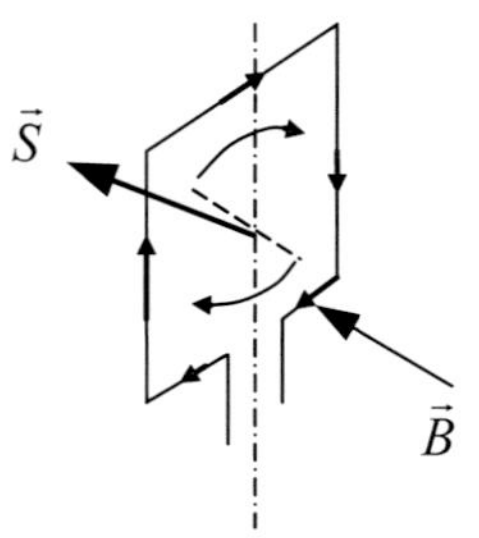

CARA SUR

CUESTIONES

5.1. Los campos eléctrico y magnético creados en un mismo punto del espacio por una carga eléctrica puntual en movimiento:

A) Son paralelos.
B) Son perpendiculares entre sí.
C) Pueden formar cualquier ángulo.
D) Se cruzan.

5.2. La condición de sincronismo en un ciclotrón se cumple cuando:

A) Coincide la pulsación de la tensión alterna del oscilador con la velocidad angular de la partícula en el ciclotrón.
B) La carga específica de la partícula acelerada se mantiene constante.
C) El campo magnético aplicado es constante.
D) La masa de la partícula es relativamente pequeña.

5.3. La acción mecánica que ejerce un campo magnético uniforme sobre una espira recorrida por una corriente eléctrica constante es:

A) Una fuerza no nula.
B) Un momento de giro no nulo.
C) Una fuerza y un momento.
D) Siempre una fuerza constante.

5.4. Dos espiras de Helmholtz recorridas por corrientes eléctricas constantes:

A) Se atraen si están recorridas por corrientes del mismo sentido.
B) Se atraen si están recorridas por corrientes de sentido contrario.
C) No sufren acciones mutuas.
D) Solo sufren acciones mutuas si la corriente eléctrica es alterna.

5.5. Cuando un campo magnético actúa sobre una carga eléctrica en movimiento:

A) Aumenta el módulo de la velocidad de la carga.
B) Aumenta la energía cinética.
C) Describe siempre una órbita circular
D) Describe siempre una órbita helicoidal cuyo paso puede ser nulo.

5.6. Para que una carga eléctrica pueda producir campo magnético:

A) Es necesario que esté en movimiento.
B) Es necesario que esté en reposo.
C) Es necesario que el signo de la carga sea positivo.
D) Las cargas eléctricas solo producen campos eléctricos.

5.7. El campo magnético producido por un solenoide recorrido por una corriente eléctrica, a lo largo de su eje interior:

A) Es constante en todos los puntos.
B) Es mayor en el centro que en los extremos.
C) Es mayor en los extremos que en el centro.
D) Un solenoide no produce campo magnético.

5.8. Un campo magnético cumple con la siguiente condición:

A) Es conservativo.
B) La circulación a través de cualquier línea cerrada es nula.
C) El flujo a través de cualquier superficie cerrada es nulo.
D) Ninguna de las anteriores.

5.9. Las líneas de campo magnético generadas por un solenoide:

A) No se cierran sobre el solenoide.
B) Se cerrarán sobre el solenoide siempre.
C) Se cerrarán solo si en el interior del solenoide hay dipolos magnéticos.
D) No se cerrarán si los dipolos magnéticos están orientados al azar.

5.10. La unidad de flujo de campo magnético en el S.I. es:

A) Oersted.
B) Maxwell.
C) Weber.
D) Gauss.

5.11. El coeficiente de autoinducción de un solenoide depende de:

A) La intensidad de corriente eléctrica que circula.
B) Del flujo magnético que crea.
C) Tanto de la intensidad eléctrica como del campo magnético.
D) De sus característica físicas y geométricas.

5.12. El tiempo que una partícula eléctrica cargada tarda en dar una vuelta en el interior de un ciclotrón:

A) Es mayor cuanto mayor es el radio de la trayectoria.
B) Es menor cuanto mayor es el radio de la trayectoria.
C) Es siempre constante.
D) Depende de la velocidad inicial.

5.13. Una espira circular recorrida por una corriente constante, al someterse a la acción de un campo magnético $\vec{B}$ no uniforme:

A) Solamente se sitúa con su plano perpendicular al campo magnético.
B) Solamente sufre la acción de una fuerza.
C) Se sitúa de forma que el flujo magnético que penetra por su cara "norte" sea máximo.
D) Sufre la acción de un torsor mecánico tal que la espira gira hasta que se alinea su vector superficie con $\vec{B}$ y se desplaza hacia la región del espacio donde $\vec{B}$ es mayor.

5.14. El efecto de un campo magnético uniforme sobre una carga eléctrica que se mueve en la zona donde actúa dicho campo es:

A) Alterar la energía cinética de la carga.
B) Alterar el módulo de la velocidad.
C) Hacerle describir un movimiento helicoidal.
D) Hacerle describir sólo una órbita circular.

5.15. El número de vueltas que da una partícula cargada en un ciclotrón es:

A) Independiente de su carga.
B) Independiente tanto de su carga como de su masa.
C) No es función del campo magnético.
D) Proporcional a la carga específica (q/m) de la partícula.

PROBLEMA 5.1

Una partícula cargada con una carga q^+ y masa m, se desplaza con una velocidad constante de valor $\vec{v} = v\,\vec{k}$. En su movimiento entra en una zona del espacio donde existe un campo magnético de valor $\vec{B} = -B\,\vec{i}$. Determinar:

1º. Fuerza que actúa sobre la partícula.

2º. Trayectoria descrita por la partícula, indicando radio y velocidad angular.

3º. Energía cinética de la partícula antes y después de la acción de $\vec{B}$.

Ahora sobre la partícula de masa m, cargada $q^+ = 1$ m C, móvil $\vec{v} = 0{,}1\,\vec{i} + 1\,\vec{j}$ m s^{-1} actúa un campo electrostático $\vec{E} = -E\,\vec{i}$. En este caso obtener:

4º. Fuerza que actúa sobre la partícula.

5º. Trayectoria que describe la partícula.

Supongamos a continuación, que la partícula de masa 1g y de carga q=1m C se desplaza con velocidad $\vec{v} = 0{,}1\,\vec{i} + 1\,\vec{j}$ m s^{-1} en una región del espacio donde solamente existe un campo magnético $\vec{B} = 0{,}1\,\vec{i}$ T. Calcular:

6º. Fuerza que actúa sobre la partícula.

7º. Trayectoria descrita por la partícula.

8º. Energía cinética de la partícula antes y después de la acción de $\vec{B}$.

Por último, sobre la partícula móvil $\vec{v} = 0{,}1\,\vec{i} + 1\,\vec{j}$ de masa 1g y de carga q=1m C actúan conjuntamente los campos magnético $\vec{B} = 0{,}1\,\vec{i}$ T y eléctrico $\vec{E} = 0{,}01\,\vec{i}$ Vm^{-1}. Hallar:

9º. Fuerza y trayectoria de la partícula móvil

NOTA. Se desprecia la acción del campo gravitatorio terrestre.

SOLUCIÓN

1º. Fuerza que actúa sobre la partícula

Sobre la partícula de masa m, cargada q^+, móvil de velocidad constante $\vec{v} = v\,\vec{k}$, actúa un campo magnético $\vec{B} = -B\,\vec{i}$ cuya fuerza viene dada por la Ley de Lorentz:

$$\vec{F} = q\,[\vec{v} \wedge \vec{B}] = \begin{vmatrix} \vec{i} & \vec{j} & \vec{k} \\ 0 & 0 & v \\ -B & 0 & 0 \end{vmatrix} = -\,q\,v\,B\,\vec{j}$$ fuerza es de módulo constante $\perp$ a la trayectoria.

2º. Trayectoria descrita por la partícula indicando radio y velocidad angular

MÉTODO 1º

La trayectoria realizada por la partícula material cargada eléctricamente se obtiene mediante la segunda Ley de Newton: $F = m\,a = m\,\dfrac{v^2}{R} = q\,v\,B$.

La fuerza es normal a la trayectoria y su módulo constante, sobre la partícula actúa una aceleración centrípeta $a = \omega^2 R = \dfrac{v^2}{R} = \text{cte}$.

Trayectoria descrita CIRCULAR UNIFORME EN EL PLANO ZOY, SU RADIO: $R = \dfrac{m\,v}{q\,B}$.

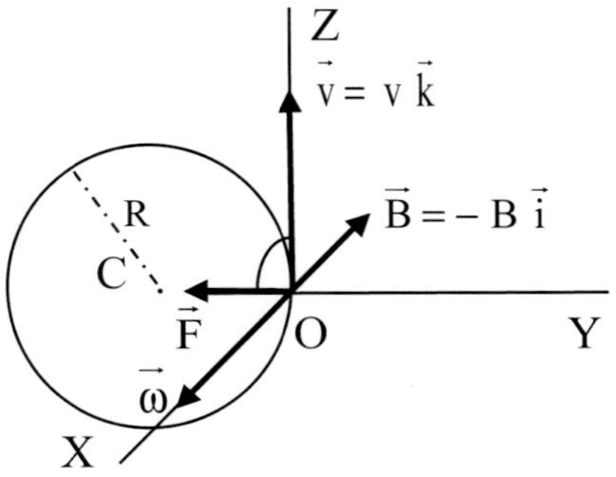

La velocidad angular está determinada por: $\vec{F} = m\,\vec{a} = m\,\vec{a}_C = m[\vec{\omega} \wedge \vec{v}] = q[\vec{v} \wedge \vec{B}]$

Despejando la velocidad angular es: $\vec{\omega} = -\dfrac{q}{m}\,\vec{B} = \dfrac{q}{m}\,B\,\vec{i}$

MÉTODO 2º

Ecuaciones diferenciales del movimiento mediante la segunda Ley de Newton:

Condiciones de contorno: $\vec{B} = B(-\vec{i})$

$$\forall\, t = 0 \ ; \ \text{POSICIÓN}\ x_o = 0 \ ; \ y_o = 0 \ ; \ z_o = 0$$

$$\text{VELOCIDAD} \ ; \ v_{x_o} = 0 \ ; \ v_{y_o} = 0 \ ; \ v_{z_o} = v\vec{k} \ ; \ v = \text{cte}.$$

$$v^2 = \left(\frac{dx}{dt}\right)^2 + \left(\frac{dy}{dt}\right)^2 + \left(\frac{dz}{dt}\right)^2 \qquad (1)$$

Fuerza de magnética de Lorentz es:

$$\vec{F} = q[\vec{v} \wedge \vec{B}] = \begin{vmatrix} \vec{i} & \vec{j} & \vec{k} \\ \dfrac{dx}{dt} & \dfrac{dy}{dt} & \dfrac{dz}{dt} \\ -B & 0 & 0 \end{vmatrix} = B\frac{dy}{dt}\vec{k} - B\frac{dz}{dt}\vec{j} \qquad (2)$$

Se aplica la segunda Ley de Newton teniendo en cuenta que la única fuerza que actúa es la Fuerza de Lorentz, $F_x = m\frac{d^2x}{dt^2} = 0 \to \frac{dx}{dt} = \frac{C_1}{m} \to \forall\, t = 0 \ ; \ v_{x_o} = 0 \to C_1 = 0$

$$x = C_2 \rightarrow \forall t = 0 \ ; \ x_o = 0 \rightarrow C_1$$

Al ser x = 0 implica que la trayectoria se desarrolla en el plano YOZ

$$F_y = m\frac{d^2y}{dt^2} = -qB\frac{dz}{dt} \qquad (3)$$

Integrando la ecuación (3) se obtiene,

$$\frac{dy}{dt} = -\frac{qB}{m}z + C_3 \rightarrow \forall t = 0 \ ; \ z_o = 0 \ ; \ v_{y_o} = 0 \rightarrow C_3 = 0$$

$$\frac{dy}{dt} = -\frac{qB}{m}z \qquad (4)$$

Para la componente "z" de la fuerza, teniendo en cuenta la ecuación (2), resulta,

$$F_z = m\frac{d^2z}{dt^2} = -qB\frac{dy}{dt} \qquad (5)$$

Ahora, integrando (5)

$$\frac{dz}{dt} = \frac{qB}{m}y + C_5 \rightarrow \forall t = 0 \ ; \ y_o = 0 \ ; v_{z_o} = v \ ; \ C_5 = v \rightarrow \frac{dz}{dt} = \frac{qB}{m}y + v \qquad (6)$$

• Ecuación paramétrica de la coordenada "z"

Sustituyendo la ecuación (4) en la (5) se obtiene,

$$\frac{d^2z}{dt^2} = -\frac{qB}{m}\frac{dy}{dt} = -\frac{q^2B^2}{m^2}z \rightarrow \frac{d^2z}{dt^2} + \frac{q^2B^2}{m^2}z = 0 \qquad (6)$$

Es una ecuación diferencial de segundo orden, de coeficientes constantes, homogénea.

Haciendo previamente el cambio, $\omega = \frac{qB}{m}$, tiene como solución general, $z = A\text{sen}(\omega t + \phi)$

Para averiguar los parámetros amplitud A y fase inicial ϕ se aplican las condiciones de contorno iniciales,

$$\forall t = 0 \rightarrow z = 0 = A\text{sen}(\phi) \ ; \ \forall t = 0 \rightarrow \frac{dz}{dt} = \omega A\cos(\phi) = v$$

De la primera condición se deduce que $\phi = 0$, y de la segunda condición, $A = \frac{v}{\omega}$

Entonces, $z = \frac{v}{\omega}\text{sen}(\omega t) \qquad (7)$

• Ecuación paramétrica de la coordenada "y"

En la ecuación (4), se sustituye la ecuación (7)

$$\frac{dy}{dt} = -\frac{qB}{m}z = -v\text{sen}(\omega t)$$

$$y = \frac{v}{\omega}\cos(\omega t) + C_5 \rightarrow \forall t = 0 \ ; \ y_o = 0 \rightarrow C_5 = -\frac{v}{\omega} \rightarrow y = \frac{v}{\omega}\cos(\omega t) - \frac{v}{\omega} \qquad (8)$$

Eliminando el parámetro tiempo en las ecuaciones (7) y (8) se obtiene la trayectoria en coordenadas cartesianas, $z^2 + y^2 + \frac{2v}{\omega}y = 0$, la cual representa una circunferencia de centro (-v/ω, 0) y radio R= v/ω= mv/qB.

A este mismo resultado se llegaría utilizando la ecuación (1) y sustituyendo en ella las ecuaciones (4) y (6) $(-\frac{qB}{m}z)^2 + \left(\frac{qB}{m}y + v\right)^2 = v^2$

Desarrollando los paréntesis se tiene, y haciendo nuevamente el cambio, $\omega = \frac{qB}{m}$ resulta,

$$\omega^2 z^2 + \omega^2 y^2 + 2\omega v y + v^2 = v^2 \rightarrow z^2 + y^2 + \frac{2v}{\omega}y = 0$$

3º. Energía cinética de la partícula antes y después de la acción de $\vec{B}$

Antes de antes de entrar en $\vec{B}$ la energía cinética es $E_c = \frac{1}{2} m v^2$=cte.

Dentro del campo magnético la aceleración es normal, no hay aceleración tangencial, el módulo de la velocidad permanece constante. Sólo hay un cambio en la trayectoria descrita por la partícula y su energía cinética es invariable, por tanto, E_{cin} = cte.

4º. Fuerza que actúa sobre la partícula

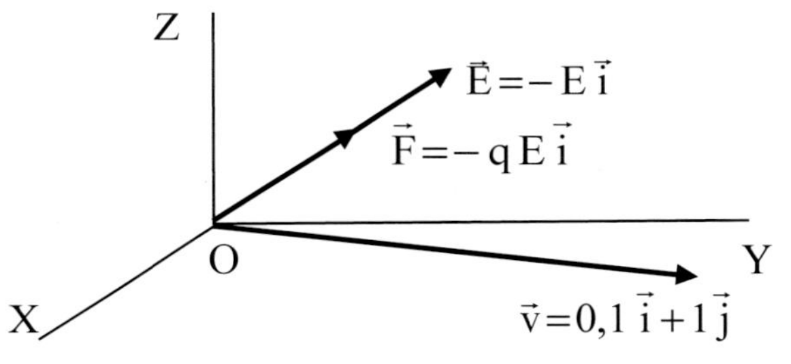

Cuando, actúa un campo electrostático sobre la partícula cargada móvil con velocidad $\vec{v}=0{,}1\,\vec{i}+1\,\vec{j}$, la expresión de la fuerza es: $\vec{F}=-qE\,\vec{i}$, dicha fuerza actúa siempre en la dirección del campo electrostático.

5º. Trayectoria que describe la partícula

La trayectoria descrita por la partícula móvil $\vec{v}=0{,}1\,\vec{i}+1\,\vec{j}$ se obtiene como composición de dos movimientos rectilíneos, según los ejes:

- OX: aceleración $a=\frac{qE}{m}$=cte, debida al campo eléctrico en sentido opuesto al vector unitario $\vec{i}$; por lo tanto, la abscisa en función del tiempo es: $x = -\frac{1}{2}a t^2 = -\frac{qE}{2m}t^2$ [1]

- OY: su velocidad constante es v_y=1 m s^{-1}, según el enunciado, en el sentido del vector unitario $\vec{j}$; la ordenada en función del tiempo es: $y = v_y\, t$ [2]

- Trayectoria: se obtiene eliminando el tiempo de las dos ecuaciones [1] y [2]:

$$x = -\frac{q\,E}{2\,m\,v_y^2}\,y^2$$ PARÁBOLA DE EJE OX CONTENIDA EN EL PLANO XOY.

6º. Fuerza que actúa sobre la partícula

La fuerza que actúa sobre la partícula cargada $q^+ = 1\,mC$ y velocidad $\vec{v} = 0{,}1\,\vec{i} + 1\,\vec{j}\ m\,s^{-1}$, dentro del campo magnético $\vec{B} = 0{,}1\,\vec{i}$ T, viene dada por la Ley de Lorentz es:

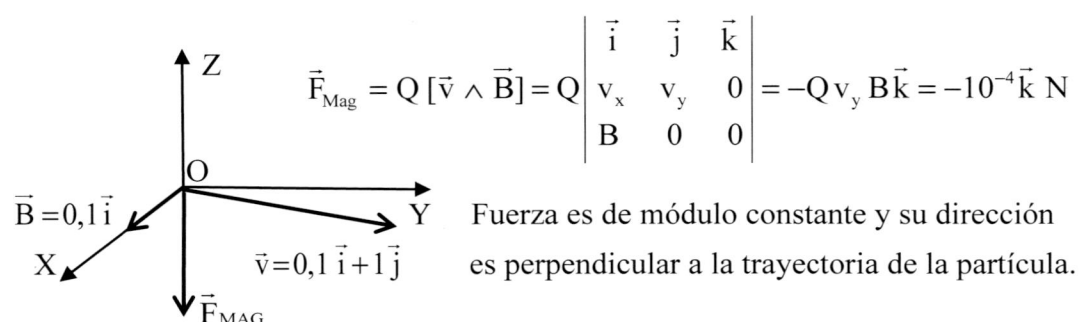

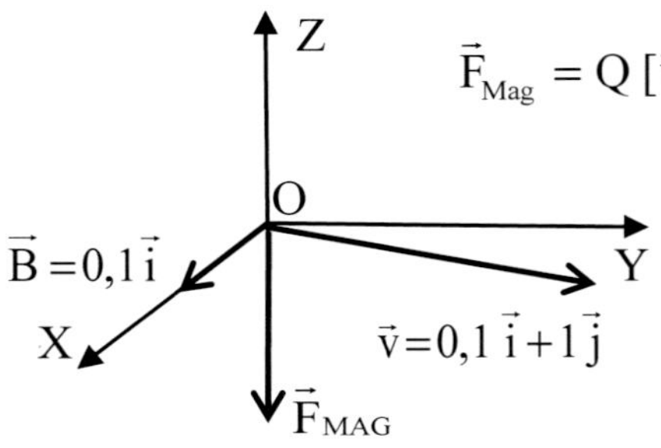

$$\vec{F}_{Mag} = Q\,[\vec{v} \wedge \vec{B}] = Q\begin{vmatrix} \vec{i} & \vec{j} & \vec{k} \\ v_x & v_y & 0 \\ B & 0 & 0 \end{vmatrix} = -Q\,v_y\,B\,\vec{k} = -10^{-4}\,\vec{k}\ N$$

Fuerza es de módulo constante y su dirección es perpendicular a la trayectoria de la partícula.

7º. Trayectoria descrita por la partícula

La trayectoria de la partícula se halla como composición de dos movimientos:

Circular uniforme alrededor del eje OX debido al campo magnético B y a la componente v_y, actúa sobre la partícula una aceleración centrípeta cte.

$$F_{Mag} = m\,a_c = m\,\frac{v_y^2}{R} = Q\,v_y\,B \Rightarrow R = \frac{m\,v_y}{Q\,B} = 10\ m$$ radio de trayectoria

Velocidad angular se determina por: $\vec{F}_{Mag} = m\,\vec{a}_c = m[\vec{\omega} \wedge \vec{v_y}] = Q[\vec{v_y} \wedge \vec{B}]$

Despejando, la velocidad angular es: $\vec{\omega} = -\frac{Q}{m}\,\vec{B} = -\frac{Q}{m}\,B\,\vec{i} \Rightarrow \omega = 0{,}1\ rad\ s^{-1}$

Rectilíneo uniforme en dirección de eje OX, debido a la componente de la velocidad v_x, la partícula avanza en la dirección de dicho eje OX, $x = v_x \cdot t = 0{,}1 \cdot t$

La composición de los dos movimientos: rectilíneo uniforme en dirección de eje OX y circular uniforme en plano ZOY alrededor del eje OX, da un movimiento resultante cuya trayectoria es una HÉLICE CILÍNDRICA DE BASE CIRCULAR CUYO EJE ES OX.

Periodo (T) del movimiento circular uniforme: $T = \frac{2\pi}{\omega} = \frac{2\,\pi\,m}{Q\,B} = 62{,}83\ s$

Paso de hélice: $p = v_x\,T = v_x\,\frac{2\,\pi\,m}{Q\,B} = 6{,}28\ m$

8º. Energía cinética de la partícula antes y después de la acción de $\vec{B}$

Antes de entrar en el campo magnético el módulo de la velocidad es constante E_c=cte.

Tras entrar en campo magnético hay cambio en la trayectoria de la partícula, la aceleración es normal, no hay aceleración tangencial, la energía cinética $E_c = \frac{1}{2} m v^2 =$ cte

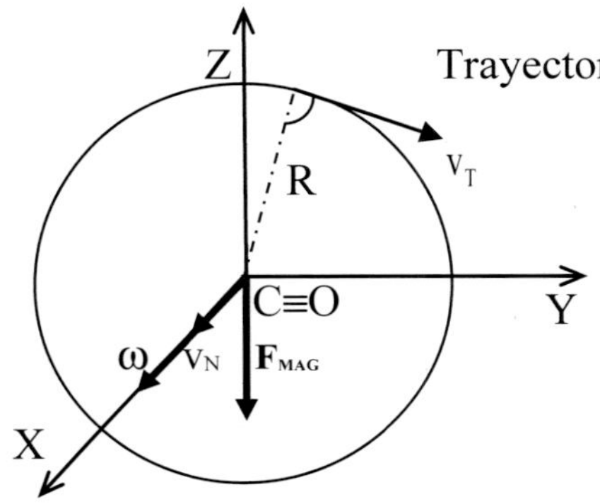

Trayectoria circular velocidad tangencial $v_T = \omega R = \frac{QB}{m}\frac{m v_y}{QB} = v_y$

Trayectoria circular velocidad normal $v_N = v_X =$ cte

$v^2 = v_T^2 + v_N^2 = 1^2 + 0{,}1^2 = 1{,}01$

$E_c = \frac{1}{2} m v^2 = 0{,}505 \cdot 10^{-3}$ J= cte.

9º. Fuerza y trayectoria de la partícula móvil

La fuerza total sobre la partícula móvil $\vec{v} = 0{,}1\,\vec{i} + 1\,\vec{j}\ \mathrm{ms^{-1}}$, m=1g, carga q^+=1 mC se debe a la existencia conjunta de campos eléctrico $\vec{E} = 0{,}01\,\vec{i}\ \mathrm{Vm^{-1}}$ y magnético $\vec{B} = 0{,}1\,\vec{i}$ T.

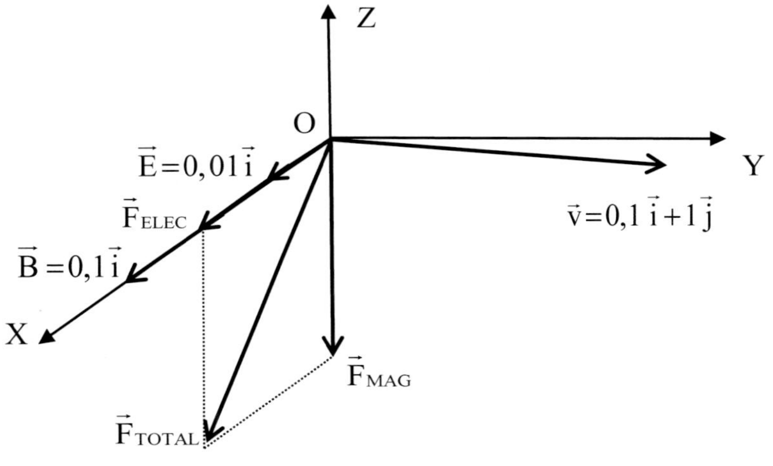

<u>**MÉTODO 1º**</u>

$$\vec{F}_T = \vec{F}_{ELEC} + \vec{F}_{MAG} = QE\vec{i} + Q[\vec{v} \wedge \vec{B}] = QE\vec{i} - Q v_y B\vec{k} = Q[E\vec{i} - v_y B\vec{k}] = 10^{-5}[\,\vec{i} - 10\,\vec{k}]\ \mathrm{N}$$

La trayectoria se obtiene como composición de dos movimientos:

Rectilíneo en dirección del eje OX, debido a la suma de dos:

Según v_X componente de la velocidad de la partícula móvil, la abscisa es $x = v_X \cdot t$.

La fuerza eléctrica: $\vec{F}_{ELEC} = Q\,E\vec{i} = 10^{-5}\vec{i}$ N ; $F_{ELEC} = m\,a_x = Q\,E \Rightarrow a_x = \frac{10^{-5}}{10^{-3}} = 0{,}01\ \mathrm{m\,s^{-2}}$.

Debido a a_X la aceleración de la fuerza eléctrica, la abscisa es $x = \frac{1}{2} a_x t^2$

La suma de las dos abscisas resulta: $x = v_x \cdot t + \frac{1}{2} a_x t^2 = 0{,}1 \cdot t + \frac{1}{2} 0{,}01 \cdot t^2$ m.

Circular uniforme en plano ZOY, alrededor de eje OX, velocidad angular se halla a partir de la fuerza magnética:

$$\vec{F}_{Mag} = m\vec{a}_c = m\,[\vec{\omega} \wedge \vec{v}_y] = Q\,[\vec{v}_y \wedge \vec{B}] \Rightarrow \vec{\omega} = -\frac{Q}{m} B\,\vec{i} \Rightarrow \omega = 0{,}1 \text{ rad s}^{-1}$$

<u>La trayectoria conjunta</u> del movimiento, se obtiene al componer los dos movimientos anteriores, su resultado es HÉLICE CILÍNDRICA DE BASE CIRCULAR DE EJE OX.

<u>Periodo</u> (T) del movimiento circular uniforme: $T = \frac{2\pi}{\omega} = \frac{2\,\pi\, m}{Q\, B} = 62{,}83$ s

<u>Paso de hélice:</u> $p' = v_x\, T + \frac{1}{2} a_x T^2$

Sustituyendo: $v_x = 0{,}1\, ms^{-1}$, T y $a_x = 0{,}01\, ms^{-1}$, en la ecuación del paso de hélice, resulta:

$$p' = v_x \frac{2\,\pi\, m}{Q\, B} + \frac{1}{2}\frac{Q\, E}{m}\left[\frac{2\,\pi\, m}{Q\, B}\right]^2 = 6{,}28 + 0{,}5 \cdot 0{,}01 \cdot 62{,}83^2 = 26{,}018 \text{ m}$$

Al mantener iguales la masa, carga y movimiento de la partícula, cuando además de actuar el campo magnético, actúa el campo eléctrico, el movimiento resultante de la partícula sigue siendo igual, cilíndrico helicoidal de eje OX, se conservan el radio, velocidad angular y periodo, pero el paso de la hélice crece debido al campo eléctrico.

<u>MÉTODO 2º</u>

Las ecuaciones paramétricas se van a obtener ahora por integración mediante la aplicación de la segunda Ley de Newton.

En este caso la fuerza magnética de Lorentz es:

$\vec{F} = q\{\vec{E} + [\vec{v} \wedge \vec{B}]\}$ aplicando la 2ª Ley de Newton, la componente en "x" de la fuerza es,

$$F_x = \frac{d^2x}{dt^2} = \frac{qE}{m}$$

Manteniendo las condiciones iniciales, por integración se tiene,

$$\frac{dx}{dt} = \frac{qE}{m} t + C_1 \rightarrow \forall\, t = 0\,;\; v_{x_o} = 0{,}1 \text{ m} \cdot \text{s}^{-1} \rightarrow C_1 = 0{,}1$$

Con la segunda integración se consigue la ecuación paramétrica de la componente "x" del movimiento, $x = \frac{1}{2}\frac{qE}{m} t^2 + v_{x_o} t + C_2 \rightarrow \forall\, t = 0\,;\; x_o = 0 \rightarrow C_2 = 0$

Las otras componentes conservan las ecuaciones paramétricas obtenidas en el apartado **2º**.

Además, teniendo en cuenta que la partícula es móvil $\vec{v} = 0{,}1\,\vec{i} + 1\,\vec{j}\; ms^{-1}$ hay que añadir un movimiento rectilíneo uniformemente acelerado en dirección de eje OX, debido a la componente de la velocidad $v_x = 0{,}1$ m·s^{-1}.

$$x = \frac{1}{2}\frac{qE}{m} t^2 + v_{x_o} t \;\;;\;\; y = \frac{v}{\omega}\cos(\omega t) - \frac{v}{\omega} \;\;;\;\; z = \frac{v}{\omega}\,\text{sen}(\omega t)$$

En conjunto, las tres ecuaciones representan una hélice de base circular que avanza según el eje OX positivo. La partícula avanza acelerándose por la acción del campo eléctrico.

PROBLEMA 5.2

Un circuito cuadrado de lado L, recorrido por una corriente I en el sentido indicado en la figura, tiene un lado coincidente con el eje OX alrededor del cual puede girar, y su plano forma un ángulo diedro "α" con el plano XOZ. Sabiendo que el circuito está en el interior de un campo magnético de valor $\vec{B} = B\,\vec{j}$, se pide determinar:

1°.- Flujo abarcado por el circuito.

2°.- Par dinámico que actúa sobre el circuito.

3°.- Trabajo realizado por el campo hasta alcanzar el circuito la posición de equilibrio.

SOLUCIÓN

1°. Flujo abarcado por el circuito

Tal como puede verse en la figura, el flujo magnético que atraviesa el circuito, está dado por el producto escalar de los dos vectores: $\phi = \vec{B} \cdot \vec{S}$

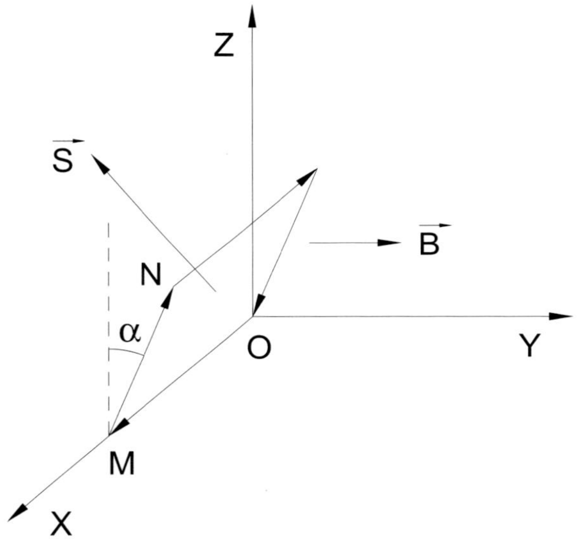

Donde: El campo magnético es $\vec{B} = B\,\vec{j}$,

$\vec{S} = \overrightarrow{OM} \wedge \overrightarrow{MN}$, $\overrightarrow{OM} = L\,\vec{i}$; $\overrightarrow{MN} = L\,\text{sen}\alpha\,\vec{j} + L\cos\alpha\,\vec{k} \Rightarrow \vec{S} = L^2(-\cos\alpha\,\vec{j} + \text{sen}\alpha\,\vec{k})$

En estas condiciones el flujo magnético valdrá:

$\Phi = \vec{B} \cdot \vec{S} = B\,\vec{j} \cdot L^2[-\cos\alpha\,\vec{j} + \text{sen}\alpha\,\vec{k}]$; $\Phi = -B\,L^2\cos\alpha$

2°. Par dinámico que actúa sobre el circuito

El par dinámico que hace girar el circuito a su posición de equilibrio es: $\vec{M} = I\,\vec{S} \wedge \vec{B}$
En nuestro caso:

$$\vec{M} = I \begin{vmatrix} \vec{i} & \vec{j} & \vec{k} \\ 0 & -L^2\cos\alpha & L^2 \text{sen}\alpha \\ 0 & B & 0 \end{vmatrix} = -I\,B\,L^2\,\text{sen}\alpha\;\vec{i}$$

3º. Trabajo realizado por el campo hasta alcanzar el circuito la posición de equilibrio

Método nº1

El primer aspecto a tener en cuenta es dónde se encuentra la posición de equilibrio a la cual tiende espontáneamente el circuito.

Como sabemos por la teoría, toda evolución espontánea de un sistema aislado, tiende al mínimo de energía potencial, en este caso magnética. Es decir, si la expresión de la energía potencial magnética es $E_p = -I\,\Phi$, será mínima cuando el flujo sea máximo, lo cual ocurrirá cuando el vector superficie asociado a la espira y el vector campo magnético sean de la misma dirección y sentido.

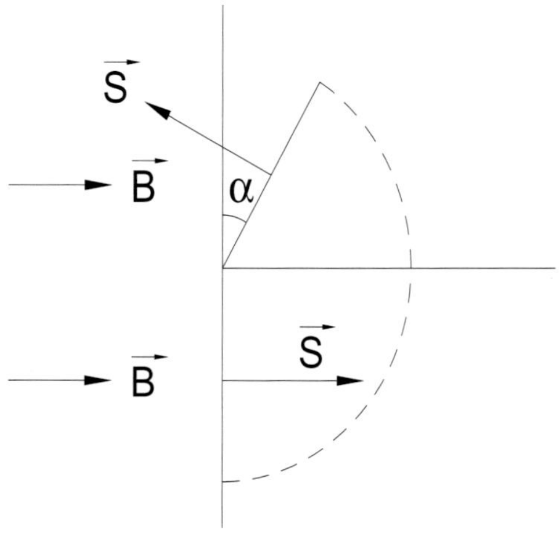

La tendencia a la disminución de la energía potencial magnética genera el trabajo necesario para que el circuito gire sobre el eje OX, alcanzando la posición de equilibrio.

Determinando la energía potencial inicial y la final, su disminución será el trabajo desarrollado.

$E_{p\ \text{Inicial}} = -I\,\Phi_i = -I\,[-BL^2\cos\alpha] = I\,B\,L^2\cos\alpha$

$E_{p\ \text{Final}} = -I\,\Phi_f = -I\,[-B\,L^2\cos\pi\,] = -I\,B\,L^2$

En estas condiciones el trabajo desarrollado es: $W = E_{pi} - E_{pf} = IBL^2[\cos\alpha + 1]$

Puesto que el ángulo varía desde su valor inicial α hasta el valor final π .

Método nº 2

$$dW + dE_P = 0 \;\rightarrow\; dW = -dE_P = -d(-\vec{m}\vec{B}) = d(mB\cos\beta) = -mB\text{sen}\beta d\beta$$

Siendo β el ángulo que forman los vectores campo magnético y momento magnético del circuito, el cual varía entre "π-α" y cero. Integrando el diferencial de trabajo se obtiene,

$$W = -mB\int_{\pi-\alpha}^{0} \text{sen}\beta d\beta = mB[1 + \cos\alpha]$$

También se puede utilizar la relación entre los ángulos, $\beta = \pi - \alpha$, de modo que,

$$dW = d(mB\cos\beta) = d\big(mB\cos(\pi - \alpha)\big) = -d(mB\cos\alpha) = mB\text{sen}\alpha d\alpha$$

$$W = mB\int_{\alpha}^{\pi} \text{sen}\alpha d\alpha = mB[1 + \cos\alpha]$$

Se puede calcular el trabajo de rotación utilizando el par de giro calculado en el apartado 2 e integrando respecto del ángulo α. El recorrido del ángulo es desde "π-α" hasta cero, puesto que el recorrido en ángulo que realiza el plano del circuito.

$$dW = Md\alpha = -mB\text{sen}\alpha d\alpha \quad ; \quad W = mB[\cos\alpha]_{\pi-\alpha}^{0} \rightarrow \; W = mB[1 + \cos\alpha]$$

PROBLEMA 5.3

Dos espiras planas circulares ❶ y ❷, del mismo radio R y de centros respectivos O_1 (0, 0, 0) y O_2 (0, d, 0), están situadas en planos paralelos siendo d >> R. Ambas espiras están recorridas por la misma intensidad, I amperios, en sentidos contrarios. La primera espira en sentido horario y la segunda antihorario, vistas desde el semieje Y positivo en un punto y < d , se pide determinar:

1º. Campo magnético sobre puntos del eje común producido por ambas espiras.

2º. Puntos del eje en donde se anula el campo magnético.

3º. Flujo magnético por cara SUR y cara NORTE, de la espira ❷ indicando si es entrante o saliente.

4º. Energía potencial magnética en la espira ❷.

5º. Fuerza que actúa sobre la espira ❷ indicando si es atractiva o repulsiva.

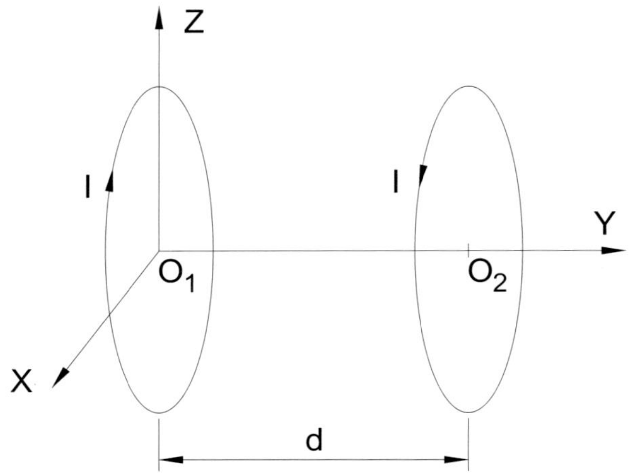

SOLUCIÓN

1º. Campo magnético sobre puntos del eje común producido por ambas espiras

$$\vec{B} = \frac{\mu_0 I}{2} \frac{R^2}{[R^2 + y^2]^{3/2}} \vec{u} \quad ; \quad y \gg R \rightarrow \ \vec{B} = \frac{\mu_0 I}{2} \frac{R^2}{y^3} \vec{u}$$

Campo magnético producido por una espira circular en un punto de su eje de simetría OY, al estar recorrida por I: $\vec{B} = \frac{\mu_0 I}{2} \frac{R^2}{d^3} \vec{u}$; donde es $\vec{u}$ unitario según eje de espira.

En nuestro caso queda de la siguiente forma:

▪ Campo magnético creado por la espira ❶, en un punto de su eje a una distancia +y, al estar recorrida por una intensidad I, en sentido horario, visto desde el semieje Y positivo en un punto y < d: $\vec{B}_1 = -\frac{\mu_0 I}{2} \frac{R^2}{y^3} \vec{j}$; sentido horario signo del campo ⇒ −.

■ Campo magnético creado por espira ❷, en un punto de su eje a una distancia (d−y) al estar recorrida por una intensidad I, en sentido antihorario, visto desde el semieje Y positivo en un punto y < d: $\vec{B}_2 = \frac{\mu_0 I}{2}\frac{R^2}{(d-y)^3}\vec{j}$; sentido antihorario signo del campo ⇒ +.

El campo total, en puntos del eje común de ambas espiras será la suma de ambos:

$$\vec{B}_T = \frac{\mu_0 I R^2}{2}\left[\frac{1}{(d-y)^3} - \frac{1}{y^3}\right]\vec{j}$$

2º. Puntos del eje en donde se anula el campo magnético

Anulando la expresión del campo magnético $\vec{B}_T$, se obtiene la coordenada "y" del punto en donde se anula el campo magnético $\frac{1}{[d-y]^3} - \frac{1}{y^3} = 0 \Rightarrow y = \frac{d}{2}$.

3º.- Flujo magnético por cara SUR y cara NORTE de la espira ❷ indicando si es entrante o saliente.

Se determinan en primer lugar, las caras SUR y NORTE de la espira ❷. Dado que el sentido de circulación de la intensidad de corriente eléctrica en la espira ❷ es antihorario, visto desde el semieje positivo, en un punto de ordenada y< d, la cara sur está enfrentada a la espira ❶.

En estas condiciones, el flujo magnético creado por la espira ❶ que atraviesa la espira ❷ es: $\Phi_2 = \vec{B}_1 \cdot \vec{S}_2 = -\mu_0 \frac{I R^2}{2 d^3}\vec{j} \cdot \pi R^2 \vec{j} = -\mu_0 \frac{\pi I R^4}{2 d^3}$

4º. Energía potencial magnética en la espira ❷

Como ya se ha determinado el flujo magnético, la energía potencial será:

$$E_p = -I\ \Phi_2 = \mu_0 \frac{\pi I^2 R^4}{2 d^3}$$

El sistema posee energía potencial magnética positiva. Tenderá a un estado tal que desprenda su energía.

5º. Fuerza sobre la espira ❷ indicando si es atractiva o repulsiva

Para determinar la fuerza de atracción o de repulsión se utiliza la expresión de la fuerza $\vec{F} = -\overrightarrow{\text{grad}}\,[E_p]$ sustituyendo el valor de la energía potencial y haciendo d=y variable, puesto que la espira se mueve según el eje OY, al derivar respecto a la variable y:

$$\vec{F} = -\frac{\partial E_p}{\partial y}\vec{j} = -\mu_0 \frac{\pi I^2 R^4}{2}\left[\frac{\partial y^{-3}}{\partial y}\right]\vec{j} = -\mu_0 \frac{\pi I^2 R^4}{2}[-3y^{-4}]\vec{j} = \mu_0 \frac{\pi I^2 R^4}{2}\frac{3}{y^4}\vec{j}$$

Particularizando para y= d, la fuerza que actúa sobre la espira ❷ es repulsiva de valor:

$$\vec{F} = \mu_0 \frac{3\,\pi I^2 R^4}{2d^4}\vec{j}$$

La fuerza desplaza a la espira en el sentido positivo del eje OY de manera que el flujo entrante por la cara norte de la espira sea lo menor posible. Eso ocurre en el infinito ya que el campo magnético es cero. La fuerza presenta una dependencia inversamente proporcional con la coordenada "y", siendo de módulo menor conforme se desplaza la espira en dicho eje. En el infinito la fuerza es cero.

PROBLEMA 5.4

Un conductor de cobre, diamagnético, rectilíneo indefinido, tiene sección circular de radio R_1, está recorrido por una intensidad de corriente eléctrica $I_1=I$, uniformemente repartida en la sección. Determinar:

1º.- Distribución de campo magnético desde el centro del conductor hasta el infinito.

Posteriormente se rodea, al conductor inicial, con otro conductor rectilíneo, coaxial con el inicial, cuya sección es una corona circular de radios interno R_2 y externo R_3, recorrido por una corriente eléctrica $I_2 = -2I$, por tanto, opuesta a la corriente I_1. Hallar:

2º.- Distribución de campo magnético para $R2 < r < R3$ y $R3 < r < \infty$.

Por último, se rodea de otro conductor rectilíneo, coaxial con el inicial, cuya sección es una corona circular de radios interno R_2 y externo R_3, recorrido por una corriente eléctrica $I_3 = 2I$ que es del mismo sentido que la corriente I_1. Calcular:

3º.- Distribución de campo magnético para $R2 < r < R3$ y $R3 < r < \infty$.

Los conductores son de cobre, la densidad de corriente es uniforme en su sección.

SOLUCIÓN

NOTA. Expresión del T. de Ampère para cobre diamagnético, con corrientes reales.

T. Ampère a corrientes reales: $\oint_C \vec{H}\cdot d\vec{\ell} = \iint_S \overrightarrow{J_{Real}}\cdot d\vec{S}$

Excitación magnética: $\vec{H} = \dfrac{\vec{B}}{\mu_0\,[1+\chi]} = \dfrac{\vec{B}}{\mu_0\,\mu'} = \dfrac{\vec{B}}{\mu}$

$$\oint_C \frac{\vec{B}}{\mu_0[1+\chi]}\cdot d\vec{\ell} = \oint_C \frac{\vec{B}}{\mu}\cdot d\vec{\ell} = \iint_S \overrightarrow{J_{Real}}\cdot d\vec{S}$$

Susceptibilidad magnética, de cobre diamagnético, es: $\chi_{Cu} = -9{,}8\cdot 10^{-6} \approx 0$

Permeabilidad magnética relativa: $\mu'_{Cu} = [1+\chi_{Cu}] = 1 - 9{,}8\cdot 10^{-6} = 0{,}9999902 \approx 1$

$$\mu_{Cu} = \mu_0\,\mu'_{Cu} = \mu_0$$

T. de Ampère para corrientes reales en conductor de cobre: $\oint_C \vec{B}\cdot d\vec{\ell} = \mu_0 \iint_S \overrightarrow{J_{Real}}\cdot d\vec{S}$

1º. Distribución de $\overrightarrow{B}$ desde el centro del conductor hasta el infinito

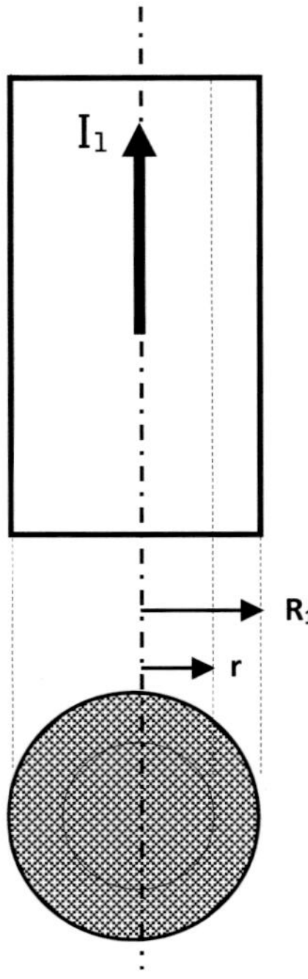

La determinación del campo magnético se obtiene mediante la aplicación del teorema de Ampère, indicado en la nota.

Región del espacio $r < R_1$

La circulación del campo magnético generado por la $I_1 = I$ intensidad de corriente eléctrica que atraviesa la trayectoria C circular de radio "r", se expresa: $\oint_C \overrightarrow{B_1} \cdot d\vec{\ell} = \mu_0 I_r$

En donde I_r es la intensidad de la corriente eléctrica real que atraviesa la superficie simplemente conexa, definida por "r", radio de la trayectoria circular C.

La densidad de corriente, según el enunciado, es uniforme, y por tanto en todo el conductor es: $J = I_1 / \pi R^2_1 = I / \pi R^2_1$.

En la sección de radio "r", es: $I_r = J\,\pi r^2 = \dfrac{I}{\pi R_1^2}\pi r^2 = I\left[\dfrac{r}{R_1}\right]^2$.

El campo magnético $\vec{B} = B\,\overrightarrow{u_\varphi}$ es de módulo constante a lo largo de toda la trayectoria C cerrada, es normal al eje del conductor y además, es colineal con $d\vec{\ell} = d\ell\,\overrightarrow{u_\varphi}$, elemento de longitud, tangente a la trayectoria circular C, de radio "r".

$$\oint_C \overrightarrow{B_1} \cdot d\vec{\ell} = \oint_C B_1\,\overrightarrow{u_\varphi} \cdot d\ell\,\overrightarrow{u_\varphi} = B_1 \oint_C \overrightarrow{u_\varphi} \cdot \overrightarrow{u_\varphi}\,d\ell = B_1 \oint_C d\ell = B_1\,2\,\pi\,r = \mu_0 I_r = \mu_0 I\left[\frac{r}{R_1}\right]^2$$

Campo magnético: $\overrightarrow{B_1} = \dfrac{\mu_0\,I}{2\pi R_1^2}\,r\,\overrightarrow{u_\varphi}$.

Región del espacio $R_1 < r < \infty$

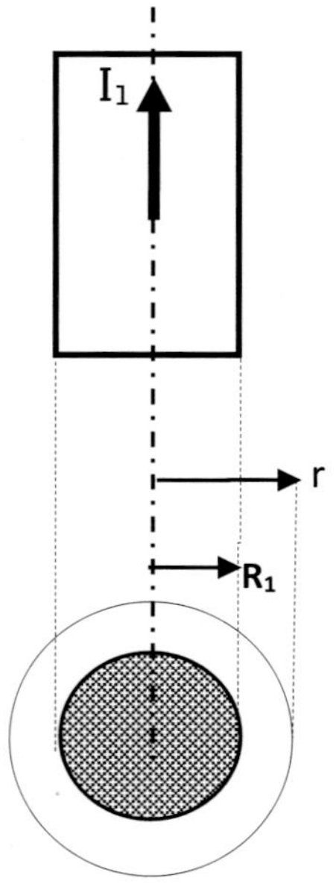

Se aplica de nuevo el teorema de Ampère, a una trayectoria
circular C cerrada cuyo radio es "r", pero ahora, en este caso, la superficie simplemente conexa, apoyada en C, es atravesada por toda la intensidad real de la corriente eléctrica $I_1 = I$, que circula por dentro del conductor de cobre, diamagnético, de forma rectilínea y sección circular de radio R_1.

Aplicando el teorema de Ampère:

$$\oint_C \overrightarrow{B'_1} \cdot d\vec{\ell} = \mu_0 I \;\Rightarrow\; B'_1\,2\,\pi\,r = \mu_0 I$$

Campo magnético: $\overrightarrow{B'_1} = \dfrac{\mu_0\,I}{2\pi r}\,\overrightarrow{u_\varphi}$

2º. Distribución de $\overrightarrow{B}$ para las regiones siguientes regiones

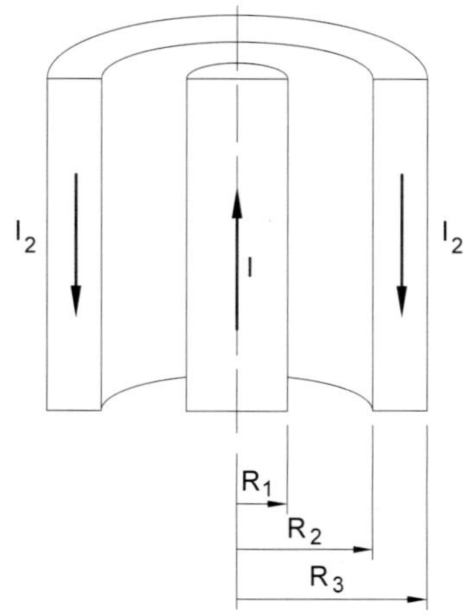

Región del espacio $R_2 < r < R_3$

Ahora se ha envuelto el conductor rectilíneo inicial por otro conductor hueco cuya sección es una corona circular de radios R_2 y R_3.

Aplicando el teorema de Ampère a lo largo de la trayectoria circular de radio "r" situada en la región comprendida entre R_2 y R_3 resulta:

$$\oint_C \overrightarrow{B_2} \cdot d\vec{\ell} = \mu_0 \Sigma I \Rightarrow B_2\, 2\pi\, r = \mu_0\, [I_1 + I_{2_r}]$$

Las intensidades que atraviesan la sección definida por la trayectoria circular r, son corriente la I_1 total del primer conductor y, en sentido contrario la intensidad real I_{2r} correspondiente a la corona circular de radios R_2 y "r".

La densidad de corriente en el conductor exterior, hueco, es según el enunciado, es uniforme y su valor se expresa: $J_2 = \dfrac{-2I}{\pi\,[R_3^2 - R_2^2]}$.

La corriente eléctrica en la corona circular es: $I_{2_r} = J_2 \pi\, [r^2 - R_2^2] = \dfrac{-2\,I}{\pi\,[R_3^2 - R_2^2]}\, \pi\, [r^2 - R_2^2]$

Aplicando el teorema de Ampère: $\oint_C \vec{B}_2 \cdot d\vec{\ell} = B_2\, 2\pi\, r = \mu_0 I - \mu_0\, 2I\, \dfrac{\pi\,[r^2 - R_2^2]}{\pi\,[R_3^2 - R_2^2]}$

Campo magnético: $\overrightarrow{B_2} = \dfrac{\mu_0\, I}{2\pi r}\left[1 - 2\,\dfrac{[r^2 - R_2^2]}{[R_3^2 - R_2^2]}\right] \overrightarrow{u_\varphi}$

Región del espacio $R_3 < r < \infty$.

A través de la sección definida por la trayectoria circular r, pasan las intensidades reales: I_1 y I_2, pero cada una de ellas en sentido contrario.

La aplicación del teorema de Ampère a una trayectoria circular de radio "r", resulta:

$$\oint_C \overrightarrow{B'_2} \cdot d\vec{\ell} = \mu_0\, \Sigma I \Rightarrow B'_2\, 2\,\pi\, r = \mu_0\, [I - 2I] = -\,\mu_0 I \Rightarrow \text{Campo magnético: } \overrightarrow{B'_2} = -\,\frac{\mu_0\, I}{2\pi\, r}\, \overrightarrow{u_\varphi}$$

3º. Distribución de $\overrightarrow{B}$ para las regiones siguientes

Región del espacio $R_2 < r < R_3$

A continuación, se envuelve el conductor rectilíneo inicial por otro conductor hueco cuya sección es una corona circular de radios R_2 y R_3.

Aplicando el teorema de Ampère a la región comprendida entre R_2 y R_3 resulta:

$$\oint_C \vec{B_3} \cdot d\vec{\ell} = \mu_0 \Sigma I \Rightarrow B_3\, 2\pi r = \mu_0 [I_1 + I_{3_r}]$$

En este caso, las intensidades reales que atraviesan la sección definida por la trayectoria circular de radio r, son la intensidad I_1 total del primer conductor y, con el mismo sentido circula la intensidad I_{3r}, por la corona circular de radios R_2 y "r".

La densidad de corriente del conductor exterior es uniforme: $J_3 = \dfrac{2I}{\pi[R_3^2 - R_2^2]}$

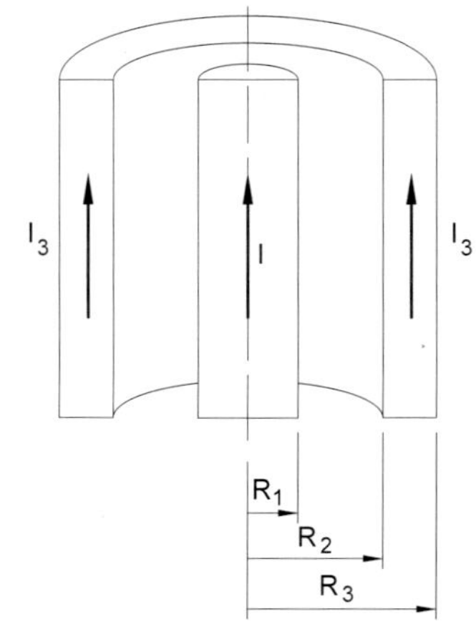

El valor de I_{3r} en la corona circular es:

$$I_{3_r} = J_3\, \pi\, [r^2 - R_2^2] = \frac{2I}{\pi\,[R_3^2 - R_2^2]}\, \pi\, [r^2 - R_2^2]$$

La aplicación del teorema de Ampère es:

$$\oint_C \vec{B'_3} \cdot d\vec{\ell} = \mu_0\, \Sigma I \Rightarrow B_3\; 2\pi r = \mu_0 I + \mu_0 2I \frac{\pi\,[r^2 - R_2^2]}{\pi\,[R_3^2 - R_2^2]}$$

Campo magnético: $\vec{B_3} = \dfrac{\mu_0 I}{2\pi r}\left[1 + 2\,\dfrac{[r^2 - R_2^2]}{[R_3^2 - R_2^2]}\right] \vec{u_\varphi}$

<u>Región del espacio $R_3 < r < \infty$</u>

Por último, aplicaremos el teorema de Ampère en una trayectoria C cerrada circular de radio r, siendo $R_3 < r < \infty$. En estas condiciones, a través de la sección interior a la trayectoria circular r, pasan las dos intensidades reales: + I y + 2 I, con igual sentido.

$$\oint_C \vec{B'_3} \cdot d\vec{\ell} = \mu_0 \Sigma I \Rightarrow B'_3\, 2\pi r = \mu_0 [I + 2I] = 3\mu_0 I \Rightarrow \text{Campo magnético: } \vec{B'_3} = \frac{3\mu_0 I}{2\pi r} \vec{u_\varphi}$$

PROBLEMA 5.5

Una espira cuadrada de lado L situada en el vacío y recorrida por una corriente eléctrica de intensidad constante I tal como indica la figura, y situada a una distancia "c" del sistema de referencia, está sometida a un campo magnético de valor $\vec{B} = \frac{k}{y}\vec{i}$.

Determinar:

1º.- Flujo magnético que la atraviesa.

2º.- Energía potencial debido a la presencia de la espira en el campo magnético.

3º.- Desplazamiento espontáneo de la espira, justificando mediante análisis energético.

4º.- Fuerza de origen electromagnético a que está sometida la espira.

SOLUCIÓN

1º. Flujo magnético que atraviesa la espira

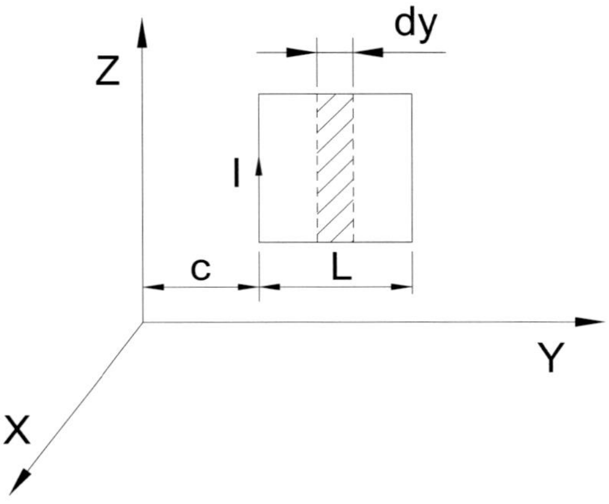

Como el campo magnético a través de la espira no es uniforme, tomaremos elementos diferenciales de superficie perpendiculares al eje OY y de valor $d\vec{S} = -L\,dy\,\vec{i}$ de tal forma que el flujo a través de dicha superficie es:

$$\Phi = \int_y^{y+L} \vec{B}\cdot d\vec{S} = \int_y^{y+L} B\,dS\cos\pi = -\int_y^{y+L} \frac{k}{y}L\,dy = -kL\left[\ln y\right]_y^{y+L} = -kL\ln\frac{y+L}{y}$$

Para y= c, nos queda: $\Phi = -kL\ln\frac{c+L}{c}$

2º. Energía potencial debido a la presencia de la espira en el campo magnético

La energía potencial la calcularemos a partir de la expresión: $E_{POT} = -\vec{m}\cdot\vec{B} = -I\,\Phi$ que en nuestro caso resulta: $E_{POTENCIAL} = -I\left[-kL\ln\frac{y+L}{y}\right] = kLI\ln\frac{y+L}{y}$

3º. Desplazamiento espontáneo de la espira, mediante análisis energético

Según la ecuación obtenida en el apartado 2º, la energía potencial magnética es positiva, por lo que el desplazamiento espontáneo de la espira sería en el sentido positivo del eje OY, para alcanzar una zona en donde la energía potencial fuese la menor, que sería en el infinito.

Por otra parte, podría analizarse esta situación considerando que el flujo entrante por su cara magnética Sur tiende a ser máximo. Como el flujo magnético es negativo, el máximo posible se encuentra en el infinito, en donde se anulará.

4º. Fuerza de origen electromagnético a que está sometida la espira

Para determinar la fuerza electromagnética que se ejerce sobre la espira, tendremos en cuenta que se trata de un sistema aislado del exterior, en cuyo caso, la fuerza se puede determinar a partir del gradiente de energías potenciales:

$$\vec{F}=-\frac{\partial E_{POT}}{\partial y}\vec{j}=-\frac{\partial\left[k\,L\,I\ln\dfrac{y+L}{y}\right]}{\partial y}\vec{j}=-\,kLI\left[\frac{-L}{y(y+L)}\right]\vec{j}=\frac{k\,L^2\,I}{y(y+L)}\vec{j}$$

La fuerza desplaza a la espira en el sentido positivo del eje OY de manera que el flujo entrante por la cara norte de la espira sea lo menor posible. Eso ocurre en el infinito ya que el campo magnético es cero. La fuerza presenta una dependencia inversamente proporcional con la coordenada "y", siendo de módulo menor conforme se desplaza la espira en dicho eje. En el infinito la fuerza es cero.

PROBLEMA 5.6

Se tiene un conductor formado por cuatro tramos, tal como se indica en la figura, situado en el vacío y por el que circula una intensidad de corriente I. Se pide calcular el campo magnético en el punto O creado por:

1°. Los diversos tramos del conductor.

2°. Conductor completo.

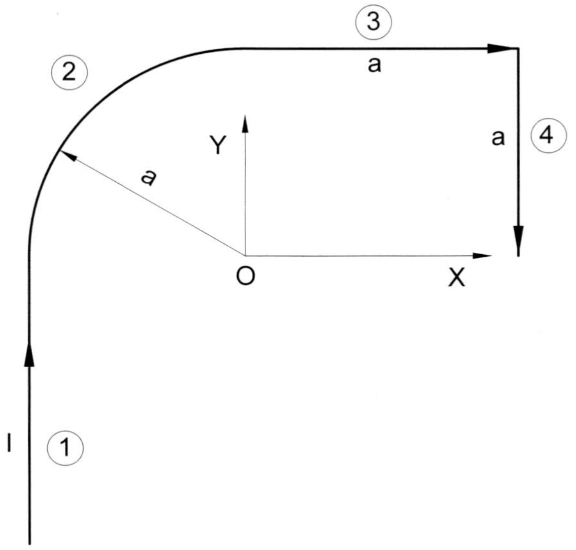

SOLUCIÓN

1°. $\vec{B}$ creado en O por cada uno de los tramos del conductor

TRAMO 1. Rectilíneo semi-indefinido

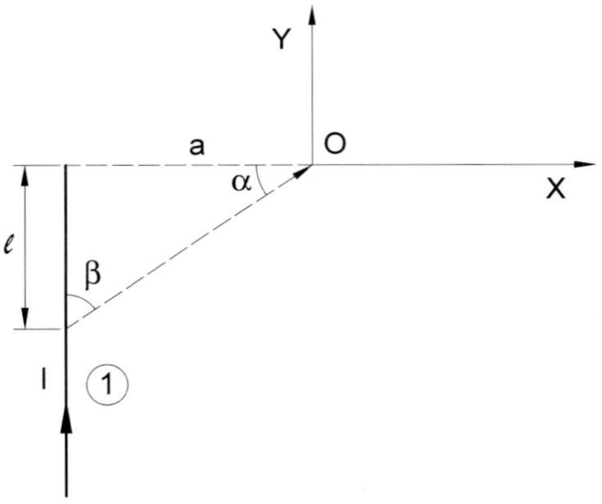

Para la determinación del campo magnético creado por un elemento diferencial de conductor recorrido por una intensidad de corriente eléctrica I, se aplica la Ley de Biot-Savart.

Un elemento diferencial de longitud (hacia arriba), crea un diferencial de campo magnético $d\vec{B}_1$ en el punto O.

$$d\vec{B}_1 = \frac{\mu_0 I}{4\pi}\frac{d\vec{\ell} \wedge \vec{r}}{r^3} = \frac{\mu_0 I}{4\pi}\frac{d\ell \,\text{sen}\,\beta}{r^2}(-\vec{k})$$

$$\left.\begin{array}{r} d\vec{B}_1 = \dfrac{\mu_0 I}{4\pi}\dfrac{d\ell \cos\alpha}{r^2}(-\vec{k}) \\ r = \dfrac{a}{\cos\alpha} \\ \ell = a\tan\alpha \rightarrow d\ell = \dfrac{a\, d\alpha}{\cos^2\alpha} \end{array}\right\} \Rightarrow d\vec{B}_1 = \frac{\mu_0 I}{4\pi a}\cos\alpha d\alpha(-\vec{k})$$

$$\vec{B}_1 = \frac{\mu_0 I}{4\pi a}(-\vec{k})\int_{-\frac{\pi}{2}}^{0}\cos\alpha d\alpha = \frac{\mu_0 I}{4\pi a}[\text{sen }\alpha]_{-\frac{\pi}{2}}^{0} = -\frac{\mu_0 I}{4\pi a}\vec{k}$$

TRAMO 2. Circular de cuarto de circunferencia

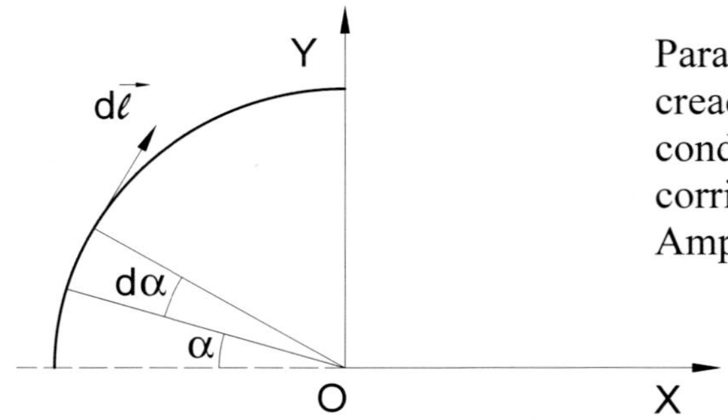

Para la determinación del campo magnético creado por un elemento diferencial de conductor recorrido por una intensidad de corriente eléctrica I, se aplica la Ley de Ampère-Laplace.

$$\left.\begin{array}{l} d\vec{B}_2 = \dfrac{\mu_0 I}{4\pi}\dfrac{d\vec{\ell}\wedge\vec{a}}{a^3} = \dfrac{\mu_0 I}{4\pi}\dfrac{d\ell}{a^2}(-\vec{k}) \\ \text{el diferencial de arco: } d\ell = a\, d\alpha \end{array}\right\} d\vec{B}_2 = -\frac{\mu_0 I}{4\pi a} d\alpha\, \vec{k}$$

Los límites de integración son desde 0 rad hasta $\frac{\pi}{2}$ rad.

$$\vec{B}_2 = -\frac{\mu_0 I}{4\pi a}\int_0^{\frac{\pi}{2}} d\alpha\, \vec{k} = -\frac{\mu_0 I}{8a}\vec{k}$$

TRAMO 3. Segmento rectilíneo

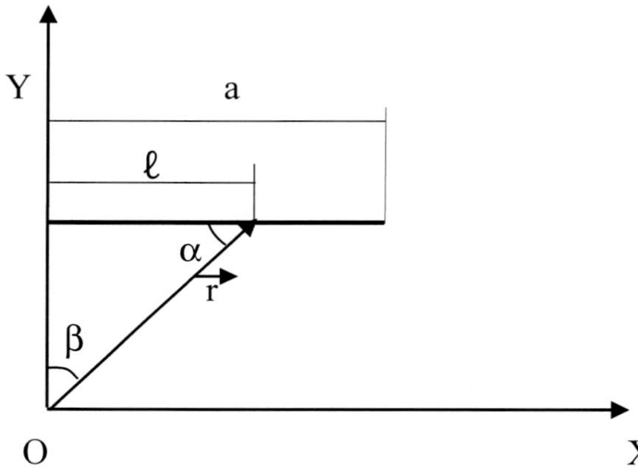

Para la determinación del campo magnético creado por un elemento diferencial de conductor recorrido por una intensidad de corriente eléctrica I, se aplica la Ley de Ampère-Laplace. Tomando hacia la derecha un elemento diferencial de longitud, crea en O un diferencial de magnético: $d\vec{B}_3 = \dfrac{\mu_0 I}{4\pi}\dfrac{d\vec{\ell}\wedge\vec{r}}{r^3} = \dfrac{\mu_0 I}{4\pi}\dfrac{d\ell}{r^2}\text{sen}(180-\alpha)(-\vec{k})$

$$\left.\begin{array}{l} d\vec{B}_3 = \dfrac{\mu_0 I}{4\pi}\dfrac{d\ell}{r^2}\cos\beta(-\vec{k}) \\ r = \dfrac{a}{\cos\beta} \\ \ell = a\tan\beta \rightarrow d\ell = \dfrac{a\,d\beta}{\cos^2\beta} \end{array}\right\} \Rightarrow d\vec{B}_3 = -\frac{\mu_0 I}{4\pi a}\cos\beta\, d\beta\, \vec{k}$$

Los límites de integración son desde 0 rad hasta $\frac{\pi}{4}$ rad.

$$\vec{B}_3 = -\frac{\mu_0 I}{4\pi a}\int_0^{\frac{\pi}{4}}\cos\beta\, d\beta\, \vec{k} = -\frac{\sqrt{2}\mu_0 I}{8\pi a}\vec{k}$$

TRAMO 4. Segmento rectilíneo

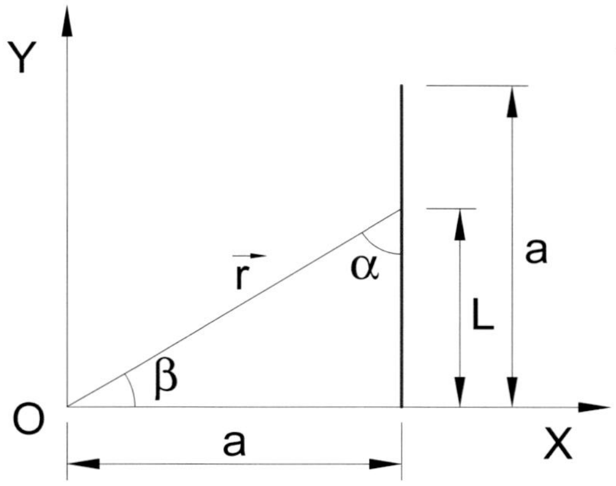

Para la determinación del campo magnético creado por un elemento diferencial de conductor recorrido por una intensidad de corriente eléctrica I, se aplica la Ley de Biot-Savart. Tomando un elemento diferencial de longitud (hacia abajo), el mismo crea un diferencial de campo magnético $d\vec{B}_4$ en el punto O.

$$d\vec{B}_4 = \frac{\mu_0 I}{4\pi}\frac{d\vec{\ell}\wedge\vec{r}}{r^3} = -\frac{\mu_0 I}{4\pi}\frac{d\ell}{r^2}\operatorname{sen}\alpha\,\vec{k}$$

$$\left.\begin{array}{l} d\vec{B}_4 = \dfrac{\mu_0 I}{4\pi}\dfrac{d\ell}{r^2}\cos\beta(-\vec{k}) \\ r = \dfrac{a}{\cos\beta} \\ \ell = a\tan\beta \rightarrow d\ell = \dfrac{a\,d\beta}{\cos^2\beta} \end{array}\right\} \Rightarrow d\vec{B}_4 = -\frac{\mu_0 I}{4\pi a}\cos\beta\, d\beta\, \vec{k}$$

Los límites de integración son desde 0 rad hasta $\frac{\pi}{4}$ rad (puesto que el sentido de la corriente por ese segmento rectilíneo, ya se ha tenido en cuenta en el vector $d\vec{\ell}$):

$$\vec{B}_4 = -\frac{\mu_0 I}{4\pi a}\int_0^{\frac{\pi}{4}}\cos\beta\, d\beta\, \vec{k} = -\frac{\sqrt{2}\mu_0 I}{8\pi a}\vec{k}$$

También se podría tomar el elemento diferencial de longitud positivo (hacia arriba) y en los límites de integración indicar que la variable β tenga en cuenta el sentido real de la corriente (hacia abajo), es decir, el límite inferior de la integral sería $\beta_i = \pi/4$ (inicio de la corriente) y el límite superior $\beta_s = 0$ (fin de corriente).

2º. $\overrightarrow{B}$ creado en O por el conductor completo

El campo magnético total producido por este conductor en el punto O, de acuerdo con el Principio de Superposición, será la suma de los campos magnéticos creado por cada uno de sus cuatro tramos:

$$\vec{B}_{T_O} = \vec{B}_1 + \vec{B}_2 + \vec{B}_3 + \vec{B}_4 = -\frac{\mu_0 I}{4a}\left[\frac{1}{2} + \frac{1}{\pi}[1+\sqrt{2}]\right]\vec{k}$$

PROBLEMA 5.7

Una espira plana, situada en el vacío, está recorrida por una corriente eléctrica constante I. Dicha espira hecha con un delgado hilo metálico, tiene forma de polígono regular de "n" lados, cada uno de ellos de longitud L, siendo su centro de simetría el punto O. Se pide determinar:

1°. Campo magnético creado en el centro del polígono regular.

Aplicar el resultado anteriormente obtenido, para hallar el campo magnético producido en dicho punto O, centro de simetría, en los siguientes casos de espiras planas recorridas por una corriente eléctrica I constante:

2°. Campo magnético creado en centro de cuadrado, en función de apotema y lado.

3°. Campo magnético creado en centro de hexágono, en función de apotema y lado.

SOLUCIÓN

1°. Campo $\overrightarrow{B}$ creado en el centro del polígono regular

Como paso previo, hallaremos el campo magnético producido por un solo lado de la espira poligonal en el centro de simetría O del polígono regular de n lados, cuando circula por dicho lado una corriente eléctrica constante I.

Designamos mediante la letra "a" la apotema del polígono regular y por otra parte, el ángulo con vértice en O, bajo el cual se ve un lado L del polígono regular es: 2α.

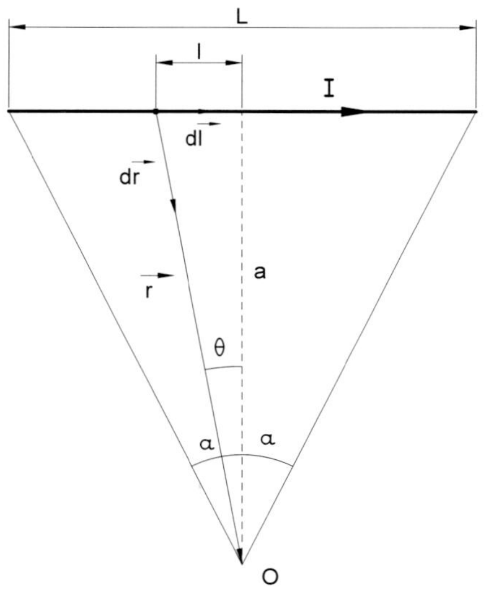

Según la Ley de Ampere-Laplace, la expresión que nos da el campo magnético elemental que un elemento de corriente $I\,d\vec{\ell}$ crea en un punto O es:

$$\overrightarrow{dB}_{O\,1\,LADO} = \frac{\mu_0\, I}{4\pi} \frac{[\,d\vec{\ell} \wedge \vec{r}\,]}{r^3} = \frac{\mu_0\, I}{4\pi} \frac{[\,d\ell\, \vec{u}_I \wedge r\, \vec{u}_r\,]}{r^3} = \frac{\mu_0\, I\, r\, d\ell}{4\pi} \frac{[\,\vec{u}_I \wedge \vec{u}_r\,]}{r^3} \qquad [1]$$

$\vec{u}_I$: unitario en dirección de I; $\vec{u}_r$: unitario en dirección de $\vec{r}$,desde conductor hasta O.

$\overrightarrow{u_l} \wedge \overrightarrow{u_r} = \text{sen}[\frac{\pi}{2} - \theta]\, \overrightarrow{u} = \cos\theta\, \overrightarrow{u}$; $\ell = a \tan\theta$, diferenciando: $d\,\ell = \dfrac{a\, d\theta}{\cos^2\theta}$; se cumple: $r = \dfrac{a}{\cos\theta}$

Sustituyendo las expresiones anteriores, en ecuación [1], se obtiene:

$$d\overrightarrow{B_{O\,1\,LADO}} = \frac{\mu_0\, I}{4\,\pi\, a} \cos\theta\, d\theta\, \overrightarrow{u}$$

El vector $\overrightarrow{u}$ es perpendicular a los vectores $\overrightarrow{u_l}$ y $\overrightarrow{u_r}$ y por tanto normal al plano del papel, el sentido de dicho vector $\overrightarrow{u}$ es el correspondiente a la dirección del avance del sacacorchos según el giro de la corriente I al recorrer la espira conductora poligonal.

Para abarcar todo el lado del polígono regular, se integra a través del ángulo θ, entre los límites extremos: $+\alpha$ y $-\alpha$.

$$\overrightarrow{B_{O\,1\,LADO}} = \int_{-\alpha}^{+\alpha} d\overrightarrow{B_{O\,1\,LADO}} = \frac{\mu_0\, I}{4\,\pi\, a} \int_{-\alpha}^{+\alpha} \cos\theta\, d\theta\, \overrightarrow{u} = \frac{\mu_0\, I}{2\,\pi\, a}\, \text{sen}\,\alpha\, \overrightarrow{u} \quad [2]$$

Para el polígono regular de n lados, el ángulo es $\alpha = \dfrac{\pi}{n}$, y su apotema es $a = \dfrac{L}{2\tan\alpha}$, por tanto el campo magnético producido en el centro O del polígono por la corriente eléctrica I, en función del lado y de la apotema es:

$$\overrightarrow{B_{O_n}} = n\, \overrightarrow{B_{O\,1\,LADO}} = n\, \frac{\mu_0 I}{2\,\pi\, a}\, \text{sen}\, \frac{\pi}{n}\, \overrightarrow{u} = n\, \frac{\mu_0 I}{\pi\, L}\, \text{sen} \frac{\pi}{n}\, \tan\frac{\pi}{n}\, \overrightarrow{u} \quad [3]$$

2º. Campo $\overrightarrow{B}$ creado en centro del cuadrado, en función de apotema y lado

En este caso: n = 4 lados, y el ángulo $\alpha = \dfrac{\pi}{n} = 45^\circ$, por tanto, operando sobre [3]

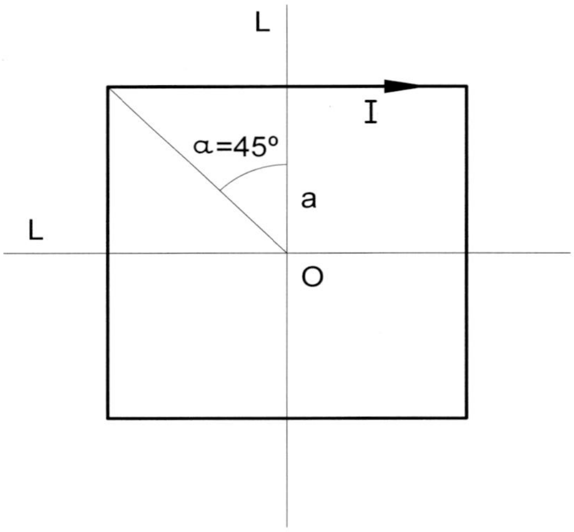

$$\overrightarrow{B_{O\,CUADRADO}} = n\, \frac{\mu_0\, I}{2\,\pi\, a}\, \text{sen}\alpha\, \overrightarrow{u} = 4\, \frac{\mu_0\, I}{2\,\pi\, a}\, \text{sen}\, 45^\circ\, \overrightarrow{u} = \frac{\sqrt{2}}{\pi\, a}\, \mu_0\, I\, \overrightarrow{u}$$

Como $a = \dfrac{L}{2}$, sustituyendo en la expresión anterior

$$\overrightarrow{B}_{O\,CUADRADO} = n\,\frac{\mu_0\,I}{\pi\,L}\,\text{sen}\frac{\pi}{n}\,\tan\frac{\pi}{n}\,\overrightarrow{u} = 4\,\frac{\mu_0\,I}{\pi\,L}\,\text{sen}\,45^{o}\,\tan 45^{o}\,\overrightarrow{u} = \frac{2\sqrt{2}}{\pi\,L}\mu_0\,I\,\overrightarrow{u}$$

3º. Campo $\overrightarrow{B}$ creado en centro del hexágono, en función de apotema y lado

Ahora: n = 6 lados, y el ángulo $\alpha = \frac{\pi}{n} = 30^{o}$, por tanto, operando sobre [3]

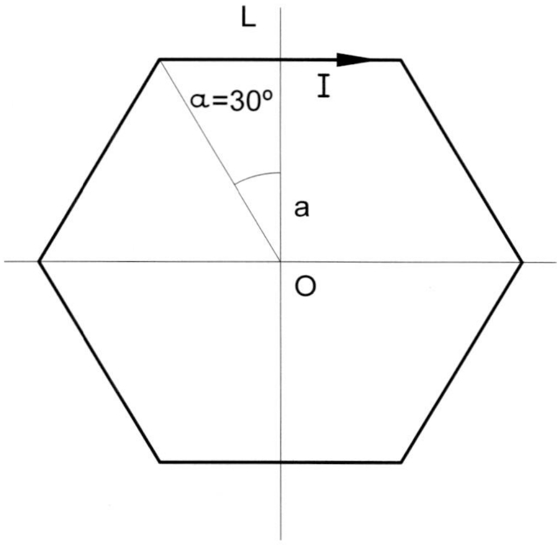

$$\overrightarrow{B}_{O\,HEXÁGONO} = n\,\frac{\mu_0\,I}{2\,\pi\,a}\,\text{sen}\alpha\,\overrightarrow{u} = 6\,\frac{\mu_0\,I}{2\,\pi\,a}\,\text{sen}\,30^{o}\,\overrightarrow{u} = \frac{3}{2\,\pi\,a}\,\mu_0\,I\,\overrightarrow{u}\,.$$

Como $a = \frac{\sqrt{3}\,L}{2}$ sustituyendo en la expresión anterior:

$$\overrightarrow{B}_{O\,HEXÁGONO} = n\,\frac{\mu_0\,I}{\pi\,L}\,\text{sen}\frac{\pi}{n}\,\tan\frac{\pi}{n}\,\overrightarrow{u} = 6\,\frac{\mu_0\,I}{\pi\,L}\,\text{sen}\,30^{o}\,\tan 30^{o}\,\overrightarrow{u} = \frac{\sqrt{3}}{\pi\,L}\mu_0\,I\,\overrightarrow{u}$$

PROBLEMA 5.8

Se necesita acelerar tritones ($H^{+}{}_3$) en un ciclotrón de 90 cm de radio en donde se aplica una fuerza electromotriz compleja instantánea de ecuación: $\mathbf{E} = 100\ e^{j\,6{,}2799\cdot 10^7 t}$ kV.

Se pide determinar:

1°.- Intensidad del campo magnético dentro del ciclotrón.

2°.- Velocidad y energía de las partículas que salen del ciclotrón.

3°.- Número de vueltas que realiza una partícula antes de salir del ciclotrón.

4°.- Tiempo que permanece una partícula en el interior del ciclotrón.

5°.- Variación relativista de la masa del tritón en estas condiciones. Explicar cómo puede afectar al funcionamiento del ciclotrón.

Datos: carga y masa del tritón $q = 1{,}6\cdot 10^{-19}$ C; $m = 5{,}022\cdot 10^{-27}$ kg

SOLUCIÓN

1°. Intensidad del campo magnético dentro del ciclotrón

La partícula entra en una región del espacio donde existe un campo magnético uniforme y perpendicular su velocidad. La fuerza magnética que actúa sobre la partícula cargada viene dada por $\vec{F} = q\,[\vec{v} \wedge \vec{B}]$, y es perpendicular siempre a la velocidad y en consecuencia, su único efecto es cambiar la dirección de la velocidad pero conservando su módulo.

La partícula describe una trayectoria circular con movimiento uniforme con aceleración centrípeta: $F = ma = m\dfrac{v^2}{r} = q\,v\,B$ [1]

La velocidad angular de la partícula es: $\omega_C = \dfrac{v}{r} = \dfrac{q\,B}{m}$ [2]

El tiempo que tarda en recorrer la semicircunferencia en el interior de la "D" es,

$$t = \frac{\pi}{\omega_C} = \frac{\pi\, m}{q\,B} \quad [3]$$

el cual es constante e independiente de la velocidad de la partícula.

Por la condición de sincronismo ($\omega_E = \omega_C$), la frecuencia angular de la partícula ($\omega_C = 2\pi\nu$) debe ser igual a la pulsación de la tensión alterna, $\omega_E = 2\pi n$ [4]. O en base de tiempos, el semiperiodo de la partícula en su movimiento circular es igual a la mitad de la inversa de la frecuencia de la fuente alterna, $t = \dfrac{\pi}{\omega_C} = \dfrac{\pi\, m}{q\,B} = \dfrac{T}{2} = \dfrac{1}{2\,n}$ [5]

Como $E = V_0\, e^{j\omega_E t}$ resulta $\omega_E = 6{,}2799 \cdot 10^7\ \text{rad} \cdot \text{s}^{-1}$ entonces,

$$B = \omega_C\,\frac{m}{q} = 6{,}2799\cdot 10^7\,\frac{5{,}022\cdot 10^{-27}}{1{,}6\cdot 10^{-19}} = 1{,}9711\ \text{T} \quad [6]$$

2º. Velocidad y energía de las partículas que salen del ciclotrón

De la ecuación [2] se obtiene la velocidad lineal de la partícula, que para el caso del radio del ciclotrón nos aporta la velocidad máxima,

$$v_{Máx} = \frac{q\ B\,R}{m} = \frac{1,6{\cdot}10^{-19}\cdot 1,9711\cdot 0,9}{5,022{\cdot}10^{-27}} = 5,652{\cdot}10^{7}\ \text{m s}^{-1} \quad [7]$$

La energía cinética es,

$$E_{C.\,Máx} = \frac{1}{2} m\, v^2_{máx} = \frac{1}{2}\, 5,022\cdot 10^{-27}\cdot [5,652{\cdot}10^{7}]^2 = 8,0233\cdot 10^{-12}\,\text{J} \quad [8]$$

Y como resulta que 1 MeV=1,602·10^-13 J, la energía cinética máxima corresponde a una energía de aproximadamente $E_{C.\,MÁX}$ = 50 MeV.

3º. Número de vueltas que realiza una partícula antes de salir del ciclotrón

La energía cinética máxima que se transmite a la partícula se produce en los tramos entre las "D" del ciclotrón. En cada vuelta sufre dos aceleraciones y el trabajo eléctrico comunicado es la carga de la partícula por la tensión máxima alterna. Por las ecuaciones [7] y [8] se obtiene,

$$E_{C.\,Máx} = \frac{1}{2} m\, v^2_{máx} = \frac{1}{2}\,\frac{q^2\,B^2\,R^2}{m} = 2\,N\,q\,V_0 \quad [9]$$

Siendo N el número de vueltas y V_o la tensión máxima alterna (100 kV según enunciado).

A partir de la ecuación [9] se tiene, $N = \frac{1}{4}\,\frac{q\,B^2\,R^2}{m\,V_0}$ sustituyendo valores, resulta

$$N = \frac{1}{4}\,\frac{3,186\cdot 10^{7}\cdot 1,9711^2\ \cdot 0,9^2}{100\cdot 10^{3}} = 250,63\ \text{vueltas}$$

4º. Tiempo T_P que permanece una partícula en el interior del ciclotrón

Para obtener este tiempo, se debe multiplicar el número de vueltas que realiza una partícula antes de salir del ciclotrón, por el tiempo que tarda la partícula en dar una vuelta completa (2 t): $T_P = 2\,N\,t$ [10]

Teniendo en cuenta la ecuación [5],

$$T_P = 2\cdot 250,63\cdot \frac{\pi}{3,186\cdot 10^{7}\ \cdot 1,9711} = 25,1\ \mu\text{s}$$

5º. Variación relativista de la masa del tritón en estas condiciones

A partir de la teoría de la relatividad restringida, se deduce que la masa de la partícula aumenta con la velocidad según la expresión: $m = \frac{m_0}{\sqrt{1 - \frac{v^2}{c^2}}}$

En donde m_o es la masa de la partícula en reposo, v la velocidad de la partícula y c la velocidad de la luz en el vacío cuyo valor es $c = 3\cdot 10^8$ m s^{-1}.

$$\frac{m}{m_0} = \frac{1}{\sqrt{1 - \left[\frac{5{,}652 \cdot 10^7}{3 \cdot 10^8}\right]^2}} = 1{,}0182$$

La variación relativista representa un incremento de la masa del 1,82 %.

La variación de masa de la partícula móvil cargada, afecta a la condición de sincronismo expresada mediante la ecuación:

$$\nu_{\text{CORR. ALTERNA}} = \frac{\omega_{\text{CORR. ALTERNA}}}{2\pi} = \nu_{\text{PARTÍCULA}} = \frac{1}{2\,t_D} = \frac{q\,B}{2\,\pi\,m} = \text{cte.}$$

El ciclotrón debe ajustar el valor de su nuevo campo magnético para no salirse de sincronismo y dejar de funcionar correctamente.

PROBLEMA 5.9

Referido a un sistema cartesiano trirrectangular de ejes coordenados O_1XYZ, se dispone de un cilindro indefinido macizo de centro O_1 (0,0,0), eje O_1Z y radio R_1, hecho de material conductor, donde se practica un taladro axial con centro en el punto O_2 (0,5 R_1,0,0), también cilíndrico, de radio $R_2 = 0{,}25\ R_1$ y de eje O_2Z.

Por este conductor taladrado, denominado ❶, circula una corriente eléctrica I constante uniformemente repartida en toda su sección recta.

En el taladro axial anterior, de centro O_2 y de radio R_2 se introduce, tras recubrirlo con una delgadísima capa de aislante de espesor despreciable, para evitar el contacto eléctrico, otro conductor indefinido macizo cilíndrico de radio R_2, denominado ❷, por el que circula una corriente –2 I, en sentido opuesto a la corriente I.

Hallar en función de los datos de ambos conductores, ❶ y ❷:

1º. $\vec{H}$ en puntos P situados en el interior del conductor ❷.

2º. $\vec{H}$ en puntos P situados, a la vez, en el exterior de los conductores ❶ y ❷.

3º. Coordenadas del punto situado en la sección recta del conductor ❷ donde $\vec{H} = \vec{0}$.

SOLUCIÓN

Según el Principio de Superposición, el conductor taladrado ❶ junto con el conductor cilíndrico ❷, equivalen a la suma de: un conductor ❶' cilíndrico macizo de centro O_1 con radio R_1 con densidad de corriente $\vec{J_1}$, más un conductor ❶'' cilíndrico macizo de centro O_2 con radio R_2 donde la densidad de corriente es $-\vec{J_1}$, y más otro conductor ❷ cilíndrico macizo de O_2 radio R_2 con densidad de corriente $\vec{J_2}$.

La densidad de corriente el conductor cilíndrico taladrado, es: $\vec{J_1} = \dfrac{I}{\pi\,[R_1^2 - R_2^2]}\vec{k}$.

La densidad de corriente el conductor cilíndrico macizo, es: $\vec{J_2} = \dfrac{-2I}{\pi R_2^2}\vec{k}$.

[CONDUCTORES ❶ +❷] < "P. SUPERPOSICIÓN"> ≡ CONDUCTOR ❶' CILÍNDRICO MACIZO (O_1, R_1) CON $\vec{J_1}$ + CONDUCTOR ❶''CILÍNDRICO MACIZO (O_2, R_2) CON $-\vec{J_1}$ + CONDUCTOR ❷ CILÍNDRICO MACIZO (O_2, R_2) CON $\vec{J_2}$

Para hallar $\vec{H}$ aplicamos la ley de Ampère, $\oint_C \vec{H}\cdot d\vec{\ell} = \iint_S \vec{J}\cdot d\vec{S}$ calculando la circulación de $\vec{H}$ en una circunferencia de centro O_1, radio r y densidad de corriente $\vec{J_1}$, después se aplica, esta ley a un círculo de centro O_2, radio r' y densidad de corriente $-\vec{J_1}$, y por último se aplica, a otro círculo de centro O_2, radio r' y densidad de corriente $\vec{J_2}$, todas las circunferencias y los círculos están contenidas en el plano O_1XY. Después se utilizará el Principio de la Superposición:

1º. $\vec{H}$ en puntos situados en el interior del conductor ❷

- Conductor macizo ❶' de centro O_1 y radio R_1 con J_1. Llamando $r = O_1P_1$

$$\oint_C \vec{H}_{1_I} \cdot d\vec{\ell} = \iint_S \vec{J}_1 \cdot d\vec{S}; \qquad H_{1_I} \cdot 2\pi r = \frac{I}{\pi [R_1^2 - R_2^2]} \vec{k} \cdot \pi r^2 \vec{k}.$$

$$H_{1_I} = \frac{I}{2\pi [R_1^2 - R_2^2]} r; \text{ vectorialmente resulta: } \vec{H}_{1_I} = \frac{I}{2\pi [R_1^2 - R_2^2]} [\vec{k} \wedge \vec{r}]$$

- Conductor macizo ❶'' de centro O_2 y radio R_2 con $-J_1$. Con $0 < r' = O_2P_1 < R_2$

$$\oint_C \vec{H}_{2_I} \cdot d\vec{\ell} = -\iint_S \vec{J}_1 \cdot d\vec{S}; \qquad H_{2_I} \cdot 2\pi r' = \frac{-I}{\pi [R_1^2 - R_2^2]} \vec{k} \cdot \pi r'^2 \vec{k}.$$

$$H_{2_I} = \frac{-I}{2\pi [R_1^2 - R_2^2]} r'; \text{ vectorialmente: } \vec{H}_{2_I} = \frac{-I}{2\pi [R_1^2 - R_2^2]} [\vec{k} \wedge \vec{r}\,']$$

- Conductor macizo ❷ de centro O_2 y radio R_2 con J_2.

$$\oint_C \vec{H'}_{2_I} \cdot d\vec{\ell} = \iint_S \vec{J}_2 \cdot d\vec{S}; \qquad H'_{2_I} \cdot 2\pi r' = \frac{-2I}{\pi R_2^2} \vec{k} \cdot \pi r'^2 \vec{k}.$$

$$H'_{2_I} = -\frac{I}{\pi R_2^2} r'; \text{ vectorialmente resulta: } \vec{H'}_{2_I} = -\frac{I}{\pi R_2^2} [\vec{k} \wedge \vec{r}\,']$$

Aplicando el Principio de Superposición a los tres conductores:

$$\vec{H}_{T_I} = \vec{H}_{1_I} + \vec{H}_{2_I} + \vec{H'}_{2_I}$$

$$\vec{H}_{T_I} = \frac{I}{2\pi [R_1^2 - R_2^2]} [\vec{k} \wedge \vec{r}] - \frac{I}{2\pi [R_1^2 - R_2^2]} [\vec{k} \wedge \vec{r}\,'] - \frac{I}{\pi R_2^2} [\vec{k} \wedge \vec{r}\,']$$

$$\vec{H}_{T_I} = \frac{I}{2\pi [R_1^2 - R_2^2]} [\vec{k} \wedge (\vec{r} - \vec{r}\,')] - \frac{I}{\pi R_2^2} [\vec{k} \wedge \vec{r}\,'] = \frac{I}{2\pi} \left[\frac{[\vec{k} \wedge \vec{a}]}{[R_1^2 - R_2^2]} - \frac{2[\vec{k} \wedge \vec{r}\,']}{R_2^2} \right]$$

Siendo $\vec{a} = \overline{O_1O_2} = \vec{r} - \vec{r}\,'$; en la anterior expresión, el primer sumando del vector es constante, y el segundo depende del valor de $r' = O_2 P_1$

2º. $\vec{H}$ en puntos P situados a la vez en el exterior de los conductores ❶ y ❷

- Conductor macizo ❶' de centro O_1 y radio R_1, con J_1. Siendo $R_1 < r = O_1P_2 < \infty$.

  $\oint_C \vec{H}_{1_E} \cdot d\vec{\ell} = \iint_S \vec{J}_1 \cdot d\vec{S}$; ahora se abarca todo el conductor, y solo existe J_1 dentro del conductor: $H_{1_E} \cdot 2\pi r = \frac{I}{\pi [R_1^2 - R_2^2]} \vec{k} \cdot \pi R_1^2 \vec{k}$; $H_{2_E} = \frac{I}{2\pi [R_1^2 - R_2^2]} \frac{R_1^2}{r^2} r$

  Vectorialmente resulta: $\vec{H}_{1_E} = \frac{I}{2\pi [R_2^2 - R_1^2]} \frac{R_1^2}{r^2} [\vec{k} \wedge \vec{r}]$

- Conductor macizo ❶'' de centro O_2 y radio R_2, con $-J_1$. Llamando $r'=O_2P_2 > R_2$ $\oint_C \vec{H}_{2_E}\cdot d\vec{\ell} = -\iint_S \vec{J}_1\cdot d\vec{S}$; se abarca todo el conductor, y solo existe $-J_1$ dentro del conductor: $H_{2_E}\, 2\pi\, r' = \dfrac{-I}{\pi\,[R_1^2 - R_2^2]}\vec{k}\cdot \pi R_2^2\, \vec{k}$; $H_{2_E} = \dfrac{-I}{2\pi\,[R_1^2 - R_2^2]}\dfrac{R_2^2}{r'^2}\, r'$

  Vectorialmente resulta: $\vec{H}_{2E} = \dfrac{-I}{2\pi\,[R_1^2 - R_2^2]}\dfrac{R_2^2}{r'^2}\,[\vec{k}\wedge\vec{r}\,']$

- Conductor macizo ❷ de centro O_2 y radio R_2, con J_2. Llamando $r' = O_2P_2 > R_2$ $\oint_C \vec{H}'_{2_E}\cdot d\vec{\ell} = \iint_S \vec{J}_2\cdot d\vec{S}$; como se abarca todo el conductor, y solo existe J_2 dentro del conductor, resulta: $H'_{2_E}\cdot 2\pi\, r' = \dfrac{-2I}{\pi R_2^2}\vec{k}\cdot\pi R_2^2\,\vec{k}$; $H'_{2_E} = \dfrac{-I}{\pi}\dfrac{1}{r'^2}\, r'$

  Vectorialmente se expresa: $\vec{H}'_{2E} = -\dfrac{I}{\pi}\dfrac{1}{r'^2}\,[\vec{k}\wedge\vec{r}\,']$

Aplicando el Principio de Superposición a los tres conductores:

$$\vec{H}_{T_E} = \vec{H}_{1_E} + \vec{H}_{2_E} + \vec{H}'_{2E} = \frac{I}{2\pi\,[R_1^2 - R_2^2]}\left[\vec{k}\wedge[\frac{R_1^2}{r^2}\vec{r} - \frac{R_2^2}{r'^2}\vec{r}\,']\right] - \frac{I}{\pi}\frac{1}{r'^2}\,[\vec{k}\wedge\vec{r}\,']$$

$$\vec{H}_{T_E} = \frac{I}{2\pi}\left[\frac{1}{[R_1^2 - R_2^2]}\vec{k}\wedge[\frac{R_1^2}{r^2}\vec{r} - \frac{R_2^2}{r'^2}\vec{r}\,'] - \frac{2}{r'^2}\,[\vec{k}\wedge\vec{r}\,']\right]$$

La excitación magnética se hace nula, lógicamente, en el infinito, donde: $r = r' \Rightarrow \infty$.

3º. Coordenadas del punto situado en sección recta del conductor ❷ donde $\vec{H} = \vec{0}$

Para hallar las coordenadas de estos puntos P_0 (x_0, y_0), situados en la sección recta del conductor ❷ hemos de igualar a cero la expresión $\vec{H}_{T_I} = \vec{0}$ obtenida en el apartado 1º

$$\vec{a} = \overrightarrow{O_1O_2} = \vec{r} - \vec{r}\,' = \frac{R_1}{2}\vec{i}\ ;\ \vec{r}\,' = \vec{r} - \vec{a} = x_0\vec{i} + y_0\vec{j} - \frac{R_1}{2}\vec{i} = [x_0 - \frac{R_1}{2}]\vec{i} + y_0\vec{j}$$

$$\vec{H}_{T_I} = \frac{I}{2\pi}\left[\frac{[\vec{k}\wedge\vec{a}]}{[R_1^2 - R_2^2]} - \frac{2[\vec{k}\wedge\vec{r}\,']}{R_2^2}\right] = \vec{0} \quad \text{operando:} \quad \frac{[\vec{k}\wedge\vec{a}]}{[R_1^2 - R_2^2]} = \frac{2[\vec{k}\wedge\vec{r}\,']}{R_2^2}$$

$$\begin{vmatrix} \vec{i} & \vec{j} & \vec{k} \\ 0 & 0 & 1 \\ \frac{R_1}{2} & 0 & 0 \end{vmatrix} = 2\,[\frac{R_1^2}{R_2^2} - 1] \begin{vmatrix} \vec{i} & \vec{j} & \vec{k} \\ 0 & 0 & 1 \\ x_0 - \frac{R_1}{2} & y_0 & 0 \end{vmatrix}$$

$$\left.\begin{array}{l} \text{Componente en } \vec{i}: \; 0 = 2\left[\dfrac{R_1^2}{R_2^2} - 1\right] y_0 \\ \text{Componente en } \vec{j}: \; \dfrac{R_1}{2} = 2\left[\dfrac{R_1^2}{R_2^2} - 1\right]\left[x_0 - \dfrac{R_1}{2}\right] \end{array}\right\}$$

Las coordenadas de P_0 son: $x_0 = \dfrac{31}{60} R_1$, $y_0 = 0$

PROBLEMA 5.10

El efecto Hall se puede utilizar para determinar campos magnéticos midiendo el voltaje de Hall (V_H), el cual tiene su origen en el campo electrostático que aparece en un conductor recorrido por una corriente eléctrica y que esté inmerso en un campo magnético uniforme. Es lo que se denomina sonda de Hall. Si se detecta $V_H = 25\ \mu V$ cuando circula una corriente de 10 A en el conductor, calcular:

1º. Campo magnético que mide la sonda.

2º. Campo electrostático de Hall.

Una calibración de la sonda de Hall demuestra un error del 1% por defecto, en la medida del campo magnético. Aceptando que no se modifica el potencial de Hall, ni tampoco cualquier otra magnitud:

3º. Localizar la causa del error.

Datos del conductor: n= 10^{25} electrones m^{-3}; longitud L=1 cm; espesor d=3 mm; carga del electrón $e = -1{,}602 \cdot 10^{-19}$ C.

SOLUCIÓN

1º. Campo magnético que mide la sonda

Dado que el campo electrostático de Hall que se origina en el conductor por la separación de cargas es, $\overrightarrow{E_H} = \dfrac{\vec{J} \wedge \vec{B}}{n\,e}$; se puede expresar en función de la intensidad de corriente ya que, I = J L d. Donde $\vec{J}$ y $\vec{B}$ por diseño son perpendiculares

$$E_H = \frac{I\,B}{n\,L\,e\,d} \quad [1]$$

Y por la relación campo-potencial, $V_H = E_H \cdot d$ [2] se obtiene, $V_H = \dfrac{I\,B}{n\,L\,e}$ [3]

De la ecuación [3] se calcula el campo magnético,

$$B = \frac{25 \cdot 10^{-6} \cdot 10^{25} \cdot 1{,}602 \cdot 10^{-19} \cdot 10^{-2}}{10} = 0{,}04\ \mathrm{T}$$

2º. Campo electrostático de Hall

A partir de la ecuación [2], $E_H = \dfrac{V_H}{d} = \dfrac{25 \cdot 10^{-6}}{3 \cdot 10^{-3}} = 8{,}33 \cdot 10^{-3}\ \mathrm{V\ m^{-1}}$

3º. Localizar la causa del error

El 1% por defecto en la medida del campo magnético significa que el verdadero campo magnético tiene de valor, $B' = 1{,}01 \cdot 0{,}04 = 0{,}0404$ T. Entonces, en la ecuación [1] debe considerarse un tercer término correspondiente al seno del ángulo que forman la densidad de corriente y el campo magnético. El dispositivo en su funcionamiento normal está diseñado para que dichos vectores sean siempre perpendiculares.

CAPÍTULO VI

CAMPO MAGNÉTICO EN LA MATERIA

«Seguramente la gravedad debe ser susceptible de una relación experimental con la electricidad, el magnetismo y otras fuerzas, de manera que se establezca su acción recíproca y efecto equivalente.»

M. Faraday

1. IMANTACIÓN INDUCIDA $\vec{M}$

El momento magnético $\vec{m}$ de un átomo, es la suma vectorial de los momentos magnéticos de sus electrones, por tanto, cada átomo equivale a un imán elemental. Todas las sustancias pueden imantarse bajo la acción de un campo magnético exterior.

La imantación es una magnitud de carácter vectorial definida como el momento magnético que posee una sustancia por unidad de volumen: $\vec{M} = \frac{d\vec{m}}{d\tau}$; $[M] = L^{-1}I$.

2. EXCITACIÓN MAGNÉTICA $\vec{H}$

La excitación magnética es una magnitud vectorial $\vec{H}$, independiente del medio material y es la causa de que exista el campo magnético $\vec{B}$. Dimensiones $[H] = L^{-1}I$.

Expresión de la excitación magnética en un punto P, producida por la corriente I que circula por un circuito cerrado C, siendo P_c punto de ese circuito.

$$\vec{H} = \frac{\vec{B}}{\mu} = \frac{I}{4\pi}\int_C \frac{d\vec{\ell} \wedge \vec{r}}{r^3};\ \vec{r} = \overrightarrow{P_cP};\ d\vec{\ell} \text{ vector diferencial en el sentido de la corriente I.}$$

3. CLASIFICACIÓN MAGNÉTICA DE LA MATERIA. CURVA DE MAGNETIZACIÓN

■ CLASIFICACIÓN MAGNÉTICA DE LOS MATERIALES ANTE $\vec{B}$ CAMPO MAGNÉTICO EXTERIOR.

DIAMAGNÉTICO	$\chi = \mu' - 1 \neq f_D(T)$; $\chi\,[\sim -10^{-5}] < 0$; $1 > \mu' \approx 1$; $\mu_o \approx \mu < \mu_o = 4\pi 10^{-7}$ Momento magnético atómico $\vec{m} = \vec{0}$. $\vec{M} = \chi\vec{H}$; $\vec{M}$ sentido opuesto a $\vec{H}$ No es válido para construir imán permanente.
PARAMAGNÉTICO	$\chi = \mu' - 1 = f_P(T^{-1})$; $\chi\,[\sim 10^{-3}] > 0$; $1 < \mu' \approx 1$; $\mu_o \approx \mu > \mu_o = 4\pi 10^{-7}$ Momento magnético atómico $\vec{m} \neq \vec{0}$. $\vec{M} = \chi\vec{H}$; $\vec{M}$ mismo sentido que $\vec{H}$ No es válido para construir imán permanente.
FERROMAGNÉTICO	$\chi = \mu' - 1 = f\,(H)$; $\chi\,[10^3 \sim 10^5] >>> 1$; $1 <<< \mu' = 1 + f\,(H)$; $\mu >>> \mu_o = 4\pi 10^{-7}$ Momento magnético atómico $\vec{m} \neq \vec{0}$. $\lvert\vec{M}\rvert = f_1(H)$; $\vec{M}$ mismo sentido que $\vec{H}$ Sirve para construir imán permanente. Canaliza Φ por dentro de circuito magnético. Las propiedades magnéticas dependen de la historia magnética previa
AIRE	$\chi = \mu' - 1 \approx 0$; $\mu' \approx 1$; $\mu = \mu_o\mu' \approx 4\pi 10^{-7}\ H\ m^{-1}$. $\vec{M} = \vec{0}$ Aire ≈ Vacío magnéticamente
VACÍO	$\chi = \mu' - 1 = 0$; $\mu' = 1$; $\mu = \mu_o\mu' = 4\pi 10^{-7}\ H\ m^{-1}$. $\vec{M} = \vec{0}$ no hay materia en el Vacío

- MATERIAL NO FERROMAGNÉTICO. $\vec{M} = \chi\vec{H}$; $-10^{-5} \sim M \sim +10^{-3}$. $\vec{B} = \mu\vec{H} = \mu_o\mu'\vec{H}$.

- MATERIAL FERROMAGNÉTICO. En su interior el campo magnético es: $\vec{B}_M = \mu\vec{M} = \mu_o\chi\vec{H}$.

Cuando en el exterior del material ferromagnético existe $\vec{B}_0 = \mu_0\vec{H}$, en su interior el campo magnético total es: $\vec{B} = \mu\vec{H} = \mu'\mu_0\vec{H} = \vec{B}_0 + \vec{B}_M = \mu_0[1+\chi]\,\vec{H} = \mu_0\vec{H} + \mu_0\vec{M}$;

$$\vec{M} = \frac{\vec{B}}{\mu_o} - \vec{H}.$$

- VACÍO. No hay materia, por tanto: $\vec{M}=\vec{0}$. $\vec{B}_0=\mu_0\vec{H}$. Siendo: $\varepsilon_0\ \mu_0=\dfrac{1}{c_0^{\,2}}$.

Permeabilidad magnética del medio $\mu=\mu_o\mu'=\mu_o[1+\chi]=f(B)\neq$ cte. En el aire: $\mu_{AIRE}'\approx 1$.

Susceptibilidad magnética del medio es adimensional $\chi=\mu'-1$.

■ CURVA DE MAGNETIZACIÓN DE MATERIAL FERROMAGNÉTICO: B= F(H) $\Rightarrow$ en curva hay 3 zonas: lineal creciente; curva-codo; lineal-saturación es recta paralela a la recta del aire.

■ CURVA DE MAGNETIZACIÓN DEL AIRE-ENTREHIERO: $B=\mu_o H$ como $\mu'\approx 1\Rightarrow \mu_o=4\pi 10^{-7}$; La curva de magnetización del entrehierro-aire es una recta de pendiente $\Rightarrow \tan\alpha=\mu_o=+$.

4. CAMPO MAGNÉTICO $\vec{B}$ .TEOREMA GAUSS. LEY AMPÈRE-MAXWELL

■ TEOREMA DE GAUSS-OSTROGRADSKY. PROPIEDADES DEL CAMPO MAGNÉTICO

Teorema de Gauss-Ostrogradski: el flujo neto del campo magnético $\vec{B}$ a través de cualquier superficie cerrada S, simplemente conexa, que a su vez engloba un volumen τ, simplemente conexo, ha de ser necesariamente nulo.

$$\Phi=\oiint_S \vec{B}\cdot d\vec{S}=\iiint_\tau \operatorname{div}\vec{B}\,d\tau=0\Rightarrow \vec{B}\ \textbf{SOLENOIDAL}\equiv\textbf{ADIVERGENTE}\Rightarrow \nabla\cdot\vec{B}=\operatorname{div}\vec{B}=0\,.$$

El campo magnético $\vec{B}$ al ser **SOLENOIDAL** posee las siguientes propiedades:

-Las líneas del campo magnético son siempre cerradas y continuas, sin principio ni fin.

-El polo magnético o carga magnética aislado no existe, es imposible encontrarlo.

-El campo magnético B carece de puntos fuentes y de puntos sumideros.

-Flujos de B a través de superficies abiertas limitadas por igual contorno, son iguales.

-Flujos de campo magnético a través de cualquier superficie cerrada son siempre nulos.

■ LEY DE AMPÈRE-MAXWELL

La circulación del vector excitación magnética H a lo largo de una línea cerrada C, es igual a la suma algebraica de las intensidades de corriente eléctrica que atraviesan una superficie cualquiera S simplemente conexa apoyada en la línea cerrada C.

$$\oint_C \vec{H}\cdot d\vec{\ell}=\iint_S \vec{J_T}\cdot d\vec{S}=\Sigma I_T \quad\Rightarrow\quad \oint_C \vec{B}\cdot d\vec{\ell}=\mu\iint_S \vec{J_T}\cdot d\vec{S}=\mu\,\Sigma I_T$$

Densidad de corriente total: $\vec{J_T}=\vec{J}_{REALES}+\vec{J}_{APARENTES}+\vec{J}_{IMANTACIÓN}+\vec{J}_{DESPLAZAMIENTO}$

5. REFRACCIÓN DE LAS LÍNEAS DE $\vec{B}$ CAMPO MAGNÉTICO

Al atravesar dos medios materiales de distintas permeabilidades magnéticas μ_1 y μ_2, en ausencia de corrientes en la superficie límite de separación de ambos medios, las líneas del campo magnético sufren una refracción. Se demuestra respecto a $\vec{B}$ que las componentes normales son continuas y tangenciales discontinuas.

Ocurre lo contrario para las componentes de la excitación magnética $\vec{H}$, las normales discontinuas y las tangenciales continuas:

$$B_{N1} = B_{N2} \Rightarrow \mu_1 H_{N1} = \mu_2 H_{N2}; \quad H_{T1} = H_{T2} \Rightarrow \frac{B_{T1}}{\mu_1} = \frac{B_{T2}}{\mu_2}$$

Siendo α_1 y α_2 los ángulos de incidencia y de refracción, que las líneas del campo magnético $\vec{B}$ forman con la normal a la superficie límite de separación al pasar de un medio material ❶ a otro medio material ❷, se cumple:

$$\text{tg}\,\alpha_1 = \frac{B_{T_1}}{B_{N_1}}; \ \text{tg}\,\alpha_2 = \frac{B_{T_2}}{B_{N_2}} \Leftrightarrow \frac{\text{tg}\alpha_1}{\text{tg}\alpha_2} = \frac{\mu_1}{\mu_2} = \frac{B_{T1}}{B_{T2}} = \frac{H_{N2}}{H_{N1}}$$

$$B_1 = \sqrt{B^2{}_{T_1} + B^2{}_{N_1}} \quad ; \ B_2 = \sqrt{B^2{}_{T_2} + B^2{}_{N_2}} = \sqrt{\frac{\mu^2{}_2}{\mu^2{}_1} B^2{}_{T_1} + B^2{}_{N_1}} = \sqrt{\frac{\mu'^2{}_2}{\mu'^2{}_1} B^2{}_{T_1} + B^2{}_{N_1}}$$

Cuando $\mu_1 > \mu_2 \Rightarrow \alpha_1 > \alpha_2$ líneas magnéticas van del medio ❶ ferromagnético $\mu_1 = \mu_0 \mu'_1$, al medio ❷ aire $\mu'_2 \approx 1$; $\mu_1 = \mu_0 \mu'_1 >> \mu_2 = \mu_0 \mu'_2 \cong \mu_o \Rightarrow \mu'_1 >> 1$; $\text{tag}\,\alpha_2 = \frac{\text{tag}\,\alpha_1}{\mu_1'} << 1 \Longrightarrow \alpha_2 \approx 0^o$.

Como se cumple $\alpha_2 \approx 0^o$, resulta: $\Rightarrow B_{N2} = B_{N1} = B_2 \cos\alpha_2 \approx B_2$; $B_{T2} = B_2 \,\text{sen}\alpha_2 \approx 0$.

Las líneas del campo $\vec{B}$, en la superficie límite de separación entre un medio material ❶ ferromagnético μ_1 y un medio ❷ amagnético $\mu_2 \cong \mu_o$ (aire-entrehierro), son normales a dicha superficie en el lado del medio ❷ de material amagnético $\alpha_2 \approx 0^o$.

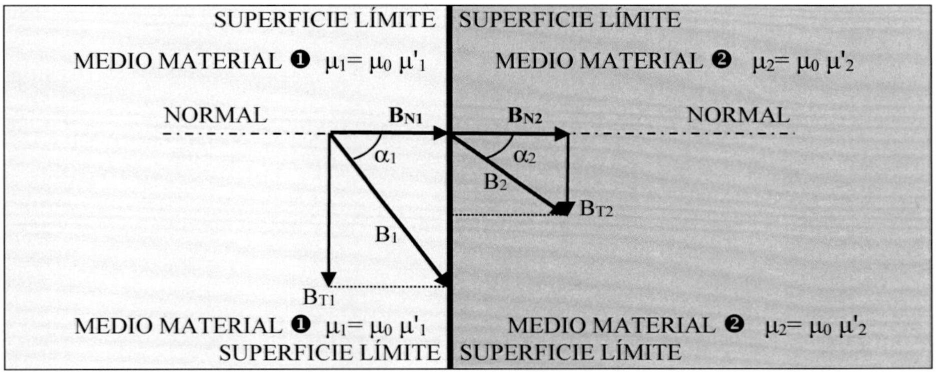

6. CIRCUITO MAGNÉTICO. LEYES HOPKINSON Y KIRCHHOFF. ENTREHIERRO

■ CIRCUITO MAGNÉTICO. CARACTERÍSTICA MAGNÉTICA

Región cerrada del espacio en cuyo interior están concentradas las líneas del campo magnético $\vec{B}$, está formada por material ferromagnético $\mu >>> \mu_o$, es el camino por donde se canaliza, circula y está confinado prácticamente todo el flujo magnético Φ, y así las líneas del campo magnético se cierran sobre si mismas. El circuito magnético puede tener tramos de entrehierro-aire, allí: $\mu_{AIRE} = \mu'_{AIRE}\mu_o \approx \mu_o = 4\pi 10^{-7} Hm^{-1} = 4\pi 10^{-7} NA^{-1}$.

La fuerza magnetomotriz, f.m.m.≡ $\mathcal{E}_M = N \cdot I_{MAGNETIZANTE}$ A–vuelta genera Φ al circular la corriente $I_{MAGNETIZANTE}$ por un devanado de N vueltas arrollado en un tramo del circuito. El material magnético del circuito opone al paso de Φ una resistencia denominada reluctancia magnética $\Re$ caracterizada por su longitud ℓ, sección recta S, permeabilidad magnética μ, su expresión: $\Re = \frac{1}{\mu'\mu_o}\frac{\ell}{S}$. Reluctancia del aire-entrehierro: $\Re_0 = \frac{1}{\mu_o}\frac{\ell_0}{S_0}$.

Ecuación dimensional $[\Re]= M^{-1} L^{-2} T^2 I^2$. Unidad S. I.: A-vuelta $Wb^{-1}= H^{-1}$(Henrio^{-1}).

Permeancia magnética: $\Lambda = \frac{1}{\Re}$ es el inverso de la reluctancia. $[\Lambda]= [\Re^{-1}]= M L^2 T^{-2} I^{-2}$.

- CARACTERÍSTICA MAGNÉTICA DE TRAMO FERROMAGNÉTICO i DE CIRCUITO MAGNÉTICO: $C_i \equiv \Phi= f_i(\mathcal{E}_M)$ se obtiene a partir de $B= F_i(H)$, curva de magnetización del material ferromagnético "i", mediante la transformación de coordenadas: [ORDENADA$\equiv$B]x S= Φ; [ABCISA$\equiv$H]x $\ell = \mathcal{E}_M$.

- CARACTERÍSTICA MAGNÉTICA DE ENTREHIERRO: $C_0 \equiv \Phi= \mu_0\, \mathcal{E}_M$, recta entrehierro, pendiente $tg\,\alpha=\mu_0$.

- CARACTERÍSTICA MAGNÉTICA DE UN CIRCUITO MAGNÉTICO: $C_T = \sum C_i + C_0 \equiv \Phi = \sum f_i(\mathcal{E}_M) + \mu_0\, \mathcal{E}_M$.

■ **LEY DE HOPKINSON**

Expresión análoga a la ley de Ohm de los circuitos eléctricos, mediante la cual se resuelven los circuitos magnéticos. Se conoce para cada tramo del circuito magnético, la permeabilidad magnética del medio μ, su sección recta S, y su longitud ℓ.

Ley de Hopkinson: $\Sigma\, \mathcal{E}_{M\,k} = \sum N_k I_k = \Phi\, \Sigma\, \Re_j \Rightarrow \Phi = \frac{\Sigma \varepsilon_{M_k}}{\Sigma \int_{\ell_j} \frac{d\ell}{\mu_j S_j}} = \frac{\Sigma\, N_k I_k}{\Sigma \Re_j}$ Wb= T m^2

■ **LEYES KIRCHHOFF 1ª Y 2ª EN CIRCUITO MAGNÉTICO. RESOLUCIÓN DE CIRCUITOS SERIE Y PARALELO**

A partir del circuito eléctrico se halla por analogía el circuito magnético equivalente, en este texto, se supone no hay pérdidas del flujo magnético Φ por derivaciones en el aire.

Para determinar el sentido de la fuerza magnetomotriz se elige en el circuito un sentido de circulación cualquiera del Φ flujo magnético que se toma como positivo; un arrollamiento tiene su correspondiente f. m. m. $\mathcal{E}_M$ positiva **+**, cuando genera un flujo Φ cuyo sentido coincide con el sentido del flujo elegido como **+**.

Caída de potencial magnético en un tramo del circuito de reluctancia $\Re_i$: $\theta_i = \Re_i\, \Phi$

Las leyes Kirchhoff equivalentes aplicadas a los circuitos magnéticos son:

-<u>1ª LEY</u>. La suma algebraica de flujos magnéticos que entran al nudo **h**, es igual a la suma algebraica de flujos magnéticos que salen de ese nudo, donde concurren **i** tramos.

$\sum \Phi_{h\,\text{Entrada}} - \sum \Phi_{h\,\text{Salida}} = 0 \Rightarrow \sum \Phi_{hi} = 0$

-<u>2ª LEY</u>. La suma algebraica de las fuerzas magnetomotrices de una malla **k**, es igual a la suma algebraica de caídas de potencial magnético de los elementos correspondientes a los **j** tramos que conforman la referida malla **k**.

$\sum \mathcal{E}_{M\,kj} = \sum \Phi_{kj}\, \Re_{kj} = \sum \theta_{kj}$

- <u>CIRCUITO SERIE</u>: por todos y cada uno de los elementos del circuito circula el mismo flujo magnético que, por tanto, es común Φ.

  Reluctancia total del circuito serie: $\Re_S = \sum \Re_i$; $\varepsilon_M = N\, I_{MAGNETIZANTE} = \Phi \sum \Re_i = \sum \theta_i$

  Flujo común: $\Phi = \dfrac{\varepsilon_M}{\Re_S} = \dfrac{\theta_i}{\Re_i}$. Caída de potencial magnético en $\Re_i$: $\theta_i = \Phi\, \Re_i = \dfrac{\Re_i}{\Re_S}\varepsilon_M$

- <u>CIRCUITO PARALELO</u>: en todos los elementos del circuito la caída de potencial magnético es la misma y vale la fuerza magnetomotriz f. m. m.: $\varepsilon_M = N\, I_{MAGNETIZANTE}$.

  Reluctancia total del circuito paralelo: $\dfrac{1}{\Re_P} = \sum \left[\dfrac{1}{\Re_i}\right]$; $\Re_P = \dfrac{1}{\sum\left[\dfrac{1}{\Re_i}\right]}$

  Flujo total: $\Phi = \dfrac{\varepsilon_M}{\Re_P} = \varepsilon_M \sum \left[\dfrac{1}{\Re_i}\right]$; flujo en la reluctancia $\Re_i$: $\Phi_i = \dfrac{\varepsilon_M}{\Re_i} = \dfrac{\Re_P}{\Re_i}\Phi$

■ **FUERZA QUE TIENDE A UNIR ENTREHIERRO-AIRE DE LONGITUD "ℓ_e" EN CIRCUITO MAGNÉTICO SERIE**

<u>Energía magnética.</u> $W_m = \dfrac{1}{2}\iiint_\tau \vec{H}\cdot\vec{B}\, d\tau = \dfrac{1}{2}[B_h\, H_h\, (\ell - \ell_e) S_h + B_e\, H_e \ell_e\, S_e]$ [1]

Aplicando el teorema de Ampère al circuito magnético serie: $H_h(\ell - \ell_e) + H_e \ell_e = N\, I$

Cuando no hay pérdidas de flujo en circuito serie, se cumple: $B_h S_h = B_e S_e = \Phi = N\, I/\Re_T$

Sustituyendo en [1] las dos expresiones anteriores y operando: $W_m = \dfrac{1}{2}\dfrac{N^2 I^2}{\Re_T}$ [2]

<u>Fuerza magnética que une entrehierro en el circuito serie.</u>

Derivada parcial en [2]: $F_m = -\dfrac{\partial W_m}{\partial \ell_e} = -\dfrac{\partial W_m}{\partial \Re_T}\dfrac{d\Re_T}{d\,\ell_e} = -\dfrac{\partial}{\partial \Re_T}\left[\dfrac{N^2 I^2}{2\Re_T}\right]\dfrac{d\Re_T}{d\,\ell_e} = \dfrac{N^2 I^2}{2\Re_T^2}\dfrac{d\Re_T}{d\,\ell_e}$ [3]

-Reluctancia total del circuito serie formado por hierro (h) y entrehierro (e) es:

$\Re_T = \Re_h + \Re_e = \dfrac{\ell - \ell_e}{\mu_0 \mu' S_h} + \dfrac{\ell_e}{\mu_0 S_e}$; derivando $\Rightarrow \dfrac{d\Re_T}{d\ell_e} = \left[\dfrac{1}{\mu_0 S_e} - \dfrac{1}{\mu_0 \mu' S_h}\right]$

-Ley de Hopkinson aplicada a circuito magnético: $N\, I_{MAGNETIZANTE} = B_h S_h \Re_T$.

Con [3] y las expresiones anteriores: $F_m = \dfrac{N^2 I^2}{2\mu_0 \Re_T^2}\left[\dfrac{1}{S_e} - \dfrac{1}{\mu' S_h}\right] = \dfrac{B_h^2\, S_h}{2\mu_0}\left[\dfrac{S_h}{S_e} - \dfrac{1}{\mu'}\right]$

CIRCUITO ELÉCTRICO	CIRCUITO MAGNÉTICO
FORMADO SÓLO POR CONDUCTORES METÁLICOS. POR EL CIRCUITO CIRCULA **I** CORRIENTE CONTINUA	FORMADO POR CHAPA MATERIAL FERROMAGNÉTICO+ENTREHIERRO≡AIRE. POR DENTRO DEL CIRCUITO MAGNÉTICO CIRCULA **Φ** FLUJO MAGNÉTICO
ANALOGÍAS FORMALES	
$\overrightarrow{E'}=\overrightarrow{cte}$ CAMPO ELECTROMOTOR.	$\vec{H}$ EXCITACIÓN MAGNÉTICA.
I INTENS. CORRIENTE CONTINUA. $I=\frac{dQ}{dt}=\iint_S \vec{J}\cdot d\vec{S}$	Φ FLUJO MAGNÉTICO. $\Phi=\vec{B}\cdot\vec{S}=B\ S\cos\alpha$
$\vec{J}$ DENSIDAD DE CORRIENTE CONTINUA. $\vec{J}=\sigma\ \vec{E'}$	$\vec{B}$ CAMPO MAGNÉTICO. $\vec{B}=\mu\vec{H}=\mu'\mu_0\vec{H}$
ε FUERZA ELECTROMOTRIZ CONTINUA $\varepsilon=\oint_C \vec{E'}\cdot d\vec{r}$	ε_M FUERZA MAGNETOMOTRIZ. $\varepsilon_M=N\ I_{MAGNETIZANTE}=H\ell$
V DIFERENCIA DE POTENCIAL CONTINUA. $V=I\ R$	θ CAÍDA DE POTENCIAL MAGNÉTICO TRAMO i. $\theta_i=\Phi\,\Re_i=H\ \ell$
R RESISTENCIA ELÉCTRICA. $R=\ell/\sigma\ S$	ℜ RELUCTANCIA MAGNÉTICA. $\Re=\ell/\mu_o\ \mu'\ S$
σ CONDUCTIVIDAD ELÉCTRICA	μ PERMEABILIDAD MAGNÉTICA ABSOLUTA. $\mu=\mu_0\,\mu'$
LEY DE OHM CORRIENTE CONTINUA: $\Sigma\varepsilon_k=I\,\Sigma R_j$	**LEY DE HOPKINSON**: $\Sigma\varepsilon_{M\,k}=I_{MAGNETIZANTE\ k}\,\Sigma\ N_k=\Phi\Sigma\Re_j$
LEYES KIRCHHOFF 1ª Y 2ª	**LEYES DE KIRCHHOFF 1ª Y 2ª**
DIFERENCIAS	
EN CIRCUITO CIRCULA CARGAS ELÉCTRICAS MÓVILES	EN CIRCUITO NO CIRCULAN POLOS MAGNÉTICOS AISLADOS MÓVILES
CONDUCTIVIDAD **σ** DE CONDUCTOR METÁLICO NO DEPENDE DE I CORRIENTE CONTINUA. **σ ≠ f (I)**	LA PERMEABILIDAD MAGNÉTICA ABSOLUTA **μ**, DE MATERIAL FERROMAGNÉTICO, FUNCIÓN DE **B**, **$\mu=\mu_0\mu'=\mu_0[1+\chi]=f(B)$ ≠cte.**
EN CIRCUITO AL CORTAR CONDUCTOR METÁLICO SE INTERRUMPE LA CORRIENTE CONTINUA: **I= 0**	EN CIRCUITO MAGNÉTICO AL CORTAR CHAPA FERROMAGNÉTICA INTRODUCIENDO ENTREHIERRO NO SE INTERRUMPE FLUJO: **Φ ≠ 0**.
EN CIRCUITO ELÉCTRICO EL PASO DE CORRIENTE I, CAUSA PÉRDIDAS DE ENERGÍA EFECTO JOULE.	EN EL CIRCUITO MAGNÉTICO EL PASO DEL FLUJO **Φ**, POR SU INTERIOR, NO PRODUCE PÉRDIDAS DE ENERGÍA EFECTO JOULE.
EN CIRCUITO ELÉCTRICO CORRIENTE CONTINUA I SE PROPAGA SÓLO POR CONDUCTOR METÁLICO.	EN CIRCUITO MAGNÉTICO PUEDE HABER PÉRDIDAS DE FLUJO **Φ** POR DERIVACIONES EN EL AIRE PRÓXIMO AL PROPIO CIRCUITO.
CARGA **Q**, CORRIENTE I, TIEMPO **t**, SE CUMPLE: **Q=I t**	NO EXISTE RELACIÓN ENTRE FLUJO MAGNÉTICO **Φ** Y TIEMPO **t**.

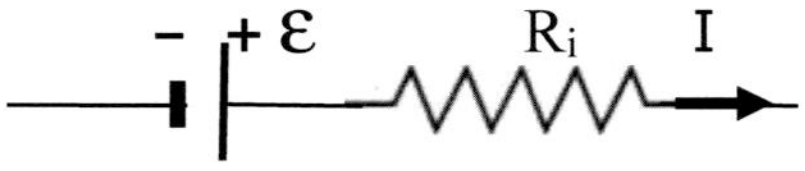

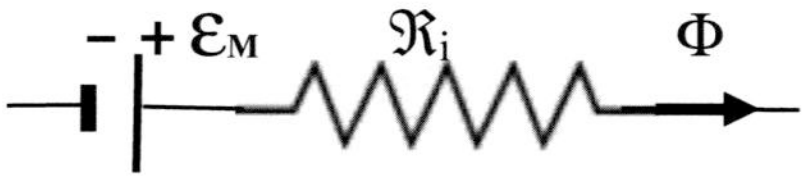

CIRCUITO ELÉCTRICO <> **CIRCUITO MAGNÉTICO**

F.e.m. $V_{Ri}=R_i\ I$ **CORRIENTE CONTINUA** F.m.m. $\theta_{\Re i}=\Re_i\ \Phi$ **FLUJO MAGNÉTICO**

■ ENTREHIERRO DEFINICIÓN. SU FUNCIÓN EN MÁQUINAS ELÉCTRICAS ESTÁTICAS Y ROTATIVAS

• DEFINICIÓN DE ENTREHIERRO≡AIRE Y SU RELUCTANCIA MAGNÉTICA

Recinto cerrado en cuyo interior sólo hay aire, puede formar parte del circuito magnético.

Entrehierro≡ aire existe: entre polos de imán; entre polos de electroimán; entre rotor-polos y estator-armadura de máquina rotativa, aquí es necesario entrehierro para evitar rozamiento entre partes fija y móvil, su espesor ℓ_0 varía de unos mm a pocos cm.

La reluctancia magnética entrehierro se expresa: $\Re_0 = \dfrac{1}{\mu_o}\dfrac{\ell_0}{S_0} = \ell_0 10^7/4\pi S_o$.

Dimensiones del entrehierro: Espesor-anchura ℓ_0. Sección recta S_o.

Permeabilidad magnética del aire $\mu_{AIRE} = \mu'_{AIRE}\,\mu_o \approx \mu_o = 4\pi 10^{-7} H\ m^{-1} = 4\pi 10^{-7} N\ A^{-1}$

• FUNCIÓN DEL ENTREHIERRO EN MÁQUINAS ELÉCTRICA ESTÁTICA (TRANSFORMADOR)

En máquina, al inicio, hay un circuito de chapa ferromagnética de reluctancia $\Re$, por su interior circula flujo Φ_1 debido a $\vec{B}_1$. Se crea en circuito de la máquina un entrehierro de reluctancia $\Re_0$, la nueva reluctancia es $\Re' = \Re + \Re_0$, esto provoca en nuevo circuito:

1°. "Aumento de la resistencia de paso al flujo $\Phi' < \Phi_1$. Si se desea mantener el flujo inicial Φ_1=cte. Hay que aumentar la corriente $I_{\text{MAGNETIZANTE}}$, necesaria para impulsar y conducir el citado flujo magnético Φ_1 por el interior del entrehierro del circuito".

2°. "Disminución de la pendiente en C_T, curva característica magnética del circuito; si aumenta ε_M, fuerza magnetomotriz, en la chapa ferromagnética del circuito, decrece la posibilidad de saturación magnética y se puede añadir más magnetización a $\vec{B}$ ".

CIRCUITO INICIAL [$\Re$, Φ_1] —SE CREA UN ENTREHIERRO→ CIRCUITO NUEVO [$\Re' > \Re$; $\Phi' < \Phi_1$] —PARA MANTENER Φ_1=CTE→ HAY QUE AUMENTAR LA CORRIENTE $I_{\text{MAGNETIZANTE}}$ / EN CHAPA DECRECE SATURACIÓN MAGNÉTICA, CRECE B

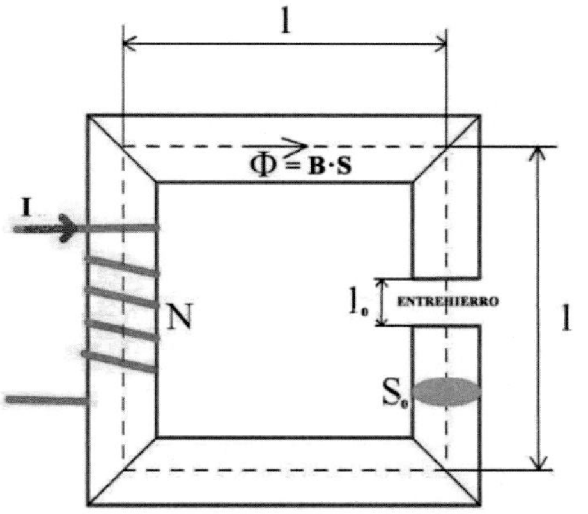

MÁQUINA ELÉCTRICA ESTÁTICA. TRANSFORMADOR
ESQUEMA DE CIRCUITO MAGNÉTICO

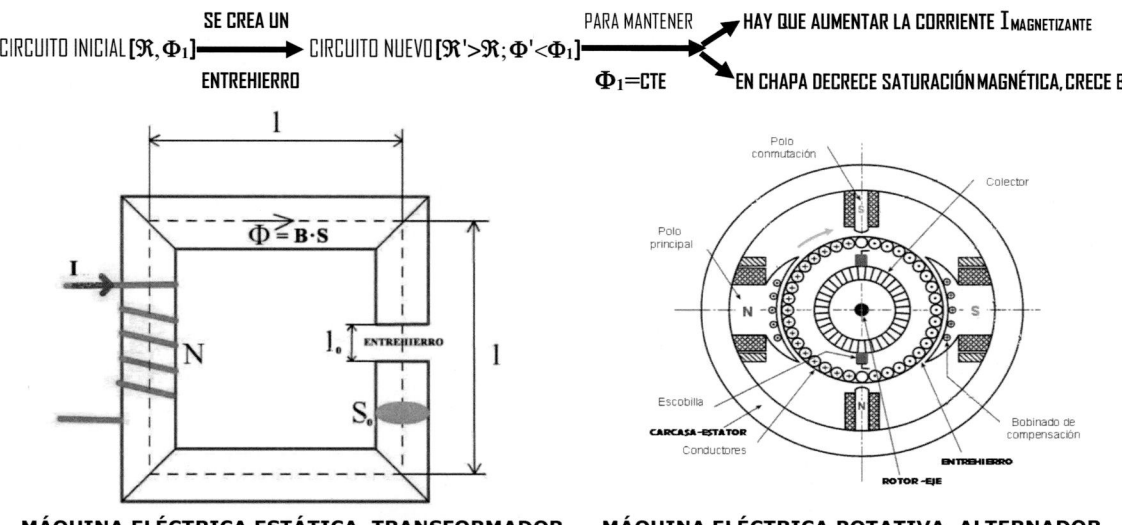

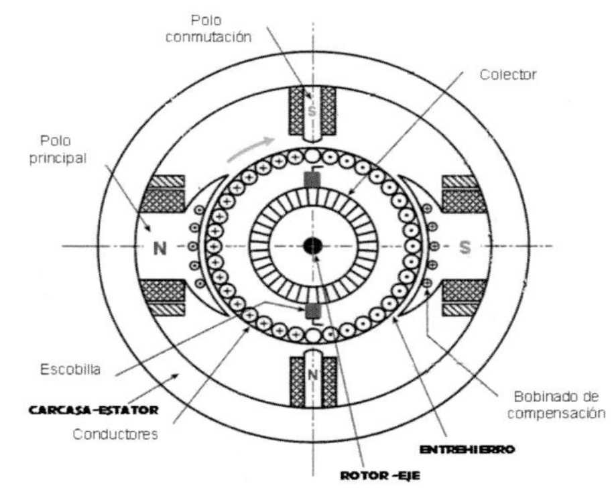

MÁQUINA ELÉCTRICA ROTATIVA. ALTERNADOR
SECCIÓN NORMAL AL EJE DEL ROTOR

• FUNCIÓN DE ENTREHIERRO EN MÁQUINA ELÉCTRICA ROTATIVA SIMÉTRICA IDEAL (GENERADOR-MOTOR)

En la máquina rotativa los devanados del rotor-polos (inductor) y del estator-armadura (inducido) al trabajar conjuntamente generan en el entrehierro $\Phi(t)_{\text{MAGNÉTICO SENOIDAL}}$.

La misión del entrehierro ≡ aire es conducir $\Phi(t)_{\text{MAGNÉTICO SENOIDAL}}$, de tal manera que, al circular dicho flujo por el interior del entrehierro, por cada revolución, lo cruza dos veces por polo que tenga la máquina eléctrica rotativa para cada fase.

$\Phi(t)$ crea $\vec{B}(t)_{\text{MAGNETIZANTE RADIAL SENOIDAL}}$, en la máquina, este es el medio de acoplamiento entre los sistemas eléctrico y mecánico, donde se transforma la energía, y además es la causa de la F.E.M. en el Generador y del Par Motriz en el Motor.

En máquina ideal, $\vec{B}(t)$ no depende de reluctancias de $\Re_{\text{ROTOR}}$, $\Re_{\text{ESTATOR}}$ y $\Re_{0\ \text{ENTREHIERRO}}$.

CUESTIONES

6.1. La permeabilidad magnética relativa de un material ferromagnético:

A) Es una constante del material.
B) Depende del campo magnético al que está sometido.
C) Depende del tamaño del material.
D) Los materiales ferromagnéticos no tienen permeabilidad magnética relativa.

6.2. Las sustancias diamagnéticas se caracterizan en base a la susceptibilidad y permeabilidad magnética, y se cumple:

A) $\chi > 0$; $\mu > \mu_o$.
B) $\chi \cong 0$; $\mu = 0$.
C) $\chi < 0$; $\mu < \mu_o$.
D) $\chi >> 0$; $\mu >> \mu_o$.

6.3. La verdadera característica magnética de un imán es:

A) El valor de sus polos magnéticos.
B) Su momento magnético.
C) La distancia entre sus polos magnéticos.
D) Su masa.

6.4. En un material ferromagnético:

A) La imanación y excitación magnética son proporcionales.
B) Su susceptibilidad es constante.
C) Su permeabilidad no es constante.
D) Su imanación es mucho menor que la excitación magnética.

6.5. La magnitud derivada de la característica magnética de un imán es:

A) Su polo magnético.
B) La distancia entre sus polos.
C) Su momento magnético.
D) El campo magnético que genera.

6.6. El vector imanación $\vec{M}$ de una sustancia es:

A) Su momento magnético por unidad de volumen.
B) Igual al campo magnético $\vec{B}$ en la sustancia.
C) Un par y una fuerza si el par es uniforme.
D) Un par y una fuerza si el par no es uniforme.

6.7. Para desimantar completamente una sustancia ferromagnética:

A) Basta anular la excitación magnética que produjo la imanación.
B) Hay que aumentar la excitación magnética.
C) Hay que someter la sustancia a una excitación magnética de sentido opuesto a su imanación, hasta alcanzar el valor de su fuerza coercitiva.
D) Hay que reducir $\vec{H}$ hasta un valor no nulo.

6.8. La unidad de la reluctancia de un circuito magnético en el S. I. es:

A) Ω
B) A m^{-1}
C) H
D) H^{-1}

6.9. La presencia de un entrehierro de aire en un circuito magnético, sin pérdidas de flujo magnético:

A) Impide el paso del flujo magnético.
B) Reduce el paso del flujo magnético.
C) Aumenta el paso del flujo magnético.
D) No modifica el paso del flujo magnético sólo lo dispersa.

6.10. En un circuito magnético la f.m.m. es igual a:

A) La circulación del campo magnético a lo largo del circuito.
B) El flujo magnético total a través de las N espiras dividido por la reluctancia total del circuito.
C) La circulación de la excitación magnética a lo largo del circuito.
D) La caída de potencial magnético en el hierro.

6.11. Las líneas de campo magnético generadas por un solenoide en un circuito magnético:

A) Pueden no cerrarse sobre el solenoide.
B) Se cerrarán sobre el solenoide si el circuito no tiene entrehierros.
C) Se cerrarán solo si el circuito es de material ferromagnético.
D) Se cerrarán siempre.

6.12. Cuando el vector campo magnético incide, de forma no normal, en la superficie de separación de dos medios ferromagnéticos, se produce el fenómeno de:

A) Refracción.
B) Difracción.
C) Reflexión.
D) Abducción.

6.13. Dimensiones del vector imantación $\vec{M}$:

A) $[I]\,[L]^{-1}$
B) $[L]\,[I]^{-1}$
C) $[I]\,[L]^{-2}$
D) $[L]\,[I]^{-2}$

6.14. En la superficie límite de separación de dos medios materiales paramagnéticos de permeabilidades magnéticas relativas $\mu'_1=6$ y $\mu'_2=3{,}5$, no hay de corrientes. El campo magnético incidente en el medio material ❶ tiene de componentes tangencial $B_{1T} = 4$ G y de componente normal $B_{1N}= 5$ G.

El ángulo α_2 de refracción de las líneas del campo magnético al atravesar la superficie límite de separación citada, cuando se pasa del medio ❶ al medio ❷ es:

A) $\alpha_2= 14{,}33°$.

B) $\alpha_2= 25{,}01°$.

C) $\alpha_2= 50{,}42°$.

D) Imposible de calcular α_2, por falta de datos.

6.15. La relación entre los vectores imantación del material, el campo magnético y la excitación magnética se expresa:

A) $\vec{M} = \dfrac{\vec{B}}{\mu_o} + \vec{H}$.

B) $\vec{M} = \dfrac{\vec{B}}{\mu_o} - \vec{H}$.

C) $\vec{H} = \dfrac{\vec{B}}{\mu_o} - \vec{M}$ únicamente en las sustancias diamagnéticas.

D) $\vec{M} = \dfrac{\vec{B}}{\mu_o} + \vec{H}$ únicamente en las sustancias diamagnéticas.

PROBLEMA 6.1

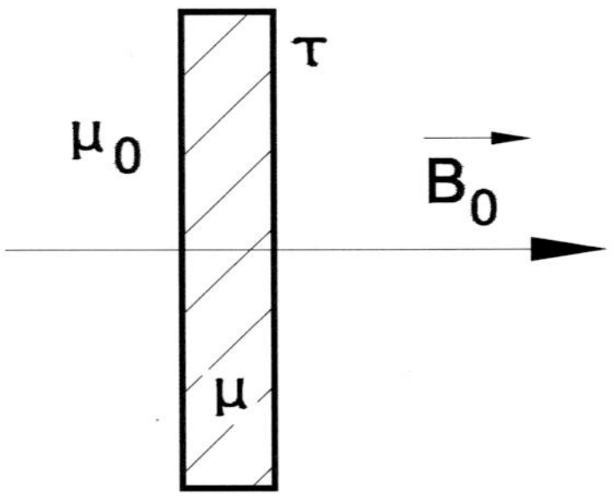

Una placa delgada de volumen τ de un material magnético lineal de susceptibilidad magnética χ, se encuentra inmersa en un campo magnético perpendicular a la misma.

Determinar en el centro de la placa:

1°. El campo magnético en la placa.

2°. La excitación magnética.

3°. La imantación.

4°. El momento dipolar magnético adquirido.

Seguidamente se analiza la geometría cilíndrica.

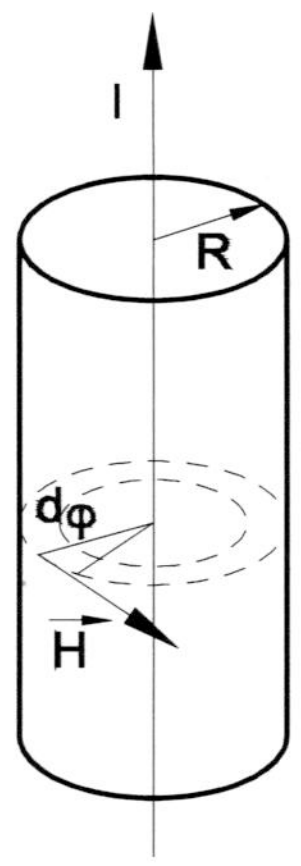

Un hilo conductor rectilíneo e indefinido por el que circula una corriente de intensidad I, se encuentra situado en el eje de un cilindro de radio R de un material paramagnético de permeabilidad magnética μ. Calcular para puntos interiores ($r < R$) y exteriores ($r > R$) al cilindro:

5°. La excitación magnética.

6°. El campo magnético.

7°. La imantación.

SOLUCIÓN

1°. El campo magnético

Como el campo magnético es perpendicular a la placa, debido a la continuidad de la componente normal del campo, en el centro de la placa en el interior del material magnético resultará, $\vec{B}_m = \vec{B}_0$

2°. Excitación magnética

Partiendo de la relación existente entre campo y excitación magnéticos, y como además se cumple que la permeabilidad magnética relativa vale: $\mu' = 1 + \chi$, se obtiene,

$$\vec{H}_m = \frac{1}{\mu}\vec{B}_m = \frac{1}{\mu}\vec{B}_0 = \frac{1}{\mu}\mu_o \vec{H}_0 = \frac{\vec{H}_0}{\mu'}; \quad \vec{H}_m = \frac{\vec{H}_0}{1+\chi}$$

3°. La imantación

Aplicando la relación entre la imantación, la susceptibilidad y excitación magnéticas, se tiene, $\vec{M} = \chi\, \vec{H}_m = [\mu' - 1]\vec{H}_m$; $\quad \vec{M} = \dfrac{\chi}{1+\chi}\vec{H}_0$

4º. Momento dipolar magnético

Debido a que la imantación magnética también se expresa como el cociente entre el momento dipolar y el volumen, $\vec{M} = \frac{\vec{m}}{\tau}$, y teniendo en cuenta el valor de la imanación obtenido en el apartado tercero, el momento dipolar será: $\vec{m} = \frac{\chi}{1+\chi}\tau\,\vec{H_0}$

5º. La excitación magnética

Aplicando el teorema de Ampère, obtenemos la excitación magnética creada por la corriente rectilínea de intensidad I: $\int_C \vec{H}\cdot d\vec{\ell} = \Sigma\, I$ siendo $d\ell = r\,d\varphi$ se tiene:

$$\int_0^{2\pi} H\, r\, d\varphi = I \quad \Rightarrow \quad H\, 2\pi\, r = I \quad \Rightarrow H = \frac{I}{2\pi r}$$

Ecuación válida para r < R y r > R, ya que la única fuente de la excitación magnética es la intensidad de la corriente eléctrica I.

La dirección de la excitación magnética es tangente a la circunferencia de radio r situada en el plano perpendicular al hilo conductor y en el sentido de avance de la intensidad según la regla del sacacorchos.

$$\vec{H} = \frac{I}{2\pi r}\,\vec{u}_\varphi$$

6º. El campo magnético

En el interior del cilindro r< R, el material material paramagnético tiene una permeabilidad magnética μ.

Mediante la relación entre campo y excitación magnéticos $\vec{B}_{int} = \mu\,\vec{H} = \frac{\mu\, I}{2\pi r}\vec{u}_\varphi$

En el exterior del cilindro r > R, existe el vacío con permeabilidad magnética μ_o,

$$\vec{B}_{ext} = \mu_o\,\vec{H} = \frac{\mu_o I}{2\,\pi\, r}\,\vec{u}_\varphi$$

7º. La imantación

Partiendo de la definición del vector imantación, como el material es paramagnético, implica que $\mu > \mu_o$. Susceptibilidad magnética del medio es $\chi = \mu' - 1$.

En el interior del cilindro r < R: $\vec{M}_{INT} = \chi\,\vec{H} = [\mu'-1]\,[I/2\pi\, r]\,\vec{u}_\varphi$

En el exterior del cilindro r > R: $\vec{M}_{EXT} = 0$ ya que no hay materia.

PROBLEMA 6.2

En el circuito de la figura, con las longitudes medias y secciones rectas indicadas en la misma, se quiere obtener un campo magnético en el entrehierrro de 1 T. En esas condiciones se pide determinar:

1º. Reluctancia magnética del circuito.

2º. Flujo magnético a través de la sección recta del núcleo.

3º. Campo magnético, excitación magnética y permeabilidad magnética relativa en cada una de las partes del circuito magnético.

4º. Caídas de potencial magnético en cada parte del circuito.

5º. Intensidad constante en la bobina formada por N=100 espiras.

El núcleo es de acero al silicio cuya curva de imanación se adjunta. Se considera constante el flujo magnético en todo el circuito y se desprecia la reluctancia magnética del núcleo ferromagnético frente a la del entrehierro de aire. Dato: $\mu_o = 4\pi 10^{-7} \text{N A}^{-2}$.

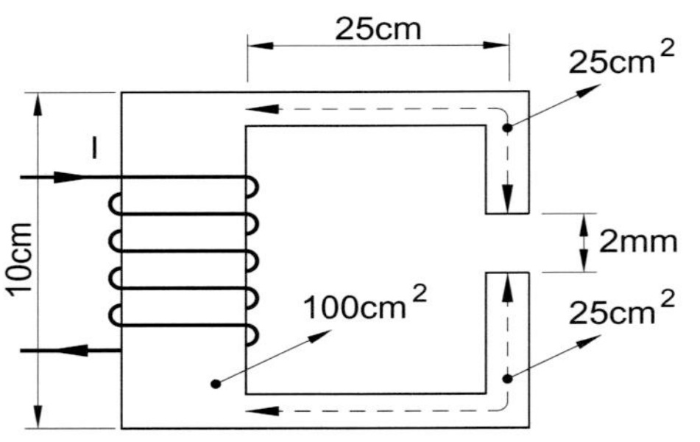

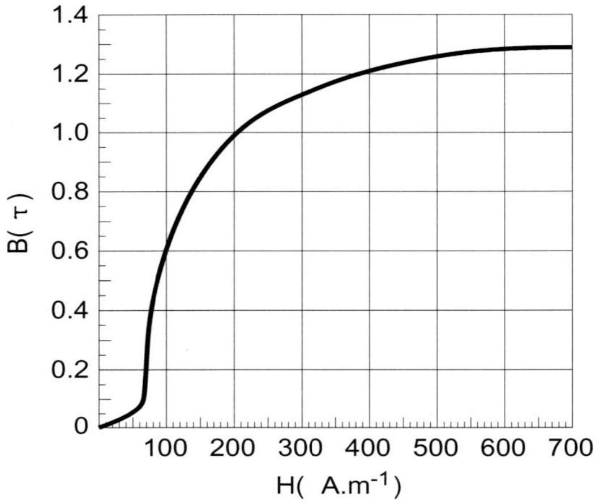

SOLUCIÓN

1º. Reluctancia magnética del circuito

Como se trata de un circuito en serie y por el enunciado se desprecia la reluctancia magnética del núcleo ferromagnético frente a la del entrehierro (o aire) se obtiene,

$$\Re = \Re_1 + \Re_2 + \Re_a \approx \Re_a = \frac{1}{\mu_o}\frac{\ell_a}{S_a} = \frac{1}{4\pi\cdot 10^{-7}}\frac{2\cdot 10^{-3}}{25\cdot 10^{-4}} = 6{,}36\cdot 10^5 \quad \text{H}^{-1}$$

2º. Flujo magnético

$$\phi = B_a S_a = 2{,}5\cdot 10^{-3} \quad \text{Wb}$$

3º. Valores de B, H y μ' en cada zona del circuito magnético

<u>Zona 1.</u>

El campo magnético es: $B_1 = \dfrac{\phi}{S_1} = \dfrac{2{,}5\cdot 10^{-3}}{10^{-2}} = 0{,}25 \quad \text{T}$

Según la curva de imanación a este valor del campo magnético le corresponde una excitación magnética: $H_1 = 70 \quad A\ m^{-1}$

La permeabilidad será, $\mu_1 = \dfrac{B_1}{H_1} = 3{,}57 \cdot 10^{-3} N\ A^{-2}$

La permeabilidad relativa es: $\mu'_1 = \dfrac{\mu_1}{\mu_o} = 2840{,}92$

Zona 2.

$B_2 = \dfrac{\phi}{S_2} = 1 \quad T$; según la curva de imanación, $H_2 = 200 \quad A\ m^{-1}$

$\mu_2 = \dfrac{B_2}{H_2} = 5 \cdot 10^{-3}\ N\ A^{-2} \qquad \mu'_2 = \dfrac{\mu_2}{\mu_o} = 3978{,}87$

El material ferromagnético es el mismo, pero ofrece distinto comportamiento al estar sometido a diferentes condiciones de campo y excitación magnética.

Zona 3.

El campo magnético debe ser B=1 tesla en el entrehierro. Esto corresponde una excitación magnética, $H_a = \dfrac{B_a}{\mu_o} = 795774{,}72 \quad A\ m^{-1}$

La permeabilidad relativa del aire en condiciones normales es $\mu'_a \approx 1$.

4º. Caídas de potencial magnético

Se calculan mediante el producto de las longitudes en el circuito magnético y la excitación magnética de cada zona,

$\theta_1 = H_1 L_1 = 7 \quad A - v; \quad \theta_2 = H_2 L_2 = 100 \quad A - v; \quad \theta_3 = H_3 L_3 = 1591{,}55\ A - v$

5º. Intensidad de corriente necesaria en la bobina

La fuerza magnetomotriz del circuito es la suma de las caídas de potencial magnético en todas las zonas del circuito.

$N\ I = \theta_1 + \theta_2 + \theta_3$, entonces despejando la intensidad teniendo en cuenta que el número de espiras de la bobina es N=100, $I = 17\ A$

PROBLEMA 6.3

En el circuito de la figura, con las longitudes medias (en el extrehierro 3 mm) y secciones rectas indicadas en la misma, se quiere obtener un campo magnético en el entrehierrro de 0,6 T. En esas condiciones, se pide determinar:

1º.- Reluctancia magnética del circuito y en cada zona del circuito.

2º.- Caídas de potencial magnético en cada zona del circuito.

3º.- Intensidad constante en la bobina formada por N=100 espiras.

4º.- Flujo magnético a través de la sección recta del material ferromagnético.

5º.- Fuerza que tiende a juntar el entrehierro.

El núcleo es de acero al silicio cuya curva de imanación se adjunta. Se considera constante el flujo magnético en todo el circuito.

Datos: $\mu_o = 4\pi 10^{-7}\,\text{N A}^{-2}$; $W_{mag} = \frac{1}{2}\iiint_\tau \vec{H}\vec{B}d\tau$

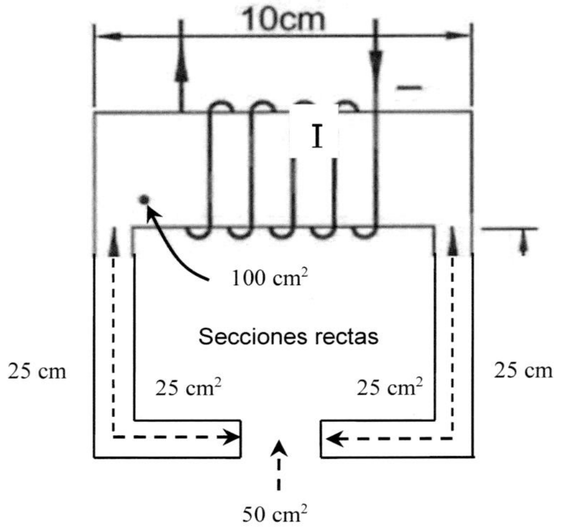

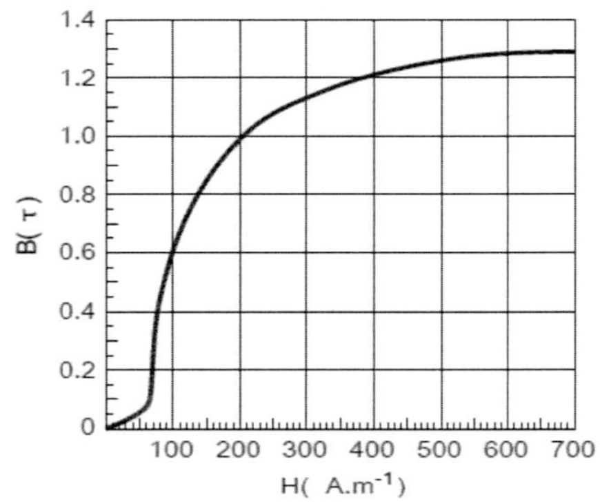

SOLUCIÓN

1º. Reluctancia magnética del circuito y en cada zona del circuito.

Primero se determina el flujo magnético en el entrehierro que será el mismo en el material ferromagnético, ya que no existen pérdidas.

$$\Phi_e = \vec{B}_e\vec{S}_e = 3 \cdot 10^{-3} \text{ Wb}$$

<u>Zona 1</u> $\Phi_1 = \Phi_e = 3 \cdot 10^{-3} \text{ Wb}$

$$B_1 = \frac{\Phi_1}{S_1} = 0{,}3 \text{ T} \text{ ; mediante la curva de imanación} \rightarrow H_1 = 70 \text{ A} \cdot \text{m}^{-1}$$

$$\mu_1 = \frac{B_1}{H_1} = 4{,}29 \cdot 10^{-3} \text{ N} \cdot \text{A}^{-2} \text{ ; } \mu_1' = \frac{\mu_1}{\mu_o} = 3410$$

$$\Re_1 = \frac{1}{\mu_1}\frac{L_1}{S_1} = 2330 \text{ H}^{-1}$$

Zona 2 $\Phi_2 = \Phi_e = 3 \cdot 10^{-3}\ \ \mathrm{Wb}$

$$B_2 = \frac{\Phi_2}{S_2} = 1{,}2\ \ \mathrm{T}\ ;\ \text{mediante la curva de imanación} \rightarrow H_2 = 380\ \ \mathrm{A \cdot m^{-1}}$$

$$\mu_2 = \frac{B_2}{H_2} = 3{,}16 \cdot 10^{-3}\ \ \mathrm{N \cdot A^{-2}}\ \ ;\ \ \mu_2' = \frac{\mu_2}{\mu_o} = 2510$$

$$\Re_2 = \frac{1}{\mu_1}\frac{L_2}{S_2} = 6330\ \ \mathrm{H^{-1}}$$

Zona 3 Entrehierro $H_e = \frac{B_e}{\mu_o} = 477647{,}83\ \ \mathrm{H^{-1}}$

$$\Re_e = \frac{1}{\mu_1}\frac{L_e}{S_e} = 4{,}77 \cdot 10^5\ \ \mathrm{H^{-1}}$$

Reluctancia del circuito en serie: $\Re_T = \Re_1 + \Re_2 + \Re_e = 485660\ \ \mathrm{H^{-1}}$

2º. Caídas de potencial magnético en cada zona del circuito

$$\Theta_1 = H_1L_1 = 7\ \ \mathrm{A-v};\quad \Theta_2 = H_2L_2 = 190\ \ \mathrm{A-v};\quad \Theta_e = H_eL_e = 1432{,}94\ \ \mathrm{A-v}$$

3º. Intensidad constante en la bobina formada por N=100 espiras

$$\varepsilon_M = \Theta_1 + \Theta_2 + \Theta_e = 1629{,}94\ \ \mathrm{A-v}$$

$$I = \frac{\varepsilon_M}{N} = 16{,}3\ \ \mathrm{A}$$

4º. Flujo magnético a través de la sección recta del material ferromagnético

$$\Phi_1 = \Phi_2 = \Phi_e = \frac{\varepsilon_M}{\Re_T} = 3{,}356 \cdot 10^{-3}\ \ \mathrm{Wb}$$

5º. Fuerza que tiende a juntar el entrehierro

$$F = -\frac{\partial W_{mag}}{\partial e} = -\frac{\delta\left[\frac{1}{2}H_eB_eeS_e\right]}{\delta e} = -\frac{1}{2}H_eB_eS_e = -716{,}47\ \ \mathrm{N}$$

PROBLEMA 6.4

El circuito magnético de la figura cuyas longitudes medias con L= 0,5 m y secciones rectas están indicadas en la misma, está alimentado por dos solenoides cuyo número de espiras y corriente que las recorre son N_1= 500 espiras; I_1= 2,5 A (recorrida en sentido antihorario vista desde el punto A) y N_2= 250 espiras; I_2= 1 A (recorrida en sentido horario, vista desde el punto A). El material del circuito es acero para maquinaria cuya permeabilidad relativa es μ'= 300. Considerar la sección recta del entrehierro 100 cm^2 y suponiendo que no hay pérdidas de flujo magnético, calcular:

1º. Circuito equivalente.

2º. Reluctancia magnética del circuito.

3º. Fuerza magnetomotriz resultante, campo y excitación magnética en todos los elementos del circuito.

4º. Módulo y sentido de I_2 para que el flujo magnético en el entrehierro sea nulo.

5º. Caída de potencial entre los puntos AC.

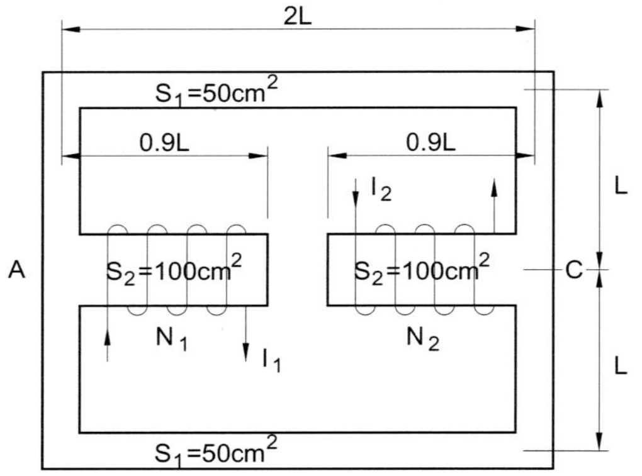

SOLUCIÓN

1º. Circuito eléctrico equivalente

Se obtiene a partir del circuito magnético dado.

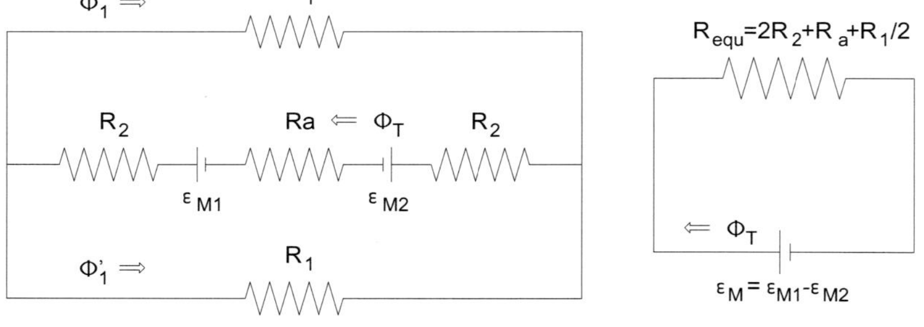

2º. Reluctancia magnética

Tramo nº1: $\Re_1 = \dfrac{1}{\mu'\mu_o}\dfrac{4L}{S_1} = 1{,}06\cdot 10^6 \quad H^{-1}$ Tramo nº 2: $\Re_2 = \dfrac{1}{\mu'\mu_o}\dfrac{0{,}9L}{S_2} = 0{,}12\cdot 10^6 \ H^{-1}$

Entrehierro: $\Re_a = \dfrac{1}{\mu_o}\dfrac{0{,}2L}{S_a} = 7{,}957\cdot 10^6 \quad H^{-1}$; $\Re_{eq} = \dfrac{\Re_1}{2} + 2\Re_2 + \Re_a = 8{,}727\cdot 10^6 \quad H^{-1}$ (1)

3º. Fuerza magnetomotriz resultante, B y H en todos los elementos del circuito

Teniendo en cuenta el sentido de la corriente en los dos solenoides, se tiene:

$$\varepsilon_M = \varepsilon_{M_1} - \varepsilon_{M_2} = N_1 I_1 - N_2 I_2 = 1000 \quad \text{A v} \qquad (2)$$

El campo magnético en el entrehierro es, $B_a = \dfrac{\phi_T}{S_a}$ y como $\phi_T = \dfrac{\varepsilon_M}{\Re_{eq}}$, entonces,

$$B_a = \frac{\varepsilon_M}{S_a \Re_{eq}} = 11{,}45 \cdot 10^{-3} \quad \text{T} \qquad (3)$$

La excitación magnética en el entrehierro es, $H_a = \dfrac{B_a}{\mu_o} = 9111{,}62 \quad \text{A m}^{-1} \quad (4)$

El campo magnético en las zonas de sección S_1= 50 cm^2 es, $B_1 = \dfrac{\phi_1}{S_1}$, siendo $\phi_1 = \dfrac{\phi_T}{2}$

porque : $\phi_T = \phi_1 + \phi'_1$ y $\phi_1 = \phi'_1$ con la condición entre secciones, $S_2 = S_a = 2S_1$

En conclusión, $B_1 = \dfrac{\phi_T}{S_a} = B_a$.

Por lo tanto, en todo el circuito: $B_a = B_1 = B_2 = 11{,}45 \cdot 10^{-3} \quad \text{T}$

$$H_1 = H_2 = \frac{B_1}{\mu' \mu_o} = 30{,}4 \text{ A m}^{-1}$$

4º. Módulo y sentido de I_2 para que el flujo magnético en el entrehierro sea nulo

Si $\phi_T = 0 \Rightarrow \varepsilon_M = 0$; por la ecuación (2), $I_2 = \dfrac{N_1}{N_2} I_1 = 5$ A. Para anular el flujo magnético en el entrehierro, la corriente I_2 debe tener sentido contrario a la corriente I_1 que corresponde en sentido horario visto desde el extremo A.

5º. Caída de potencial θ_{AC}

Se va a determinar la caída de potencial magnético θ_{AC} de cuatro formas diferentes:

A. Mediante la ley de Hopkinson sobre las ramas de sección S_1:

$$\theta_{AC} = \phi_T \frac{\Re_1}{2} = \frac{\varepsilon_M}{\Re_{eq}} \frac{\Re_1}{2} = \frac{1000}{8{,}727 \cdot 10^6} \frac{1{,}06 \cdot 10^6}{2} = 60{,}7 \text{ A-v}$$

B. Partiendo del circuito completo y aplicando la ley de Hopkinson:

$$\left.\begin{aligned} \varepsilon_M &= \theta_{AC} + \theta_{CD} \\ \theta_{CD} &= \phi_T \left[2\Re_2 + \Re_a \right] \\ \text{Como } \phi_T &= \frac{\varepsilon_M}{\Re_{eq}} \end{aligned}\right\} \theta_{AC} = \varepsilon_M \left[1 - \frac{2\Re_2 + \Re_a}{\Re_{eq}} \right] = 60{,}7 \quad \text{A-v}$$

C.- En función de la excitación magnética H_1 sobre la rama de sección S_1.

$$\theta_{AC} = H_1 4L = 30,395 \cdot 4 \cdot 0,5 = 60,7 \text{ A-v}$$

D.- En función de la excitación magnética sobre la rama de sección S_2.

$$\theta_{AC} = \varepsilon_M - \left[H_a 0,2L + H_2\ 2 \cdot 0,9L\right] = 10^3 - \left[9118,53 \cdot 0,2 \cdot 0,5 + 30,395 \cdot 2 \cdot 0,9 \cdot 0,5\right] = 60,7 \text{ A-v}$$

PROBLEMA 6.5

El circuito magnético de la figura está alimentado por un solenoide de 1000 espiras recorrido por una intensidad de 1 A. El material ferromagnético del circuito tiene en estas condiciones, una permeabilidad magnética relativa μ' =3000. La sección en todo el circuito es de 100 cm^2 excepto en el entrehierro donde es de 200 cm^2. Las longitudes medias están indicadas en la figura, y se supone que no hay pérdidas de flujo. Hallar:

1º. Circuito eléctrico equivalente. Reluctancia equivalente.

2º. Flujo magnético total y en cada una de las dos ramas.

3º. Campo magnético en el entrehierro.

4º. Potencial magnético del entrehierro.

5º. Fuerza que tiende a juntar el entrehierro.

Datos: L= 1 m; e= 10 cm; $\mu_o = 4\pi\ 10^{-7}$ N A^{-2}

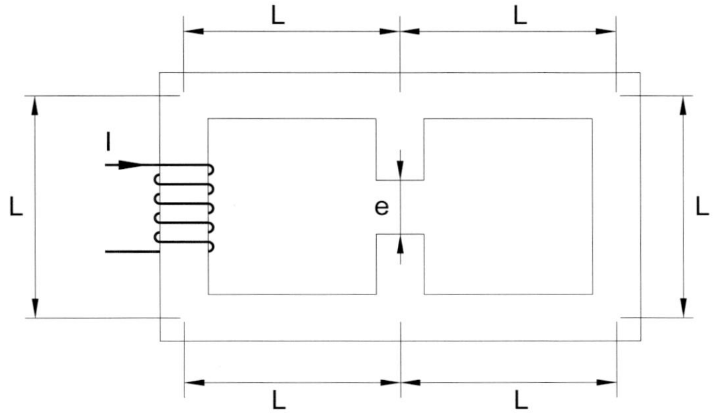

SOLUCIÓN

1º. Circuito eléctrico equivalente. Reluctancia equivalente

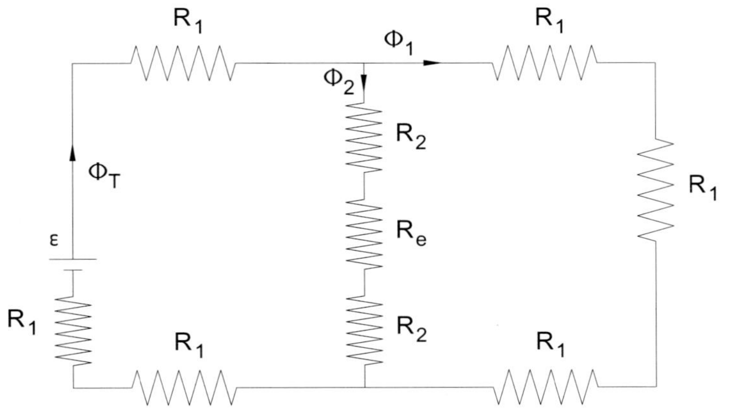

Fuerza magnetomotriz, $\varepsilon_M = N\ I = 1000$ A-v

$$\Re_1 = \frac{1}{\mu'\mu_o}\frac{L}{S_h} = 26525,82 \text{ A Wb}^{-1}; \quad \Re_2 = \frac{1}{\mu'\mu_o}\frac{\frac{L-e}{2}}{S_h} = 0,45\Re_1 = 11936,62 \text{ A Wb}^{-1}$$

Entrehierro: $\Re_e = \frac{1}{\mu_o}\frac{e}{S_e} = 150\ \Re_1 = 3978873,58 \text{ A Wb}^{-1}$; siendo: $S_e = 2\ S_h$.

Según la morfología del circuito de dos mallas, reluctancia total es:

$$\Re_T = 3\Re_1 + \Re_{AB} = 3\Re_1 + \frac{[2\Re_2 + \Re_e]3\Re_1}{2\Re_2 + \Re_e + 3\Re_1} \quad \text{como } \Re_2 = 0,45\Re_1 \quad \text{y } \Re_3 = 150\Re_1$$

$$\Re_T = 3\Re_1 + \frac{[0,9 + 150]3\Re_1}{0,9 + 150 + 3} = 5,94152\ \Re_1 = 157603,70 \text{ AWb}^{-1}$$

2º. Flujo magnético total y en cada una de las dos ramas

$$\left.\begin{aligned} &\phi_T = \phi_2 + \phi_1 && [1] \\ &\theta_{AB} = [2\ \Re_2 + \Re_e]\phi_2 = \phi_1\ 3\Re_1 && [2] \\ &\varepsilon_M = 3\Re_1\ \phi_T + \Re_{AB}\ \phi_T && [3] \\ &\Re_{AB} = \frac{[2\ \Re_2 + \Re_e]\ 3\Re_1}{2\Re_2 + \Re_e + 3\Re_1} && [4] \end{aligned}\right\} \text{Las incógnitas son los flujos } \phi_T,\ \phi_1 \text{ y } \phi_2.$$

A partir de la expresiones [3] y [4] se obtiene, $\varepsilon_M = 3\Re_1\phi_T + \frac{[2\ \Re_2 + \Re_e]\ 3\Re_1}{2\Re_2 + \Re_e + 3\Re_1}\phi_T$ [5]

Flujo total en la columna donde está la bobina es:

$$\phi_T = \frac{\varepsilon_M}{3\Re_1 + \frac{[2\ \Re_2 + \Re_e]\ 3\Re_1}{2\Re_2 + \Re_e + 3\Re_1}} = \frac{\varepsilon_M}{5,94152\Re_1} = \frac{1000}{157603,7} = 6,34502 \cdot 10^{-3} \text{ Wb} \quad [6]$$

De las expresiones [1] y [2] se tiene, $\phi_T = \phi_2 + \frac{2\Re_2 + \Re_e}{3\Re_1}\phi_2$ [6]

A partir de las ecuaciones [5] y [6], como se conoce ϕ_T, el flujo en la columna central del circuito, donde está el entrehierro es:

$$\phi_2 = \frac{3\Re_1}{3\Re_1 + 2\Re_2 + \Re_e}\phi_T = \frac{3}{3 + 0,9 + 150}\phi_T = 0,1236 \cdot 10^{-3} \text{ Wb.}$$

Flujo en columna restante: $\phi_1 = \frac{2\ \Re_2 + \Re_e}{3\ \Re_1 + 2\ \Re_2 + \Re_e}\phi_T = \frac{0,9 + 150}{3 + 0,9 + 150}\phi_T = 6,2213 \cdot 10^{-3} \text{Wb}$.

3º. Campo magnético en el entrehierro

Como en el entrehierro: $\phi_e = \phi_2$ entonces, $B_e = 6{,}185 \cdot 10^{-3}\ \ T$.

4º. Potencial magnético en el entrehierro

El potencial magnético pedido se expresa: $\theta_e = \phi_e \, \Re_e$ y aplicando el valor del flujo en el entrehierro antes obtenido, resulta: $\theta_e = 491{,}78\ \ \mathrm{A-v}$.

5º. Fuerza que tiende a juntar el entrehierro

La energía magnética W_m en todo el volumen τ del circuito magnético es:

$$W_m = \frac{1}{2}\iiint_\tau \vec{H}\cdot\vec{B}\,d\tau = \frac{1}{2}\left\{ \iiint_{\text{COLUMNA ENTREHIERRO}} \vec{H}\cdot\vec{B}\,d\tau + \iiint_{\text{RESTO CIRCUITO}} \vec{H}\cdot\vec{B}\,d\tau \right\}$$

En la expresión anterior, la integral extendida al resto de circuito, no depende de la variable "e" (espesor del entrehierro), por tanto no hace falta determinarla, ya que para obtener la fuerza magnética que actúa sobre el entrehierro, hemos de hacer la derivada de W_m respecto a dicha variable, y este sumando consiguientemente no afecta para nada al cálculo de F, debido a no ser función de "e":

$$W_m = \frac{1}{2}\iiint_{\text{COLUMNA ENTREHIERRO}} \vec{H}\cdot\vec{B}\,d\tau = \frac{1}{2}B_h H_h\ [L-e]S_h + \frac{1}{2}B_e H_e e\ S_e$$

La fuerza magnética que tiende a juntar el entrehierro es la derivada de la energía magnética respecto de la variable independiente "e": $F = -\dfrac{\partial W_m}{\partial e}$.

$$F = -\frac{\partial W_m}{\partial\, e} = -\frac{d}{d\,e}\left[\frac{1}{2}B_h H_h [L-e]\ S_h + \frac{1}{2}B_e H_e e\ S_e\right] = \frac{1}{2}B_h H_h\ S_h - \frac{1}{2}B_e H_e\ S_e \qquad [7]$$

$$\left.\begin{array}{l} \text{No hay pérdidas de flujo}: B_h S_h = B_e S_e = \phi_2 \\ H_h = \dfrac{B_h}{\mu_0 \mu'};\ \ H_e = \dfrac{B_e}{\mu_0};\ \ B_h = \dfrac{S_e}{S_h} B_e \\ \text{Relación entre las secciones}: \dfrac{S_e}{S_h} = 2 \end{array}\right\}$$

Llevando estas consideraciones a la ecuación [7] y operando, resulta:

$$F_m = \frac{1}{2}B_e S_e [H_h - H_e] = \frac{1}{2}B_e S_e\left[\frac{B_h}{\mu_0\mu'} - \frac{B_e}{\mu_0}\right] = \frac{1}{2}B_e S_e\left[\frac{1}{\mu_0\mu'}\frac{S_e}{S_h}B_e - \frac{B_e}{\mu_0}\right] = \frac{1}{2\mu_o}B_e^2\ S_e\left[\frac{S_e}{\mu' S_h} - 1\right]$$

$$|F_m| = \frac{10^7}{2\cdot 4\pi}3{,}132^2\cdot 10^{-6}\cdot 200\cdot 10^{-4}\left[\frac{2}{3000} - 1\right] = 0{,}078\ \mathrm{N}$$

PROBLEMA 6.6

En un circuito magnético hay tres bobinas cuyas características son las siguientes:

BOBINA	ESPIRAS (N)	INTENSIDAD (A)
1	100	50
2	500	2
3	200	10

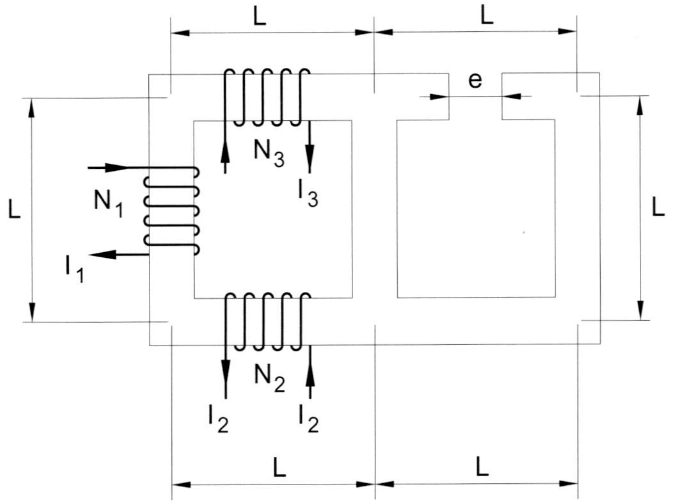

La permeabilidad magnética relativa vale 5000; la sección es de 250 mm^2 en todo el circuito; las longitudes de cada tramo del circuito y del entrehierro son de 1 m y 10 mm. Se considera que no hay pérdidas de flujo magnético. Calcular:

1º. Circuito eléctrico equivalente.

2º. Reluctancia magnética total.

3º. Flujo magnético total.

4º. Potencial magnético en el tramo AB.

SOLUCIÓN

1º. Circuito eléctrico equivalente

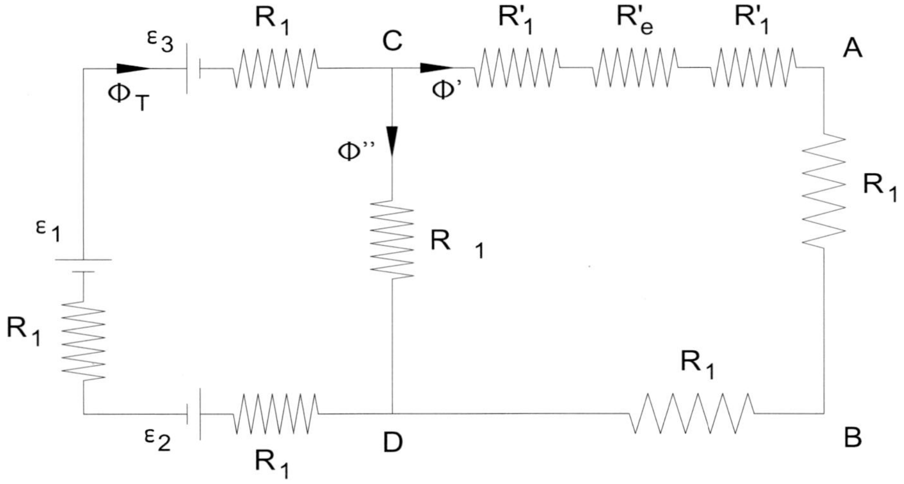

Tomando como flujo de referencia positivo el originado por la bobina 1 se tiene,
$\varepsilon_1 = N_1 I_1 = 5000 \quad A - v; \quad \varepsilon_2 = -N_2 I_2 = -1000 \quad A - v; \quad \varepsilon_3 = -N_3 I_3 = -2000 \quad A - v$

2º. Reluctancia magnética total

$$\Re_1 = \frac{1}{\mu'\mu_o}\frac{L}{S} = 6{,}37{\cdot}10^5\ H^{-1} \quad \Re'_1 = \frac{1}{\mu'\mu_o}\frac{[L-L']}{2S} = 3{,}151{\cdot}10^5\ H^{-1} \quad \Re_e = \frac{1}{\mu_o}\frac{L'}{S} = 318{,}31{\cdot}10^5\ H^{-1}$$

De acuerdo con la morfología del circuito resulta que la reluctancia total es:

$$\Re_T = 3\Re_1 + \frac{\Re_1[2\Re_1 + \Re_e + 2\Re'_1]}{3\Re_1 + \Re_e + 2\Re'_1}$$

. En consecuencia, $\Re_T = 25{,}34{\cdot}10^5\ H^{-1}$

3º. Flujo magnético total

$$\phi_T = \frac{N_1 I_1 - N_2 I_2 - N_3 I_3}{\Re_T} = 7{,}89{\cdot}10^{-4}\quad Wb$$

4º. Potencial magnético en el tramo AB

Como es un circuito en paralelo, $\phi' = \frac{\Re_{CABDC}}{\Re'}\phi_T$, siendo $\Re' = 2\Re_1 + 2\Re'_1 + \Re_e$ y

$$\Re_{CABDC} = \frac{\Re_1[2\Re_1 + \Re_e + 2\Re'_1]}{3\Re_1 + \Re_e + 2\Re'_1}$$

El resultado para el flujo es, $\phi' = 1{,}461{\cdot}10^{-5}$ Wb y el potencial magnético,

$$\theta_{AB} = \phi'\ \Re_1 = 9{,}30\quad A-v$$

PROBLEMA 6.7

Con un solenoide de 2000 espiras recorrido por una corriente de 2 A, se alimenta un circuito magnético constituido por dos ramas en paralelo. La permeabilidad magnética relativa es $\mu' = 3000$. Una de ellas (rama 1) tiene una longitud total de un metro con un entrehierro de 10 cm en donde se produce una pérdida de flujo magnético del 3 % respecto a un funcionamiento ideal. La otra rama tiene una longitud de tres metros y se produce una pérdida del 2 % en el flujo. La longitud del circuito en donde está el solenoide hasta la asociación en paralelo es de 3 m. La sección en todo el circuito es de 100 cm^2, excepto en el entrehierro que es de 200 cm^2. Se pide obtener:

1°. Reluctancias en las ramas.

2°. Campo magnético en el entrehierro.

3°. Caída de potencial magnético en los extremos de la rama del entrehierro.

4°. Fuerza que tiende a juntar el entrehierro.

SOLUCIÓN

1°. Reluctancias en las ramas

Fuerza magnetomotriz: $\varepsilon_M = N\,I = 2000 \cdot 2 = 4000$ A-v

Reluctancia de la rama 1: $\Re_1 = \Re_h + \Re_e$

$$\Re_h = \frac{1}{\mu'\mu_o}\frac{L-e}{S} = 23873{,}24 \text{ A Wb}^{-1}; \quad \Re_e = \frac{1}{\mu_o}\frac{e}{S_e} = 3978873{,}57 \text{ A Wb}^{-1}$$

$$\Re_1 = 4002746{,}81 \text{ A Wb}^{-1}$$

Reluctancia de la rama 2: $\Re_2 = \dfrac{1}{\mu'\mu_o}\dfrac{3L}{S} = 79577{,}5 \text{ A Wb}^{-1}$

Reluctancia en el tramo donde está el solenoide: $\Re_{solenoide} = \Re_2$

Reluctancia total: $\Re_T = \Re_{solenoide} + \dfrac{\Re_1\Re_2}{\Re_1 + \Re_2} = 157603{,}78 \text{ A Wb}^{-1}$

2°. Campo magnético en el entrehierro

Se supone primero un funcionamiento ideal sin pérdidas de flujo magnético.

$$\left.\begin{array}{l} \text{Flujo total: } \Phi_T = \dfrac{\varepsilon_M}{\Re_T} = 2{,}5380 \cdot 10^{-2} \\ \text{Flujo total: } \Phi_T = \Phi_1 + \Phi_2 \\ \text{Ramas en paralelo: } \Phi_1\Re_1 = \Phi_2\Re_2 \end{array}\right\} \Rightarrow \Phi_1 = 4{,}9480 \cdot 10^{-4}\text{ Wb}; \quad \Phi_2 = 2{,}48852 \cdot 10^{-2}\text{ Wb}$$

Flujos reales: se obtienen a partir de los flujos ideales antes determinados, pero aplicando las pérdidas indicadas en el enunciado.

$$\phi_1 = (3\%)\,\Phi_1 = [1-0,03]\cdot 4,9480\cdot 10^{-2} = 4,79956\cdot 10^{-4} \quad \text{Wb}$$

$$\phi_2 = (2\%)\,\Phi_2 = [1-0,02]\cdot 2,48852\cdot 10^{-2} = 2,43875\cdot 10^{-2}\,\text{Wb}$$

Campo magnético en el entrehierro: $B_e = \dfrac{\phi_1}{S_e} = \dfrac{4,79956\cdot 10^{-4}}{0,02} = 0,0239978 \text{ T}$

3º. Caída de potencial magnético en los extremos de la rama del entrehierro

Campo magnético en el material ferromagnético de la rama 1:

$$B_h = \frac{\phi_1}{S} = \frac{4,79956\cdot 10^{-4}}{0,01} = 0,0479956 \quad \text{T}$$

Excitación magnética en el material ferromagnético de la rama 1:

$$H_h = \frac{B_h}{\mu'\mu_o} = \frac{0,0479956}{3000\cdot 4\pi\cdot 10^{-7}} = 12,731 \quad \text{A m}^{-1}$$

Excitación magnética en el entrehierro: $H_e = \dfrac{B_e}{\mu_o} = 19096,842 \quad \text{A m}^{-1}$

Caída de potencial magnético en la rama 1:

$$\theta_1 = H_h[L-e] + H_e e = 12,731\cdot[1-0,1] + 19096,842\cdot[0,1] = 1921,14 \quad \text{A}-\text{v}$$

4º. Fuerza que tiende a juntar el entrehierro

La fuerza magnética es: $\vec{F} = -\vec{\nabla} W = -\dfrac{\partial W}{\partial e} = -\dfrac{\partial W}{\partial \mathfrak{R}}\dfrac{\partial \mathfrak{R}}{\partial e} \quad [1]$

$$\left.\begin{array}{l} W = \dfrac{1}{2}BHLS = \dfrac{1}{2}BNIS = \dfrac{N^2I^2}{2\mathfrak{R}}, \text{ derivando: } \dfrac{\partial W}{\partial \mathfrak{R}} = -\dfrac{N^2I^2}{2\mathfrak{R}^2} \\ \mathfrak{R}_e = \dfrac{1}{\mu_o}\dfrac{e}{S_e}, \text{ derivando: } \dfrac{\partial \mathfrak{R}}{\partial e} = \dfrac{1}{\mu_o S_e} \end{array}\right\} \quad [2]$$

Llevando [2] a la expresión [1], queda: $\vec{F} = \dfrac{N^2I^2}{2\mathfrak{R}^2}\dfrac{1}{\mu_o S_e}\vec{j} = 20,10\,\vec{j} \quad \text{N}$

PROBLEMA 6.8

Un solenoide de 50 cm de longitud, 13 cm^2 de sección y con 25 espiras en cada centímetro de longitud, es recorrido por una corriente constante de 1 A. En el centro del solenoide se sitúa una barra de 5 cm de longitud y 5 cm^2 de sección, siendo un material ferromagnético de permeabilidad relativa μ' =240. Calcular:

1º. Flujo magnético en la barra.

2º. Excitación magnética.

3º. Imantación adquirida por la barra de hierro.

4º. Momento magnético por unidad de volumen.

SOLUCIÓN

1º. Flujo magnético en la barra

El campo magnético en la barra es, $B = \mu' B_0 = \mu' \mu_0 \dfrac{NI}{\ell}$ [1]

Entonces, como el campo magnético es constante, y siendo S la sección recta de la barra, el flujo magnético es: $\Phi = \iint_S \vec{B} \cdot d\vec{S} = \mu' \mu_0 \dfrac{NIS}{\ell} = 3,77 \cdot 10^{-4}$ Wb [2]

2º. Excitación magnética

Sabiendo por la ecuación [1] el campo magnético en la barra, B = 0,754 Wb m^{-2} se determina la excitación magnética mediante la relación

$$H = \frac{B}{\mu_0 \mu'} = \frac{0,754}{4\pi 10^{-7} \cdot 240} = 2500,06 \text{A m}^{-1}$$

3º. Imantación adquirida por la barra de hierro

La relación entre la imantación, el campo magnético y la excitación magnética es,

$\vec{M} = \dfrac{\vec{B}}{\mu_0} - \vec{H}$ sustituyendo valores la imantación vale: $|\vec{M}| = 5,9751 \cdot 10^5 \text{A m}^{-1}$

4º. Momento magnético de la barra

El vector imantación de una sustancia se define como el momento magnético que posee por unidad de volumen. $\vec{M} = \dfrac{d\vec{m}}{d\tau}$

El volumen de la barra (sección por longitud) es, $\tau = 25 \cdot 10^{-6} m^3$

Por lo tanto, el módulo del momento magnético de la barra es, m= 14,94 A m^2

PROBLEMA 6.9

En la figura se representa en trazo continuo B=F(H) la curva de magnetización de un material ferromagnético ❶ y en trazo discontinuo la recta de magnetización del entrehierro-aire; las rectas CD y OE son paralelas. Respecto a la figura indicar:

1º. En zonas OA, AC Y CD: $B=f(\mu_1,H)$, permeabilidad magnética y la pendiente.

2º. Valor de la pendiente de la recta OE del entrehierro.

Sobre el material ❶ actúa la excitación magnética $H_1=100\ Am^{-1}$ hallar:

3º. Campo magnético B_1.

4º. Permeabilidades magnéticas absoluta μ_1 y relativa μ'_1.

5º. Susceptibilidad magnética del medio χ_1.

Ahora hay dos materiales ferromagnéticos el ❶, ya citado en donde se conocen B_1, H_1 y μ'_1, y el ❷ de permeabilidad magnética relativa $\mu'_2=2250$. En la superficie límite de separación de ambos medios no hay corrientes. En el medio ❶, $\vec{B}_1$ tiene un ángulo de incidencia $\alpha_1=37{,}8^{\circ}$respecto a la normal. Al atravesar la superficie límite de separación citada, pasando del medio ❶ al medio ❷, determinar:

6º. Ángulo α_2 de refracción de las líneas de $\vec{B}_2$ con la normal.

7º. Valores de B_{T2}, B_{N2} y B_2. Comprobar que $B_{N1} = B_{N2}$.

Por último, se sabe que la excitación magnética $\vec{H}_1$, en el medio ❶, tiene un ángulo de incidencia $\phi_1=29{,}6^{\circ}$ respecto a la normal. Al atravesar $\vec{H}$ la excitación magnética la superficie límite de separación entre el medio ❶ y el medio ❷, obtener:

8º. Ángulo ϕ_2 de refracción en el medio ❷ de las líneas de $\vec{H}_2$ con la normal.

9º. Valores de H_{T2}, H_{N2} y H_2. Comprobar que $H_{T1} = H_{T2}$.

Dato: $\mu_o = 4\pi 10^{-7} N\ A^{-2} = 4\pi 10^{-7} H\ m^{-1}$

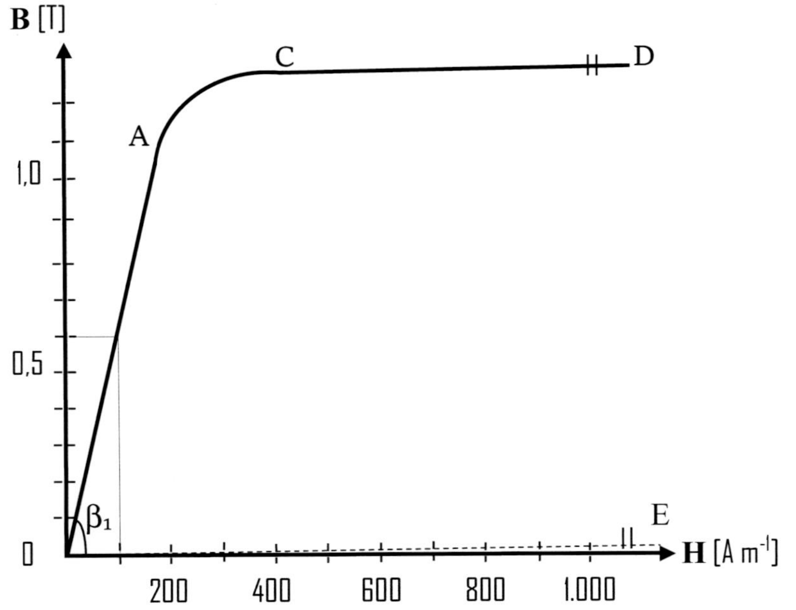

SOLUCIÓN

1º. En zonas OA, AC Y CD: B= f(μ_1, H), permeabilidad magnética y la pendiente

***Zona lineal inicial* OA**: se representa con una línea recta creciente, en donde B aumenta linealmente con H, siendo $B_{OA}= \mu_{1OA}\cdot H$. La magnetización es fácil.

La variación de la permeabilidad magnética es cte.= μ_{1OA}= tg β_1.

La pendiente en esta zona lineal es: tg $\beta_1= \mu_{1OA} >>> \mu_0$.

***Zona curva acoda* AC**: curva creciente, donde no hay proporcionalidad lineal entre B y H, siendo $\mu_{1AC}\cdot H\neq B_{AC} =f(\mu_{1AC}, H)$. La magnetización es difícil.

La permeabilidad magnética es variable $\mu_{1AC}\neq$cte. La pendiente tg $\beta_2 \neq$ cte. es variable.

***Zona saturada lineal* CD**: es una línea recta creciente. El material ferromagnético ❶ se ha saturado, es incapaz de añadir más magnetización adicional al campo externo.

El aumento de B en ❶ es análogo al que ocurre en el vacío, la recta CD es paralela a la recta de magnetización del vacío OE [recta de trazo discontinuo], $B_{CD} = \mu_{1CD}\cdot H=\mu_0\cdot H$.

En esta zona la permeabilidad es μ_0, y la pendiente es: tg $\beta_3 = \mu_{1CD} = \mu_0 =$ cte.

2º. Valor de la pendiente de la recta OE del entrehierro

La recta del entrehierro-aire OE, representada en trazo discontinuo es prácticamente coincidente con el eje horizontal de abcisas.

La pendiente en la recta del entrehierro es: tg $\beta_0 = \mu_0 = 4\pi 10^{-7}$= cte.<< μ'_1

3º. Campo magnético B_1

Cuando el material ❶ está sometido a una excitación magnética H_1=100 Am^{-1}, según la curva de magnetización B = F (H) de la figura resulta:

H_1=100 $Am^{-1} \Rightarrow$ "Curva de magnetización del material ❶" $\Rightarrow B_1$= 0,6 T

4º. Permeabilidades magnéticas absoluta μ_1 y relativa μ'_1

La permeabilidad magnética absoluta de ❶ es: $\mu_1= B_1/H_1$= 0,6/100= $6\cdot 10^{-3}$ N A^{-2}

La permeabilidad magnética relativa de ❶ es: $\mu'_1= \mu_1/\mu_0 = 6\cdot 10^{-3}/4\pi\ 10^{-7}$= 4774,648

5º. Susceptibilidad magnética del medio χ_1

Susceptibilidad magnética del medio ❶ es adimensional: $\chi_1 = \mu'_1 - 1$= 4773,648

6º. Ángulo α_2 de refracción de líneas de B_2 con la normal

Al atravesar los dos medios materiales ferromagnéticos ❶ y ❷ de permeabilidades magnéticas respectivas μ_1 y μ_2, en ausencia de corrientes en la superficie límite de separación de ambos, las líneas $\vec{B}$ del campo magnético sufren una refracción.

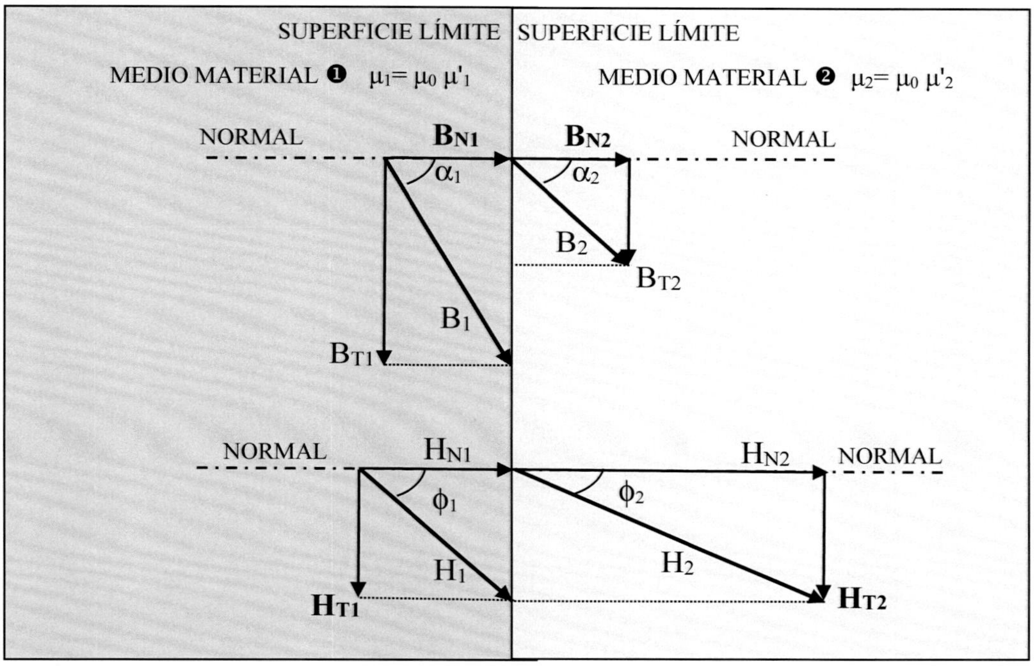

Componentes normales del campo $\vec{B}_1$ son continuas: $B_{N1}= B_{N2}$.

Las componentes tangenciales de $\vec{B}_1$ son discontinuas:

$$B_{N1} = B_{N2} \Rightarrow \mu_1 H_{N1} = \mu_2 H_{N2}; \quad H_{T1} = H_{T2} \Rightarrow \frac{B_{T1}}{\mu_1} = \frac{B_{T2}}{\mu_2}$$

Siendo α_1 y α_2 los ángulos de incidencia y de refracción, que las líneas del campo magnético $\vec{B}$ forman con la normal a la superficie límite de separación al pasar del medio material ❶ al medio material ❷, se cumple:

$$\text{tg}\,\alpha_1 = \frac{B_{T_1}}{B_{N_1}}; \ \text{tg}\,\alpha_2 = \frac{B_{T_2}}{B_{N_2}} \Leftrightarrow \frac{\text{tg}\alpha_1}{\text{tg}\alpha_2} = \frac{\mu_1}{\mu_2} = \frac{B_{T1}}{B_{T2}} = \frac{H_{N2}}{H_{N1}}$$

En el apartado nº **4** se obtuvo μ'_1=4774,648, y con los datos indicados en el enunciado α_1= 37,8º y μ'_2= 2250, se calcula:

$$\text{tg}\,\alpha_2 = \frac{\mu'_2}{\mu'_1}\,\text{tg}\,\alpha_1 = \frac{2250}{4774{,}648}\,\text{tg}\,37{,}8 = 0{,}36553 \Rightarrow \alpha_2 = 20{,}078^\circ$$

Con este resultado, respecto a las líneas del campo $\vec{B}$, al atravesar la superficie límite de separación entre dos medios materiales ferromagnéticos ❶, y ❷, en donde $\mu_1 > \mu_2$, se comprueba en relación sus ángulos, respecto a la normal, que al ir del medio ❶ al medio ❷, $\alpha_1 > \alpha_2$, es decir en ❷ las líneas del campo magnético se acercan a la normal.

Cuando: $\mu_1 > \mu_2$ al ir desde ❶ a ❷ $\Rightarrow$ Resulta: $\alpha_1 > \alpha_2$.

7º. Valores de B_{T2}, B_{N2} y B_2. Comprobar que $B_{N1} = B_{N2}$

Aquí se va a determinar $\vec{B}_2$ el campo magnético en el material ❷:

$$\text{Se cumple: } B_1 = \sqrt{B^2_{T_1} + B^2_{N_1}} \quad ; \; B_2 = \sqrt{B^2_{T_2} + B^2_{N_2}} = \sqrt{\frac{\mu^2_2}{\mu^2_1} B^2_{T_1} + B^2_{N_1}} = \sqrt{\frac{\mu'^2_2}{\mu'^2_1} B^2_{T_1} + B^2_{N_1}}$$

Como $B_1 = 0{,}6$ T y $\alpha_1 = 37{,}8^{\circ} \Rightarrow B_{T1} = B_1 \text{ sen } \alpha_1 = 0{,}3677$ T

$B_{N1} = B_1 \cos \alpha_1 = 0{,}4740$ T

$$B_2 = \sqrt{\frac{2250^2}{4774{,}648^2}\, 0{,}3677^2 + 0{,}4740^2} = 0{,}50466 \text{ T} \Rightarrow B_2 = 0{,}50466 \text{ T}$$

$B_{T2} = B_2 \text{ sen } \alpha_2 = 0{,}50466 \text{ sen } 20{,}078 = 0{,}1723$ T

$B_{N2} = B_2 \cos \alpha_2 = 0{,}50466 \cos 20{,}078 = 0{,}4740$ T

Se comprueba que: $B_{N1} = B_1 \cos\alpha_1 = B_{N2} = B_2 \cos \alpha_2 = 0{,}4740$ T

8º. Ángulo ϕ_2 de refracción medio ❷ de las líneas de $\vec{H}_2$ con la normal

Al atravesar los dos medios materiales ferromagnéticos ❶ y ❷ de permeabilidades magnéticas respectivas μ_1 y μ_2, en ausencia de corrientes en la superficie límite de separación de ambos, las líneas de la excitación magnética sufren una refracción.

Las componentes normales del campo $\vec{H}_1$ son discontinuas y las componentes tangenciales de $\vec{H}_1$ son continuas $H_{T1} = H_{T2}$.

$$B_{N1} = B_{N2} \Rightarrow \mu_1 H_{N1} = \mu_2 H_{N2}; \quad H_{T1} = H_{T2} \Rightarrow \frac{B_{T1}}{\mu_1} = \frac{B_{T2}}{\mu_2}$$

Siendo ϕ_1 y ϕ_2 los ángulos de incidencia y de refracción, que las líneas de $\vec{H}$, la excitación magnética, forman con la normal a la superficie límite de separación al pasar del medio ferromagnético ❶ al medio ferromagnético ❷, se cumple:

$$\text{tg } \phi_1 = \frac{H_{T_1}}{H_{N_1}}; \; \text{tg } \phi_2 = \frac{H_{T_2}}{H_{N_2}} \Leftrightarrow \frac{\text{tg}\phi_1}{\text{tg}\phi_2} = \frac{\mu_1}{\mu_2} = \frac{B_{T1}}{B_{T2}} = \frac{H_{N2}}{H_{N1}}$$

En el apartado nº **4** se obtuvo $\mu'_1 = 4774{,}648$, y con los datos indicados en el enunciado $\phi_1 = 29{,}6^{\circ}$ y $\mu'_2 = 2250$, se calcula en el medio ❷:

$$\text{tg } \phi_2 = \frac{\mu'_2}{\mu'_1} \text{ tg } \phi_1 = \frac{2250}{4774{,}648} \text{ tg } 29{,}6 = 0{,}26770 \Rightarrow \phi_2 = 14{,}98672^{\circ}$$

Con este resultado, respecto a las líneas de la excitación magnética $\vec{H}$, al atravesar la superficie límite de separación entre dos medios materiales ferromagnéticos ❶, y ❷, siendo $\mu_1 > \mu_2$, se comprueba en relación sus ángulos, respecto a la normal, que $\phi_1 > \phi_2$, es decir en ❷ las líneas de la excitación magnética se acercan a la normal.

Cuando: $\mu_1 > \mu_2$ al ir desde ❶ a ❷ $\Rightarrow$ Resulta: $\phi_1 > \phi_2$.

9º. Valores de H_{T2}, H_{N2} y H_2. Comprobar que $H_{T1} = H_{T2}$

Ahora se va a determinar $\vec{H}_2$ excitación magnética en el material ❷:

Se cumple: $H_1 = \sqrt{H^2_{T_1} + H^2_{N_1}}$; $H_2 = \sqrt{H^2_{T_2} + H^2_{N_2}} = \sqrt{H^2_{T_1} + \frac{\mu'^2_1}{\mu'^2_2} H^2_{N_1}}$

Como $H_1 = 100$ A m^{-1} y $\phi_1 = 29{,}6^\circ \Rightarrow H_{T1} = H_1 \operatorname{sen} \phi_1 = 49{,}3942$ A m^{-1}

$H_{N1} = H_1 \cos \phi_1 = 86{,}9499$ Am^{-1}

$$H_2 = \sqrt{\frac{4774{,}648^2}{2250^2} 86{,}9499^2 + 49{,}3942^2} = 191{,}0104 \text{ Am}^{-1} \Rightarrow H_2 = 191{,}0104 \text{ A m}^{-1}$$

$H_{T2} = H_2 \operatorname{sen} \phi_2 = 191{,}0104 \operatorname{sen} 14{,}98672 = 49{,}3943$ A m^{-1}

$H_{N2} = H_2 \cos \phi_2 = 191{,}0104 \cos 14{,}98672 = 184{,}5133$ A m^{-1}

Se comprueba que: $H_{T1} = H_1 \operatorname{sen} \phi_1 = 49{,}3942$ Am$^{-1} \approx H_{T2} = H_2 \operatorname{sen} \phi_2 = 49{,}3943$ A m^{-1}

PROBLEMA 6.10

El imán permanente de la figura de longitud L_i y sección S_i que tiene un campo coercitivo H_c, se encuentra entre los polos de un núcleo de hierro de fundición que lleva arrolladas N espiras por las que circula una intensidad de corriente I. Obtener:

1º. Longitud de núcleo L_n necesaria para desimantar el imán permanente hasta que su excitación magnética sea H_o.

2º. Intensidad que debe circular por la bobina para desimantar completamente el imán permanente.

Datos: N = 200 espiras; L_i = 0,05 m; I = 12 A; H_o = 47500 A m^{-1}; H_c = 49737,5 A m^{-1}; H_n = 63,7 A m^{-1}

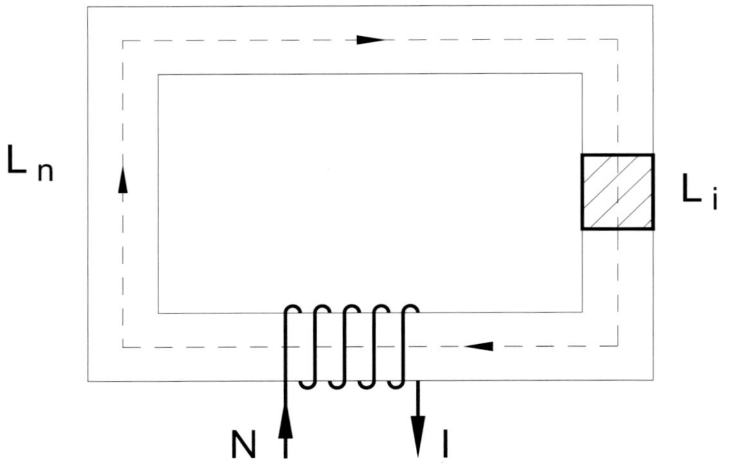

SOLUCIÓN

1º. Longitud del núcleo

Mediante el teorema de Ampère aplicado a toda la longitud C del circuito magnético:

$$\int_C \vec{H} \cdot d\vec{\ell} = N\,I \quad \Rightarrow \quad H_n L_n + H_i L_i = N\,I$$

Como $H_i = H_o$ = 47500 A m^{-1} y H_n = 63,7 A m^{-1} se tiene,

$$L_n = \frac{-H_o L_i + N\,I}{H_n} = \frac{-47500 \cdot 0,05 + 200 \cdot 12}{63,7} = 0,39 \quad m$$

2º. Intensidad para desimantar completamente el imán permanente

El valor del campo coercitivo necesario para desimantar es H_c = 49737,5 A m^{-1}. Esto implica una excitación magnética en el núcleo de hierro nula. Entonces aplicando de nuevo el teorema de Ampère: $I = \frac{H_c L_i}{N} = \frac{49737,5 \cdot 0,05}{200} = 12,43 \quad A$

CAPÍTULO VII

INDUCCIÓN ELECTROMAGNÉTICA

«El principio de razón suficiente se basa en que todo tiene una razón o no hay efecto sin causa»

Leibniz, 1714

1. LEYES DE LA INDUCCIÓN ELECTROMAGNÉTICA

En este capítulo se van a estudiar los fenómenos electromagnéticos dependientes del tiempo, que relacionan de forma muy importante la electricidad con el magnetismo.

▪ LEY DE FARADAY-HENRY

Toda variación del flujo magnético $\phi = \vec{B} \cdot \vec{S}$ en un circuito conductor, de superficie S, induce una fuerza electromotriz (f. e. m.) igual y de sentido contrario a la velocidad de variación del flujo magnético que atraviesa dicho circuito: $\varepsilon_{IND} = -\frac{d\phi}{dt} = -\frac{d[\vec{B} \cdot \vec{S}]}{dt}$. Esta es una ley general de Física, pues en su expresión no interviene ninguna magnitud que haga referencia a alguna característica de la materia conductora.

La f.e.m. es debida a $\vec{E}'$, que es campo eléctrico electromotor y no conservativo, por tanto, entre el campo magnético y el campo eléctrico no conservativo existe la relación siguiente:

$$\varepsilon_{IND} = \oint_C \vec{E}' \cdot d\vec{\ell} = -\frac{d}{dt}\iint_S \phi = -\frac{d}{dt}\iint_S \vec{B} \cdot d\vec{S} = -\iint_S \frac{\partial \vec{B}}{\partial t} \cdot d\vec{S} \Rightarrow \text{según T. Stokes: rot } \vec{E}' = -\frac{\partial \vec{B}}{\partial t}$$

▪ LEY DE LENZ

La variación de un campo magnético inductor, produce, según la Ley de Faraday-Henry, una f.e.m. inducida cuya corriente tiene un sentido tal que por sus efectos magnéticos se opone a la variación de flujo magnético que la originó. Está basada en el Principio de Acción y Reacción y explica el signo negativo que aparece en la expresión de la ley de Faraday-Henry.

CONDUCTOR RECTILÍNEO DE LONGITUD ℓ MÓVIL EN $\vec{B}$ = cte TIPO DE MOVIMIENTO	F.E.M. INDUCIDA ε_{IND}. CAMPO ELECTROMOTOR EQUIVALENTE $\vec{E}'_{eq}$
TRASLACIÓN UNIFORME $\vec{v}$ MOVIMIENTO DEL CONDUCTOR ES DE TRASLACIÓN, MANTENIÉNDOSE ESTE PARALELAMENTE A SI MISMO	$\vec{F} = q\,\vec{v} \wedge \vec{B} = i'[\vec{\ell} \wedge \vec{B}]$; i'=corriente inducida; $\phi = -\vec{B} \cdot [\vec{\ell} \wedge \vec{x}]$ $\varepsilon_{IND} = -\frac{d\phi}{dt} = \vec{B} \cdot [\vec{\ell} \wedge \vec{v}]$; $\vec{E}'_{eq} = \vec{v} \wedge \vec{B}$
ROTACIÓN CIRCULAR UNIFORME $\vec{\omega}$ MOVIMIENTO DEL CONDUCTOR ES CIRCULAR, CON SU CENTRO EN UN EXTREMO DEL CONDUCTOR MÓVIL	$\vec{B}$ y $\vec{\omega}$ igual sentido: $d\varepsilon_{IND} = B\, r\, \omega\, dr \Rightarrow \varepsilon_{IND} = \frac{1}{2} B\, \omega\, R^2$ Campo electromotor equivalente $\vec{E}'_{eq} = \vec{v} \wedge \vec{B} = B\omega\,\vec{R}$ $\vec{B}$ y $\vec{\omega}$ sentido opuesto: $d\varepsilon_{IND} = -B\, r\, \omega\, dr \Rightarrow \varepsilon_{IND} = -\frac{1}{2} B\omega R^2$ Campo electromotor equivalente: $\vec{E}'_{eq} = \vec{v} \wedge \vec{B} = -B\omega\,\vec{R}$

2. AUTOINDUCCIÓN. EXTRACORRIENTES EN CIRCUITO SERIE

2.1.- AUTOINDUCCIÓN

El coeficiente de autoinducción L, relaciona el flujo magnético generado por un circuito eléctrico con la intensidad de corriente eléctrica que circula por dicho circuito.

$L = \frac{\phi}{I}$; ecuación de dimensiones: $[L_{IND}] = M\, L^2\, T^{-2}\, I^{-2}$. Unidad en S.I.: H (Henrio).

El coeficiente de autoinducción es independiente de las características eléctricas del circuito depende sólo de las características geométricas del circuito y físicas del medio donde se encuentra (permeabilidad magnética).

Su principal aplicación es para la determinación de la f.e.m. autoinducida en un circuito según la Ley de Faraday-Henry: $\varepsilon = -\frac{d\phi}{dt} = -\frac{d\,[LI]}{dt} = -[L\frac{dI}{dt} + I\frac{dL}{dt}]$

- Solenoide cilíndrico largo, longitud ℓ, radio R. N número de espiras. S sección recta.

$$L \approx \frac{\mu N^2 S}{\ell} \quad \text{siendo } \ell >> R$$

- Solenoide cilíndrico corto, longitud ℓ, radio R. N número de espiras. S sección recta.

$$L \approx \frac{\mu N^2 \pi R}{2} \quad \text{siendo } \ell << R$$

- Solenoide Toroidal: S sección recta; R_M = radio medio del toroide. $L = \frac{\mu N^2 S}{2\pi R_M}$

- Solenoide Toroidal: S= a^2 sección cuadrada; radio interior r_I. $L = \frac{\mu N^2 a}{2\pi}\ln[\frac{r_I + a}{r_I}]$

- Conductor coaxial: conductor central de radio r_0, circula I; conductor exterior de radio interior R, retorna I; entre conductores hay materia de permeabilidad μ'; longitud ℓ

$$L = [\,L_{INT} + L_{EXT}\,] = \frac{\mu_0 \mu' \ell}{2\pi}[\frac{1}{4} + \ln\frac{R}{r_0}] = 2\,\mu'\ell\,[\frac{1}{4} + \ln\frac{R}{r_0}]\,10^{-7}\,H$$

- Línea eléctrica monofásica aérea, formada por dos conductores paralelos uno de ida y otro de retorno, separados entre sí d >> r_0; sección circular radio r_0, longitud $\ell_T = 2\ell$

$$L_{TOTAL\ LÍNEA} = 2\ell\,[L'_{INT} + L'_{EXT}] = \frac{\mu_0 \mu'}{\pi}\,\ell\,[\frac{1}{4} + \ln\frac{d}{r_0}] = \ell\,[1 + 4\ln\frac{d}{r_0}]\,10^{-7}\,H,\ \text{aire } \mu' \approx 1$$

2.2. EXTRACORRIENTES EN CIRCUITOS SERIE CON BATERÍA CONECTADOS POR INTERRUPTOR

- **RESISTENCIA R Y BOBINA L, CON BATERÍA DE F. E. M. ε**

Al cerrar el interruptor, la ley de Ohm: $\varepsilon + \varepsilon_{IND} = R\,I \Rightarrow L\,[d\,I/\,dt] + RI = \varepsilon$

Condiciones de contorno: cuando t = 0 $\Rightarrow$ I =0; cuando t = $\infty \Rightarrow I = \varepsilon/R$

$$\text{Extracorriente de cierre}: I_C = I_o[1 - e^{-Rt/L}] = \frac{\varepsilon}{R}[1 - e^{-Rt/L}]$$

$$\text{Extracorriente de apertura}: I_A = I_o e^{-Rt/L} = \frac{\varepsilon}{R} e^{-Rt/L}$$

$$\tau = \frac{L}{R}\text{Cte. de tiempo del circuito}\ ;\ \text{si } t = \tau = \frac{L}{R} \text{ en la apertura}: I_{A_{t=\tau}} = \frac{I_o}{e}$$

■ **RESISTENCIA R Y CONDENSADOR C, SIN CARGA INICIAL, CON BATERÍA DE F. E. M. $\mathcal{E}$**

Al cerrar el interruptor, la ley de Ohm: $\mathcal{E}$= R I + Q/C $\Rightarrow$ $R\dfrac{dQ}{dt}+\dfrac{Q}{C}=\mathcal{E}$

Condiciones de contorno: cuando t =0 $\Rightarrow$ Q =0; cuando t= $\infty \Rightarrow Q = Q_\infty = \mathcal{E}\, C$

$$\text{Expresión de la carga de cierre}: Q_C = \varepsilon\ C\ [1-e^{-t/RC}] \Rightarrow I_C = \frac{dQ_C}{dt} = \frac{\varepsilon}{R}e^{-t/RC}$$

$$\text{Expresión de la carga de apertura}: Q_A = \varepsilon\ C\ e^{-t/RC} \Rightarrow I_A = \frac{dQ_A}{dt} = -\frac{\varepsilon}{R}e^{-t/RC}$$

$$\tau' = RC = \text{cte. de tiempo del circuito}; \text{ si } t = \tau' = CR \text{ en la apertura}: Q_{A_{t=\tau'}} = \frac{C\,\varepsilon}{e}$$

■ **RESISTENCIA R, BOBINA L Y CONDENSADOR C, SIN CARGA INICIAL, CON BATERÍA DE F. E. M. $\mathcal{E}$**

Al cerrar el interruptor, la ley de Ohm es: $\mathcal{E}$ = R I+ L dI/dt + Q/C. Como $I=\dfrac{dQ}{dt}$,

$$L\frac{d^2Q}{dt^2}+R\frac{dQ}{dt}+\frac{Q}{C}=\mathcal{E}, \text{ ecuación diferencial cuya característica es: } Lr^2+Rr+\frac{1}{C}=0$$

Condiciones de contorno: cuando t = 0 $\Rightarrow$ I = 0 y Q = 0.

Caso 1

$R^2-4L/C > 0 \Rightarrow R > R_0$. Circuito aperiódico, amortiguamiento supercrítico.

$$\text{Raíces reales: } r_1 = \frac{-R+[R^2-4L/C]^{1/2}}{2\ L} \quad y \quad r_2 = \frac{-R-[R^2-4L/C]^{1/2}}{2\ L}$$

$Q = \varepsilon\ C + A_1\ e^{r_1 t} + A_2\ e^{r_2 t}$ carga amortiguada aperiódica del condensador.

$I = \dfrac{dQ}{dt} = A_1 r_1\ e^{r_1 t} + A_2 r_2\ e^{r_2 t}$ intensidad amortiguada aperiódica del circuito.

Las constantes de integración A_1 y A_2, se hallan con las condiciones de contorno:

$$\left.\begin{array}{l} t=0 \Rightarrow Q=0=\varepsilon\ C + r_1A_1 + r_2A_2 \\ t=0 \Rightarrow I=\dfrac{dQ}{dt}=0=r_1A_1+r_2A_2 \end{array}\right\} A_1 = -\frac{r_2}{r_2-r_1}\varepsilon C;\quad A_2=\frac{r_1}{r_2-r_1}\varepsilon C$$

$$Q=\left[1-\frac{r_2}{r_2-r_1}e^{r_1 t}+\frac{r_1}{r_2-r_1}e^{r_2 t}\right]\varepsilon\ C; \qquad I=\frac{r_1\ r_2}{r_2-r_1}[e^{r_2 t}-e^{r_1 t}]\ \varepsilon\ C$$

Caso 2

$R^2 - 4L/C < 0 \Rightarrow R < R_0$. Circuito periódico oscilante, amortiguamiento subcrítico

Raíces imaginarias: $r_1 = -\lambda + j\omega$; $r_2 = -\lambda - j\omega$. Constante de amortiguamiento: $\lambda = \dfrac{R}{2\,L}$

La seudo pulsación electromagnética es: $\omega = \dfrac{[4L/C - R^2]^{1/2}}{2\,L} = \sqrt{\dfrac{1}{LC} - \dfrac{R^2}{4L^2}}$

$Q = \varepsilon\, C + K_1 e^{[-\lambda - j\omega]t} + K_2 e^{[-\lambda + j\omega]t}$, K_1=cte y K_2=cte, equivale a $Q = \varepsilon\, C + Ae^{-\lambda t}\cos[\omega t - \varphi]$

$$I = \frac{dQ}{dt} = -Ae^{-\lambda\, t}[\lambda\cos[\omega t - \varphi] + \omega\,\mathrm{sen}\,[\omega t - \varphi]]$$

Las constantes de integración A y φ, se hallan con las condiciones de contorno:

$$\left.\begin{array}{l} t = 0 \Rightarrow \quad Q = 0 = \varepsilon\, C \ + A\cos\varphi \\ t = 0 \Rightarrow I = 0 = \lambda\cos\varphi - \omega\,\mathrm{sen}\varphi \end{array}\right\} A = \frac{-C\varepsilon}{\cos\varphi} = -C\varepsilon\sqrt{1 + \tan^2\varphi}\ ;\ \tan\varphi = \frac{\lambda}{\omega}$$

$$Q = \varepsilon\, C\left[1 - \sqrt{1 + \frac{\lambda^2}{\omega^2}}\; e^{-\lambda\, t}\cos[\omega t - \varphi]\right]$$ es amortiguada periódica oscilante.

$$I = \varepsilon\, C\sqrt{1 + \frac{\lambda^2}{\omega^2}}\; e^{-\lambda\, t}[\lambda\cos[\omega t - \varphi] + \omega\mathrm{sen}[\omega t - \varphi]]$$ es amortiguada periódica oscilante.

Caso 3

$R^2 - 4L/C = 0 \Rightarrow R = R_0$. Circuito aperiódico, amortiguamiento crítico.

Raíz real es doble: $r_1 = r_2 = \dfrac{-R}{2\,L} = \dfrac{-1}{\sqrt{LC}}$. Resistencia crítica: $R_0 = 2\sqrt{\dfrac{L}{C}}$

$Q = \varepsilon\, C + [k_1 + k_2 t]\, e^{r_1 t}$ carga amortiguada aperiódica del condensador en el cierre.

$I = \dfrac{dQ}{dt} = e^{r_1 t}[r_1 k_1 + r_1 k_2 t + k_2]$ intensidad amortiguada aperiódica del circuito.

Con las condiciones de contorno se obtienen: $k_1 = -\varepsilon\, C$ y $k_2 = r_1\,\varepsilon\, C$

$$Q = \varepsilon\, C\left[1 + [r_1 t - 1]\, e^{r_1 t}\right];\quad I = \varepsilon\, C\, r_1^2\, t\; e^{r_1 t}$$

3. OSCILACIONES ELECTROMAGNÉTICAS QUE SE PRODUCEN EN LOS CIRCUITOS SERIE POR DESCARGA DE CONDENSADOR

■ **CONDENSADOR C, CON Q_0 = INICIAL, Y BOBINA L, CONECTADOS POR UN INTERRUPTOR**

Al cerrar el interruptor del circuito, la ley de Ohm es: $L\, dI/dt - Q/C = 0$

Como: $I = -\frac{dQ}{dt} \Rightarrow \frac{d^2Q}{dt^2} + \frac{Q}{LC} = 0$; condiciones de contorno: t =0 ⇒I =0 y Q = $Q_0 \neq 0$

La carga permanente periódica senoidal del condensador es: $Q = Q_0 \cos \omega_0 t$

La corriente permanente periódica senoidal del circuito es: $I = -\frac{dQ}{dt} = \omega_0\ Q_0 \text{ sen } \omega_0 t$

Cte. armónica: $\omega_0{}^2 = \frac{1}{C\,L}$. Pulsación propia o natural electromagnética: $\omega_0 = \sqrt{\frac{1}{C\,L}}$

Energía electrostática: condensador $W_C = \frac{Q_0}{2C} \cos^2\omega_0 t$; bobina $W_L = \frac{Q_0}{2C} \text{sen}^2\omega_0 t$

Como R=0: $W_T = W_C + W_L = CTE = \frac{Q_0}{2C}$. Descarga periódica senoidal oscilante.

■ **CONDENSADOR C, CON Q_0 = INICIAL, BOBINA L Y RESISTENCIA R, CONECTADOS POR UN INTERRUPTOR**

Al cerrar el interruptor, la ley de Ohm es: 0 = L d I/d t +RI − Q/C, como $I = -\frac{dQ}{dt}$

$L\frac{d^2Q}{dt^2} + R\frac{dQ}{dt} + \frac{Q}{C} = 0$, ecuación diferencial cuya característica es: $Lr^2 + Rr + \frac{1}{C} = 0$

Condiciones de contorno en la descarga del condensador: si t= 0 ⇒ I= 0 y Q = Q_0

Caso 1

$R^2 - 4L/C > 0 \Rightarrow R > R_0$. Descarga aperiódica, amortiguamiento supercrítico.

Raíces reales: $r_1 = \frac{-R + [R^2 - 4L/C]^{1/2}}{2\,L}$ y $r_2 = \frac{-R - [R^2 - 4L/C]^{1/2}}{2\,L}$

$Q = A_1\ e^{r_1 t} + A_2\ e^{r_2 t}$ carga del condensador es sobre amortiguada y aperiódica.

$I = -\frac{dQ}{dt} = -A_1 r_1\ e^{r_1 t} - A_2 r_2 e^{r_2 t}$ intensidad de circuito es sobre amortiguada y aperiódica.

Las constantes de integración A_1 y A_2, se hallan con las condiciones de contorno:

$$\left.\begin{array}{l} t = 0 \Rightarrow \quad Q = \ 0 = r_1\ A_1 + r_2\ A_2 \\ t = 0 \Rightarrow I = -\frac{dQ}{dt} = 0 = -r_1 A_1 - r_2 A_2 \end{array}\right\} A_1 = -\frac{r_2}{r_2 - r_1} Q_0 ;\ A_2 = \frac{r_1}{r_2 - r_1} Q_0$$

$$Q = \frac{Q_0}{r_2 - r_1}[-r_2\ e^{r_1 t} + r_1 e^{r_2 t}] ; \quad I = \frac{r_1\ r_2}{r_2 - r_1}\ Q_0 [e^{r_1 t} - e^{r_2 t}]$$

Caso 2

$R^2-4L/C<0 \Rightarrow R<R_0$. Descarga periódica oscilante amortiguamiento subcrítico

Raíces imaginarias: $r_1=-\lambda+j\omega$; y $r_2=-\lambda-j\omega$. Constante de amortiguamiento: $\lambda=\dfrac{R}{2L}$

Seudo pulsación electromagnética: $\omega=\dfrac{[4L/C-R^2]^{1/2}}{2L}=\sqrt{\dfrac{1}{LC}-\dfrac{R^2}{4L^2}}<\omega_0=\sqrt{\dfrac{1}{CL}}$

$Q=K_1e^{[-\lambda-j\omega]t}+K_2e^{[-\lambda+j\omega]t}$ siendo K_1=cte y K_2=cte, equivale a $Q=Ae^{-\lambda t}\cos[\omega t-\varphi]$

$$I=-\frac{dQ}{dt}=Ae^{-\lambda t}[\lambda\cos[\omega t-\varphi]+\omega\,\mathrm{sen}\,[\omega t-\varphi]]$$

Las constantes de integración A y φ, se hallan con las condiciones de contorno:

$$\left.\begin{array}{l} t=0\Rightarrow \quad Q_0=A\cos\varphi \\ t=0\Rightarrow I=0=\lambda\cos\varphi-\omega\,\mathrm{sen}\varphi \end{array}\right\} A=\frac{Q_0}{\cos\varphi}=Q_0\sqrt{1+\tan^2\varphi}\ ;\ \tan\varphi=\frac{\lambda}{\omega}$$

$Q=Q_0\sqrt{1+\dfrac{\lambda^2}{\omega^2}}\,e^{-\lambda t}\cos[\omega t-\mathrm{arc}\ \tan\dfrac{\lambda}{\omega}]$ amortiguada y periódica oscilante.

$I=Q_0\sqrt{1+\dfrac{\lambda^2}{\omega^2}}\,e^{-\lambda t}[\lambda\cos[\omega t-\varphi]+\omega\,\mathrm{sen}[\omega t-\varphi]]$ amortiguada y periódica oscilante.

Caso 3

$R^2-4L/C=0\Rightarrow R=R_0$. Descarga aperiódica, amortiguamiento crítico.

Raíz real es doble: $r_1=r_2=\dfrac{-R}{2L}=\dfrac{-1}{\sqrt{LC}}$. Resistencia crítica: $R_0=2\sqrt{\dfrac{L}{C}}$

$Q=[k_1+k_2t]\,e^{r_1t}$ carga del condensador es aperiódica con amortiguamiento crítico.

$I=-\dfrac{dQ}{dt}=-e^{r_1t}[r_1k_1+r_1k_2t+k_2]$ es aperiódica con amortiguamiento crítico.

Mediante las condiciones de contorno se obtienen: $k_1=Q_0$ y $k_2=-r_1Q_0$.

$Q=Q_0[1-r_1t]\,e^{r_1t}$; $\quad I=-Q_0r_1^2\,t\,e^{r_1t}$

4. ACOPLAMIENTO MAGNÉTICO DE CIRCUITOS

Sean dos circuitos eléctricos ❶ y ❷, por los que circulan las corrientes I_1 e I_2. Se define el coeficiente de acoplamiento magnético entre ellos, como la relación entre el flujo magnético que atraviesa un circuito (p. e. ❶), ϕ_{12}, y la intensidad de corriente eléctrica I_2 del circuito ❷, que ha generado el mencionado flujo magnético en el circuito eléctrico❶. $M_{12} = \frac{\phi_{12}}{I_2} = M_{21} = \frac{\phi_{21}}{I_1} = M$ es el coeficiente de inducción mutua.

El coeficiente M es independiente de las características eléctricas del circuito, depende sólo del medio material y de las características geométricas del circuito. Su ecuación dimensional y unidades en el S. I. son las mismas que las de la inducción L.

Su principal aplicación es para la determinación de la f.e.m. inducida en un circuito, por acoplamiento de otra bobina por la que circula I, mediante aplicación de la Ley de Faraday-Henry: $\varepsilon = -\frac{d\phi}{dt} = -\frac{d\,[MI]}{dt} = -[M\frac{dI}{dt} + I\frac{dM}{dt}]$.

Dos bobinas de inductancias L_1 y L_2, con acoplamiento total entre ellas, tienen una inducción mutua: $M = \sqrt{L_1 L_2} = N_1\frac{\phi_{12}}{I_2} = N_2\frac{\phi_{21}}{I_1}$ que depende del medio material, de las características geométricas y de la posición relativa de ambas bobinas en el espacio.

Acoplamiento parcial entre bobinas: $M = K\sqrt{L_1 L_2}$, K es el coeficiente de acoplamiento de las bobinas, su variación es: $0 \leq K \leq 1$. Cuando K=1 el acoplamiento es perfecto.

5. ENERGÍA MAGNÉTICA

La f.e.m. inducida en un circuito eléctrico como consecuencia de la variación del flujo magnético que lo atraviesa, origina un consumo de energía necesario para establecer un campo magnético. Esta energía magnética se almacena en la región del espacio de volumen τ en donde existe un campo magnético.

- E. magnética en volumen τ: $W_{MAG} = \frac{1}{2\mu}\int_\tau B^2 d\tau = \frac{\mu}{2}\int_\tau H^2 d\tau = \frac{1}{2}\int_\tau \vec{B}\cdot\vec{H}\, d\tau$

  Si B= cte, densidad de energía magnética: $u_{MAG} = \frac{W_{MAG}}{\tau} = \frac{1}{2}\frac{B^2}{\mu} = \frac{1}{2}\mu H^2 = \frac{1}{2}BH$

- E. magnética en solenoide rectilíneo L: $W_{MAG} = \int_0^{i_o} Li\,di = \frac{1}{2}L i_o^2 = \frac{1}{2}L\frac{\varepsilon^2}{R^2}$

- E. magnética en solenoide toroidal: $W_{MAG} = \frac{1}{2}Li^2 = \frac{\mu N^2 S i^2}{2\pi R}$; R= radio medio toroide.

- E. en circuitos acoplados magnéticamente: $W_{MAG} = \frac{1}{2}\sum_{i=1}^{n}\sum_{j=1}^{n} M_{ij}\, I_i I_j$; $M_{ij} = M_{ji}$; $M_{ii} = L_i$

6. LEY DE OHM GENERALIZADA

Dados dos circuitos eléctricos ❶ y ❷, acoplados magnéticamente con inductancia mutua M, cuyas resistencias son R_1 y R_2, autoinducciones L_1 y L_2 y sus generadores de f.e.m. ε_1 y ε_2, la expresión de la Ley de Ohm generalizada para cada circuito es:

Circuito ❶: $\varepsilon_1 \pm M\frac{dI_2}{dt} - L_1\frac{dI_1}{dt} = R_1 I_1$

Circuito ❷: $\varepsilon_2 \pm M\frac{dI_1}{dt} - L_2\frac{dI_2}{dt} = R_2 I_2$

El signo de M depende de si coincide o no, el sentido del flujo que I_1 crea en L_1, con el sentido del flujo que I_2 crea en L_2, cuando las intensidades I_1 e I_2 de cada circuito entran a las bobinas por los puntos marcados como terminales correspondientes.

7. TRANSFORMADOR MONOFÁSICO

Es una máquina estática, basada en la inducción electromagnética que convierte la energía eléctrica alterna de un nivel de tensión y una frecuencia, en energía eléctrica alterna de otro diferente nivel de tensión, pero de igual frecuencia.

- Elementos fundamentales:

- Núcleo. Es un circuito magnético, sin entrehierro, por cuyo interior circula Φ flujo magnético alterno.

- Devanados. Son dos bobina que entre si son eléctricamente independientes una de la otro pero ambas están acoplados magnéticamente por medio del núcleo. Por la bobina, del primario se recibe energía eléctrica alterna desde el exterior y por la otra bobina, devanado secundario, se suministra energía eléctrica alterna al exterior.

- Funcionamiento. Al aplicar una f.e.m. alterna al devanado primario, de N_1 espiras, mediante la Ley Faraday-Henry, se crea por inducción un flujo Φ magnético alterno, de igual frecuencia que la f.e.m. alterna. Al circular el Φ alterno por el núcleo, atraviesa las espiras N_2 del secundario y crea, por inducción mutua, una f.e.m. alterna de igual frecuencia que el flujo magnético alterno:

$$\left.\begin{array}{ll} \text{Primario: f. e. m. instantánea "autoinducida"} & U_{1i} = -E_{1i} = N_1\dfrac{d\Phi}{dt} \\ \text{Secundario: f. e. m. instantánea de "inducción mutua"} & U_{2i} = E_{2i} = -N_2\dfrac{d\Phi}{dt} \end{array}\right\}$$

Esta máquina de inducción funciona sólo con corriente alterna, tiene dos circuitos eléctricos independientes, bobinas de primario y secundario, por donde circula la corriente alterna y un circuito magnético, el núcleo, por cuyo interior circula Φ el flujo magnético alterno.

Los transformadores, tienen elevado rendimiento eléctrico ($96\% \leq \eta \leq 99{,}7\ \%$) y bajo mantenimiento, son elementos indispensables para desarrollar las redes de energía eléctrica, y mediante su uso fue posible el transporte de la energía eléctrica alterna desde donde se encuentran las centrales generadoras hasta los usuarios finales.

Debido a que para el estudio del transformador es necesario utilizar la teoría de la corriente alterna relativa a la Electrotecnia, su desarrollo está contenido al final de esta obra en el Apéndice 1.

CUESTIONES

7.1. La f.e.m. inducida en un circuito es tal que:

a) Es consecuencia de la intensidad inducida
b) Se opone a la causa que la ha producido.
c) Favorece la causa que la ha producido.
d) Sólo se produce si el circuito está cerrado.

7.2. Un campo magnético variable, induce en un circuito eléctrico:

a) Una corriente eléctrica estacionaria.
b) Un campo eléctrico conservativo.
c) Un campo eléctrico rotacional.
d) Sólo se induce f.e.m. si el circuito está cerrado.

7.3. Dos solenoides de N_1 y N_2 espiras respectivamente, se enrollan sobre un mismo núcleo de hierro, pero son independientes eléctricamente. Sus coeficientes de autoinducción son L_1 y L_2 y el de inducción mutua es M. La relación entre estos coeficientes, cuando el acoplamiento es total, se expresa:

a) $M = L_1 = L_2$
b) $M = L_1 / L_2$
c) $M = \dfrac{L_1 L_2}{2}$
d) $M = \sqrt{L_1 L_2}$

7.4. La ley de Faraday de la inducción relaciona entre sí campos:

a) Electrostáticos con campos magnéticos variables.
b) No electrostáticos con campos magnéticos variables.
c) Magnetostáticos con campos electrostáticos.
d) Magnetostáticos con campos no electrostáticos

7.5. Para que se cumpla la Ley de Faraday de la inducción electromagnética es necesario:

a) La presencia de un medio ferromagnético.
b) La existencia de campos electrostáticos variables con el tiempo.
c) Al ser una Ley general no precisa la existencia de medios materiales.
d) La presencia de un circuito eléctrico.

7.6. Por el hecho de desplazarse un conductor en el seno de un campo magnético:

a) Se induce una intensidad de corriente eléctrica.
b) Se induce una fuerza electromotriz.
c) Sólo se producirán fenómenos de inducción si el conductor pertenece a un circuito eléctrico cerrado.
d) Sólo se producen fenómenos de inducción si se aporta una energía mecánica exterior para verificar la ley de Lenz.

7.7. ¿Dónde se almacena la energía magnética en un circuito eléctrico?

a) En la resistencia eléctrica.
b) En el condensador.
c) En el solenoide.
d) La energía magnética no se puede almacenar en los circuitos eléctricos.

7.8. La generación de la corriente alterna se justifica mediante la ley de:

a) Gauss.
b) Faraday-Henry.
c) Lorentz.
d) Biot-Savart.

7.9. El coeficiente de autoinducción de los solenoides depende de:

a) El flujo magnético generado y la intensidad de corriente eléctrica.
b) De sus características físicas y geométricas.
c) Solo del flujo magnético.
d) De sus características eléctricas.

7.10. Al abrir un circuito eléctrico alimentado por una f.e.m. continua, el efecto de una autoinducción en él es:

a) Variar la fase de la corriente circulante.
b) Retrasar el instante en que la intensidad alcance su valor nulo.
c) Aumentar las pérdidas por efecto Joule.
d) Ninguna de las anteriores.

7.11. Al cerrar un circuito eléctrico alimentado por una f.e.m. continua, el efecto de la presencia en dicho circuito de una autoinducción es:

a) Variar la fase de la corriente circulante.
b) Retrasar el instante en que la intensidad alcanzará su valor final.
c) Disminuir el valor final de la intensidad que recorre el circuito.
d) Aumentar las pérdidas por efecto Joule.

7.12. En un circuito con resistencia, autoinducción y una batería, la constante de tiempo de define como:

a) La inversa de la resistencia.
b) El producto de la resistencia por la autoinducción.
c) Imposible calcular con los datos propuestos.
d) El cociente entre la autoinducción y la resistencia.

7.13. Dado un conjunto de circuitos eléctricos recorridos por corrientes, se inducen f.e.m. entre ellos:

a) Sólo si varían las intensidades de las corrientes.
b) En circuitos rígidos y estacionarios recorridos por corrientes constantes.
c) Sólo si los circuitos se deforman.
d) Tanto si varían las intensidades, como si se mueven los circuitos o se deforman.

7.14. Cuando se mueve con velocidad $\vec{v}$ constante un conductor rectilíneo en el seno de un campo magnético $\vec{B}$ uniforme e independiente del tiempo, se produce una f.e.m. inducida en el conductor:

a) Siempre.
b) Únicamente si el conductor forma parte de un circuito cerrado.
c) Si los vectores $\vec{v}$ y $\vec{B}$ son colineales.
d) Si los vectores $\vec{v}$ y $\vec{B}$ no son colineales.

7.15. En un circuito con resistencia R, autoinducción L y una batería de f.e.m. ε , la energía magnética total se define como:

a) $W = LI^2$.
b) $W = \frac{1}{2}LI^2$, que se almacena en la autoinducción
c) $W = \frac{1}{2}LI^2$, que se almacena entre la resistencia y la batería.
d) $W = \frac{1}{2}LR^2\varepsilon^2$.

PROBLEMA 7.1

Una barra de material conductor y de longitud L se desplaza paralelamente a sí misma, y al eje cartesiano OY, en presencia de un campo magnético de valor $\vec{B}=-cy\vec{i}$ tal como indica la figura. Calcular:

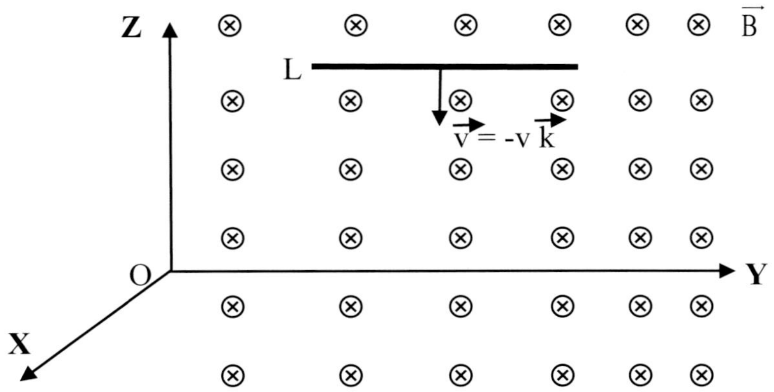

1º. Campo eléctrico inducido en la barra.

2º. F.e.m. inducida entre los extremos de la barra, indicando que extremo se encuentra a más potencial.

3º. Repetir el problema suponiendo que la barra se encuentre paralela al eje Z, con la misma velocidad de desplazamiento

SOLUCIÓN

1º. Campo eléctrico inducido en la barra

El campo eléctrico inducido en la barra tiene por expresión general $\vec{E}=\vec{v}\wedge\vec{B}$, pero dado que el campo magnético $\vec{B}$ tiene un valor diferente para cada elemento diferencial de longitud de la barra $d\vec{\ell}$ su valor será para cada punto de la barra:

$$\vec{E}=-v\vec{k}\wedge[-cy\vec{i}]=\begin{vmatrix} \vec{i} & \vec{j} & \vec{k} \\ 0 & 0 & -v \\ -cy & 0 & 0 \end{vmatrix}=vcy\vec{j}$$

2º. F.e.m. inducida entre extremos de la barra, indicando que extremo se encuentra a más potencial

La f.e.m. inducida viene definida por la expresión:

$$\varepsilon=\int_0^L \vec{B}\cdot[d\vec{\ell}\wedge\vec{v}]=\int_0^L[-cy\vec{i}]\cdot[dy\vec{j}\wedge -v\vec{k}]$$

También se puede evaluar por la ecuación:

$$\varepsilon=\int_0^L [\vec{v}\wedge\vec{B}]\cdot d\vec{\ell}=\int_0^L[v(-\vec{k})\wedge cy\,(-\vec{i})]\cdot[dy\,\vec{j}]$$

Desarrollando los productos escalar y vectorial, integrando quedará:

$$\varepsilon = \int_0^L cv\, y\, dy = cv\left[\frac{y^2}{2}\right]_0^L = \frac{cv L^2}{2}$$

La f.e.m. da lugar a un campo eléctrico inducido que es un campo electromotor cuyo efecto es la elevación de las cargas eléctricas desde el potencial menor a mayor potencial.

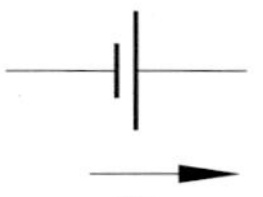

En consecuencia, el extremo de la barra más alejado del eje z estará a mayor potencial.

3º. Repetir el problema suponiendo que la barra se encuentre paralela al eje Z, con la misma velocidad de desplazamiento

Como en este caso cualquier elemento $d\vec{\ell}$ es paralelo a $\vec{v}$, su producto vectorial es nulo y por tanto no se induce f.e.m.

4º. Repetir el problema suponiendo que la barra gira alrededor de un extremo O con velocidad angular constante

Supongamos una varilla homogénea conductora de longitud L= 1 m, gira alrededor de un extremo O con velocidad angular constante de $\omega = 6$ rad·s^{-1}. Está inmersa en un campo magnético uniforme de B=5 T perpendicular al plano sobre el cual gira la varilla.

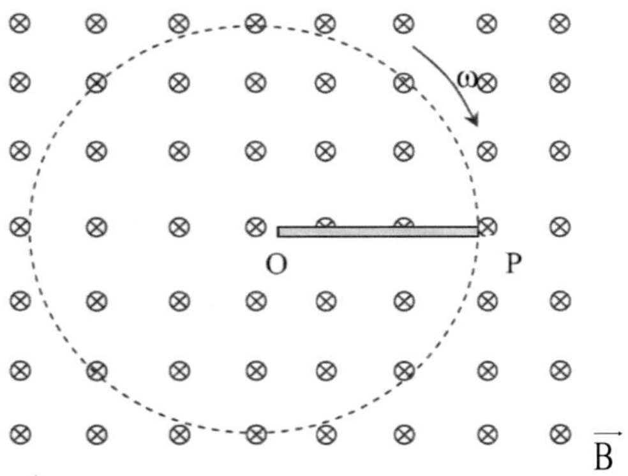

$$\vec{E} = \vec{v} \wedge \vec{B}\ ; \qquad E = v \cdot B \cdot \text{sen}\, 90^{\circ}$$

Por el producto vectorial se deduce que su dirección es radial son sentido desde el centro O hacia la periferia P. El campo eléctrico es creciente, puesto que la velocidad lineal de un elemento de longitud de la barra varía, $v \in [0, 6]\ \text{m} \cdot \text{s}^{-1}$

El campo eléctrico está dirigido desde puntos de menor potencial a mayor potencial. Por lo tanto, la periferia P se encuentra a mayor potencial.

PROBLEMA 7.2

Una espira cuadrada, de lado ℓ, masa m y resistencia eléctrica R, se encuentra en reposo sobre un plano inclinado un ángulo α respecto de la horizontal.

A) La mitad inferior de la espira está dentro del seno de un campo magnético $\vec{B}=B\vec{k}$. Se abandona la espira desde la posición de reposo y se pide determinar:

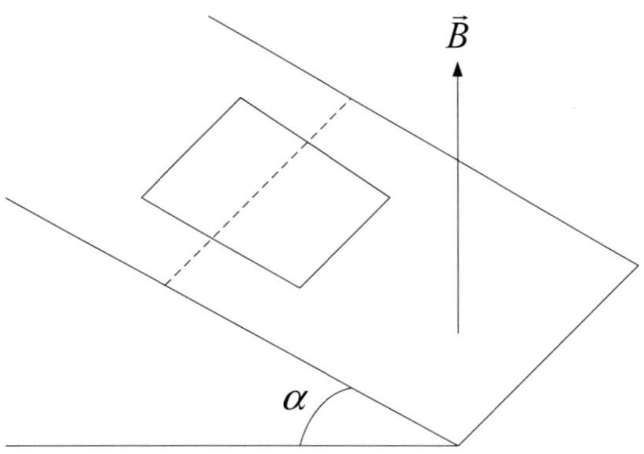

1º. Ecuación diferencial del movimiento de la espira.

2º. Velocidad de la espira en función del tiempo.

3º. Intensidad que circula por la espira en función del tiempo.

4º. Balance energético del proceso, desde su inicio hasta un tiempo posterior t, antes de penetrar totalmente la espira en la región del campo magnético, por unidad de tiempo.

B) Ahora el campo magnético constante $\vec{B}$ es perpendicular al plano inclinado, tal como indica la figura, de manera que dicho campo magnético sólo atraviesa la mitad superior de la espira. La espira se abandona a sí misma partiendo del reposo y se pide determinar:

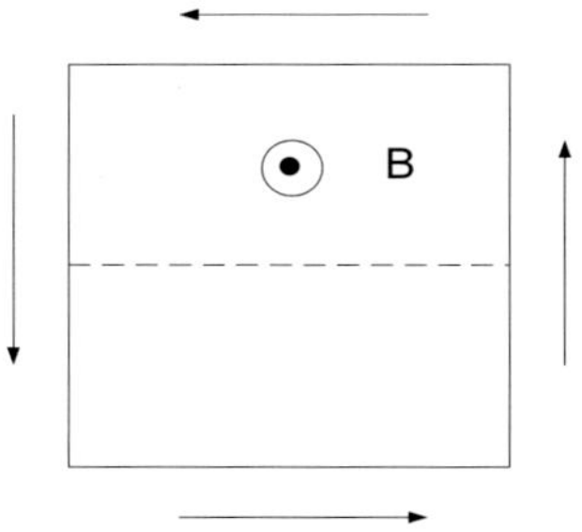

5º. Ecuación diferencial del movimiento de la espira.

6º. Variación de la velocidad de la espira con el tiempo

7º. Variación de la f.e.m. inducida en la espira con el tiempo

8º. ¿Qué movimiento realizará la espira una vez haya salido de la zona del campo magnético?

NOTA: Se desprecia el rozamiento mecánico.

SOLUCIÓN

Caso A) Campo magnético $\vec{B}=B\vec{k}$

1º. Ecuación diferencial del movimiento de la espira

La espira se mueve por su propio peso en el plano inclinado. Sobre la superficie de la espira se genera un flujo magnético variable con la posición de la espira según se va introduciendo en el campo magnético.

Por lo tanto, existirá una fuerza electromotriz inducida en la espira de valor: $\varepsilon=\vec{B}\cdot[\vec{\ell}\wedge\vec{v}]$ y como en este caso, el vector campo magnético no es perpendicular al vector $[\vec{\ell}\wedge\vec{v}]$, el resultado es: $\varepsilon=B\ell v\cos\alpha$

Como la espira es cerrada y tiene una resistencia eléctrica R, circulará una corriente de valor $I=\frac{\varepsilon}{R}=\frac{B\,\ell\,v\cos\alpha}{R}$ cuyo sentido de circulación será horario para oponerse al aumento de flujo magnético a través de la espira en su movimiento.

Como consecuencia del sentido de la intensidad de corriente eléctrica y la acción del campo magnético, se genera una fuerza de origen magnético:

$$\vec{F}=I[\vec{\ell}\wedge\vec{B}]=-BI\ell\,\vec{i}=\frac{B^2\,\ell^2\,v\cos\alpha}{R}\vec{i}$$

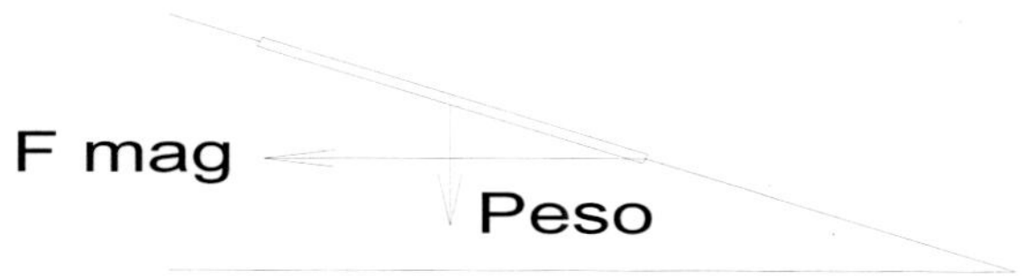

Aplicando la segunda Ley de Newton en la dirección del plano inclinado:

$$mg\,sen\alpha-\frac{B^2\,\ell^2\,v\cos^2\alpha}{R}=m\frac{dv}{dt}$$

La ecuación diferencial del movimiento es: $\frac{dv}{dt}+\frac{B^2\,\ell^2\cos^2\alpha}{mR}v-g\,sen\alpha=0$

2º. Velocidad de la espira en función del tiempo hasta que se detiene

Se calcula la velocidad mediante la resolución, por integración, de la ecuación diferencial del movimiento, obtenida en el apartado anterior:

$g\,sen\alpha-\frac{B^2\,\ell^2\cos^2\alpha}{mR}v=\frac{dv}{dt}\Rightarrow C_1-C_2\,v=\frac{dv}{dt}$ separando variables e integrando:

$$\int_0^t dt=\int_{v_0}^{v}\frac{dv}{C_1-C_2v}\Rightarrow t=\frac{-1}{C_2}\ln\frac{C_1-C_2v}{C_1}\Rightarrow e^{-C_2\,t}=\frac{C_1-C_2v}{C_1}$$

Sustituyendo el valor de las constantes y operando obtenemos:

$$v=\frac{C_1}{C_2}[1-e^{-C_2\,t}]=\frac{g\,sen\alpha\,m\,R}{B^2\,\ell^2\cos^2\alpha}\left[1-e^{-\frac{B^2\,\ell^2\cos^2\alpha}{mR}t}\right]$$

3º. Intensidad que circula por la espira en función del tiempo

Como vimos en el primer apartado, la intensidad tiene por expresión,

$$I=\frac{\varepsilon}{R}=\frac{B\,\ell\,v\cos\alpha}{R}$$

Sustituyendo la velocidad por su ecuación en función del tiempo quedará:

$$I=\frac{g\,sen\alpha\,m}{B\ell\cos\alpha}\left[1-e^{-\frac{B^2\,\ell^2\cos^2\alpha}{mR}t}\right]$$

4º. Balance energético del proceso, desde inicio hasta tiempo t, antes de penetrar totalmente la espira en la región del campo magnético, por unidad de tiempo

Las energías que intervienen en el proceso son: la eléctrica, debido a la circulación de la intensidad de corriente, la potencial gravitatoria y la cinética debido al movimiento. Al solicitarse la energía por unidad de tiempo, se determinan sus potencias respectivas.

- Potencia eléctrica: $P_{elec} = R\,I^2 = \dfrac{R\,g^2\,sen^2\alpha\,m^2}{B^2\,\ell^2\cos^2\alpha}\left[1-e^{-\frac{B^2\ell^2\cos^2\alpha}{mR}t}\right]^2$

- Potencia potencial gravitatoria: $\dfrac{dE_{pot}}{dt} = m\,g\,v\,sen\alpha = \dfrac{R\,g^2\,sen^2\alpha\,m^2}{B^2\,\ell^2\cos^2\alpha}\left[1-e^{-\frac{B^2\ell^2\cos^2\alpha}{mR}t}\right]$

- Potencia cinética:

$$\frac{dE_c}{dt} = m\,v\frac{dv}{dt} = \frac{R\,g\,sen\alpha\,m^2}{B^2\,\ell^2\cos^2\alpha}\left[1-e^{-\frac{B^2\ell^2\cos^2\alpha}{mR}t}\right]g\,sen\alpha\; e^{-\frac{B^2\ell^2\cos^2\alpha}{mR}t}$$

El balance energético del movimiento establece que la pérdida de energía potencial gravitatoria por unidad de tiempo, se convertirá en energía cinética por unidad de tiempo y en potencia eléctrica generada en la espira.

$$\frac{dE_{pot}}{dt} = \frac{dE_c}{dt} + P_{eléc} \text{ y llamando } \tau = \frac{m\,R}{B^2\,\ell^2\cos^2\alpha}$$

$$\frac{R\,g^2\,sen^2\alpha\,m^2}{B^2\,\ell^2\cos^2\alpha}\left[1-e^{-\frac{t}{\tau}}\right] = \frac{R\,g\,sen\alpha\,m^2}{B^2\,\ell^2\cos^2\alpha}\left[1-e^{-\frac{t}{\tau}}\right]g\,sen\alpha\; e^{-\frac{t}{\tau}} + \frac{R\,g^2\,sen^2\alpha\,m^2}{B^2\,\ell^2\cos^2\alpha}\left[1-e^{-\frac{t}{\tau}}\right]^2$$

Comprobándose la validez del balance energético.

Caso B) Campo magnético $\vec{B}$ es perpendicular al plano inclinado

5º. Ecuación diferencial del movimiento de la espira

Al iniciar el movimiento la espira, el flujo magnético que la atraviesa va disminuyendo. Esto implica que en el circuito se va a inducir una f.e.m. ε' que se opondrá a la disminución de flujo magnético por medio de una intensidad de corriente que generará un campo magnético que reforzará al inicial. La f.e.m. inducida tendrá por valor:

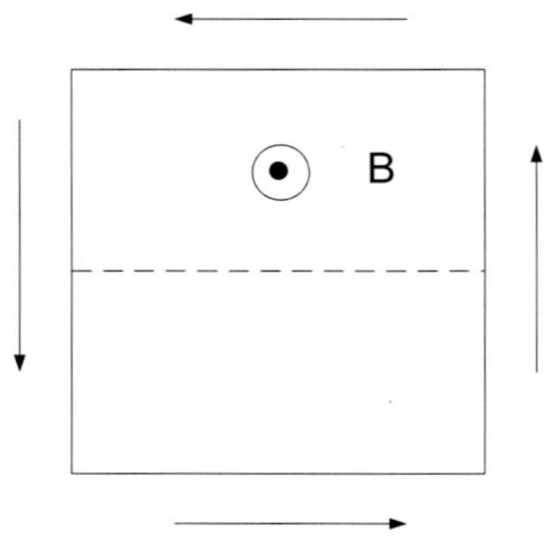

$$\varepsilon' = \vec{B}\cdot[\vec{\ell}\wedge\vec{v}] = B\,\ell\,v$$

y al ser la espira un circuito cerrado con resistencia óhmica R, circulará una corriente eléctrica de valor:

$$I = \frac{\varepsilon'}{R} = \frac{B\,\ell\,v}{R}$$

Esta intensidad de corriente circulará por la espira en sentido antihorario, tal como indica la figura, de tal forma que el campo magnético que produce se opone a la disminución de flujo magnético inicial.

Debido a la presencia de esta intensidad de corriente en el seno del campo magnético, se va a producir una fuerza que se opondrá al movimiento $\vec{F}=I[\vec{\ell}\wedge\vec{B}]$, cuya dirección será la indicada en la figura, mientras que su valor vendrá dado por el desarrollo del producto vectorial, $F=BI\ell=\dfrac{B^2\ell^2 v}{R}$

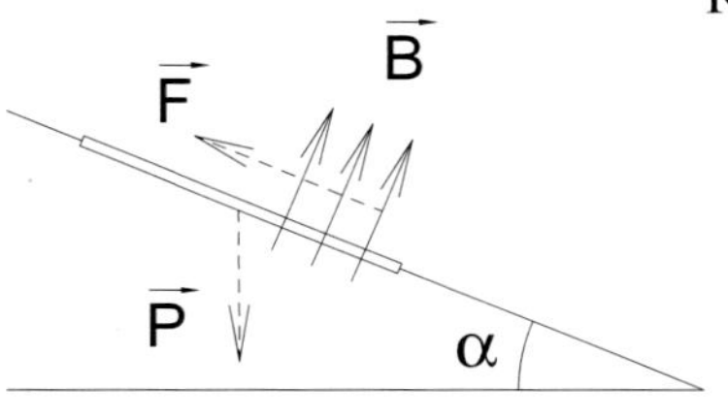

Tal como indica la figura, actuarán sobre la espira dos fuerzas, que proyectadas sobre el plano inclinado dará lugar a la ecuación diferencial del movimiento:

$$\Sigma F = mg\,\text{sen}\alpha - F = m\frac{dv}{dt} \quad\Rightarrow\quad mg\,\text{sen}\alpha - \frac{B^2\ell^2 v}{R} = m\frac{dv}{dt}$$

Es la ecuación diferencial del movimiento de la espira.

6º. Variación de la velocidad de la espira con el tiempo

Para determinar la velocidad de la espira con el tiempo, integraremos la ecuación diferencial expresándola de la siguiente manera:

$$g\,\text{sen}\alpha - \frac{B^2\ell^2}{mR}v = \frac{dv}{dt} \Rightarrow C_1 - C_2 v = \frac{dv}{dt} \Rightarrow dt = \frac{dv}{C_1 - C_2 v}$$

Integrando desde el instante inicial t = 0 en donde la velocidad v = 0 hasta un instante t, donde la velocidad sea v, nos quedará:

$$g\,\text{sen}\alpha - \frac{B^2\ell^2\cos^2\alpha}{mR}v = \frac{dv}{dt} \Rightarrow C_1 - C_2 v = \frac{dv}{dt}$$ separando variables e integrando:

$$\int_0^t dt = \int_{v_0}^{v}\frac{dv}{C_1 - C_2 v} \Rightarrow t = \frac{-1}{C_2}\left[\text{Ln}\frac{C_1 - C_2 v}{C_1}\right] \Rightarrow e^{-C_2 t} = \frac{C_1 - C_2 v}{C_1}$$

Sustituyendo las constantes C_1 y C_2 y operando obtenemos la velocidad:

$$v = \frac{C_1}{C_2}[1 - e^{-C_2 t}] = \frac{g\,\text{sen}\alpha\, m R}{B^2\ell^2\cos^2\alpha}\left[1 - e^{-\frac{B^2\ell^2\cos^2\alpha}{mR}t}\right]$$

7º. Variación de la f.e.m. inducida en la espira con el tiempo

La f.e.m. inducida tendrá por expresión: $\varepsilon = B\ell v = \dfrac{mg\,\text{sen}\alpha R}{B\ell}\left[1 - e^{\frac{-B^2\ell^2}{mR}t}\right]$

8º. ¿Qué movimiento realizará la espira tras salir de zona del campo magnético?

Una vez haya salido de la zona del campo magnético, la espira dejará de estar sometida a los fenómenos de inducción y de sus acciones, por lo que realizará un movimiento rectilíneo uniformemente acelerado sobre el plano inclinado.

PROBLEMA 7.3

Una espira cuadrada de lado ℓ, masa m, resistencia R y coeficiente de autoinducción L se mueve en un plano horizontal sin rozamiento, con velocidad $\vec{v}_0$ constante. En un cierto instante t_0 se introduce, como indica la figura, en una zona de longitud 2ℓ, donde existe un campo magnético $\vec{B} = B\,\vec{k}$ constante, que es perpendicular al plano y su sentido está indicado en la figura.

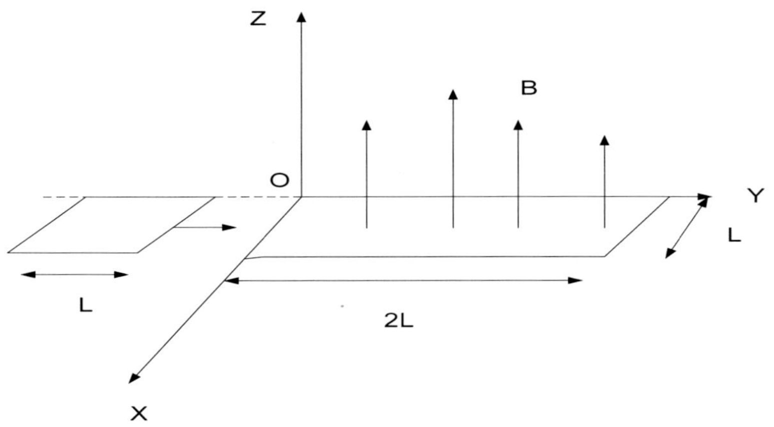

El problema considera en la primera parte despreciable el coeficiente de autoinducción de la espira. En la segunda parte (apartado 8º), se supone un coeficiente de autoinducción de la espira "L".

A) Mientras la espira se introduce en la zona del campo magnético. Determinar:

1º. Ecuación diferencial del movimiento de la espira.

2º. Variación de la velocidad de la espira con el tiempo.

3º. Tiempo que tarda en introducirse totalmente y velocidad al final de este proceso.

4º. Balance energético del proceso, por unidad de tiempo.

B) Cuando la espira ya está totalmente dentro de la zona del campo magnético. Hallar:

5º. Ecuación diferencial del movimiento de la espira.

6º. Variación de la velocidad con el tiempo.

7º.- Tiempo que tardará en llegar al final de la zona de campo magnético y velocidad al final de este proceso.

8º. Idem apartado A considerando el coeficiente de autoinducción.

Aplicación numérica: B= 1 T; ℓ = 1m; $v_0 = 10\,\vec{j}$ m s^{-1}; m= 100 g; R = 10 Ω

SOLUCIÓN

A) Mientras la espira se introduce en la zona del campo magnético $\vec{B}=B\vec{k}$

1º. Ecuación diferencial del movimiento de la espira

Al haber un aumento del flujo magnético a través de la espira, se inducirá una f.e.m. de valor: $\varepsilon=\vec{B}\cdot[\vec{\ell}\wedge\vec{v}]\Rightarrow\varepsilon=B\ell v$ que origina una corriente eléctrica en el circuito de resistencia R de valor: $i=\dfrac{\varepsilon}{R}=\dfrac{B\ell v}{R}$ y de sentido es el indicado en la figura, ya que se opone al aumento del flujo magnético.

Debido a la presencia de esta intensidad de corriente en el seno del campo magnético, se producirá una fuerza sobre la espira de valor:

$F=B\ell i=\dfrac{B^2\ell^2 v}{R}$ que se opone al movimiento tal como se ve en la figura.

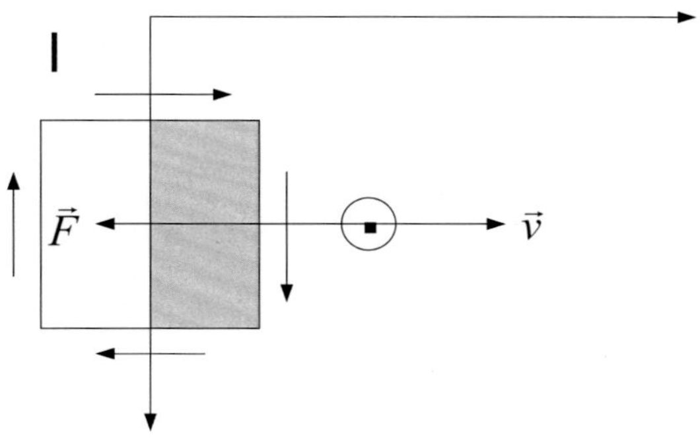

Aplicando la segunda Ley de Newton: $\Sigma\vec{F}=m\vec{a}$ y como sólo existe una fuerza que se opone al movimiento, resulta: $-\dfrac{B^2\ell^2 v}{R}=ma=m\dfrac{dv}{dt}$.

Separando variables independientes en la ecuación anterior, se tiene, la ecuación diferencial del movimiento de la espira.

$$\frac{dv}{v}=-\frac{B^2\ell^2}{mR}dt$$

2º. Variación de la velocidad de la espira con el tiempo

Para determinarla, se integra la ecuación diferencial del apartado 1º, desde el instante inicial t = 0 cuya velocidad es v_0 hasta un instante posterior t con velocidad v:

$\displaystyle\int_{v_0}^{v}\frac{dv}{v}=-\int_0^t\frac{B^2L^2}{mR}dt\Rightarrow v=v_0\,e^{\frac{-B^2L^2}{mR}t}$. La aplicación numérica: $v=10e^{-t}$

3º. Tiempo en introducirse completamente y velocidad al final de este proceso

Se trata de un movimiento rectilíneo decelerado: $v=\dfrac{dy}{dt}=10e^{-t}$ cuya integración es:

$\dfrac{dy}{dt}=v_0\,e^{-\frac{B^2\ell^2}{mR}t}$, separando variables e integrando: $\displaystyle\int_0^{\ell}dy=\int_0^{t}v_0\,e^{-\frac{B^2\ell^2}{mR}t}dt$

$\ell=10[1-e^{-T}]\Rightarrow e^{-T}=\frac{10-\ell}{10}\Rightarrow T=\ln\frac{10}{10-\ell}$.

Aplicación numérica: resulta un tiempo T= 0,105 s. y en estas condiciones la velocidad valdrá: $v=10e^{-T}=9{,}00\,m/s$.

4º. Balance energético del proceso, por unidad de tiempo

Balance energético: $\frac{1}{2}m\ v_0^2 = \frac{1}{2}m\ v(t)^2 + \int_0^t R\ I(t)^2 dt$

Para hallar el balance energético, resulta que la potencia disipada en la resistencia es la suministrada por la f.e.m. inducida: $P = R\ I^2 = \varepsilon\ I$

Como se obtuvo en el apartado nº1, la f.e.m. es: $\varepsilon = B\ \ell\ v = B\ \ell\ v_0\ e^{-\frac{B^2\ell^2}{m\ R}t}$

La intensidad es: $I = \frac{\varepsilon}{R} = \frac{B\ell v}{R} = \frac{B\ell}{R}v_0 e^{-\frac{B^2\ell^2}{m\ R}t}$

Por tanto: $P = \varepsilon\, I = \frac{B^2\ell^2}{R}v_0^2 e^{-\frac{2\,B^2\ell^2}{mR}t} = RI^2$

B) Cuando la espira está dentro de la zona del campo magnético $\vec{B} = B\vec{k}$

5º. Ecuación diferencial del movimiento de la espira

En este caso no hay variación del flujo magnético a través de la espira móvil, por tanto no hay fenómenos de inducción magnética, y consecuentemente no existirá ninguna fuerza actuando sobre la citada espira.

La ecuación diferencial del movimiento es: $\sum F = 0 = m\frac{dv}{dt} \Rightarrow dv = 0$

6º. Variación de la velocidad con el tiempo

La velocidad es constante y por lo tanto igual a la obtenida en el apartado 3º:

$v = 9{,}00$ m/s.

7º. Tiempo en llegar al final del campo magnético y velocidad al final del proceso

Al ser un movimiento uniforme, el tiempo que tarda en recorrer la espira la zona del campo, una vez introducida, siendo su longitud L, es: $T = \frac{L}{v} = \frac{1}{9{,}00} = 0{,}111\,s$.

8º. Suponiendo un coeficiente de autoinducción de la espira "L"

Una espira cuadrada de lado ℓ, masa m, resistencia R y coeficiente de autoinducción L, se mueve, sin rozamiento, sobre un plano horizontal (XOY) con velocidad $\vec{v_0}$. En un cierto instante t_0, se introduce (según la figura adjunta) en una zona donde existe un campo magnético constante $\vec{B} = B\vec{k}$.

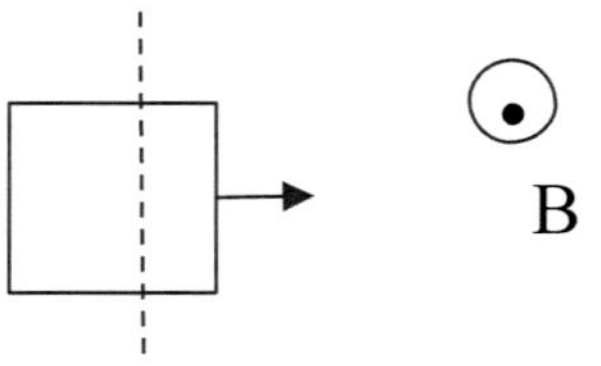

Determinar a un tiempo $t > t_o$:

1º. Fuerza electromotriz inducida en la espira.

$$\varepsilon' = \vec{B}\left[\vec{\ell} \wedge \vec{v}\right] = B\ell v$$

2º. Intensidad de corriente inducida en la espira.

$$I' = \frac{\varepsilon'}{R}\left[1 - e^{-\frac{Rt}{L}}\right]$$

3º. Fuerzas sobre la espira. $\vec{F} = I'\left[\vec{\ell} \wedge \vec{B}\right]$ se opone al movimiento

$$F = \frac{vB^2\ell^2}{R}\left[1 - e^{-\frac{Rt}{L}}\right]$$

4º. Ecuación diferencial del movimiento de la espira. $\vec{F} = m\vec{a}$

$$-\frac{vB^2\ell^2}{R}\left[1 - e^{-\frac{Rt}{L}}\right] = m\frac{dv}{dt}$$

5º. Balance energético del proceso.

Por simplicidad consideremos $t_o = 0$ s; entonces

$$\frac{1}{2}mv_0^2 = \frac{1}{2}mv(t)^2 + \int_0^t RI'(t)^2 dt + \frac{1}{2}LI'(t)^2$$

6º. Indicar la funcionalidad de la autoinducción al introducirse y al abandonar la espira la región del espacio en donde existe el campo magnético.

PROBLEMA 7.4

Un disco conductor, macizo y homogéneo de radio r y masa M, que puede girar alrededor de su eje de simetría perpendicular a su plano, está sometido a la acción de un campo magnético $\vec{B}$ constante tal como indica la figura. El disco lleva arrollado en su periferia una cuerda flexible e inextensible de la que cuelga una masa m. Entre el centro y la periferia se conecta un circuito pasivo de resistencia R. El sistema se abandona a sí mismo partiendo del reposo. Determinar:

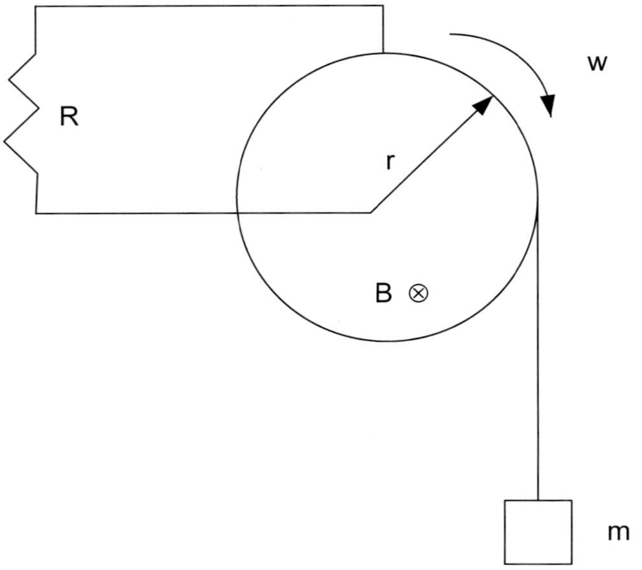

1º. Ecuación diferencial del movimiento del disco

2º. Velocidad angular del disco en función del tiempo

3º. F.e.m. inducida en función del tiempo

4º. Valor límite de la velocidad angular.

SOLUCIÓN

1º. Ecuación diferencial del movimiento del disco.

Debido al movimiento del disco metálico en el interior de un campo magnético B, se inducirá una f.e.m. de valor $\varepsilon = \frac{1}{2} B \omega r^2$ y que al ser los vectores campo magnético y velocidad angular del mismo sentido tendrá más potencial la periferia que el centro.

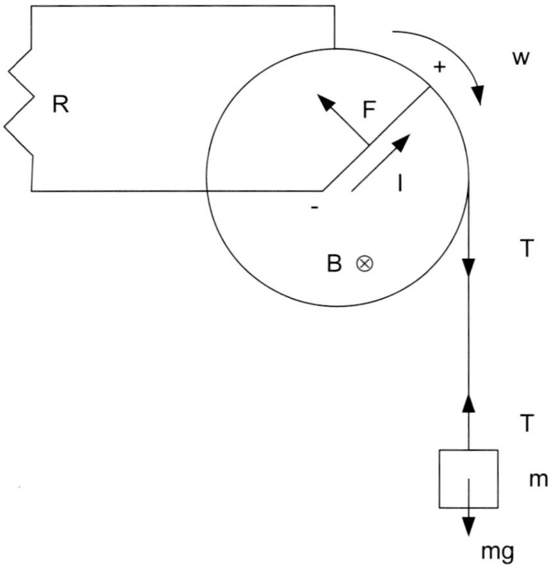

Esta expresión se deduce del siguiente modo: se toma un elemento de longitud radial $d\vec{\ell} = dr\,\vec{u_r}$.

Su velocidad es: $\vec{v} = \vec{\omega} \wedge \vec{r}$

La f.e.m. elemental inducida entre sus extremos: $d\varepsilon = \vec{B} \cdot [d\vec{\ell} \wedge \vec{v}]$

Como $d\vec{\ell} \wedge \vec{v} = dr\,\vec{u_r} \wedge [\vec{\omega} \wedge \vec{r}] = \omega\, r\, dr\, \vec{u}$.

Siendo, $\vec{u} = \frac{\vec{\omega}}{\omega}$, el versor en el sentido de la velocidad angular.

Si el campo magnético es normal al plano del disco y del mismo sentido que el vector velocidad angular, entonces, $\vec{B} = B\vec{u}$

Resulta la f.e.m. inducida elemental, $d\varepsilon = B\vec{u} \cdot \omega\, r\, dr\, \vec{u} = B\, \omega\, r\, dr$

El elemento de longitud mencionado equivale a un generador elemental de f.e.m. inducida elemental, que tiende a hacer circular la corriente desde el centro O hacia la periferia. Comprobación: Como el campo eléctrico inducido es,

$$\vec{E} = [\vec{v} \wedge \vec{B}] = vB\vec{u_r} = \omega r B\vec{u_r} = \omega B\vec{r}$$

Entonces, el vector campo va dirigido desde el centro a la periferia del disco.

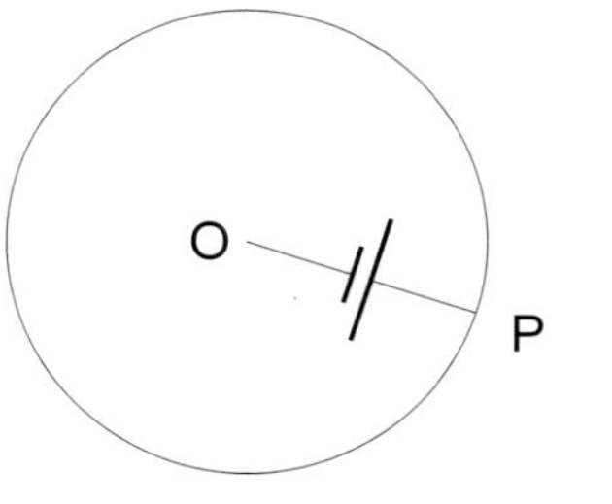

Integrando todos los elementos de corriente, $\varepsilon = V_P - V_o = B\omega\int_0^R r\,dr = \frac{1}{2}B\omega R^2$

Y de esta expresión se deduce que el potencial de la periferia del disco es mayor que en el centro. Considerando distintos radios, cada uno de ellos equivale a un generador de f.e.m. ε en paralelo con los demás, por lo que la d.d.p. entre el centro y la periferia es la calculada en este párrafo.

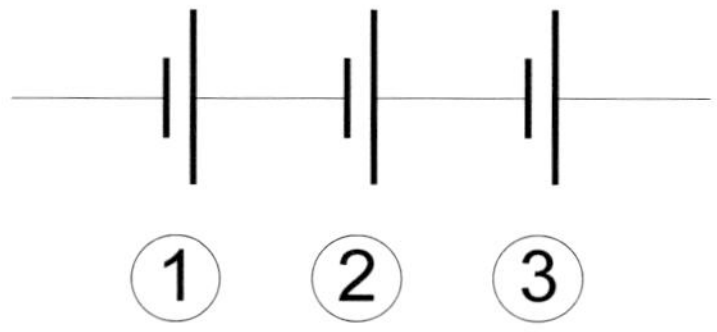

Si el campo magnético tiene sentido opuesto al vector velocidad angular, $\vec{B} = B(-\vec{u})$ y entonces, $d\varepsilon = B(-\vec{u})\, \omega\, r\, dr \cdot \vec{u} = -B\, \omega\, r\, dr$

Y el elemento $d\vec{\ell}$ equivale a un generador elemental de f.e.m., $d\varepsilon = -B\, \omega\, r\, dr$ que tiende a hacer circular la corriente desde la periferia hacia el centro O. Integrando,

$$\varepsilon = V_P - V_o = -B\omega\int_0^R r\,dr = -\frac{1}{2}B\omega R^2 < 0$$

quiere decir, $V_O > V_P$, estando a mayor potencial el centro que la periferia.

Como entre el centro y la periferia están unidos por un circuito de resistencia eléctrica R, circulará una intensidad de corriente eléctrica de valor $I = \frac{\varepsilon}{R} = \frac{B\omega r^2}{2R}$. La presencia de la corriente eléctrica en el interior del campo magnético produce una fuerza F, que se opone al movimiento, tal como se indica en la figura, de valor: $F = I r B = \frac{B^2 r^3 \omega}{2R}$ y situada en la mitad del radio del disco. Ésta se deduce a partir de la ecuación,

$\vec{F} = I\,[\vec{L} \wedge \vec{B}] = I\,[\vec{r} \wedge \vec{B}]$

Teniendo en cuenta que los vectores campo magnético y posición radial son perpendiculares.

El siguiente paso es el planteamiento de las ecuaciones de traslación y rotación del sistema.

Para la masa m tendremos:

$$\Sigma F = m a \Rightarrow mg - T = m \alpha r \quad \Longrightarrow \quad T = mg - m\frac{d\omega}{dt} r$$

Mientras que para el disco tendremos:

$$\Sigma M_0 = J \alpha \Rightarrow T r - F\frac{r}{2} = \frac{1}{2} M r^2 \frac{dw}{dt}$$

Sustituyendo el valor de la tensión del hilo T en la ecuación del giro del disco se llega a la ecuación diferencial del movimiento del disco:

$$\left[mg - m\frac{d\omega}{dt} r\right] r - \frac{B^2 r^3 \omega}{2R}\frac{r}{2} = \frac{1}{2} M r^2 \frac{d\omega}{dt}$$

2º.- Velocidad angular del disco en función del tiempo

Desarrollando la ecuación diferencial anterior y separando variables:

$$\left[m r^2 + \frac{1}{2} M r^2\right]\frac{d\omega}{dt} = -\frac{B^2 r^4}{4R}\omega + m g r$$

y haciendo $\left[m r^2 + \frac{1}{2} M r^2\right] = C_1$; $\frac{B^2 r^4}{4R} = C_2$ y $m g r = C_3$

se obtiene: $\frac{d\omega}{dt} = \frac{C_3}{C_1} - \frac{C_2}{C_1}\omega$ que separando variables e integrando desde el instante inicial (t=0) sin velocidad, hasta un instante t con velocidad ω: $\omega = \frac{4mgR}{B^2 r^3}\left[1 - e^{\frac{-B^2 r^2}{4R(m+\frac{M}{2})}t}\right]$

3º.- F.e.m. inducida en función del tiempo

Como la f.e.m. está determinada por la expresión $\varepsilon'=\frac{1}{2}B\omega r^2$, sustituyendo la expresión de la velocidad angular es: $\varepsilon'=\frac{2mgR}{Br}\left[1-e^{\frac{-B^2r^2}{4R(m+\frac{M}{2})}t}\right]$

4º.- Valor límite de la velocidad angular

Particularizando en la expresión de la velocidad angular para un tiempo que tiende a infinito, su valor límite es: $\omega=\frac{4mgR}{B^2r^3}\left[1-e^{-\infty}\right]$ por tanto: $\omega=\frac{4mgR}{B^2r^3}$

PROBLEMA 7.5

Dos espiras circulares ❶ y ❷ de igual radio R y centros respectivos O_1 (0, 0, 0) y O_2 (0, d, 0), están situadas en planos paralelos, siendo d >> R; (R= 1 cm; d= 1 m) y tienen el eje común. Desde cualquier punto del segmento O_1O_2, se observa que la espira ❶ está recorrida por una corriente constante I en sentido antihorario y la espira ❷ recorrida por una corriente constante I en sentido horario. Determinar:

1º. Coeficiente de autoinducción de cada espira.

2º. Coeficiente de inducción mutua entre las espiras.

3º. Coeficiente de acoplamiento entre las espiras.

Por una de las espiras circula una intensidad I= 2 A, que es 0 transcurrido un segundo. 4º. F.e.m. inducida en la otra espira.

A continuación, desplazamos una de las espiras con velocidad constante v en dirección hacia la otra, que está fija y por la que circula una intensidad constante de 2 A. Hallar: 5º. F.e.m. inducida en la espira que se mueve.

Supongamos que las espiras están fijas y circulando por ambas espiras ❶ y ❷, las corrientes constantes de 2 A y 3 A, respectivamente. Calcular:

6º. Energía magnética en los circuitos acoplados.

Ahora por la espira ❷ no circula corriente. La espira ❶ sufre una reducción de 0,5 de su tamaño manteniendo la forma circular hasta un radio R' cm, y la corriente de 2A. Se supone que la resistencia de la espira ❶ es $R_1 = 2\ \Omega$. Obtener:

7º. Energía aportada por el generador (trabajo eléctrico realizado) en contra de las f.e.m. inducidas. (Despreciando la inducción mutua).

SOLUCIÓN

NOTA INICIAL

Recordemos en primer lugar que el campo magnético generado por una espira circular de radio "R" en un punto P de su eje de simetría, que dista "y" de su centro, es:

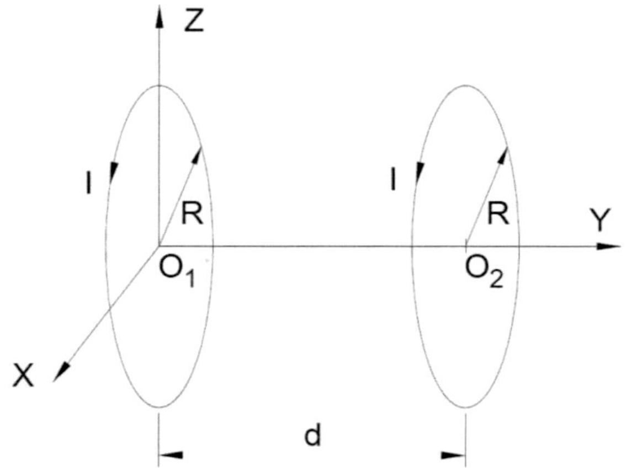

$$B = \frac{\mu_0 I}{2} \frac{R^2}{[R^2 + y^2]^{\frac{3}{2}}}$$

En el caso de que el punto P, sea el centro de la propia espira, el campo magnético en el citado punto P vale: $B = \frac{\mu_0 I}{2R}$.

Para puntos P, en el eje de simetría de la espira, en donde se cumple "y >> R", el campo magnético se expresa:

$$B = \frac{\mu_0 I}{2} \frac{R^2}{[R^2 + y^2]^{\frac{3}{2}}} \approx \frac{\mu_0 I}{2} \frac{R^2}{y^3}$$

1º. Coeficiente de autoinducción de cada espira

El coeficiente de autoinducción se define como la relación entre el flujo magnético y la intensidad de corriente eléctrica que lo ha generado.

De acuerdo a nuestras condiciones: $L = \frac{\phi}{I} = \frac{\vec{B} \cdot \vec{S}}{I} = \frac{\frac{\mu_0 I}{2R} \pi R^2}{I} = \frac{\mu_0 \pi R}{2}$

El coeficiente de autoinducción $L = 1{,}9739 \cdot 10^{-8}$ H y es el mismo para ambas espiras.

2º. Coeficiente de inducción mutua M entre las espiras

El coeficiente de inducción mutua M se define como la relación entre el flujo magnético que atraviesa un circuito y la intensidad de corriente eléctrica de otro circuito que lo ha generado.

De acuerdo a las condiciones: $M = \frac{\phi}{I} = \frac{\vec{B} \cdot \vec{S}}{I} = \frac{\frac{\mu_0 I R^2}{2d^3} \pi R^2}{I} = \frac{\mu_0 \pi R^4}{2d^3}$

El cual da un valor de $M = 1{,}9739 \cdot 10^{-14}$ H

3º. Coeficiente de acoplamiento entre las espiras

El coeficiente de acoplamiento entre ambas espiras se define como: $K = \frac{M}{\sqrt{L_1 L_2}}$

Por tanto, en este caso valdrá: $K = \frac{\frac{\mu_0 \pi R^4}{2d^3}}{\sqrt{\left[\frac{\mu_0 \pi R}{2}\right]^2}} = \left[\frac{R}{d}\right]^3$

Y según la aplicación numérica del problema se tiene, $K = 10^{-6}$.

4º. F.e.m. inducida en la otra espira

Al tratarse de f.e.m. inducida en un circuito debido a las variaciones de la intensidad de corriente eléctrica en el otro utilizaremos el coeficiente de inducción mutua, en donde

$$\varepsilon' = -\frac{d\phi}{dt} = -\frac{d(I\,M)}{dt}$$

En este caso la variable es la intensidad de corriente, mientras que el coeficiente de inducción mutua permanece constante. Aplicando la ecuación anterior:

$$\varepsilon' = -\frac{d\phi}{dt} = -M\,\frac{dI}{dt} = -M(-2) = \frac{\mu_0 \pi R^4}{d^3}$$

Resulta un valor de f.e.m. inducida: $\varepsilon' = 3{,}9478 \cdot 10^{-14}$ V

5°. F.e.m. inducida en la espira que se mueve

En este caso el coeficiente de inducción mutua es variable, mientras que la intensidad de corriente permanece constante. Entonces, aplicando de nuevo la ecuación del apartado anterior: $\varepsilon' = -\frac{d\phi}{dt} = -I\frac{dM}{dt} = -\frac{\mu_0 \pi R^4}{2} I \frac{d[\frac{1}{y^3}]}{dt}$

Se ha sustituido en el coeficiente de inducción mutua M la distancia fija "d" por una distancia variable "y", función del movimiento, al ser esta distancia la única variable, y como $\frac{dy}{dt} = v$, según la ley de Faraday-Henry la f.e.m. inducida valdrá:

$$\varepsilon' = -\frac{d\phi}{dt} = -\frac{\mu_0 \pi a^4}{2} I[\frac{-3}{y^4}]\frac{dy}{dt} = \frac{3\,\mu_0 \pi R^4}{2} I \frac{v}{y^4} = \frac{3\,\mu_0 \pi R^4}{y^4} v$$

6°. Energía magnética en los circuitos acoplados

La energía magnética, de los dos circuitos con acoplamiento magnético está dada por la expresión: $W_{MAG} = \frac{1}{2}\sum_{i=1}^{n}\sum_{j=1}^{n} M_{ij}\, I_i I_j$ que aplicada a nuestro caso resulta:

$$W_{MAG} = \frac{1}{2} L_1 I_1^2 + M I_1 I_2 + \frac{1}{2} L_2 I_2^2 = 1{,}283 \cdot 10^{-7}\,\text{J}$$

7°. Energía aportada por el generador (trabajo eléctrico realizado) en contra de las f.e.m. inducidas

La energía aportada por el generador se emplea en almacenar energía magnética en la autoinducción (en este caso, el propio circuito, o la espira) y en la disipación energética por efecto Joule:

$d\,W_{GEN} = I\,d\,\Phi + I^2 R dt$; hemos de evaluar el diferencial de flujo magnético.

$$\left.\begin{array}{l} d\,\Phi = d\,[\vec{B} \cdot \vec{S}] = d\vec{B} \cdot \vec{S} + \vec{B} \cdot d\vec{S} \\ B = \frac{\mu_0 I}{2r} \Rightarrow dB = \frac{\mu_0 I}{2}[-\frac{1}{r^2}]dr \\ S = \pi r^2 \Rightarrow dS = 2\,\pi\, r\, dr \end{array}\right\} d\,\Phi = \frac{\mu_0 I}{2}[-\frac{1}{r^2}]dr\ \pi r^2 + \frac{\mu_0 I}{2r}\, 2\pi\, r\, dr = \frac{\mu_0 I}{2}\,\pi\, dr$$

La energía aportada por el generador resulta: $d\ W_{GEN} = \frac{\mu_0 I^2}{2}\ \pi\ dr + I^2 Rdt$.

Sustituyendo valores, donde: $d\ r = r_2 - r_1 = 1,5$ cm – 1 cm = $0,5 \cdot 10^{-2}$ m.

$$d\ W_{GEN} = \frac{4\pi \cdot 10^{-7} \cdot 2^2}{2}\ \pi\ 0,5 \cdot 10^{-2} + 2^2 \cdot 2 \cdot 1 = 39,478 \cdot 10^{-9} + 8 \cong 8\ \text{J}$$

Es decir, prácticamente toda la energía que aporta el generador es la disipada en la resistencia por el efecto Joule.

PROBLEMA 7.6

En el circuito de la figura, la resistencia eléctrica es despreciable. La barra conductora MN puede deslizarse sin rozamiento manteniéndose paralela a sí misma. Sobre todo, el circuito actúa un campo magnético B perpendicular a su plano, constante y en sentido saliente.

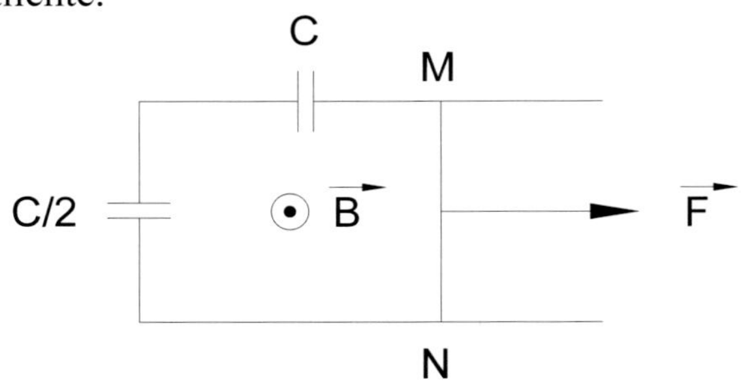

Inicialmente la barra MN de masa "m", de longitud "ℓ" está en reposo y se pone en movimiento por la acción de una fuerza F horizontal, constante y aplicada en el c. d. m. de la barra. Se pide hallar al cabo de un tiempo t_0:

1°. Velocidad v_0 de la barra.

2°. La intensidad de la corriente en el circuito indicando su sentido.

3°. Diferencia de potencial y la carga en cada uno de los dos condensadores.

4°. Energía exterior utilizada.

5°. Balance energético, indicando en qué se ha utilizado la energía exterior.

SOLUCIÓN

1°.- Velocidad v_0 de la barra.

Debido al movimiento de la barra MN el flujo magnético a través del circuito varía, incrementándose al aumentar la superficie. Por ello se inducirá una f.e.m. $\varepsilon' = B\,\ell\,v$ que provocará que los condensadores se carguen con la misma carga, ya que están en serie, pero con diferente diferencial de potencial, ya que sus capacidades son diferentes.

$\left.\begin{array}{l} Q = C\,V_1 \\ Q = \dfrac{C}{2}V_2 \end{array}\right\}$ es decir $V_2 = 2\,V_1$. Como la f.e.m. inducida tiene que ser igual a la suma de las diferencias de potencial entre ambos condensadores $V_1 + V_2 = \varepsilon'$. Entre estas dos últimas ecuaciones y conociendo el valor de la f.e.m. inducida se obtienen los valores de $V_1 = \dfrac{B\,\ell\,v}{3}$ y $V_2 = \dfrac{2\,B\,\ell\,v}{3}$. Esto permitirá determinar la carga de los condensadores $Q = \dfrac{C\,B\,\ell\,v}{3}$. Para adquirir esta carga, ha circulado una corriente eléctrica de valor

$$I = \frac{dQ}{dt} = \frac{C\,B\,\ell}{3}\frac{dv}{dt}$$

Como consecuencia de la circulación de esta intensidad de corriente por el conductor MN en presencia del campo magnético B, aparecerá una fuerza de origen electromagnético de valor: $\vec{F}_m = I[\overrightarrow{MN} \wedge \vec{B}] = I[-\ell\,\vec{j} \wedge B\,\vec{k}] = -I\ell B\,\vec{i} = -\dfrac{C B^2 \ell^2}{3}\dfrac{dv}{dt}\,\vec{i}$

Aplicando la segunda Ley de Newton: $F - F_m = m\,a$ nos quedará:

$F + \dfrac{C B^2 \ell^2}{3}\dfrac{dv}{dt} = m\dfrac{dv}{dt}$, operando la ecuación diferencial, es: $\dfrac{dv}{dt} = \dfrac{3F}{3m + C B^2 \ell^2}$

Al ser esta última expresión constante, el movimiento de la barra MN será rectilíneo y acelerado, con lo que la velocidad v_0 al cabo de un tiempo t_0 será:

$$v_0 = a\,t_0 = \frac{3F\,t_0}{3m + C B^2 \ell^2}$$

2º. Intensidad de la corriente en el circuito indicando su sentido

La intensidad de corriente eléctrica la hemos determinado anteriormente

$I = \dfrac{dQ}{dt} = \dfrac{C B \ell}{3}\dfrac{dv}{dt}$ con lo que sustituyendo $\dfrac{dv}{dt} = \dfrac{3F}{3m + C B^2 \ell^2}$, resultando:

$$I = \frac{C B \ell F}{3m + C B^2 \ell^2}$$

Siendo la circulación de la corriente en sentido horario, pues se opone al aumento de flujo magnético saliente al desplazarse la barra MN.

3º. Diferencia de potencial y la carga en cada uno de los dos condensadores

La diferencia de potencial en cada condensador la hemos determinado anteriormente; $V_1 = \dfrac{B\ell v}{3}$ y $V_2 = \dfrac{2B\ell v}{3}$ con lo que sustituyendo la velocidad para el instante t_0:

$$V_1 = \frac{B\ell F t_0}{3m + C B^2 \ell^2} \quad y \quad V_2 = \frac{2B\ell F t_0}{3m + C B^2 \ell^2}$$

Por otra parte la carga que adquieren los condensadores será para $v = v_0$

$$Q = \frac{C B \ell v_0}{3} = \frac{C B F t_0 \ell}{3m + C B^2 \ell^2}$$

4º. Energía exterior utilizada

La energía exterior utilizada es debida a la acción de la fuerza F, por cual, el trabajo aportado es: $W_{ext} = \int_0^{t_0} \vec{F}\cdot d\vec{x} = \int_0^{t_0} \vec{F}\cdot\vec{v}\,dt = F\int_0^{t_0} \dfrac{3Ft}{3m + C B^2 \ell^2}\,dt = \dfrac{3F^2}{3m + C B^2 \ell^2}\,\dfrac{t_0^2}{2}$

5º.- Balance energético, indicando en qué se ha utilizado la energía exterior

Como no existe rozamiento en el desplazamiento de la barra MN, todo el trabajo aportado por la fuerza exterior F, se emplea en cargar los condensadores y en aumentar la energía cinética de la barra.

En estas condiciones, y partiendo la barra del reposo, la energía cinética al cabo del tiempo t_0 será: $E_c = \frac{1}{2} m v_0^2 = \frac{9 m F^2 t_0^2}{2\,[3m + CB^2 \ell^2]^2}$

Mientras que la energía electrostática almacenada en los condensadores vale:

$$E_{elec} = \frac{1}{2} C_1 V_1^2 + \frac{1}{2} C_2 V_2^2 = \frac{1}{2} C \left[\frac{B \ell F t_0}{3m + CB^2 \ell^2} \right]^2 + \frac{1}{2} \frac{C}{2} \left[\frac{2 B \ell F t_0}{3m + CB^2 \ell^2} \right]^2 = \frac{3C[B \ell F t_0]^2}{2\,[3m + CB^2 \ell^2]^2}$$

Sumando ambas energías:

$$E_{total} = \frac{9 m F^2 t_0^2}{2\,[3m + CB^2 \ell^2]^2} + \frac{3C(B \ell F t_0)^2}{2\,[3m + CB^2 \ell^2]^2} = \frac{3F^2}{3m + CB^2 \ell^2} \frac{t_0^2}{2} = W_{ext}$$

PROBLEMA 7.7

I) Una bobina tiene una resistencia R=100 Ω y una autoinducción L=10 H, conectadas en serie; se conectan a una batería de corriente eléctrica que produce una diferencia de potencial entre sus bornes de ε=10V. Se pide calcular:

1º. Intensidad final de la corriente.

2º. Tiempo que ha de transcurrir para que la corriente sea la mitad del valor anterior.

3º. Variación temporal inicial de la corriente.

4º. Variación temporal de la corriente en el tiempo calculado en el 2º apartado.

5º. Tiempo para que la intensidad difiera en una milésima del valor final.

6º. Potencia magnética almacenada en la autoinducción en función del tiempo.

Ahora se sustituye la autoinducción dada inicialmente por un condensador de capacidad C=1 mF inicialmente descargado y se supone que el generador ε=10V tiene una resistencia interna r =1 Ω . Determinar:

7º. Circuito serie R-C con batería. A). Ley de variación de la carga del condensador. B). Diferencia de potencial entre los bornes del condensador en función del tiempo. C). Ley de variación de la intensidad del condensador en función del tiempo.

Finalmente se dispone de un circuito serie R-C-L con batería, R=100 Ω, L=10 H, y un condensador C=10 mF inicialmente descargado, conectados a una batería de corriente eléctrica que produce una diferencia de potencial entre sus bornes de ε=10 V. Hallar:

8º. Carga del condensador en el nuevo circuito.

II) Se dispone de tres bobinas ideales L= 10 H sin acoplamiento. Obtener para:

9º. Conexión en serie la inducción de la bobina resultante.

10º. Conexión en paralelo la inducción de la bobina resultante.

SOLUCIÓN

I) Bobina real

1º. Intensidad final de corriente

La ecuación diferencial correspondiente al circuito serie es: $\varepsilon - L\dfrac{dI}{dt} = R\,I$.

Su solución es: $$I = \frac{\varepsilon}{R}\left[1 - e^{-\frac{R}{L}t}\right] \qquad [1]$$

Haciendo en la ecuación anterior t = ∞, la intensidad final resulta: $I_\infty = \dfrac{\varepsilon}{R} = \dfrac{10}{100} = 0{,}1\ \text{A}$

2º. Tiempo para que la corriente alcance el valor $\frac{I_\infty}{2}$

Partiendo de la ecuación [1]:

$$I=\frac{I_\infty}{2}=I_\infty\left[1-e^{-\frac{R}{L}t_1}\right] \Rightarrow \frac{1}{2}=1-e^{-\frac{R}{L}t_1} \Rightarrow e^{-\frac{R}{L}t_1}=\frac{1}{2};\ \frac{R}{L}t_1=\ln 2;\ t_1=\frac{L}{R}\ln 2=\frac{10}{100}0,693\text{ s}$$

El tiempo que ha de transcurrir para que la intensidad alcance 0,05 A es: t_1= 0,0693 s.

3º. Variación temporal inicial de la corriente (t = 0)

Derivando en [1]: $\frac{dI}{dt}=\frac{\varepsilon}{R}\frac{R}{L}e^{-\frac{R}{L}t}=\frac{\varepsilon}{L}e^{-\frac{R}{L}t}$ [2]

Para el instante inicial, es decir t = 0 resultará: $\left[\frac{dI}{dt}\right]_{t=0}=\frac{\varepsilon}{L}=\frac{10}{10}=1\text{ A s}^{-1}$

4º. Variación temporal de la corriente para t = t₁

Partiendo de la ecuación [2] y sustituyendo valores: $\left[\frac{dI}{dt}\right]_{t=0,069}=\frac{10}{10}e^{-\frac{100}{10}0,069}=0,5\text{A s}^{-1}$

5º. Tiempo para que la intensidad difiera en una milésima del valor final

Imponiendo la condición de la intensidad en este apartado:

$$I_\infty - I = 0,001\, I_\infty \Rightarrow I = 0,999\, I_\infty$$

$$\left.\begin{aligned} &I = 0,999\, I_\infty \\ &I=\frac{\varepsilon}{R}\left[1-e^{-\frac{R}{L}t_0}\right] \\ &I_\infty=\frac{\varepsilon}{R}\end{aligned}\right\},\ \text{sustituyendo queda: } \frac{\varepsilon}{R}\left[1-e^{-\frac{R}{L}t_0}\right]=0,999\,\frac{\varepsilon}{R};\ e^{-\frac{R}{L}t_0}=10^{-3}$$

Tomando logaritmos neperianos: $\frac{R}{L}t_0=3\ln 10 \Rightarrow$ el tiempo es: $t_0 = 0,691$ s

6º. Potencia magnética almacenada en la autoinducción en función del tiempo

La potencia magnética que se almacena es la potencia eléctrica desarrollada,

$$P_{Mag}=\varepsilon' I = LI\frac{dI}{dt}=L\frac{\varepsilon}{R}\left[1-e^{-\frac{R}{L}t}\right]\frac{\varepsilon}{L}e^{-\frac{R}{L}t}=\frac{\varepsilon^2}{R}\left[1-e^{-\frac{R}{L}t}\right]e^{-\frac{R}{L}t}\quad [3]$$

Cuyo valor mínimo corresponde cuando "t = 0", y en consecuencia P_{Mag} = 0.

El valor máximo de la potencia, se averigua por el procedimiento habitual,

$$\frac{dP_{Mag}}{dt} = \frac{\varepsilon^2}{R}\left[-\frac{R}{L}e^{-\frac{R}{L}t} + \frac{2R}{L}e^{-2\frac{R}{L}t}\right] = 0 \Rightarrow \left[-1 + 2\,e^{-\frac{R}{L}t}\right]\frac{R}{L}e^{-\frac{R}{L}t} = 0$$

Y se obtiene la raíz: $t = \frac{L}{R}\ln 2 = \frac{10}{100}\ln 2 = 0{,}0693$ s, que sustituido en la ecuación [3]

resulta: $P_{Mag_{MÁXIMA}} = \frac{\varepsilon^2}{R}\left[1 - e^{-\frac{RL}{LR}\ln 2}\right]e^{\frac{RL}{LR}\ln 2} = \frac{\varepsilon^2}{R}\left[1 - e^{-\ln 2}\right]e^{\ln 2} = \frac{\varepsilon^2}{R}\left[1 - \frac{1}{2}\right]\frac{1}{2} = \frac{\varepsilon^2}{4\,R} = 0{,}25\text{W}$

La potencia magnética tiene la asíntota: $\lim\limits_{\tau\to\infty} P_{Mag} = \lim\limits_{\tau\to\infty} \frac{\varepsilon^2}{R}\left[1 - e^{-\frac{R}{L}t}\right]e^{-\frac{R}{L}t} = 0$

7º. Circuito serie R-C con batería

<u>A) Ley de variación en el tiempo de la carga del condensador</u>

En el circuito con batería (f.e.m. ε, resistencia interna r) y condensador C, sin carga inicial, al cerrar el interruptor la ley de Ohm es:

$$\varepsilon = r\,I + Q/C \Rightarrow \text{como } I = \frac{dQ}{dt} \Rightarrow \varepsilon = r\frac{dQ}{dt} + \frac{Q}{C} \Rightarrow \frac{dQ}{dt} + \frac{Q}{r\,C} = \frac{1}{r}\varepsilon$$

Condiciones de contorno: para $t = 0 \Rightarrow Q_C = Q_0 = 0$

La solución particular de la ecuación diferencial es: para $t = \infty \Rightarrow Q_p = Q_\infty = \varepsilon\,C$

Solución de la ecuación diferencial homogénea es: $\frac{dQ}{dt} + \frac{Q}{r\,C} = 0 \Rightarrow Q_h = K\,C\,e^{-\frac{t}{r\,C}}$

La solución general de la ecuación diferencial es la suma de ambas soluciones:

$$Q = Q_p + Q_h = \varepsilon\,C + K\,C\,e^{-\frac{t}{r\,C}}$$

Condiciones iniciales: en el origen del tiempo (t = 0) la Q= 0, tal condición aplicada a la solución general permite determinar el valor de la constante: $K = -Q_p = \varepsilon\,C$

La carga tiene la expresión: $Q = \varepsilon\,C\left[1 - e^{-\frac{t}{r\,C}}\right]$ [4]

Es una exponencial creciente con asíntota, $\lim\limits_{t\to\infty} Q = \lim\limits_{t\to\infty} \varepsilon\,C\left[1 - e^{-\frac{t}{r\,C}}\right] = \varepsilon\,C$

Sustituyendo valores: $\varepsilon = 10$ V $r = 1\ \Omega$ y $C = 1$ mF $\Rightarrow Q = 0{,}01\left[1 - e^{-1000\,t}\right]$ C

B) Ley de variación temporal de diferencia de potencial en bornes de condensador

A partir de la expresión antes hallada de la carga del condensador:

$$V_C = \frac{Q}{C} = \varepsilon \left[1 - e^{-\frac{t}{rC}}\right] = 10\ \left[1 - e^{-1000\,t}\right]\ V$$; en esta función: cuando $t = 0 \Rightarrow V_{C_0} = 0$

C) Ley de variación de la intensidad del condensador en función del tiempo

Derivamos la ecuación [4] respecto del tiempo,

$$I = \frac{dQ}{dt} = \frac{\varepsilon}{r}\ e^{-\frac{t}{rC}} = 10\ e^{-100\,t}\ A$$ expresión que es exponencial decreciente.

Además, cuando $t = 0 \Rightarrow I_0 = \frac{\varepsilon}{r} = 10\ A$

La intensidad tiende a cero cuando el condensador se carga, $\lim\limits_{t\to\infty} I = \lim\limits_{t\to\infty} 10\ e^{-1000\,t} = 0$

8º. Carga de un condensador en circuito serie R-L-C con batería

El condensador de capacidad C está descargado inicialmente, y es sometido a una diferencia de potencial ε=10 V, en un circuito serie con R=100 Ω, y L=10 H, en donde el interruptor se cierra en el instante t = 0.

Al cerrar el interruptor la ecuación del circuito deducida a partir de la ley de Ohm es:

$$\varepsilon = RI + L\frac{dI}{dt} + \frac{Q}{C}R.\quad \text{Como}\ I = \frac{dQ}{dt} \quad \Rightarrow \quad L\frac{d^2Q}{dt^2} + R\frac{dQ}{dt} + \frac{Q}{C} = \varepsilon$$

Ecuación diferencial de segundo orden en Q, no homogénea y con coeficientes constantes, cuya ecuación característica es: $Lx^2 + Rx + \frac{1}{C} = 0$.

La solución de la ecuación diferencial se obtiene como la suma de los términos:

$$Q_{\text{GENERAL DE COMPLETA}} = Q_{\text{PARTICULAR DE COMPLETA}} + Q_{\text{GENERAL DE HOMOGÉNEA}}$$

Solución particular de la ecuación completa

Así para Q = cte, resulta la solución particular: $Q_P = \varepsilon\ C$

Solución general de la ecuación homogénea

Las diferentes soluciones de la ecuación homogénea se plantearán, en cada caso, según la resolución de la ecuación característica.

1ER CASO. $R^2 - 4\frac{L}{C} > 0$. **Capacidad del condensador: C=10 mF**

La ecuación característica tiene dos soluciones reales:

$$\alpha = \frac{-R + [R^2 - 4L/C]^{1/2}}{2\ L} = -1{,}13; \quad \beta = \frac{-R - [R^2 - 4L/C]^{1/2}}{2\ L} = -8{,}87$$

La solución de la homogénea es del tipo: $Q_h = A\,e^{\alpha t} + B\,e^{\beta t}$, siendo A=cte y B=cte

La solución completa de la carga del condensador resulta: $Q = \varepsilon C + A\ e^{\alpha t} + B\ e^{\beta t}$

Las constantes de integración A y B, se hallan mediante las condiciones de contorno: para t =0 $\Rightarrow$ I_0 =0 y Q_0 =0.

$$\left.\begin{aligned} t = 0 &\Rightarrow Q = 0 = \varepsilon\ C\ + A + B \\ t = 0 &\Rightarrow I = \frac{dQ}{dt} = 0 = \alpha A + \beta B \end{aligned}\right\} B = \varepsilon C\frac{\alpha}{\beta - \alpha};\ A = -\varepsilon C\frac{\beta}{\beta - \alpha}$$

Entonces la expresión de la carga del condensador anterior se transforma en:

$$Q = \varepsilon\ C\left[1 - \frac{\beta}{\beta - \alpha}e^{\alpha t} + \frac{\alpha}{\beta - \alpha}e^{\beta t}\right] = 0{,}1\left[1 - 1{,}146\ e^{-1{,}13\ t} + 0{,}146\ e^{-8{,}87\ t}\right]$$

Intensidad del circuito determinada a partir de la carga antes hallada:

$$I = \frac{dQ}{dt} = \varepsilon\ C\frac{\alpha\beta}{\beta - \alpha}[e^{\alpha t} - e^{\beta t}] = -0{,}1295\ [e^{-1{,}13t} - e^{-8{,}87t}]$$

El condensador se carga de forma amortiguada aperiódica sin oscilaciones, la intensidad de cierre es amortiguada y aperiódica siempre tiene el mismo sentido.

2DO CASO. $R^2 - 4\dfrac{L}{C} < 0$. **Capacidad del condensador: C=1 mF**

La ecuación característica tiene dos raíces complejas conjugadas de la forma:

$x_1 = -\lambda - j\omega$; $x_2 = -\lambda + j\omega$. Siendo: $\lambda = \dfrac{R}{2\ L} = 5;\ \ \omega = \dfrac{[4L/C - R^2]^{1/2}}{2\ L} = \sqrt{\dfrac{1}{LC} - \dfrac{R^2}{4L^2}} = 8{,}66$

La solución completa de la carga del condensador es una ecuación del tipo:

$Q = \varepsilon\ C + A_1 e^{[-\lambda - j\omega]t} + A_2 e^{[-\lambda + j\omega]t}$, A_1=cte y A_2=cte, equivale a $Q = \varepsilon\ C + Ae^{-\lambda t}\ \cos[\omega t - \varphi]$

La intensidad: $I = \dfrac{dQ}{dt} = -Ae^{-\lambda\ t}\left[\lambda\ \cos\ [\omega t - \varphi] + \omega\ \mathrm{sen}\ [\omega t - \varphi]\right]$

Las constantes de integración A y φ, se determinan mediante las condiciones de contorno: para t =0 $\Rightarrow$ I_0 =0 y Q_0 =0.

$$\left.\begin{aligned} t = 0 &\Rightarrow\ Q = 0 = \varepsilon\ C\ + A\cos\varphi \\ t = 0 &\Rightarrow I = 0 = \lambda\ \cos\varphi - \omega\ \mathrm{sen}\varphi \end{aligned}\right\} A = \frac{-\,C\varepsilon}{\mathrm{sen}\varphi} = -\,0{,}01154;\ \tan\varphi = \frac{\lambda}{\omega} = 0{,}577 \Rightarrow \varphi = 0{,}523\ \mathrm{rad}$$

Sustituyendo los valores hallados de las constantes:

La carga del condensador es: $Q = 0,01 - 0,01154e^{-5t}\cos[8,66\,t - 0,523]$

Es una ecuación amortiguada periódica senoidal de pulsación ω =8,66 rad s^{-1}.

La intensidad: $I = \dfrac{dQ}{dt} = 0,1154\,e^{-5\,t}\left[5\cos[8,66\,t - 0,523] - 8,66\,\text{sen}[8,66\,t - 0,523]\right]$

Ecuación amortiguada periódica senoidal de pulsación ω, cuya amplitud decrece de forma exponencial, de tal forma que el amortiguamiento es tanto más rápido cuanto mayor sea el valor de λ.

3ER CASO. R= 0. Capacidad del condensador: C= 1 mF

Entonces, utilizando los resultados del caso anterior, resulta que: $\lambda = \varphi = 0$.

Carga del condensador: $Q = \varepsilon\,C\,[1 - \cos\omega\,t] \Rightarrow Q = 0{,}01[1 - \cos 8{,}66\,t]$

La intensidad: $I = \dfrac{dQ}{dt} = \varepsilon\,C\,\omega\,\text{sen}\,\omega\,t \Rightarrow$ I= 0,0866 sen 8,66 t

En este caso el régimen del circuito es oscilatorio senoidal no amortiguado con

periodo: $T = \dfrac{2\pi}{\omega} = 2\pi\sqrt{LC} = 2\pi\sqrt{10 \cdot 10^{-3}} = 0,628$ s.

II) Se dispone de tres bobinas ideales L= 10 H sin acoplamiento

La asociación equivalente de varias autoinducciones, sin acoplamiento magnético, conectadas en serie o paralelo se obtienen mediante las siguientes expresiones:

AUTOINDUCCIONES CONECTADAS A FEM ε	EQUIVALENCIA	LEY DE OHM	INTENSIDAD	CAÍDA DE POTENCIAL
EN SERIE Intensidad común: I	$L_S = \Sigma L_i$	$\varepsilon = \Sigma V_i = L_S \dfrac{dI}{dt}$	$\dfrac{dI}{dt} = \dfrac{V_i}{L_i} = \dfrac{\varepsilon}{L_S}$	$V_i = \dfrac{L_i}{L_S}\varepsilon = L_i \dfrac{dI}{dt}$
EN PARALELO Potencial común: ε= V	$L_P = \dfrac{1}{\Sigma\left[\dfrac{1}{L_i}\right]}$	$\dfrac{dI}{dt} = \Sigma \dfrac{dI_i}{dt} = \dfrac{\varepsilon}{L_P}$	$\dfrac{dI_i}{dt} = \dfrac{\varepsilon}{L_i} = \dfrac{L_P}{L_i}\dfrac{dI}{dt}$	$\varepsilon = V = L_i \dfrac{dI_i}{dt} = L_P \dfrac{dI}{dt}$

9º. Conexión en serie. Inducción de la bobina resultante

$L_S = \Sigma L_i$ por tanto L_S= 3x10 H = 30 H.

10º. Conexión en paralelo. Inducción de la bobina resultante

La expresión de la autoinducción de la bobina resultante es:

$$L_P = \frac{1}{\Sigma\left[\dfrac{1}{L_i}\right]} = \frac{1}{\left[\dfrac{3}{10}\right]} = \frac{10}{3}\ \text{H}$$

PROBLEMA 7.8

Sea un generador de corriente alterna formado por una espira circular conductora, de radio (r = 10 cm), que gira alrededor del eje OX con una velocidad angular $\vec{\omega} = 444\vec{i}\ \text{rad}\cdot\text{s}^{-1}$, estando inmersa en un campo magnético uniforme $\vec{B} = 1{,}5\,\vec{j}\ \text{T}$. Se desprecia la resistencia, capacidad y autoinducción de la espira.

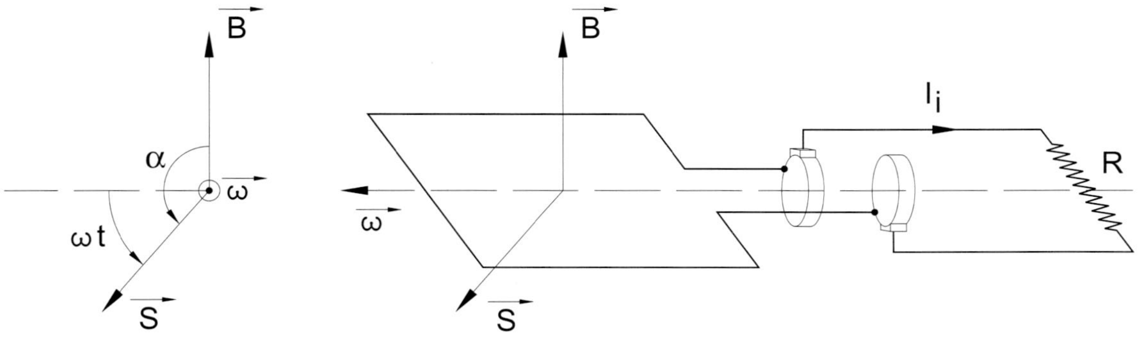

La fuerza electromotriz generada es armónica,

$$\text{Flujo magnético: } \Phi = \vec{B}\cdot\vec{S} = B\ S\ \cos\alpha = BS\ \cos\left[\omega t + \frac{\pi}{2}\right] = -B\ S\ \text{sen}\ \omega t$$

$$\text{Valor instantáneo de la f.e.m. alterna}: E_i = -\frac{d\Phi}{dt} = BS\omega\ \cos\omega t = E_0\ \cos\omega t$$

Comprobad que en cada media vuelta de la espira se induce una corriente en sentido contrario, es decir, corriente alterna. Si en las anillas conductoras de la figura, se colocasen dos trozos de material aislante en los puntos diametralmente opuestos a los puntos de sujeción del circuito, se induciría una corriente en un solo sentido en cada media vuelta de la espira. En definitiva, corriente continua.

Si ese generador se une eléctricamente a los puntos A y B de la siguiente asociación en paralelo:

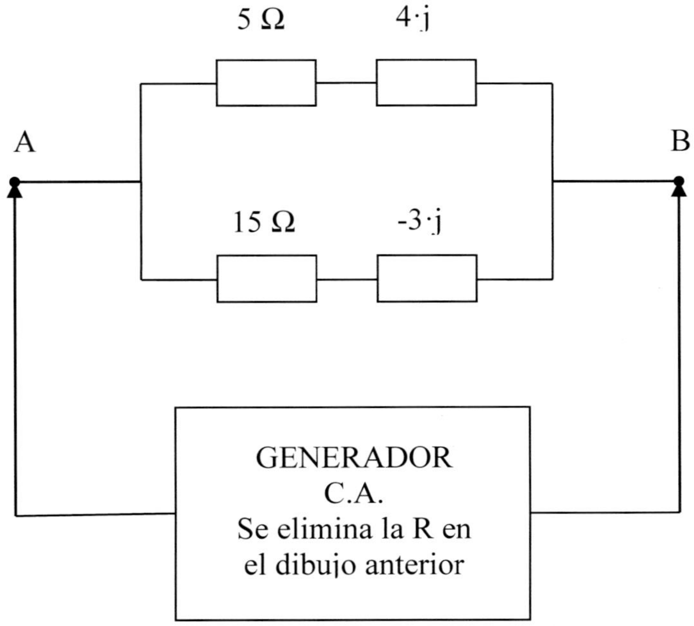

Determinar:

1º. Las intensidades en cada rama de la asociación.

2º. Las caídas de tensión en cada elemento del circuito.

3º. La caída de tensión U_{AB} sólo a partir los resultados del apartado 2º.

4º. La disipación de energía, (localización y valor).

5º. Balance energético.

6º. Valor de la Inducción y la Capacidad en las reactancias inductiva y capacitiva.

Ahora, entre los terminales A y B se conecta el primario de un transformador ideal de relación de transformación "n = 10". En el secundario existe una resistencia de 7 Ω.

Determinar:

7º. La tensión a la salida del secundario.

SOLUCIÓN

1º. Las intensidades en cada rama de la asociación

Tensión eficaz: $E_{ef} = \frac{\omega BS}{\sqrt{2}} = 14{,}7948\ \text{V}$

El valor eficaz de E es el registrado por los aparatos de medida. Su definición y relación con el valor máximo es: $E = \sqrt{\frac{1}{T}\int_0^T E_i^2 dt} = \sqrt{\frac{1}{T}\int_0^T E_0^2 \cos^2 \omega t\ dt} = \frac{E_0}{\sqrt{2}} = \frac{\sqrt{2}}{2} E_0$

Los elementos del circuito L y C producen desfases entre la tensión y la intensidad. La autoinducción pura retrasa la intensidad 90º respecto a la tensión. El condensador la adelanta 90º. Las resistencias no producen desfase.

Los desfases se pueden visualizar en un osciloscopio, pero el tratamiento numérico requiere la utilización del plano complejo. Las tensiones (E) e intensidades (J) se representan mediante fasores.

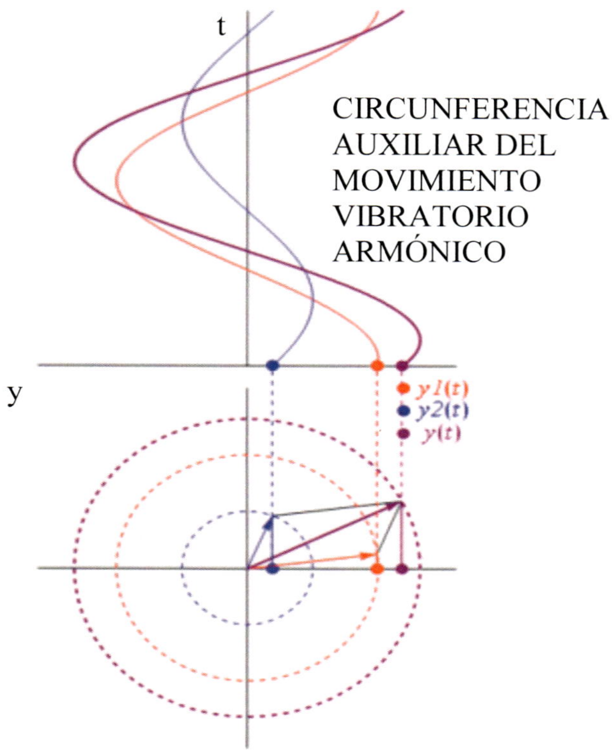

Las posiciones en el plano complejo se pueden determinar de diversas formas:

- Binómica: $a + bj$
- Módulo-argumento: $\sqrt{a^2 + b^2}$; $\text{arc tag } \frac{b}{a}$
- Exponencial: $\text{Re}\{me^{j\omega t}\} \Longrightarrow m\cos(\omega t)$

<u>Diagrama de impedancia</u>:

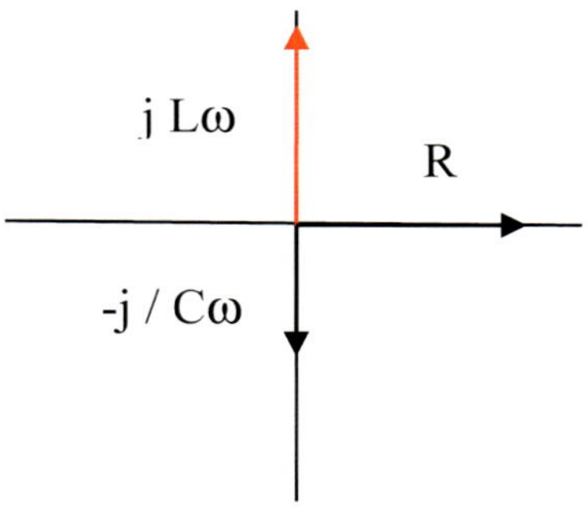

La ecuación de la impedancia es,

$$Z = R + j\left[L\omega - \frac{1}{C\omega}\right] = R + jX \rightarrow X \text{ es la reactancia}$$

En este caso conocemos los valores de las reactancias inductiva y capacitiva (4j y -3j), respectivamente. Así pues, las impedancias en cada rama de la asociación serán,

$$Z_1 = 5 + 4j\ Z \quad ; \ Z_2 = 15 - 3j \quad Z$$

La impedancia total de una asociación en paralelo es,

$$\frac{1}{Z_T} = \frac{1}{Z_1} + \frac{1}{Z_2}\ ;\ Z_T = \frac{1785+813\,j}{401} = 4{,}4513 + 2{,}0274\,j\ Z\ ;\ Z_T = 4{,}8912\ \llcorner 24{,}4874^{\circ}\ Z$$

El desfase entre tensión e intensidad es, $\theta = \tan^{-1}\left(\frac{2{,}0274}{4{,}4513}\right) = 24{,}4874$

Se aplica la ecuación de la ley de Ohm teniendo en cuenta que las magnitudes son vectores. Por convenio, la tensión eficaz se sitúa en el eje real del plano complejo.

$$J_T = \frac{E_{ef}}{Z_T} = \frac{14{,}7948 + 0\,j}{4{,}4513 + 2{,}0274\,j} = 2{,}7526 - 1{,}2537j\ A\,;\ \text{En módulo } J_T = 3{,}0247\ \ A$$

Intensidad en la rama 1: $J_1 = \frac{E_{ef}}{Z_1} = \frac{14{,}7948+0j}{5+4j} = 1{,}8042 - 1{,}4433j\ A;\ \ J_1 = 2{,}3104\ A$

Intensidad en la rama 2: $J_2 = \frac{E_{ef}}{Z_2} = \frac{14{,}7948+0j}{15-3j} = 0{,}9484 + 0{,}1897j\ \ A; J_2 = 0{,}9671\ \ \ A$

2º. Las caídas de tensión en cada elemento del circuito

Se aplica la ley de Ohm en cada elemento de la asociación,

$U_{5Z} = J_1 \cdot (5 + 0j) = (1{,}8042 - 1{,}4433j) \cdot (5 + 0j) = 9{,}021 - 7{,}2165\,j\ V$

En módulo $U_{5Z} = 11{,}5523\ \ V$

$U_{4jZ} = J_1 \cdot (0 + 4j) = (1{,}8042 - 1{,}4433j) \cdot (0 + 4j) = 5{,}7732 + 7{,}2168\,j\ \ V$

En módulo $U_{4jZ} = 9{,}2413\ \ V$

$U_{15Z} = J_2 \cdot (15 + 0j) = 0{,}9484 + 0{,}1897\,j\ \cdot (15 + 0j) = 14{,}226 + 2{,}8452j\ V$

En módulo $U_{15Z} = 14{,}5077\ \ \ V$

$U_{-3jZ} = J_2 \cdot (-3\,j) = 0{,}9484 + 0{,}1897\,j\ \cdot (0 - 3j) = 0{,}5688 - 2{,}8452\,j\ \ V;$

En módulo $U_{4jZ} = 2{,}9015\ \ V$

3º. La caída de tensión U_{AB} sólo a partir los resultados del apartado 2º

En el aparatado 1º se obtuvo $E_{ef} = \frac{\omega BS}{\sqrt{2}} = 14{,}7948\ V = U_{AB}$

$U'_{AB} = U_{5Z} + U_{4jZ} = 9{,}021 - 7{,}2165j\ + 5{,}7732 + 7{,}2168\,j = 14{,}7942\ V - 0{,}0003\,j$

$U'_{AB} = U_{5Z} + U_{4jZ} \approx 14{,}7942\ V$ la parte imaginaria es despreciable.

$U''_{AB} = U_{15Z} + U_{-3jZ} = 14{,}226 + 2{,}8452j + 0{,}5688 - 2{,}8452\,j = 14{,}7948 - 0{,}000j$

$U''_{AB} = U_{15Z} + U_{-3jZ} = 14{,}7948\ V$ la parte imaginaria es despreciable.

$U_{AB} = 14{,}7948 \cong U'_{AB} \approx 14{,}7942\ V \approx U''_{AB} \approx 14{,}7948\ V$

Los resultados hallados del valor de la caída de tensión entre A y B a partir del apartado 2º, son prácticamente coincidentes con el valor del apartado 1º.

Las diferencias pequeñísimas entre los tres valores anteriores se deben al redondeo al realizar las operaciones matemáticas.

Además, y muy importante, los cálculos anteriores sirven para comprobar que los resultados obtenidos del valor la caída de tensión U_{AB} por los dos métodos son los correctos.

$U_{AB} = 14{,}7948\ V \cong U'_{AB} \approx U''_{AB}$

4º. La disipación de energía, (localización y valor)

Se produce disipación de energía, por efecto Joule, sólo en las resistencias puras.

$P_{5\Omega} = 5 \cdot J_1^2 = 26{,}6897 \text{ W}$; $\quad P_{15\Omega} = 15 \cdot J_2^2 = 14{,}0292\text{W}$

Las intensidades de corriente son los módulos de los vectores eficaces complejos de la intensidad calculados en el primer apartado.

5º. Balance energético

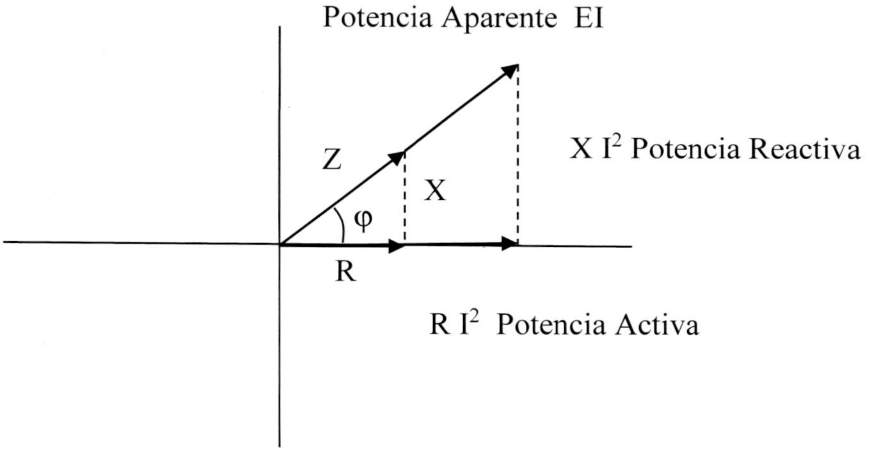

Potencias en corriente alterna: Debido al desfase entre la tensión y la intensidad existen tres potencias: activa, reactiva y aparente.

Triángulo de impedancias y triángulo de potencias

Potencia consumida en las resistencias:

$P_{ACT.\ R} = P_{5\Omega} + P_{15\Omega} = 5 \cdot J_1^2 + 15 \cdot J_2^2 = 40{,}7189 \text{ W}$

Potencia eléctrica activa suministrada por el generador:

$P_{ACT.\ GEN} = E \cdot I_T \cdot \cos(\varphi) = 14{,}7948 \cdot 3{,}0247 \cdot \cos(24{,}4874'') = 40{,}7246 \text{ W}$

Potencia activa aportada por generador =Potencia consumida en las resistencias

$P_{ACT.\ GEN} = E \cdot I_T \cdot \cos(\varphi) = 40{,}7246 \text{ W} \approx P_{ACT.\ R} = P_{5\Omega} + P_{15\Omega} = 40{,}7189 \text{ W}$

Los resultados del valor de la potencia eléctrica suministrada por del generador y el valor de la potencia consumida por las resistencias son prácticamente coincidentes. Las pequeñas diferencias existentes se deben al redondeo en los cálculos.

Al hacer el cálculo de la potencia activa por dos caminos diferentes se comprueba que el resultado obtenido es correcto.

6º. Valor de Inducción y Capacidad en las reactancias inductiva y capacitiva

Del enunciado se sabe que la pulsación de la corriente alterna es: $\omega = 444 \text{ rad}\cdot\text{s}^{-1}$

Bobina su reactancia inductiva es: $X_L = L\omega = 4\ \Omega$.

La inducción de la bobinas es: $L = \frac{4}{\omega} = \frac{4}{444} = 9{,}009 \cdot 10^{-3}H$

Condensador su reactancia capacitiva es: $X_C = -1/C\omega = -3\ \Omega$.

La capacidad del condensador es: $C = \frac{1}{3\ \omega} = \frac{1}{3 \cdot 444} = 7{,}5075 \cdot 10^{-4}F$

7º. La tensión a la salida del secundario

$$n = \frac{N_1}{N_2} = \frac{U_1}{U_2} \quad \rightarrow \quad U_2 = 1{,}4794\ V$$

PROBLEMA 7.9

La producción industrial de ondas electromagnéticas de pulsación ω, se realiza mediante un circuito oscilante C-L, cuando eléctricamente descarga la energía el condensador sobre la bobina conectada a él.

El procedimiento físico consiste en que, inicialmente, con el circuito abierto y el condensador C cargado, toda su energía está en el campo eléctrico. Al cerrar el circuito se inicia la descarga del condensador C, en la bobina L, se forma una f.e.m. auto inducida que crea un campo magnético. Se transforma el campo eléctrico variable, entre placas de C, en campo magnético variable, dentro de L y así sucesivamente.

De esta manera se propagan en el aire las ondas electromagnéticas, generándose mutuamente campos eléctrico y magnético que se desplazan juntos a la velocidad de la luz. Este es el fundamento de la construcción de las emisoras de Radio.

A. CIRCUITO OSCILANTE C–L

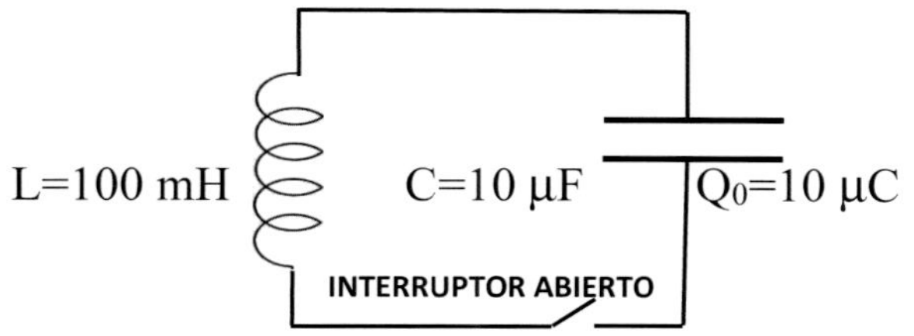

El circuito oscilante lo forman: la bobina L y el condensador C. Inicialmente t=0, el circuito está abierto, por tanto, es I_0= 0 A, y entonces la carga electrostática inicial en el condensador es Q_0 =10 µ. Tras cerrar el circuito eléctrico, mediante un interruptor, determinar:

1ºA. Ecuación del circuito. Solución. Constante armónica. Pulsación propia ω.

2ºA. Descarga del condensador: ecuación y traza. Corriente I: ecuación y traza.

3ºA. Energía electrostática del condensador W_C, ecuación.

4ºA. Energía electromagnética de la bobina W_L, ecuación.

5ºA. Energía total del circuito W_T: ecuación y traza de su representación gráfica.

B. CIRCUITO SEUDOSCILANTE C–L–R

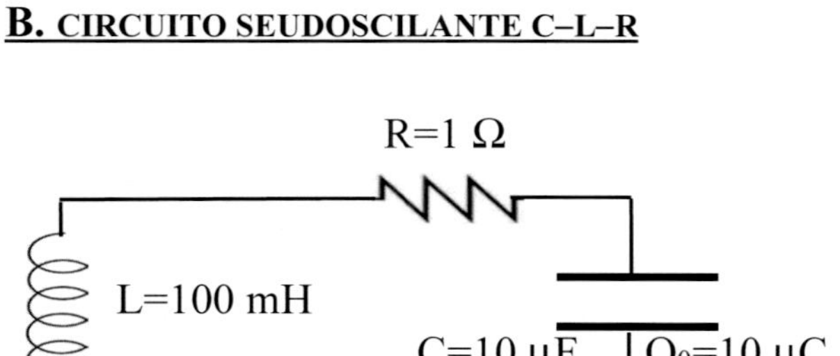

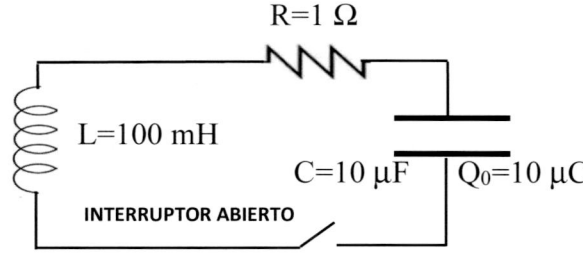

El circuito seudoscilante dibujado a la izquierda lo forman R, L y C. Inicialmente cuando t=0, el circuito está abierto I_0=0 A, la carga eléctrica del condensador en situación inicial vale Q_0 =10µ C. Tras cerrar nuestro circuito eléctrico, mediante un interruptor, se pide obtener y calcular:

1ºB. Ecuación del circuito. Soluciones, raíces. Traza del gráfico según cada solución. Seudopulsación ω'. Constante de amortiguamiento. Constante de tiempo.

2ºB. Resistenciacrítica R_C. Traza de solución del circuito si: R> R_C, R=R_C, R< R_C.

3ºB. Descarga de condensador: ecuación, traza. Corriente del circuito: ecuación, traza.

4ºB. Energía electrostática del condensador W_C: ecuación y valor cuando t ⇒∞.

5ºB. Energía electromagnética de la bobina W_L: ecuación y valor cuando t ⇒∞.

6ºB. Energía total del circuito W_T: sumandos que la componen, traza al representar su ecuación gráficamente y su valor cuando t ⇒ ∞.

SOLUCIÓN

1ºA. Ecuación del circuito. Solución. Constante armónica. Pulsación propia ω

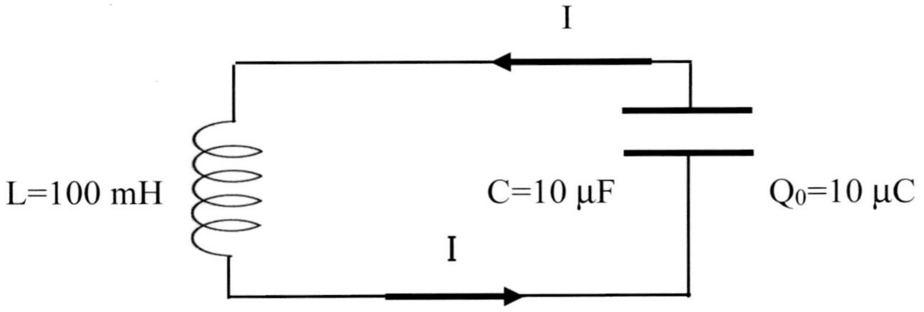

■ Ecuación del circuito.

La energía total del circuito oscilante en un instante cualquiera es:

$W_T = W_C + W_L = \frac{1}{2}\frac{Q^2}{C} + \frac{1}{2} L\, I^2$ [1]. Siendo C y L constantes e independientes del tiempo.

Derivando respecto al tiempo en [1]: $\frac{dW_T}{dt} = \frac{d}{dt}\left[\frac{1}{2}\frac{Q^2}{C}\right] + \frac{d}{dt}\left[\frac{1}{2} L\, I^2\right] = \frac{1}{2}\left[\frac{Q}{C}\frac{dQ}{dt} + L\, I \frac{dI}{dt}\right] = 0$ [2]

$$\left.\begin{array}{ll} \text{Intensidad varía con la disminución de la carga:} & I = -\frac{dQ}{dt} \\ \text{Derivando la anterior ecuación respecto al tiempo:} & \frac{dI}{dt} = -\frac{d^2Q}{dt^2} \end{array}\right\} [3]$$

Con [2] y [3] ⇒ $\frac{d^2Q}{dt^2} + \frac{1}{L\,C} Q = 0$ [4]

La ecuación diferencial del circuito pulsante es de 2º grado, los coeficientes son constantes y corresponde a un movimiento vibratorio armónico.

■ La solución de la ecuación diferencial del circuito es armónica: Q =A cos [ωt+φ] [5].

$$\left.\begin{array}{ll}\text{Ecuación}: L\dfrac{d^2Q}{dt^2}+\dfrac{1}{C}Q=0 \Rightarrow \dfrac{d^2Q}{dt^2}+\dfrac{1}{LC}Q=0 & [4]\\ \text{Solución de la ecuación: } Q = A\ \cos[\omega\, t+\varphi] & [5]\\ \text{Derivando } [5] \Rightarrow \dfrac{dQ}{dt}=-I=-\ \omega\, A\ \text{sen}[\omega\, t+\varphi] & [6]\\ \text{Derivando } [6] \Rightarrow \dfrac{d^2Q}{dt}=-\dfrac{dI}{dt}=-\ \omega^2\ A\ \cos[\omega\, t+\varphi] & [7]\end{array}\right\}\text{llevamos [5] y [7] a la [4].}$$

Operando sobre [4], se llega a: $-\omega^2\ L\ A\ \cos\ [\omega t+\varphi]+\dfrac{1}{C}A\ \cos\ [\omega t+\varphi]=0$

■ Constante armónica: $\omega^2=\dfrac{1}{LC}=\dfrac{1}{100\cdot 10^{-3}\cdot 10\cdot 10^{-6}}=10^6\ rad^2\cdot s^{-2}$

■ Pulsación propia electromagnética: $\omega=\sqrt{\dfrac{1}{LC}}=\sqrt{\dfrac{1}{100\cdot 10^{-3}\cdot 10\cdot 10^{-6}}}=10^3\ rad\ \cdot s^{-1}$

2ºA. Descarga del condensador: ecuación, traza. Corriente I: ecuación, traza

Las constantes de integración se obtienen mediante las condiciones de contorno:

$$\left.\begin{array}{l}\text{Solución ecuación diferencial}: Q = A\cos\ [\omega\, t+\varphi]\\ \\ \text{Condiciones de contorno}:\ t=0;\ \ Q_0=10\ \mu C\end{array}\right\}\Rightarrow Q_0 = A\ \cos\ \varphi$$

$$\left.\begin{array}{l}\text{Como}: \dfrac{dQ}{dt}=-I=-\omega\, A\ \text{sen}\ [\omega\, t+\varphi]\\ \\ \text{Condiciones de contorno}: t=0;\ I_0=0\end{array}\right\}\Rightarrow \text{sen}\ \varphi=0^\circ \Rightarrow \begin{cases}\varphi=0^\circ\\ \\ Q_0=A_0\cos\ \varphi \Rightarrow Q_0=A_0\end{cases}\quad [8]$$

■ Descarga del condensador. Ecuación y Traza.

Llevando [8] a [5] $\Rightarrow$ $Q=Q_0\cos\ \omega\, t$ [9]

Su ecuación es: $Q=10\cdot 10^{-6}\cos\ [1000\ t+0]=10^{-5}\ \cos 10^3\ t$.

La traza, al representar gráficamente la ecuación correspondiente a la descarga del condensador C, se caracteriza por ser senoidal, periódica y armónica.

■ Corriente del circuito I. Ecuación y Traza.

Llevando las ecuaciones [8] a [6]$\Rightarrow$ $I=\omega\, Q_0\ \text{sen}\ \omega\, t$ [10]

Su ecuación es: $I=\omega\, Q_0\ \text{sen}\ \omega\, t=10^3\cdot 10\cdot 10^{-6}\ \text{sen}\ 1000\ t=10^{-2}\ \text{sen}\ 10^3\ t$.

La traza, al representar gráficamente la ecuación correspondiente a I, corriente del circuito, se caracteriza por ser senoidal, periódica y armónica.

3ºA. Energía electrostática del condensador W_C, ecuación

$$W_C = \frac{1}{2}\frac{Q^2}{C} = \frac{1}{2\,C}\,Q^2_0 \cos^2\,[\omega\, t] = \frac{1}{2{\cdot}10{\cdot}10^{-6}}10^{-10}\,\cos^2\,1000\,t = \frac{10^{-5}}{2}\cos^2\,1000\,t\ \text{J.}$$

4ºA. Energía electromagnética de la bobina W_L, ecuación

$$W_L = \frac{1}{2}L\,I^2 = \frac{1}{2}L\,\omega^2\,Q^2_0\,\text{sen}^2\,[\omega\,t] = \frac{1}{2}10^{-1}\,10^6\,10^{-10}\,\text{sen}^2\,1000\,t = \frac{10^{-5}}{2}\text{sen}^2\,1000\,t\ \text{J.}$$

5ºA. Energía total del circuito W_T: ecuación, traza de su representación gráfica

■ Energía total del circuito. Ecuación.

$$W_T = W_C + W_L = \frac{1}{2}\frac{Q^2}{C} + \frac{1}{2}L\,I^2 = \frac{1}{2\,C}\,Q^2_0\cos^2\,[\omega\,t] + \frac{1}{2}L\,\omega^2\,Q^2_0\,\text{sen}^2\,[\omega\,t].\ \text{Como}\ \omega^2 = \frac{1}{LC}$$

$$\text{Su ecuación es: } W_T = \frac{1}{2\,C}\,Q^2_0\cos^2\,[\omega\,t] + \frac{1}{2}L\,\frac{1}{L\,C}\,Q^2_0\,\text{sen}^2\,[\omega\,t] = \frac{Q^2_0}{2\,C} = \text{CTE}$$

$$W_T = W_C + W_L = \frac{Q^2_0}{2\,C} = \frac{10^{-10}}{2{\cdot}10^{-5}} = \frac{10^{-5}}{2} = 5{\cdot}\,10^{-6}\ \text{J.}$$

La energía total en el circuito oscilante L-C, a lo largo del tiempo, es constante.

■ Traza de la representación gráfica de la ecuación de W_T.

Como R=0, no hay pérdidas de energía, toda la energía electrostática se transforma por completo en energía electromagnética y recíprocamente. A lo largo del tiempo, la suma de ambas energías constante. La traza al representar gráficamente la ecuación de W_T, a lo largo del tiempo, es una línea recta horizontal.

1ºB. Ecuación del circuito. Soluciones, raíces. Traza del gráfico según cada solución. Seudopulsación ω'. Constante de amortiguamiento. Constante de tiempo

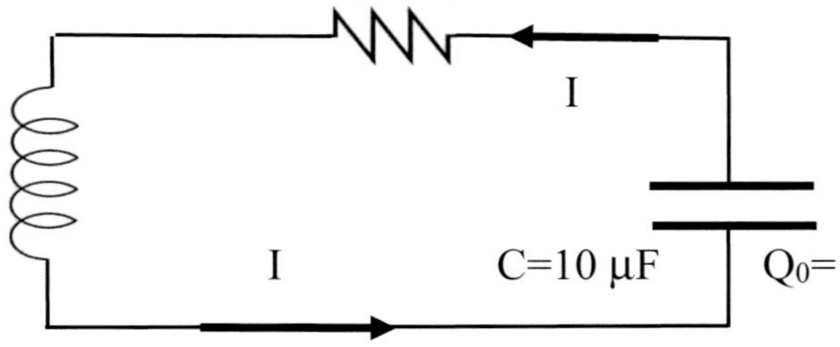

■ Ecuación del circuito seudoscilante.

Ley de Ohm al cerrar circuito: $L\frac{dI}{dt} + RI - \frac{Q}{C} = 0$

Intensidad disminuye al disminuir la carga: $I = -\frac{dQ}{dt}$

Derivando la anterior respecto al tiempo: $\frac{dI}{dt} = -\frac{d^2Q}{dt^2}$

$$L\frac{d^2Q}{dt^2} + R\frac{dQ}{dt} + \frac{Q}{C} = 0 \quad [11]$$

La característica de la ecuación diferencial de segundo grado es: $Lr^2 + Rr + 1/C = 0$.

■ Soluciones de la ecuación característica son las raices:

$$r = \frac{-R \pm \sqrt{R^2 - 4L/C}}{2L} = \frac{-R \pm \Delta^{1/2}}{2L}$$

Raíces:

$$\begin{cases} \Delta > 0 \Rightarrow \text{Dos raices reales diferentes: } r_1 = \dfrac{-R + \sqrt{R^2 - 4L/C}}{2L};\ r_2 = \dfrac{-R - \sqrt{R^2 - 4L/C}}{2L} \\ \Delta = 0 \Rightarrow \text{Dos raices reales iguales: } r_1 = \dfrac{-R}{2L} = r_2 = \dfrac{-R}{2L} \\ \Delta < 0 \Rightarrow \text{Dos raices imaginarias conjugadas: } r_1 = \dfrac{-R + j\sqrt{4L/C - R^2}}{2L};\ r_2 = \dfrac{-R - j\sqrt{4L/C - R^2}}{2L} \end{cases}$$

En nuestro caso particular, el discriminante de la ecuación característica es:

$\Delta = R^2 - \dfrac{4L}{C} = 1^2 - \dfrac{4 \cdot 100 \cdot 10^{-3}}{10 \cdot 10^{-6}} = 1 - 4 \cdot 10^4 < 0$. Hay dos raíces imaginarias conjugadas.

Las soluciones de la ecuación característica son dos raíces imaginarias conjugadas:

$r_1 = -\lambda + j\,\omega' = -5 + j\sqrt{999{,}9875}$ s; $\quad r_2 = -\lambda - j\,\omega' = -5 - j\sqrt{999{,}9875}$ s

■ Traza del gráfico según cada solución

$$\begin{cases} \text{Aperiodica, con amortiguamiento supercrítico} \Rightarrow \Delta > 0 \\ \text{Aperiodica, con amortiguamiento crítico} \Rightarrow \Delta = 0 \\ \text{Periodica, oscilante con amortiguamiento subcrítico} \Rightarrow \Delta < 0 \end{cases}$$

■ Seudopulsación electromagnética es: $\omega' = \dfrac{[4L/C - R^2]^{1/2}}{2\,L} = \sqrt{\dfrac{1}{LC} - \dfrac{R^2}{4\,L^2}}$

$$\omega' = \sqrt{\frac{1}{100 \cdot 10^{-3} \cdot 10 \cdot 10^{-6}} - \frac{1^2}{4 \cdot 10^{-2}}} = \sqrt{10^6 - 25} = 999{,}9875 \text{ rad·s}^{-1} < \omega = 10^3 \text{rad·s}^{-1}$$

■ Constante de amortiguamiento: $\lambda = \dfrac{R}{2\,L}$

Operando la constante de amortiguamiento: $\lambda = \dfrac{1}{2 \cdot 100 \cdot 10^{-3}} = 5 \text{ s}^{-1}$

■ Constante de tiempo: $\tau = \dfrac{1}{\lambda} = \dfrac{2\,L}{R}$

Sustituyendo valores, la constante de tiempo: $\tau = \dfrac{1}{\lambda} = \dfrac{2 \cdot 100 \cdot 10^{-3}}{1} = 0{,}2$ s

2ºB. Resistencia crítica Rc. Traza de la solución del circuito si: R>Rc, R=Rc, R<Rc

■ Resistencia crítica: $R_C = 2\sqrt{\dfrac{L}{C}} = 2\sqrt{\dfrac{100 \cdot 10^{-3}}{10 \cdot 10^{-6}}} = 200\ \Omega$

Las soluciones de la ecuación característica, formulan, en función de Rc, la resistencia crítica, mediante la expresión: $r = \dfrac{-R \pm \sqrt{R^2 - 4L/C}}{2L} = \dfrac{-R \pm \sqrt{R^2 - R_C^2}}{2L}$

■Traza de la solución del circuito cuando:

R> Rc. La representación gráfica correspondiente a la solución de la ecuación de la descarga del circuito, es aperiódica, no oscilante, y amortiguada supercrítica. En este caso se dice que el circuito es muy resistente.

R= Rc. La representación gráfica correspondiente a la solución de la ecuación de la descarga del circuito, es aperiódica, no oscilante, amortiguada crítica. En este supuesto el circuito alcanza la descarga del condensador de la forma más rápida.

R< Rc. La representación gráfica correspondiente a la solución de la ecuación de la descarga del circuito, se caracteriza por ser de forma periódica, oscilante y amortiguada subcrítica. Este caso es muy importante por su aplicación a la Radiotecnia ya que consiste en la obtención industrial-comercial de ondas electromagnéticas para construir emisoras de radio con frecuencia ν'=1/T'=2π/ω'.

3ºB. Descarga del condensador: ecuación, traza. Corriente I: ecuación, traza

■ Descarga del condensador Q. Ecuación y traza.

La solución de la ecuación diferencial [11], es del tipo:

$Q = K_1 e^{[-\lambda - j\,\omega']t} + K_2 e^{[-\lambda + j\,\omega']t}$, según la ecuación de Euler resulta:

$$\left.\begin{array}{l} Q = K_1 e^{[-\lambda - j\,\omega']t} + K_2 e^{[-\lambda + j\,\omega']t} \\ \text{Según Euler}: \cos\omega' t = \dfrac{e^{[+j\,\omega']t} + e^{[-j\,\omega']t}}{2} \\ \text{Como}: K_1 = \text{cte, y } K_2 = \text{cte; } \lambda = R/2L \end{array}\right\} \text{Solución equivale a: } Q = A\,e^{-\lambda t} \cos[\omega' t - \varphi] \quad [12]$$

Las constantes de integración se obtienen mediante las condiciones de contorno:

$$\left.\begin{array}{ll} Q = A\,e^{-\lambda t} \cos[\omega' t - \varphi] & [12] \\ \text{Condiciones de contorno}: t = 0;\ Q_0 = 10\ \mu C & \end{array}\right\} A = \frac{Q_0}{\cos\varphi} = Q_0\sqrt{1 + \tan^2\varphi} \quad [13]$$

$$\left.\begin{array}{l} I=-\dfrac{dQ}{dt}=Ae^{-\lambda t}\left[\lambda\cos[\omega' t-\varphi]+\omega'\,\mathrm{sen}\,[\omega' t-\varphi]\right]\ [14] \\ \\ \text{Condiciones de contorno: } t=0 \Rightarrow I=0 \end{array}\right\} 0=A\,\lambda\cos\varphi-A\,\omega'\,\mathrm{sen}\,\varphi \Rightarrow \tan\varphi=\frac{\lambda}{\omega'}\,[15]$$

Finalmente, la descarga del condensador.

Ecuación. Llevando a [12], las ecuaciones [13] y [15], se obtiene:

$$\text{Su ecuación es: } Q=Q_0\sqrt{1+\frac{\lambda^2}{\omega'^2}}\;e^{-\lambda t}\cos\,[\omega' t-\text{arc }\tan\frac{\lambda}{\omega'}]\ \ [16]$$

$$\text{Operando resulta: } Q=10\cdot 10^{-6}\sqrt{1+\frac{5^2}{999{,}987^2}}\;e^{-5t}\cos\,[999{,}987\,t-\text{arc }\tan\frac{5}{999{,}987}]$$

$$Q=1{,}0000125\cdot 10^{-5}e^{-5t}\cos\,[999{,}987\,t-2\pi\frac{0{,}286}{360}]=1{,}0000125\cdot 10^{-5}e^{-5t}\cos\,[999{,}987\,t-4{,}991\cdot 10^{-3}]$$

La traza, al representar gráficamente la ecuación, correspondiente a la descarga del condensador C, es periódica, oscilante y con amortiguamiento subcrítico.

- Corriente del circuito I. Ecuación y traza.

Corriente. Llevando a [14], las ecuaciones [13] y [15] resulta:

$$\text{Su ecuación: } I=Q_0\sqrt{1+\frac{\lambda^2}{\omega'^2}}\;e^{-\lambda t}\left[\lambda\cos\,[\omega' t-\text{arc }\tan\frac{\lambda}{\omega'}]+\omega'\,\mathrm{sen}\,[\omega' t-\text{arc }\tan\frac{\lambda}{\omega'}]\right]\ [17]$$

Según los valores y operando:

$$I=1{,}0000125\cdot 10^{-5}e^{-5t}\left[5\cos\,[999{,}987\,t-4{,}991\cdot 10^{-3}]+999{,}987\,\mathrm{sen}\,[999{,}987\,t-4{,}991\cdot 10^{-3}]\right]$$

La traza, al representar gráficamente la ecuación de I, corriente del circuito, se caracteriza por ser periódica, oscilante y con amortiguamiento subcrítico.

4ºB. Energía electrostática del condensador W_C: ecuación y valor cuando $t \Rightarrow \infty$

- Ecuación. $W_C=\dfrac{1}{2}\dfrac{Q^2}{C}=\dfrac{1}{2C}Q_0^2\,[1+\dfrac{\lambda^2}{\omega'^2}]\,e^{-2\lambda t}\cos^2\,[\omega' t-\text{arc }\tan\dfrac{\lambda}{\omega'}]$

$$W_C=5{,}000125\cdot 10^{-6}e^{-10t}\cos^2\,[999{,}987\,t-4{,}991\cdot 10^{-3}]$$

- Valor del límite. $\lim\limits_{t\to\infty}\,[W_C]=\lim\limits_{t\to\infty}\left[5{,}000125\cdot 10^{-6}e^{-10t}\cos^2\,[999{,}987\,t-4{,}991\cdot 10^{-3}]\right]=0$

5ºB. Energía electromagnética de la bobina W_L: ecuación y valor cuando $t \Rightarrow \infty$

■ Ecuación.

$$W_L = \frac{1}{2} L\, I^2 = \frac{1}{2} L\, Q_0^2\, [1 + \frac{\lambda^2}{\omega'^2}]\, e^{-2\lambda t} \left[\lambda \cos [\omega' t - \text{arc } \tan \frac{\lambda}{\omega'}] + \omega' \text{ sen } [\omega' t - \text{arc } \tan \frac{\lambda}{\omega'}] \right]^2$$

$$W_L = 5{,}000125 \cdot 10^{-12} e^{-10\,t} \left[5 \cos [999{,}987\, t - 4{,}991 \cdot 10^{-3}] + 999{,}987 \text{ sen } [999{,}987\, t - 4{,}991 \cdot 10^{-3}] \right]^2$$

■ Valor del límite $t \Rightarrow \infty$.

$$\lim_{t \to \infty} [W_L] = \lim_{t \to \infty} \left[5{,}000125 \cdot 10^{-12} e^{-10\,t} \left[5 \cos [999{,}987\, t - 4{,}991 \cdot 10^{-3}] + 999{,}987 \text{ sen } [999{,}987\, t - 4{,}991 \cdot 10^{-3}] \right]^2 \right] = 0$$

6ºB. Energía total del circuito W_T: sumandos que la componen, traza al representar su ecuación gráficamente y su valor cuando $t \Rightarrow \infty$

■ La energía electrostática, al largo del tiempo, se transforma en energía electromagnética y recíprocamente, pero la suma de ambas energías no permanece constante, decrece de forma amortiguada, debido la constante de amortiguamiento $\lambda = R/2L$. Además, como $R > 0$, se producen pérdidas de energía W_R^- (Calentamiento de la resistencia R por efecto Joule), a lo largo del tiempo, disipándose esta energía en forma de calor en la resistencia.

Por tanto, los sumandos son: $W_{TOTAL} = W_C + W_L - W_R^- = \frac{1}{2} \frac{Q^2}{C} + \frac{1}{2} L\, I^2 - R\, I^2$

■ La traza al representar gráficamente la ecuación de la trayectoria de W_T a lo largo del tiempo, no es cte., sino que disminuye debido a la disipación de energía calorífica en R y además la amplitud decrece de forma exponencial amortiguada, debido a la constante de amortiguamiento $\tau = \frac{1}{\lambda} = \frac{2\,L}{R}$.

$$W_{TOTAL} = W_C + W_L - W_R^- = K\, e^{-\frac{R}{L} t}\, F\, [\cos^2 \omega'\, t\,] \neq CTE$$

La forma de la traza de la trayectoria al representar gráficamente el movimiento de la ecuación de W_T es decreciente, periódica, oscilante y con amortiguamiento subcrítico.

■ El valor de W_T del circuito cuando el tiempo tiende a infinito $t \Rightarrow \infty$:

$$\lim_{t \to \infty} [W_{TOTAL}] = \lim_{t \to \infty} \left[K\, e^{-\frac{R}{L} t}\, F\, [\cos^2 \omega'\, t\,] \right] = \lim_{t \to \infty} \left[K \frac{F\, [\cos^2 \omega'\, t\,]}{e^{\frac{R}{L} t}} \right] = \frac{K'}{\infty} = 0$$

PROBLEMA 7.10

Se tiene un disco conductor de radio $\Re$ y espesor despreciable, situado en un plano vertical, girando uniformemente alrededor de un eje de radio "**e**" que pasa por su centro O. En su mitad inferior se le somete a un campo magnético $\vec{B}$ constante, perpendicular a su plano y cuyo sentido es el indicado en la figura. Determinar:

1º. F.e.m. inducida.

Si se admite que la corriente inducida circula sólo por el sector de ángulo α indicado en la figura, cuya periferia se encuentra sumergida en mercurio, calcular:

2º. Intensidad de dicha corriente inducida, despreciando la resistencia del mercurio.

3º. Momento de las fuerzas magnéticas.

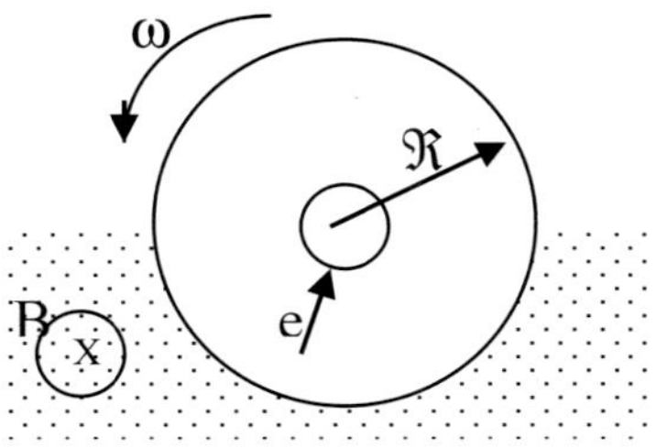

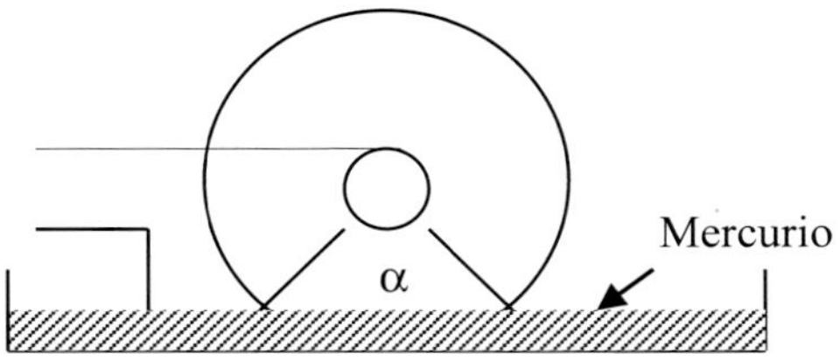

SOLUCIÓN

1. F.e.m. inducida

La F.e.m. inducida ε, vendrá dada, siendo A un punto de la periferia del disco, por:

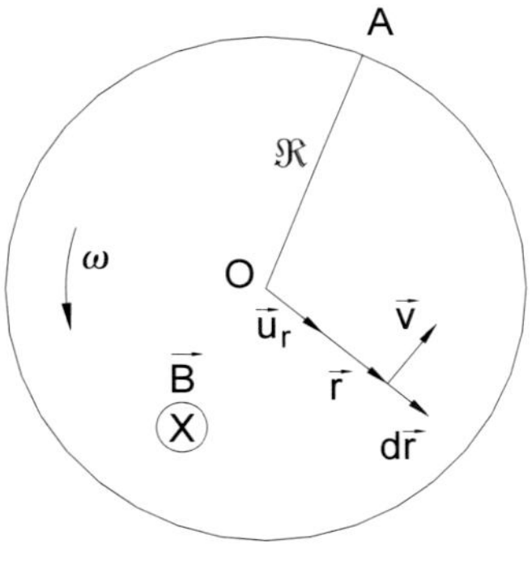

$$\left.\begin{array}{l}\varepsilon=\int_0^A \vec{E}\cdot d\vec{r}\\ \vec{E}=[\vec{v}\wedge\vec{B}]\end{array}\right\}\Rightarrow \left.\begin{array}{c}\varepsilon=\int_0^A [\vec{v}\wedge\vec{B}]\cdot d\vec{r}\\ \vec{v}\wedge\vec{B}=\omega\,\Re\,B\,(-\vec{u}_r)\\ d\vec{r}=dr\,\vec{u}_r\end{array}\right\}\Rightarrow \varepsilon=-\int_0^A \omega\,\Re\,B\,dr$$

$$\varepsilon=-\frac{\omega\,B\,\Re^2}{2};\quad \text{como } \varepsilon=-\frac{\omega\,B\,\Re^2}{2}=\int_0^A dV=V_A-V_0 \;\Rightarrow\; V_0>V_A$$

El centro O del disco está a mayor potencial que la periferia, puntoA.

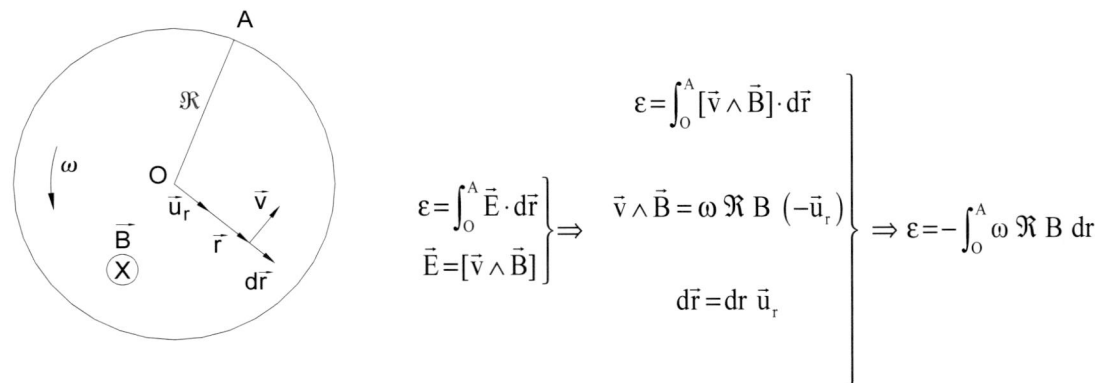

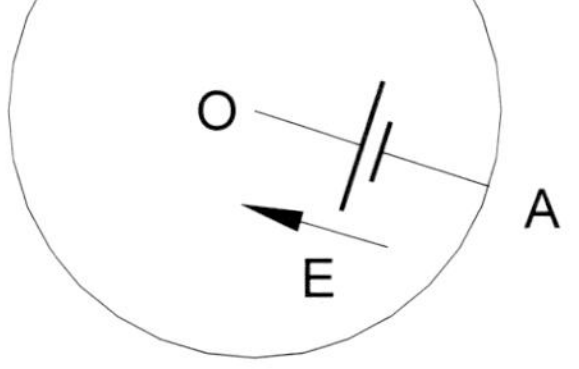

2º. Intensidad de corriente inducida circulando por el sector de ángulo α

Para calcular la resistencia del sector indicado del disco, se comenzará expresando la resistencia dR_o, del área elemental rayada como se indica en la figura.

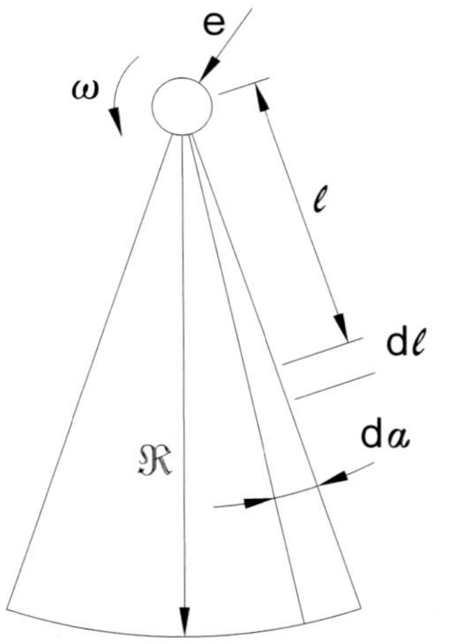

La resistencia diferencial de la zona rayada es: $dR_o = \rho \dfrac{d\ell}{S} = \rho \dfrac{d\ell}{1\, \ell\, d\alpha}$

Para el sector elemental la resistencia dR, será:

$$dR = \int_e^{\Re} dR_o = \frac{\rho}{d\alpha} \int_e^{\Re} \frac{d\ell}{\ell} = \frac{\rho}{d\alpha} \ln \frac{\Re}{e}$$

Para todo el sector de ángulo α tendremos una asociación de dR resistencias en paralelo:

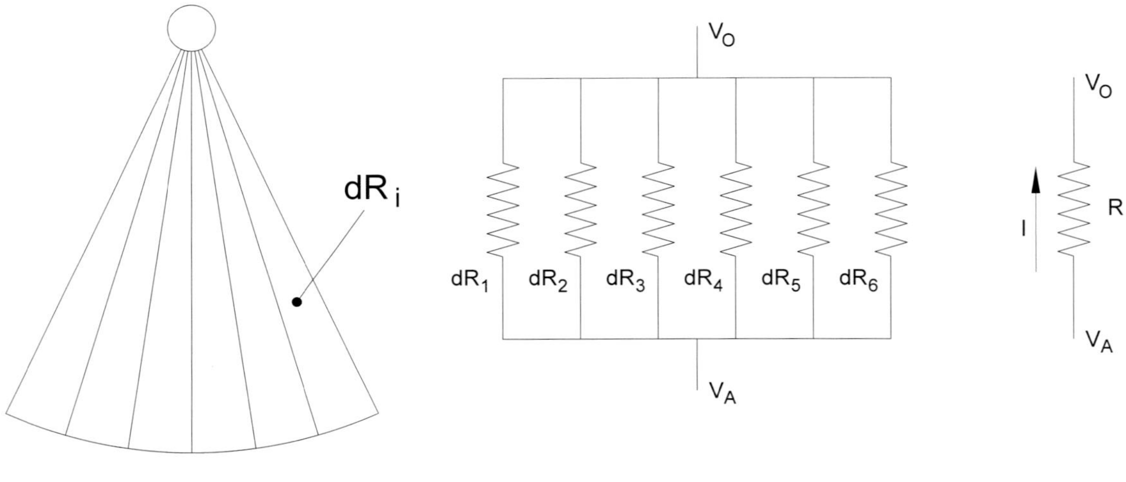

La resistencia total R del sector circular es:

$$\frac{1}{R} = \sum_{i=1}^{n} \frac{1}{dR_i} = \Sigma \frac{d\alpha}{\rho \ln \frac{R}{e}} = \frac{1}{\rho \ln \frac{R}{e}} \Sigma d\alpha = \frac{\alpha}{\rho \ln \frac{R}{e}}; \text{ luego } R = \frac{\rho}{\alpha} \ln \frac{R}{e}$$

La intensidad que pasa por el sector de ángulo α es: $I = \dfrac{\varepsilon}{R} = \dfrac{V_o - V_A}{R} = \dfrac{\alpha\ \omega\ B\ \Re^2}{2\ \rho \ln \frac{R}{e}}$

3º. Momento de las fuerzas magnéticas

Se considerará un tubo elemental de corriente por el que circula una intensidad de corriente dI (desde la periferia hacia el centro del disco).

La fuerza que actúa en cada punto del tubo, en presencia del campo magnético $\vec{B}$ será:

$$d^2\vec{f} = dI[d\vec{\ell} \wedge \vec{B}] = -\ dI\ dr\ B\ \vec{u}_\varphi$$

Donde $d^2\vec{f}$ es una diferencial de 2º orden (producto de 2 diferenciales).

El momento de $d^2\vec{f}$ respecto a O es: $\vec{r} \wedge d^2\vec{f} = -\ [d^2f]\ r\ \vec{k}$; $\vec{r}$ dirigido de O hacia A.

Considerando todo el tubo elemental, por el que circula una corriente diferencial d I, el momento diferencial es:

$$\int [d^2f]\ r = \int dI\ dr\ B\ r = B\ dI \int_0^{\Re} r\ dr = B\ dI\ \frac{\Re^2}{2} = dM_0$$

El momento se obtendrá mediante integración para todos los tubos elementales de corriente, hasta abarcar el sector circular de ángulo α:

$$M_0 = \int dI\ B\ \frac{\Re^2}{2} = \frac{B\ \Re^2\ I}{2}$$

Por tanto, vectorialmente el momento resultante será: $\overrightarrow{M_0} = -\frac{B\ \Re^2\ I}{2}\ \vec{k}$

Como $\vec{\omega} = \omega\ \vec{k}$; el momento $\overrightarrow{M_0}$ se opone al movimiento del disco.

CAPÍTULO VIII

ONDAS ELECTROMAGNÉTICAS

« *No tiene ninguna utilidad (...) sólo se trata de un experimento que demuestra que el maestro Maxwell estaba en lo cierto, ahí tenemos esas misteriosas ondas electromagnéticas que no podemos ver a simple vista. Pero están ahí.* »

H. Hertz, 1886

1. ECUACIONES DE MAXWELL

$\vec{\nabla}\vec{D} = \rho \quad \leftrightarrow \quad \oint_S \vec{D}\,\overrightarrow{dS} = Q_{\text{real dentro de S}}$ Ley de Gauss (1)

$\vec{\nabla}\vec{B} = 0 \quad \leftrightarrow \quad \oint_S \vec{B}\,\overrightarrow{dS} = 0$ $\nexists$ polos magnéticos aislados (2)

$\vec{\nabla} \wedge \vec{E} = -\frac{\partial \vec{B}}{\partial t} \quad \leftrightarrow \quad \oint \vec{E}\,\overrightarrow{d\ell} = -\int_S \frac{\partial \vec{B}}{\partial t}\overrightarrow{dS}$ Ley de Faraday (3)

$\vec{\nabla} \wedge \vec{H} = \vec{J} + \frac{\partial \vec{D}}{\partial t} \quad \leftrightarrow \quad \oint \mathrm{H}\,\overrightarrow{d\ell} = -\int_S \left[\vec{J} + \frac{\partial \vec{D}}{\partial t}\right]\overrightarrow{dS}$ Ley de Ampère Generalizada. (4)

Consideraremos los medios materiales homogéneos, isótropos y lineales, tal que se cumplen las relaciones siguientes: $\vec{D} = \varepsilon\vec{E}$; $\vec{B} = \mu\vec{H}$; $\vec{J} = \sigma\vec{E}$ (5)

2. CONSERVACIÓN DE LA CARGA ELÉCTRICA

$\iint_S \vec{J} \cdot \overrightarrow{dS} = \iiint_\tau \vec{\nabla}\vec{J}d\tau = -\frac{\partial \rho}{\partial t}$ (6)

Siendo $\vec{J}$ la densidad de cargas libres. Interesa el régimen estacionario el cual implica, $\vec{\nabla}\vec{J} = 0$ (7)

3. ECUACIÓN DE AMPÈRE-MAXWELL

La ley de Ampère es, $\vec{\nabla} \wedge \vec{H} = \vec{J}$ (8). Maxwell añadió un término complementario que la hace compatible con la conservación de la carga eléctrica.

$$\vec{\nabla} \wedge \vec{H} = \vec{J} + \frac{\partial \vec{D}}{\partial t} \qquad (9)$$

<u>Ejercicio</u>: Realizar las siguientes etapas:

a) Aplicar el operador nabla sobre los dos miembros de la ecuación (8)

b) Comprobar que el miembro izquierda es $\vec{\nabla}(\vec{\nabla} \wedge \vec{H}) = 0$

c) Comprobar que el segundo miembro se anula únicamente cuando se trata de corrientes estacionarias.

d) Aplicar el operador nabla sobre los dos miembros de la ecuación (9)

e) En el miembro derecho aplicar el Teorema de Gauss generalizado en forma diferencial, $\vec{\nabla}\vec{D} = \rho$, siendo ρ la densidad de carga volúmica.

f) Comprobar que la ecuación (9) no restringe su validez al caso de corrientes estacionarias.

El término $\frac{\partial \vec{D}}{\partial t}$, se denomina, densidad de corriente de desplazamiento.

<u>Ejemplo</u>: El agua destilada tiene una conductividad $\sigma = 2\cdot10^{-4}$ $S\cdot m^{-1}$ y una permitividad relativa ε'= 80. En su interior se establece un campo eléctrico de la forma, $\vec{E} = \vec{E}_0 \text{sen } 2\pi ft$. Determinar:

a) Densidad de corriente de conducción:

$$\vec{J} = \sigma\vec{E} = \sigma\vec{E}_0 \text{sen } 2\pi ft$$

Se observa que la amplitud es independiente de la frecuencia.

b) Densidad de corriente de desplazamiento.

$$\frac{\partial\vec{D}}{\partial t} = \varepsilon_0\varepsilon'\frac{\partial\vec{E}}{\partial t} = \varepsilon_0\varepsilon' 2\pi f\vec{E}_0 \cos 2\pi ft$$

En este caso la amplitud es función de la frecuencia.

c) Frecuencia a partir de la cual la densidad de corriente de desplazamiento supera a la densidad de corriente de conducción.

$$\sigma\vec{E}_0 = \varepsilon_0\varepsilon' 2\pi f\vec{E}_0 \rightarrow \ f = 4{,}5 \cdot 10^4 \text{ Hz}$$

Corresponde a la banda de radio en la zona de onda larga.

4. ENERGÍA ELECTROMAGNÉTICA

Densidad de energía electrostática: $W_E = \frac{1}{2}\vec{E}\vec{D}$ (10)

Densidad de energía asociada a un campo magnético: $W_B = \frac{1}{2}\vec{B}\vec{H}$ (11)

Densidad de energía almacenada en un punto del campo electromagnético:

$$W = \frac{1}{2}\left(\vec{E}\vec{D} + \vec{B}\vec{H}\right) \quad (12)$$

Estudiemos la variación con el tiempo de la ecuación (12), teniendo en cuenta las ecuaciones (5).

$$\frac{\partial W}{\partial t} = \vec{E}\frac{\partial\vec{D}}{\partial t} + \vec{H}\frac{\partial\vec{B}}{\partial t} \quad (13)$$

Sustituyendo oportunamente las ecuaciones (3) y (4) en la (13), se obtiene:

$$\frac{\partial W}{\partial t} = \vec{E}(\vec{\nabla} \wedge \vec{H}) - \vec{E}\vec{J} - \vec{H}(\vec{\nabla} \wedge \vec{E}) \quad (14)$$

En la teoría de campos se cumple el siguiente teorema,

$$-\vec{\nabla}(\vec{E} \wedge \vec{H}) = \vec{E}(\vec{\nabla} \wedge \vec{H}) - \vec{H}(\vec{\nabla} \wedge \vec{E}) \quad (15)$$

Que sustituyendo en la ecuación (14), se obtiene,

$$\frac{\partial W}{\partial t} = -\vec{\nabla}(\vec{E} \wedge \vec{H}) - \vec{E}\vec{J} \quad (16)$$

Se define el vector de Poynting como,= $\vec{E} \wedge \vec{H}$ (17)

Ahora, si se estudia la variación de energía en un volumen τ del espacio, se completa la escritura de la ecuación (16) del siguiente modo,

$$\iiint_\tau \frac{\partial W}{\partial t} d\tau = -\iiint_\tau \vec{\nabla}\vec{\mathcal{S}} d\tau - \iiint_\tau \vec{E}\vec{J}\, d\tau \quad (18)$$

Aplicando el teorema de la divergencia de la teoría de campos al primer término del segundo miembro, se transforma la integral de volumen en integral de superficie.

$$\iiint_\tau \frac{\partial W}{\partial t} d\tau = -\oint_S \vec{S} d\vec{S} - \iiint_\tau \vec{E}\vec{J}\, d\tau \qquad (19)$$

Variación de energía / u. de tiempo en el volumen τ

Flujo de energía/u.de tiempo a través de la superficie que encierra al volumen τ (Flujo de disminución de energía por radiación)

Potencia disipada por efecto Joule en el volumen τ

5. ONDAS ELECTROMAGNÉTICAS PLANAS EN EL VACÍO

Suponemos que no existen cargas libres. Entonces, las ecuaciones de Maxwell (1) a (4) serán,

$$\vec{\nabla}\vec{E} = 0 \qquad (20)$$

$$\vec{\nabla}\vec{B} = 0 \qquad (21)$$

$$\vec{\nabla} \wedge \vec{E} = -\frac{\partial \vec{B}}{\partial t} \qquad (22)$$

$$\vec{\nabla} \wedge \vec{H} = \frac{\partial \vec{D}}{\partial t} \quad \text{en forma equivalente} \rightarrow \quad \vec{\nabla} \wedge \vec{B} = \mu_o \varepsilon_o \frac{\partial \vec{E}}{\partial t} \qquad (23)$$

Aplicando el rotacional a ambos miembros de la ecuación (22) se tiene,

$$\vec{\nabla} \wedge (\vec{\nabla} \wedge \vec{E}) = \vec{\nabla} \wedge \left(-\frac{\partial \vec{B}}{\partial t}\right) = -\frac{\partial}{\partial t} (\vec{\nabla} \wedge \vec{B}) \qquad (24)$$

El primer miembro de la (24) se transforma con la ecuación (25).

$$\vec{\nabla} \wedge (\vec{\nabla} \wedge \vec{E}) = \vec{\nabla}(\vec{\nabla} \cdot \vec{E}) - \Delta\vec{E} \qquad (25)$$

Y teniendo en cuenta la ecuación (20), únicamente resulta la laplaciana del campo eléctrico. El segundo miembro de la (24) se transforma en la ecuación (26) al aplicar la ecuación (23).

$$-\Delta\vec{E} = -\mu_o \varepsilon_o \frac{\partial^2 \vec{E}}{\partial t^2} \qquad (26)$$

Haciendo un proceso análogo con la ecuación (23), se obtiene,

$$-\Delta\vec{B} = -\mu_o \varepsilon_o \frac{\partial^2 \vec{B}}{\partial t^2} \qquad (27)$$

Las dos ecuaciones (26) y (27) representan la expresión diferencial de una onda electromagnética, con velocidad de propagación $c = \frac{1}{\sqrt{\varepsilon_o \mu_o}}$.

Se puede demostrar, que la propagación de los campos eléctrico y magnético en el vacío, conduce a las siguientes expresiones,

$$\vec{E} = \vec{E}_o \cos(kz - \omega t) \quad ; \quad \vec{B} = \vec{B}_o \cos(kz - \omega t) \quad ; \quad c = \frac{\omega}{k} \quad ; \quad \vec{E} = \vec{B} \wedge \vec{c} \qquad (28)$$

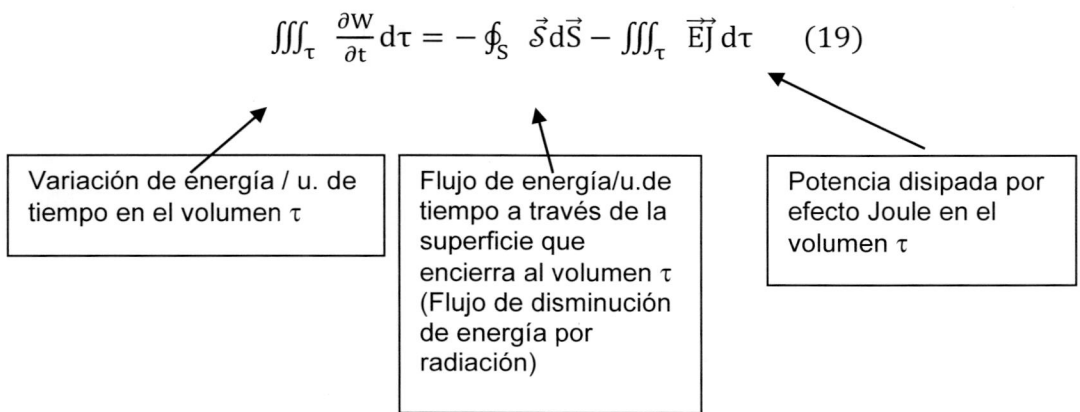

Y corresponde a la propagación según el eje OZ, de una o.e.m. (onda electromagnética) polarizada en el vacío. Polarizada porque el campo eléctrico oscila armónicamente únicamente en el plano XOZ, y el campo magnético oscila en el plano YOZ. Las oscilaciones de los campos están en fase.

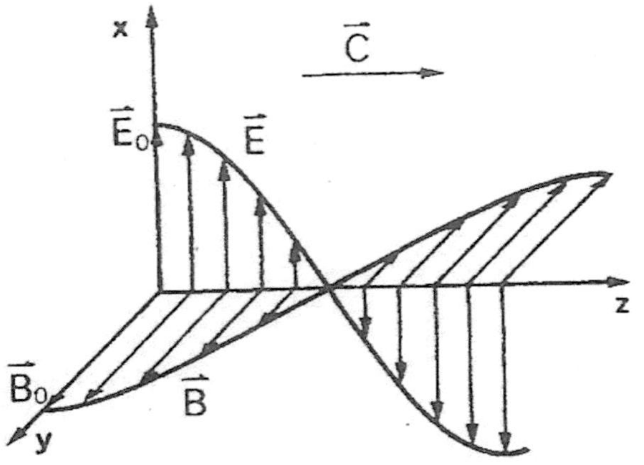

La energía de las o.e.m. se estudia mediante el vector de Poynting, en el cual se sustituye el campo magnético en función del eléctrico utilizando la ecuación (28),

$$\vec{\mathcal{S}} = \sqrt{\frac{\varepsilon_o}{\mu_o}}\, E_o^2 \cos^2(kz - \omega t)\vec{k} \qquad (29)$$

Siendo la intensidad media de la onda,

$$\mathcal{S} = I = \frac{1}{2}\sqrt{\frac{\varepsilon_o}{\mu_o}}\, E_o^2 = \frac{1}{2} c\varepsilon_o E_o^2 \qquad (30)$$

Las o.e.m. dependen de la frecuencia de oscilación de los campos y forman un espectro electromagnético,

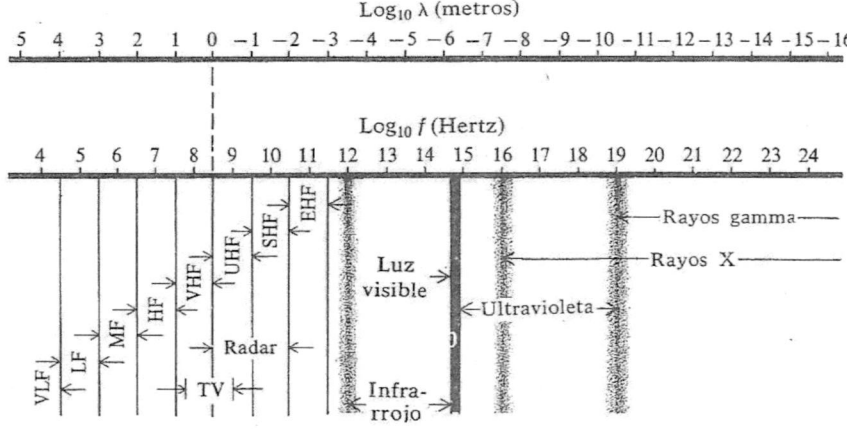

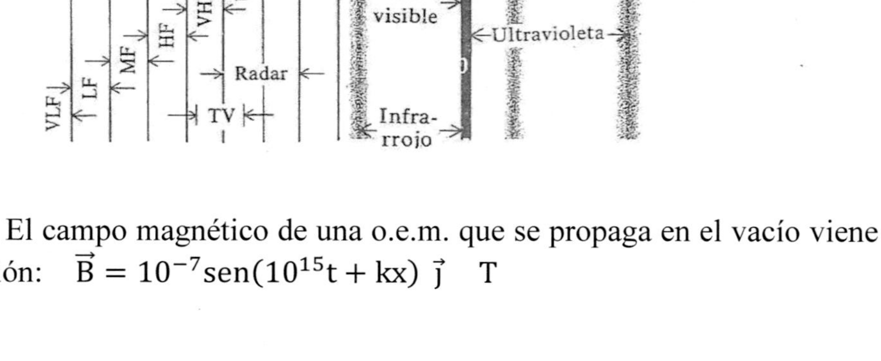

Ejemplo: El campo magnético de una o.e.m. que se propaga en el vacío viene dada por la expresión: $\vec{B} = 10^{-7}\text{sen}(10^{15}t + kx)\ \vec{j}\quad T$

Determinar:

1º. El sentido de propagación de la onda y longitud de onda.

2º. La expresión del campo eléctrico correspondiente.

3º. La energía por unidad de área y de tiempo, que transporta.

4º. La energía que transporta a través de una superficie de 3 m^2 durante dos horas.

1º. La onda se propaga en sentido negativo del eje OX (signo + en la fase).

Longitud de onda, $\lambda = \frac{c}{n} = 1{,}88\ \mu m$

2º. Por la ecuación (28) se deduce, $\vec{E} = Bc \cdot \text{sen}(10^{15}t + kx)\ \vec{k} \quad V \cdot m^{-1}$

3º. Por la ecuación (30), $\mathcal{S} = 1{,}2\ W \cdot m^{-2}$

4º. $\text{Energía} = \mathcal{S}tA = 25920\ J$

<u>El origen de las o.e.m.</u>

Son generadas por configuraciones de cargas y corrientes dinámicas. Éstas generan a su alrededor campos electromagnéticos que pueden propagarse lejos del entorno de las cargas y corrientes que las produjeron.

Cualquier cambio en la configuración y campos se propaga por medio de o.e.m. cuya velocidad de propagación es finita, $c = \frac{1}{\sqrt{\varepsilon\mu}}$ fijando el tiempo en que tales cambios tardan en percibirse a una distancia "r".

Por ejemplo, un potencial en el punto "r" y en el instante "t" corresponde así a la distribución de cargas existente no en el instante "t", sino en el instante anterior $[t - \frac{r}{c}]$, denominándose, tiempo de retardo. Este tiempo, afecta también a los campos eléctrico y magnético.

6. PROPAGACIÓN DE UNA O.E.M. EN UN DIELÉCTRICO PERFECTO

Un dieléctrico perfecto es homogéneo, isótropo y lineal. Repitiendo todo el apartado 5 pero sustituyendo las permeabilidades y permitividades del medio, se tiene,

$$\Delta\vec{E} = \mu\varepsilon\frac{\partial^2\vec{E}}{\partial t^2} \qquad \Delta\vec{B} = \mu\varepsilon\frac{\partial^2\vec{B}}{\partial t^2} \qquad (31)$$

Con una velocidad de fase, $v = \frac{1}{\sqrt{\varepsilon\mu}} = \frac{c}{\sqrt{\varepsilon'\mu'}}$ (32)

En los dieléctricos reales la permitividad es función de la frecuencia y por tanto también varía la velocidad de fase. Cuando se propaga una o.e.m. compuesta de varias frecuencias, se produce el fenómeno de DISPERSIÓN. Distinguiendo velocidad de fase $v = \frac{\omega}{k}$ y velocidad de grupo, $v_g = \frac{d\omega}{dk}$.

La o.e.m. al propagarse en un medio dieléctrico pierde energía al excitar a los electrones pasando a niveles energéticos superiores. En general, la intensidad de la onda decrece con la distancia de recorrido, mediante la exponencial,

$$I = I_0 e^{-\beta z} \qquad (33)$$

Siendo β el coeficiente de absorción que depende de la frecuencia.

7. PROPAGACIÓN DE O.E.M. EN UN MEDIO CONDUCTOR

La propagación de una o.e.m. en un conductor produce corrientes eléctricas en su interior debidas al campo eléctrico oscilante. Esas corrientes (cuyo aporte de energía proviene de la o.e.m.) producen por efecto Joule disipación de energía en forma de calor, de manera que, la o.e.m. cede energía en su avance a través del medio conductor. La cesión de energía se manifiesta con el fenómeno de ATENUACIÓN. Por sencillez, se supone una función exponencial decreciente que afectará a la amplitud de la onda.

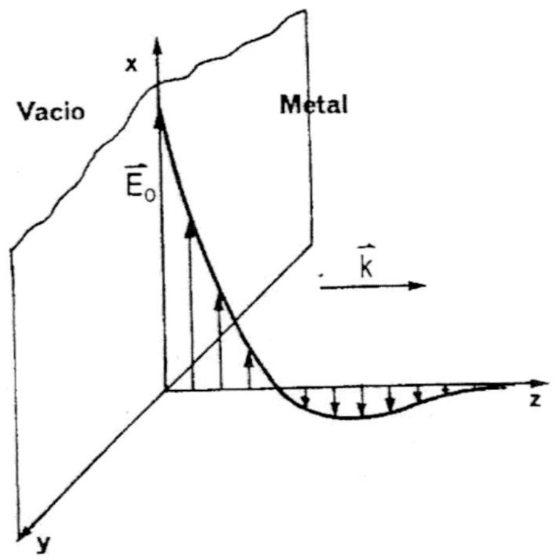

$$E_X = E_0 e^{-\alpha z} \cos(kz - \omega t) \qquad (34)$$

Siendo α el coeficiente de atenuación. Para el campo magnético también se dispone de una ecuación similar pero con componente Y.

El cumplimiento de la ley de Ampère-Maxwell conduce a la igualdad,

$$k = \alpha = \sqrt{\frac{\sigma\mu\omega}{2}} \qquad (35)$$

Y se define la profundidad de penetración, $\delta = \frac{1}{\alpha} = \sqrt{\frac{2}{\sigma\mu\omega}}$ (36)

que representa la distancia de la superficie a la cual la amplitud del campo es $\frac{E_0}{e}$.

Se observa que δ disminuye con la frecuencia, y esto limita a los conductores que deban transportar corrientes de frecuencias elevadas. El campo eléctrico es fuertemente atenuado en los puntos interiores. Como la densidad de corriente es directamente proporcional, entonces la corriente está distribuida en una estrecha capa próxima a la superficie, denominándose este efecto, como efecto pelicular. Para un conductor ideal, $\sigma \to \infty$ y por la ecuación (36) $\delta = 0$.

Significa que sería totalmente opaco a las ondas electromagnéticas.

Por ejemplo: El cobre tiene las siguientes propiedades: conductividad eléctrica $6\cdot10^7$ $\Omega^{-1}m^{-1}$; permeabilidad magnética $\cong 4{,}\pi\cdot10^{-7}$ $N\cdot A^{-2}$. Entonces, cuando incide una o.e.m. de 60 Hz (banda VLF lejana), y otra de 10^{14} Hz (banda IR), la onda penetra respectivamente, 8 mm y 65 Å (en este caso, unas pocas capas de átomos). En definitiva, se absorbe la energía de la onda y se disipa por corrientes de conducción.

8. MAGNITUDES DE INTERÉS EN LAS O.E.M.

Densidad de energía: $u = \frac{\mathcal{S}}{c}$

Densidad volumétrica del momento lineal: $\rho = \frac{u}{c} = \frac{\mathcal{S}}{c^2}$

Presión de radiación: $P = \frac{\mathcal{S}}{c}$ coincide numéricamente con "u"

Si la superficie sobre la que incide perpendicularmente la o.e.m. es un reflector perfecto, el momento de la onda se refleja en sentido contrario tal que el momento transmitido al cuerpo es el doble que en el caso de absorción total. La presión de radiación alcanza el valor $2\frac{\mathcal{S}}{c}$

Para incidencia oblicua (formando un ángulo θ con la normal a la superficie) la incidencia de momento lineal que se transfiere es $\frac{u}{c}\cos\theta$ y la presión de radiación, $2\frac{\mathcal{S}}{c}\cos\theta$ para un reflector perfecto.

9. ECUACIÓN DE ONDAS ELECTROMAGNÉTICAS

Se supone que, en un medio material homogéneo, isótropo, lineal y estacionario, aplicando la ley de Ohm $\vec{j}_C = \sigma\,\vec{E}$, las ecuaciones de Maxwell son:

$$1^a.\ \nabla\cdot\vec{E} = \frac{\rho}{\varepsilon};\quad 2^a.\ \nabla\cdot\vec{B} = 0;\quad 3^a.\vec{\nabla}\wedge\vec{B} = \mu[\sigma\,\vec{E} + \varepsilon\frac{\partial}{\partial t}\vec{E}];\quad 4^a.\vec{\nabla}\wedge\vec{E} = -\frac{\partial}{\partial t}\vec{B}$$

Tomando rotacionales en la 4ª: $\vec{\nabla}\wedge[\vec{\nabla}\wedge\vec{E}] = \vec{\nabla}\wedge[-\frac{\partial}{\partial t}\vec{B}] = -\frac{\partial}{\partial t}[\vec{\nabla}\wedge\vec{B}]$

Ecuación de ondas para el campo eléctrico: $\Delta\vec{E} - \mu\varepsilon\frac{\partial^2\vec{E}}{\partial t^2} - \mu\sigma\,\frac{\partial\vec{E}}{\partial t} = \vec{\nabla}\,[\frac{\rho}{\varepsilon}]$

Mediante cálculos análogos, se llega a la expresión denominada ecuación de ondas para el campo magnético: $\Delta\vec{B} - \mu\varepsilon\frac{\partial^2\vec{B}}{\partial t^2} - \mu\sigma\,\frac{\partial\vec{B}}{\partial t} = \vec{0}$

10. TABLAS DE MAGNITUDES ENERGÉTICAS Y PARÁMETROS DE LOS MEDIOS

VECTOR POYNTING	INTENSIDAD	DENSIDAD ENERGÉTICA	PRESIÓN DE RADIACIÓN
$\vec{S} = \vec{E} \wedge \vec{H}$	$I = <\vec{S}> = \frac{1}{2}\varepsilon_o c E_o^2$	$<u> = \frac{<\vec{S}>}{c}$	$<P> = <u> = \frac{<\vec{S}>}{c}$

FACTOR DE CALIDAD	PROFUNDIDAD PELICULAR	ÍNDICE DE REFRACCIÓN
$Q = \frac{\omega\varepsilon}{\sigma}$	$\delta = \sqrt{\frac{2}{\sigma\mu\omega}}$	$n = \frac{\sqrt{\varepsilon\mu}}{\sqrt{\varepsilon_o\mu_o}}$

CUESTIONES

8.1. El campo eléctrico de una onda electromagnética es de tipo:
A) Electrostático.
B) No conservativo.
C) Conservativo
D) A veces conservativo y otras no conservativo.

8.2. El vector de Poynting de una onda electromagnética en el vacío tiene:
A) La misma dirección que el campo eléctrico.
B) Desfasado $\pi/4$ radianes respecto del campo magnético.
C) El valor variable de forma exponencial.
D) La expresión $\vec{S} = c\varepsilon_o E^2 \overrightarrow{k}$.

8.3. Una onda electromagnética en el vacío presenta la siguiente característica:
A) Los vectores campo eléctrico y excitación magnética están desfasados π radianes.
B) Los vectores campo eléctrico y excitación magnética están desfasados $\pi/2$ radianes.
C) El cociente entre los vectores eléctrico y magnético es igual a la velocidad de la luz al cuadrado.
D) Los vectores campo eléctrico y excitación magnética están en fase.

8.4. Otra característica de una onda electromagnética en el vacío es:
A) El cociente de las densidades de energía eléctrica y magnética es igual a la unidad.
B) El cociente de las densidades de energía eléctrica y magnética es igual a un voltio.
C) Las densidades de energía eléctrica y magnética están en fase pero de diferente valor.
D) Las densidades de energía eléctrica y magnética están desfasadas pero de igual valor.

8.5. Sabiendo que $\varepsilon_o = 8{,}854 \cdot 10^{-12}$; $\mu_o = 4\sigma \cdot 10^{-7}$; $c = 3 \cdot 10^8$ todas en unidades del S.I. Para una onda electromagnética en el vacío, el valor del cociente entre el campo eléctrico y la excitación magnética es:
A) 377 Ω
B) 377 F
C) No existe puesto que son diferentes campos.
D) La velocidad de la luz “c”.

8.6. Las unidades en el S.I. del vector de Poynting son:
A) Voltios·m^{-2}.
B) W·m
C) W·m^{-2}.
D) Voltios·m

8.7. Sea una onda plana electromagnética que se propaga en un medio homogéneo, isótropo, lineal y estacionario. Entonces la onda es:

A) Transversal.

B) Tiene componente longitudinal el campo eléctrico y transversal la excitación magnética.

C) Tiene componente longitudinal la excitación magnética, y transversal el campo eléctrico.

D) El campo eléctrico y la excitación magnética tienen componentes en la dirección de propagación de la onda.

8.8. Sea una onda plana electromagnética que se propaga en un medio no conductor. Entonces la onda tiene la siguiente característica:

A) El valor medio del vector de Poynting es igual al cociente entre la velocidad de fase y la densidad media de energía.

B) Los vectores campo eléctrico y excitación magnética están en fase.

C) Las densidades de energía eléctrica y magnética son diferentes.

D) El valor medio del vector de Poynting es cero.

8.9. Sea una onda plana electromagnética que se propaga en un medio conductor. Entonces la onda tiene la siguiente característica:

A) Los vectores campo eléctrico y excitación magnética siempre están en fase.

B) La razón entre las densidades de energía eléctrica y magnética es uno.

C) La razón entre las densidades de energía eléctrica y magnética es función del coeficiente Q del medio.

D) La razón entre las densidades de energía eléctrica y magnética es mayor que la unidad.

8.10. Sea una onda plana electromagnética que se propaga en un buen conductor. Entonces la onda tiene la siguiente característica:

A) El campo eléctrico y excitación magnética están en fase.

B) El campo eléctrico y excitación magnética están en oposición de fase.

C) La razón entre las densidades de energía eléctrica y magnética es igual al coeficiente Q del medio.

D) La razón entre las densidades de energía eléctrica y magnética es igual a la unidad.

8.11. La profundidad pelicular es:

A) La parte compleja de la densidad de corriente.

B) Una componente del campo magnético asociado al campo eléctrico variable.

C) La distancia de la superficie a la cual la amplitud del campo es $\frac{E_0}{e}$.

D) Un parámetro que analiza el comportamiento de las o.e.m. en los dieléctricos.

8.12. El coeficiente de absorción es:

A) Una función lineal espectral de la densidad de corriente de la o.e.m.

B) Independiente de la frecuencia.

C) El incremento de la intensidad de la o.e.m. al incidir sobre un material.

D) Dependiente de la frecuencia.

8.13. Si un conductor es ideal e inciden o.e.m., entonces:

A) Resulta opaco a las o.e.m.

B) Traslúcido a las o.e.m.

C) No le afecta.

D) Es abducido.

8.14. La ecuación que relaciona la velocidad de la luz en el vacío con la permitividad y la permeabilidad es:

A) $c = \sqrt{\frac{\varepsilon_o}{\mu_o}}$ C) $c = \sqrt{\varepsilon_o \mu_o}$

B) $c = \frac{1}{\sqrt{\varepsilon_o \mu_o}}$ D) $c = 1 - \sqrt{\varepsilon_o \mu_o}$

8.15. El vector de Poynting tiene la dirección del:

A) Campo eléctrico de la o.e.m.

B) Campo magnético de la o.e.m.

C) Producto escalar de los campos eléctrico y magnético de la o.e.m.

D) Productor vectorial de los campos eléctrico y magnético de la o.e.m.

PROBLEMA 8.1

Estudiar la razón entre la densidad de corriente de desplazamiento y la densidad de corriente de conducción en un conductor (con conductividad σ), suponiendo que existe un campo eléctrico alterno.

SOLUCIÓN

La corriente de desplazamiento es, $\frac{\partial \vec{D}}{\partial t}$. Por lo tanto, si el campo eléctrico tiene la ecuación, $\vec{E}_O \cos \omega t$, la derivada será,

$$\frac{\partial \vec{D}}{\partial t} = -\omega\varepsilon\vec{E}_O \operatorname{sen} \omega t$$

La densidad de corriente de conducción será,

$$\vec{J}_f = \sigma\vec{E}_O \cos \omega t$$

La corriente de conducción está en fase con la intensidad del campo eléctrico y la corriente de desplazamiento está adelantada $\pi/2$ radianes respecto a la densidad de corriente de conducción y al campo eléctrico.

$$\left| \frac{\frac{\partial \vec{D}}{\partial t}}{\vec{J}_f} \right| = \frac{\omega\varepsilon}{\sigma}$$

Para un buen conductor (p.e. el cobre), $\sigma = 5{,}8 \cdot 10^7 \ \Omega^{-1} \cdot m^{-1}$; $\varepsilon_r = 1$, se tiene,

$$\left| \frac{\frac{\partial \vec{D}}{\partial t}}{\vec{J}_f} \right| = 9{,}25 \cdot 10^{-19} f$$

En el intervalo ultravioleta, $f \in [10^{15}, 10^{19}]$ Hz, y en un buen conductor, la razón entre la corriente de desplazamiento y la densidad de corriente de conducción varía de 0,001 a 9,25.

PROBLEMA 8.2

Sabiendo que la conductividad del cobre es $\sigma = 5{,}8 \cdot 10^7 \text{ m}\Omega \cdot \text{m}^{-1}$ y suponiendo $\varepsilon_r = 1$, estudiar la propagación de una onda plana electromagnética de 1 MHz. Para ello resolver los siguientes apartados:

1°. Determinar el coeficiente Q.

2°. Profundidad pelicular δ.

3°. Velocidad de fase V.

4°. La razón entre los campos eléctricos y excitación magnética.

5°. Expresiones de los apartados anteriores en función de la frecuencia.

SOLUCIÓN

1°. Determinar el coeficiente Q

$$Q = \frac{\omega\varepsilon}{\sigma} = 0{,}96 \cdot 10^{-12}$$

2°. Profundidad pelicular δ

$$\delta = \frac{\lambda}{2\pi} = \left[\frac{2}{\omega\sigma\mu}\right]^{\frac{1}{2}} = 66 \quad \mu\text{m}$$

3°. Velocidad de fase V

$$V = \frac{\omega\lambda}{2\pi} = \left[\frac{2\omega}{\sigma\mu}\right]^{\frac{1}{2}} = 410 \quad \text{m} \cdot \text{s}^{-1}$$

4°. La razón entre los campos eléctricos y excitación magnética

$$\left|\frac{E}{H}\right| = \left(\frac{\omega\mu}{\sigma}\right)^{\frac{1}{2}} = 3{,}7 \cdot 10^{-4} \quad \Omega$$

5°. Expresiones de los apartados anteriores en función de la frecuencia

$$Q = 9{,}6 \cdot 10^{-19}\, f \; ; \qquad \delta = 0{,}066 \left(\frac{1}{f}\right)^{\frac{1}{2}} \quad \text{m}$$

$$V = 0{,}415\, f^{\frac{1}{2}} \quad \text{m} \cdot \text{s}^{-1} \; ; \quad \frac{E}{H} = 3{,}7 \cdot 10^{-7}\, f^{\frac{1}{2}}$$

PROBLEMA 8.3

Una onda plana progresiva del campo eléctrico $\vec{E}$ se propaga en el vacío, y referida al sistema de coordenadas cartesianas ortogonales, tiene con polarización rectilínea la expresión: $E_X = 0$, $E_Y = 0$, $E_Z = E_0 \cos \omega \, [t - \frac{y}{c}]$.

El vector campo $\vec{H}$ tiene su componente según el versor $\vec{i}$, su módulo es $|\vec{H}| = H$.

Para la superficie S, de un pequeño círculo de radio R, normal al sentido de propagación de la onda plana antes citada, se desea determinar:

1°. Vector de Poynting $\vec{\mathcal{S}}$ en función de las componentes del campo eléctrico.

2°. Potencia promedio emitida sobre la superficie S.

SOLUCIÓN

1°. Vector de Poynting en función de las componentes del campo eléctrico.

Para las ondas planas en el vacío, la relación entre campos magnético y eléctrico es la siguiente $B = E/c$. Como además: $H = B/\mu_0 = E/c\mu_0$.

Siendo: $\varepsilon_0 \, \mu_0 \, c^2 = 1$, en donde $c \approx 3 \cdot 10^8$ m s^{-1} velocidad de la luz en el vacío.

El vector de Poynting $\vec{\mathcal{S}}$ se define:

$$\vec{\mathcal{S}} = \vec{E} \wedge \vec{H} = \begin{vmatrix} \vec{i} & \vec{j} & \vec{k} \\ 0 & 0 & E \\ H & 0 & 0 \end{vmatrix} = E \, H \, \vec{j} = E \, \frac{B}{\mu_0} \vec{j} = \frac{E^2}{c \, \mu_0} \vec{j} = \sqrt{\frac{\varepsilon_0}{\mu_0}} \, E^2 \, \vec{j} = c \, \varepsilon_0 \, E^2 \, \vec{j}$$

Como el vector campo eléctrico con polarización rectilínea tiene la expresión:

$$E_X = 0, \quad E_Y = 0, \quad E_Z = E_0 \cos \omega \, [t - \frac{y}{c}]$$

El vector de Poynting que marca $\vec{j}$ el sentido de propagación, resulta:

$$\vec{\mathcal{S}} = \frac{E^2}{c \, \mu_0} \vec{j} = \frac{E_0^2}{c \, \mu_0} \cos^2 \omega \, [t - \frac{y}{c}] \, \vec{j} = \sqrt{\frac{\varepsilon_0}{\mu_0}} \, E_0^2 \cos^2 \omega \, [t - \frac{y}{c}] \, \vec{j}$$

2°. Potencia W_S

La potencia que atraviesa la superficie S del pequeño círculo de radio R, normal al sentido de propagación, se obtiene mediante el flujo del vector de Poynting $\vec{\mathcal{S}}$ a través de la mencionada superficie S:

$$\iota = \iint \vec{\mathcal{S}} \cdot \vec{dS} = W_S = \frac{E_0^2}{c \, \mu_0} \cos^2 \omega \, [t - \frac{y}{c}] \, \vec{j} \cdot S \, \vec{j}, \text{ como } \vec{S} = \pi \, R^2 \, \vec{j}$$

$$W_S = \frac{S \, E_0^2}{c \, \mu_0} \cos^2 \omega \, [t - \frac{y}{c}] = \sqrt{\frac{\varepsilon_0}{\mu_0}} \, \pi \, R^2 \, E_0^2 \cos^2 \omega \, [t - \frac{y}{c}]$$

PROBLEMA 8.4

Una onda plana progresiva se propaga en el vacío. El campo eléctrico $\vec{E}$ está referido al sistema de coordenadas cartesianas ortogonales y polarizado elípticamente, siendo su expresión: $E_X = E_{0X} \cos \omega [t - \frac{y}{c} + \varphi]$, $E_Y = 0$, $E_Z = E_{0Z} \cos \omega [t - \frac{y}{c}]$.

El campo magnético $\vec{B}$ tiene componente según $[\vec{i} - \vec{k}]$, y su módulo es $|\vec{B}| = B$.

Para la superficie S, de un pequeño cuadrado de lado "a", normal al sentido de propagación de la onda plana antes citada, se desea determinar:

1º. Vector de Poynting $\vec{\mathcal{S}}$ en función de las componentes del campo eléctrico.

2º. Potencia promedio emitida sobre la pequeña superficie S.

SOLUCIÓN

1º. El vector de Poynting en función de las componentes del campo eléctrico

Para las ondas planas en el vacío, la relación entre campos magnético y eléctrico es la siguiente B= E/c, siendo c = velocidad de la luz. Como además $H = B/\mu_0$.

El vector de Poynting se define: $\vec{\mathcal{S}} = \vec{E} \wedge \vec{H} = \begin{vmatrix} \vec{i} & \vec{j} & \vec{k} \\ E_x & 0 & E_z \\ H_x & 0 & -H_z \end{vmatrix} = \frac{E^2}{c\,\mu_0} \vec{j} = \sqrt{\frac{\varepsilon_0}{\mu_0}}\, E^2 \vec{j} = c\, \varepsilon_0\, E^2 \vec{j}$

El vector campo eléctrico con polarización elíptica, siendo ϕ la diferencia de fase, tiene en el sistema cartesiano la expresión:

$$E_X = E_{0X} \cos \omega [t - \frac{y}{c} + \varphi], \quad E_Y = 0, \quad E_Z = E_{0Z} \cos \omega [t - \frac{y}{c}]$$

Por tanto el vector de Poynting es:

$$\vec{\mathcal{S}} = \sqrt{\frac{\varepsilon_0}{\mu_0}} \left[E^2_{0X} \cos^2 \omega [t - \frac{y}{c} + \varphi] + E^2_{0Z} \cos^2 \omega [t - \frac{y}{c}] \right] \vec{j}$$

2º. Potencia promedio W_s emitida sobre la pequeña superficie S

La potencia promedio que atraviesa la superficie S se obtiene mediante el flujo del vector de Poynting $\vec{\mathcal{S}}$ a través del citado pequeño cuadrado, de lado "a", normal al sentido de propagación:

$$\iota = \iint \vec{\mathcal{S}} \cdot \vec{dS} = W_S = \frac{1}{c\,\mu_0} \left[E^2_{0X} \cos^2 \omega [t - \frac{y}{c} + \varphi] + E^2_{0Z} \cos^2 \omega [t - \frac{y}{c}] \right] \vec{j} \cdot S \vec{j}$$

$$W_S = \sqrt{\frac{\varepsilon_0}{\mu_0}}\, a^2 \left[E^2_{0X} \cos^2 \omega [t - \frac{y}{c} + \varphi] + E^2_{0Z} \cos^2 \omega [t - \frac{y}{c}] \right]$$

PROBLEMA 8.5

Sabiendo los siguientes datos: Potencia radiada por el Sol ($3{,}8\cdot 10^{26}$ W). Radio del Sol ($7\cdot 10^{8}$ m); $\varepsilon_o = 8{,}854\cdot 10^{-12}\ \mathrm{N^{-1}C^2m^{-2}}$; $\frac{E}{B} = c$; distancia Sol-Tierra = $150\cdot 10^{6}$ km

Calcular:

1º. Intensidad del campo eléctrico debida a la radiación en la superficie del Sol.

2º. Intensidad del campo eléctrico debida a la radiación solar en la superficie terrestre.

3º. Intensidad energética en la superficie terrestre en $\mathrm{cal\cdot cm^{-2}\cdot min^{-1}}$.

4º. Expresiones de los campos eléctricos y magnéticos de la onda electromagnética de la radiación solar suponiendo que es de una sola frecuencia y que está polarizada linealmente. Explicar brevemente la respuesta.

5º. Momento lineal transportado por las ondas electromagnéticas en la superficie terrestre.

6º. Un satélite artificial de 100 kg está en el espacio vacío a la distancia Sol-Tierra. Quiere realizar un desplazamiento de 211 m en 23 minutos aprovechando la presión de radiación utilizando una vela cuadrada. Determinar el lado mínimo de dicha vela.

SOLUCIÓN

1º. Intensidad del campo eléctrico debida a la radiación en la superficie del Sol

$$\mathrm{I} = \frac{\mathrm{P}}{4\pi \mathrm{R_S^2}} = \frac{3{,}8\cdot 10^{26}}{4\pi(7{,}0\cdot 10^{8})^2} = 61{,}7\quad \mathrm{MW\cdot m^{-2}}$$

$$< S >= I = c\varepsilon_o \mathrm{E}^2_{\mathrm{eficaz}} \quad ; \quad \mathrm{E_{eficaz}} = 0{,}152\quad \mathrm{MV\cdot m^{-1}}$$

2º. Intensidad del campo eléctrico debida a la radiación solar en la superficie terrestre

$$\mathrm{I} = \frac{\mathrm{P}}{4\pi \mathrm{R_S^2}} = \frac{3{,}8\cdot 10^{26}}{4\pi(1{,}5\cdot 10^{11})^2} = 1343{,}97\quad \mathrm{W\cdot m^{-2}}$$

$$\mathrm{E_{eficaz}} = 711{,}32\quad \mathrm{V\cdot m^{-1}}$$

3º. Intensidad energética en la superficie terrestre en $\mathrm{cal\cdot cm^{-2}\cdot min^{-1}}$

$$1343{,}97\ \frac{\mathrm{J}}{\mathrm{s\cdot m^2}}\left[0{,}24\frac{\mathrm{cal}}{\mathrm{J}}\right]\left[60\frac{\mathrm{s}}{\mathrm{min}}\right]\left[\frac{1\mathrm{m^2}}{10^4\mathrm{cm^2}}\right] = 1{,}93\frac{\mathrm{cal}}{\mathrm{min\cdot cm^2}}$$

4º. Expresiones de los campos eléctricos y magnéticos de la onda electromagnética de la radiación solar suponiendo que es de una sola frecuencia y que está polarizada linealmente.

$$\langle \mathcal{S} \rangle = I = \frac{1}{2} c \varepsilon_o E_o^2 \quad ; \quad E_o = 1005{,}96 \quad N \cdot C^{-1}$$

$$\frac{E_o}{B_o} = c \quad ; \quad B_o = 3{,}33 \quad \mu T$$

$$\vec{E} = E_o \mathrm{sen}(kx - \omega t)\vec{j} \quad ; \quad B = B_o \mathrm{sen}(kx - \omega t)\vec{k}$$

5º. Momento lineal transportado por las ondas electromagnéticas en la superficie terrestre.

$$\langle \rho \rangle = \frac{\langle \mathcal{S} \rangle}{c^2} = 0{,}015 \quad \mathrm{pkg} \cdot m^{-2} s^{-1}$$

6º. Un satélite artificial de 100 kg está en el espacio vacío a la distancia Sol-Tierra. Quiere realizar un desplazamiento de 211 m en 23 minutos aprovechando la presión de radiación utilizando una vela cuadrada. Determinar el lado mínimo de dicha vela.

$$d = \frac{1}{2} a t^2 \quad ; \quad F = Ma \quad ; \quad F = \langle P \rangle A$$

$$\langle P \rangle = \frac{\langle \mathcal{S} \rangle}{c}$$

$$A = \frac{Ma}{\langle P \rangle} = 4960{,}36 \quad m^2 \quad ; \quad A = \ell^2 \quad ; \quad \ell = 70{,}4 \quad m$$

PROBLEMA 8.6

Sea una onda electromagnética propagándose en el vacío. El campo eléctrico, expresado en unidades del S.I., tiene las siguientes componentes:

$E_X = 0 \quad ; \quad E_Y = 30\,\text{sen}[2\pi(5 \cdot 10^{14}t - 10^{6}x)] \quad ; \quad E_Z = 0$

Determinar:

1°. Expresión del campo magnético.

2°. Comprobar que cumple la ecuación de onda de D'Alembert.

3°. Características físicas de la onda (frecuencia, longitud de onda,...etc)

4°. Indicar el estado de polarización de la onda.

SOLUCIÓN

1°. Expresión del campo magnético

Los campos eléctrico y magnético son ortogonales y están en fase por tratarse de una propagación en el vacío. La onda se desplaza en sentido creciente, a través del eje OX (signo negativo de la fase en la componente E_Y). Como los campos están relacionados mediante la velocidad de propagación, entonces $B_o = \frac{E_o}{c} = \frac{30}{3 \cdot 10^{8}} = 10^{-7}$ T

$$B_X = 0 \quad ; \quad B_Y = 0 \quad ; \quad B_Z = 10^{-7}\,\text{sen}[2\pi(5 \cdot 10^{14}t - 10^{6}x)]$$

2°. Comprobar que cumple la ecuación de onda de D'Alembert

El campo eléctrico en notación general es,

$$E_X = 0 \quad ; \quad E_Y = E_o\,\text{sen}[2\pi(\zeta\, t - kx)] \quad ; \quad E_Z = 0$$

La ecuación de D'Alembert es, $\frac{\partial^2 \vec{E}}{\partial x^2} + \frac{\partial^2 \vec{E}}{\partial y^2} + \frac{\partial^2 \vec{E}}{\partial z^2} = \frac{1}{c^2}\frac{\partial^2 \vec{E}}{\partial t^2}$

En este caso evoluciona según el eje OX, $\frac{\partial^2 \vec{E}}{\partial x^2} = \frac{1}{c^2}\frac{\partial^2 \vec{E}}{\partial t^2}$

Y expresado mediante las componentes del campo, $\frac{\partial^2 E_Y}{\partial x^2} = \frac{1}{c^2}\frac{\partial^2 E_Y}{\partial t^2}$

Teniendo en cuenta que, $k^2 = \frac{\zeta^2}{c^2}$, las derivaciones de los dos miembros mantienen la igualdad.

3°. Características físicas de la onda (frecuencia, longitud de onda, ...etc)

Periodo: $T = \frac{2\pi}{\omega} = 2 \cdot 10^{-15}$ s ; frecuencia: $n = 0{,}5 \cdot 10^{15}$ Hz

Longitud de onda: $\lambda = \frac{2\pi}{k} = 10^{-6}$ m

Fase inicial de la onda, $\varphi_o = 0$ rad.

4°. Indicar el estado de polarización de la onda

El estado de polarización de la onda es lineal puesto que los campos vibran en un solo plano.

PROBLEMA 8.7

Un dipolo eléctrico está constituido por las pequeñas cargas eléctricas + Q_0 y – Q_0 unidas por un fino hilo conductor de longitud "a", cuya resistencia y capacidad son despreciables.

En el vacío, referido a un sistema cartesiano XOY, existe el punto M situado a distancia "r" de O, punto medio del segmento que une ambas cargas, de forma que entre el segmento "a", en sentido hacia la carga – Q_0, y el segmento "r", en el punto O el ángulo formado es $\theta=30^o$.

Si el citado dipolo eléctrico es oscilante $\vec{p} = \vec{p}_O e^{j\omega t}$, determinar en el punto M:

1º. Expresión de los potenciales retardados en función de la pulsación ω.

2º. Expresión de los potenciales retardados en función de la frecuencia ν.

Aplicación numérica del apartado segundo, para los siguientes datos:

Q_0= 8 μ C; ν= $3\cdot10^{17}$ s^{-1}; r= 5 km; a= 5 m.

3º. Potenciales retardados para tiempo t= 2 s.

4º. Potenciales retardados para tiempo t= 35 s

SOLUCIÓN

1º. Expresión de los potenciales retardados en función de la pulsación ω

Como el momento dipolar es: $\vec{p}_O = Q_O\vec{a}$, entonces la carga es, $Q = \frac{\vec{p}_O €}{a} = Q_O e^{j\omega t}$.

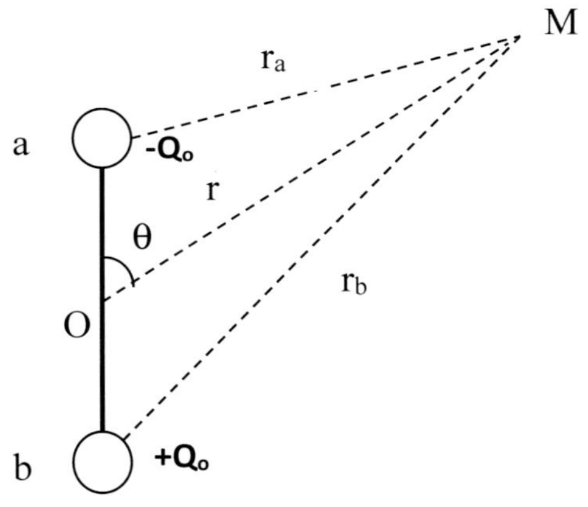

La intensidad que circula por el hilo conductor que une las dos cargas del dipolo es,

$I = \frac{dQ}{dt} = Q_O j\omega e^{j\omega t}$, por tanto resulta: $I\vec{a} = \vec{p}_O j\omega e^{j\omega t} = j\omega\vec{p}$

Potenciales escalares retardados en M: $V_M = \frac{Q_O e^{j\omega\left(t-\frac{r_b}{c}\right)}}{4\pi\varepsilon_O r_b} - \frac{Q_O e^{j\omega\left(t-\frac{r_a}{c}\right)}}{4\pi\varepsilon_O r_a}$

El segmento del dipolo es: a= $\overline{ab}$.

$r_b = \sqrt{r^2 + (0{,}5\ a)^2 + 2r\cdot 0{,}5\ a\cos\tau}$ y $r_a = \sqrt{r^2 + (0{,}5\ a)^2 - 2r\cdot 0{,}5\ a\cos\tau}$

2º. Expresión de los potenciales retardados en función de la frecuencia ν

Mediante ω=2π ν, la expresión buscada de los potenciales retardados en M:

$$V_M = \frac{Q_o e^{j2\pi\,\nu\left(t-\frac{r_b}{c}\right)}}{4\pi\varepsilon_o r_b} - \frac{Q_o e^{j2\pi\,\nu\left(t-\frac{r_a}{c}\right)}}{4\pi\varepsilon_o r_a} = \frac{Q_o}{4\pi\varepsilon_o}\left[\frac{e^{j2\pi\,\nu\left(t-\frac{r_b}{c}\right)}}{r_b} - \frac{e^{j2\pi\,\nu\left(t-\frac{r_a}{c}\right)}}{r_a}\right]$$

3º. Potenciales retardados para t= 2”

Previamente se calculan los valores de r_a y de r_b:

$$r_b = \sqrt{5^2\,10^6 + 2{,}5^2 + 2\cdot 5000\cdot 2{,}5\cdot \cos 30} = 5002{,}16522 \text{ m.}$$

$$r_a = \sqrt{5^2\,10^6 + 2{,}5^2 - 2\cdot 5000\cdot 2{,}5\cdot \cos 30} = 4997{,}83509 \text{ m.}$$

Siendo: $c \approx 3\cdot 10^8$ m s^{-1} y $1/4\pi\varepsilon_0 \approx 9\cdot 10^9$

Aplicando la expresión del apartado 2º, los potenciales retardados son:

$$V_M = 8\cdot 10^{-6}\cdot 10^9\left[\frac{e^{j2\pi\,10^{17}\left(2-\frac{5002,16522}{300000000}\right)}}{5002{,}16522} - \frac{e^{j2\pi\,10^{17}\left(2-\frac{4997,83509}{300000000}\right)}}{4997{,}83509}\right]$$

$$V_M = 1{,}599930\left[e^{j\,2\pi\cdot 1,9999833\cdot 10^{17}}\right] - 1{,}600693\left[e^{j\,2\pi\cdot 1,9999833\cdot 10^{17}}\right] \text{ V}$$

Como: $\alpha_1 \approx \alpha_{1b} \approx \alpha_{1a} = 2\pi\cdot 1{,}9999833\cdot 10^{17}$rd

$$V_{M_{t=2''}} = -7{,}6307\cdot 10^{-4}\left[e^{j\delta_1}\right] \text{ V}$$

4º. Potenciales retardados para t= 35”

Aplicando expresiones de los dos apartados anteriores, los potenciales retardados en el punto M para este supuesto de tiempo t=35”:

$$V_M = 8\cdot 10^{-6}\cdot 10^9\left[\frac{e^{j2\pi\,10^{17}\left(35-\frac{5002,16522}{300000000}\right)}}{5002{,}16522} - \frac{e^{j2\pi\,10^{17}\left(35-\frac{4997,83509}{300000000}\right)}}{4997{,}83509}\right]$$

$$V_M = 1{,}599930\left[e^{j\,2\pi\cdot 34,9999833\cdot 10^{17}}\right] - 1{,}600693\left[e^{j\,2\pi\cdot 34,9999833\cdot 10^{17}}\right] \text{ V}$$

Siendo: $\alpha_2 \approx \alpha_{2b} \approx \alpha_{2a} = 2\pi\cdot 34{,}9999883\cdot 10^{17}$ rd

$$V_{M_{t=35''}} = -7{,}63\cdot 10^{-4}\left[e^{j\delta_2}\right] \text{ V}$$

PROBLEMA 8.8

Sea una onda plana electromagnética propagándose en una placa de cobre (ver figura; en donde x = y = 1 m; siendo el avance de la onda según el eje z). En el punto de incidencia sobre la placa, la amplitud del campo eléctrico de la onda es $E_o = 1$ V/m. Determinar:

1°. ¿Cuál es la amplitud del campo eléctrico a la salida si la onda tiene una frecuencia de 60 Hz?

2°. Pérdida de potencia de la onda en la placa.

3°. Valor medio espacial del voltaje máximo a través de la placa y pérdidas por efecto Joule.

SOLUCIÓN

1°. ¿Cuál es la amplitud del campo eléctrico a la salida de la placa si la onda tiene una frecuencia de 60 Hz?

$$E = E_o e^{-\frac{\Delta z}{\delta}} = e^{-\frac{\Delta z}{0{,}85}}$$

En función del espesor de la placa; la profundidad pelicular a 60 Hz es 0,85 cm

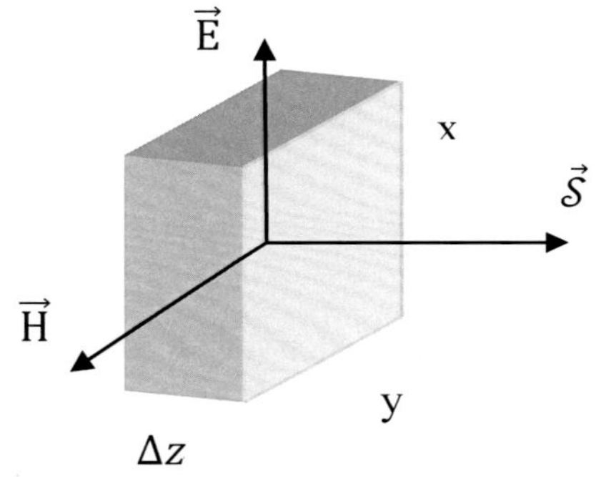

2°. Decrecimiento del valor medio del vector de Poynting en el interior de la placa

Consultando los apuntes de teoría se puede demostrar que, $\vec{S}_{\text{medio}} = \frac{1}{2}\left(\frac{\sigma}{2\omega\mu}\right)^{\frac{1}{2}} e^{-\frac{2z}{\delta}} E_o^2 \ \vec{k}$

Según el eje "z", S_{medio} varía desde $\frac{1}{2}\left(\frac{\sigma}{2\omega\mu}\right)^{\frac{1}{2}} E_o^2$ hasta $\frac{1}{2}\left(\frac{\sigma}{2\omega\mu}\right)^{\frac{1}{2}} e^{-\frac{2\Delta z}{\delta}} E_o^2$

La potencia perdida por la onda en la placa es, $P_{\text{perdida}} = \frac{x \cdot y}{2}\left(\frac{\sigma}{2\omega\mu}\right)^{\frac{1}{2}} E_o^2 \left[1 - e^{-\frac{2\Delta z}{\delta}}\right]$

3°.- Valor medio espacial del voltaje máximo a través de la placa y pérdidas por efecto Joule. (Resistencia en la dirección del flujo de corriente x/σyΔz)

$$V_{\text{medio}} = \frac{E_o\left(1+e^{-\frac{\Delta z}{\delta}}\right) \cdot x}{2} \qquad P_{\text{efecto Joule}} = \frac{1}{2}\frac{E_o^2\left(1+e^{-\frac{\Delta z}{\delta}}\right)^2 \cdot x^2}{\frac{x}{\sigma y \Delta z}} = \frac{\sigma y x \Delta z E_o^2\left(1+e^{-\frac{\Delta z}{\delta}}\right)^2}{2}$$

La energía perdida por la onda es igual a la energía calorífica por efecto Joule. Se puede demostrar representando gráficamente las dos expresiones de potencias en función del espesor de la placa.

CAPÍTULO IX

CORRIENTE CONTINUA

«Grandes son las obras del Señor, dignas de estudio para los que las aman»

Salmo 111, v.2

1. CORRIENTE CONTINUA. DENSIDAD E INTENSIDAD DE CORRIENTE

Al someter un conductor metálico a un campo electrostático exterior $\vec{E} = \vec{E}_{EXT}$, los electrones libres del conductor se desplazan instantáneamente (corriente transitoria) hacia la superficie del conductor, y en su interior el campo resultante es: $\vec{E}_{TOTAL} = \vec{E}_{EXT} + \vec{E}_{INT} = \vec{0}$.

Para mantener, dentro del conductor, un flujo constante de cargas eléctricas (corriente permanente I, en circuito cerrado), ha de existir en el citado conductor una diferencia de potencial producida por la energía aportada por un campo electromotor $\overrightarrow{E'} = \overrightarrow{cte}$, creado mediante un generador G de energía eléctrica, cuyo origen puede ser: químico (pila), mecánico (dinamo), térmico, etc.

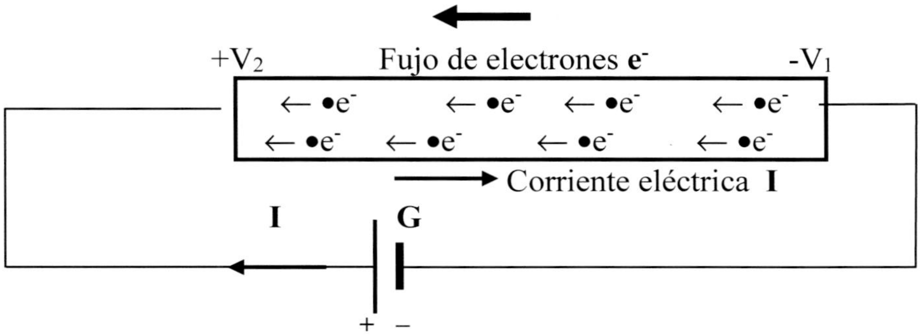

CORRIENTE CONTINUA. Flujo constante de electrones libres en el mismo sentido a través de la sección de un conductor eléctrico, producido por un campo eléctrico electromotor $\overrightarrow{E'} = \overrightarrow{cte}$, existente en el conductor.

La velocidad de media de arrastre del flujo de electrones es: $v_a = \dfrac{e\,E'\,\tau}{2\,m} \approx 10^{-4} ms^{-1}$, siendo τ tiempo medio entre dos choques consecutivos de electrones, siendo este tiempo independiente del campo eléctrico exterior aplicado. En los metales, los electrones móviles en su interior, tienen una velocidad térmica: $v_T \approx 10^6$ m s^{-1}.

La nube electrónica móvil se desplaza entre dos puntos del conductor, que se hallan a distinto potencial, en el sentido de potenciales crecientes. Dicho sentido es opuesto al de la corriente eléctrica I (sentido convencional de + a -) y es del mismo sentido que el campo eléctrico electromotor $\overrightarrow{E'}$.

DENSIDAD DE CORRIENTE. Magnitud vectorial, que representa la contribución de las cargas individuales móviles e^-, con velocidad de arrastre $\overrightarrow{v_a}$, a la corriente: $\vec{J} = \rho_Q \overrightarrow{v_a} = n\,e\,\overrightarrow{v_a}$.

INTENSIDAD DE CORRIENTE. Es la carga eléctrica que atraviesa la sección S del conductor en la unidad de tiempo. $I = \dfrac{dQ}{dt} = \iint_S \vec{J} \cdot d\vec{S} = \iint_S J\, dS_n$. Cuando I= cte ≠ f(t) ⇒I es "Continua". Si I= f(t)⇒ I es "Variable". Si $I = I_0$ sen ω t⇒ I es "Alterna senoidal". Es magnitud fundamental en el S. I.

PRINCIPIO DE CONSERVACIÓN DE LA CARGA ELÉCTRICA: $\oiint_S \vec{J} \cdot d\vec{S} = -\frac{\partial}{\partial t}\iiint_\tau \rho \, d\tau$.

ECUACIÓN DE CONTINUIDAD: $\text{div}\,\vec{J}=\nabla\cdot\vec{J}=-\frac{\partial\rho}{\partial t}$; cuando $\rho \neq f(t)=\text{cte.} \Rightarrow \text{div}\,\vec{J}=\nabla\cdot\vec{J}=0$.

2. CONDUCTANCIA Y RESISTENCIA

Conductividad $\equiv \sigma = \frac{1}{\rho}$, característica física del conductor, depende de la temperatura.

Resistividad $\equiv \rho$, magnitud inversa de la conductividad. $[\rho]= \text{M L T}^{-3}\,\text{I}^{-2}$

Resistencia $\equiv R = \frac{\rho \ell}{S}$. Conductor homogéneo: sección recta S; longitud ℓ. $[R]= \text{M L}^2\,\text{T}^{-3}\,\text{I}^{-2}$

Conductancia $\equiv G = \frac{\sigma S}{\ell} = \frac{1}{R}$, esta magnitud es inversa de la resistencia. $[G]= \text{M}^{-1}\,\text{L}^{-2}\,\text{T}^3\,\text{I}^2$

3. ECUACIÓN DE CONDUCCIÓN ELÉCTRICA. LEY DE OHM

ECUACIÓN DE CONDUCCIÓN ELÉCTRICA. Es una expresión fenomenológica, no válida universalmente, que relaciona el campo electromotor $\vec{E'}$, la causa, con la densidad de corriente $\vec{J}$, el efecto, siendo la conductividad del material conductor σ, la constante de proporcionalidad. Suponiendo la conducción isotrópica, la ecuación es: $\vec{J} = \sigma \vec{E'} = \frac{\vec{E'}}{\rho}$.

LEY DE OHM. Es la aplicación de la ecuación de conducción eléctrica a conductor metálico de sección recta S y de longitud ℓ.

$$I = J\,S = \sigma\,\left|\vec{E'}\right|\,S = \sigma\frac{V}{\ell}S = \frac{V}{\frac{\ell}{\sigma S}} = \frac{V}{\frac{\rho\,\ell}{S}} = \frac{V}{R} \Rightarrow V = I\,R$$

$$I = neSv_a = \frac{ne^2 S\,E'\,\tau}{2m} = \frac{n\,e^2 S\,\tau}{2m}\frac{V}{\ell} = \frac{V}{\frac{2m\ell}{ne^2 S\tau}} = \frac{V}{R} \Rightarrow R = \frac{2m}{ne^2\tau}\frac{\ell}{S} \Rightarrow \rho = \frac{2m}{ne^2\tau}$$

4. ENERGÍA DE LA CORRIENTE ELÉCTRICA

La potencia disipada en una resistencia R, en forma de calor es: $P = V\,I = I^2\,R = \frac{V^2}{R}$

Efecto Joule: consiste en la disipación de energía eléctrica, en forma de calor, en una resistencia R, a lo largo del tiempo, su expresión es: $W = \int_0^t I^2 R\,dt = R\int_0^t I^2 dt = \int_0^t \frac{V^2}{R}dt$

5. FUERZA ELECTROMOTRIZ

F.e.m≡ ε, es la potencia suministrada por el generador al circuito por unidad de intensidad de corriente. Es la causa de la diferencia de potencial entre los extremos del conductor, y suministra la energía para la circulación de cargas eléctricas en C≡ "circuito cerrado".

$$\varepsilon = \oint_C [\vec{E}' + \vec{E}] \cdot d\vec{\ell} = \oint_C \vec{E}' \cdot d\vec{r} = \oint_C \frac{\vec{J} \cdot d\vec{\ell}}{\sigma} = \oint_C \frac{d\ell}{\sigma\, S} I = I\,R = \frac{R\,I^2}{I} = \frac{Pot.}{I} = \frac{W}{I\,t} \quad \text{se supone } \vec{J} = \text{cte}$$

Campo electromotor: $\vec{E}' \neq \vec{0}$ ==> $\vec{\nabla} \wedge \vec{E}' \neq \vec{0} \Rightarrow \vec{E}'$ es un campo rotacional.

Campo electrostático: $\vec{E} \neq \vec{0}$ ==> $\vec{\nabla} \wedge \vec{E} = \vec{0}$ ==> $\oint_C \vec{E} \cdot d\vec{\ell} = 0 \Rightarrow \vec{E}$ es irrotacional.

Si I= 0, la diferencia de potencial en bornes del generador es: $V_2 - V_1 = \oint_C \vec{E}' \cdot d\vec{\ell} = \varepsilon$

6. ASOCIACIÓN DE ELEMENTOS EN UN CIRCUITO

RESISTENCIAS	EQUIVALENCIA	LEY DE OHM	INTENSIDAD	CAÍDA DE POTENCIAL
EN SERIE Divisor de Tensión. Intensidad común: I	$R_S = \Sigma R_i$	$V = I\,R_S = I\,\Sigma R_i$	$I = \frac{V_i}{R_i} = \frac{V}{R_S}$	$V = \Sigma V_i = I\,R_S$ $V_i = I\,R_i = V\frac{R_i}{R_S}$
EN PARALELO Divisor de Intensidad. Potencial común: V	$R_P = \frac{1}{\Sigma\left[\frac{1}{R_i}\right]}$	$I = \frac{V}{R_P} = V\,\Sigma\left[\frac{1}{R_i}\right]$	$I = \Sigma I_i = \frac{V}{R_P}$ $I_i = I\,\frac{R_P}{R_i}$	$V = I_i\,R_i = I\,R_P$

GENERADORES REALES	EQUIVALENCIA	INTENSIDAD	Δ POTENCIAL	ÚTIL CUANDO
SERIE $[\varepsilon_j \neq \varepsilon_i;\ r_j \neq r_i]$ **n_S** generadores son diferentes. Circuito exterior con R	$[\Sigma\,\varepsilon_i, \Sigma\,r_i]$	$I_S = \frac{\Sigma\varepsilon_i}{R + \Sigma r_i}$	$\Delta V = \Sigma\,\varepsilon_i - I_S\,\Sigma r_i$	$R >> \Sigma\,r_i$
PARALELO $[\varepsilon = \varepsilon_j = \varepsilon_i;\ r = r_j = r_i]$ **n_P** generadores son idénticos. Circuito exterior con R	$[\varepsilon, \frac{r}{n_P}]$	$I_P = \frac{\varepsilon}{R + \frac{r}{n_P}}$	$\Delta V = \varepsilon - I_P\,[\frac{r}{n_P}]$	$R << 1/\Sigma[\frac{1}{r_i}] = \frac{r}{n_P}$

7. RESOLUCIÓN DE CIRCUITO SERIE MEDIANTE LEY DE OHM. GRÁFICAS

■ **RESOLUCIÓN DE CIRCUITO SERIE**

Ley de Ohm aplicada a un circuito serie: $\Sigma\,\varepsilon_i - \Sigma\,\varepsilon'_j = I\,\Sigma\,R_k$ sirve para hallar I.

GENERADOR. Suministra energía al circuito. La f.e.m. ε es + (positiva), cuando la intensidad, que sale por su polo positivo, coincide con el sentido de la intensidad de la corriente previamente elegido en el circuito eléctrico como positivo.

<u>MOTOR</u>. Absorbe energía eléctrica necesaria para su funcionamiento. La intensidad de corriente entra al motor por su polo +. En el primer miembro de la expresión de ley Ohm, la f.c.e.m. denominada ε' tiene signo negativo, es opuesta a la f.e.m. ε.

■ **RESOLUCIÓN DE CIRCUITO SERIE: GENERADOR REAL, MOTOR REAL Y RESISTENCIA**

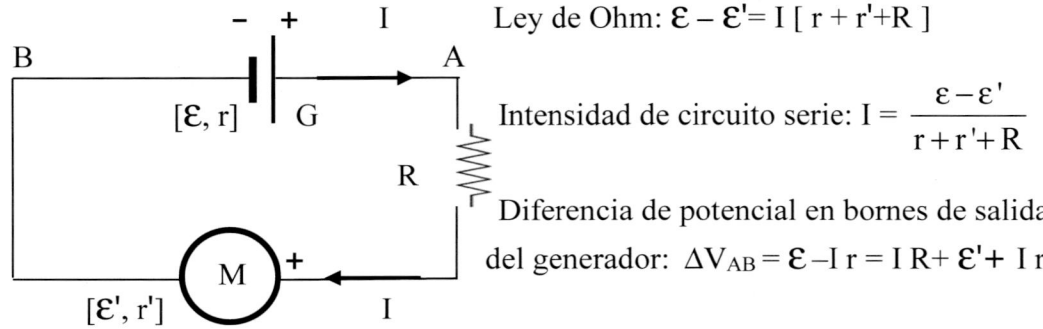

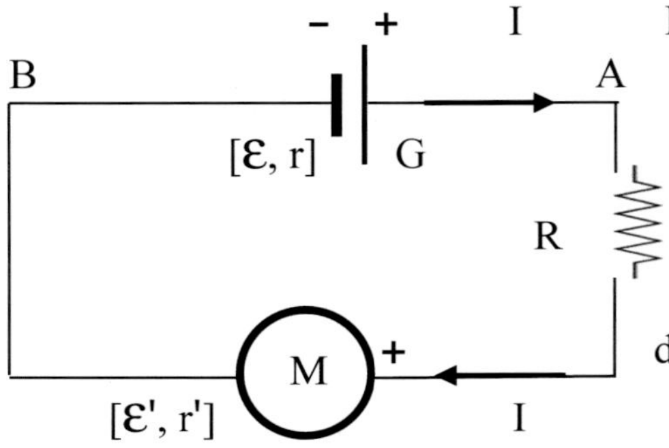

Ley de Ohm: $\varepsilon - \varepsilon' = I\,[\,r + r' + R\,]$

Intensidad de circuito serie: $I = \dfrac{\varepsilon - \varepsilon'}{r + r' + R}$

Diferencia de potencial en bornes de salida del generador: $\Delta V_{AB} = \varepsilon - I\,r = I\,R + \varepsilon' + I\,r$

Balance de energía en el circuito serie: $P_{\text{SUMINISTRADA TOTAL}} = \varepsilon I = \varepsilon' I + I^2\,[\,r + r' + R\,] = P_{\text{CONSUMIDA TOTAL}}$

- Generador real G [f.e.m. ε, resistencia interna r].

  Potencia suministrada: $P_{G\ \text{TOTAL}} = \varepsilon\, I$. Potencia útil suministrada: $P_{G\ \text{ÚTIL}} = \varepsilon\, I - r\, I^2$

  Potencia disipada en resistencia interna r: $P_{G\ r} = r\, I^2$

- Resistencia exterior R.

  Potencia disipada en la resistencia R: $P_R = R\, I^2 = \dfrac{[\varepsilon - \varepsilon']^2 R}{[r + r' + R]^2}$.

  Potencia es máxima en R cuando se cumple: $\Rightarrow R = r + r' \Rightarrow P_{R\ \text{MÁXIMA}} = \dfrac{[\varepsilon - \varepsilon']^2}{4\,R}$

- Motor real M (f. c. e. m. ε'; resistencia interna r').

  Diferencia de potencial en bornes de entrada al motor: $\Delta V_M = \varepsilon' + I\, r'$

  Potencia consumida total: $P_{M\ \text{TOTAL}} = \varepsilon' I + r' I^2$. Potencia consumida útil: $P_{M\ \text{ÚTIL}} = \varepsilon' I$

  Potencia consumida en r': $P_{M\ r'} = r'\, I^2$. Rendimiento eléctrico: $\eta = \dfrac{P_{M.\text{ÚTIL}}}{P_{M.\text{TOTAL}}} = \dfrac{\varepsilon' I}{\varepsilon' I + r' I^2} < 1$

TIPO DE APARATO CARACTERÍSTICAS	CASOS MÁS IMPORTANTES INTENSIDAD. DIFERENCIA DE POTENCIAL. POTENCIA	
GENERADOR–BATERÍA f. e. m.= ε RESISTENCIA INTERNA=r	CIRCUITO ABIERTO NO HAY CORRIENTE $\Rightarrow$ I= 0 $\Delta V_{SALIDA} = \varepsilon$ $P_{GENERADOR\ SUMINISTRADA} = \varepsilon I = 0$	CIRCUITO CERRADO SI HAY CORRIENTE $\Rightarrow 0 \neq I > 0$ $\Delta V_{SALIDA} = \varepsilon - I r$ $P_{GENERADOR\ SUMINISTRADA\ ÚTIL} = \varepsilon I - r I^2$
MOTOR ELÉCTRICO f. c. e. m.= ε' RESISTENCIA INTERNA= r'	MOTOR PARADO, NO GIRA, PERO SI RECIBE CORRIENTE$\Rightarrow 0 \neq I' > 0$ $\varepsilon' = 0 \Rightarrow \Delta V_{ENTRADA} = r' I'$ $P_{MOTOR\ CONSUMIDA} = P_{MOT\ r'} = r' I'^2$	MOTOR EN MARCHA, ESTÁ GIRANDO, SI RECIBE CORRIENTE $\Rightarrow 0 \neq I > I' > 0$ $\Delta V_{ENTRADA} = \varepsilon' + r' I$ $P_{MOTOR\ CONSUMIDA\ TOTAL} = \varepsilon' I + r' I^2$

■ GRÁFICA INTENSIDAD–VOLTAJE. CIRCUITO SÓLO CON GENERADOR

La relación entre la intensidad I que circula por un elemento de un circuito eléctrico y la diferencia de potencial V entre los bornes del elemento, puede representarse en un diagrama cartesiano, donde arbitrariamente, I es la abscisa y V es la ordenada.

Gráficas de generador ideal y de generador real.

Generador ideal: [ε, $r_i = 0$]. Gráfica: línea recta ❶-❷, horizontal (trazo de puntos).

Generador real: [ε, $r_i \neq 0$]. Gráfica: línea recta❶-❸, inclinada $\pi-\alpha$ con eje de abcisas +.

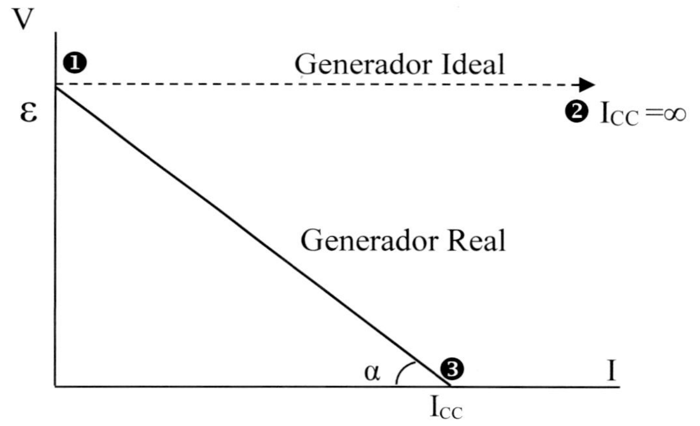

Gráfica ❶-❷ $\Rightarrow V = \varepsilon = cte$

Gráfica ❶-❸ $\Rightarrow \frac{V}{\varepsilon} + \frac{I}{I_{CC}} = 1$

Mediante la ley de Ohm:

$0 = \varepsilon - r_i I_{CC} \Rightarrow I_{cc} = \frac{\varepsilon}{r_i}$

I_{CC} corriente de cortocircuito

Punto ❶: Circuito abierto R=∞ ⇒I= 0; Generador Ideal: V= ε; Generador real: V= ε- Ir.

Punto ❷: Cortocircuito R= 0 ⇒V= 0; Generador Ideal: $I_{cc} = \frac{\varepsilon}{0} \Rightarrow I_{cc} = \infty$

Punto ❸: Cortocircuito R= 0⇒V= 0; Generador Real: $0 = \varepsilon - r_i I_{CC} \Rightarrow I_{cc} = \frac{\varepsilon}{r_i}$

El cortocircuito se produce al unir entre sí los polos positivo y negativo del generador con un conductor de resistencia R= 0, en donde no hay caída de tensión. Esto origina, en el circuito eléctrico, donde está el generador, una corriente muy elevada, denominada corriente de cortocircuito I_{CC}, que causa daños económicos muy importantes, incluso la destrucción de los aparatos eléctricos conectados en el circuito que sufre el cortocircuito.

■ **GRÁFICA INTENSIDAD–VOLTAJE. CIRCUITO SERIE GENERADOR REAL G [ε, r_i] Y RESISTENCIA R**

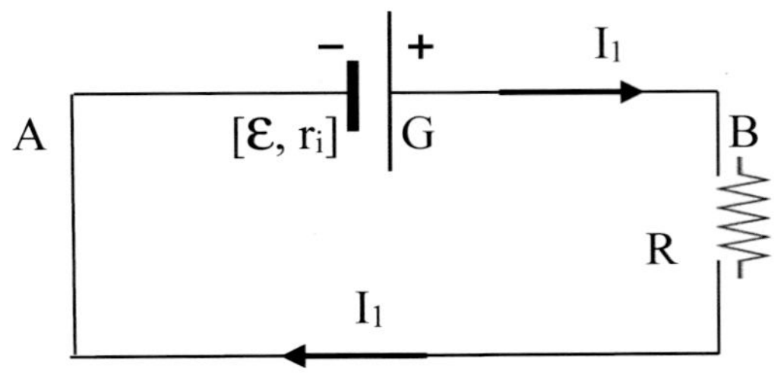

Ley de Ohm: $\varepsilon = I_1\,[r_i + R]$

Intensidad del circuito: $I_1 = \dfrac{\varepsilon}{r_i + R}$

$V_{BA} = \varepsilon - r_i I_1 = R\,I_1$

Punto ❶: Circuito abierto $R = \infty \Rightarrow I = 0;\ V = \varepsilon$

Punto ❷: Cortocircuito $R = 0 \Rightarrow V = 0;\ I = I_{CC}$

Punto ❸: Punto funcionamiento del circuito

$I = I_1;\ V = V_{BA};\ I_{CC} >> I_1$

Tensión de funcionamiento: $V_{BA} = R\,I_1 = \varepsilon - I_1 r_i$

Corriente de funcionamiento: $I_1 = \varepsilon/[r_i + R]$

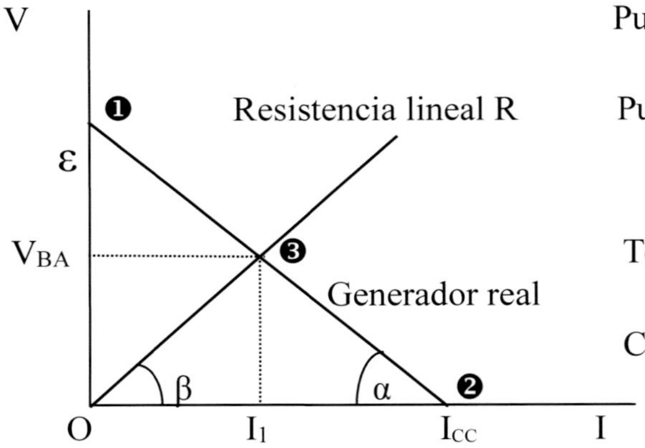

El punto de funcionamiento del circuito es ❸, se obtiene como intersección de la gráfica del GENERADOR REAL, [recta ❶-❸-❷ inclinada un ángulo $\pi-\alpha$ con el sentido positivo del eje de abcisas I], con la gráfica de la RESISTENCIA lineal R, [recta O-❸ que partiendo del origen de coordenadas O, forma un ángulo β con el sentido positivo del eje de abcisas I].

$$\text{tg}\ \alpha = \frac{\varepsilon}{I_{CC}} = r_i;\quad \text{tg}\ \beta = \frac{V_{BA}}{I_1} = \frac{\varepsilon - r_i I_1}{I_1} = R;\quad I_1 = \frac{\varepsilon}{r_i + R} = \frac{r_i}{r_i + R} I_{CC};\quad I_{CC} = \frac{\varepsilon}{r_i} = \frac{r_i + R}{r_i} I_1$$

La corriente de cortocircuito es: $I_{CC} = \varepsilon/r_i = [1 + R/r_i]\,I_1 >> I_1$

Gráfica de generador real : $\dfrac{V}{\varepsilon} + \dfrac{I}{I_{CC}} = 1$; Gráfica de resistencia lineal: $V = R\,I = [\text{tg}\ \beta]\cdot I$

Si $V = 0 \Rightarrow I = I_{CC}$; Si $I = 0 \Rightarrow V = \varepsilon$. La resistencia lineal es $R = \text{tg}\ \beta$

■ **GRÁFICA CAÍDA DE TENSIÓN EN TRAMOS DE CIRCUITO SERIE: GENERADOR+REAL RESISTENCIA**

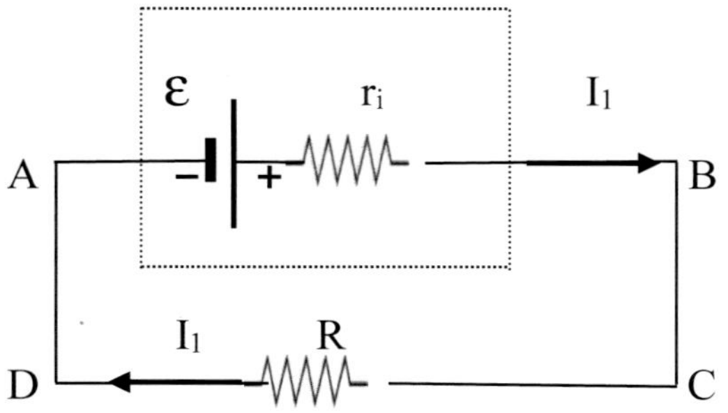

Ley de Ohm: $\varepsilon = I_1 \, [\, r_i + R \,]$

Intensidad del circuito: $I_1 = \dfrac{\varepsilon}{r_i + R}$

$V_{BA} = \varepsilon - r_i \, I_1 = V_{CD} = R \, I_1$

Dentro del rectángulo de puntos se halla dibujado el esquema de un generador real.

La diferencia de potencial V, al recorrer el circuito en sentido dextrógiro, ABCDA es la línea quebrada de trazo grueso del dibujo que se ve a continuación.

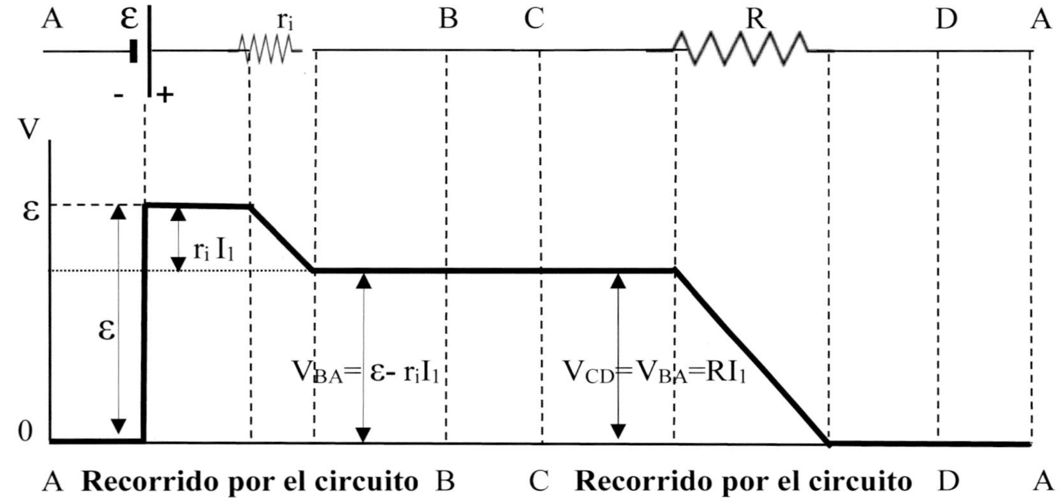

La f.e.m. ε suministra una diferencia de potencial que se consume al circular la intensidad I_1 por las resistencias r_i y R en donde se producen caídas de tensión. Los trazos horizontales de la gráfica, corresponden a tramos del circuito con caída de tensión nula, en ellos, no hay ningún elemento eléctrico, ni resistencias ni baterías.

8. LEYES DE KIRCHHOFF

PRIMERA LEY KIRCHHOFF

La suma de las intensidades que entran al nudo **h**, es igual a la suma de las intensidades que salen de dicho nudo, en el referido nudo **h** concurren **i** tramos.

$$\sum I_{h\,Entrada} = \sum I_{h\,Salida} \Rightarrow \sum I_{h\,Entrada} - \sum I_{h\,Salida} = 0 \Rightarrow \sum I_{hi} = 0$$

SEGUNDA LEY KIRCHHOFF

La suma algebraica de las f.e.m. de una malla **k**, es igual a la suma algebraica de las caídas óhmicas de tensión en las resistencias de los conductores de los **j** tramos que componen la referida malla **k**.

$$\sum \varepsilon_{kj} = \sum I_{kj} \, R_{kj} = \sum V_{kj}$$

9. ANÁLISIS DE CIRCUITOS POR EL MÉTODO DE MALLAS

Consiste en la resolución de un circuito eléctrico con varias mallas, con resistencias R y con f.e.m. $\mathcal{E}$, basada en las leyes de Kirchhoff.

En este Método de mallas, se definen las siguientes magnitudes eléctricas:

- $\mathbf{I_k}$ es la corriente eléctrica de la malla **k**. A cada malla del circuito se le asigna una corriente que sólo circula por ella, eligiéndose el mismo sentido de circulación, dextrógiro o levógiro, para todas corrientes de las mallas del circuito eléctrico.
- $\mathbf{R_{kk}}$ es la resistencia operacional propia de la malla **k**. Se expresa como la suma de todas las resistencias contenidas en dicha malla **k**: $R_{kk}= R_{k1} + R_{k2} + R_{k3} +....+ R_{kn}$.
- $\mathbf{R_{kj}= R_{jk}}$ resistencia mutua de las mallas **k** y **j**, es la resistencia correspondiente al tramo común de dichas mallas. Su valor es nulo si las dos mallas no tienen ningún tramo común, o cuando en el tramo común entre ambas mallas la resistencia es nula.
- $\mathcal{E}_k$ f.e.m. de la malla **k**, es la suma algebraica de todas las f.e.m. que hay en la malla **k**, cada una con su signo. Una f.e.m. $\mathcal{E}_K$ de la malla **k** tiene signo positivo, cuando la intensidad I_k asignada a la malla sale por su polo +. Una f.e.m. $\mathcal{E}_K$ de la malla **k** tiene signo negativo, cuando intensidad I_k asignada a la malla **k** entra por su polo +.

Las ecuaciones de cada una de dichas mallas, para un circuito con "n" mallas, son:

Malla 1: $\mathcal{E}_1 = R_{11} I_1 - R_{12} I_2 - R_{13} I_3 ... - R_{1k} I_k ... - R_{1n} I_n$

Malla 2: $\mathcal{E}_2 = -R_{21} I_1 + R_{22} I_2 - R_{23} I_3 ... - R_{2k} I_k ... - R_{2n} I_n$

Malla 3: $\mathcal{E}_3 = -R_{31} I_1 - R_{32} I_2 + R_{33} I_3 ... - R_{3k} I_k ... - R_{3n} I_n$

....

Malla k: $\mathcal{E}_k = -R_{k1} I_1 - R_{k2} I_2 - R_{k3} I_3 ... + R_{kk} I_k ... - R_{kn} I_n$

....

Malla n: $\mathcal{E}_n = -R_{n1} I_1 - R_{n2} I_2 - R_{n3} I_3 ... - R_{nk} I_k ... + R_{nn} I_n$

Estas n ecuaciones lineales se expresan matricialmente: $\{\mathcal{E}\} = \{R\} \times \{I\}$

$\{I\}$ y $\{\mathcal{E}\}$ son matrices columna de intensidades y de f.e.m., respectivamente.

$\{R\}$ matriz de resistencias, es cuadrada de orden n, y simétrica respecto de su diagonal principal, pues $R_{kj}= R_{jk}$. Los términos de la diagonal principal R_{kk} son positivos +, y los restantes términos R_{kj} de la matriz, pueden ser nulos o llevar signo negativo –.

Se denomina $\Delta=|R|$ al determinante de las resistencias. Δ_k es el determinante obtenido al sustituir en Δ, la columna k de las resistencias por la columna de las f.e.m.

La resolución del sistema de ecuaciones lineales se efectúa mediante el método de Kramer.

$$I_k = \frac{\begin{vmatrix} +R_{11} & -R_{12} & -R_{13} & \varepsilon_1 & -R_{1n} \\ -R_{21} & +R_{22} & -R_{23} & \varepsilon_2 & -R_{2n} \\ -R_{31} & -R_{32} & +R_{33} & \varepsilon_3 & -R_{3n} \\ -R_{k1} & -R_{k2} & -R_{k3} & \varepsilon_k & -R_{kn} \\ -R_{n1} & -R_{n2} & -R_{n3} & \varepsilon_n & +R_{nn} \end{vmatrix}}{\begin{vmatrix} +R_{11} & -R_{12} & -R_{13} & -R_{1k} & -R_{1n} \\ -R_{21} & +R_{22} & -R_{23} & -R_{2k} & -R_{2n} \\ -R_{31} & -R_{32} & +R_{33} & -R_{3k} & -R_{3n} \\ -R_{k1} & -R_{k2} & -R_{k3} & +R_{kk} & -R_{kn} \\ -R_{n1} & -R_{n2} & -R_{n3} & -R_{nk} & +R_{nn} \end{vmatrix}} = \frac{\Delta_k}{\Delta} = \frac{\Delta_{1k}}{\Delta}\varepsilon_1 + \frac{\Delta_{2k}}{\Delta}\varepsilon_2 + \frac{\Delta_{3k}}{\Delta}\varepsilon_3 + \ldots + \frac{\Delta_{kk}}{\Delta}\varepsilon_k + \ldots \frac{\Delta_{nk}}{\Delta}\varepsilon_n$$

Intensidad de la malla k expresada de forma indicial: $I_k = \frac{\Delta_k}{\Delta} = \sum_{j=1}^{j=n} \frac{\Delta_{jk}}{\Delta}\varepsilon_j$ A

Δ_{jk} es adjunto del elemento j k: $\Delta_{jk} = [-1]^{j+k} M_{jk}$, siendo M_{jk} su menor complementario.

CONDUCTANCIA DE TRANSFERENCIA de malla j a malla k: $G_{jk} = \frac{\Delta_{jk}}{\Delta} = [-1]^{j+k} \frac{M_{jk}}{\Delta}$ Ω^{-1}

10. TEOREMA DE HELMHOLTZ-THEVENIN

Sea un circuito lineal activo, formado solamente por resistencias lineales y por f.e.m. de corriente continua. Bajo el punto de vista de efectos exteriores, a dos terminales A y B accesibles desde el exterior, el circuito dado se puede sustituir por una f.e.m. ideal ε_0, conectada en serie con una resistencia R_0, denominada resistencia equivalente.

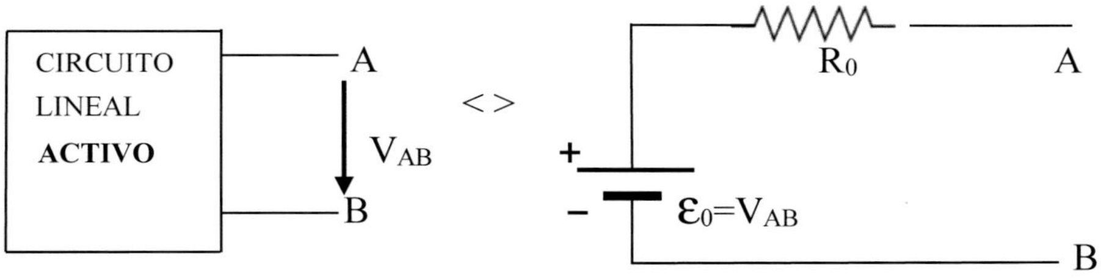

- **$\varepsilon_0 = V_{AB}$**: tensión existente entre los terminales A y B, a circuito abierto, en el circuito lineal activo. **V_{AB}** se determina resolviendo el circuito lineal activo dado, hallando luego la diferencia de potencial a circuito abierto, entre los terminales A y B.

- **Circuito pasivo**: se obtiene al cortocircuitar en circuito lineal activo dado, todas las f.e.m., pero sin anular las propias resistencias internas de los generadores, cuando se trate de generadores reales.

- **R_0** resistencia equivalente: es la que ofrece el circuito pasivo desde los terminales A y B. En el caso de un circuito pasivo con morfología complicada, la resistencia equivalente R_0, se determina insertando una f.e.m. ideal ε_1 en este circuito pasivo, entre los terminales A y B, resolviendo seguidamente el nuevo circuito así formado.

La resistencia equivalente $\mathbf{R_0}$ viene dada por la expresión: $R_0 = \dfrac{\varepsilon_1}{I'_1} = R_{AB}$

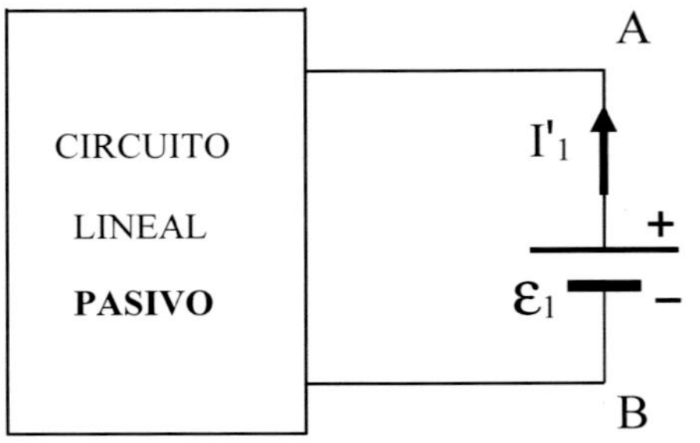

CUESTIONES

9.1. ¿Cuál de las siguientes magnitudes depende exclusivamente de las características físicas del medio conductor?
A) Resistencia.
B) Resistividad.
C) Conductancia.
D) Todas las respuestas.

9.2. La resistividad de un material conductor se mide en:
A) Ω
B) Ω^{-1}
C) Ω m
D) Ω m^{-1}

9.3. La densidad de corriente es un:
A) Escalar que mide la intensidad de corriente por unidad de superficie.
B) Vector cuya dirección y sentido es la velocidad de portadores de carga en cada punto.
C) Vector cuyo módulo es la carga que atraviesa una unidad de superficie.
D) Vector directamente proporcional a aceleración en cada punto de portadores de carga.

9.4. La diferencia de potencial en bornes de una batería real:
A) Siempre vale la f.e.m.
B) Sólo vale la f.e.m. cuando el circuito está cerrado.
C) Sólo vale la f.e.m. cuando el circuito está abierto.
D) Nunca vale la f.e.m.

9.5. Entendemos por f.e.m. de un generador la:
A) Energía que proporciona el generador a un circuito eléctrico.
B) Potencia que proporciona el generador a un circuito eléctrico.
C) Potencia que proporciona el generador a un circuito por unidad de intensidad.
D) Potencia que proporciona el generador a un circuito eléctrico por unidad de tiempo.

9.6. Indicar el enunciado exacto del Principio de conservación de la carga eléctrica:
A) La carga eléctrica total de un sistema aislado permanece constante.
B) La carga eléctrica total de cualquier sistema permanece constante.
C) La carga eléctrica parcial o total de un sistema cerrado es constante.
D) Ninguna de las anteriores.

9.7. Para producir una corriente eléctrica en un conductor es necesario:
A) Una divergencia de potencial eléctrico.
B) Un gradiente de potencial nulo.
C) Cargar el metal con exceso de electrones y luego aplicar una diferencia de potencial.
D) Que exista en su interior un campo eléctrico no nulo.

9.8. Una resistencia pura se caracteriza por:
A) Transformar la energía eléctrica en otros tipos de energía.
B) Toda la energía que consume se convierte en calor.
C) No estar vinculada al efecto Joule.
D) La energía es directamente proporcional a la intensidad de la corriente e inversamente proporcional a la diferencia de potencial aplicada en sus bornes.

9.9. Indicar la característica esencial de un conductor lineal:
A) Aquel conductor que forma parte de tramos rectilíneos en los circuitos eléctricos.
B) Es la relación cuadrática entre la densidad de corriente y el campo eléctrico.
C) La densidad de corriente es directamente proporcional al campo eléctrico cuya constante de proporcionalidad es la conductividad.
D) La densidad de corriente es directamente proporcional al campo eléctrico cuya constante de proporcionalidad es la resistividad.

9.10. La transformación de energía eléctrica en energía calorífica, al circular una corriente eléctrica por un conductor, se denomina:
A) Efecto Peltier.
B) Efecto Joule-Mayer.
C) Aumento de la calidad de energía.
D) Efecto Casimir.

9.11. Cuando dentro de un conductor metálico existe un campo electromotor constante, circula en su interior una corriente eléctrica estacionaria, y entonces se cumple que:
A) $\text{div } \vec{J} = \text{cte}$.
B) $\text{div } \vec{J} = 0$.
C) $\text{div } \vec{J} = \dfrac{\partial \rho}{\partial t}$.
D) $\text{div } \vec{J} = -\dfrac{\partial \rho}{\partial t}$.

9.12. Se tiene un conjunto de cuatro resistencias montadas en paralelo sobre una misma batería de f.e.m. continua. Sabiendo que $R_1 = R_2 = 4\ R_3 = 0{,}5\ R_4$, indicar cual de todas las resistencias suministrará más calor en el mismo intervalo de tiempo:

A) R_1.

B) R_2.

C) R_3.

D) R_4.

9.13. Un motor real de continua tiene una f.c.e.m. ε', y resistencia interna r'. Cuando una corriente eléctrica continua I entra por su polo positivo, la diferencia de potencial entre sus bornes se expresa por:

A) $\Delta V = \varepsilon' - I\, r'$.

B) $\Delta V = \varepsilon'$.

C) $\Delta V = \varepsilon' + I\, r'$.

D) Ninguna de las anteriores.

9.14. Un conjunto de cinco generadores idénticos, (ε f.e.m., r resistencia interna), de corriente continua, se conectan entre sí en paralelo. La corriente eléctrica que suministra el conjunto de generadores a una resistencia externa R, está dada por:

A) $I = \varepsilon / [R + 5\ r]$.

B) $I = \varepsilon / [R + 0{,}2\ r]$.

C) $I = 5\ \varepsilon / [R + r]$.

D) $I = \varepsilon / 5[R + r]$.

9.15. En un circuito serie, se dispone de un conjunto de diez generadores iguales de corriente continua, (ε f.e.m., r resistencia interna). Cuando están conectados en serie, suministran a un circuito exterior la corriente eléctrica I. La diferencia de potencial entre los bornes del conjunto de generadores, es:

A) $\Delta V = 10\ \varepsilon - I\ r$.

B) $\Delta V = 10\ \varepsilon - 0{,}1\ I\ r$.

C) $\Delta V = \varepsilon - 10\ I\ r$.

D) $\Delta V = 10\ [\varepsilon - I\ r]$.

PROBLEMA 9.1

Un generador real de corriente continua tiene una resistencia interna $r = 1\ \Omega$ y se somete a las pruebas que se indican a continuación.

1º. Estando el generador en vacío, se conecta a sus bornes un voltímetro que entonces indica 120 V. ¿Qué valor tiene la f. e. m. del generador?

2º. Se conecta el generador a una resistencia R y el voltímetro ahora indica 100 V. ¿Qué valor tiene la resistencia R?, ¿Y la intensidad que circula por el circuito?

3º. Se cambia ahora la resistencia R, por un motor al que se le impide girar y entonces el voltímetro indica 80 V. ¿Cuánto vale la intensidad? ¿Cuánto vale r' resistencia interna del motor?

4º. Se deja a continuación girar libremente el motor y el voltímetro indica 110 V. ¿Qué intensidad que recorre el circuito? ¿Cuánto vale la f. c. e. m. del motor? ¿Qué potencia y rendimiento desarrolla el motor?

SOLUCIÓN

1º. F.e.m. del generador

Ley de Ohm: $\varepsilon = I_1\, r + I_1\, R_1$ [1] . El circuito está abierto equivale a resistencia $R_1 = \infty$.

Llevando $R_1 = \infty$ a [1], obtenemos: $I_1 = \dfrac{\varepsilon}{r + R_1} = \dfrac{\varepsilon}{r + \infty} = 0$

Cuando el circuito está abierto la batería no tiene carga.

Cuando $I_1 = 0$, la tensión en el voltímetro es la f. e. m.

Voltímetro $V_1 = 120$ V $\Rightarrow$ $\varepsilon = 120$ V<> f. e. m.

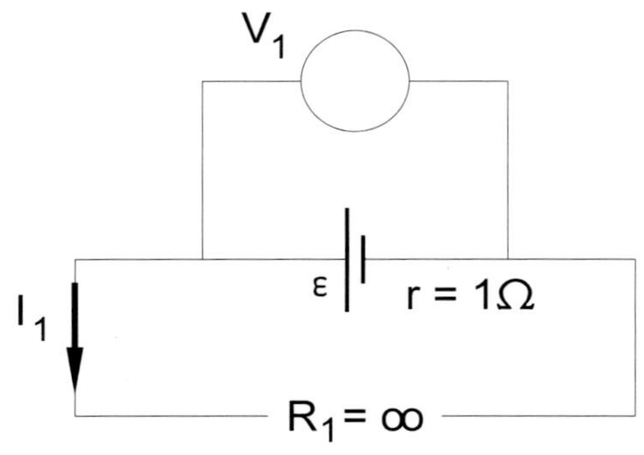

2º. Resistencia R. Intensidad I del circuito

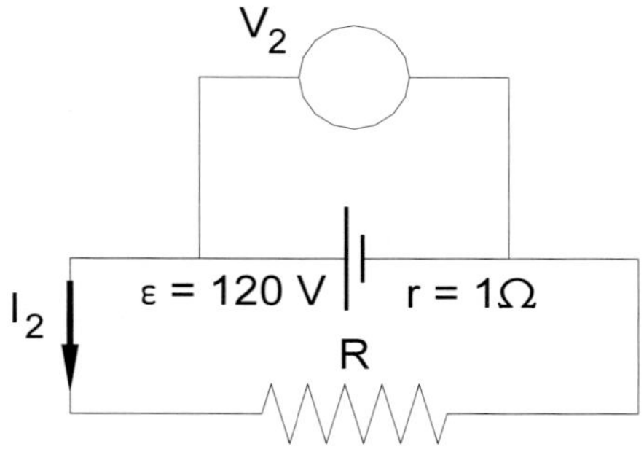

Ley de Ohm: $\varepsilon = I_2\, r + I_2\, R$. Voltímetro: $V_2 = I_2\, R = 100$ V

De ambas ecuaciones obtenemos los valores buscados: $I_2 = 20$ A; $R = 5\ \Omega$.

3º. Intensidad del circuito. Resistencia interna r' del motor

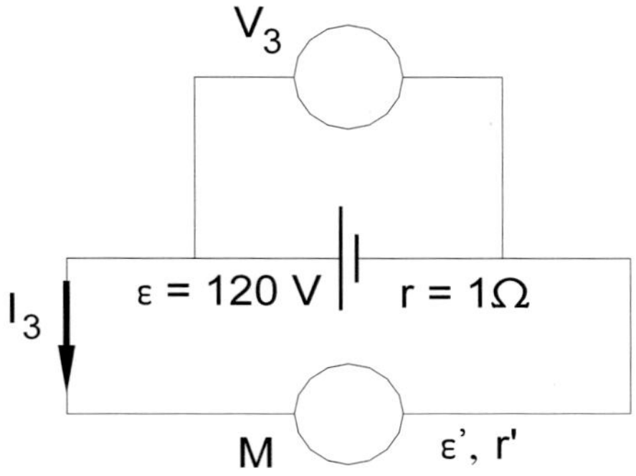

El motor está parado es $\varepsilon' = 0$, actúa sólo como una resistencia interna r'.

Ley de Ohm: $\varepsilon = \varepsilon' + I_3\, r' + I_3\, r$

Voltímetro: $V_3 = I_3\, r' = 80$

De ambas ecuaciones resulta: $I_3 = 40$ A; $r' = 2\ \Omega$.

4º. Intensidad del circuito, f.c.e.m. del motor, potencia y rendimiento en el motor

Ahora el motor gira libremente y absorbe la energía eléctrica suministrada por el generador para desarrollar potencia exterior y también para su propio consumo interno.

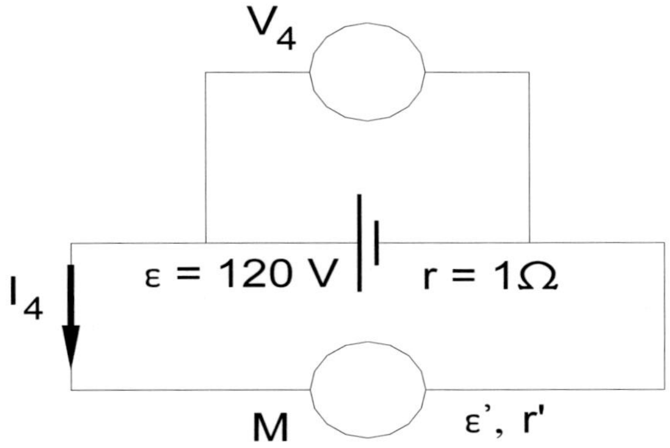

Ley de Ohm: $\varepsilon = \varepsilon' + I_4 r' + I_4 r$

Voltímetro: $V_4 = \varepsilon' + I_4 r' = 110\ \text{V}$

Con estas dos ecuaciones se halla la intensidad y la f. c. e. m. del motor real.

$I_4 = 10\ \text{A}$; $\varepsilon' = 90\ \text{V}$ f. c. e. m.

La potencia total consumida por el motor es la suma de la potencia útil consumida por dicho motor y de la potencia disipada en la resistencia interna del propio motor:

$P_{M\,TOTAL} = \varepsilon' I_4 + r' I_4^2 = 90 \cdot 10 + 2 \cdot 10^2 = 1100\ \text{W}$

La potencia útil consumida por el motor es: $P_{M\,UTIL} = \varepsilon' I_4 = 90 \cdot 10 = 900\ \text{W}$.

El rendimiento del motor será: $\eta = \dfrac{P_{MU}}{P_{MT}} = \dfrac{\varepsilon' I_4}{\varepsilon' I_4^2 + r' I_4^2} = \dfrac{900}{1100} = 81{,}82\%$

PROBLEMA 9.2

En el circuito de la figura, hay 2 generadores de f.e.m. continua: G_1 (ε_1=37 V y r_1= 3 Ω) y otro G_2 (ε_2=7 V y r_2=2 Ω) conectado en oposición con el anterior, además, entre ambos generadores hay instaladas dos resistencias R_1= 6 Ω y R_2 = 4 Ω. Se pide determinar:

1º. Intensidad.

2º. Diferencia de potencial V_{AB} y V_{AC}.

3º. Balance energético. Potencia generada y potencia consumida.

4º. Gráfica intensidad-voltaje. Punto de funcionamiento del circuito. Valor de I_{CC}.

5º. Gráfica de la caída de tensión al recorrer el circuito.

SOLUCIÓN

1º. Intensidad

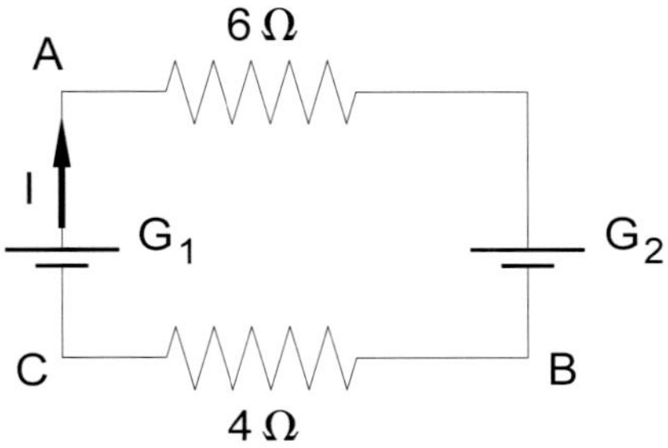

Los dos generadores G_1 y G_2 están conectados en oposición, la intensidad que sale por polo + de G_1 entra por el polo + de G_2.

Ley de Ohm: $\varepsilon_1 - \varepsilon_2 = I\,[3+6+2+4]$

La intensidad del circuito es: $I = \dfrac{37-7}{15} = 2\,\text{A}$

2º. Diferencia de potencial V_{AB} y V_{AC}

$V_{AB}= 6\cdot I+ 7+ 2\cdot I= 6\cdot 2+7 +2\cdot 2= 23$ V

$V_{AC}= 37- 3\cdot I= 37- 3\cdot 2= 31$ V es la tensión de salida en bornes del generador G_1.

3º. Balance energético. Potencia generada y potencia consumida

La potencia en el circuito es: $P_{SUMINISTRADA}= \varepsilon_1 I = \varepsilon_2 I+ r_1 I^2+ r_2 I^2+ R I^2 = P_{CONSUMIDA}$

- Potencia suministrada por Generador G_1: $P_{G1} = \varepsilon_1 I = 37\cdot 2= 74$ W
- Potencia consumida por resistencia interna de G_1: $P_{r1}= 3 I^2= 3\cdot 2^2= 12$ W
- Potencia en generador G_2, al estar en oposición respecto a G_1, actúa como motor y consume la potencia: $P_{G2} = \varepsilon_2 I+ r_2 I^2= 7\cdot 2+ 2\cdot 2^2= 22$ W
- Potencia consumida por dos resistencias externas: $P_R= 6 I^2+ 4 I^2= 6\cdot 2^2+ 4\cdot 2^2= 40$ W

En el balance energético se cumple:

$P_{SUMINISTRADA}= P_{G1}= 74\text{ W}= P_{G2} + P_{r1}+ P_R= 22+ 12+ 40= 74\text{ W}= P_{CONSUMIDA}$

4º. Gráfica Intensidad-Voltaje. Punto de funcionamiento del circuito. Valor de I_{cc}

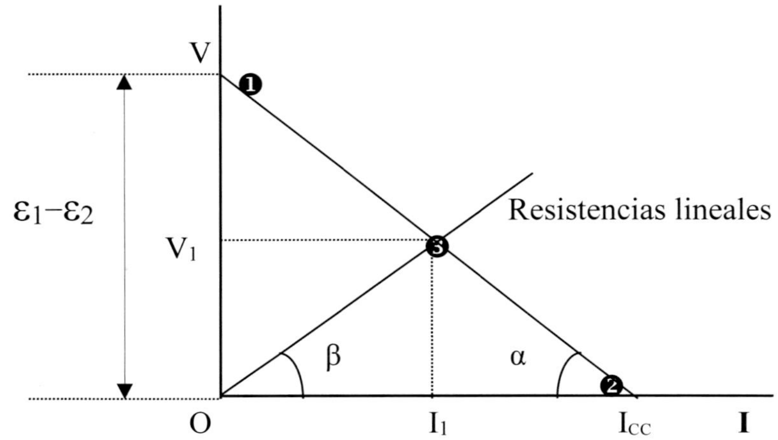

Los puntos más destacables de la figura son:

Punto ❶: Circuito abierto ⇒ I= 0; $V = \varepsilon_1 - \varepsilon_2 = 37 - 7 = 30$ V

Punto ❷: Cortocircuito. Intensidad de cortocircuito se determina haciendo $R_1 = R_2 = 0$, en la ecuación de resolución del circuito obtenida al aplicar la ley de Ohm:

$$I_{CC} = \frac{\varepsilon_1 - \varepsilon_2}{r_1 + r_2} = 6\text{A}$$

El valor de I_{cc} es en este caso tres veces mayor que I_1 la intensidad de funcionamiento en régimen normal. Por tanto, cuando se somete a cualquier circuito a tan elevada intensidad de I_{cc} se producen daños de gran importancia en la instalación receptora, en el supuesto de que la instalación carezca de protección adecuada contra tales intensidades.

Punto ❸: Punto de funcionamiento de circuito.

$I = I_1$; $V = V_1 = I_1\,[R_1 + R_2] = \varepsilon_1 - \varepsilon_2 - I_1\,[r_1 + r_2]$.

Se obtiene aplicando al circuito la ley de Ohm.

$$I_1 = \frac{\varepsilon_1 - \varepsilon_2}{r_1 + r_2 + R_1 + R_2} = 2\text{A}; \quad V_1 = I_1\,[R_1 + R_2] = 2 \cdot 10 = 20\text{V}$$

Gráfica de los dos generadores reales ε_1 y ε_2 conectados en oposición, es la recta ❶-❸-❷ inclinada un ángulo $\pi - \alpha$ con el sentido positivo del eje de abcisas.

$$\text{Ecuación}: \frac{V}{\varepsilon_1 - \varepsilon_2} + \frac{I}{I_{CC}} = 1 \Rightarrow \frac{V}{30} + \frac{I}{6} = 1; \ \tan\alpha = \frac{\varepsilon_1 - \varepsilon_2}{I_{CC}} = r_1 + r_2 = 5 \Rightarrow \alpha = 78{,}69^{\circ}$$

Gráfica correspondiente a las resistencias lineales R_1 y R_2, es una recta O-❸ que partiendo del origen forma un ángulo β con el eje de abcisas y pasa por el punto ❸ .

$$\text{Ecuación: } V = I \cdot [\tan\beta] \Rightarrow V = 10\,I; \ \tan\beta = \frac{\varepsilon_1 - \varepsilon_2}{I_1} - r_1 - r_2 = \frac{V_1}{I_1} = R_1 + R_2 = 10 \Rightarrow \beta = 84{,}29^{\circ}$$

5º. Gráfica de la caída de tensión al recorrer el circuito

La variación del potencial, al recorrer físicamente el circuito en sentido levógiro, está dibujada a continuación en trazo grueso, resultando una gráfica de tipo escalonado.

Se obtiene mediante la ley de Ohm: $\varepsilon_1 = I_1\, r_1 + I_1\, R_1 + \varepsilon_2 + I_1\, r_2 + I_1\, R_2 \;\Rightarrow I_1 = 2\text{A}$

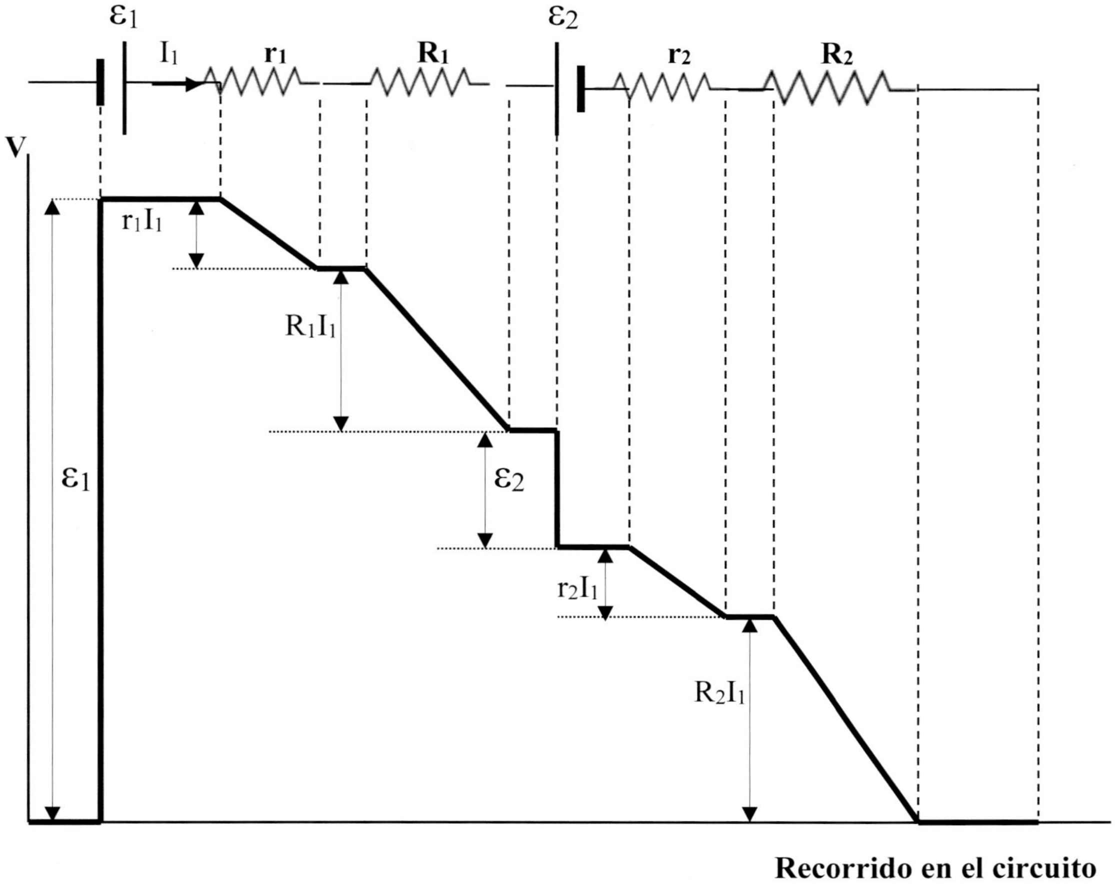

Al iniciar el recorrido en el circuito, nos encontramos en primer lugar con el generador G_1 que provoca un aumento en la tensión de valor ε_1; después en la resistencia interna r_1 la tensión disminuye: $\Delta V_{r1} = I_1\, r_1$. En la resistencia R_1 la tensión decrece: $\Delta V_{R1} = I_1\, R_1$. Al encontrar al segundo generador G_2, en oposición con G_1, se produce un decremento en la tensión de valor ε_2. Luego en la resistencia interna r_2 la tensión disminuye: $\Delta V_{r2} = I_1\, r_2$. Finalmente al llegar a la resistencia R_2 se produce la caída de tensión: $\Delta V_{R2} = I_1\, R_2$.

Es decir, la f.e.m. de ε_1 suministra una diferencia de potencial que se consume al recorrer I_1 las resistencias r_1, R_1, r_2, y R_2 y que también está disminuida por la batería ε_2, debido a que está conectada en oposición de polaridad con respecto a la batería ε_1.

Los tramos horizontales de la gráfica, corresponden tramos del circuito con caída de tensión nula, debido a que en dichos tramos, en el circuito, no hay ningún elemento eléctrico, ni resistencias ni baterías.

PROBLEMA 9.3

Un generador real de continua G (f. e. m. $\mathcal{E}$= 101V y r= 2 Ω) y además cuatro resistencias cuyos valores se indican, están dispuestas en el circuito de tres mallas dibujado en la figura. Se pide determinar:

1º. Intensidades I_1, I_2, I_3.

2º. Potencia disipada en las resistencias. Balance energético del circuito.

3º. Conductancia de transferencia de la malla 2ª a la malla 3ª.

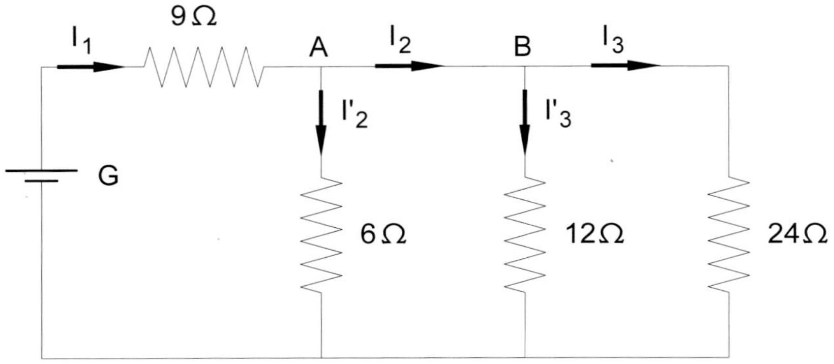

SOLUCIÓN

1º. Intensidades I_1, I_2, I_3

■ MÉTODO A

El circuito se transforma en el siguiente: $\frac{1}{R_P}=\frac{1}{6}+\frac{1}{12}+\frac{1}{24}=\frac{7}{24}$; $R_P=\frac{24}{7}\Omega$

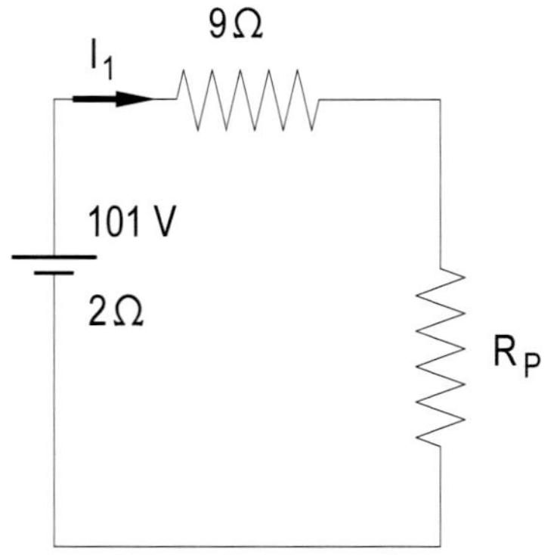

Aplicando Ley de Ohm: $101= I_1\,[2+ 9+ 24/7] \Rightarrow I_1= 7$ A

las resistencias de 6, 12 y 24 Ω están en paralelo resulta:

$I_1 R_P= I'_2\, 6= I'_3\, 12= I_3\, 24$ sustituyendo valores conocidos

$7\cdot (24/7)= I'_2\, 6= I'_3\, 12 = I_3\, 24$ y de aquí se obtiene:

$I'_2= 4$ A; $I'_3= 2$ A; $I_3= 1$ A.

Mediante la 1ª ley de Kirchhoff en el nudo A: $I_1= I_2+ I'_2$ obtenemos: $I_2= 3$ A

Mediante la 1ª ley de Kirchhoff en el nudo B: $I_2= I_3+ I'_3$ obtenemos: $I'_3= 2$ A

Las intensidades pedidas son: $I_1= 7$ A, $I_2= 3$ A, $I_3= 1$ A.

■ MÉTODO B

Aplicando el Método de las Mallas, se resuelve el circuito. Las ecuaciones son:

Malla 1: $101 = 17 \cdot I_1 - 6 \cdot I_2 - 0 \cdot I_3$ [1]

Malla 2: $0 = -6 \cdot I_1 + 18 \cdot I_2 - 12 \cdot I_3$ [2]

Malla 3: $0 = -0 \cdot I_1 - 12 \cdot I_2 + 36 \cdot I_3$ [3]

De la ecuación [3] se obtiene $I_2 = 3\ I_3$, llevando este resultado a [2] y [1] queda:

$101 = 17 \cdot I_1 - 6 \cdot I_2$

$0 = -6 \cdot I_1 + 14 \cdot I_2$

Operando, las intensidades buscadas son: $I_1 = 7$ A, $I_2 = 3$ A, $I_3 = 1$ A.

2º. Potencia disipada en resistencias. Balance energético del circuito

- Potencia consumida en las cuatro resistencias del circuito:

$P_{R=6} = 6\ [I'_2]^2 = 6 \cdot 4^2 = 96$ W; $P_{R=12} = 12\ [I'_3]^2 = 12 \cdot 2^2 = 48$ W

$P_{R=24} = 24\ [I_3]^2 = 24 \cdot 1^2 = 24$ W; $P_{R=9} = 9\ [I_1]^2 = 9 \cdot 7^2 = 441$ W

- Potencia útil suministrada por generador: $P_G = \varepsilon\ I_1 = 101 \cdot 7 = 707$ W

- Potencia consumida en resistencia interna del generador: $P_{r=2} = 2\ [I_1]^2 = 98$ W

En el balance energético del circuito se cumple:

$P_{SUMINISTRADA} = P_G = 707\ W = \Sigma P_{r\,i} = P_{r=2} + P_{R=6} + P_{R=12} + P_{R=24} + P_{R=9} = 707\ W = P_{CONSUMIDA}$

3º. Conductancia de transferencia de la malla 2ª a la malla 3ª

La corriente en la malla 3ª se expresa: $I_3 = \frac{\Delta_3}{\Delta} = \frac{\Delta_{13}}{\Delta} \cdot 101 + \frac{\Delta_{23}}{\Delta} \cdot 0 + \frac{\Delta_{33}}{\Delta} \cdot 0 = 1$ A

Por tanto, la conductancia de transferencia entre mallas 2ª y 3ª es:

$$G_{23} = \frac{\Delta_{23}}{\Delta} = [-1]^{2+3} \frac{\begin{vmatrix} 17 & -6 \\ 0 & -12 \end{vmatrix}}{\begin{vmatrix} 17 & -6 & 0 \\ -6 & 18 & -12 \\ 0 & -12 & 36 \end{vmatrix}} = \frac{51}{1818} = 2,805\ 10^{-2}\ \Omega^{-1}$$

PROBLEMA 9.4

En el circuito representado en la figura se tienen dos condensadores C_1 y C_2 en serie, que a su vez están en paralelo con dos resistencias en serie R_1 y R_2. Un extremo del circuito se encuentra a un potencial V_1= 20 V y el otro a tierra V_2= 0 V. Entre los puntos 3 y 4 hay un interruptor S de resistencia interna nula. Se pide lo siguiente:

Con interruptor S abierto:

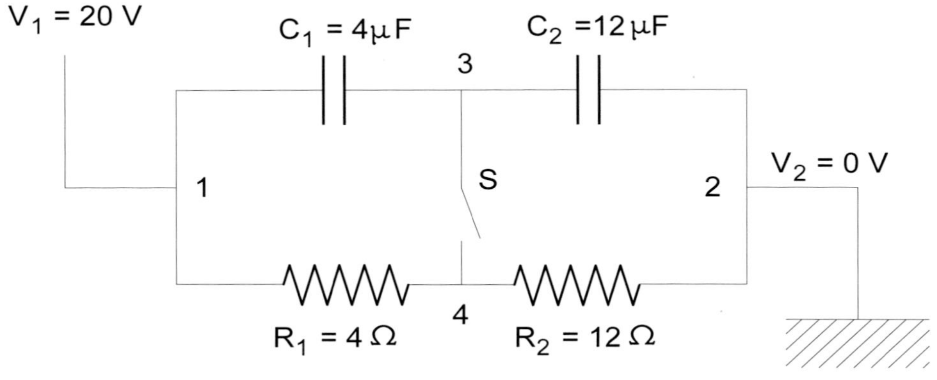

1º. Corriente que pasa por la resistencia R_1 y por el condensador C_2.

2º. Potenciales de los puntos 3 y 4.

Con el interruptor S cerrado y antes de alcanzar el estado estacionario:

3º. Potenciales de los puntos 3 y 4.

4º. Cantidad de carga que fluye entre los puntos 3 y 4.

5º. Potencia consumida en el circuito.

En el mismo circuito, quitando el conductor que une los puntos 3 y 4, se coloca ahora entre los puntos 1 y 2 un conductor de resistencia interna R_T= 0,01 Ω en donde hay un interruptor denominado T.

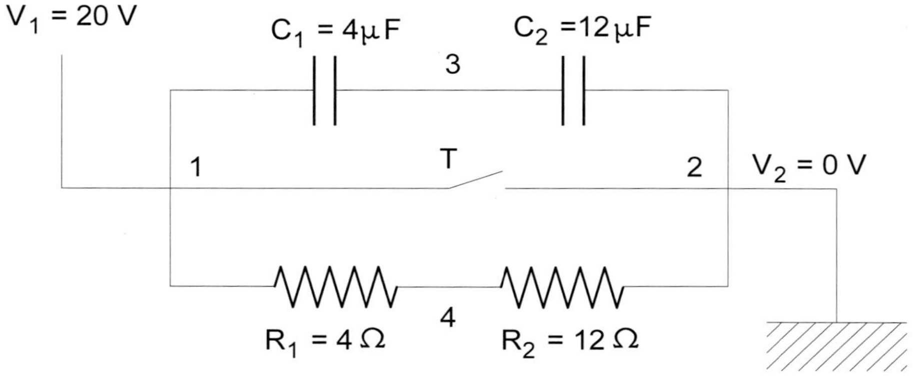

Con el interruptor T cerrado, en estado estacionario:

6º. Corriente que circula por la resistencia R_1, el condensador C_2, y el conductor que une los puntos 1 y 2. Corriente total.

7º. Porcentaje de corriente que circula por la resistencia R_1, el condensador C_2 y el conductor que une los puntos 1 y 2 respecto a la corriente total.

SOLUCIÓN

A) INTERRUPTOR "S" ABIERTO

1º. Corriente que pasa por la resistencia R_1 y por el condensador C_2

Como los condensadores y las resistencias están en serie, calculamos según el circuito de la figura, la resistencia y la capacidad equivalente:

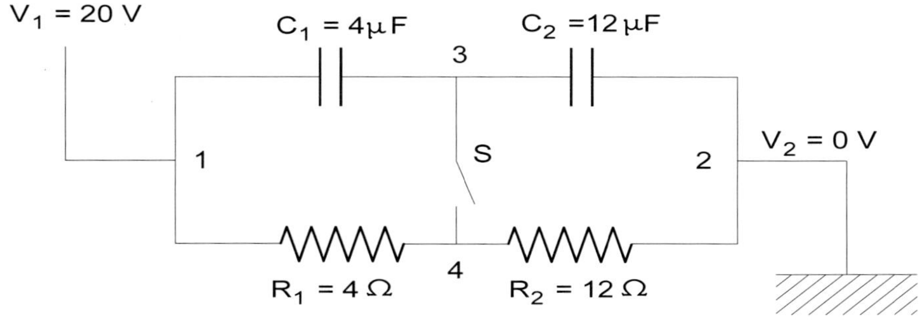

$$C_{eq} = \frac{C_1\, C_2}{C_1 + C_2} = \frac{4 \cdot 12}{16} = 3\mu F \quad ; \qquad R_{eq} = R_1 + R_2 = 4 + 12 = 16\Omega$$

La corriente que circula por la resistencia R_1 es la misma que pasa por la resistencia equivalente R_{eq}, la cual se determina aplicando la ley de Ohm:

$$I_{R_1} = I_{R_2} = I_{R_{eq}} = \frac{V_1 - V_2}{R_{eq}} = \frac{20}{16} = 1,25 \text{ A}$$

Transcurrido un período transitorio, durante el cual se cargan los condensadores, por ellos no circula corriente continua: $I_{C_1} = I_{C_2} = I_{eq} = 0$ A

2º. Potenciales de los puntos 3 y 4

La carga Q almacenada en las placas de cada condensador es la misma debido a que están los dos condensadores conectados en serie. Dicha carga es igual a la del condensador equivalente, es decir:

$$Q = [V_1 - V_3]\, C_1 = [V_3 - V_2]\, C_2 = [V_1 - V_2]\, C_{eq}$$

Luego: $Q = [V_1 - V_2] C_{eq} = 20\text{V}\; 3\mu\text{F} = 60\;\mu\text{C}$

La caída de potencial entre los puntos 1 y 3, es: $V_1 - V_3 = \dfrac{Q}{C_1} = \dfrac{60\;\mu C}{4\;\mu F} = 15$ V

Por lo que el potencial del punto 3 es: $V_3 = V_1 - 15 = 20 - 15 = 5$ V

La caída de potencial entre los puntos 1 y 4, es: $V_1 - V_4 = I_{R_1} R_1 = 1,25\,\text{A} \cdot 4\Omega = 5$ V

Por lo que el potencial del punto 4 es: $V_4 = V_1 - 5\text{V} = 20 - 5 = 15$ V

La diferencia de potencial entre 3 y 4 es: $V_3 - V_4 = 5\text{V} - 15\text{V} = -10$ V

B) INTERRUPTOR "S" CERRADO Y ANTES DE ALCANZAR EL ESTADO ESTACIONARIO

3º. Potenciales de los puntos 3 y 4

Cuando se cierra el interruptor S, fluirá carga desde el punto 4 (mayor potencial) hacia el punto 3 (menor potencial), hasta que se igualen los potenciales de ambos puntos 3 y 4 (estado estacionario).

Como por los condensadores no circula corriente continua, la misma sólo pasa por las resistencias en serie, cuyo valor ya calculado en el apartado 1º, es $I = I_R = 1,25$ A.

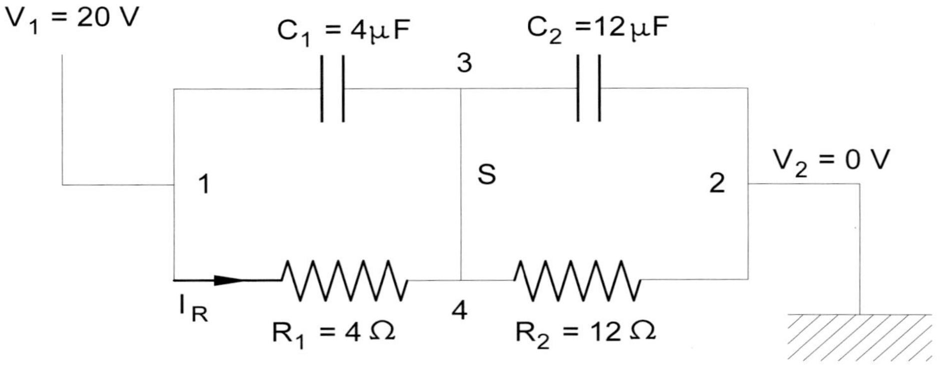

$V_1 - V_4 = I_R\ R_1 \Rightarrow V_4 = V_1 - I_R\ R_1\quad V_4 = 20 - 1{,}25 \cdot 4 = 15\,V$; Ahora: $V_3 = V_4 = 15\,V$

4º. Cantidad de carga que fluye entre los puntos 3 y 4

La carga fluirá desde el punto 4 al punto 3.

Calculemos ahora las cargas en cada uno de los dos condensadores, al cerrar el interruptor denominado S, hasta alcanzar el estado estacionario,

Carga en el condensador C_1: $Q'_1 = C_1\ [V_1 - V_3] = 4\mu F\ [20 - 15]V = 20\mu C$

Carga en el condensador C_2: $Q'_2 = C_2\ [V_3 - V_2] = 12\mu F\ [15 - 0]V = 180\mu C$

Con el interruptor S abierto: la carga neta en el tramo 3 es:

$$Q_3 = -60\mu C + 60\mu C = 0\,C$$

Con el interruptor S cerrado: la carga neta en el tramo 3 es:

$$Q'_3 = -20\mu C + 180\mu C = 160\,\mu C$$

Al cerrar el interruptor S y, antes de llegar al estado estacionario, es decir durante el periodo transitorio, puede ocurrir lo siguiente:

I): Fluir cargas positivas $Q'_3 = 160\,\mu C$ desde el punto 4 al punto 3.

o bien:

II): Fluir cargas negativas $Q''_3 = -160\,\mu C$ desde el punto 3 al punto 4.

5º. Potencia consumida en el circuito

La potencia disipada o consumida en el circuito se realiza sólo en las resistencias y, como la R_{eq} es la misma en los dos casos (S abierto y S cerrado), entonces:

$$\text{Potencia} = R_{eq}\, I_R^{\,2} = 16 \cdot 1{,}25^2 = 25\,\text{W}$$

C) INTERRUPTOR "T" CERRADO EN RÉGIMEN ESTACIONARIO

6º. Corriente por R_1, C_2, el conductor que une los puntos 1 y 2. Corriente total

Al igual que ya se indicó en el apartado 1º, no circula corriente continua por los condensadores, por tanto: $I_{C_2} = 0\,\text{A}$.

La corriente continua solamente pasará a través de las resistencias R_1 y R_2 y por el conductor de resistencia interna $R_T = 0{,}01\ \Omega$, en donde está instalado el interruptor T.

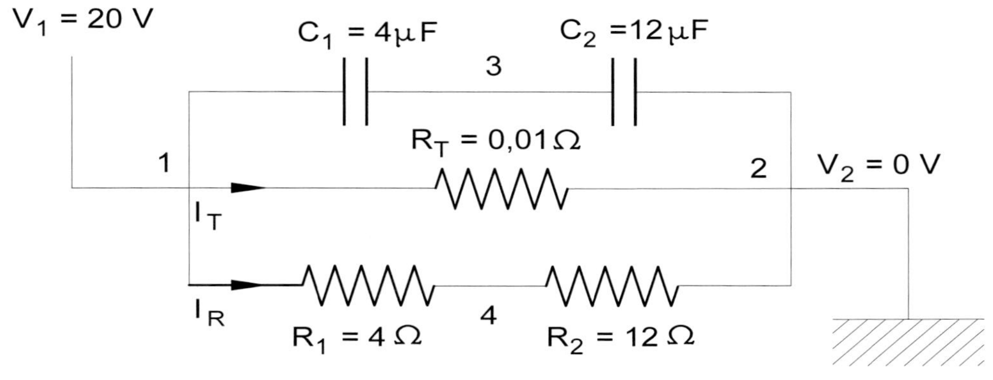

Aplicando la ley de Ohm entre los puntos 1 y 2, se tiene:

$$V_1 - V_2 = I_R\ R_{eq} = I_T\ R_T$$

Siendo: I_R la corriente que circula por el tramo con las resistencias en serie R_1 y R_2.

I_T la corriente que pasa por el conductor con el interruptor T cerrado.

Por tanto: $I_R = \dfrac{V_1 - V_2}{R_{eq}} = \dfrac{20\,\text{V}}{16\Omega} = 1{,}25\,\text{A}$; $I_T = \dfrac{V_1 - V_2}{R_T} = \dfrac{20\,\text{V}}{0{,}01\Omega} = 2000\,\text{A}$

Corriente total: $I_{Total} = I_R + I_T = 1{,}25 + 2000 = 2001{,}25\,\text{A}$

7º. Fracción de corriente que circula por R_1, C_2 y el conductor que une los puntos 1 y 2 respecto a la corriente total.

$$F_R = \frac{I_R}{I_{Total}} = \frac{1{,}25\ \text{A}}{2001{,}25\ \text{A}} = 0{,}0006 \Rightarrow 0{,}06\%$$

$$F_{C_2} = \frac{I_{C_2}}{I_{Total}} = \frac{0\,\text{A}}{2001{,}25\,\text{A}} = 0 \Rightarrow 0\%$$

$$F_T = \frac{I_T}{I_{Total}} = \frac{2000\ A}{2001,25\ A} = 0,9994 \Rightarrow 99,94\%$$

A la vista de los resultados obtenidos, se concluye que, al cerrar el interruptor T entre los puntos 1 y 2, prácticamente toda la corriente pasa por el conductor que une dichos puntos provocando un cortocircuito.

PROBLEMA 9.5

Un generador real de f. e. m. continua G (ε_G= 55 V, r_G= 0,3 Ω), se conecta mediante una línea eléctrica monofásica a un motor eléctrico que funciona mediante corriente continua M (f.c.e.m. ε'_M= 50V, r_M= 0,01Ω), cuya intensidad nominal es I_M = 9A.

Además se sabe que dicho motor se encuentra situado a 450 m de distancia del lugar donde se halla instalado el generador real de corriente continua.

La conexión eléctrica entre generador y motor se puede realizar mediante cualquiera de los tres tipos de cable conductor, cuyas características físicas son las siguientes:

Naturaleza de conductor	Resistividad ρ Ω mm² m⁻¹ a 20° C	Sección S mm²
PLATA	$1{,}470\cdot 10^{-2}$	16
COBRE	$1{,}720\cdot 10^{-2}$	25
ALUMINIO	$2{,}592\cdot 10^{-2}$	95

Para efectuar los cálculos eléctricos, cada tipo de cable conductor se sustituirá por su correspondiente resistencia concentrada, obtenida a partir de sus características físicas. Determinar:

1°. Tipo de cable conductor a instalar, para que el motor funcione correctamente a su intensidad nominal y f. c. e. m., antes indicadas.

2°. Balance energético en el circuito cuando el motor funciona correctamente.

SOLUCIÓN

1°.- Tipo de cable conductor a instalar

Al determinar las resistencias de los tres posibles conductores a instalar, hemos de tener en cuenta que la longitud total del cable conductor de la línea monofásica es: ℓ_{TOTAl}= 2 ℓ= 2· 450= 900 m. debido a que hay dos tramos, uno de ida y otro de retorno.

Por tanto según las características físicas del enunciado las resistencias son:

Plata $$R_{Ag} = \rho_{Ag}\frac{\ell_T}{S_{Ag}} = 1,470\cdot 10^{-2}\cdot\frac{900}{16} = 0,8268\ \Omega$$

Cobre $$R_{Cu} = \rho_{Cu}\frac{\ell_T}{S_{Cu}} = 1,720\cdot 10^{-2}\cdot\frac{900}{25} = 0,6192\ \Omega$$

Aluminio $$R_{Al} = \rho_{Al}\frac{\ell_T}{S_{Al}} = 2,592\cdot 10^{-2}\cdot\frac{900}{95} = 0,2455\ \Omega$$

■ MÉTODO DE TENSIONES

El esquema eléctrico de circuito es el de la figura.

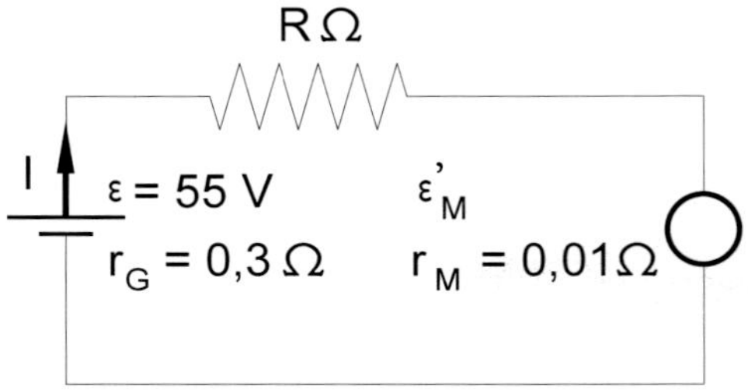

Ley de Ohm: $\varepsilon - \varepsilon'_M = I\,[\,r_G + r_M + R\,]$ [1]

En este caso se obliga a que $I = I_M = 9$ A

Sustituyendo valores conocidos en [1], obtenemos la f.c.e.m. del motor: $\varepsilon'_M = 55 - 9\,[0{,}3 + 0{,}01 + R]$ [2]

El motor funcionará correctamente, cuando al sustituir en la [2] la resistencia R del conductor instalado, la f.c.e.m. resultante sea exactamente su valor nominal de $\varepsilon'_M = 50$V.

Plata $\varepsilon'_{MAg} = 55-9\,[0{,}3+0{,}01+R_{Ag}] = 55-9\cdot[0{,}3+0{,}01+0{,}8268] = 44{,}77 < 50V \Rightarrow$ NO VÁLIDO

Cobre $\varepsilon'_{MCu} = 55-9\,[0{,}3+0{,}01+R_{Cu}] = 55-9\cdot[0{,}3+0{,}01+0{,}6192] = 46{,}64 < 50V \Rightarrow$ NO VÁLIDO

Aluminio $\varepsilon'_{MAl} = 55-9\,[0{,}3+0{,}01+R_{Al}] = 55-9\cdot[0{,}3+0{,}01+0{,}2455] = 50{,}00 = 50V \Rightarrow$ **SI VÁLIDO**

El único conductor que proporciona al motor su f.c.e.m. nominal $\varepsilon'_M = 50$V es **ALUMINIO.**

■ MÉTODO DE INTENSIDADES

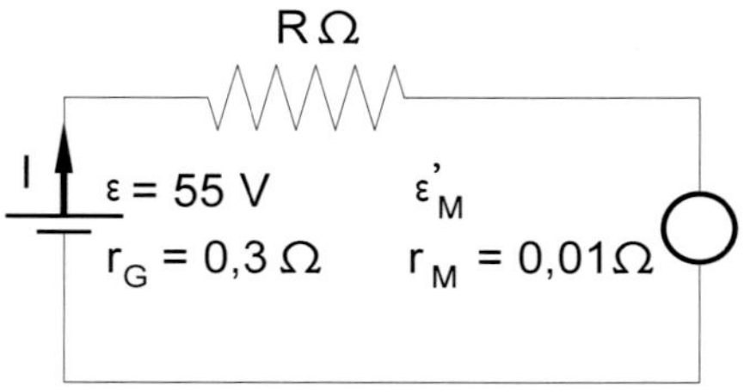

El esquema eléctrico del circuito es el de la figura.

En este caso se obliga a que sea $\varepsilon'_M = 50$ V

Ley de Ohm: $\varepsilon - \varepsilon'_M = I\,[r_G + r_M + R]$

Sustituyendo en la anterior ecuación los valores conocidos:

$$55-50 = I\cdot[0{,}3+0{,}01+R] \Rightarrow I = \frac{55-50}{0{,}3+0{,}01+R}\ \text{A}\quad [3]$$

El motor funcionará correctamente, cuando al sustituir en la ecuación [3] la R del conductor que se instale, se cumpla que: $I = I_M = 9$ A intensidad nominal del motor.

Plata $$I_{Ag} = \frac{55-50}{0{,}3+0{,}01+R_{Ag}} = \frac{55-50}{0{,}3+0{,}01+0{,}8268} = 4{,}39 < 9\ \text{A} \Rightarrow \text{NO VÁLIDO}$$

Cobre $$I_{Cu} = \frac{55-50}{0{,}3+0{,}01+R_{Cu}} = \frac{55-50}{0{,}3+0{,}01+0{,}6192} = 5{,}38 < 9\ \text{A} \Rightarrow \text{NO VÁLIDO}$$

Aluminio $$I_{Al} = \frac{55-50}{0{,}3+0{,}01+R_{Al}} = \frac{55-50}{0{,}3+0{,}01+0{,}2455} = 9{,}00 = 9\ \text{A} \Rightarrow \textbf{SI VÁLIDO}$$

El único conductor que por bornes del motor hace entrar $I_M = 9$ A es el **ALUMINIO**.

2º. Balance energético en el circuito donde el motor funciona correctamente

El conductor instalado es aluminio: $R_{Al} = \rho_{Al} \dfrac{\ell_T}{S_{Al}} = 0,2455\ \Omega$; $\varepsilon'_M = 50$ V ; I= 9 A.

Balance de potencia en circuito $P_{SUMINISTRADA} = \varepsilon\, I = r_G\, I^2 + R_{Al}\, I^2 + \varepsilon'\, I + r_M\, I^2 = P_{CONSUMIDA}$

- Potencia útil suministrada por generador G a circuito $P_G = \varepsilon\, I = 55 \cdot 9 = 495,00$ W
- Potencia consumida en resistencia interna de generador $P_r = 0,3 \cdot 9^2 = 24,30$ W
- Potencia consumida en resistencia de conductor Al $P_{R\,Al} = 0,2455 \cdot 9^2 = 19,89$ W
- Potencia total consumida en motor $P_{M\,T} = \varepsilon'_M\, 9 + r_M\, 9^2 = 50 \cdot 9 + 0,01 \cdot 9^2 = 450,81$W

Balance energético: $P_{SUMINISTRADA} = P_G = 495,00$ W$= P_r + P_{R\,Al} + P_{M\,T} = 495,00$ W$= P_{CONSUMIDA}$

PROBLEMA 9.6

Cuatro resistencias, dispuestas según el circuito de la figura, están conectadas a una batería real de f.e.m. $\varepsilon = 20$ V con una resistencia interna de $R_o = 1\ \Omega$. Determinar:

1°. Caída de tensión en cada resistencia del circuito.

2°. Potencia total consumida en el circuito.

En el circuito planteado si conectamos los bornes de la batería con un cable conductor de resistencia despreciable, calcular:

3°. Intensidad de la corriente.

Suponiendo ahora que desconocemos los valores de las resistencias, intensidad y tensión,

Se pide obtener:

4°. Las relaciones entre calores desprendidos y resistencias para las asociaciones en serie (R_1 y R_2), y paralelo (R_3 y R_4). Predecir en qué resistencia del circuito se desprenderá mayor cantidad de calor.

Si ahora tenemos conectada a la batería únicamente una sola resistencia exterior variable,

Calcular en este supuesto:

5°. Valor máximo de potencia consumida en la resistencia exterior del circuito.

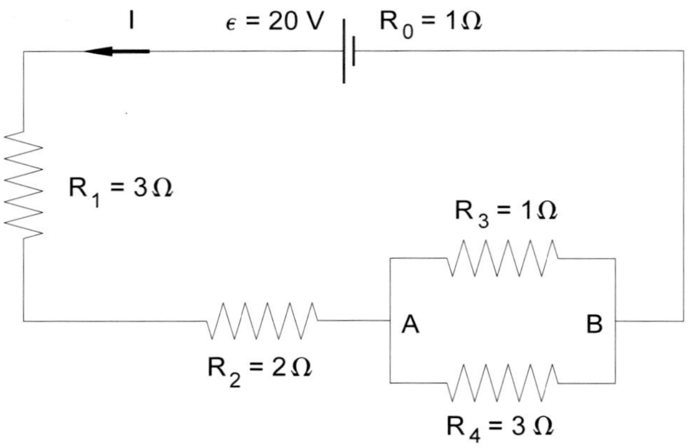

SOLUCIÓN

1°. Caída de tensión en cada resistencia del circuito

La resistencia total del circuito sin incluir la resistencia interna R_o de la batería es:

$$R_T = R_1 + R_2 + R_{AB} = R_1 + R_2 + \frac{R_3\ R_4}{R_3 + R_4} = 3 + 2 + \frac{1 \cdot 3}{1+3} = \frac{23}{4} = 5{,}750\ \Omega$$

Ley de Ohm se expresa: $\varepsilon = I\,[\,R_T + R_o\,]$ [1]

De [1] se obtiene la intensidad del circuito: $I = \dfrac{\varepsilon}{R_T + R_0} = \dfrac{20}{\dfrac{23}{4}+1} = \dfrac{80}{27} = 2,96296\ \text{A}.$

Caída de tensión en R_1: $V_1 = R_1\ I = 3 \cdot \dfrac{80}{27} = \dfrac{240}{27} = 8,88888\ \text{V}$

Caída de tensión en R_2: $V_2 = R_2\ I = 2 \cdot \dfrac{80}{27} = \dfrac{160}{27} = 5,92592\ \text{V}$

Caída de tensión en tramo AB: $V_{AB} = R_P\ I = \dfrac{3 \cdot 1}{3+1} \cdot \dfrac{80}{27} = \dfrac{60}{27} = 2,22222\ \text{V}$

Caída de tensión en R_0 : $V_0 = R_0\ I = 1 \cdot \dfrac{80}{27} = \dfrac{80}{27} = 2,96296\ \text{V}$

La comprobación de los anteriores resultados se obtiene mediante la aplicación de la ley de Ohm al circuito:

$$\varepsilon = I\ [R_1 + R_2 + R_{AB} + R_o] = V_1 + V_2 + V_{AB} + V_0 = \frac{240}{27} + \frac{160}{27} + \frac{60}{27} + \frac{80}{27} = \frac{540}{27} = 20\ \text{V}$$

2º. Potencia total consumida en el circuito

- Potencia consumida en la resistencia de la batería y la resistena exterior:

$$P_{COMSUMIDA} = R_0\ I^2 + R_T\ I^2 = 1\left[\frac{80}{27}\right]^2 + \frac{23}{4}\left[\frac{80}{27}\right]^2 = \frac{6400}{729} + \frac{36800}{729} = \frac{43200}{729} = 59,25925\ \text{W}$$

- Potencia útil suministrada por batería a circuito:

$$P_{SUMINISTRADA} = \varepsilon\ I = 20 \cdot \frac{80}{27} = \frac{1600}{27} = 59,25925\ \text{W}$$

Ambos valores coinciden: $P_{SUMINISTRADA} = \varepsilon\ I = R_0\ I^2 + R_T\ I^2 = P_{CONSUMIDA} = 59,25925\ \text{W}$

3º. Intensidad al conectar los bornes de batería con cable conductor de R'≅0

El nuevo circuito es:

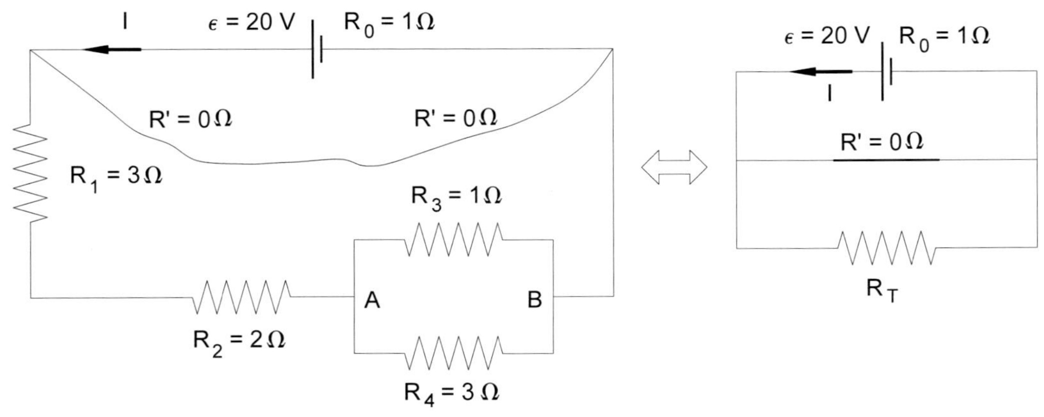

La resistencia total del nuevo circuito exterior es R'_T, cuando se cortocircuitan los bornes de la batería mediante un conductor de resistencia nula R'= 0 Ω. El valor buscado R'_T se obtiene sabiendo que la resistencia total del circuito inicial R_T, se encuentra ahora en paralelo con la resistencia $R' \approx 0$.

La resistencia total del nuevo circuito es: $R'_T = \dfrac{R'R_T}{R'+R_T} = \dfrac{0 \cdot R_T}{0+R_T} = \dfrac{0}{R_T} = 0\,\Omega$

Ley de Ohm: $\varepsilon = I'\,[R'_T + R_o]$ de donde se obtiene la nueva intensidad

$I' = \dfrac{\varepsilon}{R'_T + R_0} = \dfrac{20}{0+1} = 20$ A= I_{CC} intensidad de cortocircuito (ver introducción teórica).

4º. Relaciones entre calores desprendidos y resistencias

ASOCIACIÓN DE RESISTENCIAS EN SERIE. La intensidad I es la misma en R_1 y R_2.

- Calor desprendido en R_1: $Q_1 = 0{,}24\, I_1^2\, R_1\, t$
- Calor desprendido en R_2: $Q_2 = 0{,}24\, I_1^2\, R_2\, t$

La relación pedida es $\dfrac{Q_1}{Q_2} = \dfrac{R_1}{R_2}$ por lo tanto, a igualdad de tiempo, se desprende más calor en la resistencia mayor. Como $R_1 = 3\,\Omega > R_2 = 2\,\Omega$ resultará que: $Q_1 > Q_2$

ASOCIACIÓN DE RESISTENCIAS EN PARALELO. La caída de tensión V_{AB} es la misma en R_3 y R_4

- Calor desprendido en R_3: $Q_3 = 0{,}24\, \dfrac{V_{AB}^2}{R_3}\, t$
- Calor desprendido en R_4: $Q_4 = 0{,}24\, \dfrac{V_{AB}^2}{R_4}\, t$

La relación pedida es $\dfrac{Q_3}{Q_4} = \dfrac{R_4}{R_3}$ por tanto, a igualdad de tiempo, se desprende más calor en la resistencia menor. Como $R_3 = 1\,\Omega < R_4 = 3\,\Omega$ resultará que: $Q_3 > Q_4$

5º. Valor máximo de potencia consumida en la resistencia exterior del circuito

De la ecuación [1] se obtiene la intensidad: $I = \dfrac{\varepsilon}{R_T + R_0}$

La potencia consumida en resistencias exterior es: $P = I^2\, R_T = \left[\dfrac{\varepsilon}{R_T + R_0}\right]^2 R_T \quad [2]$

Hay que hallar el máximo de la expresión de la potencia, en la ecuación [2], donde R_T es la variable independiente.

$$\frac{dP}{dR_T} = \frac{d\left[\dfrac{\varepsilon^2\, R_T}{[R_T + R_0]^2}\right]}{dR_T} = \varepsilon^2 \left[\frac{[R_T + R_0]^2 - 2\,R_T\,[R_T + R_0]}{[R_T + R_0]^4}\right] = \varepsilon^2 \left[\frac{[R_T + R_0] - 2\,R_T}{[R_T + R_0]^3}\right] = 0$$

Operando, el valor de la resistencia buscado que hace máxima la potencia es: $R_T = R_0$.

La potencia máxima consumida en R_T se obtendrá de [2] siendo $R_T = R_0 = 1\ \Omega$.

$$P_{MÁX\ R_T} = I^2\ R_T = \left[\frac{\varepsilon}{R_T + R_0}\right]^2 R_T = \left[\frac{\varepsilon}{R_0 + R_0}\right]^2 R_0 = \frac{\varepsilon^2}{4R_0} = \frac{20^2}{4 \cdot 1} = 100\ \text{W}.$$

PROBLEMA 9.7

Dos generadores reales de continua que están conectados entre si en oposición, suministran energía eléctrica a seis resistencias cuyas características se indican en el circuito de la figura. Se pide determinar:

1°. Intensidades I_1, I_2, I_3.

2°. Potencia disipada en los tramos BC, BD y DC.

3°. Circuito equivalente, según Thevenin, entre los terminales A y B.

4°. Conductancia de transferencia de la malla 2ª a la malla 3ª.

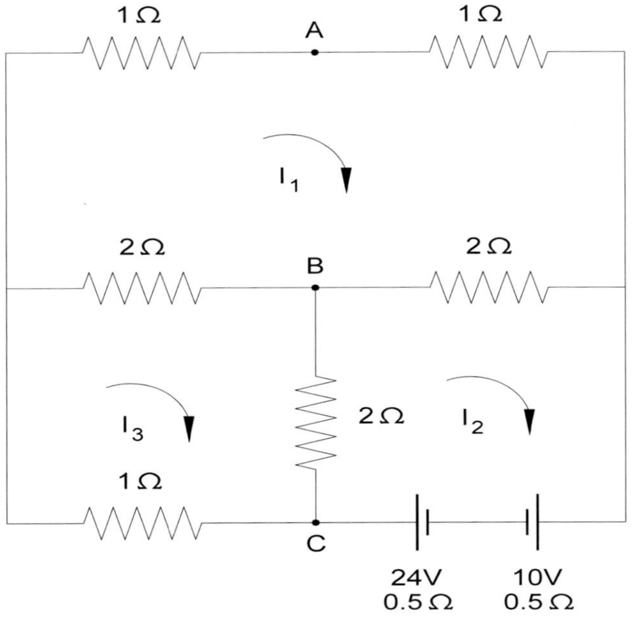

SOLUCIÓN

1°. Intensidades I_1, I_2, I_3

Aplicando al circuito el Método de las Mallas y suponiendo dextrógiras las intensidades de cada una de las tres mallas, las ecuaciones correspondientes son:

Malla 1: $0 = 6 \cdot I_1 - 2 \cdot I_2 - 2 \cdot I_3$ [1]

Malla 2: $14 = -2 \cdot I_1 + 5 \cdot I_2 - 2 \cdot I_3$ [2]

Malla 3: $0 = -2 \cdot I_1 - 2 \cdot I_2 + 5 \cdot I_3$ [3]

Resolviendo el sistema de ecuaciones de las tres las mallas por el método de Kramer:

$$I_1 = \frac{\Delta_1}{\Delta} = \frac{\begin{vmatrix} 0 & -2 & -2 \\ 14 & 5 & -2 \\ 0 & -2 & 5 \end{vmatrix}}{\begin{vmatrix} 6 & -2 & -2 \\ -2 & 5 & -2 \\ -2 & -2 & 5 \end{vmatrix}} = \frac{196}{70} \text{ A}; \quad I_2 = \frac{\Delta_2}{\Delta} = \frac{\begin{vmatrix} 6 & 0 & -2 \\ -2 & 14 & -2 \\ -2 & 0 & 5 \end{vmatrix}}{\begin{vmatrix} 6 & -2 & -2 \\ -2 & 5 & -2 \\ -2 & -2 & 5 \end{vmatrix}} = \frac{364}{70} \text{ A}$$

$$I_3 = \frac{\Delta_3}{\Delta} = \frac{\begin{vmatrix} 6 & -2 & 0 \\ -2 & 5 & 14 \\ -2 & -2 & 0 \end{vmatrix}}{\begin{vmatrix} 6 & -2 & -2 \\ -2 & 5 & -2 \\ -2 & -2 & 5 \end{vmatrix}} = \frac{224}{70}\,\text{A}$$

2º. Potencia disipada en los tramos BC, BD y DC

La rama BC es común a las dos mallas 2ª y 3ª del circuito dado, por tanto circula por ella la intensidad $I_3 - I_2$, la potencia disipada en la rama es:

$$P_{BC} = 2\ [I_3 - I_2]^2 = 2\left[\frac{224-364}{70}\right]^2 = 8\ \text{W}$$

Por la rama BD común a las dos mallas 1ª y 2ª del circuito dado, circula por ella la intensidad $I_2 - I_1$, la potencia disipada en la citada rama es:

$$P_{BD} = 2\ [I_2 - I_1]^2 = 2\left[\frac{364-196}{70}\right]^2 = 11{,}52\ \text{W}$$

Por la rama DC circula la intensidad I_2, y aquí sólo se disipa potencia en las resistencias internas de los dos generadores:

$$P_{DC} = [0{,}5 + 0{,}5]\ I_2^{\,2} = 1\left[\frac{364}{70}\right]^2 = 27{,}04\ \text{W}$$

3º. Circuito equivalente, según Thevenin, entre los terminales A y B

- Caída de tensión entre los terminales Ay B, en el circuito dado.

$$V_{AB} = 1\ I_1 + 2\ [I_1 - I_2] = 1 \cdot \frac{196}{70} + 2\left[\frac{196-364}{70}\right] = -2\ \text{V}$$

- R_{AB} resistencia equivalente entre terminales A y B.

Para determinar la resistencia equivalente en el circuito dado, se anulan todas las baterías, pero no se anulan las resistencias internas de cada generador.

En caso de circuitos pasivos de morfología complicada, exclusivamente formados por resistencias, la resistencia equivalente entre dos terminales accesibles A y B, se puede determinar conectando entre dichos terminales A y B un generador ideal ε_1. A continuación se resuelve el nuevo circuito pasivo, mediante el método de las mallas, y la resistencia equivalente entre los mencionados terminales A y B es: $R_{AB} = \frac{\varepsilon_1}{I'_1}$.

El nuevo circuito pasivo, se obtiene anulando los dos generadores reales, pero sin anular sus resistencias internas, y conectando entre los terminales A y B el nuevo generador ε_1. Su esquema es el siguiente:

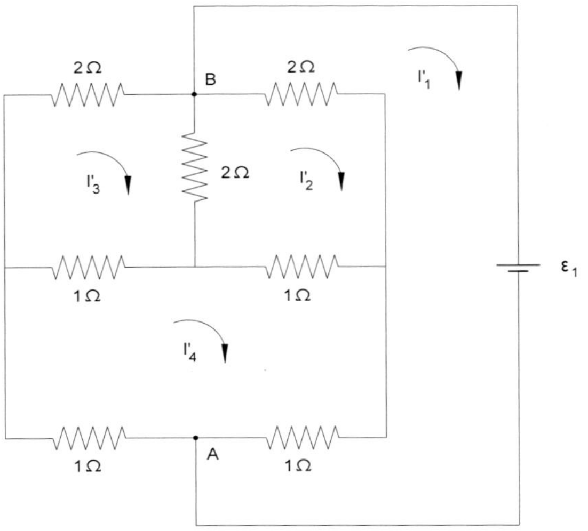

Resolviendo el sistema de las cuatro ecuaciones de mallas por el método de Kramer, la intensidad en la malla 1 resulta:

$$I'_1 = \frac{\Delta'_1}{\Delta'} = \frac{\begin{vmatrix} -\varepsilon_1 & -2 & 0 & -1 \\ 0 & 5 & -2 & -1 \\ 0 & -2 & 5 & -1 \\ 0 & -1 & -1 & 4 \end{vmatrix}}{\begin{vmatrix} 3 & -2 & 0 & -1 \\ 2 & 5 & -2 & -1 \\ 0 & -2 & 5 & -1 \\ -1 & -1 & -1 & 4 \end{vmatrix}} = \frac{-\varepsilon_1 \begin{vmatrix} 5 & -2 & -1 \\ -2 & 5 & -1 \\ -1 & -1 & 4 \end{vmatrix}}{\begin{vmatrix} 3 & -2 & 0 & -1 \\ 2 & 5 & -2 & -1 \\ 0 & -2 & 5 & -1 \\ -1 & -1 & -1 & 4 \end{vmatrix}} = -\frac{\varepsilon_1\, 70}{85}$$

Como I'_1 entra por el polo +, el generador ε_1, al aplicar la ley de Ohm, lleva signo negativo: $R_{AB} = \dfrac{-\varepsilon_1}{I'_1} = \dfrac{-\varepsilon_1}{-\dfrac{\varepsilon_1\, 70}{85}} = \dfrac{85}{70}\ \Omega$

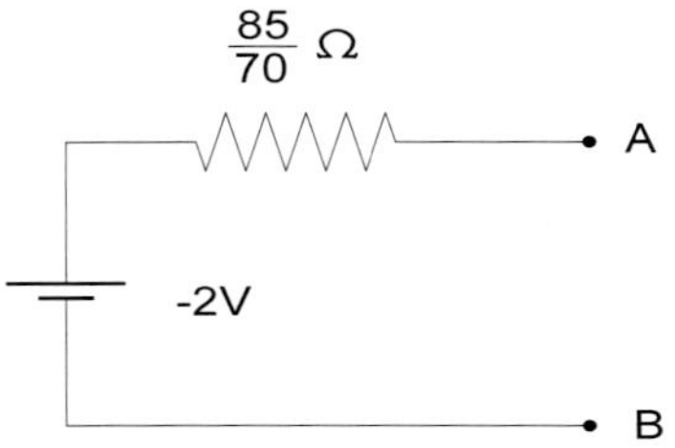

Entre los terminales A y B, el circuito equivalente al circuito dado inicialmente, según teorema de Thevenin, es el siguiente:

4º. Conductancia de transferencia de la malla 2ª a la malla 3ª

En el circuito inicial dado, en el apartado primero, al resolverlo por el método de Kramer la corriente en la malla 3ª se expresa: $I_3 = \dfrac{\Delta_3}{\Delta} = \dfrac{\Delta_{13}}{\Delta}\cdot 0 + \dfrac{\Delta_{23}}{\Delta}\cdot 14 + \dfrac{\Delta_{33}}{\Delta}\cdot 0$

Por tanto la conductancia de transferencia entre mallas 2ª y 3ª es:

$$G_{23} = \frac{\Delta_{23}}{\Delta} = [-1]^{2+3} \frac{\begin{vmatrix} 6 & -2 \\ -2 & -2 \end{vmatrix}}{\begin{vmatrix} 6 & -2 & -2 \\ -2 & 5 & -2 \\ -2 & -2 & 5 \end{vmatrix}} = \frac{8}{35} = 0{,}2285\ \Omega^{-1}$$

PROBLEMA 9.8

I. Se disponen de cuatro resistencias: R_1=2 Ω, R_2=4 Ω, R_3=5 Ω, R_4=20 Ω, y dos generadores de corriente continua reales idénticos, cuyas f.e.m. y resistencias internas son las siguientes: $\mathcal{E}_1$= [10 V, 0,5 Ω] y $\mathcal{E}_2$= [10 V, 0,5 Ω].

- A) Se conectan los dos **GENERADORES EN SERIE**. Se pide determinar:

1° A. Generador equivalente al estar conectados los generadores en serie.

Con los dos generadores conectados en serie, se conectan las cuatro resistencias en serie. Hallar en ese circuito:

1° A.1. Resistencia equivalente a las cuatro resistencias en serie.

1° A.2. Intensidad en el circuito.

1° A.3. Diferencia de tensión entre bornes del generador.

1° A.4. Potencia consumida en resistencias. Potencia total consumida en circuito

1° A.5. Potencia útil suministrada por los dos generadores.

Con los dos generadores conectados en serie, se conectan las cuatro resistencias en paralelo. Obtener en ese circuito:

1° A.6. Resistencia equivalente a las cuatro resistencias.

1° A.7. Intensidad en el circuito.

1° A.8. Potencia consumida en resistencias. Potencia total consumida en circuito

1° A.9. Potencia útil suministrada por los dos generadores.

- B) Ahora se conectan los dos **GENERADORES EN PARALELO**. Se pide determinar:

2° B. Generador equivalente al estar conectados los generadores en paralelo.

Con los dos generadores conectados en paralelo se conectan las cuatro resistencias en serie. Determinar en ese circuito:

2° B.1. Intensidad en el circuito.

2° B.2. Diferencia de tensión entre bornes del generador.

2° B.3. Potencia consumida en resistencias. Potencia total consumida en circuito

2° B.4. Potencia útil suministrada por los dos generadores.

Con los dos generadores conectados en paralelo se ahora conectan las cuatro resistencias en paralelo. Hallar en ese circuito:

2° B.5. Intensidad en el circuito.

2° B.6. Potencia consumida en resistencias. Potencia total consumida en circuito

2° B.7. Potencia útil suministrada por los dos generadores.

II.- Ahora se tiene un nuevo <u>**CIRCUITO SERIE: GENERADOR, RESISTENCIA Y MOTOR.**</u>

- C) En ese nuevo circuito serie detallado en la figura, se desea calcular:

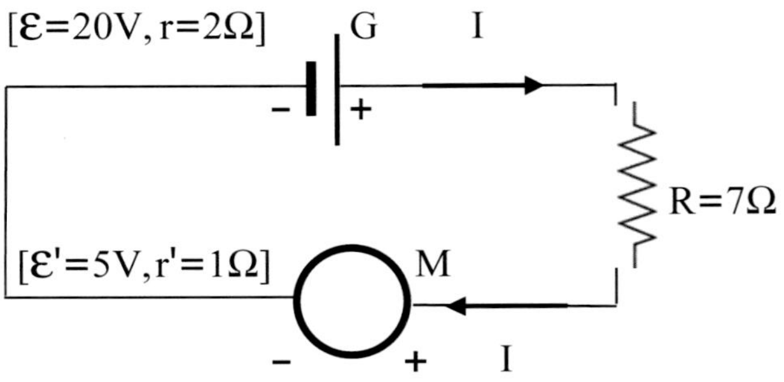

3º C.1. Intensidad en el nuevo circuito serie.

3º C.2. Potencia total y potencia útil suministrada por generador G.

3º C.3. Diferencia de potencial en bornes a la entrada del motor M.

3º C.4. Potencia total consumida en Motor. Potencia útil consumida en Motor.

3º C.5. Rendimiento eléctrico en el Motor.

SOLUCIÓN

- **1º A. Generador equivalente al estar conectados los <u>GENERADORES EN SERIE</u>**

En la conexión en serie el generador equivalente es: $\varepsilon_S = [\ \Sigma\ \varepsilon_i\ ,\ \Sigma r_i] = [\ 20\ V,\ 1\ \Omega]$

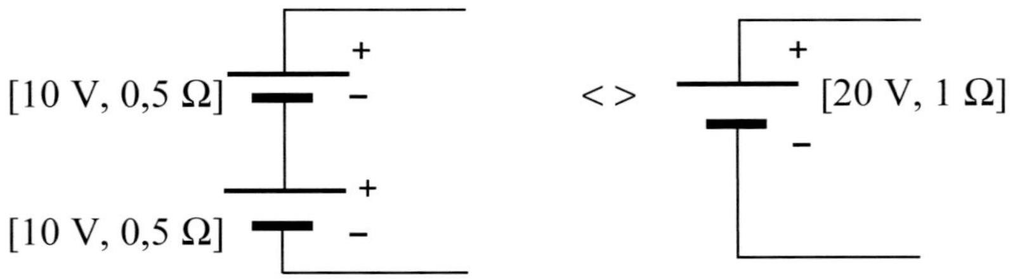

1º A.1.- Resistencia equivalente a las cuatro resistencias en serie.

La resistencia equivalente en la conexión en serie: $R_S = \Sigma\ R_i = 31\ \Omega$

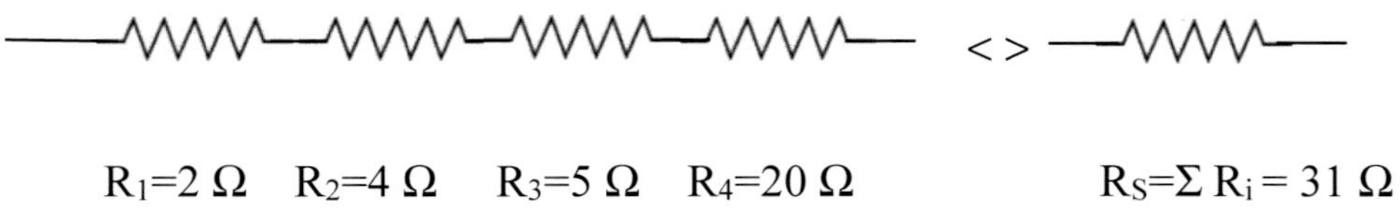

1º A.2. Intensidad en el circuito

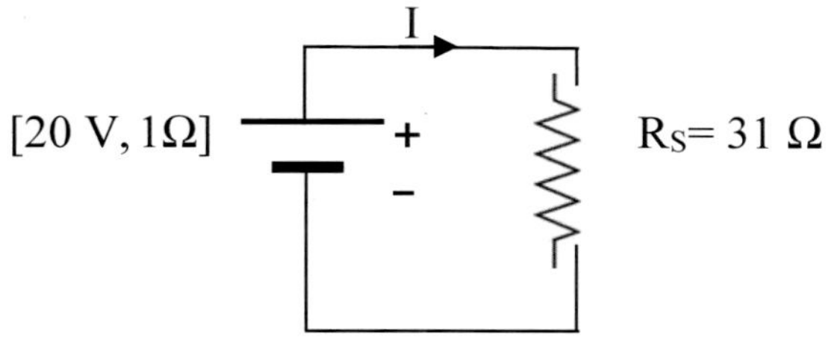

$$I=\frac{\sum \varepsilon_i}{R_S+\sum r_i}=\frac{10+10}{31+0,5+0,5}=0,625\ \text{A}$$

1º A.3. Diferencia de tensión entre bornes del generador

$\Delta V=\Sigma\varepsilon_i - I\,\Sigma\, r_i = 20 - 0,625 \times 1 = 19,375$ V

1º A.4. Potencia consumida por resistencias. Potencia total consumida en circuito

Potencia sólo en resistencias R_S: $P_{R_S}= R_S\, I^2 = 31 \text{x}\ 0,625^2 = 12,1093$ W

Potencia total en el circuito: $P_{TOTAL}= I^2\, R_S + I^2\, \Sigma\, r_i = 0,625^2 \text{ x } 31 + 0,625^2 \text{ x} 1 = 12,5$W

Valor superior al inmediatamente anterior, al estar aquí incluidas en el cálculo de la potencia, además de R_S, las resistencias internas de los generadores.

1º A.5. Potencia útil suministrada por los dos generadores

$P_{ÚTIL} = I\, \Sigma\, \varepsilon_i - I^2\, \Sigma\, r_i = 0,625 \text{x}\ 20 - 0,625^2 \text{ x} 1 = 12,1093$ W.

Valor coincidente con la potencia sólo en resistencias P_{R_S} del apartado **1ºA.4**.

1º A.6. Resistencia equivalente a las cuatro resistencias en paralelo

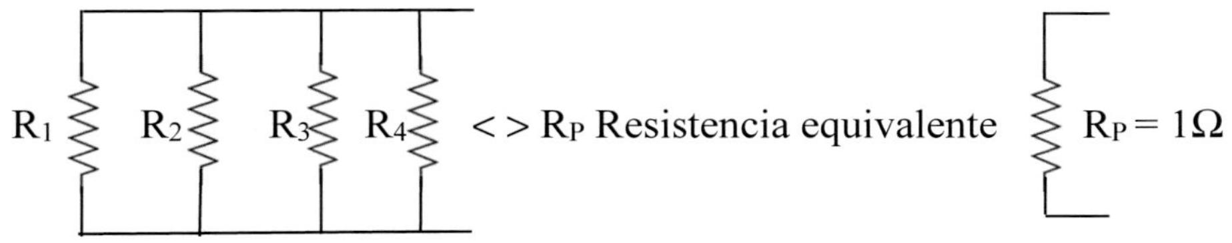

$$R_P=\frac{1}{\Sigma\left[\frac{1}{R_i}\right]}=\frac{1}{\frac{1}{2}+\frac{1}{4}+\frac{1}{5}+\frac{1}{20}}=1\ \Omega$$

1º A.7. Intensidad en el circuito

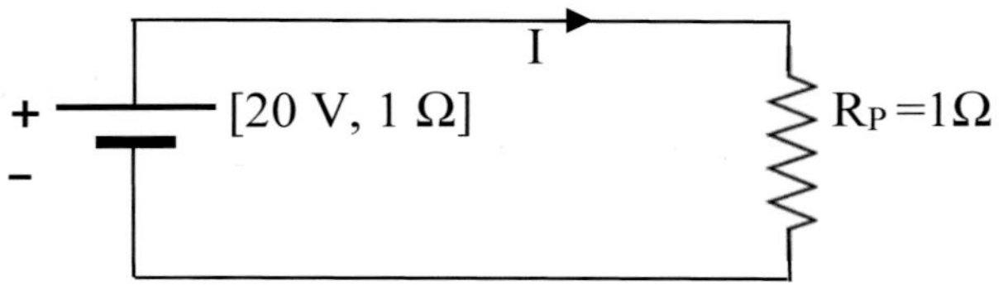

$$I=\frac{\sum \varepsilon_i}{R_P+\sum r_i}=\frac{10+10}{1+0,5+0,5}=10\ \text{A}$$

1º A.8. Potencia consumida en resistencias. Potencia total consumida en circuito

Potencia sólo en resistencias: $P_{R_P} = R_P\, I^2 = 1 \text{x}\ 10^2 = 100$ W

Potencia total en el circuito: $P_{TOTAL} = I^2 R_P + I^2 \Sigma r_i = 10^2 \text{ x } 1 + 10^2 \text{ x} 1 = 200$ W

Valor superior al inmediatamente anterior, al estar aquí incluidas en el cálculo de la potencia, además de R_P, las resistencias internas de los generadores.

1º A.9. Potencia útil suministrada por los dos generadores

$P_{ÚTIL} = I\, \Sigma\varepsilon_i - I^2 \Sigma r_i = 10 \text{ x } 20 - 10^2 \text{ x } 1 = 100$ W.

Valor coincidente con la potencia sólo en resistencias P_{R_P} del apartado **1ºA.8.**

▪ **2º B. Generador equivalente al estar conectados los** <u>GENERADORES EN PARALELO</u>

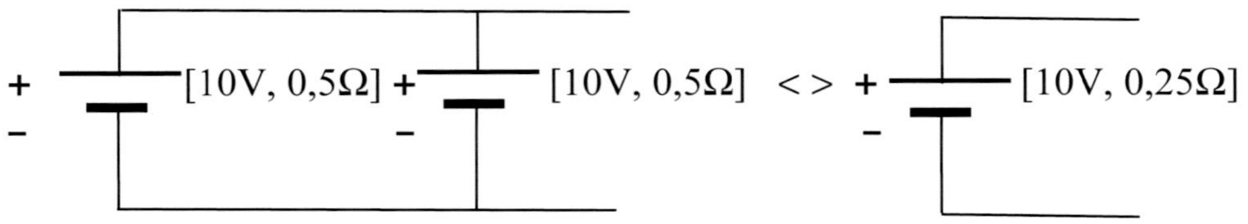

Conexión en paralelo el generador equivalente con $n_P = 2$, es: $[\varepsilon, \dfrac{r}{n_P}] = [10 \text{ V}, 0{,}25\ \Omega]$

2º B.1. Intensidad en el circuito

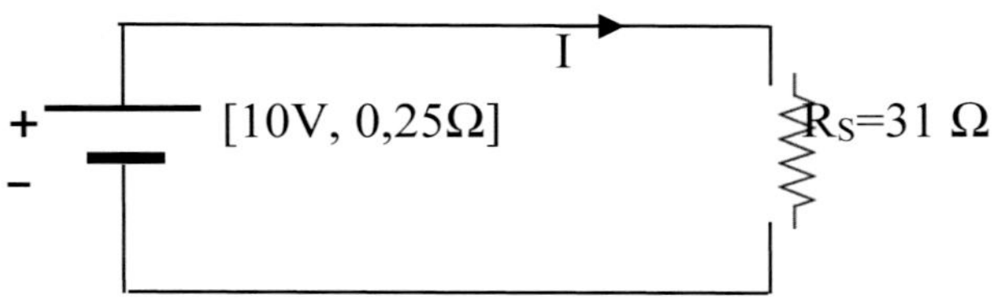

Según Ley de Ohm:
$\varepsilon = I\,[R_S + r/2]$

Despejando, la intensidad es: $I = \dfrac{\varepsilon}{R_S + \dfrac{r}{n_P}} = \dfrac{10}{31 + \dfrac{0{,}5}{2}} = 0{,}32 \text{ A}$

2º B.2. Diferencia de tensión entre los bornes del generador

$\Delta V = \varepsilon - I\,[r/2] = 10 - 0{,}32 \text{ x } 0{,}25 = 9{,}92$ V

2ºB.3. Potencia consumida en resistencias. Potencia total consumida en el circuito

Potencia sólo en resistencias: $P_{R_S} = R_S\, I^2 = 31 \text{x } 0{,}32^2 = 3{,}1774$ W

Potencia total en el circuito: $P_{TOTAL} = I^2 R_S + I^2 r_i/2 = 0{,}32^2 \text{ x } 31 + 0{,}32^2 \text{ x } 0{,}25 = 3{,}2$ W

Valor superior al anterior, al estar incluidas las resistencias internas de los generadores.

2º B.4. Potencia útil suministrada por los generadores

$P_{ÚTIL} = I\,\varepsilon - I^2 r_i/2 = 0{,}32 \text{ x} 10 - 0{,}32^2 \text{ x } 0{,}25 = 3{,}1774$ W.

Valor coincidente con la potencia sólo en resistencias P_{R_S} del apartado **2ºB.3.**

2º B.5. Intensidad en el circuito

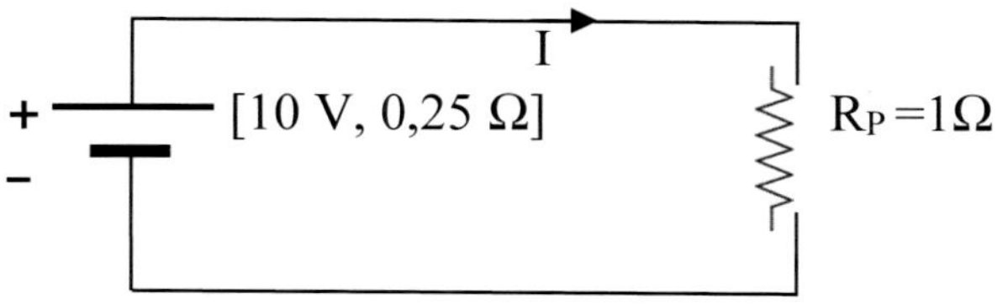

Según Ley de Ohm en el circuito:

$\varepsilon = I\,[R_P + 0{,}25]$

$$I = \frac{\sum \varepsilon_i}{R_P + \frac{r}{n_p}} = \frac{10}{1 + \frac{0{,}5}{2}} = 8\ A$$

2º B.6. Potencia consumida en resistencias. Potencia total consumida en circuito

Potencia consumida en las resistencias: $P_{RP} = R_P\,I^2 = 1 \times 8^2 = 64$ W

Potencia total consumida en circuito: $P_{TOTAL} = R_P\,I^2 + I^2 r_i/2 = 1 \times 8^2 + 0{,}25 \times 8^2 = 80$ W

Valor superior al anterior, al estar incluidas las resistencias internas de los generadores.

2º B.7. Potencia útil suministrada por los dos generadores

$P_{ÚTIL} = \varepsilon\,I - I^2 r_i/2 = 10 \times 8 - 8^2 \times 0{,}25 = 64$ W.

Valor coincidente con la potencia en resistencias P_{RP} del apartado **2ºB.6.**

- **3º C.1. Intensidad en el nuevo circuito serie**

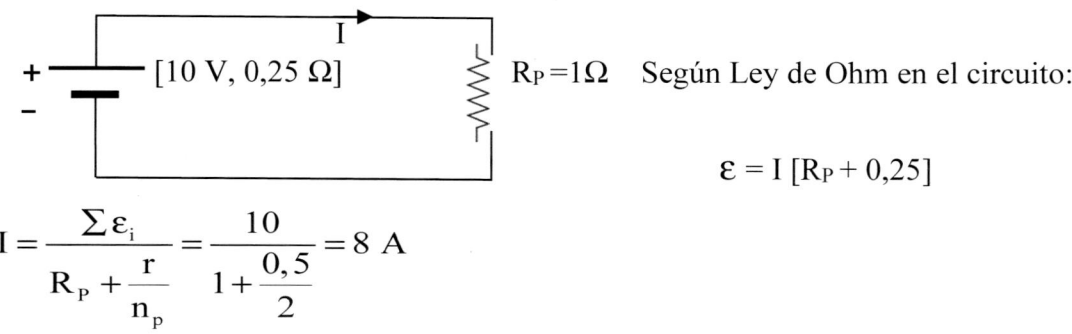

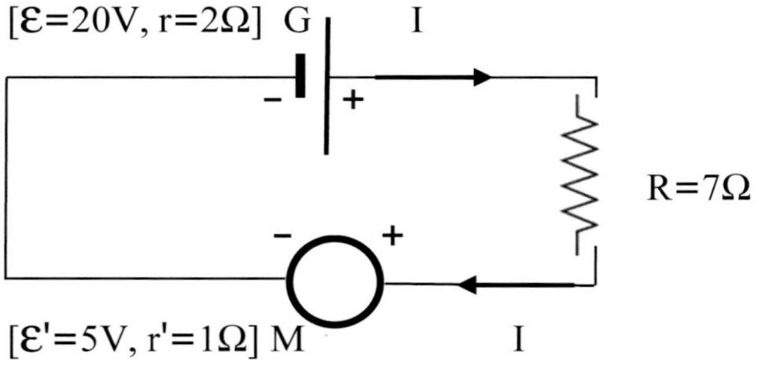

Ley de Ohm aplicada al circuito: $\varepsilon - \varepsilon' = I\cdot[r + R + r']$

Operando la Intensidad del circuito es: $I = \dfrac{\varepsilon - \varepsilon'}{r + r' + R} = 1{,}5$ A.

3º C.2. Potencia total y potencia útil suministrada generador

En el circuito el generador suministra potencia: $P_{GEN.\ POT.\ TOTAL\ SUMINISTR.} = \varepsilon\cdot I = 20\cdot 1{,}5 = 30$ W.

Valor que coincide con la potencia consumida en el circuito por resistencias y motor:

$P_{CIRCUITO\ POTENCIA\ TOTAL\ CONSUMIDA} = \varepsilon'\cdot I + I^2\cdot[r + r' + R] = 5\cdot 1{,}5 + [2+1+7]\cdot 1{,}5^2 = 30$ W

Potencia útil suministrada por el generador, se obtiene restando de la potencia total suministrada por generador, la potencia consumida por su propia resistencia interna r.

$P_{\text{GENERADOR POTENCIA ÚTIL SUMINISTRADA}} = \varepsilon \cdot I - r \cdot I^2 = 20 \cdot 1{,}5 - 2 \cdot 1{,}5 = 27$ W

3º C.3. Diferencia de potencial en bornes a la entrada del motor M

La diferencia de potencial en bornes a la entrada al motor se obtiene añadiendo a su tensión nominal de funcionamiento ε', la caída de tensión en su resistencia interna r'.

$\Delta V_{\text{MOTOR}} = \varepsilon' + I \cdot r' = 5 + 1{,}5 \cdot 1 = 6{,}5$ V

También se podría hallar restando a la tensión aportada por el generador la caída de tensión de su resistencia interna y la caída de tensión debida a la resistencia exterior R.

$\Delta V_{\text{MOTOR}} = \varepsilon - I \cdot r' - I\,R = 20 - 1{,}5 \cdot 2 - 1{,}5 \cdot 7 = 6{,}5$ V

3º C.4. Potencia total consumida por Motor. Potencia útil consumida por Motor

La potencia total consumida por el motor, es la debida a su tensión nominal de funcionamiento más la potencia consumida por su propia resistencia interna r'.

$P_{\text{MOTOR POTENCIA TOTAL CONSUMIDA}} = \varepsilon' \cdot I + r' \cdot I^2 = 5 \cdot 1{,}5 + 1 \cdot 1{,}5^2 = 9{,}75$ W

Potencia útil consumida por motor: $P_{\text{MOTOR POTENCIA ÚTIL CONSUMIDA}} = \varepsilon' \cdot I = 7{,}5$ W

3º C.5. Rendimiento eléctrico en el Motor

Rendimiento eléctrico del motor se expresa: $\eta = \dfrac{P_{\text{M.ÚTIL}}}{P_{\text{M.TOTAL}}} = \dfrac{\varepsilon' I}{\varepsilon' I + r' I^2} < 1 = 0{,}769230 < 1$

RESUMEN de los Apartados A y B

RESISTENCIA / GENERADOR REAL	RESISTENCIAS EN SERIE	RESISTENCIAS EN PARALELO
	$R_S = \Sigma R_i = 2+4+5+20 = 31\ \Omega$	$R_P = \dfrac{1}{\Sigma\left[\dfrac{1}{R_i}\right]} = \dfrac{1}{\dfrac{1}{2}+\dfrac{1}{4}+\dfrac{1}{5}+\dfrac{1}{20}} = 1\ \Omega$
GENERADOR EN SERIE $[\Sigma\varepsilon_i, \Sigma r_i] = [20\text{V}, 1\ \Omega]$	$I = \dfrac{\Sigma\varepsilon_i}{R_S + \Sigma r_i} = \dfrac{10+10}{31+0{,}5+0{,}5} = 0{,}625$ A $P_{\text{TOTAL}} = I^2\,[R_S + \Sigma r_i] = 12{,}5$ W $P_{\text{ÚTIL}} = I\,\Sigma\varepsilon_i - I^2\,\Sigma r_i = 12{,}1093$ W	$I = \dfrac{\Sigma\varepsilon_i}{R_P + \Sigma r_i} = \dfrac{10+10}{1+0{,}5+0{,}5} = 10$ A $P_{\text{TOTAL}} = I^2\,[R_P + \Sigma r_i] = 200$ W $P_{\text{ÚTIL}} = I\,\Sigma\varepsilon_i - I^2\,\Sigma r_i = 100$ W
GENERADOR EN PARALELO $[\varepsilon, \dfrac{r}{n_P}] = [10\text{ V}, 0{,}25\ \Omega]$	$I = \dfrac{\varepsilon}{R_S + \dfrac{r}{n_P}} = \dfrac{10}{31+\dfrac{0{,}5}{2}} = 0{,}32$ A $P_{\text{TOTAL}} = I^2\,[R_S + r/2] = 3{,}2$ W $P_{\text{ÚTIL}} = I\,\varepsilon - I^2\,r/2 = 3{,}1774$ W	$I = \dfrac{\Sigma\varepsilon_i}{R_P + \dfrac{r}{n_P}} = \dfrac{10}{1+\dfrac{0{,}5}{2}} = 8$ A $P_{\text{TOTAL}} = I^2\,[R_P + r/2] = 80$ W $P_{\text{ÚTIL}} = I\,\varepsilon - I^2\,r/2 = 64$ W

PROBLEMA 9.9

Un conjunto de cinco resistencias y un generador ideal, están dispuestos como se indica en el circuito de la figura. Se pide determinar:

1º. Intensidades I_1, I_2, I_3,.

2º. Resistencia equivalente entre A y B por método de mallas.

3º. Resistencia equivalente entre A y B mediante Ley de Ohm.

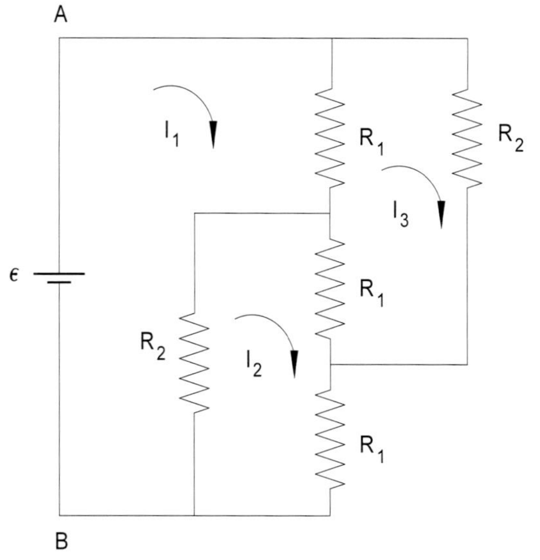

Aplicación numérica de los apartados anteriores para: $\varepsilon = 21$ V, $R_1 = 1\ \Omega$, $R_2 = 2\ \Omega$.

SOLUCIÓN

1º. Intensidades I_1, I_2, I_3

Aplicando al circuito dado, el Método de las Mallas, suponiendo dextrógiras las intensidades en cada una de las tres mallas, las ecuaciones correspondientes son:

Malla 1: $\varepsilon = [R_1 + R_2]\, I_1 - R_2\, I_2 - R_1\, I_3$ [1]

Malla 2: $0 = -R_2\, I_1 + [2R_1 + R_2]\, I_2 - R_2\, I_3$ [2]

Malla 3: $0 = -R_1\, I_1 - R_1\, I_2 + [2R_1 + R_2]\, I_3$ [3]

Resolviendo el sistema de las ecuaciones de las tres las mallas por el método de Kramer:

$$I_1 = \frac{\Delta_1}{\Delta} = \frac{\begin{vmatrix} \varepsilon & -R_2 & -R_1 \\ 0 & 2R_1 + R_2 & -R_1 \\ 0 & -R_1 & 2R_1 + R_2 \end{vmatrix}}{\begin{vmatrix} R_1 + R_2 & -R_2 & -R_1 \\ -R_2 & 2R_1 + R_2 & -R_1 \\ -R_1 & -R_1 & 2R_1 + R_2 \end{vmatrix}} = \varepsilon \frac{[R_1 + R_2][3R_1 + R_2]}{[R_1 + R_2][R_1^2 + 3R_1 R_2]} = \varepsilon \frac{[3R_1 + R_2]}{[R_1^2 + 3R_1 R_2]}$$

$$I_2 = \frac{\Delta_2}{\Delta} = \frac{\begin{vmatrix} R_1+R_2 & \varepsilon & -R_1 \\ -R_2 & 0 & -R_1 \\ -R_1 & 0 & 2R_1+R_2 \end{vmatrix}}{\begin{vmatrix} R_1+R_2 & -R_2 & -R_1 \\ -R_2 & 2R_1+R_2 & -R_1 \\ -R_1 & -R_1 & 2R_1+R_2 \end{vmatrix}} = \varepsilon\frac{[R_1+R_2]^2}{[R_1+R_2][R_1^2+3R_1R_2]} = \varepsilon\frac{[R_1+R_2]}{[R_1^2+3R_1R_2]}$$

$$I_3 = \frac{\Delta_3}{\Delta} = \frac{\begin{vmatrix} R_1+R_2 & -R_2 & \varepsilon \\ -R_2 & 2R_1+R_2 & 0 \\ -R_1 & -R_1 & 0 \end{vmatrix}}{\begin{vmatrix} R_1+R_2 & -R_2 & -R_1 \\ -R_2 & 2R_1+R_2 & -R_1 \\ -R_1 & -R_1 & 2R_1+R_2 \end{vmatrix}} = \varepsilon\frac{2R_1[R_1+R_2]}{[R_1+R_2][R_1^2+3R_1R_2]} = \varepsilon\frac{2R_1}{[R_1^2+3R_1R_2]}$$

2º. Resistencia equivalente entre A y B por método de mallas

En caso de circuitos eléctricos formados exclusivamente por resistencias, cuya morfología es muy complicada, la resistencia equivalente entre dos terminales accesibles A y B, se puede determinar conectando entre dichos terminales A y B un generador ideal ε, y tras resolver el nuevo circuito mediante el método de las mallas, la resistencia equivalente de entrada al circuito, entre los terminales A y B, es: $R_{AB} = \frac{\varepsilon}{I'_1}$.

Al conectar entre los terminales A y B el generador ideal de f.e.m. ε, el circuito obtenido es el dado inicialmente, que ya hemos resuelto por el método de las mallas en apartado1º, y como ya conocemos el valor de $I_1' = I_1$, la resistencia equivalente será:

$$R_{AB} = \frac{\varepsilon}{I'_1} = \frac{\varepsilon}{\varepsilon\frac{[3R_1+R_2]}{[R_1^2+3R_1R_2]}} = \frac{R_1^2+3R_1R_2}{3R_1+R_2}\ \Omega$$

3º. Resistencia equivalente entre A y B mediante Ley de Ohm

Suponiendo que el en circuito dado, por el terminal A entra la intensidad I, la cual se distribuye, según la primera ley de Kirchhoff, entre las ramas coincidentes en cada nudo, según se indica en el esquema.

Aplicando la ley de Ohm para expresar la caída de tensión entre los terminales A y B por tres caminos diferentes, obtendremos tres ecuaciones que permitirán determinar el valor de la resistencia equivalente R_{AB}.

$V_{ACEB} = R_2 I_1 + R_1 [I - I_2]$ [4]

$V_{ACDB} = R_1 [I - I_1] + R_2 I_2$ [5]

$V_{ACDEB} = R_1 [I - I_1] + R_1 [I - I_1 - I_2] + R_1 [I - I_2]$ [6]

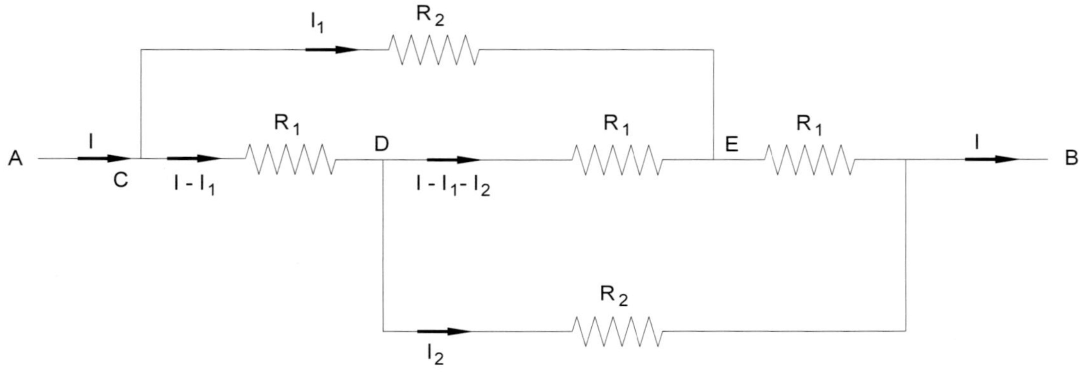

Igualando las ecuaciones [4] y [5] obtenemos:

$V_{AB} = R_2 I_1 + R_1 [I - I_2] = R_1 [I - I_1] + R_2 I_2 \Rightarrow I_1 = I_2$ [7]

Teniendo en cuenta que por la morfología simétrica del circuito $I_1 = I_2$, al igualar ahora las ecuaciones [4] y [6] resulta:

$$V_{AB} = R_2 I_1 + R_1 [I - I_2] = R_1 [I - I_1] + R_1 [I - I_1 - I_2] + R_1 [I - I_2] \Rightarrow I_1 = \frac{2R_1}{3R_1 + R_2} I \quad [8]$$

Por tanto llevando [7] y [8] a la ecuación [4]:

$$V_{AB} = R_2 \; I_1 + R_1[I - I_2] = R_2 \frac{2R_1}{3R_1 + R_2} I + R_1[I - \frac{2R_1}{3R_1 + R_2} I] = I \; \frac{R_1^2 + 3R_1R_2}{3R_1 + R_2}$$

La resistencia entre los dos terminales A y B es: $R_{AB} = \frac{V_{AB}}{I} = \frac{R_1^2 + 3R_1R_2}{3R_1 + R_2}$

<u>APLICACIÓN NUMÉRICA.</u> $\varepsilon = 21$ V, $R_1 = 1\ \Omega$, $R_2 = 2\ \Omega$.

1º. Intensidades I_1, I_2, I_3

$$I_1 = \varepsilon \frac{[3R_1 + R_2]}{[R_1^2 + 3R_1R_2]} = 21 \cdot \frac{3+2}{1+6} = 15 \text{ A} \qquad I_2 = \varepsilon \frac{[R_1 + R_2]}{[R_1^2 + 3R_1R_2]} = 21 \cdot \frac{1+2}{1+6} = 9 \text{ A}$$

$$I_3 = \varepsilon \frac{2R_1}{[R_1^2 + 3R_1R_2]} = 21 \cdot \frac{2}{1+6} = 6 \text{ A}$$

2º. 3º. Resistencia equivalente entre A y B

Por los dos métodos

$$R_{AB} = \frac{\varepsilon}{I'_1} = \frac{21}{15} = \frac{R_1^2 + 3R_1R_2}{3R_1 + R_2} \Omega = \frac{1+6}{3+2} = \frac{7}{5} \; \Omega$$

PROBLEMA 9.10

Se conocen los valores de las intensidades de diversos tramos, del circuito de la figura:

$I_1 = \frac{1200}{324}$ A; $I_2 = \frac{975}{324}$ A; $I_3 = \frac{225}{324}$ A; $I_4 = \frac{135}{324}$ A; $I_5 = \frac{90}{324}$ A y $I_6 = \frac{1065}{324}$ A

A partir de dichos valores se pide determinar lo siguiente:

1°. Diferencia de potencial V_{AB}, indicando el punto que se encuentra a mayor potencial.

2°. Balance de potencia en el circuito.

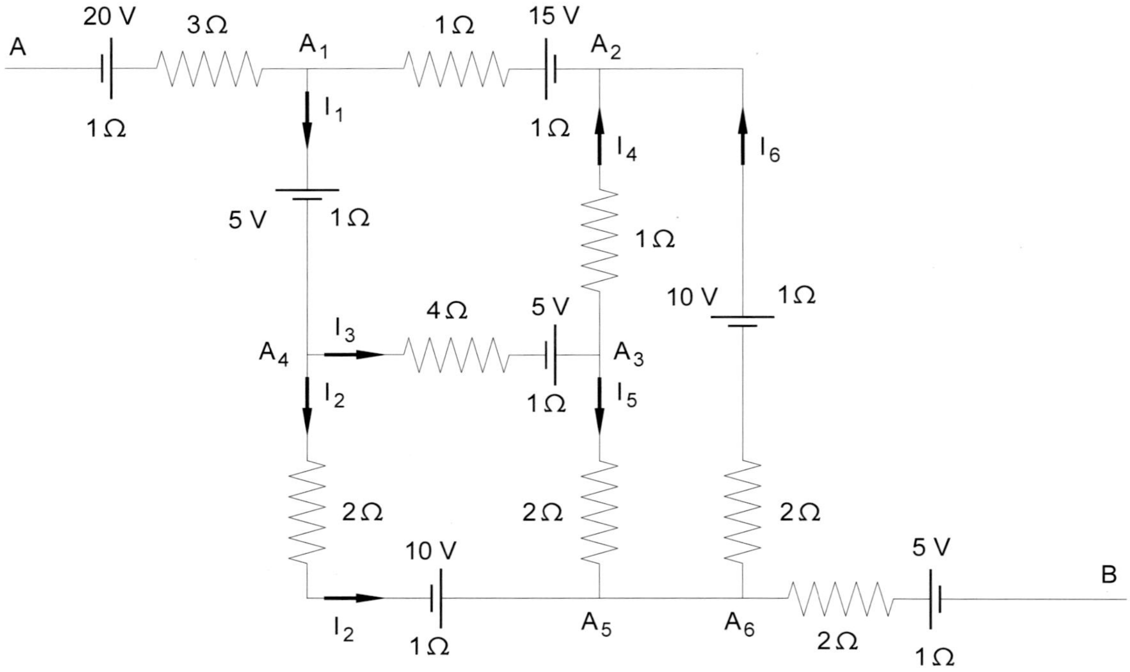

SOLUCIÓN

1°. Diferencia de potencial V_{AB}

Por los tramos A A_1 y A_6 B no circula corriente eléctrica, ya que están en circuito abierto. En ellos sólo existe diferencia de potencial debido a las propias baterías conectadas.

Se puede hallar la diferencia de potencial pedida entre A y B, siguiendo entre ambos puntos diversos caminos alternativos, de esta manera se comprueba la validez del resultado obtenido. Se van a elegir arbitrariamente dos posibles trayectos:

- Trayecto n° 1: A- A_1- A_2- A_3- A_5- A_6- B.

$V_A - V_B = [V_A - V_{A1}] + [V_{A1} - V_{A2}] + [V_{A2} - V_{A3}] + [V_{A3} - V_{A5}] + [V_{A5} - V_{A6}] + [V_{A6} - V_B]$

$V_A - V_B = [-20] + [-1 \cdot I_1 - 1 \cdot I_1 + 15] + [-1 \cdot I_4] + [2 \cdot I_5] + [0 \cdot I_6] + [5]$

$V_A - V_B = [-20] + [-2 \cdot \frac{1200}{324} + 15] + \quad [-1 \cdot \frac{135}{324}] + [2 \cdot \frac{90}{324}] + [0 \cdot \frac{1065}{324}] + 5 = \quad -\frac{2355}{324} =$
$-7{,}268518 V$

- Trayecto nº 2: A- A_1- A_2- A_6- B.

$$V_A - V_B = [V_A - V_{A1}] + [V_{A1} - V_{A2}] + [V_{A2} - V_{A6}] + [V_{A6} - V_B]$$

$$V_A - V_B = [-20] + [-1 \cdot I_1 - 1 \cdot I_1 + 15] + [-1 \cdot I_6 + 10 - 2 \cdot I_6] + 5$$

$$V_A - V_B = [-20] + [-2 \cdot \frac{1200}{324} + 15] + [-3 \cdot \frac{1065}{324} + 10] + 5 = -7{,}268518 \text{ V}$$

Los dos valores obtenidos de la diferencia de potencial en cada trayecto son, coincidentes. Como $V_A - V_B = -7{,}268518$ V, el potencial del punto A es menor que el potencial del punto B, es decir: $V_A < V_B$ el punto B se encuentra a mayor potencial que el punto A.

2º. Balance de potencia en el circuito

Potencia generada por baterías y absorbida por baterías en oposición.

TRAMO	**INTENSIDAD** A	**POTENCIA GENERADA // ABSORBIDA EN BATERIAS** W
Tramo A A_1	$I_{A\,A1} = 0$ circuito abierto	$P_{G\,AA1} = 0 \cdot 20 = 0$
Tramo A_1 A_2	$I_{A1\,A2} = I_1 = 1200 / 324$	$P_{G\,A1\,A2} = I_1 \cdot 15 = 18000 / 324 = 55{,}5555555$
Tramo A_1 A_4	$I_{A1\,A4} = I_1 = 1200 / 324$	$P_{G\,A1\,A4} = -I_1 \cdot 5 = -6000 / 324 = -18{,}5185185$
Tramo A_4 A_3	$I_{A4\,A3} = I_3 = 225 / 324$	$P_{G\,A4\,A3} = I_3 \cdot 5 = 1125 / 324 = 3{,}4722222$
Tramo A_4 A_5	$I_{A4\,A5} = I_2 = 975 / 324$	$P_{G\,A4\,A5} = I_2 \cdot 10 = 9750 / 324 = 30{,}0925925$
Tramo A_2 A_6	$I_{A2\,A6} = I_6 = 1065 / 324$	$P_{G\,A2\,A6} = I_6 \cdot 10 = 10650 / 324 = 32{,}8703703$
Tramo A_6 B	$I_{A6\,B} = 0$ circuito abierto	$P_{G\,A6\,B} = 0 \cdot 10 = 0$
TOTAL	----------------	$P_{G\,TOTAL} = \sum P_{G\,i} = 33525 / 324 = 103{,}4722222$

Potencia consumida en resistencias internas de generadores y resistencias del circuito.

TRAMO	**INTENSIDAD** A	**R** Ω	**POTENCIA CONSUMIDA EN RESISTENCIAS** W
Tramo A A_1	$I_{A\,A1} = 0$ circuito abierto	3+1	$P_{RAA1} = 0 \cdot 4 = 0$
Tramo A_1 A_2	$I_{A1\,A2} = I_1 = 1200 / 324$	1+1	$P_{RA1A2} = I_1^2 \cdot 2 = 2880000/324^2 = 27{,}4348422$
Tramo A_1 A_4	$I_{A1\,A4} = I_1 = 1200 / 324$	1	$P_{RA1A4} = I_1^2 \cdot 1 = 1440000/324^2 = 13{,}7174211$
Tramo A_4 A_3	$I_{A4\,A3} = I_3 = 225 / 324$	4+1	$P_{RA4A3} = I_3^2 \cdot 5 = 253125 / 324^2 = 2{,}4112654$
Tramo A_2 A_3	$I_{A2\,A3} = I_4 = 135 / 324$	1	$P_{RA2A3} = I_4^2 \cdot 1 = 18225 / 324^2 = 0{,}1736111$
Tramo A_4 A_5	$I_{A4\,A5} = I_2 = 975 / 324$	2+1	$P_{RA4A5} = I_2^2 \cdot 3 = 2851875/324^2 = 27{,}1669239$
Tramo A_3 A_5	$I_{A3\,A5} = I_5 = 90 / 324$	2	$P_{RA3A5} = I_5^2 \cdot 2 = 16200 / 324^2 = 0{,}1543209$
Tramo A_2 A_6	$I_{A2\,A6} = I_6 = 1065 / 324$	1+2	$P_{RA2A6} = I_6^2 \cdot 3 = 3402675/324^2 = 32{,}4138374$
Tramo A_6 B	$I_{A6\,B} = 0$ circuito abierto	2+1	$P_{RA6\,B} = 0 \cdot 3 = 0$
TOTAL	----------------------	---------	$P_{RTOT} = \sum P_{Ri} = 10862100/324^2 = 103{,}4722222$

$$P_{GENERADA} = P_{G\,TOTAL} = \frac{33525}{324} = 103{,}4722222 \text{ W} = \frac{10862100}{324^2} = P_{R\,TOTAL} = P_{CONSUMIDA}$$

CAPÍTULO X

CORRIENTE ALTERNA

« Hace unos diez años, reconocí el hecho de que para transportar corrientes eléctricas a largas distancias no era en absoluto necesario emplear un cable de retorno, sino que cualquier cantidad de energía podría ser transmitida usando un único cable. Ilustré este principio mediante numerosos experimentos que, en su momento, generaron una atención considerable entre los hombres de ciencia.»

N. Tesla, 1901

1. GENERACIÓN DE CORRIENTE ELÉCTRICA ALTERNA MONOFÁSICA

■ GENERADOR DE CORRIENTE ALTERNA

Un simple prototipo de generador de corriente eléctrica alterna monofásica sinusoidal, consiste en una espira plana rectangular de conductor metálico y sección S, que gira alrededor de su eje de simetría con velocidad angular $\vec{\omega}$=cte y está situada en una región del espacio en donde existe un campo magnético uniforme $\vec{B}$ =cte.

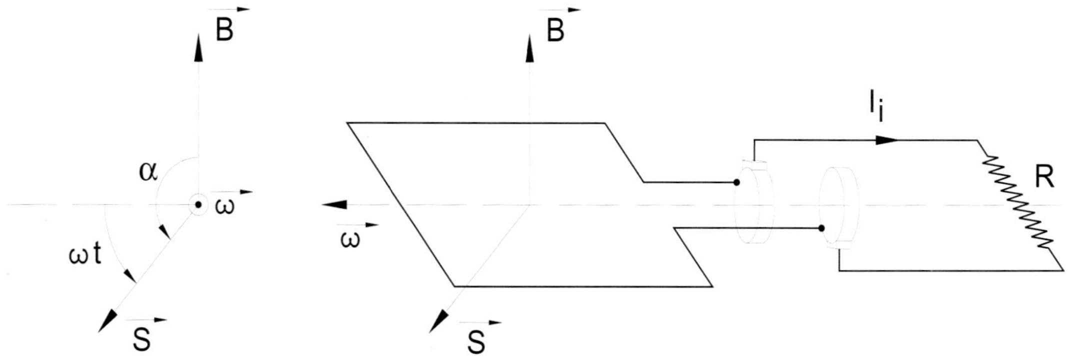

Según la ley de Faraday-Henry, en una espira conductora móvil, con velocidad angular ω, se induce una f.e.m. instantánea sinusoidal, cuya expresión se obtiene a partir del flujo del campo magnético que atraviesa la citada espira móvil de sección S:

Flujo magnético: $\Phi = \vec{B} \cdot \vec{S} = B\ S\ \cos\alpha = B\ S\ \cos[\omega t + \frac{\pi}{2}] = -B\ S\ \text{sen}\ \omega t$

$$\text{Valor instantáneo de la f.e.m. alterna}: E_i = -\frac{d\Phi}{dt} = B\ S\omega\ \cos\omega t = E_0\ \cos\omega t$$

■ CORRIENTE ELÉCTRICA ALTERNA EN REGIMEN SENOIDAL Y ESTACIONARIO

Es el movimiento ondulatorio de electrones en el interior de un conductor metálico, esta vibración tiene una amplitud muy pequeña de periodo es T=2π/ω. La propagación por el conductor metálico de la onda correspondiente al movimiento ondulatorio de los electrones, se manifiesta como el paso de la corriente alterna por el referido conductor.

2. PARÁMETROS ELÉCTRICOS CARACTERÍSTICOS.NOTACIÓN COMPLEJA

E_i VALOR INSTANTÁNEO. $E_i=E_0\cos\omega t=E_0\cos[2\pi t/T]$; $\omega t=p2\pi \Rightarrow E_i=E_0$; $\omega t=[2p+1]\pi \Rightarrow E_i=-E_0$; p=0,1,2,

E_0 VALOR MÁXIMO. $E_0=\sqrt{2}\ E = 1{,}414135\ E$. Valor no registrado por aparato de medida eléctrico.

E VALOR EFICAZ: Valor de la magnitud registrado por el aparato de medida eléctrico.

$$\text{VALOR EFICAZ: } E = \sqrt{\frac{1}{T}\int_0^T E_i^2 dt} = \sqrt{\frac{1}{T}\int_0^T E_0^2 \cos^2 \omega t\ dt} = \frac{E_0}{\sqrt{2}} = \frac{\sqrt{2}}{2}E_0 = 0{,}70710678\ E_0 < E_0.$$

$$\text{Pulsación}: \omega = \frac{2\pi}{T} = 2\pi n. \quad \text{Periodo}: T = \frac{2\pi}{\omega} = \frac{1}{n}$$

Frecuencia : $n = \frac{1}{T} = \frac{\omega}{2\pi}$ [n = 50 Hz: en Europa – África – Asia – Australia; n = 60 Hz: en América]

EL VALOR EFICAZ COMPLEJO DE MAGNITUDES ELÉCTRICAS $\mathcal{E}$,V,I SE REPRESENTA POR ESA LETRA EN MAYÚSCULA Y NEGRITA; SU EXPRESIÓN GRÁFICA SE PLASMA EN PLANO COMPLEJO O "DIAGRAMA DE ARGAND", QUE ES UN PLANO CARTESIANO MODIFICADO, DONDE EJE ABCISAS [OX] ≡ EJE REAL [Re] Y EJE ORDENADAS [OY] ≡ EJE IMAGINARIO [Im].

EJEMPLO: $\mathbf{U} = U\underline{|\varphi^o} = \text{Re}(\mathbf{U}) + j\,\text{Im}(\mathbf{U}) = U\cos\varphi + j\,U\,\text{sen}\varphi$; AFIJO DE $\mathbf{U} \equiv [U\cos\varphi,\ U\,\text{sen}\varphi] \equiv [\text{Re}(\mathbf{U}),\ \text{Im}(\mathbf{U})]$.

FUERZA ELECTROMOTRIZ ≡ F.E.M.: <u>Valor Eficaz Complejo</u> $\boldsymbol{\mathcal{E}} \equiv \mathbf{E}$ Voltio

CAÍDA TENSIÓN ELÉCTRICA≡ DIFERENCIA POTENCIAL ELÉCTRICO: <u>Valor Eficaz Complejo</u> $\mathbf{V} \equiv \mathbf{U}$ Voltio

INTENSIDAD DE CORRIENTE ELÉCTRICA ≡ CORRIENTE ELÉCTRICA: <u>Valor Eficaz Complejo</u> $\mathbf{I} \equiv \mathbf{J}$ Amperio

MAGNITUD ELÉCTRICA / TIPO DE VALOR	F.E.M. /// CAÍDA DE TENSIÓN	INTENSIDAD DE LA CORRIENTE ELÉCTRICA
INSTANTÁNEO	$E_i = E_o \cos \omega t$	$I_i = I_o \cos[\omega t - \varphi]$
EFICAZ	$E = 0{,}70710678\ E_o$	$I = 0{,}70710678\ I_o$
INSTANTÁNEO COMPLEJO	$\boldsymbol{\mathcal{E}}_i = \mathbf{E}_i = E_o e^{j\omega t} = \sqrt{2}\,E\,e^{j\omega t}$	$\mathbf{J}_i = \mathbf{I}_i = I_o e^{j(\omega t - \varphi)} = \sqrt{2}\,I e^{-j\varphi} e^{j\omega t} = \sqrt{2}\,\mathbf{J}\,e^{j\omega t}$
EFICAZ COMPLEJO	$\boldsymbol{\mathcal{E}} = \mathbf{E} = E\underline{|0^o}$	$\mathbf{J} = \mathbf{I} = I e^{-j\varphi} = I\underline{|-\varphi^o}$

TENSIÓN EFICAZ COMPLEJA / FORMA EXPRESIÓN COMPLEJA	TENSIÓN EFICAZ COMPLEJA	RELACIÓN ENTRE FORMAS POSIBLES DE EXPRESAR VALOR EFICAZ COMPLEJO DE LA TENSIÓN ELÉCTRICA
MÓDULO–ARGUMENTAL	$\mathbf{U} = U\underline{|\varphi^o}$	$U = \sqrt{\text{Re}^2_{(\mathbf{U})} + \text{Im}^2_{(\mathbf{U})}}$; $\varphi = \arctan[\text{Im}(\mathbf{U})/\text{Re}(\mathbf{U})]$
BINÓMICA	$\mathbf{U} = \text{Re}(\mathbf{U}) + j\,\text{Im}(\mathbf{U})$	$\text{Re}(\mathbf{U}) = U\cos\varphi$; $\text{Im}(\mathbf{U}) = U\,\text{sen}\,\varphi$
TRIGONOMÉTRICA	$\mathbf{U} = U\cos\varphi + j\,U\,\text{sen}\,\varphi$	MÓDULO= U; ARGUMENTO= φ^o

3. IMPEDANCIA Y ADMITANCIA COMPLEJAS EN ELEMENTOS PASIVOS

EL VALOR COMPLEJO DE IMPEDANCIA Y ADMITANCIA DE CIRCUITO Y ELEMENTOS PASIVOS BÁSICOS, SE REPRESENTA POR LETRA MAYÚSCULA NEGRITA, SU EXPRESIÓN GRÁFICA SE DIBUJA EN PLANO COMPLEJO [OX ≡ EJE Re; OY ≡ EJE Im].

- **IMPEDANCIA COMPLEJA EN RECEPTOR PASIVO:** $\mathbf{Z} = \text{Re}(\mathbf{Z}) + j\,\text{Im}(\mathbf{Z}) = R + jX = Z\underline{|\varphi^o}$

Z Complejo independiente del tiempo. Re (**Z**)≡ Parte real de **Z**≡ R= **RESISTENCIA** ≥ 0. Im (**Z**)≡ Parte imaginaria de **Z**≡X= **REACTANCIA**, puede ser positiva, negativa o nula.

$$\mathbf{Z} = R + jX = \sqrt{R^2 + X^2}\,[\cos\varphi + j\,\text{sen}\varphi] = Z\cos\varphi + j\,Z\text{sen}\varphi = \sqrt{R^2 + X^2}\,\underline{|\varphi^o} = Z\,\underline{|\varphi^o}$$

Módulo: $Z = \sqrt{R^2 + X^2} \geq 0$. Argumento≡ Fase: $\varphi = \arctan\frac{\text{Im}(\mathbf{Z})}{\text{Re}(\mathbf{Z})}$; $-\frac{\pi}{2} \leq \varphi \leq +\frac{\pi}{2}$

<u>IMPED. INDUCTIVA</u>: $\mathbf{Z} = R + jX_L = \sqrt{R^2 + X_L^2}\,\underline{|\varphi_I^{\,o}} = Z\underline{|\varphi_I^{\,o}}$; $\varphi_I^0 = +$. Reactancia inductiva $X_L = +$

<u>IMPED. CAPACITIVA</u>: $\mathbf{Z} = R + jX_C = \sqrt{R^2 + X_C^2}\,\underline{|\varphi_C^{\,o}} = Z\underline{|\varphi_C^{\,o}}$; $\varphi_C^0 = -$. Reactancia capacitiva $X_C = -$

■ **ADMITANCIA COMPLEJA EN RECEPTOR PASIVO:** $\mathbf{Y}= \mathrm{Re}\,(\mathbf{Y}) + j\ \mathrm{Im}\,(\mathbf{Y}) = G + j\,B = Y\lfloor\psi^{o}$

Y Complejo independiente del tiempo. Re(**Y**)≡ Parte real de **Y**≡G=CONDUCTANCIA≥ 0.
Im(**Y**)≡ Parte imaginaria de **Y**≡B=SUSCEPTANCIA, puede ser positiva, negativa o nula.

La admitancia compleja es el inverso de la impedancia compleja: $\mathbf{Y}=\mathbf{Z}^{-1} \Rightarrow \mathbf{Z}\,\mathbf{Y}= 1$

$$\mathbf{Y}= G+jB=\sqrt{G^2+B^2}\,[\cos\psi + j\mathrm{sen}\psi] = \sqrt{G^2+B^2}\lfloor\psi^{o} = Y\lfloor\psi^{o} = \frac{1}{\mathbf{Z}} = \frac{R}{R^2+X^2} - j\frac{X}{R^2+X^2};\ \psi = -\ \varphi$$

$$\text{Módulo: } Y=\sqrt{G^2+B^2}\geq 0.\ \text{Argumento≡ Fase: } \psi = \arctan\frac{\mathrm{Im}\ (\mathbf{Y})}{\mathrm{Re}\ (\mathbf{Y})};\ -\frac{\pi}{2}\leq\psi\leq+\frac{\pi}{2}$$

" **SE CUMPLE PARA UN MISMO CIRCUITO:** $\mathbf{Z} = Z\lfloor\varphi^{o}$; $\mathbf{Y}= Y\lfloor_{\psi^{o}} \Rightarrow \mathbf{Z}\cdot\mathbf{Y}=1$; $Z=1/Y$; $\varphi^{o}=-\psi^{o}$ "

■ **IMPEDANCIA COMPLEJA EN ELEMENTOS ELÉCTRICOS PASIVOS BÁSICOS**

<u>RESISTENCIA</u>: $\mathbf{Z}_R = R\lfloor 0^{o}$. <u>BOBINA</u>: $\mathbf{Z}_L= j\,X_L= j\,L\omega = L\omega\lfloor 90^{o}$. INDUCTANCIA: $X_L= L\omega= +$.

<u>CONDENSADOR</u>: $\mathbf{Z}_C= j\ X_C= \frac{-j}{\omega C} = \frac{1}{\omega C}\lfloor -90^{o}$. CAPACITANCIA: $X_C=\frac{-1}{\omega C} = -$.

■ **IMPEDANCIA COMPLEJA EN CIRCUITO PASIVO** $\mathbf{Z}=\mathrm{Re}\,(R_i, L_j, C_k, \omega)+j\ \mathrm{Im}\,(R_i, L_j, C_k, \omega)$

Su expresión compleja **Z**, independiente del tiempo, es función de los elementos pasivos básicos que conforman el circuito: R_i, L_j, C_k y de pulsación $\omega=2\pi n=2\pi/T$.

Dimensiones: $[Z]=[R]=[X]=[Y^{-1}]=[G^{-1}]=[B^{-1}]=[L\omega]=[\frac{1}{\omega C}]=ML^2T^{-3}I^{-2}\equiv\Omega$ (Ohmio).

L=H (Henrio); C=F (Faradio); n= ν=Hz (ciclo/segundo); ω= rad s^{-1} (radián/segundo).

4. RESONANCIA

Un circuito eléctrico está en resonancia, cuando la parte imaginaria de la impedancia **Z** (y de su inverso que es la admitancia) equivalente del circuito, es nula.

Z=1/**Y**= Re (**Z**)+ j Im (**Z**)= Re (**Z**) resistencia pura.

En resonancia, la tensión aplicada al circuito y la intensidad que lo recorre están en concordancia de fase, siendo nulo el desfase angular entre ambas magnitudes.

"CONDICIÓN DE RESONANCIA $\Rightarrow \frac{\mathbf{U}}{\mathbf{J}} = \mathbf{Z} = Z\lfloor\varphi^{o} = \mathrm{Re}\ (\mathbf{Z}) + j\ \mathrm{Im}\ \ (\mathbf{Z}) = \mathrm{Re}\ (\mathbf{Z}) \Rightarrow\ \varphi^{o}= 0$ ".

Consecuencias derivadas de la condición de resonancia:

- $\mathrm{Im}\,(\mathbf{Z}_{\omega_R})= \mathrm{Im}\,(R_i, L_j, C_k, \omega)= 0 \Rightarrow \omega_R= f\,(R_i, L_j, C_k)$ PULSACIÓN DE RESONANCIA

Si Im (R_i, L_j, C_k, ω)= 0 si admite raíces reales, que deben ser positivas, éstas son los valores de ω_R pulsación de resonancia. Pero si carece de raíces reales, no existe ω_R.

- Factor de potencia del circuito resonante: como $\varphi^{o}_{\omega_R} = 0 \Rightarrow \cos\ \varphi^{o}_{\omega_R} = 1$.
- Potencia reactiva del circuito resonante: $Q_{\omega_R} = UI_{\omega_R}\,\mathrm{sen}\ \varphi_{\omega_R} = 0$.

La resonancia tiene importancia, en circuitos con resistencias de valor reducido, lo que esto sucede en las redes eléctricas de alta/media tensión, existe una frecuencia de resonancia que aproximadamente coincide con la frecuencia en donde se producen máximos o mínimos de la impedancia equivalente del circuito eléctrico de la red. Estos valores normalmente derivan en valores elevados de la tensión o de la corriente que dañan la instalación de la red de eléctrica y los aparatos conectados a dicha red, con graves pérdidas económicas, salvo que estén protegidos los relés adecuados.

5. RESONANCIA EN CIRCUITO SERIE R-L-C

Impedancia compleja del circuito serie: $\mathbf{Z} = R + j\,[L\omega - \frac{1}{C\omega}] = R + j\,X = \mathrm{Re}\,(\mathbf{Z}) + j\,\mathrm{Im}\,(\mathbf{Z})$

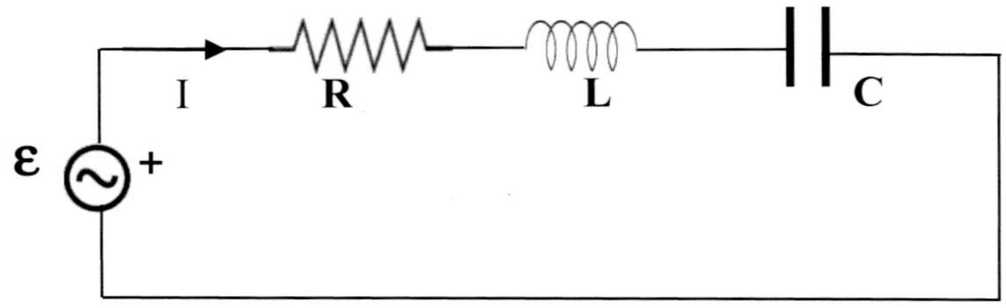

■ **CONDICIÓN RESONANCIA DE CIRCUITO SERIE**

$$\frac{\mathbf{U}}{\mathbf{J}} = \mathbf{Z} = Z\underline{|\varphi^o} = \mathrm{Re}\,(\mathbf{Z}) + j\ \mathrm{Im}\ (\mathbf{Z}) = \mathrm{Re}\ (\mathbf{Z}) \Rightarrow\ \varphi^o = 0$$

■ **CONSECUENCIAS DERIVADAS DE LA RESONANCIA**

Consecuencias derivadas de la Condición de Resonancia de fase son:

- $\mathrm{Im}\ (\mathbf{Z}_{\omega_R}) = \mathrm{Im}\ (R_i, L_j, C_k, \omega) = 0 \Rightarrow$ PULSACIÓN DE RESONANCIA: $\omega_R = f\,(R_i, L_j, C_k)$.
- Módulo de la impedancia del circuito resonante: $Z_{\omega_R} = \mathrm{Re}\ (R_i, L_j, C_k, \omega_R) \Rightarrow \text{Mínimo}$.
- Intensidad eficaz circuito resonante: $\mathbf{J}_{\omega_R} = \frac{\mathbf{U}}{\mathbf{Z}_{\omega_R}} \Rightarrow \text{Si } U = \text{cte} \Rightarrow I_{\omega_R} = \frac{U}{Z_{\omega_R}} = \frac{U}{\mathrm{Re}(\mathbf{Z})} \text{Máxima}$.
- Factor de potencia del circuito resonante: como $\varphi^o_{\omega_R} = 0 \Rightarrow \cos\ \varphi^o_{\omega_R} = 1$.
- Potencia activa del circuito resonante, cuando U= cte. $\Rightarrow P_{\omega_R} = Z_{\omega_R} I^2_{\omega_R} \Rightarrow \text{Máxima}$.
- Potencia reactiva del circuito resonante: $Q_{\omega_R} = U I_{\omega_R} \mathrm{sen}\ \varphi_{\omega_R} = 0$.

■ **CIRCUITO R-L-C SERIE. ANÁLISIS DE FUNCIONES Z, R, X_L, X_C. PULSACIÓN DE RESONANCIA**

Se representan en el plano cartesiano rectangular, en ordenadas, las magnitudes: Z, R, X_L, X_C, y $X = X_L - X_C$ en función de ω, pulsación de la corriente alterna, en abcisas.

La impedancia compleja del circuito serie: $\mathbf{Z} = R + j\,[L\omega - \frac{1}{C\omega}] = R + j\,X$.

El módulo de impedancia compleja es: $Z = \sqrt{R^2 + X^2} = \sqrt{R^2 + \left[L\omega - \frac{1}{C\omega}\right]^2} = f\ (R, L, C, \omega)$.

Cuando el CIRCUITO SERIE se halla en la situación de resonancia de fase, se cumple una consecuencia de dicha condición: Im (**Z**)= $X = L\omega_R - \frac{1}{C\omega_R} = 0 \Rightarrow \omega_R = \sqrt{\frac{1}{L\,C}}$

Donde ω_R es la pulsación de resonancia de fase del CIRCUITO SERIE R-L-C dado.

Cuando $\omega = \omega_R \Rightarrow Z_{\omega_R} = R$, la impedancia del circuito es mínima.

Resistencia: R= constante, sólo positiva o cero y es independiente de la pulsación ω.

Reactancia inductiva: $X_L = \omega\, L$, positiva. Si $\omega = \omega_R \Rightarrow X_{L\omega_R} = L\omega_R = |X_{C\omega_R}| = |-1/C\omega_R|$.

Reactancia capacitiva: $X_C = -\frac{1}{C\,\omega}$, negativa. Si $\omega = \omega_R \Rightarrow |X_{C\omega_R}| = |-1/C\omega_R| = X_{C\omega_R} = L\omega_R$.

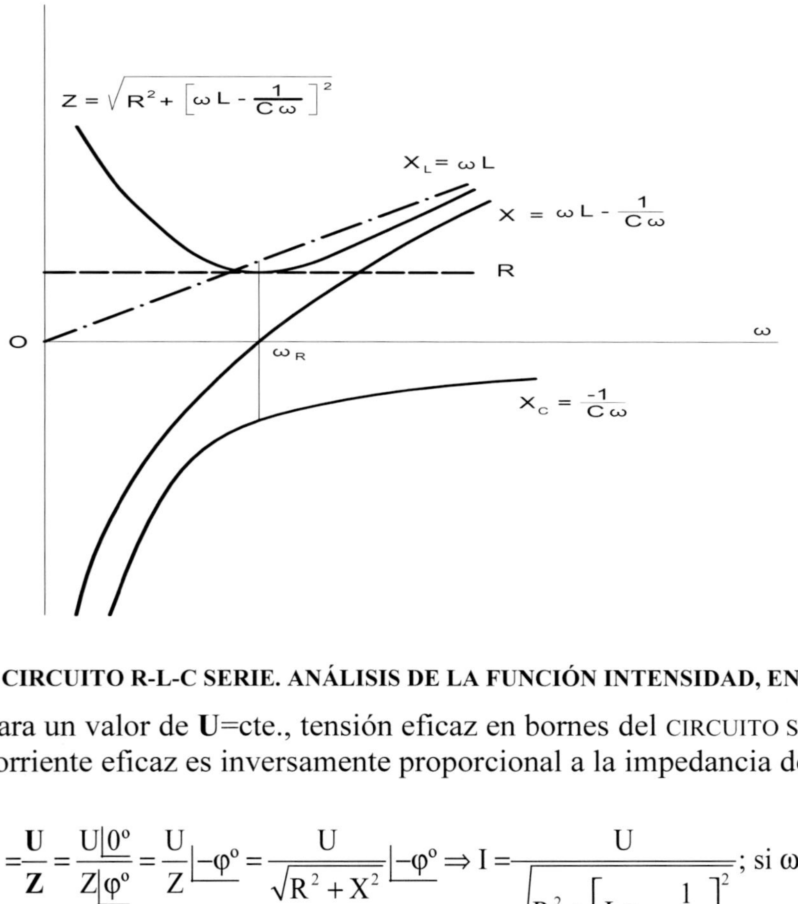

■ **CIRCUITO R-L-C SERIE. ANÁLISIS DE LA FUNCIÓN INTENSIDAD, EN RESONANCIA DE FASE**

Para un valor de **U**=cte., tensión eficaz en bornes del CIRCUITO SERIE, la intensidad de la corriente eficaz es inversamente proporcional a la impedancia del circuito.

$$\mathbf{J} = \frac{\mathbf{U}}{\mathbf{Z}} = \frac{U\underline{|0^o}}{Z\underline{|\varphi^o}} = \frac{U}{Z}\underline{|-\varphi^o} = \frac{U}{\sqrt{R^2+X^2}}\underline{|-\varphi^o} \Rightarrow I = \frac{U}{\sqrt{R^2+\left[L\omega - \frac{1}{C\omega}\right]^2}};\ \text{si } \omega = \omega_R \Rightarrow I_R = \frac{U}{R}\ \text{Máximo}$$

Si $U=U_0$, $L=L_0$ y $C=C_0$ resulta $I=F(\omega,R)$, que es la familia de curvas de la figura, en coordenadas cartesianas rectangulares, [I≡OY; ω≡OX], de tal forma que a cada valor $R=R_i$, le corresponde una curva $I= f_{R=Ri}(\omega)$; cuando $\omega = \omega_{RESONACIA}$, la intensidad eficaz del circuito serie alcanza el valor máximo: $I_{MÁXIMA\text{-}RESONANCIA\ R=Ri} = f_{R=Ri}(\omega_R)$.

Cuando $\omega = \omega_R$, al disminuir la resistencia R, del circuito serie, su intensidad eficaz aumenta y en el caso ideal cuando $R= 0 \Rightarrow I_{MÁXIMA\text{-}RESONANCIA\ R=0} = f_{R=0}(\omega_R) = \infty$.

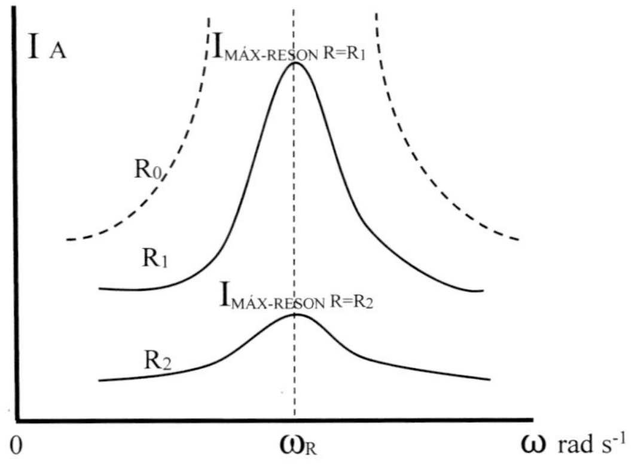

Estas son la familia de curvas $I= F(\omega, R)$, siendo $R= 0< R_1< R_2$. Se han representado tres curvas de la familia en coordenadas cartesianas rectangulares $[I, \omega]$:

$I=f_{R_1}=R_1(\omega)$. Si $\omega=\omega_R$, $I_{\text{MÁXIMA-RESONANCIA } R=R_1}=f_R= R_1(\omega_R)$

$I=f_{R_2}=R_2(\omega)$. Si $\omega=\omega_R$, $I_{\text{MÁXIMA-RESONANCIA } R=R_2}=f_R= R_2(\omega_R)$

$I=f_{R_0}=R_0(\omega)$. Si $\omega=\omega_R$, $I_{\text{MÁXIMA-RESONANCIA } R=R_0}= R_0(\omega)= \infty$

$I_{\text{MÁXIMA-RESONANCIA } R=0}=\infty > I_{\text{MÁXIMA-RESONANCIA } R=R_1} > I_{\text{MÁXIMA-RESONANCIA } R=R_2}$

En todas las curvas de la familia cuando $\omega= \omega_R$ hay un máximo $I_{\text{MÁX-RESONANCIA}}$.

■ **CIRCUITO R-L-C SERIE. FACTOR DE CALIDAD O DE SOBRETENSIÓN EN RESONANCIA**

Factor de calidad de un circuito, sometido a la pulsación de resonancia ω_R, es una magnitud adimensional definida mediante la expresión: $Q =2\pi\dfrac{W_A}{W_D}$.

W_A energía máxima almacenada en el condensador, o en la bobina, o en un circuito en general, en situación de resonancia de fase.

W_D energía disipada en el circuito, durante un periodo T, en situación de resonancia.

En el circuito R-L-C serie estudiado, sometido a ω_R pulsación de resonancia, resulta:

$W_A =\dfrac{1}{2}LI_{R_0}{}^2 = LI_R{}^2=\dfrac{1}{2}\,CU_{0_{C_R}}{}^2 = CU_{C_R}{}^2 = \dfrac{I_R{}^2}{\omega_R{}^2C} = \text{cte.}$; cuando la tensión en el condensador es máxima, la intensidad en la bobina es nula. Se cumple: $I_{R_0} = \sqrt{2}\, I_R$.

$W_D =RI_R{}^2T = RI_R{}^2\dfrac{2\pi}{\omega_R}$. Sólo se disipa energía en la resistencia R.

FACTOR DE CALIDAD: $Q = 2\pi\,\dfrac{LI_R{}^2}{RI_R{}^2\dfrac{2\pi}{\omega_R}} = \dfrac{L}{R}\omega_R = \dfrac{L}{R}\sqrt{\dfrac{1}{LC}} = \dfrac{1}{R}\sqrt{\dfrac{L}{C}} = \dfrac{1}{RC\omega_R}$

Es importante observar, que, en situación de resonancia, la tensión del condensador y la de la bobina son iguales, su expresión en función del factor de calidad Q es:

$$U_{C_R} = \frac{I_R}{C\,\omega_R} = \frac{U}{R\,C\,\omega_R} = Q\,U = I_R\,L\,\omega_R = U_{L_R}\text{. Se cumple: } L = \frac{R\,Q}{\omega_R}\ ;\ \frac{1}{C} = R\,Q\,\omega_R\,.$$

La RESONANCIA DEL CIRCUITO SERIE, produce en los terminales de condensadores y de bobinas sobretensiones-sobreintensidades muy peligrosas, que pueden causar graves daños de perforación tanto en los dieléctricos de los condensadores, como en el aislamiento de los conductores, de las espiras de las bobinas, consecuentemente tales daños originan importantes pérdidas económicas en la instalación receptora, salvo que esté protegida con los adecuados relés.

■ **CIRCUITO R-L-C SERIE. ANCHO DE BANDA DE FRECUENCIA PASANTE**

Se denomina banda de frecuencia pasante, al intervalo de pulsaciones $[\omega_1, \omega_2]$ dentro del cual la potencia disipada en el circuito estudiado, se mantiene por encima de la mitad de la potencia máxima disipada en dicho circuito.

En un CIRCUITO SERIE R-L-C, la situación de potencia máxima disipada sucede cuando $\omega = \omega_R$, entonces la intensidad eficaz del circuito es I_R alcanzando su valor máximo en situación de resonancia, pues R es constante y no depende de la pulsación.

Por tanto, si $\omega = \omega_R \Rightarrow P_{MÁX} = R\,I_R^2$, siendo I_R intensidad eficaz del circuito resonante.

Cuando, $\omega \neq \omega_R \Rightarrow P = RI^2$ potencia disipada, siendo I intensidad eficaz del circuito.

En consecuencia, cuando la potencia disipada en el circuito es $P = R\,I^2 = P_{MÁX}/2$, la intensidad eficaz del circuito alcanza el valor: $I = \frac{I_R}{\sqrt{2}}$.

Ahora calculemos el ancho de banda para nuestro CIRCUITO SERIE R-L-C:

$$\left.\begin{aligned} &\text{Como } I_R = \frac{U}{R};\ I = \frac{U}{Z} \\ &Z = \sqrt{R^2 + \left[L\omega - \frac{1}{C\omega}\right]^2} \\ &\text{Se cumple: } I = \frac{I_R}{\sqrt{2}} \end{aligned}\right\}\text{sustituyendo valores, resulta: } \frac{U}{\sqrt{R^2 + \left[L\omega - \frac{1}{C\omega}\right]^2}} = \frac{U}{R\sqrt{2}}$$

En la anterior expresión al igualar los denominadores: $\sqrt{R^2 + \left[L\omega - \frac{1}{C\omega}\right]^2} = R\sqrt{2}$

Elevando al cuadrado se obtiene: $R^2 + \left[L\omega - \frac{1}{C\omega}\right]^2 = 2R^2 \Rightarrow \left[L\omega - \frac{1}{C\omega}\right]^2 = R^2$

Se introduce la variable: $x = \frac{\omega}{\omega_R}$, y como se cumple: $\omega\,L = x\,Q\,R;\ \frac{1}{\omega\,C} = \frac{Q\,R}{x}$

Resulta una ecuación de 2º grado en x: $1 + Q^2\left[x - \frac{1}{x}\right]^2 = 2 \Rightarrow x^2 \pm \frac{x}{Q} - 1 = 0$

Como la pulsación es una magnitud $\omega > 0$, para hacer cumplir tal condición, en la resolución de la ecuación de 2º grado, sólo se tomará el radical con signo positivo.

Las soluciones son: $x_1 = \frac{\omega_1}{\omega_R} = \frac{1}{2}\left[-\frac{1}{Q} + \sqrt{\frac{1}{Q^2} + 4}\right]$; $x_2 = \frac{\omega_2}{\omega_R} = \frac{1}{2}\left[\frac{1}{Q} + \sqrt{\frac{1}{Q^2} + 4}\right]$

A las soluciones x_1 y x_2, les corresponden respectivamente las pulsaciones ω_1 y ω_2 de forma que cuando ω cumple: $\omega_1 \leq \omega \leq \omega_2 \Rightarrow$ Potencia: $P \Rightarrow P_{MÁX} \geq P \geq P_{MÁX}/2$.

La Intensidad del circuito, cumple a su vez: $I \Rightarrow I_R \geq I \geq I_R/\sqrt{2}$.

El ancho de la banda de frecuencia pasante del circuito serie R-L-C:

Restando: $x_2 - x_1 = \frac{1}{Q}$

Como: $x_1 = \frac{\omega_1}{\omega_R}$ y $x_2 = \frac{\omega_2}{\omega_R}$

$\Big\}$ Ancho de banda de frecuencia pasante: $\Delta = \omega_2 - \omega_1 = \frac{\omega_R}{Q} = \frac{R}{L}$

De esta expresión se deduce, que circuitos con un factor de calidad Q elevado, tienen una pequeña anchura de banda de frecuencia pasante, diciéndose entonces que el circuito es muy selectivo, en tal caso, observamos en la gráfica I=F(ω,R), anteriormente representada, que la familia de curvas, resultan tanto más puntiagudas (leptocúrticas) cuanto mayor es el valor de Q, factor de calidad del circuito.

Las pulsaciones de los extremos del ancho de banda de frecuencia pasante son:

$$\left.\begin{array}{l} \omega_1 = \frac{\omega_R}{2}\left[\frac{-1}{Q} + \sqrt{\frac{1}{Q^2} + 4}\right] \\ \\ \omega_2 = \frac{\omega_R}{2}\left[\frac{1}{Q} + \sqrt{\frac{1}{Q^2} + 4}\right] \end{array}\right\} \text{como } \omega_R = \sqrt{\frac{1}{LC}}\ ;\ Q = \frac{1}{R}\sqrt{\frac{L}{C}} \Rightarrow \left\{\begin{array}{l} \omega_1 = \frac{1}{2L}\left[-R + \sqrt{\frac{R^2C + 4L}{C}}\right] \\ \\ \omega_2 = \frac{1}{2L}\left[R + \sqrt{\frac{R^2C + 4L}{C}}\right] \end{array}\right.$$

6. LEYES DE OHM Y DE KIRCHHOFF EN CORRIENTE ALTERNA

▪ LEY DE OHM

Permite aplicar las mismas conclusiones obtenidas en corriente continua, sin más que sustituir el elemento real, por el elemento eficaz complejo.

$\boldsymbol{\mathcal{E}} = \mathbf{J\,Z} = \mathbf{J/\,Y}$; $\mathbf{U} = \mathbf{J\,Z} = \mathbf{J/\,Y}$; suponiendo $\mathbf{E} = E\underline{|0^o}$; $\mathbf{J} = \mathbf{E/Z} = [E/Z]\underline{|-\varphi^o}$

▪ PRIMERA LEY DE KIRCHHOFF

La suma de las intensidades eficaces complejas que entran al nudo **h**, es igual a la suma de las intensidades eficaces complejas salientes del citado nudo **h**, en donde concurren **i** tramos.

NUDO **h** $\Rightarrow \sum \mathbf{J}_{\mathbf{h\ Entrada}} = \sum \mathbf{J}_{\mathbf{h\ Salida}} \Rightarrow \sum \mathbf{J}_{\mathbf{h\ Entrada}} - \sum \mathbf{J}_{\mathbf{h\ Salida}} = \mathbf{0} \Rightarrow \sum \mathbf{J}_{\mathbf{hi}} = 0$

■ **SEGUNDA LEY DE KIRCHHOFF**

La suma algebraica de f. e. m. eficaces complejas de una malla **k**, es igual a la suma algebraica de caídas de tensión eficaces complejas que se producen en cada una de las impedancias existentes en los **j** tramos que constituyen la malla **k**.

MALLA **k** $\Rightarrow \quad \sum \boldsymbol{\varepsilon}_{kj} = \sum \mathbf{J}_{kj}\, \mathbf{Z}_{kj} = \sum \mathbf{U}_{kj}$

7. TIPOS DE CONEXIÓN DE IMPEDANCIAS PASIVAS: SERIE //PARALELO

MAGNITUD ELÉCTRICA / TIPO CONEXIÓN IMPEDANCIA	IMPEDANCIA EQUIVALENTE Z	CAÍDA DE TENSIÓN PARCIAL U_K	CAÍDA DE TENSIÓN TOTAL $U_{TOTAL} = U_T$	CORRIENTE PARCIAL J_K	CORRIENTE TOTAL $J_{TOTAL} = J_T$
CONEXIÓN EN SERIE DIVISOR DE TENSIÓN MISMA INTENSIDAD $J_{TOTAL} = J_K$	$Z_S = \Sigma Z_K$	$U_K = U_T [Z_K/Z_S]$ $U_K = J_T Z_K$	$U_T = \Sigma U_K = J_T Z_S$	$J_K = U_K / Z_K$	$J_T = J_K = U_T/Z_S$ MISMA $J_T = J_K$
CONEXIÓN EN PARALELO DIVISOR DE INTENSIDAD MISMA TENSIÓN $U_{TOTAL} = U_K$	$Z_P = 1/[\Sigma(1/Z_K)]$	$U_K = J_K Z_K$	$U_T = U_K = J_T Z_P$ MISMA $U_T = U_K$	$J_K = J_T [Z_P/Z_K]$ $J_K = U_T/Z_K$	$J_T = \Sigma J_K = U_T/Z_P$

8. ANÁLISIS DE CIRCUITO ELÉCTRICO POR EL MÉTODO DE MALLAS

Consiste en la resolución de un circuito eléctrico con varias mallas, basada en las leyes de Kirchhoff. En Método de Mallas, se definen las siguientes magnitudes eléctricas:

■ $\mathbf{J_k}$ es la corriente eficaz de la malla **k**. A cada malla se le asigna una corriente que sólo circula por ella, eligiéndose el mismo sentido de circulación, dextrógiro o levógiro, para todas corrientes de las mallas que conforman el circuito eléctrico.

■ $\mathbf{Z_{kk}}$ es la impedancia operacional propia de la malla **k**, es la suma de todas las impedancias que están contenidas en dicha malla **k**, $\mathbf{Z_{kk}= Z_{k1}+ Z_{k2}+ Z_{k3}+...+ Z_{kn}}$.

■ $\mathbf{Z_{kj}= Z_{jk}}$ impedancia mutua de las mallas **k** y **j**, es la impedancia correspondiente al tramo común de esas dos mallas. Su valor es nulo si las dos mallas no tienen ningún tramo común, o cuando en el tramo común entre ambas no haya ninguna impedancia.

■ $\boldsymbol{\varepsilon}_\mathbf{k}$ es la fuerza electromotriz eficaz de la malla **k**, es la suma algebraica de todas las f.e.m. eficaces de generadores existentes esa malla **k**, cada una con su signo correspondiente. La f.e.m. $\boldsymbol{\varepsilon}$ de malla **k**, tiene signo positivo cuando la intensidad $\mathbf{J_k}$ asignada a malla **k** sale por su polaridad +. Por contra, la f.e.m. $\boldsymbol{\varepsilon}$ de la malla **k**, tiene signo negativo cuando la intensidad $\mathbf{J_k}$ asignada a la malla **k** entra por su polaridad +.

Las ecuaciones de cada una de las "n" mallas del circuito eléctrico son:

Malla 1: $\boldsymbol{\varepsilon}_1 = \mathbf{Z_{11} J_1 - Z_{12} J_2 - Z_{13} J_3 ... - Z_{1k} J_k ... - Z_{1n} J_n}$

Malla 2: $\boldsymbol{\varepsilon}_2 = \mathbf{-Z_{21} J_1 + Z_{22} J_2 - Z_{23} J_3 ... - Z_{2k} J_k ... - Z_{2n} J_n}$

Malla 3: $\boldsymbol{\varepsilon}_3 = \mathbf{-Z_{31} J_1 - Z_{32} J_2 + Z_{33} J_3 ... - Z_{3k} J_k ... - Z_{3n} J_n}$

....

Malla k: $\boldsymbol{\varepsilon}_k = \mathbf{-Z_{k1} J_1 - Z_{k2} J_2 - Z_{k3} J_3 ... + Z_{kk} J_k ... - Z_{kn} J_n}$

....

Malla n: $\boldsymbol{\varepsilon}_n = \mathbf{-Z_{n1} J_1 - Z_{n2} J_2 - Z_{n3} J_3 ... - Z_{nk} J_k ... + Z_{nn} J_n}$

Estas "n" ecuaciones lineales se expresar matricialmente: $\{\boldsymbol{\varepsilon}\}=\{\mathbf{Z}\}\times\{\mathbf{J}\}$

$\{\boldsymbol{\varepsilon}\}$ y $\{\mathbf{J}\}$ son las matrices columna de las f.e.m. y de las intensidades respectivamente. $\{\mathbf{Z}\}$ es la matriz de las impedancias, es cuadrada de orden n y simétrica respecto de su diagonal principal, debido a que $\mathbf{Z_{kj}}= \mathbf{Z_{jk}}$. Los términos de la diagonal principal $\mathbf{Z_{kk}}$ son positivos, los restantes términos $\mathbf{Z_{kj}}$ de esta matriz pueden ser nulos o negativos.

$\Delta=|\mathbf{Z}|\neq 0$ es el determinante de las impedancias. Se llama Δ_k al determinante obtenido al sustituir en Δ, la columna **k** de impedancias $\mathbf{Z_{jk}}$ por la columna $\boldsymbol{\varepsilon}$ de las f.e.m.

La resolución del sistema de "n" ecuaciones lineales se hace por el método de Kramer.

$$\mathbf{J}_k=\frac{\begin{vmatrix}+\mathbf{Z}_{11} & -\mathbf{Z}_{12} & -\mathbf{Z}_{13} & \boldsymbol{\varepsilon}_1 & -\mathbf{Z}_{1n}\\ -\mathbf{Z}_{21} & +\mathbf{Z}_{22} & -\mathbf{Z}_{23} & \boldsymbol{\varepsilon}_2 & -\mathbf{Z}_{2n}\\ -\mathbf{Z}_{31} & -\mathbf{Z}_{32} & +\mathbf{Z}_{33} & \boldsymbol{\varepsilon}_3 & -\mathbf{Z}_{3n}\\ -\mathbf{Z}_{k1} & -\mathbf{Z}_{k2} & -\mathbf{Z}_{k3} & \boldsymbol{\varepsilon}_k & -\mathbf{Z}_{kn}\\ -\mathbf{Z}_{n1} & -\mathbf{Z}_{n2} & -\mathbf{Z}_{n3} & \boldsymbol{\varepsilon}_n & +\mathbf{Z}_{nn}\end{vmatrix}}{\begin{vmatrix}+\mathbf{Z}_{11} & -\mathbf{Z}_{12} & -\mathbf{Z}_{13} & -\mathbf{Z}_{1k} & -\mathbf{Z}_{1n}\\ -\mathbf{Z}_{21} & +\mathbf{Z}_{22} & -\mathbf{Z}_{23} & -\mathbf{Z}_{2k} & -\mathbf{Z}_{2n}\\ -\mathbf{Z}_{31} & -\mathbf{Z}_{32} & +\mathbf{Z}_{33} & -\mathbf{Z}_{3k} & -\mathbf{Z}_{3n}\\ -\mathbf{Z}_{k1} & -\mathbf{Z}_{k2} & -\mathbf{Z}_{k3} & +\mathbf{Z}_{kk} & -\mathbf{Z}_{kn}\\ -\mathbf{Z}_{n1} & -\mathbf{Z}_{n2} & -\mathbf{Z}_{n3} & -\mathbf{Z}_{nk} & +\mathbf{Z}_{nn}\end{vmatrix}}=\frac{\Delta_k}{\Delta}=\frac{\Delta_{1k}}{\Delta}\boldsymbol{\varepsilon}_1+\frac{\Delta_{2k}}{\Delta}\boldsymbol{\varepsilon}_2+\frac{\Delta_{3k}}{\Delta}\boldsymbol{\varepsilon}_3+\ldots+\frac{\Delta_{kk}}{\Delta}\boldsymbol{\varepsilon}_k+\ldots\frac{\Delta_{nk}}{\Delta}\boldsymbol{\varepsilon}_n$$

Intensidad eficaz compleja de malla **k** expresada indicialmente: $\mathbf{J}_k=\dfrac{\Delta_k}{\Delta}=\displaystyle\sum_{j=1}^{j=n}\frac{\Delta_{jk}}{\Delta}\boldsymbol{\varepsilon}_j$ A

Δ_{jk} adjunto de elemento **jk**: $\Delta_{jk}=[-1]^{j+k}M_{jk}$, siendo M_{jk} su menor complementario.

ADMITANCIA DE TRANSFERENCIA de la malla **j** a la malla **k**: $\mathbf{Y}_{jk}=\dfrac{\Delta_{jk}}{\Delta}=[-1]^{j+k}\dfrac{M_{jk}}{\Delta}\quad\Omega^{-1}$

9. TEOREMA DE HELMHOLTZ- THEVENIN

Sea un circuito lineal activo, formado por impedancias pasivas, lineales y bilaterales, y por fuentes de tensión senoidales, permanentes, todas ellas de igual frecuencia n.
A efectos exteriores a terminales A y B , el circuito se puede sustituir por una fuente ideal de tensión senoidal $\boldsymbol{\varepsilon_0}$, frecuencia n, conectada en serie con $\mathbf{Z_0}$ imp. equivalente.

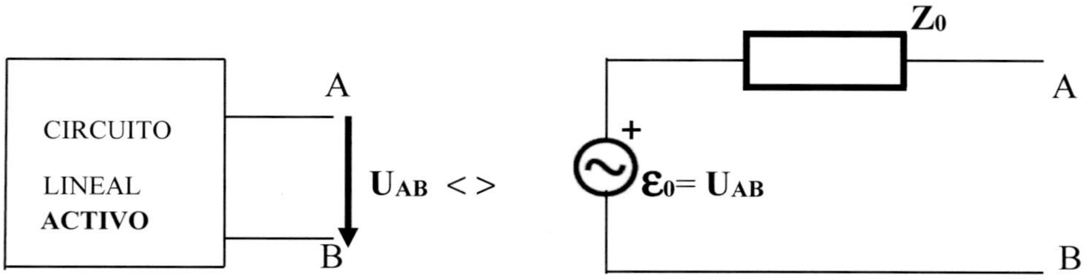

■ $\mathcal{E}_0 = U_{AB}$ Tensión entre terminales A y B, a circuito abierto, en circuito lineal activo dado. U_{AB} se halla resolviendo el circuito lineal activo dado, y hallando a continuación la diferencia de potencial que hay entre los dos referidos terminales A y B.

■ **Circuito pasivo**: se obtiene al cortocircuitar en circuito lineal activo dado, todas las fuentes de tensión senoidales permanentes, pero sin anular, si las hubiere, las propias impedancias internas de las mencionadas fuentes de tensión senoidales.

■ Z_0 Impedancia equivalente: es la impedancia del circuito pasivo desde los terminales A y B. Si circuito pasivo tiene una morfología complicada, Z_0 se halla, insertando entre Ay B una f.e.m. ideal $\mathcal{E}_1$ **conocida**, se resuelve el nuevo circuito se halla $J'_1 \Rightarrow Z_0 = \mathcal{E}_1 / J'_1$

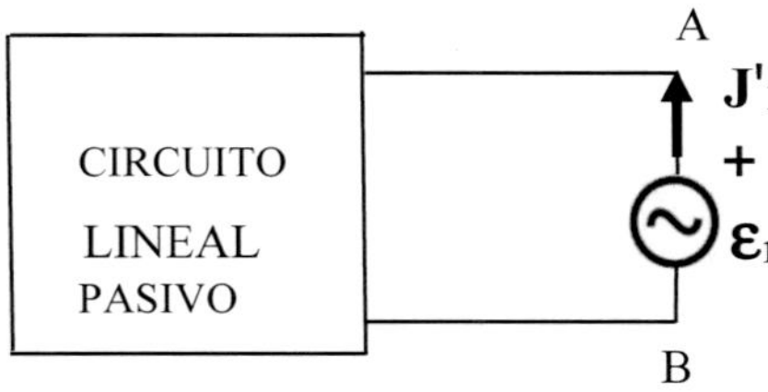

$\mathcal{E}_1$= Dato ⇒ Se halla J'_1 ⇒ Se calcula $Z_0 = \mathcal{E}_1 / J'_1$

10. POTENCIAS: INSTANTÁNEA. ACTIVA. REACTIVA. APARENTE. COMPLEJA

RECEPTOR PASIVO INDUCTIVO: **Z**= R+ j X, en donde R, X y φ^o son todos positivos **+**.

Impedancia compleja: $\mathbf{Z} = \sqrt{R^2+X^2}\,[\cos\varphi + j\,\mathrm{sen}\varphi] = Z\cos\varphi + j\,Z\mathrm{sen}\varphi = \sqrt{R^2+X^2}\,\underline{|\varphi^o} = Z\,\underline{|\varphi^o}$

$I_i = I_o\cos[\omega t - \varphi] = I_o\cos\varphi\cos\omega t + I_o\,\mathrm{sen}\,\varphi\,\mathrm{sen}\,\omega t$; $I_{ACTIVA} = I\cos\varphi$; $I_{REACTIVA} = I\,\mathrm{sen}\,\varphi$.

■ **POTENCIA INSTANTÁNEA**

$P_i(t)$ función dependiente del tiempo, es el resultado del producto entre los valores instantáneos de la tensión $E_i(t)$ y de la intensidad $I_i(t)$ correspondientes al receptor Z.

POTENCIA INSTANTÁNEA $P_i(t) = E_i I_i = E_o\cos\omega t \cdot I_o\cos[\omega t - \varphi] =$

$= E_o I_o[\cos^2\omega t \cdot \cos\varphi + \frac{1}{2}\,\mathrm{sen}2\omega t \cdot \mathrm{sen}\varphi]$

■ **POTENCIA ACTIVA-REAL-ÚTIL-VERDADERA-MEDIA**

P es el valor medio de la Potencia Instantánea $P_i(t)$ en el periodo T. Unidad es W. $P \geq 0$.

$$P = \frac{1}{T}\int_0^T P_i\,dt = \frac{1}{T}\int_0^T E_i\,I_i\,dt = \frac{E_0 I_0}{T}\cos\varphi\int_0^T \cos^2\omega t\,dt + \frac{E_0 I_0}{2T}\mathrm{sen}\varphi\int_0^T \mathrm{sen}\;2\omega t\,dt$$

$$P = \frac{E_0 I_0}{T}\cos\varphi\left[\frac{\omega t}{2\omega} + \frac{\mathrm{sen}\;2\omega t}{4\omega}\right]_0^T + \frac{E_0 I_0}{2T}\mathrm{sen}\varphi\left[\frac{1}{2\omega}(-\cos\;2\omega t)\right]_0^T$$

$$P = \frac{E_0 I_0}{T}\cos\varphi\left[\frac{T}{2} + \frac{0}{4\omega}\right] + \frac{E_0 I_0}{2T}\mathrm{sen}\varphi\left[\frac{1}{2\omega}(0)\right] = \frac{E_0 I_0}{2}\cos\varphi = EI\cos\varphi \geq 0.$$ FACTOR DE POTENCIA $\equiv \cos\varphi$

■ **POTENCIA REACTIVA**

Q se obtiene del producto entre valores eficaces de la tensión y de la intensidad reactiva, $I_{REACTIVA}$= I sen φ, en el receptor inductivo de impedancia Z. Su valor puede ser: +, 0, −.

Q= E $I_{REACTIVA}$= E I sen φ. Unidad es VAr ≡ acrónimo de **V**oltio **A**mperio **r**eactivo.

$Q_{INDUCTIVA}$=EI sen φ=+; $Q_{CAPACITIVA}$=EI sen φ=−; $Q_{TOTAL\ POT.\ REACT.}$= $Q_{INDUCTIVA}$− $|Q_{CAPACITIVA}|$

■ **POTENCIA APARENTE**

S producto entre los valores eficaces de intensidad y de tensión en Z. Unidad es VA.

$$S=E\,I=\frac{E_0\,I_0}{2}=\sqrt{P^2+Q^2}=Z\,I^2=\frac{E^2}{Z}=\frac{P}{\cos\varphi}=\frac{Q}{\mathrm{sen}\varphi}$$. Unidad es VA.

■ **POTENCIA COMPLEJA**

S es un número complejo resultado del producto entre **E**, la tensión eficaz compleja, y **J***, el conjugado de la intensidad eficaz compleja, en el receptor inductivo Z.

$\mathbf{J}=I\underline{|-\varphi^o}$ = Re (**J**)− j Im (**J**) intensidad eficaz compleja en el receptor inductivo.

$\mathbf{J}^*=I\underline{|\varphi^o}$ = Re (**J**)+ j Im (**J**) conjugado de **J** la intensidad eficaz compleja.

Se cumple: **E**=**Z J**; **J J***= I^2; **E E***= E^2; **Z**= $\mathbf{Y}^{-1}$; **J***= **E*Y***

$$\mathbf{S}=\mathbf{E}\,\mathbf{J}^*=\mathbf{Z}\,\mathbf{J}\,\mathbf{J}^*=\mathbf{Z}\,I^2=\mathbf{E}\,\mathbf{E}^*\,\mathbf{Y}^*=E^2\,\mathbf{Y}^*=\mathrm{Re}(\mathbf{S})+j\,\mathrm{Im}(\mathbf{S})=P+j\,Q$$

$$\mathbf{S}=\mathbf{E}\,\mathbf{J}^*=E\underline{|0^o}\;I\underline{|\varphi^o}=S\underline{|\varphi^o}=S\cos\varphi+j\,S\,\mathrm{sen}\,\varphi=P+j\,Q=EI\cos\varphi+j\,EI\,\mathrm{sen}\,\varphi=\sqrt{P^2+Q^2}\,\underline{|\varphi^o}$$

POTENCIA APARENTE≡MÓDULO POTENCIA COMPLEJA: $S=\sqrt{P^2+Q^2}=E\,I=Z\,I^2=\frac{E^2}{Z}=\frac{P}{\cos\varphi}=\frac{Q}{\mathrm{sen}\varphi}$

NOTA FINAL

Siendo: $\mathbf{E}=E\underline{|\alpha^o}$ = Re (**E**)+ j Im (**E**)= E_R+ j E_I. $\mathbf{J}=I\underline{|\beta^o}$ = Re (**J**)+ j Im (**J**)= I_R+ j I_I.

Impedancia: $\mathbf{Z}=Z\underline{|\varphi^o}$=**E/J**=$[E_R+jE_I]/[I_R+jI_I]=[E_RI_R+E_II_I+j[E_II_R-E_RI_I]]/[I_R^2+I_I^2]$;φ=α−β

Potencia Compleja: **S**= **E J***= $[(E_R+jE_I)\cdot(I_R-jI_I)]=E_RI_R+E_I\,I_I+j\,[E_II_R-E_RI_I]=P+jQ$

Potencia Aparente: $S=\sqrt{[E_RI_R+E_II_I]^2+[E_II_R-E_RI_I]^2}$; Potencia Activa: P= $E_R\,I_R$+ $E_I\,I_I$

Potencia Reactiva: Q= $E_I\,I_R-E_R\,I_I$; Factor de potencia: cosφ=cos [α−β]

■ **CIRCUITO SERIE R-L-C INDUCTIVO**

$\boldsymbol{\varepsilon}=E\underline{|0^o}=\mathbf{J}\cdot\mathbf{Z}=I\underline{|-\varphi^o}\cdot[R+j\,[\omega L-1/\omega C]]$ $\qquad Z=\sqrt{R^2+\left[L\omega-\frac{1}{C\omega}\right]^2}$

$\mathbf{Z}=R+j\,[\omega L-1/\omega C]=Z\underline{|\varphi^o}$ $\qquad \varphi^o=\mathrm{arc\ tg}\,[(L\omega-1/C\omega)/R]$

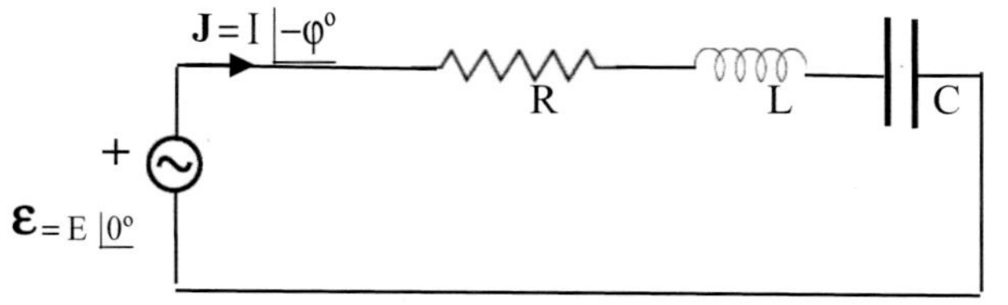

DIAGRAMA VECTORIAL IMPEDANCIAS **DIAGRAMA VECTORIAL DE TENSIONES** **TRIÁNGULO DE POTENCIAS**

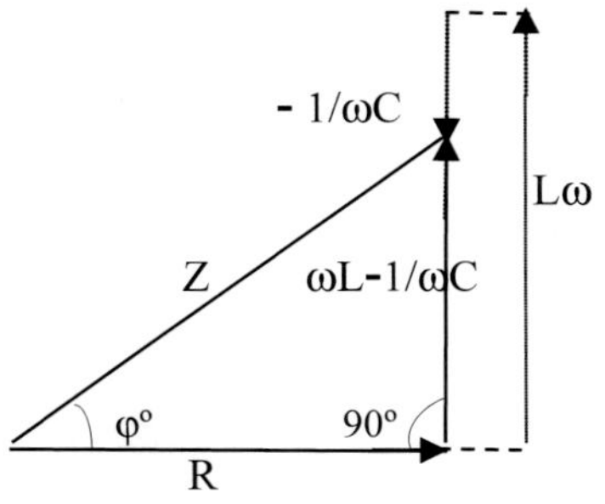

$U_R = \mathbf{J}\cdot R = I\angle{-\varphi^o}\cdot R$

$U_L = \mathbf{J}\cdot \mathbf{Z}_L = I\angle{-\varphi^o}\cdot j\,[\omega\, L]$

$U_C = \mathbf{J}\cdot \mathbf{Z}_C = I\angle{-\varphi^o}\cdot j\,[-1/\omega\, C]$

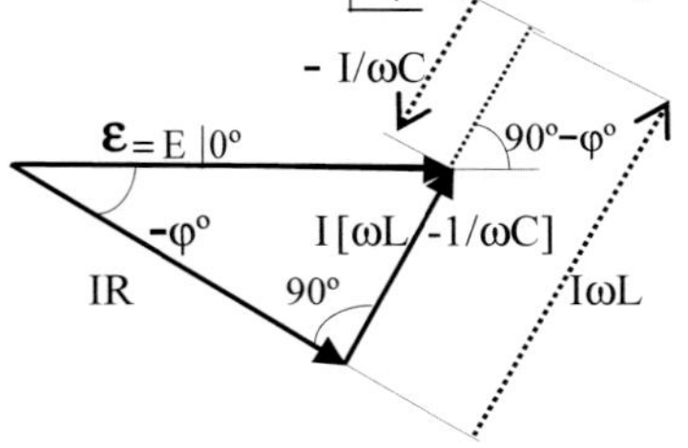

$P_{ACTIVA} = EI\cos\varphi = I^2 R$

$Q_{REACT} = EI\cos\varphi = I^2\,[\omega L - 1/\omega C]$

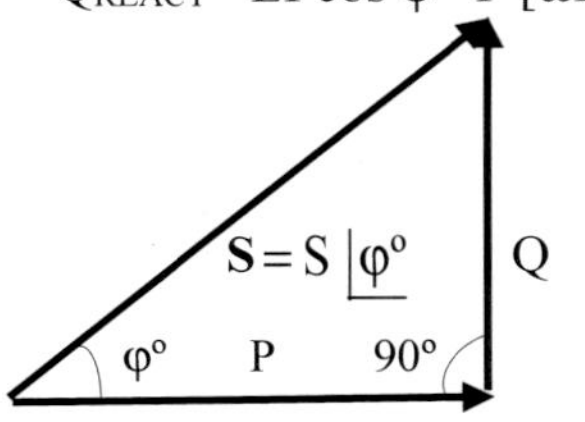

$\mathbf{S} = \mathbf{E}\cdot\mathbf{J}^* = E\angle{0^o}\; I\angle{\varphi^o} = S\angle{\varphi^o} = P + jQ$

$\mathbf{S} = EI\cos\varphi + j\,EI\,\mathrm{sen}\varphi = \sqrt{P^2+Q^2}\angle{\varphi^o}$

■ CIRCUITO PARALELO R-L-C INDUCTIVO

$\mathbf{Z} = Z\angle{\varphi^o}\;;\; \mathbf{Y} = Y\angle{\psi^o} \Rightarrow \mathbf{Z}\cdot\mathbf{Y} = 1;\; Z = 1/Y;\; \varphi^o = -\psi^o$

$$\mathbf{Y} = \frac{1}{R} + j\left[C\omega - \frac{1}{\omega L}\right] = \sqrt{\frac{1}{R^2} + [\omega\, C - \frac{1}{\omega\, L}]^2}\;\angle{\mathrm{arc\,tg}\, R\,[C\omega - \frac{1}{\omega L}]}$$

$$\mathbf{Z} = \frac{1}{\mathbf{Y}} = \frac{1}{\frac{1}{R} + j\left[C\omega - \frac{1}{\omega L}\right]} = \frac{\sqrt{\frac{1}{R^2} + [\omega\, C - \frac{1}{\omega\, L}]^2}}{\left[\frac{1}{R}\right]^2 + \left[C\omega - \frac{1}{\omega L}\right]^2}\;\angle{\mathrm{arc\,tg}\, R[\frac{1}{\omega L} - C\omega]}$$

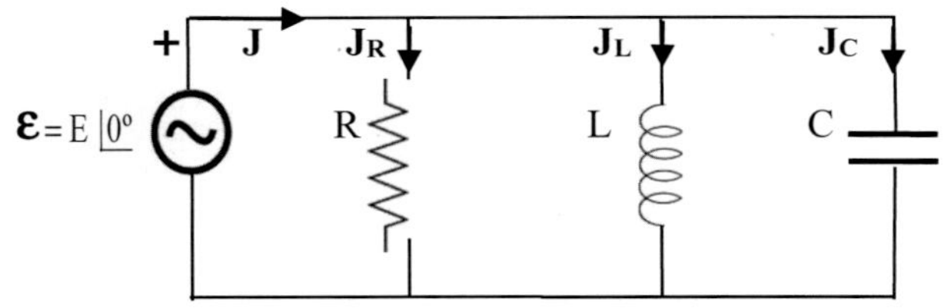

DIAGRAMA VECTORIAL DE ADMITANCIAS **DIAGRAMA VECTORIAL DE INTENSIDADES**

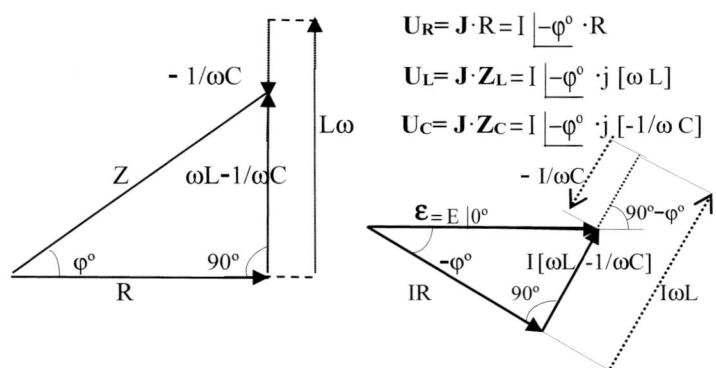

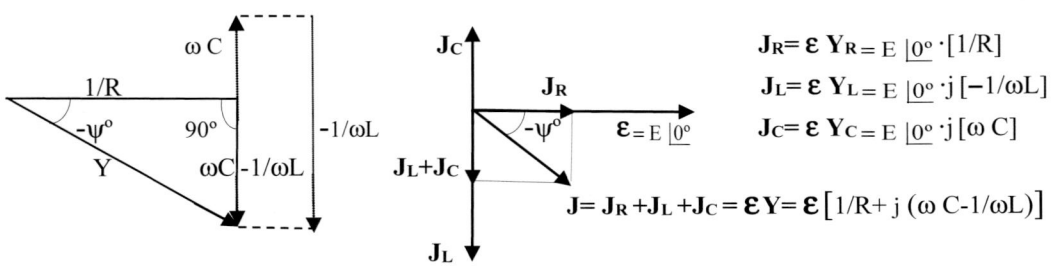

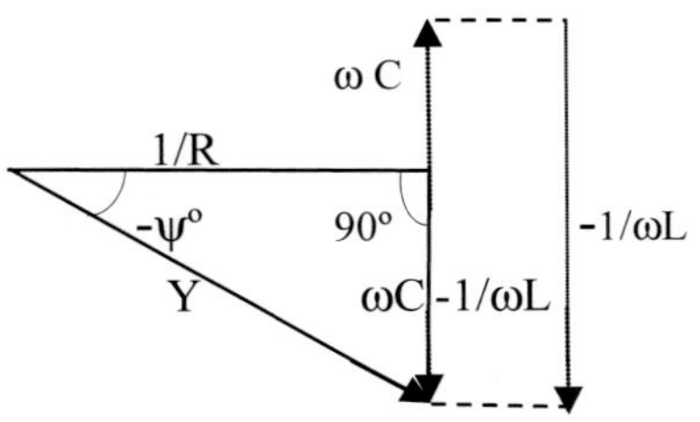

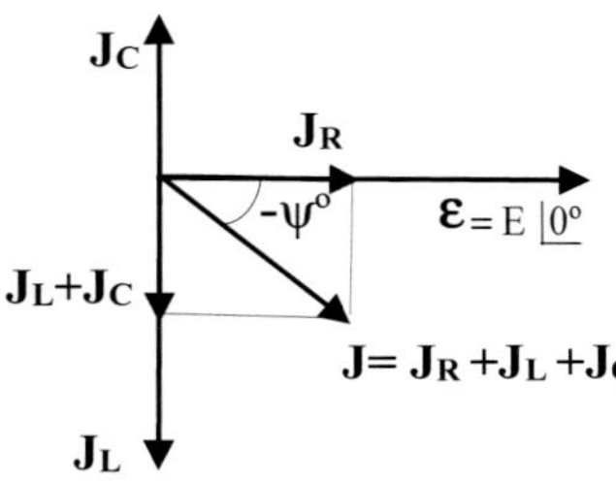

$\mathbf{J}_R = \boldsymbol{\varepsilon}\,\mathbf{Y}_R = E\angle{0^o}\cdot[1/R]$

$\mathbf{J}_L = \boldsymbol{\varepsilon}\,\mathbf{Y}_L = E\angle{0^o}\cdot j\,[-1/\omega L]$

$\mathbf{J}_C = \boldsymbol{\varepsilon}\,\mathbf{Y}_C = E\angle{0^o}\cdot j\,[\omega\, C]$

$\mathbf{J} = \mathbf{J}_R + \mathbf{J}_L + \mathbf{J}_C = \boldsymbol{\varepsilon}\mathbf{Y} = \boldsymbol{\varepsilon}\,[1/R + j\,(\omega\, C - 1/\omega L)]$

■ **CIRCUITO SERIE. DIAGRAMA VECTORIAL DE TENSIONES**

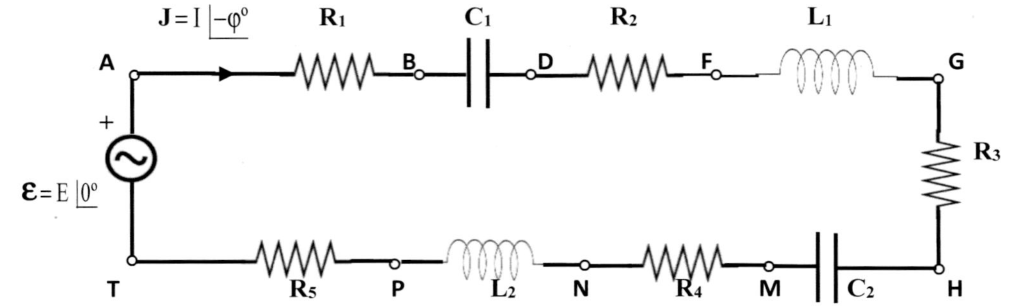

La representación vectorial de la caída de tensión de los elementos del circuito serie se representa gráficamente mediante la "línea poligonal" **ABDFGHMNPT**.

En la figura, la poligonal comienza en el punto **A** con el vector $\mathbf{U_{AB}} = I\angle{-\varphi^{\circ}}\, R_1$, tras agregar la caída de tensión de los elementos del circuito se llega al punto **T**. También desde el punto **A** con el vector $\mathbf{U_{AT}} = \boldsymbol{\varepsilon} = E\angle{0^{\circ}}$, f.e.m. del generador, se llega al punto **T**.

Por tanto, "línea poligonal **ABDFGHMNPT** y $\varepsilon = E\angle{0^{\circ}}$ **coinciden** en los puntos A y T".

Se cumplen las ecuaciones: $\boldsymbol{\varepsilon} = E\angle{0^{\circ}} = \mathbf{J}\cdot\mathbf{Z_T} = I\angle{-\varphi^{\circ}}\cdot\mathbf{Z_T} = \Sigma\, \mathbf{U}$ ley de Ohm.

$\mathbf{Z_T} = R_1 + R_2 + R_3 + R_4 + R_5 + j\,[\omega\,(L_1 + L_2) - (1/\omega C_1 + 1/\omega C_2)]$ Impedancia Total de circuito serie.

$\boldsymbol{\varepsilon} = E\angle{0^{\circ}} = I\angle{-\varphi^{\circ}} \cdot [R_1 + R_2 + R_3 + R_4 + R_5 + j\,[\omega\,(L_1 + L_2) - (1/\omega C_1 + 1/\omega C_2)]]$ ley de Ohm.

$\boldsymbol{\varepsilon} = E\angle{0^{\circ}} = \mathbf{U_{AB}} + \mathbf{U_{BD}} + \mathbf{U_{DF}} + \mathbf{U_{FG}} + \mathbf{U_{GH}} + \mathbf{U_{HM}} + \mathbf{U_{MN}} + \mathbf{U_{NP}} + \mathbf{U_{PT}} = \Sigma\, \mathbf{U}$ ley de Ohm.

$\mathbf{U_{AB}} = I\angle{-\varphi^{\circ}}\cdot R_1$; $\mathbf{U_{BD}} = I\angle{-\varphi^{\circ}}\cdot[-1/\omega C_1]\,j$; $\mathbf{U_{DF}} = I\angle{-\varphi^{\circ}}\cdot R_2$; $\mathbf{U_{FG}} = I\angle{-\varphi^{\circ}}\cdot[\omega L_1]\,j$; $\mathbf{U_{GH}} = I\angle{-\varphi^{\circ}}\cdot R_3$

$\mathbf{U_{HM}} = I\angle{-\varphi^{\circ}}\cdot[-1/\omega C_2]\,j$; $\mathbf{U_{MN}} = I\angle{-\varphi^{\circ}}\cdot R_4$; $\mathbf{U_{NP}} = I\angle{-\varphi^{\circ}}\cdot[\omega L_2]\,j$; $\mathbf{U_{PT}} = I\angle{-\varphi^{\circ}}\cdot R_5$; $\mathbf{U_{AT}} = \boldsymbol{\varepsilon} = E\angle{0^{\circ}}$

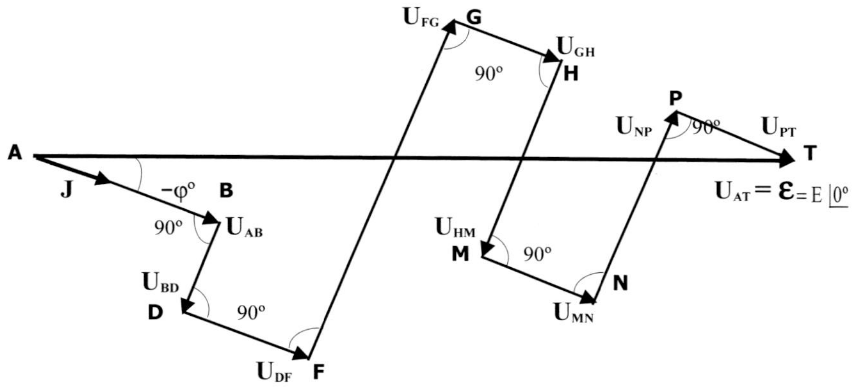

▪TABLA POTENCIAS ACTIVA, REACTIVA Y APARENTE EN IMPEDANCIAS PASIVAS BÁSICAS

<table>
<tr><td rowspan="2">RECEPTORES
POTENCIA</td><td colspan="3">ELEMENTOS PASIVOS BÁSICOS</td><td colspan="2">RECEPTOR-CIRCUITO PASIVO</td></tr>
<tr><td>RESISTENCIA
$Z = R$
$X_R = 0$</td><td>BOBINA
$Z = j\,\omega L$
$R_I = 0$
$X_I = +\,\omega L$</td><td>CONDENSADOR
$Z = -j/\omega C$
$R_C = 0$
$X_C = -1/\omega C$</td><td>INDUCTIVO X_I y $\varphi_I = +$
$Z = R + j X_I = Z\angle\varphi_I^0$
$\varphi_I = \text{arc tg}[X_I/R] = +$</td><td>CAPACITIVO X_C y $\varphi_C = -$
$Z = R + j X_C = Z\angle\varphi_C^0$
$\varphi_C = \text{arc tg}[1/X_C R] = -$</td></tr>
<tr><td>POTENCIA ACTIVA-REAL
VERDADERA-MEDIA
WATIO
W</td><td>$P = R I^2$
POT. ACTIVA POSITIVA</td><td>$P = 0$
POT. ACTIVA NULA</td><td>$P = 0$
POT. ACTIVA NULA</td><td>$P = UI\cos\varphi_I = S\cos\varphi_I$
$P = R I^2 = \frac{U^2}{R} = +$</td><td>$P = UI\cos\varphi_C = S\cos\varphi_C$
$P = R I^2 = \frac{U^2}{R} = +$</td></tr>
<tr><td>POTENCIA REACTIVA
VOLTIO AMPERIO
REACTIVO
VAr</td><td>$Q = 0$
POT. REACTIVA NULA</td><td>$Q_I = I^2 L\omega$
$Q_I = \frac{E^2}{L\omega}$
POT. REACT. NEGATIVA</td><td>$Q_C = -\frac{I^2}{C\omega}$
$Q_C = -U^2 C\omega$
POTEN. REACT NEGATIVA</td><td>$Q_I = UI\,\text{sen}\varphi_I = S\,\text{sen}\varphi_I$
$\varphi_I = + \Rightarrow \text{sen}\,\varphi_I = +$
$Q_I = X_I I^2 = \frac{U^2}{X_I} = +$
POT. REACTIVA POSITIVA</td><td>$Q_C = UI\,\text{sen}\,\varphi_C = S\,\text{sen}\,\varphi_C = -$
$\varphi_C = - \Rightarrow \text{sen}\,\varphi_C = -$
$Q_C = X_C I^2 = \frac{U^2}{X_C} = -$
POTEN. REACTIVA NEGATIVA</td></tr>
<tr><td>POTENCIA APARENTE
VOLTIO AMPERIO
VA</td><td>$S = R I^2$</td><td>$S = I^2 L\omega$</td><td>$S = \frac{I^2}{C\omega}$</td><td colspan="2">$S = UI = ZI^2 = \frac{U^2}{Z} = \frac{P}{\cos\varphi} = \frac{Q}{\text{sen}\varphi} = \sqrt{P^2 + Q^2}$</td></tr>
</table>

11. MEJORA DEL FACTOR DE POTENCIA EN INSTALACIÓN RECEPTORA

Para mejorar el factor de potencia medio, cos φ_I, de una instalación receptora de impedancia **Z**, manteniendo constantes su intensidad y su tensión de entrada, hay que conectar en paralelo con dicha instalación receptora, una nueva impedancia $\mathbf{Z_L}$ formada sólo por bobinas, o una nueva impedancia $\mathbf{Z_C}$ que sólo tiene condensadores.

Así se pasa de un estado inicial de impedancia **Z**, y desfase inicial φ_I, a un estado final de impedancia $\mathbf{Z_F}$ con desfase final φ_F, siendo $\varphi_I > \varphi_F$, por tanto, se mejora o aumenta el factor de potencia medio de la instalación receptora: $\cos\varphi_I < \cos\varphi_F$.

Al conectar en paralelo con el receptor **Z**, bobinas o condensadores, P_F potencia activa de la nueva instalación receptora resultante, de impedancia $\mathbf{Z_F}$, es la misma que P_I potencia activa de la instalación receptora inicial de impedancia **Z**, se cumple:

$$P_I = E\,I\cos\varphi_I = P_F = E\,I_T\cos\varphi_F \Rightarrow I\cos\varphi_I = I_T\cos\varphi_F.$$

ESTADO INICIAL: RECEPTOR PASIVO SÓLO

INDUCTIVO

$$\mathbf{Z} = R + j\,X_L = R + j\omega\,L_R = Z\angle\varphi_I$$

CAPACITIVO

$$\mathbf{Z} = R + j\,X_C = R - j/\omega\,C_R = Z\angle\varphi_I$$

NUEVO ELEMENTO DE COMPENSACIÓN CONECTADO EN PARALELO CON RECEPTOR

$\mathbf{Z_C} = -j/\omega\,C$ **CONDENSADOR**

$\mathbf{Z_L} = j\,\omega\,L$ **BOBINA**

ESTADO FINAL: RECEPTOR PASIVO + ELEMENTO DE COMPENSACIÓN EN PARALELO

$$\mathbf{Z_F} = \frac{\mathbf{Z}\,\mathbf{Z_C}}{\mathbf{Z} + \mathbf{Z_C}} = \frac{\frac{R}{\omega^2 C^2} + j\left[\frac{L_R}{\omega C^2} - \frac{R^2}{\omega C} - \frac{\omega L_R^2}{C}\right]}{R^2 + \left[\omega\,L_R - \frac{1}{\omega\,C}\right]^2}$$

$$\mathbf{Z_F} = \frac{\mathbf{Z}\,\mathbf{Z_L}}{\mathbf{Z} + \mathbf{Z_L}} = \frac{\omega^2 R L^2 - j\left[\omega R^2 L + \frac{\omega\,L^2}{C_R} - \frac{L}{\omega\,C_R^2}\right]}{R^2 + \left[\omega\,L - \frac{1}{\omega\,C_R}\right]^2}$$

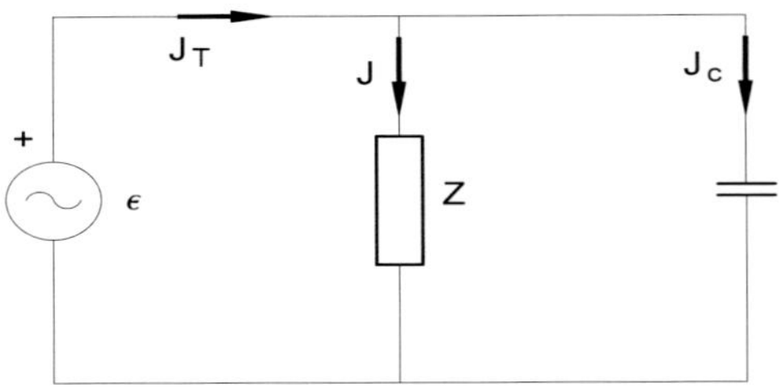

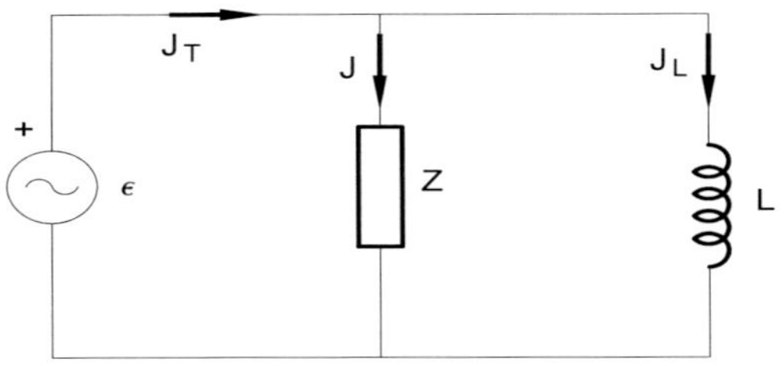

■ COMPENSACIÓN DEL FACTOR DE POTENCIA MEDIO EN INSTALACIÓN RECEPTORA PASIVA

COMPENSACIÓN DE FACTOR DE POTENCIA MEDIO≡cosφ DE INSTALACIÓN RECEPTORA PASIVA				
INSTALACIÓN RECEPTORA PASIVA / **MAGNITUD**	COMPENSACIÓN DE cosφ MEDIO DE INSTALACIÓN **RECEPTORA** PASIVA INDUCTIVA $\mathbf{Z}= R+ j\,\omega\, L_R$ AL CONECTARLE EN **PARALELO CONDENSADOR** $\mathbf{Z_C}= -j/\omega\, C$		COMPENSACIÓN DE cosφ MEDIO DE INSTALACIÓN **RECEPTORA** PASIVA CAPACITIVA $\mathbf{Z}= R- j/\omega\, C_R$ AL CONECTARLE EN **PARALELO UNA BOBINA** $\mathbf{Z_L}= j\,\omega\, L$	
	ESTADO INICIAL	**ESTADO FINAL**	**ESTADO INICIAL**	**ESTADO FINAL**
IMPEDANCIA COMPLEJA DE LA INST. RECEPTORA	$\mathbf{Z}= R + j\omega L_R = Z\lfloor\varphi_I$	$\mathbf{Z}_F = \dfrac{\mathbf{Z}\,\mathbf{Z}_C}{\mathbf{Z}+\mathbf{Z}_C} = Z_F\lfloor\varphi_F$	$\mathbf{Z}= R - \dfrac{j}{\omega C_R} = Z\lfloor\varphi_I$	$\mathbf{Z}_F = \dfrac{\mathbf{Z}\,\mathbf{Z}_L}{\mathbf{Z}+\mathbf{Z}_L} = Z_F\lfloor\varphi_F$
INTENSIDAD COMPLEJA DE LA INST. RECEPTORA	$\mathbf{J} = I\lfloor-\varphi_I$	$\mathbf{J}_T = I_T\lfloor-\varphi_F = I\lfloor-\varphi_I + I_C\lfloor 90^o$	$\mathbf{J} = I\lfloor-\varphi_I$	$\mathbf{J}_T = I_T\lfloor-\varphi_F = I\lfloor-\varphi_I + I_L\lfloor-90^o$
INTENSIDAD EFICAZ DE LA INST. RECEPTORA	$I = \dfrac{E}{Z} = \dfrac{E}{\sqrt{R^2+\omega^2 L_R^2}}$	$I_T = I\,\dfrac{\cos\varphi_I}{\cos\varphi_F} < I$	$I = \dfrac{E}{Z} = \dfrac{E}{\sqrt{R^2+1/\omega^2 C_R^2}}$	$I_T = I\,\dfrac{\cos\varphi_I}{\cos\varphi_F} < I$
FASE DE LA IMPEDANCIA DE INST. RECEPTORA	$\varphi_I = \arctan\dfrac{\omega L_R}{R}$ $\varphi_{INICIAL}$ **ES POSITIVO +**	$\varphi_{FINAL} < \varphi_{INICIAL}$ φ_{FINAL} **ES POSITIVO +**	$\varphi_I = \arctan\dfrac{-1}{\omega R C_R}$ $\varphi_{INICIAL}$ **ES NEGATIVO −**	$\lvert\varphi_{FINAL}\rvert < \lvert\varphi_{INICIAL}\rvert$ φ_{FINAL} **ES NEGATIVO −**
FACTOR DE POTENCIA MEDIO INST. RECEPTORA	$\cos\varphi_{INICIAL}$	$\cos\varphi_{FINAL} > \cos\varphi_{INICIAL}$	$\cos\varphi_{INICIAL}$	$\cos\varphi_{FINAL} > \cos\varphi_{INICIAL}$
POTENCIA ACTIVA DE LA INST. RECEPTORA	$P_{IN} = EI\cos\varphi_I = P_F$	$P_{FIN} = E\,I_T\cos\varphi_F = P_{IN}$	$P_{IN} = E\,I\cos\varphi_I = P_{FIN}$	$P_{FIN} = E\,I_T\cos\varphi_F = P_{IN}$
POTENCIA REACTIVA DE LA INST. RECEPTORA	$Q_{IN}=E\,I\,\mathrm{sen}\,\varphi_I$ VAr $Q_{IN}= E^2/\omega L_R$ VAr	$Q_{FIN}= E\,I_T\,\mathrm{sen}\,\varphi_F$ VAr $Q_{FIN}= Q_I - \lvert Q_{COND}\rvert = +$ VAr	$Q_{IN}= -EI\,\mathrm{sen}\lvert\varphi_I\rvert$ VA r $Q_{IN}= -E^2\omega C_R$ VA r	$Q_{FIN}= -E\,I_T\,\mathrm{sen}\lvert\varphi_F\rvert$ VAr $Q_{FIN}= Q_I + Q_{BOBINA} = -$VAr

ELEMENTO DE COMPENSACIÓN EN PARALELO / **MAGNITUD**	COMPENSACIÓN DE cosφ DE INSTALACIÓN RECEPTORA PASIVA AL CONECTAR EN PARALELO **CONDENSADOR** $\mathbf{Z_C}= -j/\omega\, C$ LA INSTALACIÓN RECEPTORA PASIVA ES INDUCTIVA $\mathbf{Z}= R+ j\,\omega\, L_R$	COMPENSACIÓN DE cosφ DE INSTALACIÓN RECEPTORA PASIVA AL CONECTARLE EN PARALELO **BOBINA** $\mathbf{Z_L}= j\,\omega\, L$ LA INSTALACIÓN RECEPTORA PASIVA ES CAPACITIVA $\mathbf{Z}= R- j/\omega\, C_R$
INTENSIDAD EN ELEMENTO DE COMPENSACIÓN	$I_C= I\,[\mathrm{sen}\,\varphi_I - \cos\varphi_I\cdot\tan\varphi_F]$	$I_L= I\,[\mathrm{sen}\lvert\varphi_I\rvert - \cos\varphi_I\cdot\tan\lvert\varphi_F\rvert]$
POT. REACTIVA EN ELEMENTO DE COMPENSACIÓN	$Q_{COND.}= -E^2\omega C= -I^2_C/\omega C= -P_I[\tan\varphi_I - \tan\varphi_F]$ VAr	$Q_{BOBINA}= I^2_L\,\omega L= E^2/\omega L= P_I[\tan\lvert\varphi_I\rvert - \tan\lvert\varphi_F\rvert]$ VAr
COMPENSACIÓN PARCIAL, DE FASE HASTA $\varphi_F > 0^o$ IMPEDANCIA C. L POT. RVA. Q_C. Q_L	$C = \dfrac{\mathrm{sen}\varphi_I - \cos\varphi_I\tan\varphi_F}{\omega Z} = \dfrac{P_I[\tan\varphi_I - \tan\varphi_F]}{\omega E^2}$ F $\lvert Q_{CONDENSADOR}\rvert = P_I[\tan\varphi_I - \tan\varphi_F]$ VAr	$L = \dfrac{Z}{\omega\,[\mathrm{sen}\lvert\varphi_I\rvert - \cos\varphi_I\,\tan\lvert\varphi_F\rvert]} = \dfrac{E^2}{\omega P_I\,[\tan\lvert\varphi_I\rvert - \tan\lvert\varphi_F\rvert]}$ H $Q_{BOBINA}= P_I[\tan\lvert\varphi_I\rvert - \tan\lvert\varphi_F\rvert]$ VAr
COMPENSACIÓN TOTAL, DE FASE HASTA $\varphi_F = 0^o$ IMPEDANCIA C_0.L_0 POT. RVA. Q_{0C}. Q_{0L}	$C_0 = \dfrac{\mathrm{sen}\varphi_I}{\omega Z} = \dfrac{P_I\tan\varphi_I}{\omega E^2}$ F $\lvert Q_{0\ CONDENSADOR}\rvert = P_I\tan\varphi_I = E^2\omega C_0$ VAr	$L_0 = \dfrac{Z}{\omega\,\mathrm{sen}\lvert\varphi_I\rvert} = \dfrac{E^2}{\omega P_I\tan\lvert\varphi_I\rvert}$ H $Q_{0\ BOBINA} = P_I\tan\lvert\varphi_I\rvert = \dfrac{E^2}{\omega L_0}$ VAr

La importancia de la compensación de la energía reactiva en instalaciones receptoras, se debe a que, en la legislación española, que regula la facturación de la energía eléctrica, se penaliza el consumo de la energía reactiva, inductiva o capacitiva, que exceda el 33% del consumo de la energía activa, durante el periodo de facturación considerado, mediante recargos en la facturación cuyos valores en mayo del 2012, son:

FACTOR DE POTENCIA MEDIO MENSUAL DE LA INSTALACIÓN RECEPTORA cos φ	IMPORTE DEL RECARGO EN FACTURACIÓN ELÉCTRICA, POR CONSUMO DE ENERGÍA REACTIVA, QUE EXCEDA EL 33% DEL CONSUMO DE ENERGÍA ACTIVA EN IGUAL PERIODO	COMPENSACIÓN DEL FACTOR DE POTENCIA EN LA INSTALACIÓN RECEPTORA
$1,00 \geq \cos \varphi \geq 0,95$	t= 0,000000 € / kVA r h	NO PROCEDE
$0,95 > \cos \varphi \geq 0,80$	t= 0,041554 € / kVA r h	SI PROCEDE
$0,80 > \cos \varphi$	t= 0,062332 € / kVA r h	SI PROCEDE

CUESTIONES

10.1. En un circuito cualquiera recorrido por una corriente alterna la ley de Ohm:

A) No es válida para los valores instantáneos.
B) Es válida para los valores eficaces.
C) Es válida para los valores máximos.
D) Es válida para los valores complejos eficaces.

10.2. Para aumentar el factor de potencia de una impedancia de tipo capacitivo sin que varíe la tensión aplicada ni la intensidad que circula por ella se conecta:

A) Una autoinducción en paralelo con la carga.
B) Una autoinducción en serie con la carga.
C) Un condensador en paralelo con la carga.
D) Un condensador en serie con la carga.

10.3. En todo circuito R, L, C alimentado por un generador de corriente alterna la impedancia del circuito:

A) Tiene siempre un valor fijo.
B) Depende del factor de potencia.
C) Depende de la frecuencia de la corriente alterna.
D) Depende de la f.e.m. eficaz aplicada.

10.4. En un circuito cuyo factor de potencia cos φ es la unidad:

A) La potencia aparente es nula.
B) La potencia activa es nula.
C) La potencia reactiva es nula.
D) Ninguna de las anteriores.

10.5. Respecto a la diferencia de fase entre la f.e.m. y la intensidad en alterna se puede afirmar que:

A) Siempre es nula.
B) Siempre es distinta de cero.
C) La intensidad siempre está adelantada respecto a la f.e.m. si la carga es inductiva.
D) La intensidad está atrasada respecto a la f.e.m. si la carga es inductiva.

10.6. Para aumentar el factor de potencia de una impedancia de tipo inductivo sin que varíe la tensión aplicada ni la intensidad que circula por ella se conecta:

A) Una autoinducción en paralelo con la carga.
B) Una autoinducción en serie con la carga.
C) Un condensador en paralelo con la carga.
D) Un condensador en serie con la carga.

10.7. La presencia de un condensador instalado en circuito eléctrico alimentado por una f.e.m. alterna:

A) Impide la circulación de corriente.
B) Disipa energía en forma de campo electrostático.
C) Varía el módulo y la fase de la corriente circulante.
D) Aumenta el valor eficaz de la intensidad que recorre el circuito.

10.8. La noción de potencia aparente es:

A) La parte real de la potencia compleja.
B) El producto de la tensión e intensidad instantáneas.
C) El factor de potencia multiplicado por la tensión e intensidad eficaces.
D) El producto de la intensidad eficaz por la tensión eficaz.

10.9. En un circuito serie R- L- C, alimentado por un generador de C. A. la intensidad está adelantada a f.e.m., se conseguirá mejorar el cos φ, sin cambiar la potencia activa, conectando un:

A) Solenoide en paralelo.
B) Condensador en paralelo.
C) Solenoide en serie.
D) Condensador en serie.

10.10. Una corriente alterna queda definida por:

A) La pulsación y el valor máximo de intensidad o de voltaje.
B) El periodo, la frecuencia y la fase inicial.
C) La pulsación, el valor máximo de intensidad o voltaje y la frecuencia.
D) La pulsación, el valor máximo de intensidad o de voltaje y por la fase inicial.

10.11. Los valores eficaces en una corriente alterna son:

A) Los valores cuadráticos medios de los valores instantáneos en un periodo.
B) La raíz cuadrada de los valores cuadráticos medios en un periodo.
C) La raíz cuadrada de los valores medios en un periodo.
D) Los valores medios de los valores instantáneos en un periodo.

10.12. Los valores complejos eficaces en corriente alterna:

A) Se expresan con números complejos: valor eficaz (módulo) y fase (argumento)
B) Son vectores reales.
C) No son fasores.
E) Son funciones del tiempo.

10.13. Si un circuito serie R-L-C por el que circula corriente alterna está en resonancia:

A) La intensidad eficaz es nula.

B) Se verifica la igualdad: $L\ \omega = C\ \omega$.

C) La tensión en terminales de bobina y entre terminales de condensador están en fase.

D) La caída de tensión en la resistencia es igual a la tensión de entrada al circuito serie.

10.14. Si un circuito cualquiera por el que circula corriente alterna está en resonancia:

A) La potencia activa es mínima.

B) Se verifica la igualdad: $P_{ACTIVA} = P_{REACTIVA}$.

C) Se cumple $P_{ACTIVA} = P_{APARENTE}$.

D) La potencia reactiva es máxima.

10.15. Resistencia, reactancia, inductancia y capacitancia son magnitudes:

A) Homogéneas siempre.

B) Heterogéneas siempre.

C) Homogéneas según el valor de la pulsación de la corriente alterna.

D) Ninguna de las anteriores.

PROBLEMA 10.1

Sea una bobina de N espiras y sección S, girando en una región del espacio en donde existe un campo magnético uniforme $\vec{B}$. La bobina gira, a 100 revoluciones por minuto (r.p.m.), alrededor de un eje paralelo a uno de sus diámetros. Los bornes de la bobina están unidos a una resistencia R (ver figura; R es la carga). Calcular:

1°. Flujo magnético en función del tiempo.

2°. Fuerza electromotriz inducida instantánea y eficaz.

3°. ¿Dónde se manifiesta la Ley de Lenz?; explicando la diferencia de fase entre el flujo y la f.e.m. inducida.

4°. La intensidad instantánea de corriente.

En los siguientes apartados se piden únicamente las ecuaciones y unidades.

5°. Potencia eléctrica instantánea del generador.

6°. Potencia mecánica instantánea para mantener la bobina girando.

7°. Justificar el resultado del apartado 6°.

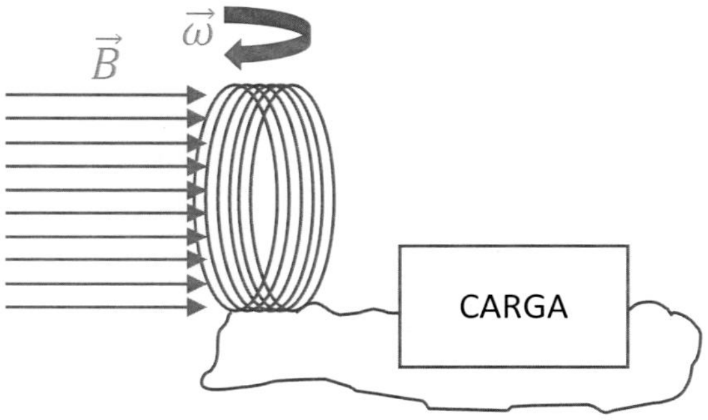

Datos: N = 200 espiras; r.p.m.= 100 ; B=5 T; S=1 m^2; R=10 Ω

SOLUCIÓN

1°. Flujo magnético en función del tiempo

Previamente: ω=100 r.p.m. →ω= 10,47 rd·s^{-1}

$\phi = \text{NBScos}(\omega t)$; $\phi = 1000\cos(10{,}47 \cdot t)$ Wb (1)

2°. Fuerza electromotriz inducida instantánea y eficaz

Fuerza electromotriz inducida instantánea:

$$\varepsilon' = -N\frac{d\phi}{dt} = \text{NBS}\omega\text{sen}(\omega t)\ ;\ \varepsilon' = 10470\text{sen}(10{,}47 \cdot t)\ \text{V} \qquad (2)$$

Fuerza electromotriz eficaz: $\varepsilon'_{ef} = \frac{10470}{\sqrt{2}} = 7403.41$ V

3º. ¿Dónde se manifiesta la Ley de Lenz? Explicando la diferencia de fase entre el flujo y la f.e.m. inducida

- **La ley Lenz, básicamente, se manifiesta sobre todo conductor en movimiento (bobina) sometido a un campo magnético externo.**

En un circuito cerrado, sometido a un campo magnético externo, aparecerá una corriente inducida (I') cuyo sentido será tal, que provoque un par de giro opuesto al par mecánico exterior.

Si la bobina gira con par mecánico externo $\vec{\omega} = \omega \vec{k}$; el par magnético será $\vec{M} = \vec{m} \wedge \vec{B} = M(-\vec{k})$

$M = (N I`S) \cdot B \operatorname{sen} \alpha$; donde α es el ángulo entre $\vec{S}$ y $\vec{B}$. El sentido de la corriente inducida I` cambiará cada semiperíodo y, de esta forma se genera la corriente alterna.

- **DESFASE.** El flujo magnético que atraviesa la bobina es: $\phi = NBS\cos(\omega t)$

La f.e.m. inducida instantánea es: $\varepsilon' = -\frac{d\phi}{dt} = NBS\omega \operatorname{sen}(\omega t) = NBS\omega \cos\left(\omega t - \frac{\pi}{2}\right)$

Por lo tanto, la f.e.m. inducida instantánea estará retrasada 90º respecto al flujo magnético instantáneo.

El desfase el flujo y la f.e.m. inducida es $\varphi = \pi/2$ (3)

4º. La intensidad instantánea de corriente

$I' = \frac{\varepsilon'}{R} = \frac{V_0}{R}\operatorname{sen}(\omega t)$; $I' = 1047\operatorname{sen}(10{,}47 \cdot t)$ A (4)

5º. Potencia eléctrica instantánea del generador

$$P = \varepsilon' I' \qquad (5)$$

6º. Potencia mecánica instantánea para mantener la bobina girando

La potencia mecánica es, $P_{MEC} = M\omega$, siendo M el momento de giro que se determina mediante, $\vec{M} = \vec{m} \wedge \vec{B} \rightarrow M = mB\operatorname{sen}(\omega t) = NI'SB\operatorname{sen}(\omega t)$ $m \cdot N$ (6)

$P_{MEC} = M\omega = \omega\, NI'SB\operatorname{sen}(\omega t)$ $m \cdot N$

Por hacer girar a la bobina con ω constante se inducirá sobre la misma una f.e.m., que hará circular una corriente inducida I' tal que sobre ella aparecerá un par magnético que se opondrá al movimiento. Por lo que para mantener a la bobina con ω constante hemos de desarrollar una potencia mecánica exterior que será igual a la potencia eléctrica obtenida en el circuito.

7º. Justificar el resultado del apartado 6º

En la ecuación (6) "m" es el momento magnético de la bobina $\vec{m} = NI'\vec{S}$ $A \cdot m^{-2}$

Entonces, comparando las ecuaciones (2) y (6),

$M\omega = \omega NI'SB\operatorname{sen}(\omega t) = \varepsilon' I'$ W (7)

Significa que la potencia mecánica necesaria para hacer girar la bobina se realiza contra las fuerzas magnéticas y es igual a la potencia eléctrica que entrega la f.e.m. del generador al circuito.

Es decir, toda la energía mecánica utilizada en el generador aparece como energía eléctrica en el circuito.

PROBLEMA 10.2

Si entre los dos terminales accesibles de una impedancia **Z** se aplica una tensión alterna eficaz compleja de valor **U**= 60+ j 80V, entonces circula por la impedancia una intensidad alterna eficaz compleja **J**= – 3 +j 5 A. Determinar razonadamente:

1º. Impedancia **Z** en forma binómica.

2º. Potencias aparente, activa y reactiva.

3º. Factor de potencia de la impedancia.

4º. Potencia compleja

SOLUCIÓN

1º. Impedancia Z en forma binómica

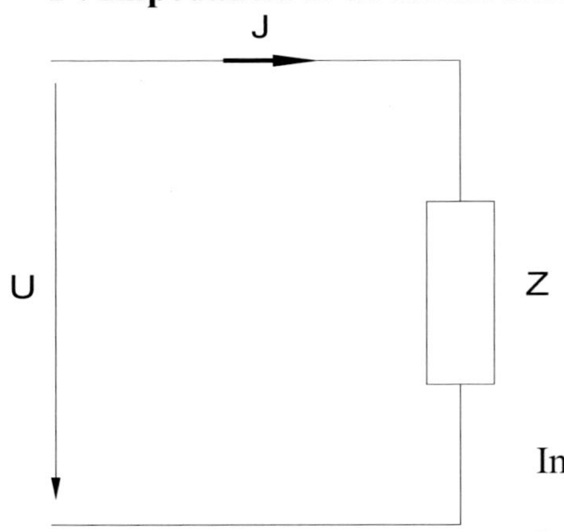

Ley de Ohm:

$$\mathbf{Z}=\frac{\mathbf{U}}{\mathbf{J}}=\frac{60+j80}{-3+j5}=\frac{[60+j80][-3-j5]}{[-3+j5]\,[-3-j5]}=\frac{110-j270}{17}$$

$$\mathbf{Z}=6{,}47058-j\,15{,}88235=17{,}14985\,\underline{|-67{,}8336^\circ}\ \Omega.$$

Impedancia es capacitiva, pues la reactancia es negativa

Intensidad **J** está adelantada respecto de la tensión **U.**

2º. Potencias activa, reactiva y aparente

La tensión se expresa: **U**= 60+ j 80 $=100\,\underline{|53{,}1301^\circ}$ V

La intensidad es: **J**= – 3+ j 5 $=5{,}830951\,\underline{|120{,}9637^\circ}$ A

El desfase, es la diferencia entre la fase de tensión y la fase de intensidad, coincide con la fase de la impedancia, del apartado 1º: φ= 53,1301º – 120,9637º = – 67,8336º.

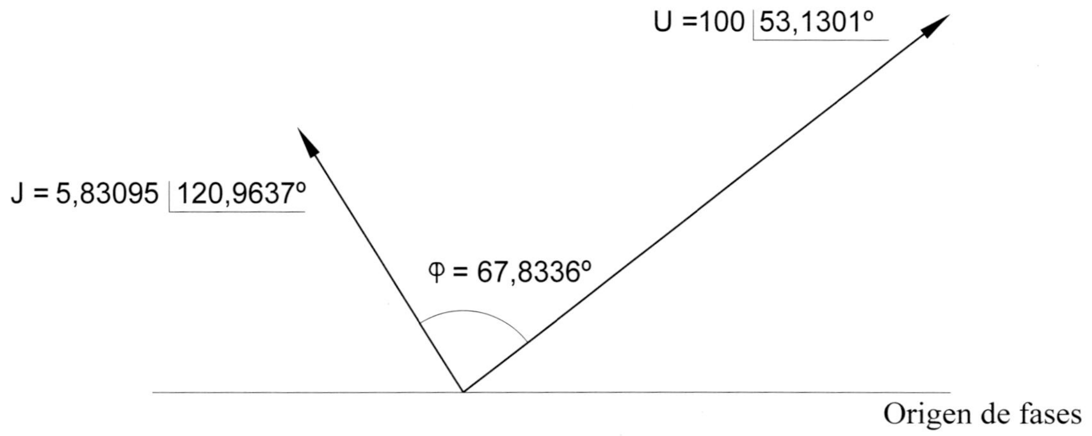

Con los datos anteriores se obtiene:

- P. activa P= U I cos φ= 100· 5,830951 cos [– 67,8336°]= 220 W
- P. reactiva Q= U I sen φ= 100·5,8309 sen [–67,8336°]= –540VAr capac.(signo –)

Ahora se comprueban los resultados anteriores, a partir de la resistencia R y de la reactancia X de la impedancia total del circuito.

$$\mathbf{Z}= 6{,}47058 - j\ 15{,}88235 = = 17{,}14985\underline{|-67{,}8336^o} = \frac{110 - j270}{17} = R + jX\ \Omega$$

$$\mathbf{J} = -3 + j\ 5 = \sqrt{34}\underline{|120{,}9637^o}\ A$$

- Potencia activa $P= I^2 R= 5{,}830951^2 \cdot \frac{110}{17} = 34 \cdot \frac{110}{17} = 220{,}000\ W$
- Potencia reactiva $Q= I^2 X= 5{,}830951^2\ [\frac{-270}{17}] = 34\ [\frac{-270}{17}] = -\ 540{,}000\ VA\ r$
- Potencia aparente $S= U\ I=100 \cdot 5{,}830951 = \sqrt{P^2 + Q^2} = \sqrt{220^2 + 540^2} = 583{,}0951\ VA$

3°. Factor de potencia de la impedancia

- Mediante la impedancia total.

El factor de potencia, es el coseno del ángulo de fase de la impedancia hallada en el apartado primero, $\mathbf{Z}= 6{,}47058 - j\ 15{,}88235 = 17{,}14985\underline{|-67{,}8336^o}\ \Omega$. Dicho factor de potencia es de tipo "capacitivo", ya que en **Z**, la reactancia es negativa, por lo tanto la intensidad está adelantada respecto de la tensión.

El factor de potencia es: cos φ = cos [– 67,8336°]= 0,37729.

- Mediante las potencias activa y aparente: $\cos\varphi = \frac{P}{S} = \frac{220}{583{,}0950} = 0{,}37729$.

4°. Potencia compleja

La potencia compleja **S** se define mediante:

$$\mathbf{S}= \mathbf{U}\ \mathbf{J}^* = S\underline{|\varphi^o} = S\cos\varphi + j\ S\ \mathrm{sen}\ \varphi = P + j\ Q = E\ I\cos\varphi + j\ E\ I\ \mathrm{sen}\ \varphi = \sqrt{P^2 + Q^2}\ \underline{|\varphi^o}$$

Intensidad conjugada eficaz compleja: **J***= – 3 – j 5 A.

Tensión eficaz compleja: **U**= $60 + j80$ V.

S= **U J*** = [60 + j 80] [– 3 – j 5]= 220 – j 540 VA

NOTA FINAL

Se podrían haber hallado las potencias activa y reactiva directamente, de forma muy fácil, teniendo en cuenta que la potencia aparente compleja **S**, se obtiene como producto de **U**, tensión eficaz compleja por el conjugado de intensidad eficaz compleja **J***= – 3 – j 5, y que en este caso resulta:

S=**U J***= P+ j Q= [60+ j 80] [– 3– j 5]= 220 – j 540

Potencia activa: P= 220 W; Potencia reactiva: Q= – 540 VA r

Potencia aparente: $S = \sqrt{P^2 + Q^2} = \sqrt{220^2 + 540^2} = 583,0951\,VA$

PROBLEMA 10.3

Un generador ideal de corriente alterna sinusoidal de tensión eficaz $\varepsilon = 220\,\underline{|0^0}$ V y frecuencia n= 50 s^{-1}, está conectado eléctricamente un circuito paralelo R–L–C, en donde R= 0,5 Ω, L= 3 m H y C= 100 μ F. Se pide hallar en dicho circuito:

1º. Impedancia compleja **Z**, en formas binómica y módulo-argumental.

2º. Intensidad eficaz compleja **J** del circuito, en forma módulo-argumental.

3º. Intensidades eficaces complejas $\mathbf{J_R}$, $\mathbf{J_L}$ y $\mathbf{J_C}$, en forma módulo-argumental.

4º. Potencias activa, reactiva, aparente y compleja **S** en forma módulo-argumental.

Ahora, se quiere mejorar totalmente el factor de potencia del circuito paralelo estudiado, siendo $\varphi_F = 0^o$, determinar en la batería de condensadores necesaria:

5º. C_0 Capacidad Faradios y Q_0 potencia reactiva VA r.

Por último, el circuito paralelo se encuentra en condición de resonancia, en dicha situación se desea obtener:

6º. Pulsación de resonancia.

7º. Impedancia del circuito resonante.

8º. Intensidad eficaz del circuito resonante.

9º. Factor de potencia, potencia activa, reactiva y aparente del circuito resonante.

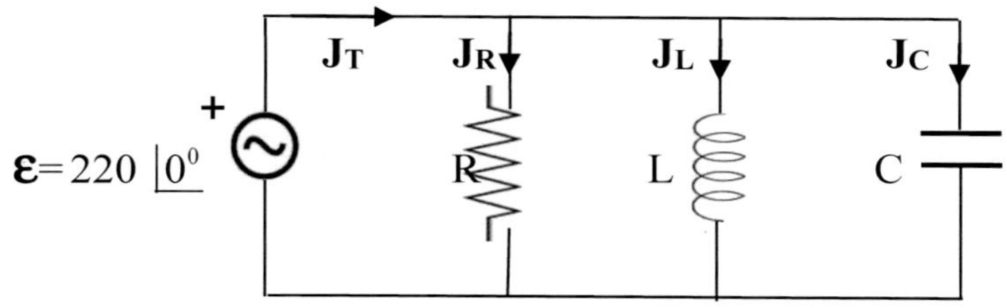

SOLUCIÓN

1º. Impedancia compleja Z, en formas binómica y módulo-argumental

La pulsación es ω=2 π 50=100 π, en el circuito paralelo en primer lugar se hallará su admitancia **Y**, luego se obtendrá la impedancia **Z**, que es el inverso de la admitancia. La admitancia del circuito **Y** al sustituir valores y operando resulta:

$$\mathbf{Y} = \frac{1}{R} + j\left[C\omega - \frac{1}{\omega L}\right] = \sqrt{\frac{1}{R^2} + [\omega\, C - \frac{1}{\omega\, L}]^2}\ \underline{|\text{arc tg } R\,[C\omega - \frac{1}{\omega L}]}$$

$$\mathbf{Y} = \frac{1}{R} + j\left[C\omega - \frac{1}{\omega L}\right] = 2 + j\left[\frac{\pi}{100} - \frac{10}{3\pi}\right] = 2 - j\,1{,}029617027 = 2{,}249469098\underline{|-27{,}239795^o}$$

Se cumple en un mismo circuito cuya impedancia compleja es $\mathbf{Z} = Z\underline{|\varphi^o}$ y su inverso es la admitancia compleja es $\mathbf{Y} = Y\underline{|\psi^o}$ que: **Z·Y=1** ⇒ siendo Z=1/Y y φº=- ψº.

$$\mathbf{Z}=\frac{1}{\mathbf{Y}}=\frac{1}{\frac{1}{R}+j\left[C\omega-\frac{1}{\omega L}\right]}=\frac{\frac{1}{R}-j\left[C\omega-\frac{1}{\omega L}\right]}{\left[\frac{1}{R}\right]^2+\left[C\omega-\frac{1}{\omega L}\right]^2}=\frac{\sqrt{\frac{1}{R^2}+[\omega C-\frac{1}{\omega L}]^2}}{\left[\frac{1}{R}\right]^2+\left[C\omega-\frac{1}{\omega L}\right]^2}\underline{|\text{arc tg } R[\frac{1}{\omega L}-C\omega]}$$

$$\mathbf{Z}=\frac{1}{\mathbf{Y}}=\frac{\frac{1}{R}-j\left[C\omega-\frac{1}{\omega L}\right]}{\left[\frac{1}{R}\right]^2+\left[C\omega-\frac{1}{\omega L}\right]^2}=\frac{\frac{1}{0,5}-j\left[\frac{\pi}{100}-\frac{10}{3\pi}\right]}{\left[\frac{1}{0,5}\right]^2+\left[\frac{\pi}{100}-\frac{10}{3\pi}\right]^2}\quad \text{operando.}$$

$$\mathbf{Z}=\frac{2+j\,1,029617027}{5,060111223}=0,3952482291+j\,0,2034771533=0,4445493387\,\underline{|27,239795^\circ}\ \Omega$$

2º. Intensidad eficaz compleja J del circuito, en forma módulo-argumental

Mediante la ley de Ohm aplicada al circuito dado, se obtiene la intensidad:

$$\mathbf{J}=\boldsymbol{\varepsilon}/\mathbf{Z}=\boldsymbol{\varepsilon}\,\mathbf{Y}=E\sqrt{\frac{1}{R^2}+[\omega C-\frac{1}{\omega L}]^2}\,\underline{|\text{arc tg } R\,[C\omega-\frac{1}{\omega L}]}=220\cdot[2-j\,1,029617027]\text{ A}$$

$\mathbf{J}=440-j\,226,5157459$ A

$\mathbf{J}=\boldsymbol{\varepsilon}\,\mathbf{Y}=220\,\underline{|0^0}\cdot 2,249469098\underline{|-27,239795^\circ}=494,8832016\,\underline{|-27,239795^\circ}$ A

3º. Intensidades eficaces complejas J_R, J_L, J_C en forma módulo-argumental

- Resistencia

  Ley de Ohm: $E=I_R\,R \Rightarrow I_R=E/R=220/0,5=440$ A.

  $\mathbf{J_R}=440\,\underline{|0^\circ}$ A

- Bobina

  Ley de Ohm: $E=I_L\,\omega L \Rightarrow I_L=E/\omega L=220/[3\pi/10]=2200/3\pi=233,4272499$ A.

  $\mathbf{J_L}=233,4272499\,j=233,4272499\,\underline{|90^\circ}$ A

- Condensador

  Ley de Ohm: $E=I_C/\omega C \Rightarrow I_C=E\,\omega\,C=220\cdot\pi/100=2,2\,\pi=6,911503838$ A.

  $\mathbf{J_C}=-6,911503838\,j=6,911503838\,\underline{|-90^\circ}$ A

La suma de las tres intensidades: $\mathbf{J_T}=\mathbf{J_R}+\mathbf{J_L}+\mathbf{J_C}=440-j\,226,5157461$ prácticamente coincide con el valor obtenido en apartado **2º**: $\mathbf{J}=440-j\,226,5157459$ A, las pequeñas diferencias se deben al redondeo. $\mathbf{J_T}=440-j226,5157461\approx\mathbf{J}=440-j\,226,5157459$.

4º. Potencias activa, reactiva, aparente y compleja S forma módulo-argumental

- Potencia activa.

  P= E I cos φ= 220· 494,8832016·cos 27,239795 = 96.800,00025 W.

  Rama de la Resistencia. La Potencia activa solo se disipa en la resistencia.

  $P_R = I_R^2\ R = 440^2 \cdot 0{,}5 = 96.800$ W.

Los valores obtenidos de $P \approx P_R$ son casi iguales, las diferencias se deben al redondeo.

- Potencia reactiva.

  Q= E I cos φ= 220· 494,8832016·sen 27,239795 = 49.833,46365 VAr≈ $Q_L + Q_C$

  Rama de la Bobina. La potencia reactiva es positiva en la bobina.

  $Q_L = I_L^2\ \omega L = 220^2 \cdot [10/3\pi] = 51.353{,}99497$ VAr.

  Rama del Condensador. La potencia reactiva es negativa en el condensador.

  $Q_C = I_C^2 / \omega C = -\ 220^2 \cdot [\pi/100] = -1.520{,}5308$ VAr.

  $Q_L + Q_C = 51.353{,}99497 - 1.520{,}5308 = 49.833{,}46417$ VAr.

Los valores de $Q \approx Q_L + Q_C$ son casi iguales, las diferencias se deben al redondeo.

- Potencia aparente

  S=E I = 220· 494,8832016 = 108.874,3044 VA.

  Se comprueba que $S = \sqrt{P^2 + Q^2} = 108.874{,}30$ VA.

  También se verifica que $S = Z\ I^2 = 0{,}4445493387 \cdot 494{,}8832016^2 = 108.874{,}3044$ VA

Los valores obtenidos de $S = E\ I = ZI^2 = \sqrt{P^2 + Q^2}$ son prácticamente coincidentes en todos los casos y casi iguales, las diferencias se deben al redondeo.

- Potencia compleja en forma módulo-argumental.

  S= **E J***= EI cos φ+ EI sen φ = 96.800+ j 49.833,4641=108.874,3044$\underline{|27{,}239^\circ}$

5º. C_0 Capacidad en faradios y Q_0 potencia reactiva en VA r

Se quiere mejorar totalmente el factor de potencia del circuito paralelo, conectando en paralelo con el circuito un condensador C hasta que el factor de potencia sea la unidad.

La capacidad de la batería de condensadores a conectar en paralelo con el circuito es:

$$C = \frac{\text{sen}\varphi_I - \cos\varphi_I \tan\varphi_F}{\omega Z} = \frac{P_I[\tan\varphi_I - \tan\varphi_F]}{\omega E^2}\ \text{F}$$

En la expresión anterior cuando se hace $\varphi_F = 0^\circ$, entonces, $C = C_0$. Por otro lado, sustituyendo datos $\varphi_I = \varphi = 27{,}2397^\circ$, $\omega = 100\ \pi$, $P_I = P = 96.800$ W, E=220 V en dicha expresión, se halla la capacidad C_0 de la batería de condensadores a conectar en paralelo con el circuito paralelo R-L-C.

$$C_0 = \frac{\text{sen}\varphi}{\omega Z} = \frac{P\tan\varphi}{\omega E^2} = 96.800 \cdot \tan 27{,}2397^\circ / [100 \cdot \pi \cdot 220^2] = 3.277{,}36\ \mu F$$

La potencia reactiva de la batería de condensadores antes hallada es:

$|Q_{\text{CONDENSADOR}}| = P\tan\varphi = E^2\,\omega\, C_0 = 96.800 \cdot \tan 27{,}2397^\circ = 49.833{,}2605$ VA r

6º. Pulsación de resonancia

La Condición de Resonancia del circuito es que el desfase angular φ° entre la tensión y la intensidad es nulo. La consecuencia de esta condición es que "**la impedancia compleja del circuito ha de tener su parte imaginaria nula**".

$$\frac{\mathbf{U}}{\mathbf{J}} = \mathbf{Z} = Z\underline{|\varphi^\circ} = \text{Re}\,(\mathbf{Z}) + j\ \text{Im}\,(\mathbf{Z}) = \text{Re}\,(\mathbf{Z}) \Rightarrow \varphi^\circ = 0$$, por tanto, de aquí resulta:

$\text{Im}\,(\mathbf{Z}_{\omega_R}) = \text{Im}\,(R, L, C, \omega_R) = 0 \Rightarrow \omega_R = f\,(R, L, C)$ Pulsación de resonancia.

$$\mathbf{Z} = \frac{1}{\mathbf{Y}} = \frac{1}{\frac{1}{R} + j\left[C\omega - \frac{1}{\omega L}\right]} = \frac{\frac{1}{R} - j\left[C\omega - \frac{1}{\omega L}\right]}{\left[\frac{1}{R}\right]^2 + \left[C\omega - \frac{1}{\omega L}\right]^2} = \text{Re}\,(\mathbf{Z}) + j\ \text{Im}\,(\mathbf{Z})$$

Cuando es nula la parte imaginaria de **Z** del circuito paralelo R-L-C, $\omega = \omega_R$, operando:

$$\left[C\omega_R - \frac{1}{\omega_R L}\right] = 0;\ \omega_R = \sqrt{\frac{1}{LC}} = \sqrt{\frac{10}{3}}\ 10^3 = 1825{,}7418\ s^{-1} \Rightarrow \omega_R = 1825{,}7418\ \text{rad}\cdot s^{-1}$$

PROBLEMA 10.4

Un generador ideal de corriente alterna proporciona a un circuito serie R−L−C una tensión eficaz alterna sinusoidal $\boldsymbol{\varepsilon}= 220\ \underline{|0^0}$ V, en forma módulo-argumental.

Se realiza en nuestro generador un barrido de frecuencias, ensayando con seis valores: $n_1= 30\ s^{-1}$, $n_2= 40\ s^{-1}$, $n_3= 50\ s^{-1}$, $n_4= 60\ s^{-1}$, $n_5= 70\ s^{-1}$, $n_6= 80\ s^{-1}$. Se pide lo siguiente:

1º. Impedancia compleja en formas binómica y módulo-argumental de 6 frecuencias.

2º. Representación gráfica, en el Plano Complejo, de $\mathbf{Z_n}$, impedancia compleja del circuito, en forma binómica con los valores obtenidos en el punto 1º.

3º. Intensidad eficaz compleja en forma módulo-argumental para las 6 frecuencias.

4º. Dibujar la curva $I=f_{R=22\Omega}(\omega)$, con valores $[I, \omega]$, hallados en punto 3º, en cartesianas rectangulares, siendo eje vertical intensidad eficaz I y eje horizontal pulsación ω.

Ahora y sólo para las dos frecuencias: $n_3=50\ s^{-1}$ y $n_4=60\ s^{-1}$, se solicita determinar:

5º. Factor de potencia del circuito con las frecuencias n_3 y n_4.

6º. Mejora de factor de potencia hasta desfase nulo entre **J** y $\mathbf{V_{AD}}$ frecuencias n_3 y n_4.

Finalmente, en el circuito ya no se hacen ensayos de frecuencia, se desea obtener:

7º. Pulsación de resonancia. Valores eficaces, en resonancia, de intensidad del circuito, de tensiones del condensador y de la bobina, expresadas en forma módulo-argumental.

8º. Factor de calidad. Ancho de banda de frecuencia pasante y pulsaciones extremas.

9º. Impedancia compleja del circuito serie, correspondiente a cada una de las dos pulsaciones de los extremos del ancho de la banda de frecuencia pasante.

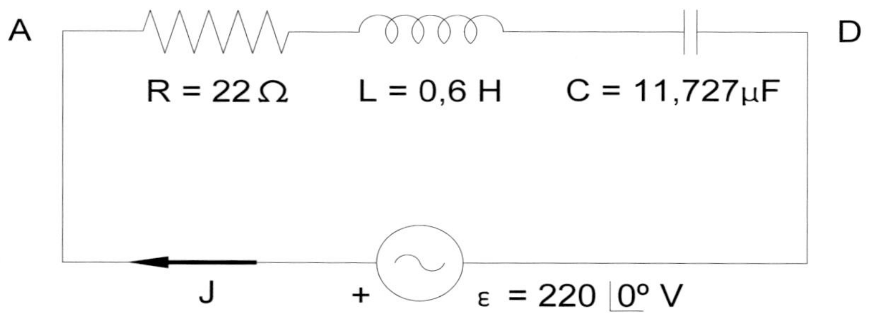

SOLUCIÓN

1º.-Impedancia compleja forma binómica y módulo-argumental en 6 frecuencias.

Impedancia del circuito: $\mathbf{Z_n}= R+ j\ [2\pi nL-\dfrac{1}{2\pi nC}]$; L= 0,6 H, C= 11,727 μF y R= 22 Ω

- Frecuencia $n_1= 30\ s^{-1}$.

$\mathbf{Z_{30}}=22+ [2\pi\ 30\cdot 0{,}6-10^6/2\pi\cdot 30\cdot 11{,}727]= 22- j\ 339{,}29158= 340{,}00408\ \underline{|-86{,}2900^0}\ \Omega$

- Frecuencia $n_2= 40\ s^{-1}$.

$\mathbf{Z_{40}}=22+ [2\pi\ 40\cdot 0{,}6-10^6/2\pi\cdot 40\cdot 11{,}727]= 22- j\ 188{,}31524=189{,}59596\ \underline{|-83{,}3366^0}\ \Omega$

- Frecuencia $n_3 = 50\ s^{-1}$.

  $\mathbf{Z_{50}} = 22 + [2\pi\ 50 \cdot 0{,}6 - 10^6/2\pi \cdot 50 \cdot 11{,}727] = 22 - j\ 83{,}93778 = 85{,}80604\ \underline{|-75{,}1439^0}\ \Omega$

- Frecuencia $n_4 = 60\ s^{-1}$.

  $\mathbf{Z_{60}} = 22 + [2\ \pi\ 60 \cdot 0{,}6 - 10^6/2\pi \cdot 60 \cdot 11{,}727] = 22 + j\ 0 = 22\ \underline{|0^0}\ \Omega$ es resistencia pura.

- Frecuencia $n_5 = 70\ s^{-1}$.

  $\mathbf{Z_{70}} = 22 + [2\ \pi\ 70 \cdot 0{,}6 - 10^6/2\pi \cdot 70 \cdot 11{,}727] = 22 + j\ 70{,}01281 = 73{,}38796\ \underline{|72{,}5558^0}\ \Omega$

- Frecuencia $n_6 = 80\ s^{-1}$.

  $\mathbf{Z_{80}} = 22 + [2\ \pi\ 80 \cdot 0{,}6 - 10^6/2\pi \cdot 80 \cdot 11{,}727] = 22 + j\ 131{,}94704 = 133{,}76853\ \underline{|80{,}5339^0}\ \Omega$

Así se verifica que la impedancia $\mathbf{Z_n}$ depende de n frecuencia de la corriente alterna.

2º. Representación gráfica, en Plano Complejo, de $\mathbf{Z_n}$ impedancia compleja del circuito, en forma binómica con los valores obtenido en el punto 1º

Con los valores del barrido de frecuencias y con $\mathbf{Z_n} = 22 + j\ [2\pi \cdot n \cdot 0{,}6 - 10^6/2\pi \cdot n \cdot 11{,}727]$ correspondientes, obtenidas en el punto 1º, se construye la tabla siguiente.

n s^{-1}	$n_1 = 30$	$n_2 = 40$	$n_3 = 50$	$n_4 = 60$	$n_5 = 70$	$n_6 = 80$
ω rad s^{-1}	$\omega_1 = 2\pi \cdot 30$	$\omega_2 = 2\pi \cdot 40$	$\omega_3 = 2\pi \cdot 50$	$\omega_4 = \omega_R = 2\pi \cdot 60$	$\omega_5 = 2\pi \cdot 70$	$\omega_6 = 2\pi \cdot 80$
$\mathbf{Z_n}$ Ω	$\mathbf{Z_{30}}$= 22-j 339,29	$\mathbf{Z_{40}}$= 22-j 188,31	$\mathbf{Z_{50}}$= 22-j 83,93	$\mathbf{Z_{60RESONACIA}}$=22	$\mathbf{Z_{70}}$= 22+j 70,01	$\mathbf{Z_{80}}$=22+j 131,94
$\mathbf{Z_n}$ Afijo	$\mathbf{Z_{30}}$Afijo[22,-339,29]	$\mathbf{Z_{40}}$ afijo[22,-188,31]	$\mathbf{Z_{50}}$ afijo[22, -83,93]	$\mathbf{Z_{60RES.}}$ Afijo[22, 0]	$\mathbf{Z_{70}}$ Afijo[22,70,01]	$\mathbf{Z_{80}}$ afijo[22, 131,94]

Al representar gráficamente, en Plano Complejo [Eje Imaginario ≡ OY; Eje Real ≡ OX], las 6 impedancias complejas $\mathbf{Z_n}$=Re ($\mathbf{Z_n}$)+j Im ($\mathbf{Z_n}$), se observa, en todas, que las partes reales son iguales y sus Afijos, están situados en los puntos pertenecientes la recta dada por Re($\mathbf{Z_n}$)= 22 Ω paralela al Eje Imaginario y dibujada en trazos discontinuos gruesos.

Si $n_4 = 60\ s^{-1} \Rightarrow \omega_4 = \omega_R = 2\pi \cdot 60$, el circuito está en situación de Resonancia de Fase, la impedancia compleja es: $\mathbf{Z_{60\ RESONANCIA}} = 22 + j\ 0\ \Omega$, que es una resistencia pura.

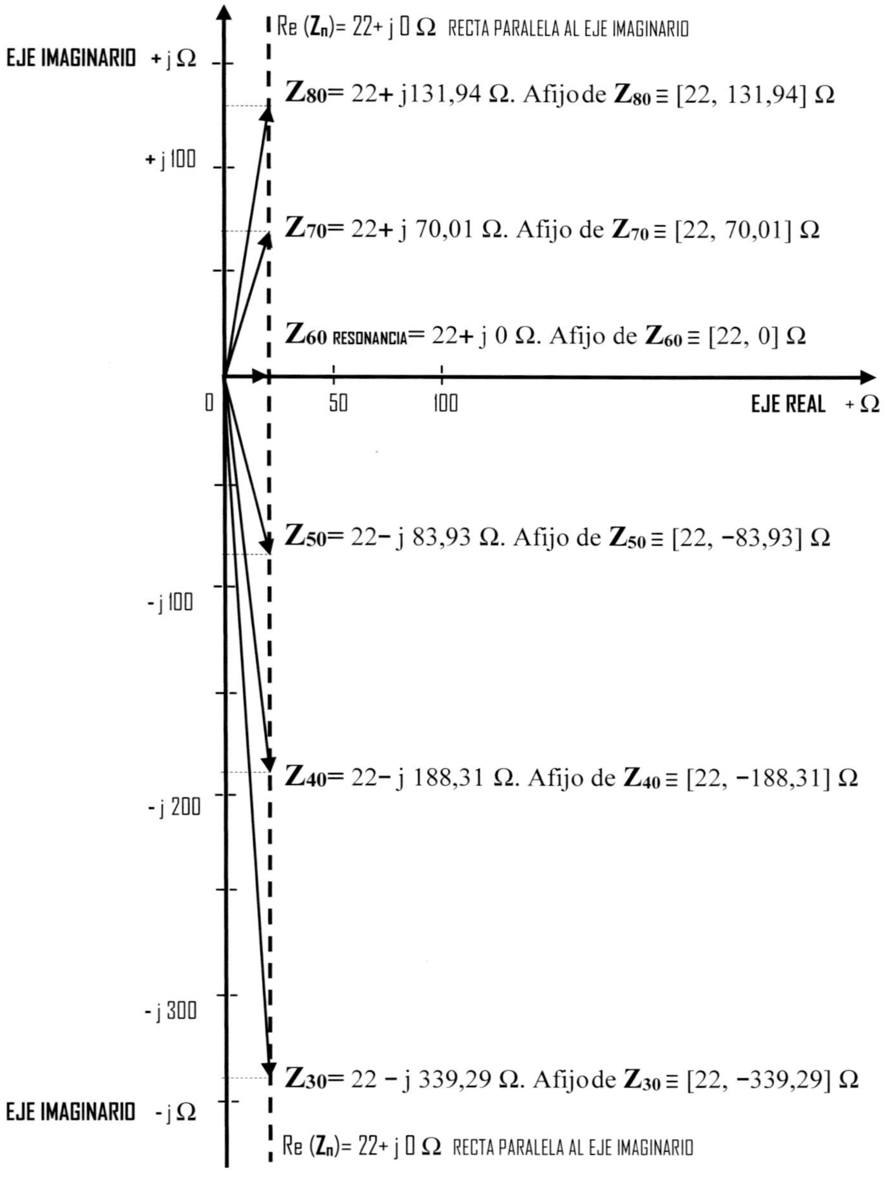

3º. Intensidad eficaz compleja, forma módulo-argumental, para 6 frecuencias

Por la ley de Ohm la intensidad eficaz compleja en el circuito es: $\mathbf{I} = \mathbf{J} = \dfrac{\varepsilon}{\mathbf{Z}}$ A

- Frecuencia $n_1 = 30\ s^{-1}$.

$$\mathbf{J}_{30} = \frac{\varepsilon}{\mathbf{Z}_{30}} = \frac{220\underline{|0^o}}{340,00408\underline{|-86,2900^o}} = 0,64705\underline{|86,2900^o}\ \text{A}$$

- Frecuencia $n_2 = 40\ s^{-1}$.

$$\mathbf{J}_{40} = \frac{\varepsilon}{\mathbf{Z}_{40}} = \frac{220\underline{|0^o}}{189,59596\underline{|-83,3366^o}} = 1,16036\underline{|83,3366^o}\ \text{A}$$

■ Frecuencia $n_3 = 50\ s^{-1}$.

$$\mathbf{J}_{50} = \frac{\varepsilon}{\mathbf{Z}_{50}} = \frac{220\underline{|0^\circ}}{85{,}80604\underline{|-75{,}1439^\circ}} = 2{,}56391\underline{|75{,}1439^\circ}\ \text{A}$$

■ Frecuencia $n_4 = 60\ s^{-1}$.

$$\mathbf{J}_{60} = \frac{\varepsilon}{\mathbf{Z}_{60}} = \frac{220\underline{|0^\circ}}{22\underline{|0^\circ}} = 10\underline{|0^\circ}\ \text{A}.$$ "Resonancia desfase nulo entre intensidad y tensión".

■ Frecuencia $n_5 = 70\ s^{-1}$.

$$\mathbf{J}_{70} = \frac{\varepsilon}{\mathbf{Z}_{70}} = \frac{220\underline{|0^\circ}}{73{,}38796\underline{|72{,}5558^\circ}} = 2{,}99779\underline{|-72{,}5558^\circ}\ \text{A}$$

■ Frecuencia $n_6 = 80\ s^{-1}$.

$$\mathbf{J}_{80} = \frac{\varepsilon}{\mathbf{Z}_{80}} = \frac{220\underline{|0^\circ}}{133{,}76853\underline{|80{,}5339^\circ}} = 1{,}64463\underline{|-80{,}5339^\circ}\ \text{A}$$

4º. Dibujar la curva I= $f_{R=22\Omega}$ (ω), con los valores [I, ω] hallados en punto 3º, en cartesianas rectangulares, vertical intensidad eficaz I, eje horizontal pulsación ω

Conviene observar en Nociones Teóricas, Capítulo 10, "**5**. RESONANCIA EN CIRCUITO SERIE R-L-C. ■ Análisis de la función intensidad, en resonancia, del circuito R-L-C serie", en la figura allí existente, están representadas tres curvas correspondientes a la familia de curvas I= F (ω, R).

Al ser constantes E=220 V, L=0,6 H, C=11,727 μF y R=22 Ω, la intensidad eficaz del circuito serie, sólo es función de la pulsación ω=2πn, es decir a partir de la familia de curvas I=F(ω, R), se llega a la expresión I= $f_{R=22\Omega}(\omega)$, es la curva buscada.

Con los seis valores n del barrido de frecuencias, y sus correspondientes resultados de I, intensidad eficaz, obtenidos en la solución del punto 3º, se construye la tabla:

n s^{-1}	n_1= 30	n_2= 40	n_3= 50	n_4= 60	n_5= 70	n_6= 80
ω rad s^{-1}	$\omega_1 = 2\pi\cdot 30$	$\omega_2 = 2\pi\cdot 40$	$\omega_3 = 2\pi\cdot 50$	$\omega_4 = \omega_R = 2\pi\cdot 60$	$\omega_5 = 2\pi\cdot 70$	$\omega_6 = 2\pi\cdot 80$
I A	I_{30}= 0,647	I_{40}=1,160	I_{50}=2,563	$I_{60} = I_{MÁX\text{-}RESON.}$=10	I_{70}=2,997	I_{80}=1,644
$\|\mathbf{Z_n}\|$ Ω	$\|\mathbf{Z_{30}}\|$=340,0	$\|\mathbf{Z_{40}}\|$=189,59	$\|\mathbf{Z_{50}}\|$=85,806	$\|\mathbf{Z_{60}}\|_{MÍNIMA}$=22	$\|\mathbf{Z_{70}}\|$=73,387	$\|\mathbf{Z_{80}}\|$=133,76

Representado los 6 puntos [I, ω] de la tabla, en coordenadas cartesianas rectangulares, en donde el eje vertical es la Intensidad eficaz, y ahora el eje horizontal es la Pulsación, [I≡ OY; ω≡ OX], así se obtiene la curva I=$f_{R=22\ \Omega}$ (ω), análoga a una de las curvas dibujadas en el "Apartado 5" del Capítulo 10, de Teoría del presente texto.

En esta curva I=$f_{R=22\ \Omega}$ (ω) cuando $\omega_4 = \omega_{RESONANCIA} = 2\pi\cdot 60$, pulsación de resonancia, hay un máximo de la intensidad eficaz $I_{MÁXIMA\text{-}RESONANCIA} = f_{R=22\ \Omega}(\omega_R)$ =10 A, entonces el circuito serie R-L-C está en "Resonancia de Fase", la impedancia es mínima, su valor eficaz complejo es: $\mathbf{Z}_{RESONANCIA} = 22\ \underline{|0^\circ}\ \Omega$, que es una resistencia pura.

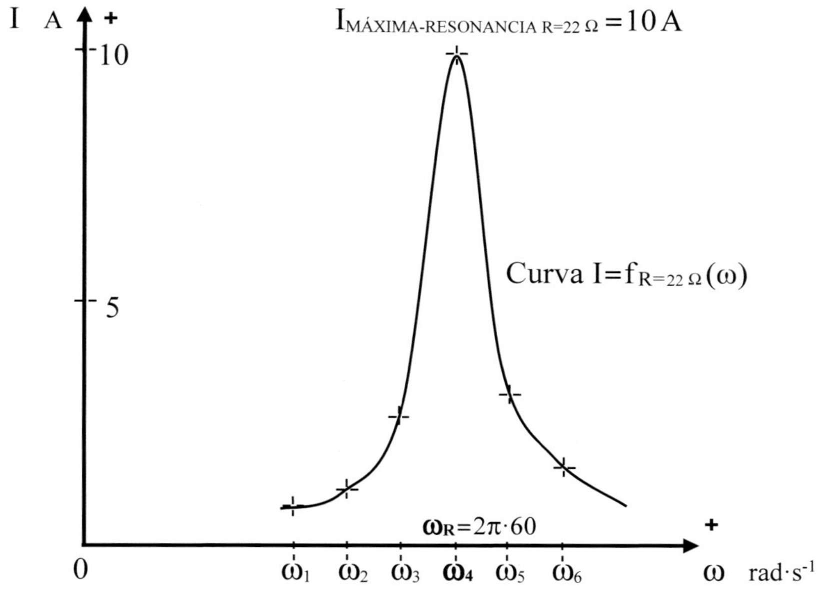

5°. Factor de potencia del circuito con las frecuencias n_3 y n_4

- Frecuencia n_3= 50 s^{-1}.

  cos φ_{50}=cos [−75,1439°]=0,25639 capacitivo, tensión retrasada respecto intensidad.

- Frecuencia n_4= 60 s^{-1}.

  cos φ_{60} =cos 0°=1 es máximo, no hay desfase entre intensidad y tensión. Resonancia.

6°. Mejora de factor de potencia hasta desfase nulo en J y V_{AD}, frecuencias n_3 y n_4

- Frecuencia n_3= 50 s^{-1}.

El circuito es "capacitivo", $\mathbf{Z_{50}}$ = 22– j 82,93778 Ω, $\boldsymbol{\varepsilon}$=$\mathbf{V_{AD}}$ va retrasada respecto de **J.**

Para compensar el factor de potencia, del circuito capacitivo, se ha de instalar una bobina L en paralelo con el citado circuito receptor inicial R-L-C.

Se quiere llegar al desfase nulo entre intensidad y tensión, por tanto, se ha de pasar del desfase inicial φ_{50} = −75,1439° al desfase final φ'_{50}= 0, en donde cos φ'_{50}=1.

El esquema del nuevo circuito con la bobina L y su diagrama de intensidades son:

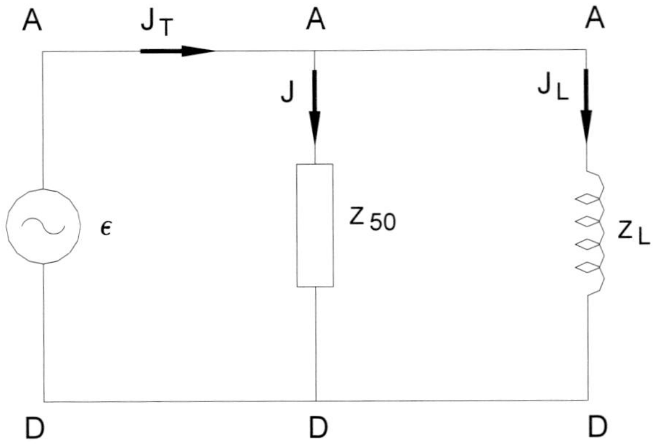

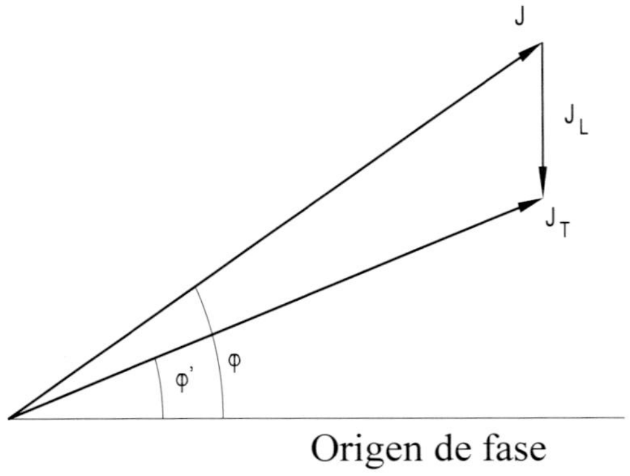

Primera Ley Kirchhoff en el nudo **A**:

$\mathbf{J_T} = \mathbf{J} + \mathbf{J_L}$ forma compleja; $I_T\underline{|\varphi'} = I\underline{|\varphi} + I_L\underline{|-90^\circ}$ forma módulo-argumental

Del diagrama de intensidades anterior, se obtienen las siguientes relaciones:

$I \text{ sen}\,|\varphi_{50}| = I_L + I_T \text{ sen}\,|\varphi'_{50}|$; $I \cos\varphi_{50} = I_T \cos\varphi'_{50}$

De las ecuaciones anteriores, eliminando I_T resulta:

$I_L = I\,[\text{sen}\,|\varphi_{50}| - \cos\varphi_{50}\,\text{tg}\,|\varphi'_{50}|]$ [1]

Ley 2ª de Kirchhoff aplicada al circuito: $\mathbf{V_{AD}} = \boldsymbol{\varepsilon} = \mathbf{J\,Z_{50}} = \mathbf{J_L\,Z_L} \rightarrow \mathbf{J} = \boldsymbol{\varepsilon}/\mathbf{Z_{50}}$; $\mathbf{J_L} = \boldsymbol{\varepsilon}/\mathbf{Z_L}$

Dividiendo ambas ecuaciones complejas en módulo: $\dfrac{I_L}{I} = \dfrac{Z_{50}}{Z_L}$ [2]

Mediante las ecuaciones [1] y [2] obtenemos el módulo de la impedancia $\mathbf{Z_L}$ de la bobina, a instalar en paralelo con la impedancia $\mathbf{Z_{50}}$.

$$Z_L = \frac{Z_{50}}{\text{sen}\,|\varphi_{50}| - \cos\varphi_{50}\tan|\varphi'_{50}|} = \omega L \;\Rightarrow\; L = \frac{Z_{50}}{\omega\left[\text{sen}\,|\varphi_{50}| - \cos\varphi_{50}\tan|\varphi'_{50}|\right]}$$

Sustituyendo en la expresión anterior la frecuencia, impedancia y desfases final e inicial, la inducción de bobina resulta:

$$L = \frac{85{,}80604}{2\,\pi\,50\left[\text{sen}\,|-75{,}144^\circ| - \cos 75{,}144^\circ\;\tan|0^\circ|\right]} = 0{,}28257 \text{ H.}$$

- Frecuencia $n_4 = 60\ s^{-1}$.

El circuito R-L-C es resistivo puro, $\mathbf{Z_{60}} = 22 = 22\underline{|0^\circ}\ \Omega$ el factor de potencia ya está compensado al máximo, $\cos\varphi_{60} = \cos 0^\circ = 1$.

En este caso como hay "Resonancia de Fase" con la pulsación $\omega_4 = 2\pi \cdot n_4 = 2\pi \cdot 60$, para la frecuencia $n_4 = 60\ s^{-1}$ no es necesario instalar ningún elemento de mejora del factor de potencia en el circuito serie inicial R–L–C.

7º. Pulsación de resonancia. Valores eficaces, en resonancia, de la intensidad del circuito, de tensiones del condensador y la bobina, en forma módulo-argumental

- Pulsación de resonancia. Se obtiene "**obligando a que la impedancia del circuito tenga su parte imaginaria nula**", se cumple que el desfase tensión-intensidad es nulo.

$$\mathbf{Z} = R + j\,[\omega L - \frac{1}{C\omega}] \Rightarrow X = L\omega_R - \frac{1}{C\omega_R} = 0 \Rightarrow \omega_R = \sqrt{\frac{1}{LC}} \Rightarrow \mathbf{Z}_{\omega_R} = R \text{ resistencia pura.}$$

$$\text{Sustituyendo datos: } \omega_R = \sqrt{\frac{1}{L\,C}} = \sqrt{\frac{1}{0,6 \cdot 11,727 \cdot 10^{-6}}} = 376,99094 \text{ rad·s}^{-1};\ n_R = \frac{\omega_R}{2\pi} \approx 60 \text{ Hz}$$

- Intensidad eficaz del circuito en situación de resonancia.

$$\text{Según la ley de Ohm es: } \mathbf{J}_R = \frac{\varepsilon}{\mathbf{Z}_{\omega_R}} = \frac{220\underline{|0^o}}{22\underline{|0^o}} = 10\underline{|0^o} \text{ A}$$

- Tensión eficaz de la bobina en situación de resonancia.

$$\text{Según la ley de Ohm: } \mathbf{U}_{L_R} = j\,L\,\omega_R\,\mathbf{J}_R = 0,6 \cdot 376,99094\underline{|90^o} \cdot 10\underline{|0^o} = 2261,945\ \underline{|90^o}\,\text{V}$$

- Tensión eficaz del condensador en situación de resonancia.

$$\text{Según ley de Ohm: } \mathbf{U}_{C_R} = \frac{\mathbf{J}_R}{j\,C\,\omega_R} = \frac{10\underline{|0^o}}{j\,11,727 \cdot 10^{-6}\ 376,99094\underline{|90^o}} = 2261,945\underline{|-90^o} \text{ V}$$

Como se observa ambas tensiones son iguales en módulo, pero están desfasadas 180º, es decir están dispuestas en oposición de fase.

8º. Factor de calidad. Ancho de banda de frecuencia pasante. Pulsaciones extremas

- Factor de calidad Q del circuito.

Factor de calidad de un circuito, sometido a la pulsación de resonancia ω_R, es una magnitud adimensional definida mediante la expresión:

$$Q = 2\pi \frac{W_A}{W_D} \quad [1] \quad \begin{cases} W_A \text{ energía máxima almacenada en circuito.} \\ W_D \text{ energía disipada en el circuito en un periodo T.} \end{cases}$$

En el circuito R-L-C serie estudiado y para la pulsación de resonancia ω_R resulta:

$$W_A = \frac{1}{2} L I_{R_0}^{\ 2} = L I_R^{\ 2} = \frac{1}{2} C U_{0_{C_R}}^{\ 2} = C U_{C_R}^{\ 2} = \frac{I_R^{\ 2}}{\omega_R^{\ 2} C} = \text{cte. cuando la tensión en condensador}$$

es máxima, la intensidad de corriente en la bobina es nula. $I_{R_0} = \sqrt{2}\, I_R$

$$W_D = R I_R^{\ 2} T = R I_R^{\ 2} \frac{2\pi}{\omega_R}$$. Sustituyendo W_A y W_D en [1] resulta:

$$Q = 2\pi \frac{W_A}{W_D} = 2\pi \frac{L I_R^{\ 2}}{R I_R^{\ 2} \frac{2\pi}{\omega_R}} = \frac{L}{R}\omega_R = \frac{1}{R C \omega_R} = \frac{0,6}{22} 376,99094 = 10,28157 \text{ adimensional}$$

■ Ancho de banda de frecuencia pasante. Las dos pulsaciones extremas.

El ancho de banda de frecuencia pasante, es el intervalo de pulsaciones [ω_1, ω_2] dentro del cual la potencia disipada en el circuito, se mantiene por encima de la mitad del valor de la potencia máxima disipada.

En el circuito, la situación de potencia máxima disipada sucede cuando la pulsación toma el valor $\omega = \omega_R$, siendo dicha potencia: $P_{MÁX} = R\, I_R^2$.

La potencia disipada en el circuito para otra pulsación cualquiera $\omega \neq \omega_R$, es $P = RI^2$.

$$\left.\begin{array}{l} P = RI^2 = \dfrac{P_{MÁX}}{2} = \dfrac{RI^2{}_R}{2} \Rightarrow I = \dfrac{I_R}{\sqrt{2}} \\ \text{Por ley de Ohm}: \; I_R = \dfrac{U}{R} \\ \text{Por ley de Ohm}: \; I = \dfrac{U}{Z} \\ \text{Circuito serie}: Z = \sqrt{R^2 + \left[L\omega - \dfrac{1}{C\omega}\right]^2} \end{array}\right\} \Rightarrow \frac{U}{\sqrt{R^2 + \left[L\omega - \dfrac{1}{C\omega}\right]^2}} = \frac{U}{R\sqrt{2}}$$

En la anterior expresión se igualan denominadores: $\sqrt{R^2 + \left[L\omega - \dfrac{1}{C\omega}\right]^2} = R\sqrt{2}$

Elevando al cuadrado nos queda: $R^2 + \left[L\omega - \dfrac{1}{C\omega}\right]^2 = 2R^2 \Rightarrow \left[L\omega - \dfrac{1}{C\omega}\right]^2 = R^2$ [2]

$$\left.\begin{array}{l} \text{Introducimos en [2] la variable}: x = \dfrac{\omega}{\omega_R} \\ \text{Se cumple: } \omega L = x\,Q\,R \;\; y \;\; \dfrac{1}{\omega C} = \dfrac{Q\,R}{x} \end{array}\right\} 1 + Q^2\left[x - \frac{1}{x}\right]^2 = 2 \Rightarrow x^2 \pm \frac{x}{Q} - 1 = 0 \;\; [3]$$

Como la pulsación ω siempre tiene un valor positivo, para cumplir tal condición, en la resolución de la ecuación de segundo grado, el radical ha de tener signo positivo, por tanto, la solución con signo negativo del radical no es válida.

Las soluciones de [3] son: $x_1 = \dfrac{1}{2}\left[-\dfrac{1}{Q} + \sqrt{\dfrac{1}{Q^2} + 4}\right]$; $x_2 = \dfrac{1}{2}\left[\dfrac{1}{Q} + \sqrt{\dfrac{1}{Q^2} + 4}\right]$

Restando ambas soluciones resulta: $x_2 - x_1 = \dfrac{1}{Q} = \dfrac{\omega_2}{\omega_R} - \dfrac{\omega_1}{\omega_R}$.

Finalmente, la anchura de banda de frecuencia pasante es: $\Delta = \omega_2 - \omega_1 = \dfrac{\omega_R}{Q} = \dfrac{R}{L}$.

Sustituyendo valores, el ancho de banda de frecuencia pasante, de nuestro circuito serie R-L-C es: $\Delta = \omega_2 - \omega_1 = \dfrac{376,99094}{10,28157} = \dfrac{22}{0,6} = 36,66666 \text{ rad·s}^{-1}$

Las dos pulsaciones extremas son:
$$\begin{cases} \omega_1 = \omega_R \dfrac{1}{2}\left[-\dfrac{1}{Q} + \sqrt{\dfrac{1}{Q^2} + 4}\right] = 359,10313 \text{ rad·s}^{-1} \\ \omega_2 = \omega_R \dfrac{1}{2}\left[\dfrac{1}{Q} + \sqrt{\dfrac{1}{Q^2} + 4}\right] = 395,76979 \text{ rad·s}^{-1} \end{cases}$$

Cuando la pulsación ω de la corriente alterna del circuito está comprendida entre las pulsaciones ω_2 y ω_1, antes calculadas, se cumple en el circuito serie R-L-C:

- La potencia disipada P es mayor que la mitad de la potencia máxima disipada en el circuito, esto ocurre en situación de resonancia, $\omega = \omega_R \Rightarrow P_{MÁX} \geq P \geq P_{MÁX}/2$.
- La intensidad eficaz I del circuito $\Rightarrow I_R \geq I \geq I_R/\sqrt{2}$.

9º. Impedancia compleja del circuito correspondiente a cada una de las dos pulsaciones de los extremos del ancho de la banda de frecuencia pasante

▪ Impedancia cuando la pulsación es $\omega = \omega_1 = 359,10313 \text{ rad·s}^{-1}$.

$$\left.\begin{aligned} I &= \frac{U}{Z} = \frac{I_R}{\sqrt{2}} \\ \cos\varphi &= \frac{R}{Z} \end{aligned}\right\} \text{Por tanto resulta: } \cos\varphi_{\omega_1} = -\frac{\sqrt{2}}{2} \Rightarrow \varphi_{\omega_1} = -45^\circ;\ X_{\omega_1} = -R$$

La impedancia es: $\mathbf{Z}_{\omega_1} = R - j\,R = \sqrt{2}\,R\,|\underline{-45^\circ} = 31,11269\,|\underline{-45^\circ}\ \Omega$ Capacitiva.

Directamente también se podría haber hallado directamente la impedancia, lo cual sirve como comprobación del cálculo anterior:

$$\mathbf{Z}_{\omega_1} = 22 + j\left[359,10313 \cdot 0,6 - \frac{1}{359,10313 \cdot 11,727 \cdot 10^{-6}}\right] = 22 - j\ 22 = 31,11269\,|\underline{-45^\circ}\ \Omega$$

▪ Impedancia cuando la pulsación es $\omega = \omega_2 = 395,76979 \text{ rad·s}^{-1}$.

$$\left.\begin{aligned} I &= \frac{U}{Z} = \frac{I_R}{\sqrt{2}} \\ \cos\varphi &= \frac{R}{Z} \end{aligned}\right\} \text{Por tanto resulta: } \cos\varphi_{\omega_2} = +\frac{\sqrt{2}}{2} \Rightarrow \varphi_{\omega_2} = +45^\circ;\ X_{\omega_2} = +R$$

La impedancia es: $\mathbf{Z}_{\omega_2} = R + j\,R = \sqrt{2}\,R\,|\underline{45^\circ} = 31,11269\,|\underline{45^\circ}\ \Omega$ Inductiva.

Directamente también se podría haber hallado directamente la impedancia del circuito, lo cual sirve de comprobación:

$$\mathbf{Z}_{\omega_2} = 22 + j\left[395,76979 \cdot 0,6 - \frac{1}{395,76979 \cdot 11,727 \cdot 10^{-6}}\right] = 22 + j\ 22 = 31,11269\,|\underline{45^\circ}\ \Omega$$

PROBLEMA 10.5

Se dispone de dos generadores de alterna eficaz compleja $\mathcal{E}_1 = 20\underline{|0^\circ}$ V y $\mathcal{E}_2 = 10\underline{|45^\circ}$ V, conectados a varios elementos pasivos, tal como se indica en la figura.

Se pide determinar:

1°. Circuito equivalente según teorema de Thevenin entre terminales A y B.

2°. Potencia disipada en cada elemento del circuito.

3°. Potencia activa, reactiva y aparente de los dos generadores.

Ahora se conecta entre los terminales A y B del circuito una impedancia **Z'**= 3+ j15 Ω determinar en este caso:

4°. **J'** que circula por dicha impedancia.

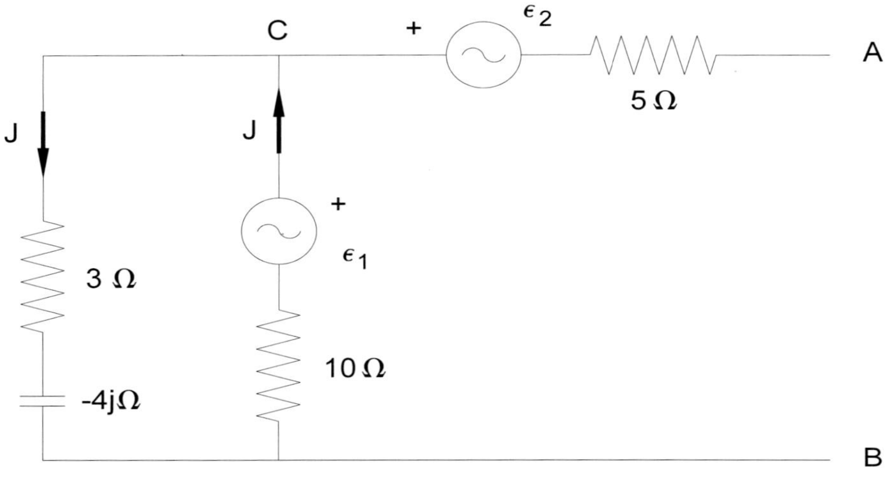

SOLUCIÓN

1°.- Circuito equivalente según teorema de Thevenin entre terminales A y B.

Para su determinación hemos de hallar:

- Diferencia de potencial entre los terminales A y B:

La segunda ley de Kirchhoff aplicada a la malla se expresa: $\mathcal{E}_1$= **J** [10+ 3– j4]

Despejando se obtiene: $\mathbf{J} = \dfrac{20\underline{|0^\circ}}{10+3-j4} = \dfrac{20}{13-j4} = \dfrac{260+j80}{185} = 1{,}470429\underline{|17{,}1027^\circ}$ A

La diferencia de potencial entre A y B, según la ley de Ohm es:

$$\mathbf{U}_{AB} = -\mathcal{E}_2 + \mathcal{E}_1 - \mathbf{J}\,R = -10\underline{|45^\circ} + 20\underline{|0^\circ} - [\frac{260+j80}{185}]10 = -10\,[\frac{\sqrt{2}}{2} + j\frac{\sqrt{2}}{2}] + 20 - [\frac{260+j80}{185}]\,10 \text{ V}$$

Operando, obtenemos:

$$\mathbf{U_{AB}} = 20 - 10\frac{\sqrt{2}}{2} - \frac{2600}{185} - j[10\frac{\sqrt{2}}{2} + \frac{800}{185}] = -1{,}12512 - j11{,}395392 = 11{,}45080\underline{|-264{,}3611^{\circ}}\ \text{V}$$

- Impedancia equivalente entre terminales A y B:

Cortocircuitando los dos generadores en el circuito inicial activo dado, obtenemos el circuito pasivo entre los terminales dados A y B, como se ve en la siguiente figura.

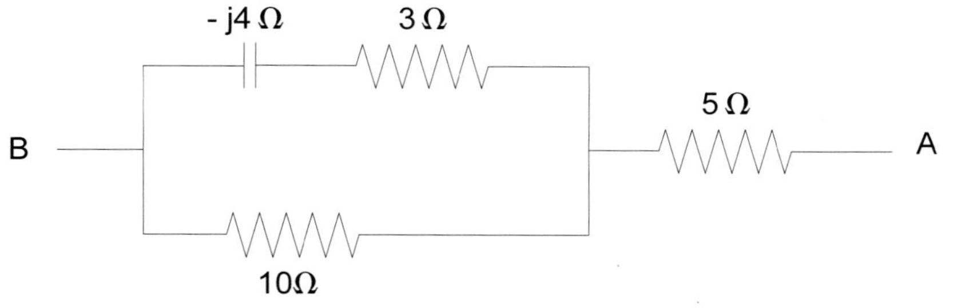

La impedancia equivalente del circuito es:

$$\mathbf{Z_{AB}} = 5 + \frac{10\,[3 - j4]}{10 + 3 - j4} = 5 + \frac{550 - j400}{185} = \frac{295}{37} - j\frac{80}{37} = 7{,}97297 - j2{,}162162 = 8{,}26094\underline{|-15{,}1729^{\circ}}\ \Omega$$

El circuito equivalente al dado, según Thevenin, es el formado por un generador ideal $\boldsymbol{\varepsilon_0} = \mathbf{U_{AB}}$ conectado en serie con la impedancia equivalente $\mathbf{Z_{AB}}$ entre A y B:

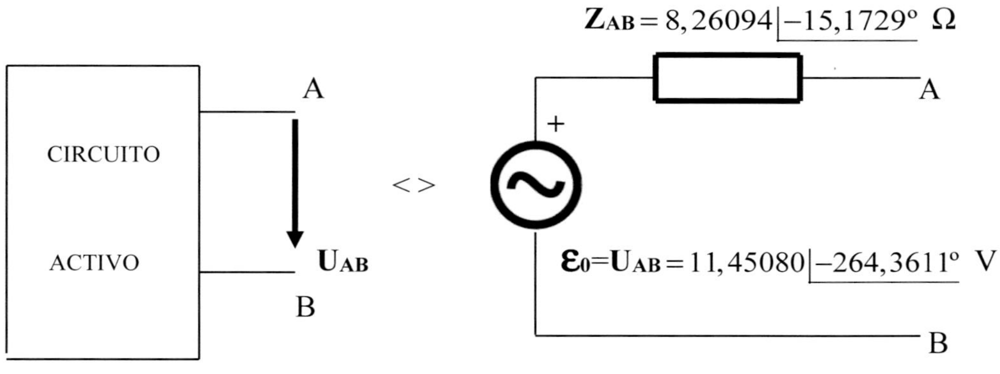

2º. Potencia disipada en cada elemento del circuito

Sólo se disipa potencia en las resistencias de 10 Ω y 3 Ω por las que circula corriente I

La potencia total consumida es: $P = 10\ I^2 + 3\ I^2 = 13\frac{260^2 + 80^2}{185^2} = 28{,}10810$ W

3º. Potencia activa, reactiva y aparente de los dos generadores

– Generador $\mathcal{E}_1$:

El desfase $\varphi_1 = 0^\circ - 17{,}1027^\circ = -17{,}1027^\circ$ es la diferencia entre las fases de la tensión y de la intensidad. Como la intensidad está adelantada respecto de la tensión el circuito es de tipo capacitivo.

- P. activa $P_1 = E_1\, I \cos\varphi_1 = 20 \cdot 1{,}470429 \cos[-17{,}1027^\circ] = 28{,}10810$ W
- P. react. $Q_1 = E_1 I \operatorname{sen}\varphi_1 = 20 \cdot 1{,}470429 \operatorname{sen}[-17{,}1027^\circ] = -8{,}64863$ VAr (capac.signo –)
- P. aparente $S_1 = E_1\, I = 20 \cdot 1{,}470429 = 29{,}40858$ VA

Comprobación: $P_1^2 + Q_1^2 = S_1^2$ sustituyendo: $28{,}10810^2 + [-8{,}64863]^2 = 29{,}40858^2$.

– Generador $\mathcal{E}_2$:

Como por la rama CA no circula corriente eléctrica, todas las potencias de este generador son nulas. $P_2 = Q_2 = S_2 = 0$.

4º. J' que circula por la impedancia Z'

Utilizaremos el circuito equivalente según Thevenin para hallar esa intensidad **J'**, debido a que esta forma de operar es mucho mas sencilla de cálculo, que resolver el nuevo circuito, con la impedancia **Z'** entre A y B mediante método de mallas.

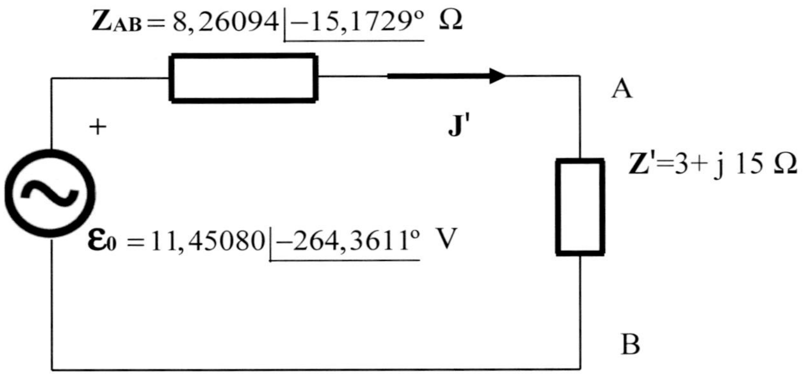

La ley de Ohm, aplicada al circuito equivalente anterior, resulta:

$\mathcal{E}_0 = \mathbf{J}'\,[\mathbf{Z}_{AB} + \mathbf{Z}]$; $\mathcal{E}_0 = 11{,}45080\,\underline{|-264{,}3611^\circ} = \mathbf{J}'\,[7{,}97297 - j\,2{,}162162 + 3 + j\,15]$

$$\mathbf{J}' = \frac{11{,}45080\,\underline{|-264{,}3611^\circ}}{10{,}97297 + j\,12{,}837838} = \frac{11{,}45080\,\underline{|-264{,}3611^\circ}}{16{,}88834\,\underline{|49{,}4782^\circ}}\ \text{A}$$

Operando se llega a: $\mathbf{J}' = 0{,}6780\,\underline{|-313{,}8393^\circ} = 0{,}6780\,\underline{|46{,}1607^\circ}$ A

PROBLEMA 10.6

En el esquema eléctrico de la figura, se pide determinar los siguientes apartados:

1º. Diferencia de potencial eficaz compleja $\mathbf{U_{AB}}$, en forma módulo argumental.

2º. Potencias activa, reactiva y aparente del circuito. Potencia consumida en cada una de las impedancias del circuito.

3º. Circuito equivalente según el teorema de Thevenin entre terminales A y B.

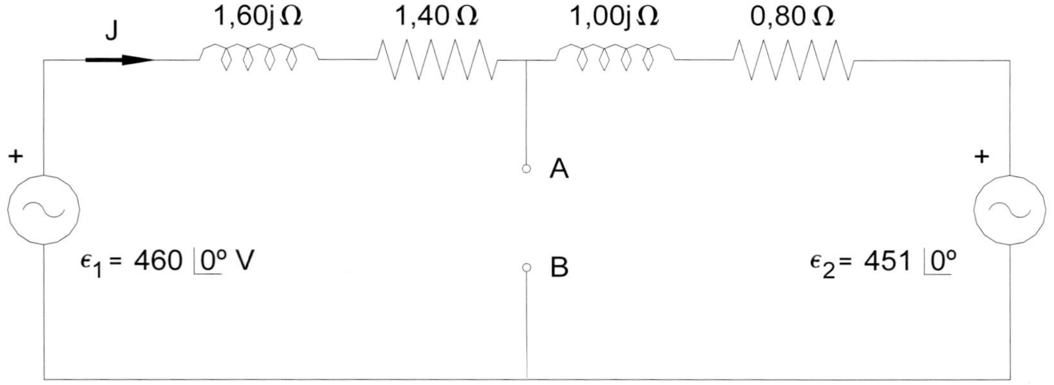

SOLUCIÓN

1º. Diferencia de potencial eficaz compleja $\mathbf{U_{AB}}$ en forma módulo argumental

En el circuito suponemos que la intensidad **J** sale por la polaridad positiva del generador $\boldsymbol{\varepsilon_1}$. Como **J** entra por la polaridad positiva del generador $\boldsymbol{\varepsilon_2}$, este generador se halla en oposición de fase con respecto al $\boldsymbol{\varepsilon_1}$. La aplicación de la segunda ley de Kirchhoff a la malla del circuito es:

$\boldsymbol{\varepsilon_1 - \varepsilon_2 = J\ Z = J}$ [1,4+j 1,6+0,80+j] sustituyendo: 460– 451= **J** [1,4+ j 1,6+ 0,80 + j]

$$\text{Despejando: } \mathbf{J} = \frac{9}{2,2+j2,6} = \frac{9\ [2,2-j2,6]}{[2,2+j2,6]\ [2,2-j2,6]} = \frac{19,8-j23,4}{11,6} = 2,64249\underline{|-49,7636^{\circ}}\text{ A}$$

La diferencia de potencial entre A y B, según ley de Ohm es:

$$\mathbf{U_{AB}} = \boldsymbol{\varepsilon_1} - \mathbf{J}\ [1,4+j\ 1,6] = 460\underline{|0^{\circ}} - \frac{9}{2,2+j2,6}[1,4+j1,6] = 454,38275 - j0,09310$$

$$\mathbf{U_{AB}} = 454,38276\ \underline{|-0,0117^{\circ}}\ \text{V}$$

Mediante la aplicación de ley de Ohm se puede obtener también, la diferencia de potencial entre los terminales A y B:

$$\mathbf{U_{AB}} = \mathbf{J}\ [0,80+j] + \boldsymbol{\varepsilon_2} = \mathbf{J}[0,80+j]+451\underline{|0^{\circ}} = \frac{9}{2,2+j2,6}[0,80+j]+451\underline{|0^{\circ}} = 454,38275 - j0,09310$$

$$\mathbf{U_{AB}} = 454,38276\underline{|-0,0117^{\circ}}\ \text{V}$$

2º. Potencia activa, reactiva y aparente del circuito. Potencia consumida en los elementos del circuito

- Potencia activa del circuito. Directamente, mediante impedancia total y a partir de la potencia consumida en las resistencias.

  Para cada generador, el desfase se obtiene mediante la diferencia entre la fase de la tensión del propio generador y la fase de la intensidad que circula por él. Como los generadores tienen la misma fase de la tensión, y la fase de la intensidad es la misma, el desfase es: $\varphi = 0^o - [-49{,}7636^o] = 49{,}7636^o$.

  La impedancia total de circuito: $\mathbf{Z} = 2{,}2 + j\,2{,}6 = R + j\,X\ \Omega$.

  - $P = [460 - 451]\ I \cos\varphi = 9 \cdot 2{,}64249 \cos 49{,}7636^o = 15{,}36027$ W
  - $P = I^2\ R = 2{,}64249^2 \cdot 2{,}2 = 15{,}36207$ W

La potencia consumida en los elementos del circuito, es la correspondiente a las resistencias de 1,4 Ω y 0,8 Ω, recorridas por la corriente I, hallada en apartado 1º:

  - $P = 1{,}4\ I^2 + 0{,}8\ I^2 = 1{,}4 \cdot 2{,}64249^2 + 0{,}8\ 2{,}64249^2 = 15{,}36207$ W

- Potencia reactiva del circuito. Directamente y mediante impedancia total del circuito.

  - $Q = [460 - 451]\ I \operatorname{sen}\varphi = 9 \cdot 2{,}64249 \operatorname{sen} 49{,}7636^o = 18{,}15515$ VAr
  - $Q = I^2\ X = 2{,}64249^2 \cdot 2{,}6 = 18{,}15515$ VAr.

- Potencia aparente del circuito. Directamente y mediante potencias activa y reactiva.

  - $S = [460 - 451]\ I = 9 \cdot 2{,}64249 = 23{,}78241$ VA
  - $S^2 = P^2 + Q^2$ sustituyendo valores: $23{,}78241^2 = 15{,}36207^2 + 18{,}15515^2$

3º. Circuito equivalente según teorema de Thevenin entre terminales A y B

Para su determinación hemos de hallar:

- Diferencia de potencial entre los terminales A y B:

  Este valor ya se determinó en el apartado 1º: $\mathbf{U_{AB}} = 454{,}38276\underline{|-0{,}0117^o}$ V

- Impedancia equivalente entre Ay B:

  Cortocircuitando los dos generadores en el circuito activo inicial dado, obtenemos el circuito pasivo formado por dos impedancias en paralelo entre los terminales dados A y B, según muestra la siguiente figura.

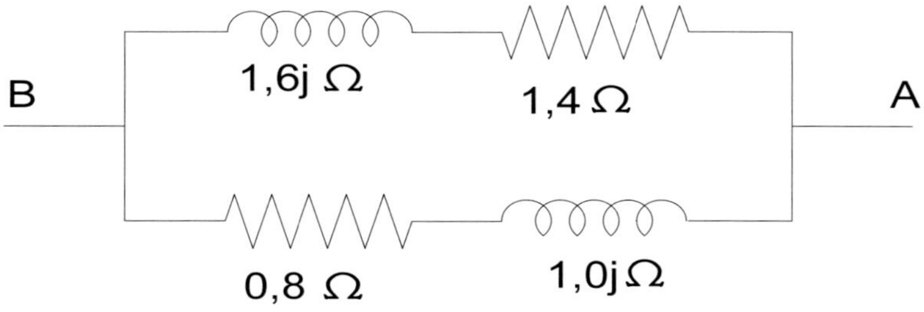

Como en el circuito pasivo las dos ramas están conectadas en paralelo, entre los terminales A y B, la impedancia $\mathbf{Z_{AB}}$ equivalente entre esos terminales es la siguiente:

$$\mathbf{Z_{AB}}=\frac{[1,4+j1,6]\,[0,8+j]}{[1,4+j1,6]+[0,8+j]}=\frac{-0,48+j\,2,68}{2,2+j2,6}=\frac{[-0,48+j2,68]\,[2,2-j2,6]}{[2,2+j2,6]\,[2,2-j2,6]}=\frac{5,912+j7,144}{11,6}\ \Omega$$

$$\mathbf{Z_{AB}}= 0,50965+j\,0,61586 = 0,79939\,\underline{|50,3906^\circ}\ \Omega$$

Por tanto, el circuito equivalente al dado, según el teorema de Thevenin, es el formado por un generador ideal $\boldsymbol{\varepsilon_0}$= $\mathbf{U_{AB}}$ en serie con la impedancia equivalente $\mathbf{Z_{AB}}$ entre los terminales Ay B:

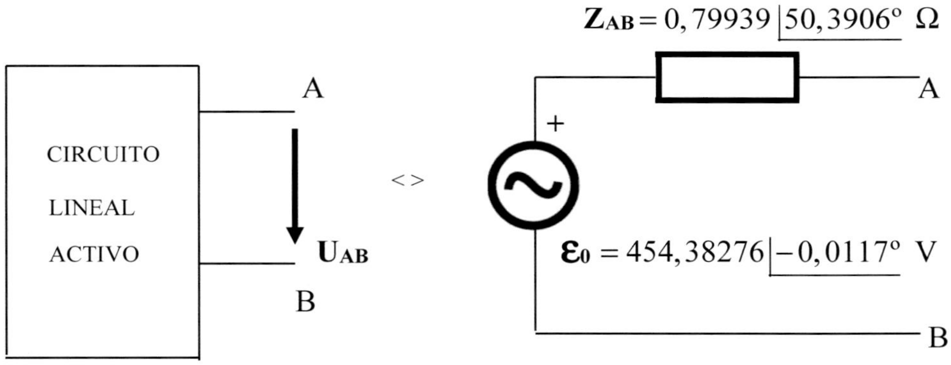

PROBLEMA 10.7

El generador ideal, del esquema de la figura, proporciona una f.e.m. alterna instantánea dada por la expresión E_i =100 cos [100 π t+ φ] V, adelantada respecto del origen de fases un ángulo de φ= 135º.

Sabiendo que L_1= L_2= 15,915 m H; L_3= 3 L_1; C_1= 636,62 μF, y R_1= R_2= 5 Ω, se pide determinar en dicho circuito los siguientes apartados:

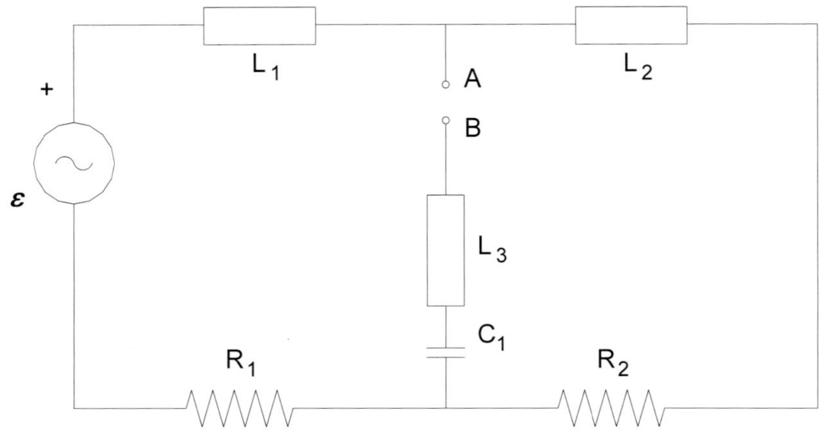

1º. Intensidad eficaz compleja **J** del circuito en forma módulo-argumental.

2º. Circuito equivalente según teorema de Thevenin entre terminales A y B.

3º. $\mathbf{J_0}$ que circulará entre A y B al cerrar los terminales con **Z**= 2,5+ j 2,5 Ω.

Ahora en el citado circuito, se conecta entre los terminales A y B una impedancia del tipo **Z**=j X, y resulta que la intensidad eficaz compleja que suministra el generador al nuevo circuito modificado es $\mathbf{J'} = 5\sqrt{2}\ \underline{|135^\circ}$ A . En este caso determinar:

4º. Valor de la reactancia X expresada en ohmios.

SOLUCIÓN

1º. Intensidad eficaz compleja J del circuito

E_i =100 cos [100 π t+135º]=E_o [cos ω t+φ]= $\sqrt{2}$ Ecos [ω t+ φ] identificando resulta:

Pulsación: ω =100π=2πn rad·s^{-1}; frecuencia:n=50 s^{-1}; f.e.m. eficaz:E=50 $\sqrt{2}$ V;φ=135º

Fuerza electromotriz eficaz compleja es: **ε**= 50 $\sqrt{2}\ \underline{|135^0}$ V.

Impedancias de bobinas 1 y 2: $\mathbf{Z_{L1}}$= $\mathbf{Z_{L2}}$ = j ω L_1= j 100 π 15,915·10^{-3}= 5 j Ω

Impedancia de la bobina 3: $\mathbf{Z_{L3}}$= j ω L_3= j 100 π 3·15,915·10^{-3}= 15 j Ω

Impedancia del condensador: $\mathbf{Z_{C1}}$= – j /ωC_1= –j /[100 π 636,62·10^{-6}]= – 5 j Ω

2ª Ley de Kirchhoff al circuito: **ε**= **J Z**= **J** [R_1+ j ω L_1+ R_2+ j ω L_2]= **J** [10+ j10]

De expresión anterior se obtiene: **J**= **ε**/ **Z** $= \dfrac{50\sqrt{2}\ \underline{|135^0}}{10+j10} = \dfrac{50\sqrt{2}\ \underline{|135^0}}{10\sqrt{2}\ \underline{|45^0}} = 5\ \underline{|90^0} = 5$ j A

2º. Circuito equivalente según teorema de Thevenin entre terminales A y B

Para su determinación hemos de hallar:

- Diferencia de potencial entre los terminales A y B:

  Este valor ya se determina mediante ley de Ohm:

  $\mathbf{U_{AB}} = [R_2 + j\,\omega\,L_2]\,\mathbf{J} = [5 + j\,5]\,5j = -25 + j\,25 = 25\sqrt{2}\,\underline{|135^{o}}\ V$

  También se puede hallar, como comprobación, la diferencia de potencial entre A y B a partir de la segunda ley de Kirchhoff aplicada al circuito: $\boldsymbol{\varepsilon} = \mathbf{U_{AB}} + [R_1 + j\,\omega\,L_1]\,\mathbf{J}$

  $\mathbf{U_{AB}} = 50\sqrt{2}\,\underline{|135^{o}} - 5j\,[5 + j5] = -25 + j25 = 25\sqrt{2}\,\underline{|135^{o}}\ V.$

- Impedancia equivalente $\mathbf{Z_{AB}}$ entre Ay B:

  Cortocircuitando el generador en el circuito inicial activo dado, se obtiene un nuevo circuito pasivo cuyo esquema es el siguiente.

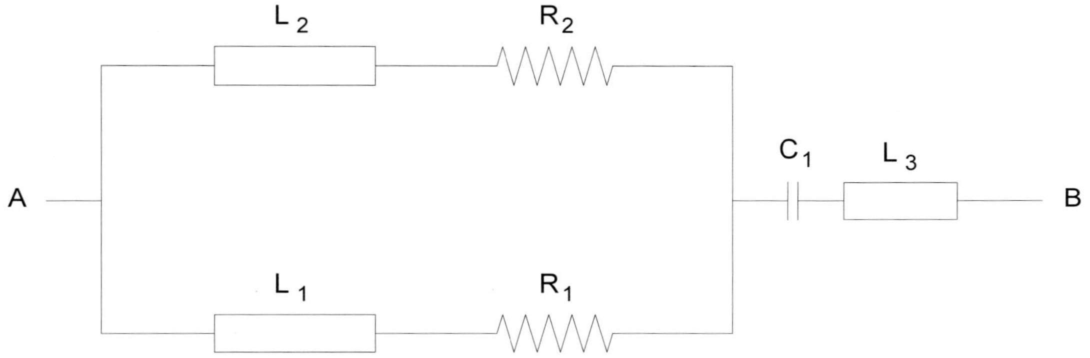

La impedancia equivalente $\mathbf{Z_{AB}}$ entre los terminales A y B, del circuito pasivo, es la resultante de dos ramas en paralelo, que a su vez están en serie con otra rama:

$$\mathbf{Z_{AB}} = \frac{[R_1 + j\omega L_1]\,[R_2 + j\omega L_2]}{[R_1 + j\omega L_1] + [R_2 + j\omega L_2]} + j\omega L_3 + \frac{1}{j\omega C_1} \text{ sustituyendo valores resulta}$$

$$\mathbf{Z_{AB}} = \frac{[5 + j5][5 + j5]}{[5 + j5] + [5 + j5]} + j15 - j5 = 2{,}5 + j12{,}5 = 12{,}74754\,\underline{|78{,}690^{o}}\ \Omega$$

El circuito equivalente al dado, según teorema de Thevenin, consiste en un generador ideal $\boldsymbol{\varepsilon_0} = \mathbf{U_{AB}}$ en serie con la impedancia equivalente $\mathbf{Z_{AB}}$ entre los terminales A y B:

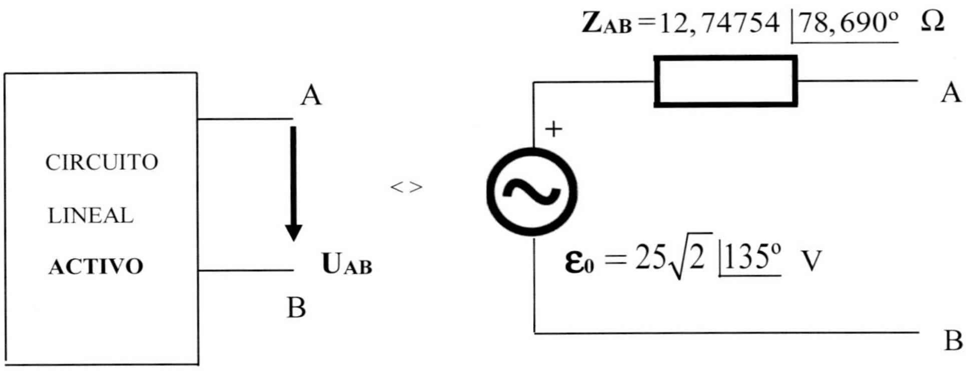

3º. J_0 que circulará entre A y B al cerrar los terminales con Z= 2,5 + j 2,5 Ω

Utilizaremos el circuito equivalente según Thevenin para hallar la intensidad $\mathbf{J_0}$, debido a que esta forma de operar es mucho más sencilla de cálculo, que resolver el nuevo circuito, con la impedancia **Z** entre A y B mediante método de mallas.

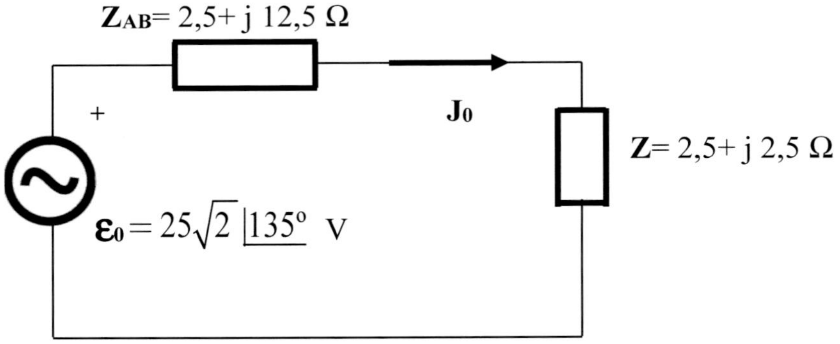

La ley de Ohm, aplicada al circuito anterior, resulta:

$\boldsymbol{\varepsilon_0} = \mathbf{J_0}\ [\mathbf{Z_{AB}} + \mathbf{Z}]$; $25\sqrt{2}\ \underline{|135^o} = \mathbf{J_0}\ [2,5 + j\ 12,5 + 2,5 + j\ 2,5] = \mathbf{J_0}\ [5 + j\ 15]$

$$\mathbf{J}_0 = \frac{25\sqrt{2}\ \underline{|135^0}}{5 + j15} = \frac{-25 + j\ 25}{5 + j\ 15} = \frac{[-25 + j\ 25][5 - j\ 15]}{[5 + j\ 15][5 - j\ 15]} = 1 + j\ 2 = \sqrt{5}\ \underline{|63,4349^o}\ \text{A}$$

4º. Valor de la reactancia X expresada en ohmios

Entre A y B se conecta, según enunciado, la impedancia **Z**= j X, el nuevo circuito es:

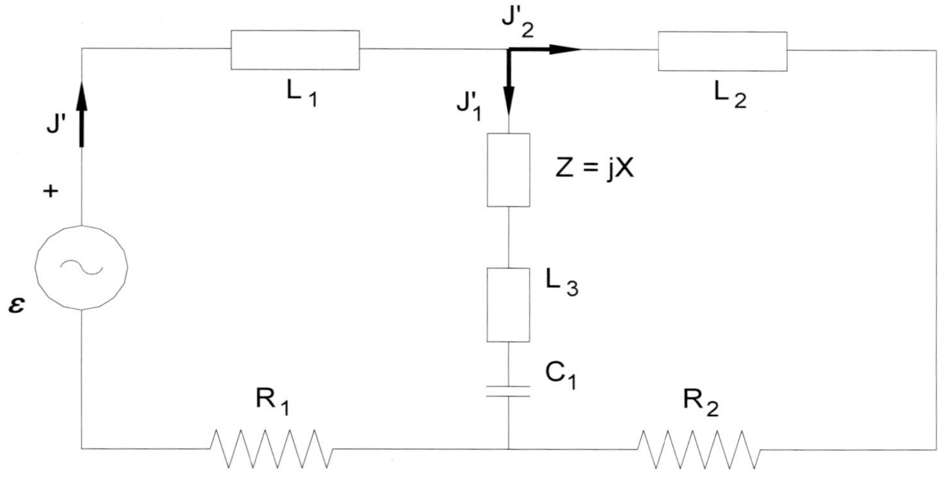

Aplicando 2ª ley de Kirchhoff al nuevo circuito resulta: **ℇ**= **J'** $\mathbf{Z}_T$ y aquí conocemos la f.e.m. **ℇ** y la intensidad **J'**, por tanto se podrá obtener la impedancia total del nuevo circuito modificado.

$$\mathbf{Z}_T = \mathcal{E}/\,\mathbf{J'} = \frac{50\sqrt{2}\,\underline{|135^o}}{5\sqrt{2}\,\underline{|135^o}} = 10\ \Omega \text{ es una resistencia pura.}$$

La impedancia total del nuevo circuito modificado, se expresa $\mathbf{Z}_T = R_T + j\,X_T$ y de acuerdo con el resultado antes obtenido, obligaremos a que $\mathbf{Z}_T$ solo tenga parte real (resistencia pura), y por tanto la parte imaginaria X_T ha de ser cero.

Imponiendo tal condición, hallaremos la impedancia **Z**= X j conectada entre A y B.

$$\mathbf{Z}_T = R_T + jX_T = R_1 + j\omega L_1 + \frac{[R_2 + j\omega L_2]\, j[X + \omega L_3 - \dfrac{1}{\omega C_3}]}{[R_2 + j\omega L_2] + j[X + \omega L_3 - \dfrac{1}{\omega C_3}]} = 10\ \Omega \text{ sustituyendo valores}$$

$$\mathbf{Z}_T = 5 + 5j + \frac{[5 + j5]\, j[10 + X]}{[5 + j5] + j[10 + X]} = 5 + 5j + \frac{5j\ [10 + X] - 50 - 5X}{5 + j\,[15 + X]} = 10\ \Omega \quad [1]$$

Operando en [1]: $\mathbf{Z}_T = 5 + 5j + \dfrac{5j\ [10 + X] - 50 - 5X}{5 + j\,[15 + X]} = \dfrac{10\,[5 + j(15 + X)]}{5 + j\,[15 + X]} = 10\ \Omega$

Simplificando, se obtiene el valor de la reactancia: X = –15 Ω es un condensador.

La impedancia buscada es por tanto: **Z**= –15 j =$15\underline{|-90^0}$ Ω capacitiva pura.

La verificación de que es correcto el resultado obtenido para la impedancia **Z**, se comprueba sustituyendo el valor X= –15 Ω en la expresión [1] de $\mathbf{Z}_T$, resulta:

$$\mathbf{Z}_T = 5 + 5j + \frac{5j\ [10 + X] - 50 - 5X}{5 + j\,[15 + X]} = 5 + j5 + \frac{5j\ [10 - 15] - 50 - 5\,[-15]}{5 + j\,[15 - 15]} = 10\ \Omega \text{ resistencia pura.}$$

PROBLEMA 10.8

La diferencia de potencial alterna eficaz compleja entre los puntos A y B en el circuito de la figura es $\mathbf{U}_{AB} = 50\underline{|0^\circ}$ V. Se pide determinar:

1º. Impedancia equivalente del circuito $\mathbf{Z}_T$ en forma módulo argumental.

2º. Intensidades eficaces complejas **J**, $\mathbf{J}_1$, $\mathbf{J}_2$ en forma módulo argumental.

3º. $\mathbf{U}_{MTN}$ y $\mathbf{U}_{MABN}$ en forma módulo argumental. Diagrama caídas tensión.

4º. Potencias activa, reactiva y aparente del circuito.

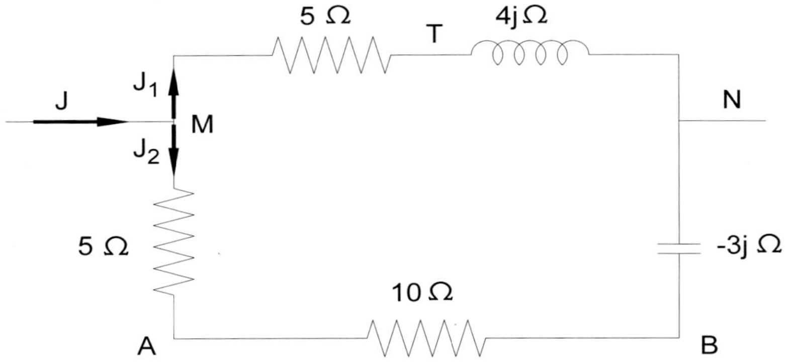

SOLUCIÓN

1º. Impedancia equivalente del circuito $\mathbf{Z}_T$ en forma módulo argumental

La impedancia equivalente o total del circuito $\mathbf{Z}_T$, se obtiene a partir de cada una de las impedancias de las dos ramas conectadas en paralelo **MTN** y **MABN**, que son respectivamente: $\mathbf{Z}_1$=5+ j 4 Ω y $\mathbf{Z}_2$=15– j 3 Ω , por lo tanto, resultará:

$$\mathbf{Z}_T = \frac{\mathbf{Z}_1\,\mathbf{Z}_2}{\mathbf{Z}_1+\mathbf{Z}_2} = \frac{[5+j4]\,[15-j3]}{[5+j4]+[15-j3]} = \frac{87+j45}{20+j} = \frac{1785+j813}{401} = 4{,}89133\underline{|24{,}4874^\circ}\,\Omega \text{ inductiva.}$$

2º. Intensidades eficaces complejas J, $\mathbf{J}_1$, $\mathbf{J}_2$ en forma módulo argumental

La 1ª ley de Kirchhoff en el nudo **M** se expresa: $\mathbf{J} = \mathbf{J}_1 + \mathbf{J}_2$ [1]

La intensidad $\mathbf{J}_2$, según la ley de Ohm es: $\mathbf{J}_2 = \mathbf{U}_{AB}/\,\mathbf{Z}_{AB} = \dfrac{50\underline{|0^\circ}}{10\underline{|0^\circ}} = 5\underline{|0^\circ}$ [2]

La intensidad $\mathbf{J}_1$, según la ley de Ohm es: $\mathbf{J}_1 = \mathbf{U}_{MTN}/\,\mathbf{Z}_1 = \mathbf{U}_{MTN}\,/\,[5+j4]$ [3]

Caída tensión $\mathbf{U}_{MABN} = \mathbf{J}_2\,[15-j3] = 5\underline{|0^\circ}\,[15-j3] = 75-j15 = 76{,}48529\underline{|-11{,}3099^\circ}$ [4]

Como ambas ramas están en paralelo: $\mathbf{U}_{MABN} = \mathbf{U}_{MTN} = 76{,}48529\underline{|-11{,}3099^\circ}$ [5]

Llevando a [3], la [5]: $\mathbf{J}_1 = \dfrac{75-j15}{5+j4} = \dfrac{315-j375}{41} = 11{,}94499\underline{|-49{,}9697^\circ}$ [6]

Sustituyendo en [1], los valores $\mathbf{J}_1$ de [6] y $\mathbf{J}_2$ de [2] se obtiene:

$$\mathbf{J} = \mathbf{J}_1 + \mathbf{J}_2 = \frac{75-j15}{5+j4} + 5 = \frac{100+j5}{5+j4} = \frac{[100+j5][5-j4]}{[5+j4][5-j4]} = \frac{520-j375}{41} = 15{,}636885\underline{|-35{,}7974^\circ}\text{ A}$$

3º. $\mathbf{U_{MTN}}$ y $\mathbf{U_{MABN}}$ forma módulo argumental. Diagrama de caídas de tensión

Ley de Ohm: $\mathbf{U_{MTN}} = \mathbf{J_1}[5+j4] = \left[\dfrac{75-j15}{5+j4}\right][5+j4] = 75-j15 = 76{,}48529\underline{|-11{,}3099^o}$ V

Ley de Ohm: $\mathbf{U_{MABN}} = \mathbf{J_2}\ [15-j3] = 5[15-j3] = 75-j15 = 76{,}48529\underline{|-11{,}3099^o}$ V

Ambas caídas de tensión son iguales $\mathbf{U_{MTN}} = \mathbf{U_{MABN}}$, debido a que las dos ramas del circuito están en paralelo. A partir de los resultados anteriores el diagrama de las caídas de tensión es el siguiente:

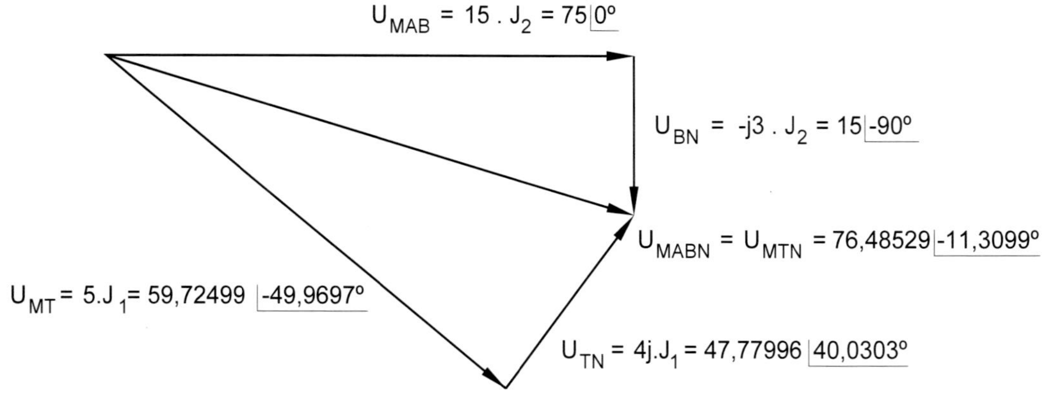

$\mathbf{U_{MABN}} = \mathbf{U_{MAB}} + \mathbf{U_{BN}} = 15\ \mathbf{J_2} - j\ 3\ \mathbf{J_2} = 75\underline{|0^o} + 15\underline{|-90^o} = 76{,}48529\underline{|-11{,}3099^o}$ V

$\mathbf{U_{MTN}} = \mathbf{U_{MT}} + \mathbf{U_{TN}} = 5\mathbf{J_1} + j4\mathbf{J_1} = 59{,}72499\underline{|-49{,}9697^o} + 47{,}77996\underline{|40{,}0303^o} = 76{,}48529\underline{|-11{,}3099^o}$ V

4º. Potencias activa, reactiva y aparente del circuito

- Potencia activa circuito. Directamente y mediante las potencias disipadas en las resistencias. El factor de potencia del circuito, es el de impedancia total

  $\mathbf{Z_T} = \dfrac{1785+j813}{401} = 4{,}89133\underline{|24{,}4874^o}\ \Omega$

  $P = U_{MN}\ I \cos\varphi = 76{,}48529 \cdot 15{,}636885 \cos 24{,}4874^o = \dfrac{1785}{401}\ I^2 = 1088{,}41453$ W

  $P = 5\ I_1^2 + 5\ I_2^2 + 10\ I_2^2 = 5 \cdot 11{,}94499^2 + 5 \cdot 5^2 + 10 \cdot 5^2 = 1088{,}41453$ W

- Potencia reactiva. Directamente y mediante potencias reactivas en $\mathbf{Z_L} = 4j$ y $\mathbf{Z_C} = -3j$.

  $Q = U_{MN}\ I \operatorname{sen}\varphi = 76{,}48529 \cdot 15{,}636885 \operatorname{sen} 24{,}4874^o = \dfrac{813}{401}\ I^2 = 495{,}73166$ VAr

  $Q = 4\ I_1^2 - 3\ I_2^2 = 4 \cdot 11{,}94499^2 - 3 \cdot 5^2 = 495{,}73166$ VAr

- Potencia aparente. Directamente y a partir de potencias activa y reactiva.

  $S = U_{MN}\ I = 76{,}48529 \cdot 15{,}636885 = 1195{,}99168$ VA

  $S = \sqrt{P^2 + Q^2} = \sqrt{1088{,}41453^2 + 495{,}73166^2} = 1195{,}99168$ VA

PROBLEMA 10.9

Se llama "filtro eléctrico" a una serie de bobinas L, y condensadores C, conectados entre sí, de forma que cuando entre los terminales de entrada A y B se instala un generador de alterna sinusoidal [ε, ν], por los terminales de salida D y F, donde hay una resistencia de carga R, se obtiene una corriente $\mathbf{J_R}$. En el "filtro eléctrico" según los datos del enunciado y la frecuencia de la corriente alterna ν, al operar con los valores $|Z_c|$, $|Z_L|$ y R, hay que simplificar en los cálculos mediante aproximaciones.

A.-FILTRO DE PASO BAJO. Generador de alterna sinusoidal [ε, $\nu = 10^7$ Hz].

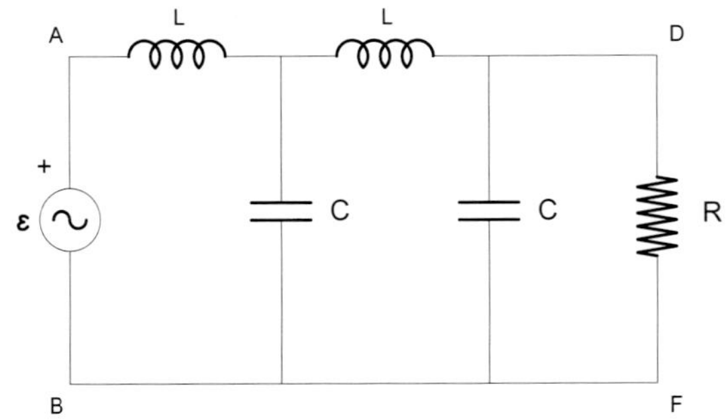

El circuito de la figura es un "filtro de paso bajo" de tres mallas, con dos bobinas de autoinducción L, dos condensadores de capacidad C, entre A y B hay un generador de alterna ε, entre D y F está la

1º. Intensidad J_{R3LC} (ε, R, ω, L, C).

El "filtro de paso bajo generalizado" tiene una disposición análoga al de la figura anterior y lo forman n mallas, n–1 bobinas L, n–1 condensadores C, generador de alterna sinusoidal [ε, ν] y resistencia R. Expresar:

2º. Intensidad J_{RnLC} (ε, R, ω, L, C) mediante la generalización del apartado 1º.

3º. Utilidad industrial como filtro eléctrico del resultado del apartado 2º.

B.-FILTRO DE PASO ALTO. Generador de alterna sinusoidal [ε, $\nu = 10^{-2}$ Hz]

Se llama "filtro de paso alto", a un circuito formado por tres mallas, con dos bobinas de autoinducción L y dos condensadores de capacidad C, un generador ε de alterna sinusoidal y una resistencia de carga R.

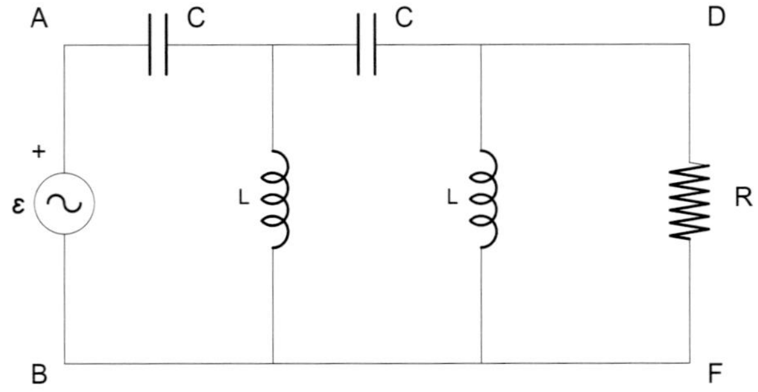

Ver figura. Determinar:

4º. Intensidad J_{R3CL} (ε, R, ω, C, L).

El "filtro de paso alto generalizado" tiene una disposición análoga al anterior, con n mallas, n–1 bobinas L, n–1 condensadores C, generador y resistencia R. Expresar:

5º. Intensidad J_{RnCL} (ε, R, ω, C, L) mediante la generalización del apartado 4º.

6º. Utilidad industrial como filtro eléctrico del resultado del apartado 5º.

DATOS.- $L \sim 10^{-3}$ H; $C \sim 10^{-4}$ F; R =10 Ω.

SOLUCIÓN

A.-FILTRO DE PASO BAJO. Generador de alterna sinusoidal [ε, $\nu=10^7$ hertz].

1º. Intensidad J_{R3LC} (ε, R, ω, L,C)

Mediante el método de las Mallas, se halla la intensidad J_{R3LC} que circula por la malla donde está la resistencia R. Como: $\nu=10^7$ hertz $\Rightarrow$ $\omega=2\pi\nu=2\pi\cdot 10^7$, según datos del enunciado, para simplificar, se hacen las siguientes aproximaciones:

$|Z_L| = \omega\, L = 2\,\pi\cdot 10^7\cdot 10^{-3} = 2\pi\cdot 10^4\,\Omega$; $|Z_c| = 1/\omega C = 1/[2\pi\cdot 10^7\cdot 10^{-4}] = 10^{-3}/2\pi = 1{,}591\cdot 10^{-4}\,\Omega$.

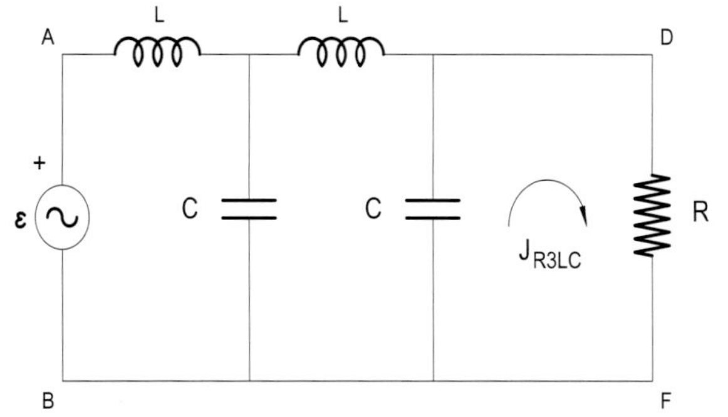

Por lo tanto aproximando:

$$\omega\, L >> \frac{1}{\omega\, C};\quad j\omega\, L - \frac{j}{\omega\, C} \cong j\omega\, L$$

$R-|Z_c| = R - 1/\omega C = 10 - 1{,}59\cdot 10^{-4} \approx R = 10\ \Omega$

La intensidad J_{R3LC} sobre R es:

$$J_{R3LC} = \frac{\begin{vmatrix} j\omega L - \frac{j}{\omega C} & \frac{j}{\omega C} & \varepsilon \\ \frac{j}{\omega C} & j\omega L - \frac{2j}{\omega C} & 0 \\ 0 & \frac{j}{\omega C} & 0 \end{vmatrix}}{\begin{vmatrix} j\omega L - \frac{j}{\omega C} & \frac{j}{\omega C} & 0 \\ \frac{j}{\omega C} & j\omega L - \frac{2j}{\omega C} & \frac{j}{\omega C} \\ 0 & \frac{j}{\omega C} & R - \frac{j}{\omega C} \end{vmatrix}} = \frac{\varepsilon\cdot \frac{j}{\omega\, C}\cdot \frac{j}{\omega\, C}}{\Delta_{3LC}} = -\frac{\frac{\varepsilon}{\omega^2\, C^2}}{\Delta_{3LC}}$$

El determinante de las tres las mallas del circuito se representa por Δ_{3LC} y su valor al realizar las aproximaciones antes obtenidas es:

$$\Delta_{3LC} = \begin{vmatrix} j\omega L - \frac{j}{\omega C} & \frac{j}{\omega C} & 0 \\ \frac{j}{\omega C} & j\omega L - \frac{2j}{\omega C} & \frac{j}{\omega C} \\ 0 & \frac{j}{\omega C} & R - \frac{j}{\omega C} \end{vmatrix} \cong \begin{vmatrix} j\omega L & \frac{j}{\omega C} & 0 \\ \frac{j}{\omega C} & j\omega L & \frac{j}{\omega C} \\ 0 & \frac{j}{\omega C} & R \end{vmatrix} = -R\omega^2 L^2 + [R + j\omega L]\frac{1}{\omega^2 C^2}$$

Según las aproximaciones resulta: $\Delta_{3LC} \cong -R\ \omega^2\ L^2 + [R + j\omega L]\dfrac{1}{\omega^2 C^2} \cong -R\ \omega^2\ L^2$

La intensidad sobre R es: $J_{R3LC} \cong \dfrac{-\dfrac{\varepsilon}{\omega^2\ C^2}}{-R\ \omega^2\ L^2} = \dfrac{\varepsilon}{R}\left[\dfrac{1}{\omega\, C\, \omega\, L}\right]^2 = \dfrac{\varepsilon}{R}\left[\dfrac{Z_C}{Z_L}\right]^2$

2º. Intensidad J_{RnLC} (ε, R, ω, L, C) mediante la generalización del apartado 1º

Mediante el método de las Mallas y generalizando el resultado del apartado 1º se halla la intensidad J_{RnLC} que circula por el R en el circuito "filtro de paso bajo generalizado de n mallas", con n–1 bobinas L, n–1 condensadores C, generador y R.

Las aproximaciones ahora son: $|Z_L|=\omega L>>|Z_C|=1/\omega C$; $R>>|Z_C|=1/\omega C$.

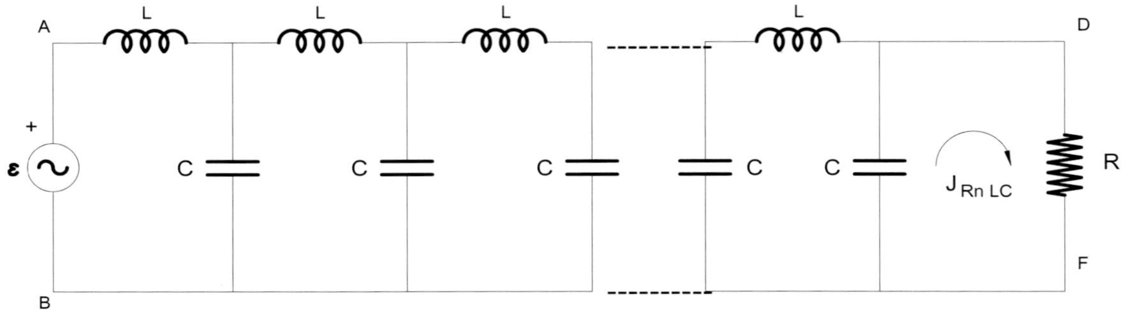

Aplicando las aproximaciones a los cálculos del apartado anterior, para el filtro de paso bajo generalizado con n mallas, la intensidad que circula por la resistencia R es:

$$J_{RnLC}=-\frac{\dfrac{\varepsilon}{\omega^{n-1}\,C^{n-1}}}{\Delta_{nLC}}.\qquad \text{El determinante de las mallas es: } \Delta_{nLC}\cong -R\,\omega^{n-1}\,L^{n-1}$$

$$\text{La intensidad en R: } J_{RnLC}\cong\frac{\varepsilon}{R}\left[\frac{1}{\omega\,C\,\omega\,L}\right]^{n-1}=\frac{\varepsilon}{R}\left[\frac{Z_C}{Z_L}\right]^{n-1}$$

3º. Utilidad industrial como filtro eléctrico del resultado del apartado 2º

Como $\omega=2\,\pi\,\nu=2\pi\cdot10^7$, y $L\cdot C=10^{-3}\cdot10^{-4}=10^{-7}$, la intensidad en la carga R resulta:

$$J_{RnLC}\cong\frac{\varepsilon}{R}\left[\frac{1}{2\pi\cdot10^7\cdot10^{-3}\cdot2\pi\cdot10^7\cdot10^{-4}}\right]^{n-1}=\frac{\varepsilon}{R}\left[\frac{10^{-7}}{4\pi^2}\right]^{n-1}$$

Por tanto cuando la corriente alterna es de alta frecuencia $\nu=10^7$ hertz, la amplitud de la intensidad que llega al receptor de carga R es pequeñísima. Desde el punto de vista de aplicación industrial, el filtro eléctrico se llama "filtro de paso bajo", ya que al receptor R, instalado en el circuito del citado filtro, sólo le llegan las corrientes de muy baja frecuencia, de amplitud inferior a una dada.

B.-FILTRO DE PASO ALTO. Generador de alterna sinusoidal [ε, $\nu=10^{-2}$ hertz]

4º. Intensidad J_{R3CL} (ε, R, ω, C, L)

Mediante el método de las Mallas, en el "filtro de paso alto", de n=3 mallas se obtiene la intensidad J_{R3CL} de la malla con la resistencia R. Como: $\nu=10^{-2}$ hertz ⇒ entonces:

$\omega=2\pi\ \nu=2\pi\cdot 10^{-2}$, según los datos del enunciado se hacen las aproximaciones:

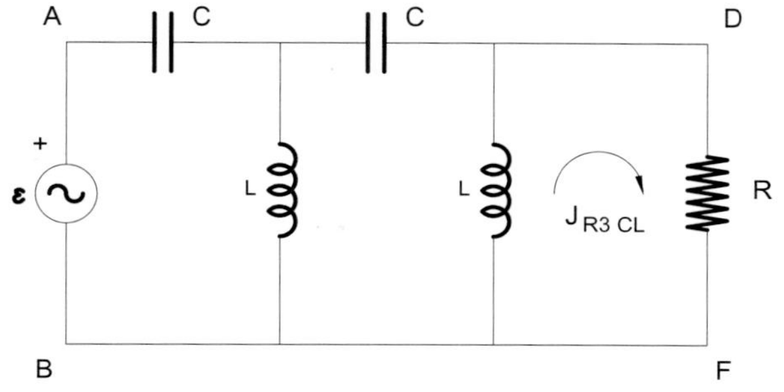

$|Z_L| = \omega L = 2\pi\cdot 10^{-2}\cdot 10^{-3} = 6{,}283\cdot 10^{-5}\ \Omega$

$|Z_C| = 1/\omega C = 1/[2\pi\cdot 10^{-2}\cdot 10^{-4}] = 1{,}591\cdot 10^{5}\ \Omega$

$\omega L << \frac{1}{\omega C};\ j\omega L - \frac{j}{\omega C} \cong -\frac{j}{\omega C} = -j\ 1{,}591\ 10^{5}\ \Omega$

$R + |Z_L| = R + \omega L = 10 + 6{,}283\cdot 10^{-5} \approx R = 10\ \Omega$

Mediante el método de las Mallas, la intensidad $\mathbf{J_{R3CL}}$ es:

$$\mathbf{J_{R3CL}} = \frac{\begin{vmatrix} j\omega L - \frac{j}{\omega C} & -j\omega L & \varepsilon \\ -j\omega L & j2\omega L - \frac{j}{\omega C} & 0 \\ 0 & -j\omega L & 0 \end{vmatrix}}{\begin{vmatrix} j\omega L - \frac{j}{\omega C} & -j\omega L & 0 \\ -j\omega L & j2\omega L - \frac{j}{\omega C} & -j\omega L \\ 0 & -j\omega L & R + j\omega L \end{vmatrix}} = \frac{\varepsilon\cdot[-j\omega L]\cdot[-j\omega L]}{\Delta_{3CL}} = -\frac{\varepsilon\ \omega^2\ L^2}{\Delta_{3CL}}$$

El determinante de las tres las mallas del circuito se representa por Δ_{3CL} y su valor es:

$$\Delta_{3CL} = \begin{vmatrix} j\omega L - \frac{j}{\omega C} & -j\omega L & 0 \\ -j\omega L & j2\omega L - \frac{j}{\omega C} & -j\omega L \\ 0 & -j\omega L & R + j\omega L \end{vmatrix} \cong \begin{vmatrix} -\frac{j}{\omega C} & -j\omega L & 0 \\ -j\omega L & -\frac{j}{\omega C} & -j\omega L \\ 0 & -j\omega L & R \end{vmatrix} \text{ operando.}$$

Según las aproximaciones: $\Delta_{3CL} \cong -\frac{R}{\omega^2\ C^2} - \left[-R + \frac{j}{\omega C}\right][\omega L]^2 \cong -\frac{R}{\omega^2\ C^2}$.

Por tanto, la intensidad es: $\mathbf{J_{R3CL}} \cong \dfrac{-\ \varepsilon\cdot\omega^2\ L^2}{-\dfrac{R}{\omega^2\ C^2}} = \dfrac{\varepsilon}{R}[\omega\ L\ \omega\ C]^2 = \dfrac{\varepsilon}{R}\left[\dfrac{Z_L}{Z_C}\right]^2$

5º. Intensidad $\mathbf{J_{RnCL}}$ (ε, R, ω, C, L) mediante la generalización del apartado 4º

Mediante el método de las Mallas y generalizando el resultado del apartado 4º se halla la intensidad $\mathbf{J_{RnCL}}$ que circula por el circuito del "filtro de paso alto generalizado de n mallas" con n-1 bobinas de inductancia L y n-1 condensadores de capacidad C.

Con las aproximaciones: $|Z_L| = \omega L << |Z_C| = 1/\omega C$; $R << |Z_C| = 1/\omega C$.

$\mathbf{J}_{\mathbf{RnCL}} = -\dfrac{\varepsilon \cdot \omega^{n-1} L^{n-1}}{\Delta_{nCL}}$, como el determinante de las mallas es: $\Delta_{nCL} \cong -\dfrac{R}{\omega^{n-1} C^{n-1}}$

Operando, la intensidad en R es: $\mathbf{J}_{\mathbf{RnCL}} \cong \dfrac{\varepsilon}{R}[\omega C \omega L]^{n-1} = \dfrac{\varepsilon}{R}\left[\dfrac{Z_L}{Z_C}\right]^{n.1}$

6º. Utilidad industrial como filtro eléctrico del resultado del apartado 5º

Como $\omega=2\pi\nu=2\pi\cdot 10^{-2}$, y $L\cdot C=10^{-3}\cdot 10^{-4}=10^{-7}$, la intensidad en la carga R resulta:

$$\mathbf{J}_{\mathbf{RnCL}} \cong \frac{\varepsilon}{R}\left[2\pi\cdot 10^{-2}\cdot 10^{-3}\cdot 2\pi\cdot 10^{-2}\cdot 10^{-4}\right]^{n-1} = \frac{\varepsilon}{R}\left[4\pi^2\cdot 10^{-11}\right]^{n-1}$$

Por tanto cuando la corriente alterna es de muy baja frecuencia, $\nu=10^{-2}$ hertz, la amplitud de la intensidad que llega al receptor de carga R es pequeñísima. Desde el punto de vista de aplicación industrial, el filtro eléctrico se llama "filtro de paso alto", ya que al receptor R, instalado en el circuito del citado filtro, sólo le llegan las corrientes de muy alta frecuencia, de amplitud superior a un valor mínimo.

PROBLEMA 10.10

El esquema mostrado en la figura representa una instalación monofásica por la que circula una corriente alterna senoidal, cuya frecuencia es $n = 50\ s^{-1}$.

Se denomina $\mathbf{Z_L}$ a la impedancia de línea, y su valor se obtiene a partir la longitud y de las características del conductor metálico del que está hecha la línea:

Longitud AB: $\ell_{AB} = 750$ m. Resistividad del conductor a 20º C: $\rho = 0{,}18\ \Omega\ mm^2/m$.

Sección recta: $s = 180\ mm^2$. Reactancia inductiva kilométrica: $X' = 0{,}150\ \Omega/km$.

El receptor de impedancia $\mathbf{Z_M}$, es un motor inductivo monofásico, de potencia aparente S= 2200VA, de tensión eficaz nominal compleja de funcionamiento $\mathbf{U_{BC}} = 220\underline{|0^o}$ V y cuyo factor de potencia es cos $\varphi = 0{,}70$. Se pide determinar:

1º. Impedancia del motor $\mathbf{Z_M}$ en la forma módulo argumental.

2º. Potencias activa y reactiva del motor.

3º. Impedancia de línea $\mathbf{Z_L}$.

4º. Tensión $\mathbf{U_{AD}}$ en forma módulo argumental, necesaria para que el motor trabaje a su propia tensión nominal de funcionamiento.

5º. Potencias activa, reactiva y aparente del motor y de la línea conjuntamente.

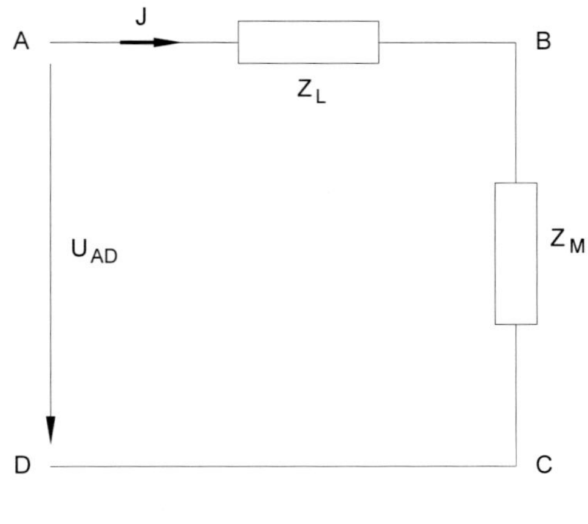

SOLUCIÓN

1º.- La impedancia del motor $\mathbf{Z_M}$ en forma módulo argumental.

Potencia aparente en motor es: $S = U_{BC}\, I$ donde se conocen los valores de S y U_{AB}.

La intensidad eficaz del circuito es: $I = \dfrac{S}{U_{BC}} = \dfrac{2200}{220} = 10$ A

El factor de potencia es cos $\varphi = 0{,}70$, la fase es: φ= arc cos [0,70]= 45,5729º.

La intensidad eficaz compleja del circuito es: $\mathbf{J} = 10\underline{|-45{,}5729^o} = 7 - j\ 7{,}141428$ A

Según ley de Ohm, obtendremos la impedancia del motor que al ser inductivo, conlleva que la intensidad $\mathbf{J}$ esté retrasada respecto de la tensión $\mathbf{U_{BC}}$:

$$\mathbf{Z_M} = \mathbf{U_{BC}}/\mathbf{J} = \frac{220\underline{|0^o}}{10\underline{|-45{,}5729^o}} = 22\underline{|45{,}5729^o} = 15{,}4000 + j15{,}71114\ \Omega.$$

2º. Potencias activa y reactiva del motor

Como son conocidos la tensión nominal eficaz compleja $\mathbf{U_{BC}} = 220\underline{|0^\circ}$ V y la intensidad eficaz compleja $\mathbf{J} = 10\underline{|-45,5729^\circ}$ A. Resulta que:

Potencia activa $P_M = U_{BC}\, I \cos\varphi = 220 \cdot 10 \cos 45,5729^\circ = 1540,00000$ W

Potencia reactiva $Q_M = U_{BC}\, I \operatorname{sen}\varphi = 220 \cdot 10 \operatorname{sen} 45,5729^\circ = 1571,11425$ VAr

Como comprobación, de los resultados anteriores la potencia aparente se expresa:

$$S_M = 2200 = \sqrt{P_M{}^2 + Q_M{}^2} = \sqrt{1540^2 + 1571,11425^2} = 2200 \text{ VA}$$

Coincidente con el valor dado en el enunciado.

3º. Impedancia de línea Z_L

La línea monofásica tiene un recorrido de ida y otro de retorno, resultando una longitud total, $\ell_{TOTAL} = 2\ \ell_{AB} = 1500$ m.

Mediante los datos del enunciado correspondientes al conductor metálico, se obtiene la impedancia de la línea eléctrica monofásica:

$$\mathbf{Z_L} = \rho\frac{\ell_T}{s} + j\,\ell_T X' = 0,18\frac{1500}{180} + j\,1,5 \cdot 0,15 = 1,5 + j\,0,225 = 1,51678\underline{|8,5307^\circ}\ \Omega.$$

4º. Tensión U_{AD} para que el motor trabaje a tensión nominal de funcionamiento

La caída de tensión $\mathbf{U_{AD}}$ entre los terminales A y D, se obtendrá sumando las caídas de tensión en la impedancia de la propia línea eléctrica y también en la impedancia interna del motor.

La segunda ley de Kirchhoff aplicada al circuito se expresa:

$$\mathbf{U_{AD}} = \mathbf{J}\,\mathbf{Z_L} + \mathbf{U_{BC}} = 10\underline{|-45,5729^\circ} \cdot 1,51678\underline{|8,5307^\circ} + 220\underline{|0^\circ} = 15,16781\underline{|-37,0422^\circ} + 220\underline{|0^\circ}$$

Operando se obtiene: $\mathbf{U_{AD}} = 232,106804 - j\,9,137162 = 232,28658\underline{|-2,2543^\circ}$ V.

En diagrama de caídas de tensión, se cumple $\mathbf{U_{AD}} = \mathbf{U_{BC}} + \mathbf{U_{AB}}$.

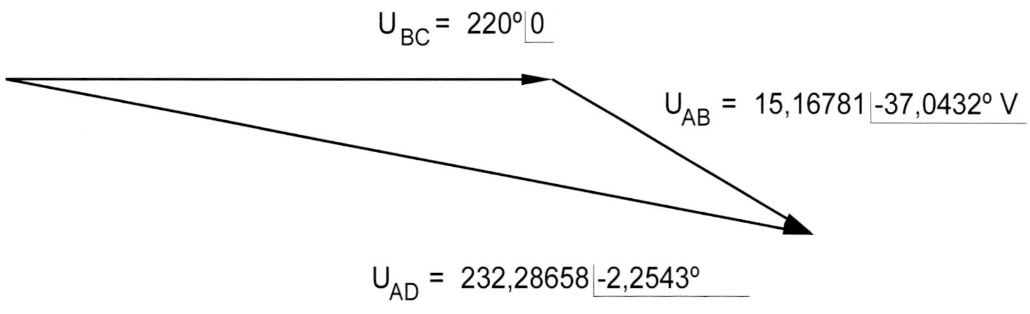

5º. Potencias activa, reactiva y aparente del circuito completo

El desfase en el circuito, es la diferencia entre las fases de la tensión $\mathbf{U_{AD}}$ y de la intensidad $\mathbf{J}$: $\varphi_T = -2,2543^\circ - [-45,5729^\circ] = 43,3186^\circ$.

El circuito es de naturaleza"inductiva"por tanto la tensión $\mathbf{U_{AD}}$ está adelantada respecto de la intensidad **J**, según se representa en la figura:

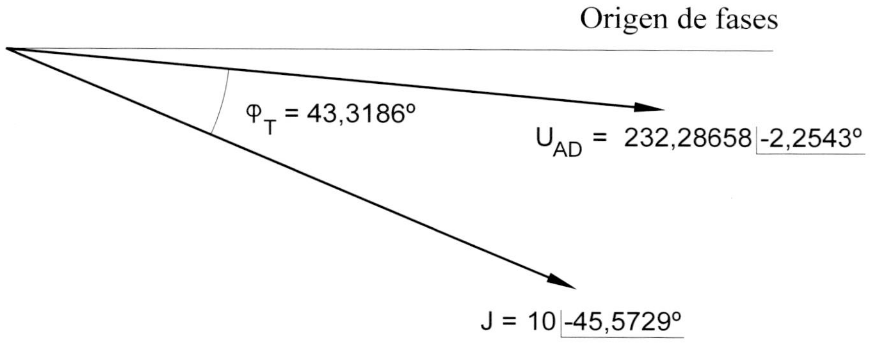

También se observa que el valor de φ_T, es la fase de la impedancia total del circuito, obtenida a partir de las impedancias conectadas en serie de la línea y del motor:

$$\mathbf{Z_T}=\mathbf{Z_L}+\mathbf{Z_M}=1,5+j\,0,225+15,4+j15,71114=16,9+j15,93614=23,22865\underline{|43,3186^\circ}\ \Omega.$$

Conociendo el desfase, la tensión U_{AD} y también la intensidad I, se determina:

Potencia activa $P_T= U_{AD}\, I \cos \varphi_T= 232,28658\cdot 10 \cos 43,3186^\circ = 1690,0000$ W

Potencia reactiva $Q_T= U_{AD} I \operatorname{sen} \varphi_T = 232,28658\cdot 10 \operatorname{sen} 43,3186^\circ = 1593,6140$ VAr

Potencia aparente $S_T= U_{AD}\, I = 232,28658\cdot 10= 2322,8658$ VA

Como comprobación, se pueden también obtener los resultados anteriores a partir de la impedancia total del circuito cuya expresión es:

$\mathbf{Z_T} = R_T + j\, X_T = 16,9000 + j\, 15,93614\ \Omega$, la impedancia es inductiva.

Potencia activa $P_T= I^2 R_T = 10^2 \cdot 16,90000= 1690,000$ W

Potencia reactiva $Q_T= I^2 X_T = 10^2 \cdot 15,93614= 1593,614$ VA r

Potencia aparente $S_T=\sqrt{P_T^{\,2}+Q_T^{\,2}}=\sqrt{1690^2+1593,614^2}=2322,8658$ VA

Por último, se podrían haber hallado las potencias activa y reactiva directamente, de forma muy sencilla, ya que la potencia aparente compleja **S** es el resultado del producto de $\mathbf{U_{AD}}$ la tensión eficaz compleja, y de **J*** que es el conjugado de la intensidad eficaz compleja:

$\mathbf{S_T} = \mathbf{U_{AD}}\,\mathbf{J^*} = P_T + j\, Q_T$

$\mathbf{S_T} = [232,106804 - j\, 9,137162]\cdot [7,0000 + j\, 7,141428] = 1690,000 + j\, 1593,614$

Potencia activa: P= 1690,000 W; Potencia reactiva: Q= 1593,614 VAr

Valores coincidentes con los antes obtenidos.

APÉNDICE 1

TRANSFORMADOR MONOFÁSICO

1. GENERALIDADES

1.1. DEFINICIÓN

Es una máquina estática, basada en la inducción electromagnética que convierte la energía eléctrica alterna de un nivel de tensión y de una frecuencia, en energía eléctrica alterna de diferente nivel de tensión y de igual frecuencia, es de alto rendimiento (96,0 % $\leq \eta \leq$ 99,7 %) y bajo mantenimiento. Fue inventada en 1885 por ingenieros húngaros de la compañía Ganz. En 1886 se inició la fabricación en U.S.A.

1.2. ELEMENTOS PRINCIPALES

Núcleo. Es un circuito magnético, sin entrehierros, de chapa de acero, por cuyo interior circula Φ flujo magnético alterno que al alcanzar la saturación magnética su característica magnética no es lineal. Tiene dos partes: las dos columnas, que son dos piezas verticales en donde se arrollan los devanados y las dos culatas, son dos piezas horizontales, que unidas con las columnas cierran el circuito magnético.

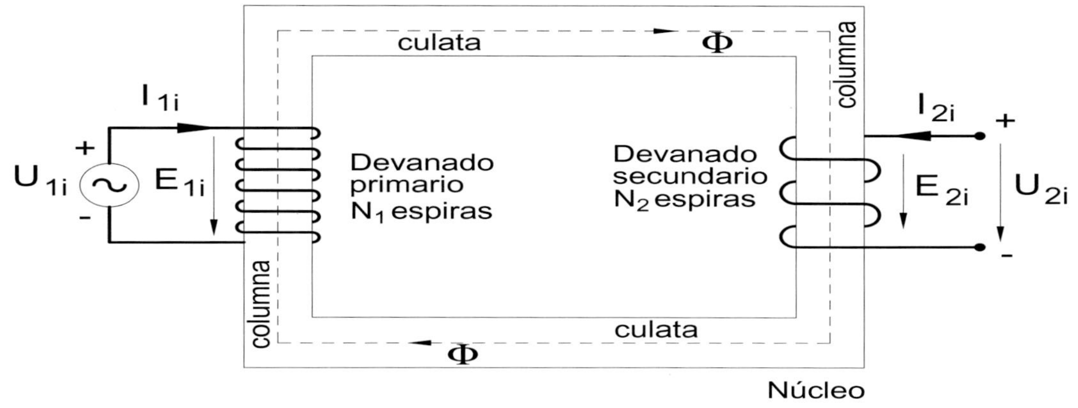

Devanados. Son dos arrollamientos eléctricos que entre si son eléctricamente independientes uno del otro y ambos están acoplados magnéticamente por medio del núcleo magnético. Por la bobina, denominada devanado primario que consta de N_1 espiras, se recibe energía eléctrica alterna y por la otra bobina, devanado secundario, formada por N_2 espiras, se suministra energía eléctrica alterna al exterior.

Refrigerante. Las pérdidas de energía, originadas en los devanados, por efecto Joule, y en el núcleo, por histéresis magnética y por corrientes de Foucault, producen calor que se elimina por convección y radiación mediante un refrigerante para evitar daños.

1.3. FUNCIONAMIENTO. RELACIÓN DE TRANSFORMACIÓN. POTENCIA NOMINAL

▪ Funcionamiento. Al aplicar una f.e.m. alterna al devanado primario, mediante la Ley Faraday-Henry, se crea por inducción un Φ magnético alterno, de igual frecuencia que la f.e.m. alterna. Al circular el Φ por el núcleo atraviesa las espiras N_2 del secundario y crea, por inducción mutua, una f.e.m. alterna de igual frecuencia que el flujo alterno:

$$\left.\begin{array}{ll}\text{Primario: f. e. m. instantánea "autoinducida"} & U_{1i} = -E_{1i} = N_1 \dfrac{d\Phi}{dt} \\ \text{Secundario: f. e. m. instantánea de "inducción mutua"} & U_{2i} = E_{2i} = -N_2 \dfrac{d\Phi}{dt}\end{array}\right\}$$

Cuando U_{1i}=cte⟹ Φ= cte, no es posible crear inducción electromagnética, ya que para generar inducción el flujo ha de ser variable Φ= f (t) ≠ cte. por tanto el transformador funciona con corriente alterna y no puede funcionar con corriente continua.

La máquina funciona, normalmente cuando el primario recibe energía y el secundario la suministra, pero puede funcionar de manera reversible por tanto en sentido inverso. Hay dos circuitos eléctricos independientes, primario y secundario, por donde circula la corriente alterna y un circuito magnético, el núcleo, por cuyo interior circula Φ.

- Relación de transformación por espiras. Es el cociente entre N_1 número de espiras de la bobina del primario y N_2 número de espiras de la bobina del secundario: $r_{t\,e} = \dfrac{N_1}{N_2}$.

- Relación de transformación nominal (valor eficaz): $r_{t\,n} = \dfrac{U_{1\,nominal}}{U_{2\,vacío}} \approx \dfrac{E_1}{E_2} = r_{t\,e} = \dfrac{N_1}{N_2} = r_t$

$$\frac{N_1}{N_2} = \frac{U_{1i}/\dfrac{d\Phi}{dt}}{U_{2i}/\dfrac{d\Phi}{dt}} = \frac{U_{1i}}{U_{2i}} = \frac{U_1}{U_2}\left\{\begin{array}{l} r_t = \dfrac{U_{1\,nominal}}{U_{2\,vacío}} > 1.\ \text{T. Reductor} \Rightarrow U_{1\,nominal} > U_{2\,vacío}.\ \text{Usado en el texto} \\ r_t = \dfrac{U_{1\,nominal}}{U_{2\,vacío}} = 1.\ \text{T. Separador} \Rightarrow U_{1\,nom} = U_{2\,vac}.\ \text{Aisla tensiones} \\ r_t{*} = \dfrac{U_{2\,vacío}}{U_{1\,nominal}} > 1.\ \text{T. Elevador} \Rightarrow U_{2\,vacío} > U_{1\,nominal} \end{array}\right.$$

- Potencia nominal o asignada. $S_{1n}=I_{1n}U_{1n}$ potencia aparente máxima que la máquina puede suministrar en su trabajo continuo sin producir calentamientos peligrosos, en sus instalaciones, no superando en su funcionamiento la temperatura asignada en normas. I_{1n} intensidad primaria nominal y U_{1n} tensión primaria nominal. Unidad Sistema Inter.: 1 Voltio·Amperio: 1VA. 1 kVA= 10^3 VA. 1 MVA=10^3 kVA. 1 GVA=10^3 MVA

1.4. APLICACIONES

Los transformadores son elementos indispensables para desarrollar las redes de energía eléctrica de: transporte A.T. (380-220 kV), distribución A.T. (138-66-20 kV) y distribución B.T. (400-240 V). Con su uso fue posible el transporte de la energía eléctrica alterna desde donde están las centrales generadoras hasta los usuarios finales.

2. TRANSFORMADOR MONOFÁSICO IDEAL

Es una máquina perfecta no real, por tanto, al ser ideal, no existe en la práctica y no tiene pérdidas de energía en su funcionamiento.

Devanados-Bobinas ideales: Autoinducciones ideales L_1 y L_2

Resistencias nulas: $R_1= R_2= 0$. No hay pérdidas de energía en el cobre

Capacidades parásitas nulas: $C_1= C_2= C_{12}= 0$

Flujo magnético es común a ambos devanados y no hay flujo de dispersión

Coeficiente de acoplamiento magnético K= 1

Coeficiente de inducción mutua $M = \sqrt{L_1 L_2}$

Núcleo ideal: Permeabilidad relativa $\mu'_{Fe}=\infty \Rightarrow$ Reluctancia $\Re = \dfrac{\ell_N}{\mu'_{Fe}\,\mu_o\,S_N} = 0$

No hay pérdidas de energía por corrientes de Foucault, ni por Histéresis magnética

2.1. FUNCIONAMIENTO EN VACÍO

$$\left.\begin{array}{l}\text{Primario ley de Ohm: } \mathbf{U}_1 + \mathbf{E}_1 = 0 \\ \text{Primario ley de Lenz: } U_{1i} = -E_{1i} = N_1 \dfrac{d\Phi}{dt}\end{array}\right\} U_{1i} = U_{10}\cos\omega t \text{ es senoidal} \Rightarrow \Phi = \Phi_0 \text{ sen } \omega t$$

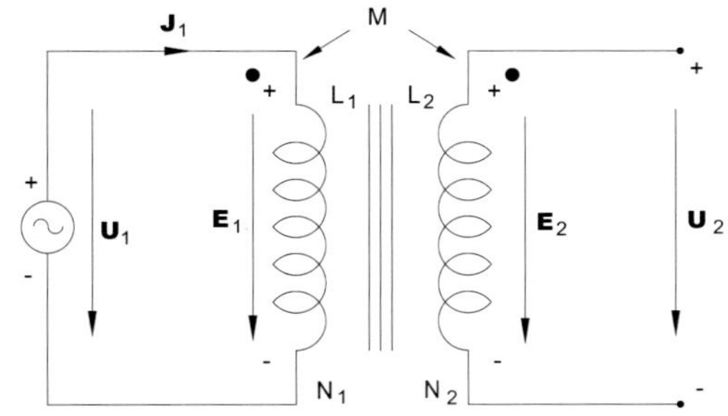

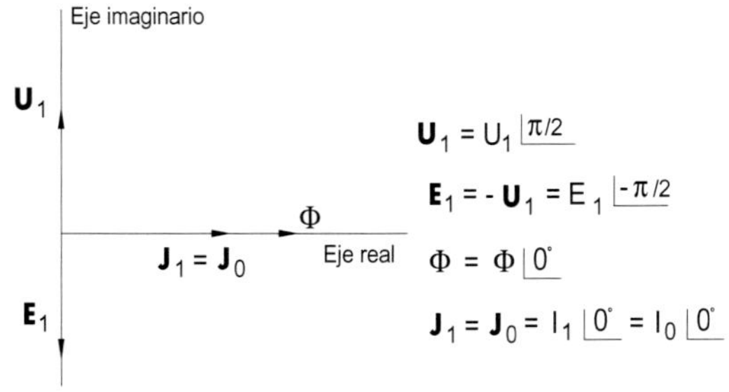

V. instantáneo: $U_{1i}= 2\,\pi\,\nu N_1\Phi_0\cos\omega t$; V. eficaz: $U_1=E_1=[2\,\pi\,\nu/\sqrt{2}]\,N_1\Phi_0 = 4,4428\,N_1\nu\Phi_0$

$$\left.\begin{array}{l}\text{Secundario ley de Ohm: } \mathbf{U}_2 = \mathbf{E}_2;\ \mathbf{J}_2 = 0 \\ \text{Secundario ley de Lenz: } U_{2i} = -E_{2i} = N_2 \dfrac{d\Phi}{dt}\end{array}\right\} U_{2i} = U_{20}\cos\omega t \text{ senoidal} \Rightarrow \Phi = \Phi_0 \text{ sen } \omega t$$

Val. instan.: $U_{2i} = 2\,\pi\,\nu N_2\,\Phi_0 \cos\omega t$. Val. eficaz: $U_2 = E_2 = [2\,\pi\,\nu/\sqrt{2}]N_2\Phi_0 = 4{,}4428\;N_2\nu\;\Phi_0$

Relación de transformación nominal: $r_{t\,n} = U_{1\,\text{nominal}} / U_{2\,\text{Vacío}} \approx E_1 / E_2 = r_{t\,e} = N_1 / N_2 = r_t$.

2.2. FUNCIONAMIENTO EN CARGA

$$\left.\begin{array}{l}\text{Primario ley de Ohm: } \mathbf{U}_1 + \mathbf{E}_1 = 0 \\ \text{Primario ley de Lenz: } U_{1i} = -E_{1i} = N_1 \dfrac{d\Phi}{dt}\end{array}\right\} U_{1i} = U_{10}\cos\omega t \text{ es senoidal} \Rightarrow \Phi = \Phi_0 \text{ sen } \omega t$$

Valor instantáneo: $U_{1i} = U_{10}\cos\omega t = \omega\,N_1\,\Phi_0 \cos\omega t = 2\,\pi\,\nu\,N_1\,\Phi_0 \cos\omega t$

Valor eficaz: $U_1 = E_1 = 4{,}4428\;N_1\;\nu\;\Phi_0 = 4{,}4428\;N_1\;\nu\;B_0\;S_{\text{Núcleo}}$

$$\left.\begin{array}{l}\text{Secundario ley de Ohm: } \mathbf{U}_2 = \mathbf{E}_2 = \mathbf{Z}_C \mathbf{J}_2 \\ \text{Secundario ley de Lenz: } -E_{2i} = N_2 \dfrac{d\Phi}{dt}\end{array}\right\} E_{2i} = E_{20}\cos\omega t \text{ es senoidal} \Rightarrow \Phi = \Phi_0 \text{ sen } \omega t$$

V.instan.: $U_{2i} = 2\pi\nu N_2\,\Phi_0 \cos\omega t$; V.eficaz: $U_2 = E_2 = 4{,}4428\;N_2\;\nu\;\Phi_0 = 4{,}4428\;N_2\;\nu\;B_0\;S_{\text{Núcleo}}$

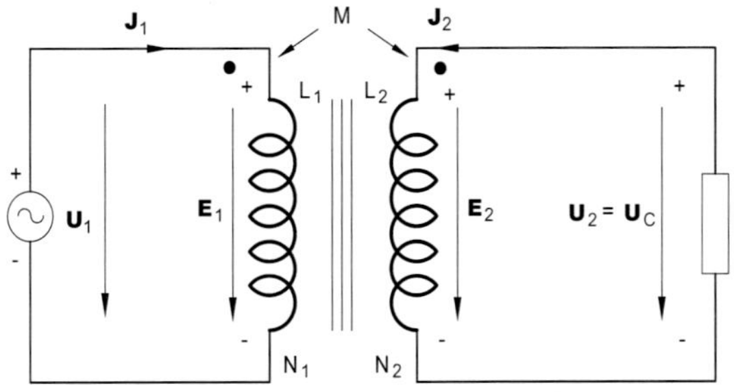

$\mathbf{U}_2 = -\mathbf{U}_1 / r_t$

$\mathbf{E}_1 = -\mathbf{U}_1$

$\mathbf{E}_1 = -\mathbf{E}_2$

$\varphi_1 = \varphi_2 = \varphi$

$\mathbf{J}_2 = -\,r_t\,\mathbf{J}_1$

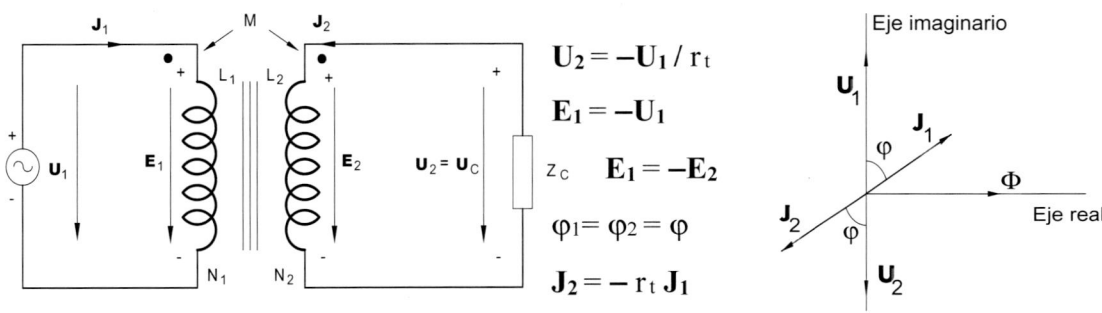

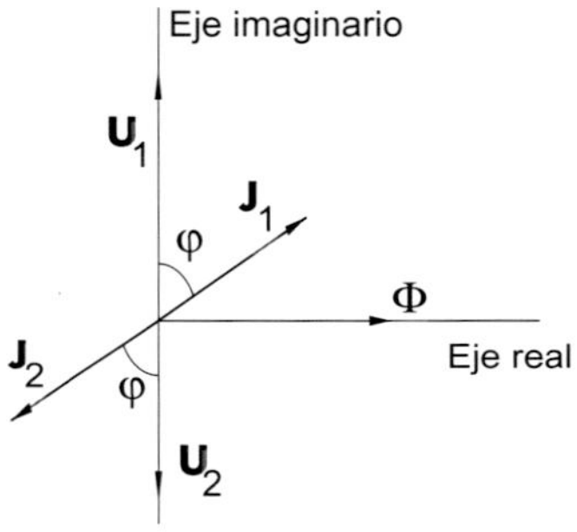

$$\left.\begin{array}{l}\text{Primario: } \mathbf{U}_1 = j\omega L_1\,\mathbf{J}_1 + j\omega M\,\mathbf{J}_2 \\ \\ \text{Secundario: } 0 = j\omega M\,\mathbf{J}_1 + [j\omega L_2 + \mathbf{Z}_C]\,\mathbf{J}_2\end{array}\right\} \Rightarrow \left\{\begin{array}{l}\mathbf{E}_1 = -\mathbf{U}_1 = -[j\omega L_1\,\mathbf{J}_1 + j\omega M\,\mathbf{J}_2] \\ \\ \mathbf{E}_2 = \mathbf{U}_2 = \mathbf{Z}_C\mathbf{J}_2 = -[j\omega M\,\mathbf{J}_1 + j\omega L_2\mathbf{J}_2]\end{array}\right.$$

En núcleo no hay pérdidas por corrientes de Foucault, ni por histéresis magnética y su permeabilidad magnética relativa es: $\mu'_{Fe} = \infty \Rightarrow$ reluctancia $\mathfrak{R} = \ell_N / [\mu'_{Fe}\,\mu_o\,S_N] = 0$

Aplicando ley de Hopk nson: $\mathcal{E}_{F.m.m.} = N_1 i_1 + N_2 i_2 = \mathfrak{R}\;\Phi = 0 \Rightarrow i_1 / i_2 = -1/r_t = -N_2/N_1$.

Relación de transformación: $r_{t\,n} = |U_{1\,\text{nom}} / U_{2\,\text{Vacío}}| = |I_2 / I_1| \approx E_1 / E_2 = r_{t\,e} = N_1 / N_2 = r_t$

***NOTA*.**- Partiendo de la ley de Ohm se llega a los valores de $|U_1 / U_2|$ y de $|I_2 / I_1|$.

En el secundario: $0 = j\omega M\,\mathbf{J}_1 + [j\omega L_2 + \mathbf{Z}_C]\,\mathbf{J}_2 \Rightarrow \dfrac{\mathbf{J}_1}{\mathbf{J}_2} = -\dfrac{j\omega L_2 + \mathbf{Z}_C}{j\omega M} = -\dfrac{L_2}{M}[1 + \dfrac{\mathbf{Z}_C}{j\omega L_2}]$

Llevando $M = \sqrt{L_1 L_2}$ a la anterior, resulta$\Rightarrow \dfrac{\mathbf{J}_1}{\mathbf{J}_2} = \pm\sqrt{\dfrac{L_2}{L_1}}\,[1 + \dfrac{\mathbf{Z}_C}{j\omega L_2}]$ [1]

En el transformador ideal como no hay flujo de dispersión se cumple:

$$\left.\begin{array}{l} L_1\,\mathbf{J}_1 = \Phi_{11}\,N_1;\ M\,\mathbf{J}_2 = \Phi_{12} N_1;\ \text{además: } \Phi_{11} = \Phi_{21} \\ L_2\,\mathbf{J}_2 = \Phi_{22} N_2;\ M\,\mathbf{J}_1 = \Phi_{21} N_2;\ \text{además: } \Phi_{22} = \Phi_{12} \end{array}\right\} \Rightarrow \frac{L_1}{L_2} = \frac{N_1^2}{N_2^2} \quad [2]$$

$$\left.\begin{array}{l} \text{En el primario: } \mathbf{U}_1 = [j\omega L_1 + j\omega M \dfrac{\mathbf{J}_2}{\mathbf{J}_1}]\,\mathbf{J}_1 \\ \text{Con [1] y [2]: } \dfrac{\mathbf{J}_1}{\mathbf{J}_2} = -\dfrac{N_2}{N_1}\,[1 + \dfrac{\mathbf{Z}_C}{j\omega L_2}]\ [3] \end{array}\right\} \mathbf{U}_1 = [j\omega L_1 + \frac{\omega^2 M^2}{j\omega L_2 + \mathbf{Z}_C}]\,\mathbf{J}_1 = \frac{j\omega L_1 \mathbf{Z}_C}{j\omega L_2 + \mathbf{Z}_C}\mathbf{J}_1 \quad [4]$$

$$\left.\begin{array}{l} \text{De [4]: } \mathbf{U}_1 = \dfrac{j\omega\, L_1\, \mathbf{Z}_C}{j\omega\, L_2 + \mathbf{Z}_C}\mathbf{J}_1 \\ \text{En secundario: } \mathbf{U}_2 = \mathbf{Z}_C \mathbf{J}_2 \end{array}\right\} \text{Dividiendo ambas: } \frac{\mathbf{U}_1}{\mathbf{U}_2} = \frac{j\omega L_1}{j\omega L_2 + \mathbf{Z}_C}\,\frac{\mathbf{J}_1}{\mathbf{J}_2} \quad [5]$$

$$\left.\begin{array}{l} \text{Con [5]: } \dfrac{\mathbf{U}_1}{\mathbf{U}_2} = \dfrac{j\omega L_1}{j\omega L_2 + \mathbf{Z}_C}\,\dfrac{\mathbf{J}_1}{\mathbf{J}_2} \\ \text{Con [3]: } \dfrac{\mathbf{J}_1}{\mathbf{J}_2} = -\dfrac{N_2}{N_1}\,[1 + \dfrac{\mathbf{Z}_C}{j\omega L_2}] \end{array}\right\} \Rightarrow \left|\frac{U_1}{U_2}\right| = r_{tn} = \frac{N_1}{N_2} = r_t \ \text{relación de transformación nominal}$$

$$\frac{\mathbf{J}_2}{\mathbf{J}_1} = -\frac{N_1}{N_2}\,\frac{1}{1 + \dfrac{\mathbf{Z}_C}{j\omega L_2}} \left\{\begin{array}{l} \text{Cuando: } \omega\, L_2 >> \mathbf{Z}_C \Rightarrow \left|\dfrac{I_2}{I_1}\right| = \dfrac{N_1}{N_2} = r_t \Rightarrow \text{relación transformación nominal} \\ \text{Cuando: } \omega\, L_2 >> \mathbf{Z}_C \Rightarrow \left|\dfrac{I_2}{I_1}\right| = \dfrac{N_1}{N_2}\,\dfrac{1}{\left|1 + \dfrac{\mathbf{Z}_C}{j\omega L_2}\right|} \neq \dfrac{N_1}{N_2} = r_t \end{array}\right.$$

2.3. ADAPTADOR DE IMPEDANCIAS. IMPEDANCIA REFLEJADA

En el transformador ideal de la figura con relación de transformación r_t, la carga $\mathbf{Z_C}$, vista desde bornes del primario tiene un valor $\mathbf{Z'_C}$. Las magnitudes "referidas al primario o al secundario" se indicarán en el texto con el signo de un apóstrofo " ' ".

$$\left.\begin{array}{l}\text{Como}: \mathbf{U}_1 = r_t\, \mathbf{U}_2;\ \mathbf{J}_1 = \mathbf{J}_2 / r_t \\ \text{Secundario}: \mathbf{U}_2 = \mathbf{Z}_C \mathbf{J}_2\end{array}\right\} \text{Operando: } \frac{\mathbf{U}_1}{\mathbf{J}_1} = \frac{r_t\, \mathbf{U}_2}{\mathbf{J}_2 / r_t} = r_t^2 \frac{\mathbf{U}_2}{\mathbf{J}_2} = r_t^2\, \mathbf{Z}_C = \mathbf{Z}'_C$$

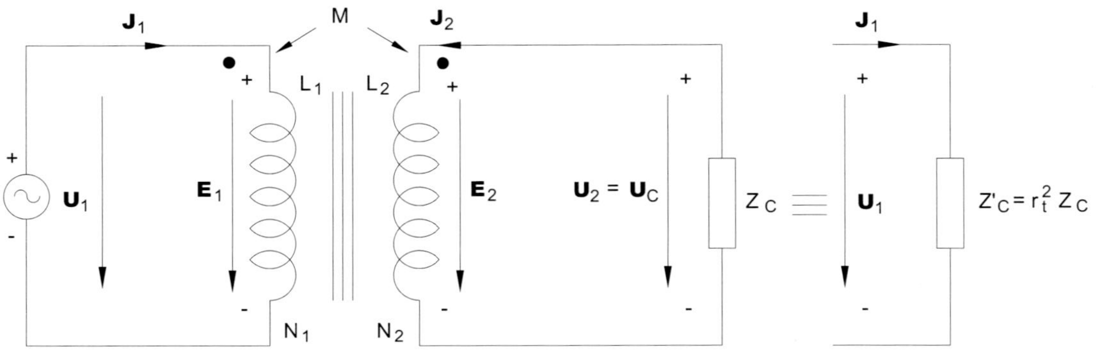

REFLEXIÓN EN TRANSFORMADOR IDEAL, $\mathbf{r_t}$, PARA **REEMPLAZAR** POR SU **EQUIVALENTE**:					
EL **SECUNDARIO** TRASLADÁNDOLO AL **PRIMARIO**			EL **PRIMARIO** TRASLADÁNDOLO AL **SECUNDARIO**		
MAGNITUD	MAGNITUD REFLEJADA EN PRIMARIO	FACTOR DE REFLEXIÓN EN PRIMARIO	MAGNITUD	MAGNITUD REFLEJADA EN SECUNDARIO	FACTOR DE REFLEXIÓN EN SECUNDARIO
TENSIÓN U	$E'_2 = r_t E_2$	$\mathbf{r_t}$	TENSIÓN U	$E'_1 = E_1 / r_t$	$\mathbf{1/ r_t}$
CORRIENTE J	$I'_2 = I_2 / r_t$	$\mathbf{1/ r_t}$	CORRIENTE J	$I'_1 = r_t I_1$	$\mathbf{r_t}$
R, X, Z	$R'_2 = r_t^2 R_2$	$\mathbf{r_t^2}$	R, X, Z	$R'_1 = R_2 / r_t^2$	$\mathbf{1/ r_t^2}$
G, B, Y	$G'_2 = G_2 / r_t^2$	$\mathbf{1/ r_t^2}$	G, B, Y	$G'_1 = r_t^2\ G_1$	$\mathbf{r_t^2}$
P, Q, S, φ	$P'_2 = P_2$	**1**	P, Q, S, φ	$P'_1 = P_1$	**1**

La impedancia $\mathbf{Z_C}$, en bornes de salida del secundario, vista desde bornes de entrada del primario, es la impedancia $\mathbf{Z'_C} = r_t^2\, \mathbf{Z_C}$ situada en el primario. Por tanto, $\mathbf{Z_C}$, se "refleja en el lado del primario", se dice que el transformador ideal es un "adaptador de impedancias mediante el factor r_t^2". A la inversa, $\mathbf{Z_1}$ conectada bornes del primario, se ve "reflejada en el secundario" su valor es $\mathbf{Z'_1} = \mathbf{Z_1} / r_t^2$.

El proceso físico de reemplazar un lado del transformador ideal por su equivalente del otro lado se denomina "reflexión del primer lado al segundo lado". Con el proceso se mantiene la tipología del circuito inicial y se simplifica notablemente el cálculo.

CIRCUITO INICIAL [CON TRANSF. IDEAL] ⇒ CIRCUITO MODIFICADO [SIN TRANSF. IDEAL + Z', U', J']

2.4. POTENCIA BALANCE. PÉRDIDAS. RENDIMIENTO

▪ La potencia activa que el transformador ideal absorbe a la entrada es $P_1 = U_1 I_1 \cos \varphi_1$.

La potencia activa que el transformador ideal cede a la salida es $P_2 = U_2 I_2 \cos \varphi_2$.

En el transformador ideal se cumple: $\varphi_1 = \varphi_2 = \varphi$.

Como: $U_2 = U_1 / r_t$ y $I_2 = r_t I_1 \Rightarrow P_2 = U_2 I_2 \cos \varphi = [U_1 / r_t] r_t I_1 \cos \varphi = U_1 I_1 \cos \varphi = P_1$

Potencias complejas: $\mathbf{U_1 J^*_1} = \mathbf{U_2 J^*_2} \Rightarrow$ P. activa: $P_1 = P_2$; P. reactiva: $Q_1 = Q_2$

$$\frac{I_1}{I_2} = \frac{U_2 \cos\varphi_2}{U_1 \cos\varphi_1} = \frac{1}{r_t}\frac{\cos\varphi_2}{\cos\varphi_1} \text{ como } \varphi_2 = \varphi_1 \Rightarrow \frac{I_1}{I_2} = \frac{1}{r_t}\text{; valores eficaces: } r_t = \frac{E_1}{E_2} = \frac{I_2}{I_1} = \frac{N_1}{N_2}$$

Balance de potencia: $P_{1\,ABSORBIDA} = P_{2\,CEDIDA} + P_{PÉRDIDAS} = P_{2\,CEDIDA}$. $\Rightarrow P_{PÉRDIDAS} = 0$ W.

▪ Las pérdidas (W) en el transformador ideal son nulas ya que en:

- Devanados, al ser $R_1 = R_2 = 0$ en los conductores de cobre $\Rightarrow P_{Cu} = 0$.
- Núcleo, $\Re = 0$, no hay pérdidas por corrientes de Foucault, ni por histéresis$\Rightarrow P_{Fe} = 0$.

Por tanto en el transformador ideal no se producen pérdidas: $P_{PÉRDIDAS} = P_{Cu} + P_{Fe} = 0$.

▪ Rendimiento se define: $\eta = \dfrac{P_{CEDIDA}}{P_{ABSORBIDA}} = \dfrac{P_2}{P_1} = \dfrac{P_2}{P_2 + P_{PÉRDIDAS}} = \dfrac{P_2}{P_2 + [P_{Cu} + P_{Fe}]} = 100\%$

3. TRANSFORMADOR MONOFÁSICO REAL

Al estudiar el transformador real se observan fenómenos físicos en bobinas y en núcleo, de manera que su esquema eléctrico se obtiene añadiendo ciertos elementos en el esquema eléctrico del transformador ideal. Así el nuevo transformador real obtenido se acerca lo máximo posible a la realidad.

Trafo. Real [Esquema Eléctrico] = Trafo. Ideal [Esquema Eléctrico] + f (R, L, C).

▪ Bobinas-devanados reales (Hay Pérdidas de energía > 0): autoinducciones propias L_1, L_2,. Coeficiente de inducción mutua $M = K\sqrt{L_1 L_2}$ con coeficiente de acoplamiento K<1, capacidades parásitas $C_1 \cong C_2 \cong C_{12} \cong 0$, resistencias pequeñas $R_1 > 0$, $R_2 > 0$ no nulas.

▪ Núcleo ferromagnético real (Se producen Pérdidas de energía > 0).

- Flujo de dispersión. En el núcleo $1 << \mu'_{Fe} < \infty$ y $\Re > 0$, en el medio próximo a los devanados es $\mu'_{Medio} \neq 0$. En cada bobina existe un flujo magnético de dispersión que no circula por el núcleo, y se cierra a través del aire. En el primario el flujo de dispersión es Φ_{1d} se traduce por la autoinducción de dispersión L_{1d}. En el secundario, sólo cuando está en carga, existe el flujo de dispersión es Φ_{2d}, y la autoinducción de dispersión L_{2d}.
- En el núcleo magnético, como la reluctancia es $\Re > 0$, al ser atravesado por el flujo magnético, se crea inducción magnética que produce:

  • Por la ley de Lenz, corrientes turbillonarias de Foucault, con pérdida de energía.

• Imantación magnética, que por dentro del material ferromagnético da lugar a la histéresis magnética con pérdida de energía al describir el ciclo de histéresis. Aunque el secundario esté abierto, los efectos magnetizantes del núcleo (flujo Φ y material ferromagnético) producen calor sólo en el primario, traducido en la pequeña corriente de vacío, necesaria para crear Φ: $\mathbf{J}_0 = I_\mu + j\, I_{Fe} = I_0 \underline{|90 - \varphi_0} = I_0 \,\text{sen}\varphi_0 + j\, I_0 \cos\varphi_0$.

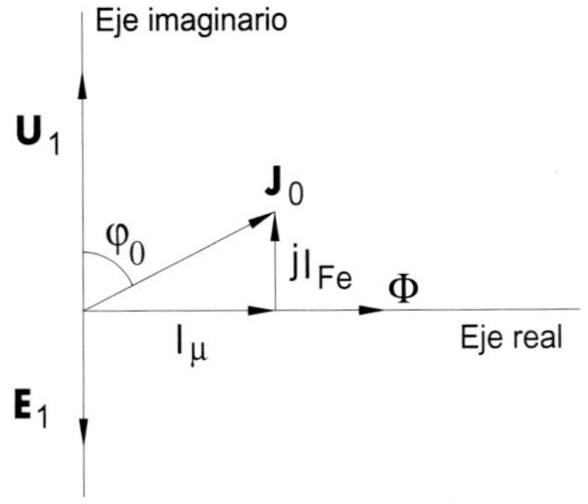

- Corriente de efecto magnetizante $I_\mu = I_0 \,\text{sen}\, \varphi_0$. Produce Φ en el núcleo. La relación entre Φ y I_μ está determinada por la curva de imantación del material, que al presentar saturación, I_μ no es senoidal y tiene componentes armónicas. En el esquema eléctrico I_μ se traduce, en el primario, en la autoinducción L_μ.

- Corriente de pérdidas en el núcleo $I_{Fe} = I_0 \cos\, \varphi_0$. Produce pérdidas por histéresis y por corrientes de Foucault. La corriente I_{Fe} está deformada debido al lazo de histéresis magnética, su componente fundamental está en fase con la tensión aplicada. En el esquema eléctrico I_{Fe}, en el primario, da lugar a la resistencia R_{Fe} en paralelo con L_μ.

3.1. ESQUEMA ELÉCTRICO EQUIVALENTE COMPLETO TRANSFORMADOR EN CARGA

Los fenómenos físicos anteriores se manifiestan al añadir ciertos elementos [R, L, C] en el esquema eléctrico del transformador ideal, para que así el esquema eléctrico completo del transformador real en carga, que se detalla a continuación, se aproxime lo máximo posible a la realidad.

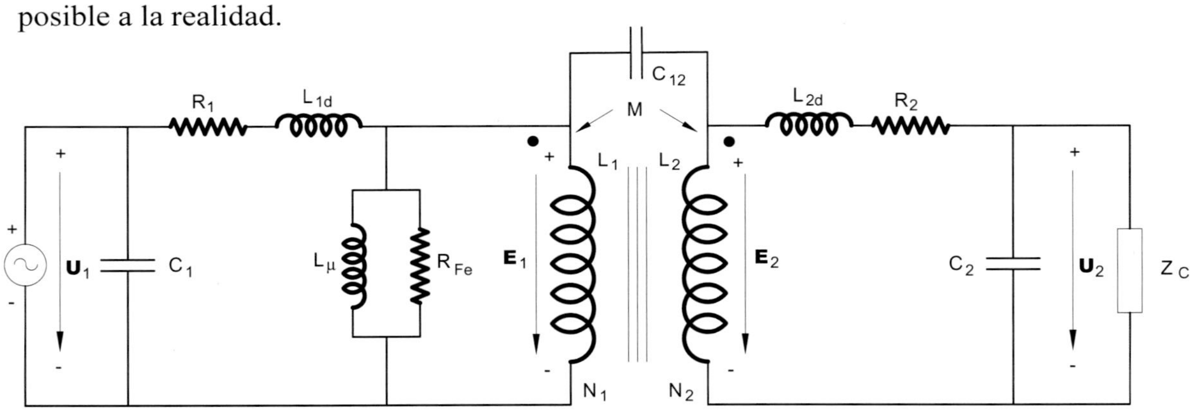

3.2. FUNCIONAMIENTO EN VACÍO CON EL ESQUEMA ELÉCTRICO SIMPLIFICADO

En el primario las corrientes son: $\mathbf{J_1}$ y $\mathbf{J_0}$. Como el secundario está abierto: $\mathbf{J_2=0}$ **y** $\mathbf{J'_2=0}$ la última es la corriente del secundario reflejada en primario. Siendo: $C_1= C_2= C_{12}= 0$.

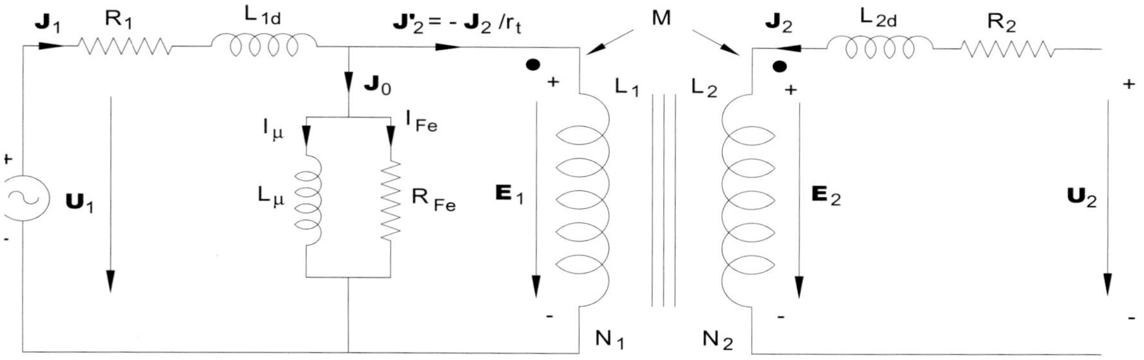

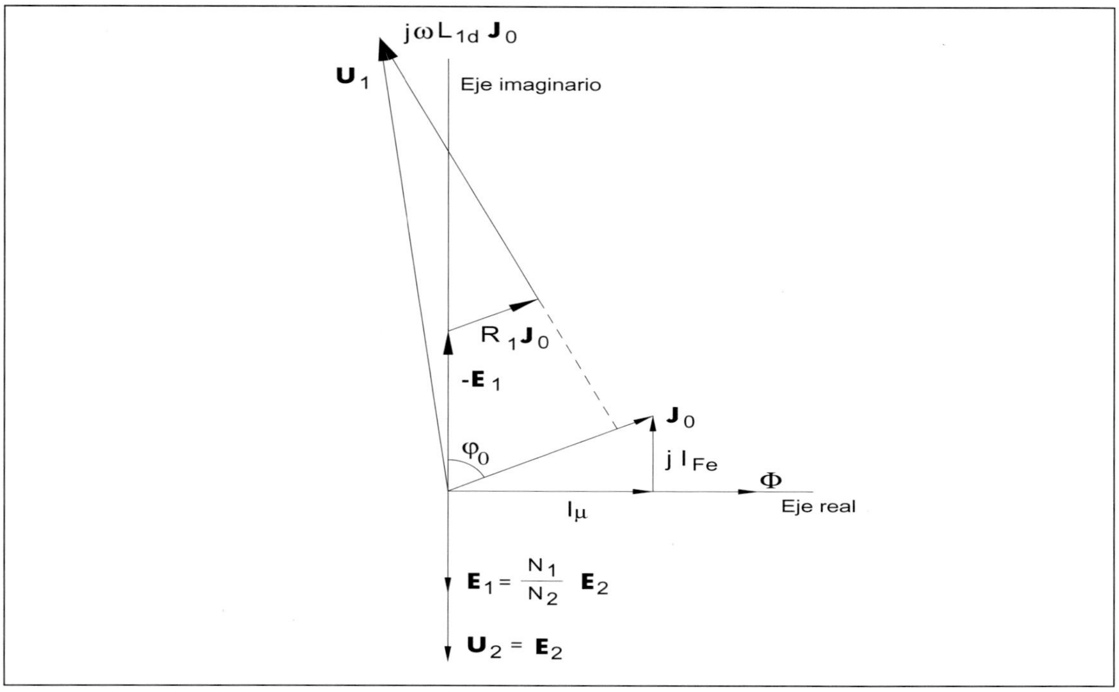

$$\left.\begin{array}{l}\text{Primario corrientes: } \mathbf{J}_1;\ \mathbf{J}_0 = I_\mu + j\, I_{Fe} \text{ es la corriente de vacío}\\ \text{Secundario corriente: } \mathbf{J}_2 = 0 \text{ ya que está abierto}\\ \text{Corriente de secundario refelejada en primario: } \mathbf{J}'_2 = \mathbf{J}_2 / r_t = 0\end{array}\right\} \mathbf{J}_1 = \mathbf{J}_0 + \mathbf{J}'_2 = \mathbf{J}_0 = I_\mu + j\, I_{Fe}$$

$$\left.\begin{array}{l}\text{Primario } \mathbf{J}_1 = \mathbf{J}_0 \Rightarrow \mathbf{U}_1 = -\mathbf{E}_1 + [R_1 + j\omega L_{1d}]\, \mathbf{J}_0\\ \text{Secundario: } \mathbf{U}_2 = \mathbf{E}_2\end{array}\right\} \mathbf{E}_1 = r_t\, \mathbf{E}_2 = -j\, E \left\{\begin{array}{l} -\mathbf{E}_1 = j\, R_{Fe} I_{Fe} \Rightarrow I_{Fe} = E_1 / R_{Fe}\\ -\mathbf{E}_1 = j\, \omega\, L_\mu I_\mu \Rightarrow I_\mu = E_1 / \omega\, L_\mu\end{array}\right.$$

$$[-\mathbf{E}_1] = \frac{R_{Fe} \cdot j\omega L_\mu}{R_{Fe} + j\omega L_\mu} \mathbf{J}_0 \Rightarrow \mathbf{J}_0 = \frac{R_{Fe} + j\omega L_\mu}{R_{Fe} j\omega L_\mu}[-\mathbf{E}_1] = \frac{R_{Fe} + j\omega L_\mu}{R_{Fe} j\omega L_\mu}[j\, E_1] = \frac{R_{Fe} + j\omega L_\mu}{R_{Fe}\omega L_\mu} E_1$$

Pérdidas de energía en el hierro: $P_{Fe}= E_1\, I_0 \cos\varphi_0 = E_1\, I_{Fe} = E_1^2 / R_{Fe}$ [Apartado **3.6**]

Flujo total creado por el primario: $\Phi_1 = \Phi + \Phi_{1d}$; Φ=flujo útil; Φ_{1d}= flujo de dispersión

$$\left.\begin{array}{l} \text{Primario } U_{1i} + E_{1i} = R_1 I_{0i} \\ \text{Ley de Lenz: } E_{1i} = -N_1 \dfrac{d\Phi}{dt} \\ \text{Siendo: } \Phi_1 = \Phi + \Phi_{1d} \\ \text{Como: } -N_1 \dfrac{d\Phi_{1d}}{dt} = -L_{1d} \dfrac{d\,I_{0i}}{dt} \end{array}\right\} U_{1i} - N_1 \frac{d\Phi}{dt} = R_1 I_{0i} + L_{1d} \frac{d\,I_{0i}}{dt}$$

3.3. FUNCIONAMIENTO EN CARGA CON EL ESQUEMA ELÉCTRICO SIMPLIFICADO

■ Para obtener el principio de funcionamiento eléctrico del transformador real en carga, se determinará, en primer lugar la corriente del primario en carga.

Se ha comprobado que el flujo magnético es prácticamente igual en carga que en vacío $\Phi_{\text{Vacío}0} \cong \Phi_{\text{Carga}}$. Suponemos que la reluctancia magnética del núcleo, en vacío (0) y en carga (C), son iguales $\Re_{\text{núcleo Vacío}} = \Re_{\text{núcleo Carga}}$.

Aplicando la ley de Hopkinson, en núcleo, se determina las fuerzas magnetomotrices

$$\left.\begin{array}{l} \text{En vacío (0): } \xi_{F.m.m.0} = N_1\, i_0 = \Phi_{\text{Vacío } 0}\, \Re_{\text{núcleo vacío}} \\ \text{En carga (C): } \xi_{F.m.m.\,C} = N_1\, i_1 + N_2\, i_2 = \Phi_{\text{C arg a}}\, \Re_{\text{núcleo carga}} \\ \text{Se cumple: } \Phi_{\text{Vacío } 0} \approx \Phi_{\text{C arg a}};\quad \Re_{\text{núcleo vacío}} = \Re_{\text{núcleo carga}} \end{array}\right\} \xi_{F.m.m.0} = \xi_{F.m.m.C}$$

Las fuerzas magnetomotrices con secundario en vacío (0) y en carga (C) son iguales.

$$\left.\begin{array}{l} \xi_{\text{Fmm } 0} = N_1\, i_0 = N_1\, i_1 + N_2\, i_2 = \xi_{\text{Fmm C}} \\ N_1\, i_0 = N_1\, i_1 + N_2\, i_2 \end{array}\right\} i_1 = i_0 - \frac{N_2}{N_1} i_2 = i_0 - \frac{i_2}{r_t} = i_0 + i_2' \Rightarrow I_1 = I_0 - \frac{N_2}{N_1} I_2 = I_0 - \frac{I_2}{r_t} = I_0 + I_2'$$

Siendo I'_2 el valor eficaz de I_2 corriente del secundario, reflejado en el primario.

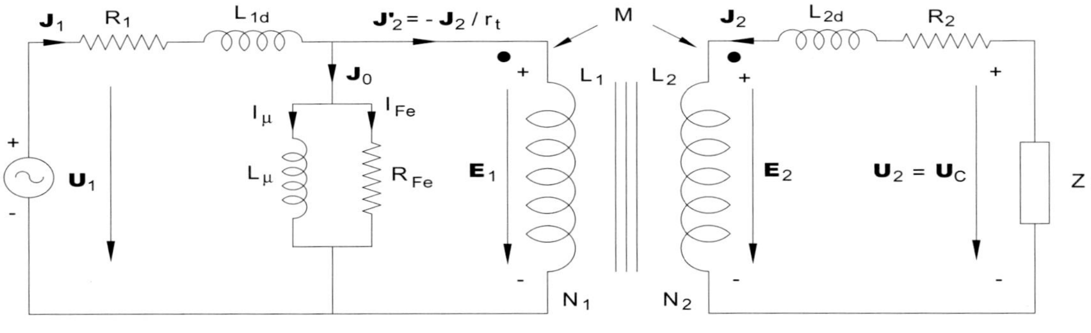

$$\left.\begin{array}{l} \text{Primario } U_{1i} + E_{1i} = R_1 I_{1i} \\ \text{Por ley de Lenz: } E_{1i} = -N_1 \dfrac{d\Phi_1}{dt} \\ \text{Siendo: } \Phi_1 = \Phi + \Phi_{1d} \\ \text{Como: } N_1 \dfrac{d\Phi_{1d}}{dt} = L_{1d} \dfrac{d\,I_{1i}}{dt} \end{array}\right\} U_{1i} = N_1 \frac{d\Phi}{dt} + R_1 I_{1i} + L_{1d} \frac{d\,I_{1i}}{dt} \text{ valores instantáneos}$$

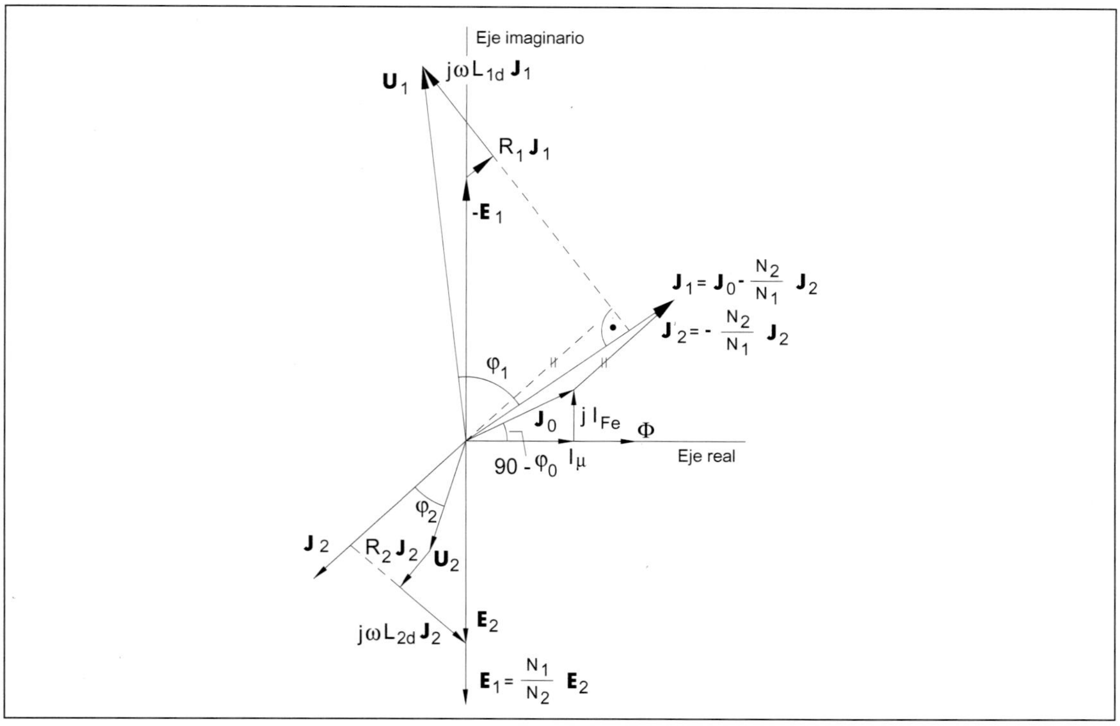

$$\left.\begin{array}{l} \text{Secundario } U_{2i} = Z_C I_{2i} = E_{2i} - R_2 I_{2i} \\ \text{Por ley de Lenz: } E_{2i} = -N_2 \dfrac{d\Phi_2}{dt} \\ \text{Siendo: } \Phi_2 = \Phi + \Phi_{2d} \\ \text{Como: } N_2 \dfrac{d\Phi_{2d}}{dt} = L_{2d} \dfrac{d\, I_{2i}}{dt} \end{array}\right\} U_{2i} = -N_2 \frac{d\Phi}{dt} - R_2 I_{2i} - L_{2d} \frac{d\, I_{2i}}{dt} \text{ valores instantáneos}$$

$$\left.\begin{array}{l} \text{Primario: } \mathbf{U}_1 = [R_1 + j\omega L_{1d} + j\omega L_1]\, \mathbf{J}_1 + j\omega M\, \mathbf{J}_2 \\ \text{Secundario: } \mathbf{U}_2 = j\omega M\, \mathbf{J}_1 - [R_2 + j\omega L_{2d} + j\omega L_2]\, \mathbf{J}_2 \end{array}\right\} \mathbf{J}_1 = \mathbf{J}_0 - \frac{N_2}{N_1}\mathbf{J}_2 = I_\mu + j\, I_{Fe} - \frac{\mathbf{J}_2}{r_t};\ M = k\sqrt{L_1\, L_2}$$

$$\left.\begin{array}{l} -\mathbf{E}_1 = j\omega L_1 \mathbf{J}_1 + j\omega M\, \mathbf{J}_2 \\ \\ \mathbf{E}_2 = -j\omega L_2 \mathbf{J}_2 + j\omega M\, \mathbf{J}_1 \end{array}\right\} \Rightarrow \left.\begin{array}{l} 1^{o}: \mathbf{U}_1 = -\mathbf{E}_1 + [R_1 + j\omega L_{1d}]\, \mathbf{J}_1 \\ \\ 2^{o}: \mathbf{U}_2 = \mathbf{E}_2 - [R_2 + j\omega L_{2d}]\, \mathbf{J}_2 = \mathbf{Z}_C\, \mathbf{J}_2 \end{array}\right\} \left\{\begin{array}{l} \mathbf{J}_1 = \dfrac{\mathbf{E}_1 + \mathbf{U}_1}{R_1 + j\omega L_{1d}} \\ \mathbf{J}_2 = \dfrac{\mathbf{E}_2 - \mathbf{U}_2}{R_2 + j\omega L_{2d}} = \dfrac{\mathbf{U}_2}{\mathbf{Z}_C} \end{array}\right.$$

$$\mathbf{E}_1 = r_t\, \mathbf{E}_2 = -j\, E_1 \left\{\begin{array}{l} -\mathbf{E}_1 = R_{Fe}\, j\, I_{Fe} \Rightarrow I_{Fe} = \dfrac{E_1}{R_{Fe}} \\ -\mathbf{E}_1 = j\,\omega\, L_\mu I_\mu \Rightarrow I_\mu = \dfrac{E_1}{\omega\, L_\mu} \end{array}\right. \Rightarrow -\mathbf{E}_1 = \frac{R_{Fe} j\,\omega\, L_\mu}{R_{Fe} + j\,\omega\, L_\mu}\mathbf{J}_0 = \frac{\omega^2\, L_\mu^2 R_{Fe} + j\,\omega\, L_\mu R^2_{Fe}}{R^2_{Fe} + \omega^2\, L_\mu^2}\mathbf{J}_0$$

3.4. ENSAYO EN VACÍO. ENSAYO EN CORTOCIRCUITO. MAGNITUDES EN CORTOCIRCUITO

▪ ENSAYO EN VACÍO (0)

Realizado con secundario abierto $I_{2V} = 0$. En primario la corriente es $I_{1V} = I_0 << I_{1n}$ y al aplicar $U_1 = U_{1n} \cong E_{1n}$, a frecuencia nominal, en secundario se cumple: $U_2 = U_{2n} = E_{2n}$.

$$\left.\begin{array}{l}\text{Primario: } I_{1V} = I_0 << I_{1n} \Rightarrow P_{Cu-1_0} \approx 0 \\ \text{Secundario: } I_{2V} = 0 \Rightarrow P_{Cu-2_0} = 0\end{array}\right\} P_{Cu\,0} = R_1\, I_{1V}{}^2 + R_2 I_{2V}{}^2 = R_1\, I_0{}^2 \approx 0$$

La potencia total absorbida por el transformador en vacío, es prácticamente la potencia de la pérdida nominal en el hierro (Ver **3.6 PÉRDIDAS**): $P_0 = P_{Fe\,0} + P_{Cu\,0} \approx P_{Fe} \Rightarrow P_0 \approx P_{Fe}$.

■ **ENSAYO EN CORTOCIRCUITO (CC)**

Se realiza con secundario cortocircuitado: $Z_c \cong 0$ y $U_{2cc}=0$. En primario al hacer $I_{1cc}= I_{1n}$ a frecuencia nominal, se obtiene la tensión en cortocircuito: $U_{1cc} << U_{1n}$. El secundario no suministra potencia. Como $U_{1cc} << U_{1n} \Rightarrow B_{cc} \cong 0 \Rightarrow \Phi_{c\,c} \cong 0 \Rightarrow P_{Fe\,cc} = k\,B^2{}_{cc} \cong 0 \Rightarrow P_{Fe\,cc} \cong 0$. Como en primario $I_{1cc}=I_{1n}$, en secundario es $I_{2cc}=I_{2n}$. En este ensayo sólo se miden prácticamente las pérdidas nominales en el cobre del primario y del secundario (Ver en **3.6. PÉRDIDAS**): $P_{cc} = P_{Cu\,cc} + P_{Fe\,cc} \approx P_{Cu\,cc} = R_1\, I^2{}_{1cc} + R_2\, I^2{}_{2cc} = R_1\, I^2{}_{1n} + R_2\, I^2{}_{2n}$ [6]

$$\left.\begin{array}{l} P_{cc} \approx R_1 I^2{}_{1n} + R_2 I^2{}_{2n} = R_1 I^2{}_{1n} + R'_2\, I'^2{}_{2n} \approx [R_1 + R'_2]\, I^2{}_{1n} \approx R_{cc} I_{1n}{}^2 \\ \text{Resistencia en cortocircuito: } R_{cc} = R_1 + R'_2 = R_1 + r_t^2\, R_2 \\ \text{Índice de carga}: C = I_1/I_{1n} \approx I_2/I_{2n} = I'_2/I'_{2n} \text{ si } I_0 << I_1 \Rightarrow I'_{2n} \approx I_{1n};\ I'_2 \approx I_1 \\ P_{Cu} = R_1 I_1{}^2 + R_2 I_2{}^2 = R_1 I_1^2 + R'_2\, I'_2{}^2 \approx [R_1 + R'_2]\, I_1^2 = R_{cc}\, I_1^2 = C^2\, R_{cc} I_{1n}{}^2 \end{array}\right\} \quad [7]$$

Operando con [6] y [7] resulta: $P_{Cu} = R_1 I_1^2 + R_2 I_2^2 \approx R_{cc}\, I_1^2 = C^2\, R_{cc}\, I_{1n}{}^2 = C^2\, P_{cc}$

CARÁCTERÍSTICAS	ENSAYO EN VACÍO (0)	ENSAYO EN CORTOCIRCUITO (cc)
FORMA DE REALIZACIÓN	Secundario en vacío: $Z=\infty$; $\mathbf{I_{2V} = 0}$	Secundario en cortocircuito $Z \cong 0$; $\mathbf{I_{1cc}= I_{1n}}$
MAGNITUDES PRIMARIO	$I_{1V} = I_0 << I_{1n}$; $U_1 = U_{1n} \cong E_{1n}$	$I_{1cc} = I_{1n}$; $U_{1cc} << U_{1n}$
MAGNITUDES SECUNDARIO	$I_{2V} = 0$; $U_2 = U_{2n} = E_{2n}$	$I_{2cc} = I_{2n}$; $U_{2cc} = 0$
PRODUCIDA EN POTENCIA SUMINISTRADA EN	- Núcleo magnético por histéresis y por las corrientes de Foucault - Secundario no suministra potencia	-Primario y Secundario por calentamiento de los devanados metálicos mediante efecto Joule -Secundario no suministra potencia
PÉRDIDAS PRODUCIDAS EN	-Núcleo magnético: $P_{Fe\,0} \cong P_0$ -Devanados de cobre: $P_{Cu\,0} = R_1\, I_{1V}{}^2 + R_2 I_{2V}{}^2 = R_1\, I_0^2 \approx 0$	-Núcleo magnético: $U_{1cc} << U_{1n} \Rightarrow B_{cc} \cong 0$ $\Phi_{cc} \cong 0 \Rightarrow P_{Fe\,cc} = k\,B^2{}_{cc} \cong 0 \Rightarrow P_{Fe\,cc} \cong 0$ -Devanados de cobre: $P_{Cu\,cc} \approx R_1 I_{1cc}{}^2 + R_2 I_{2cc}{}^2 = R_1 I_{1n}{}^2 + R_2 I_{2n}{}^2 \approx R_{cc} I_{1n}{}^2$
RELACIÓN CON P_{Fe} y P_{Cu}	$P_{Fe\,0} + P_{Cu\,0} \approx P_{Fe\,0} \Rightarrow P_0 \approx P_{Fe}$	$P_{Fe\,cc} + P_{Cu\,cc} \approx P_{Cu\,cc} = P_{cc} = R_{cc} I_{1n}{}^2 \Rightarrow P_{Cu} = C^2\, P_{cc}$

■ **MAGNITUDES EN CORTOCIRCUITO (CC)**

Ensayo en cc.: $Z_c \cong 0$. $U_{2cc} = 0$. $I_0 \cong 0$. Se obliga a: $I_{1n} = I_{1cc} \Rightarrow U_{1cc} \Rightarrow I_{2cc} = I_{2n}$.

Las magnitudes del ensayo en cc. con reducción del secundario al primario son:

$$R_{cc} = R_1 + R'_2 = R_1 + r_t^2\, R_2\,;\, X_{cc} = X_{1d} + X'_{2d} = \omega\, [L_{1d} + r_t^2 L_{2d}] = 2\,\pi\,\nu\, [L_{1d} + r_t^2 L_{2d}]\,;\, Z_{cc} = \sqrt{R^2{}_{cc} + X^2{}_{cc}}\,.$$

$$\left.\begin{array}{l}\text{Tensión Resistiva}: U_{Rcc} = R_{cc}\, I_{1n} = [R_1 + R'_2]\, I_{1n} = U_{cc} \cos\varphi_{cc} \\ \text{Tensión Inductiva}: U_{Xcc} = X_{cc}\, I_{1n} = [X_{1d} + X'_{2d}]\, I_{1n} = U_{cc}\, \text{sen}\varphi_{cc} \\ \text{Tensión total}: U_{cc} = I_{1n} Z_{cc} = I_{1n}\sqrt{R^2_{cc} + X^2_{cc}} = \sqrt{U^2_{Rcc} + U^2_{Xcc}}\end{array}\right\} \mathbf{U}_{cc} = R_{cc} I_{1n} + j\, X_{cc} I_{1n}$$

$$\left.\begin{array}{l}\text{Tensión relativa Resistiva}: \varepsilon_{Rcc}\% = 100\dfrac{U_{Rcc}}{U_{1n}} = 100\dfrac{R_{cc}\, I_{1n}}{U_{1n}} = 100\dfrac{R_{cc}\, I^2_{1n}}{I_{1n} U_{1n}} \\ \text{Tensión relativa Inductiva}: \varepsilon_{Xcc}\% = 100\dfrac{U_{Xcc}}{U_{1n}} = 100\, \dfrac{X_{cc}\, I_{1n}}{U_{1n}} = 100\, \dfrac{X_{cc}\, I^2_{1n}}{I_{1n} U_{1n}}\end{array}\right\}$$

$$\text{Tensión relativa en cc.}: \varepsilon_{cc}\% = 100\, \frac{U_{cc}}{U_{1n}} = 100\, \frac{Z_{cc}\, I_{1n}}{U_{1n}} = 100\, \frac{Z_{cc}\, I^2_{1n}}{S_{1n}} = 100\, \frac{Z_{cc}\, S_{1n}}{U^2_{1n}} = \sqrt{\varepsilon^2_{Rcc} + \varepsilon^2_{Xcc}}$$

$$\cos\varphi_{cc} = \frac{\varepsilon_{Rcc}}{\varepsilon_{cc}} = \frac{U_{Rcc}}{U_{cc}} = \frac{R_{cc}}{Z_{cc}};\ \text{sen}\,\varphi_{cc} = \frac{\varepsilon_{Xcc}}{\varepsilon_{cc}} = \frac{U_{Xcc}}{U_{cc}} = \frac{X_{cc}}{Z_{cc}};\ \text{tag}\,\varphi_{cc} = \frac{\varepsilon_{Xcc}}{\varepsilon_{Rcc}} = \frac{X_{cc}}{R_{cc}}.\ \text{Lo normal: } \varepsilon_{Xcc} > \varepsilon_{Rcc}$$

$$P_{cc} \approx R_1 I^2_{1n} + R_2 I^2_{2n} = R_{cc} I_{1n}^{\ 2} \Rightarrow \varepsilon_{Rcc}\% = 100\frac{R_{cc}\, I_{1n}}{U_{1n}} = 100\frac{R_{cc}\, I^2_{1n}}{U_{1n} I_{1n}} = 100\frac{P_{cc}}{S_{1n}} = \varepsilon_{P_{cc}}\% = 100\frac{P_{Cu}}{C^2\, S_{1n}}$$

La tensión relativa resistiva en cortocircuito es igual a las pérdidas en tanto por ciento del ensayo en cortocircuito, referidas a la potencia nominal S_{1n}. Lo normal, cuando:

$S_{1n} \leq 1.000$ kVA $\Rightarrow 1\% \leq \varepsilon_{cc} \leq 6\ \%$. $S_{1n} > 1.000$ kVA $\Rightarrow 6\% \leq \varepsilon_{cc} \leq 13\ \%$

3.5. CAÍDA DE TENSIÓN DEL TRANSFORMADOR EN CARGA. EFECTO FERRANTI

Cuando en primario U_{1n}, con el secundario en vacío $I_2=0$, da la U_{2n}. Pero cuando en primario es U_{1n}, y en secundario $I_2 \neq 0$, debido a las resistencias de bobinas y a las reactancias de dispersión, es $U_{2c} < U_{2n}$, que varía con la carga, aunque $U_{1n}=$ cte y para el buen funcionamiento del transformador las variaciones $U_{2n} - U_{2c}$ deben ser mínimas. La caída de tensión interna absoluta es: $\Delta\, U_2 = U_{2n} - U_{2c}$.

La caída de tensión interna relativa en tanto por ciento referida al:

$$\text{Secundario es: } \varepsilon_c = 100\ \frac{U_{2n} - U_{2c}}{U_{2n}}\ \%$$

$$\text{Primario es: } \varepsilon_c = 100\ \frac{U_{1n} - U'_{2c}}{U_{1n}}\%$$

Calculemos ε_c, cuando el secundario está en carga nominal $\mathbf{J}_{2n}$ y con un factor de potencia cualquiera cos φ_2. Se supone, "Método de Kapp", que son despreciables $\mathbf{J}_0 \approx 0$, la corriente de vacío, y también $C_1 = C_2 = C_{12} = 0$ las capacidades parásitas.

"Método de Kapp", con circuito simplificado, se usa para hallar ε_c, en transformadores de potencias elevadas y medias. Este método no es válido en transformadores de pequeña potencia, en este caso para determinar ε_c se debe incluir $\mathbf{J}_0 \neq 0$.

En el circuito simplificado con el secundario reflejado en primario, resulta:

$C_1 = C_2 = C_{12} = 0$ y $\mathbf{J}_0 \approx 0 \Rightarrow \mathbf{J}_{1n} = \mathbf{J}_0 - \mathbf{J}_{2n} N_2/N_1 \approx -\mathbf{J}_{2n} N_2/N_1 = -\mathbf{J}_{2n}/r_t \Rightarrow \mathbf{J}_{1n} = \mathbf{J}'_{2n}$.

$$\mathbf{U}_{1n} = \mathbf{U}'_{2c} + [R_1 + R'_2]\,\mathbf{J}_{1n} + j\,[X_{1d} + X'_{2d}]\,\mathbf{J}_{1n} = \mathbf{U}'_{2c} + [R_{cc} + j\,X_{cc}]\,\mathbf{J}_{1n} = \mathbf{U}'_{2c} + \mathbf{U}_{Rcc} + \mathbf{U}_{Xcc}$$

La figura de la izquierda corresponde a la ecuación anterior. En el gráfico del círculo, la tensión expresada en % está referida a la base U_{1n}=100.

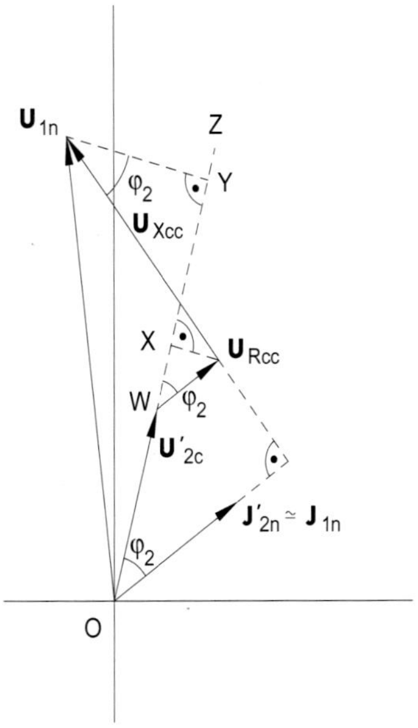

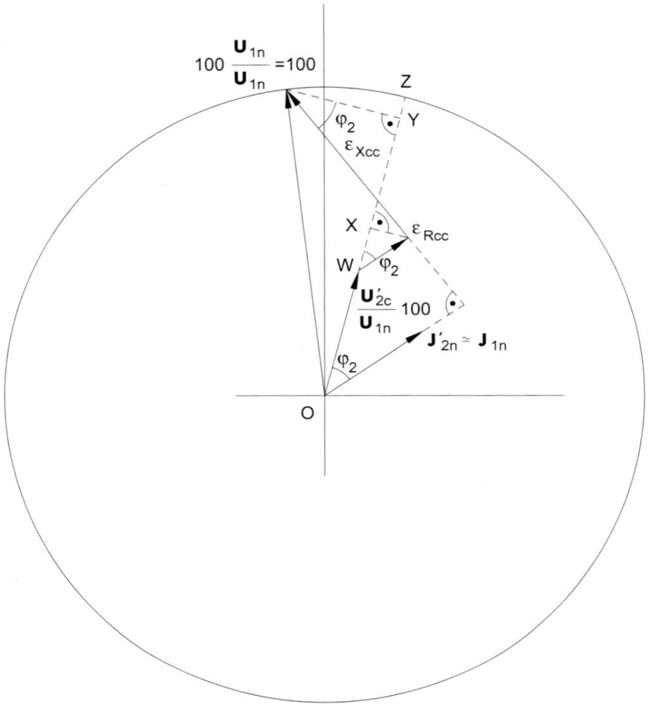

$$\left.\begin{aligned} \varepsilon_c &= 100\frac{U_{1n} - U'_{2c}}{U_{1n}}\% \\ \mathbf{U}_{1n} &= \mathbf{U}'_{2c} + \mathbf{U}_{Rcc} + \mathbf{U}_{Xcc} \end{aligned}\right\} \mathbf{U}_{1n} - \mathbf{U}'_{2c} = \mathbf{U}_{Rcc} + \mathbf{U}_{Xcc} = \mathbf{U}_{cc}\,;\ \varepsilon_c = \overline{WZ} = \overline{WX} + \overline{XY} + \overline{YZ} \quad [8]$$

Resistencia en cortocircuito : $R_{cc} = R_1 + r_t^2\,R_2$. Reactancia en cortocircuito: $X_{cc} = X_{1d} + r_t^2\,X_{2d}$

$$\text{De la figura resulta:}\left\{\begin{aligned} \overline{WX} &= 100\,\frac{U_{Rcc}}{U_{1n}} = \frac{I_{1n}R_{cc}\cos\,\varphi_2}{U_{1n}} \\ \overline{XY} &= 100\,\frac{U_{Xcc}}{U_{1n}} = \frac{I_{1n}X_{cc}\text{sen}\,\varphi_2}{U_{1n}} \\ \overline{YZ} &= \frac{U_{1n} - \sqrt{U_{1n}^{\;2} - [X_{cc}\ I_{1n}\cos\varphi_2 - R_{cc}\ I_{1n}\text{sen}\varphi_2]^2}}{U_{1n}} \end{aligned}\right\} \quad [9]$$

Operando sobre la ecuación [8], mediante el sistema [9], se obtiene:

$$\varepsilon_c = \frac{R_{cc}\ I_{1n}\cos\varphi_2 \pm X_{cc}\ I_{1n}\text{sen}\varphi_2 + U_{1n} - \sqrt{U_{1n}^{\ 2} - [X_{cc}\ I_{1n}\cos\varphi_2 - R_{cc}\ I_{1n}\text{sen}\varphi_2]^2}}{U_{1n}} \qquad [10]$$

$$\left.\begin{array}{l}
\text{Índice de carga}: C = \dfrac{I_1}{I_{1\ nominal}} \approx \dfrac{I_2}{I_{2\ nominal}} = \dfrac{I'_2}{I'_{2\ nominal}} = \dfrac{I'_2}{I_{1nominal}} \Rightarrow I_{1nominal} = \dfrac{I_1}{C} \\
\text{Como}: \varepsilon_{Rcc} = \dfrac{[R_1 + r_t^2 R_2]\ I_{1n}}{U_{1n}} = \dfrac{[R_1 + R'_2]\ I_{1n}}{U_{1n}} = \dfrac{R_{cc}\ I_{1n}}{U_{1n}} = \dfrac{R_{cc}\ I_1}{U_{1n}C} \Rightarrow C\ \varepsilon_{Rcc} = \dfrac{R_{cc}\ I_1}{U_{1n}} \\
\text{Como}: \varepsilon_{Xcc} = \dfrac{[L_{1d} + r_t^2 L_{2d}]\omega\ I_{1n}}{U_{1n}} = \dfrac{[X_{1d} + X'_{2d}]\ I_{1n}}{U_{1n}} = \dfrac{X_{cc}\ I_{1n}}{U_{1n}} = \dfrac{X_{cc}\ I_1}{U_{1n}C} \Rightarrow C\ \varepsilon_{Xcc} = \dfrac{X_{cc}\ I_1}{U_{1n}}
\end{array}\right\} \qquad [11]$$

Con [10] y [11] se obtiene ε_c, correspondiente a I_2 y cos φ_2, según "Método de Kapp":

$$\varepsilon_c = C\ [\varepsilon_{Rcc}\ \cos\varphi_2 \pm \varepsilon_{Xcc}\ \text{sen}\varphi_2] + 100 - \sqrt{100^2 - C^2[\varepsilon_{Xcc}\ \cos\varphi_2 - \varepsilon_{Rcc}\ \text{sen}\varphi_2]^2}\ \% \qquad [12]$$

La expresión aproximada de [12] es: $\varepsilon_{c\ Aprox} \approx C\ [\varepsilon_{Rcc}\cos\varphi_2 \pm \varepsilon_{Xcc}\text{sen}\varphi_2]\,\%$ [13]

En el símbolo ± de las expresiones anteriores se usa: + Inductivo. – Capacitivo.

La caída de tensión interna relativa ε_c depende de dos aspectos relacionados con:

- Construcción del transformador.
  - Si $R_{cc} = [R_1 + R'_2] \uparrow \Rightarrow \varepsilon_{Rcc} \uparrow \Rightarrow \varepsilon_c \uparrow$.
  - Si $X_{cc} = [X_{1d} + X'_{2d}] \uparrow \Rightarrow \varepsilon_{Xcc} \uparrow \Rightarrow \varepsilon_c \uparrow$.
- Explotación del transformador.
  - Índice de carga. Cuando C aumenta ↑, la caída de tensión interna ε_c aumenta↑.
  - Factor de potencia cos φ_2 de Z_C. Hay tres posibilidades:

    *Resistivo $\varphi_2 = 0 \Rightarrow \varepsilon_{c\ Aprox} \approx C\ \varepsilon_{Rcc} \Rightarrow$ Siempre $U_{1n} > U'_{2c}$.

    * Inductivo $\varphi_2 > 0 \Rightarrow \varepsilon_{c\ Aprox} \approx C\ [\varepsilon_{Rcc}\cos\varphi_2 + \varepsilon_{Xcc}\text{sen}\varphi_2] \Rightarrow$ Siempre $U_{1n} > U'_{2c}$.

    *Capacitivo $\varphi_2 < 0 \Rightarrow \varepsilon_{c\ Aprox} \approx C\ [\varepsilon_{Rcc}\cos\varphi_2 - \varepsilon_{Xcc}\text{sen}\varphi_2]$ al pasar del vacío a la carga puede ser $U_{1n} < U'_{2c}$, esta situación se denomina "**EFECTO FERRANTI**", es una consecuencia de que el flujo en el núcleo, es superior con carga capacitiva que en vacío. Debe evitarse $U_{1n} < U'_{2c}$, pues se dañan las instalaciones receptoras. También deben evitarse las sobrecargas.

3.6. POTENCIA BALANCE. PÉRDIDAS. RENDIMIENTO. CONCLUSIONES PRÁCTICAS

■ POTENCIA BALANCE

Potencia compleja es: $\mathbf{S} = \mathbf{U}\,\mathbf{J}^* = \mathbf{Z}\,\mathbf{J}\,\mathbf{J}^* = \mathbf{Z}\,I^2 = P + j\,Q = U\,I\cos\varphi + j\,U\,I\,\mathrm{sen}\varphi$

El balance energético total en transformador real, es la diferencia entre la potencia compleja absorbida por el primario y la potencia compleja cedida por el secundario. Suponiendo que $r_t = 1 \Rightarrow \mathbf{E}_1 = [N_1 / N_2]\,\mathbf{E}_2 = r_t\,\mathbf{E}_2 = \mathbf{E}_2$.

Como: $\mathbf{U}_1 = -\mathbf{E}_1 + [R_1 + j\omega L_{1d}]\,\mathbf{J}_1$; $\mathbf{S}_1 = P_1 + j\,Q_1 = \mathbf{U}_1\,\mathbf{J}^*_1$; $\mathbf{J}_1 = \mathbf{J}_0 + \mathbf{J}'_2$; $\mathbf{J}_0 = I_\mu + j\,I_{Fe}$; $\mathbf{J}\,\mathbf{J}^* = I^2$

Tras laboriosas operaciones, se llega a la potencia compleja absorbida en primario:

$$P_1 + j\,Q_1 = R_1 I_1^2 + R_2 I_2^2 + E_1\,I_{Fe} + j\,[\omega\,L_{1d} I_1^2 + \omega\,L_{2d} I_2^2 + E_1\,I_\mu] + P_2 + j\,Q_2$$

Balance de potencia: $\mathbf{S}_{1\,ABS} = \mathbf{S}_{PÉR} + \mathbf{S}_{2\,CED} \Rightarrow P_{1\,ABS} + j\,Q_{1\,ABS} = P_{PÉR} + j\,Q_{PÉR} + P_{2\,CED} + j\,Q_{2\,CED}$

Parte real: $P_{1\,ABSORBIDA} = [R_1 I_1^2 + R_2 I_2^2 + E_1 I_{Fe}] + P_{2\,CEDIDA} = U_1\,I_1\cos\varphi_1 = P_{PÉRDIDAS} + U_2 I_2 \cos\varphi_2$

■ PÉRDIDAS (W)

La parte real de la potencia activa que absorbe el primario se descompone en:

$$P_1 = [R_1 I_1^2 + R_2 I_2^2 + E_1\,I_{Fe}] + P_2 \Rightarrow P_{1\,ABSORBIDA} = P_{PÉRDIDAS} + P_{2\,CEDIDA}$$

Las pérdidas en transformador real, con gran aproximación, se clasifican en:

- Pérdidas en el cobre P_{Cu}: producidas en las resistencias metálicas, $R_1 > 0$ y $R_2 > 0$, de los devanados. Su causa es el paso de la corriente eléctrica por los dichos devanados. Su efecto es el calentamiento en los referidos devanados por el efecto Joule.

  $P_{Cu} = R_1 I_1^2 + R_2 I_2^2 \approx C^2\,R_{cc}\,I_{1n}^2 = C^2\,P_{cc} = f(C^2)$. Si $C = 1 \Rightarrow I_1 = I_{1n}$; $I_2 = I_{2n} \Rightarrow P_{Cu\,nom} = R_{cc}\,I_{1n}^2 = P_{cc}$

- Pérdidas en el hierro P_{Fe}: producidas en el núcleo ferromagnético, de reluctancia $\Re > 0$, al circular por el núcleo el flujo, que sólo varía con la tensión y como suele ser U_{1nom}=cte, las pérdidas son $P_{Fe} \approx$cte. El flujo crea inducción magnética que:

  *Mediante la ley de Lenz, origina las corrientes de Foucault de naturaleza turbillonaria y al circular por dentro del núcleo producen pérdidas de energía.

  *Por imantación, al depender la inducción, del flujo Φ y de estados magnéticos anteriores, produce en núcleo histéresis magnética con pérdidas de energía.

  $P_{Fe} = E_1\,I_{Fe} = E^2_1 / R_{Fe} \approx P_0 \approx \text{cte} \neq f(C)$, pero ha de ser $U_{1nominal}$ = cte.

PÉRDIDAS POTENCIA	**LUGAR EN DONDE SE PRODUCEN. ORIGEN Y EFECTO**	**RELACIÓN CON ÍNDICE DE CARGA C**	**RELACIÓN CON ENSAYOS** **RELACIÓN CON ÍNDICE CARGA**
EN COBRE P_{Cu} W	Producidas en los devanados metálicos de **BOBINAS** de **COBRE** $R_1 > 0$ y $R_2 > 0$. Originadas por I, la corriente eléctrica. Efecto: pérdidas de energía debidas al **CALENTAMIENTO** por **EFECTO JOULE**	**SON VARIABLES.** Proporcionales al cuadrado del índice de carga. Aumentan mucho con la temperatura. $P_{Cu} = R_1 I_1^2 + R_2 I_2^2 = f(C^2)$	ENSAYO EN CORTOCIRCUITO $P_{cc\,Cu} \approx R_1 I_{1n}^2 + R_2 I_{2n}^2 \approx P_{cc} = R_{cc} I_{1n}^2$ $R_{cc} \approx R_1 + R'_2 = R_1 + r_t^2\ R_2$ $P_{Cu} \approx R_{cc} I_1^2 = C^2\ R_{cc}\ I_{1n}^2 = C^2\ P_{cc}$
EN HIERRO P_{Fe} W	Producidas en el **NÚCLEO** de **HIERRO.** Originadas al circular Φ flujo magnético senoidal dentro del núcleo con $\Re > 0$. Efecto: pérdidas de energía debidas a: **CORRIENTES DE FOUCAULT** **HISTÉRESIS MAGNÉTICA**	**SON CONSTANTES.** No dependen del índice de carga, pero tensión nominal de entrada en el primario ha de ser fija. $P_{Fe} \approx Cte \neq f(C)$ con $U_{1nom} \cong Cte$.	ENSAYO EN VACÍO $P_{Fe\ 0} \approx P_0 \approx P_{Fe}$ $P_{Fe} \approx P_0 = Cte \neq f(C)$ Condición: $U_{1nom} \cong Cte$
TOTALES	$P_{PÉRDIDAS\ TOTALES} = P_{Cu} + P_{Fe} \cong C^2 P_{cc} + P_0 = C^2 R_{cc} I^2_{1n} + E_1 I_{Fe}$		

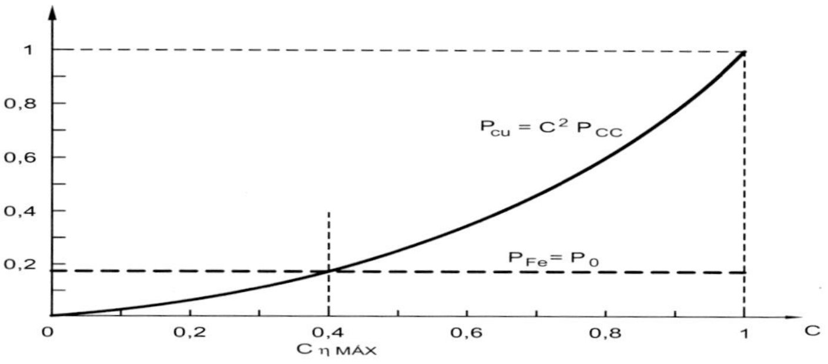

En gráfico, se han representando P_{Cu} y P_{Fe}, en tanto por uno respecto a P_{Cu}, tomando como base $P_{Cu}=1$. Ambas pérdidas se expresan en función del índice de carga C:

$P_{Cu} = R_1\ I_1^2 + R_2\ I_2^2 \approx R_{cc}\ I_1^2 = C^2\ R_{cc}\ I_{1n}^2 = C^2\ P_{cc} \neq$ Cte.; $P_{Fe} = E_1\ I_{Fe} \approx P_0 \approx$ Cte. $\neq f(C)$; $P_{cc} > P_0$.

■ **RENDIMIENTO**

Se define el rendimiento del transformador como el cociente entre potencia activa cedida por el secundario y potencia activa absorbida en el primario.

$$\left.\begin{array}{l} P_1 = P_2 + [P_{Fe} + P_{Cu}] \Rightarrow U_1 I_1 \cos\varphi_1 = U_2 I_2 \cos\varphi_2 + [P_{Fe} + P_{Cu}] \\ P_{Cu} = R_1 I_1^2 + R_2 I_2^2 \approx C^2\ R_{cc}\ I_{1n}^2 = C^2\ P_{cc} \\ P_{Fe} = E_1\ I_{Fe} = E^2_1 / R_{Fe} \approx P_0 \approx Cte \end{array}\right\}$$

El rendimiento tiene las siguientes expresiones:

$$\eta = \frac{P_{CED.}}{P_{ABS.}} = \frac{P_2}{P_1} = 1 - \frac{P_{Fe} + P_{Cu}}{P_1} = 1 - \frac{P_0 + C^2 P_{cc}}{U_1 I_1 \cos\varphi_1} = \frac{P_2}{P_0 + C^2 P + P_2} = \frac{U_2 I_2 \cos\varphi_2}{P_0 + C^2 P + U_2 I_2 \cos\varphi_2} < 1 \quad [14]$$

Índice de carga: $C = I_1 / I_{1\,nom} \cong I_2 / I_{2\,nom} = I'_2 / I'_{2\,nom} \Rightarrow I_2 = C\ I_{2\,nom};\ I_1 = C\ I_{1\,nom}$

Actuando mediante C, índice de carga, sobre la ecuación [14], se obtiene:

$$\eta = 1-\frac{P_0 + C^2 P_{cc}}{C U_1 I_{1n} \cos\varphi_1} = 1-\frac{P_0/C + C P_{cc}}{U_1 I_{1n} \cos\varphi_1} = \frac{C\, U_2 I_{2nom} \cos\varphi_2}{P_0 + C^2 P_{cc} + C\, U_2 I_{2n} \cos\varphi_2} = \frac{U_2 I_{2nom} \cos\varphi_2}{\frac{P_0}{C} + C\, P_{cc} + U_2 I_{2n} \cos\varphi_2} \quad [15]$$

En [15], si C= variable y $\cos\varphi_2$= cte, como $[U_2\, I_{2n}]$= cte $\neq$ f(C), el $\eta_{Máx}$ se alcanza al ser mínimo el denominador. Por tanto, para hallar $\eta_{Máx}$, matemáticamente derivamos el denominador respecto a la variable C y el resultado se iguala a cero:

$$\frac{d}{dC}\left[\frac{P_0}{C} + C P_{cc} + U_2 I_{2n} \cos\varphi_2\right] = \frac{d}{dC}\left[\frac{P_0}{C} + C P_{cc}\right] = -\frac{P_0}{C^2} + P_{cc} = 0 \Rightarrow P_0 = C^2 P_{cc}$$

$$\text{El rendimiento es máximo cuando}: P_0 = C^2\, P_{cc} \Rightarrow \text{El índice de carga es: } C_{\eta\, máx} = \sqrt{\frac{P_0}{P_{cc}}} \Rightarrow \text{"}P_{Fe} = P_{Cu}\text{"}$$

Llevando a la ecuación [15], la condición $P_{Fe} = P_{Cu}$, el rendimiento máximo $\eta_{Máx}$ es:

$$\eta_{Máx} = \left[\frac{P_2}{P_1}\right]_{Máx} = \left[\frac{P_2}{2P_{Fe} + P_2}\right]_{Máx} = \frac{U_2 I_{2nom} \cos\varphi_2}{2\sqrt{P_0\, P_{cc}} + U_2 I_{2nom} \cos\varphi_2} = 1-\frac{P_{Fe} + P_{Cu}}{P_1} = 1-\frac{2\sqrt{P_{cc}\, P_0}}{U_1 I_{1nom} \cos\varphi_1}$$

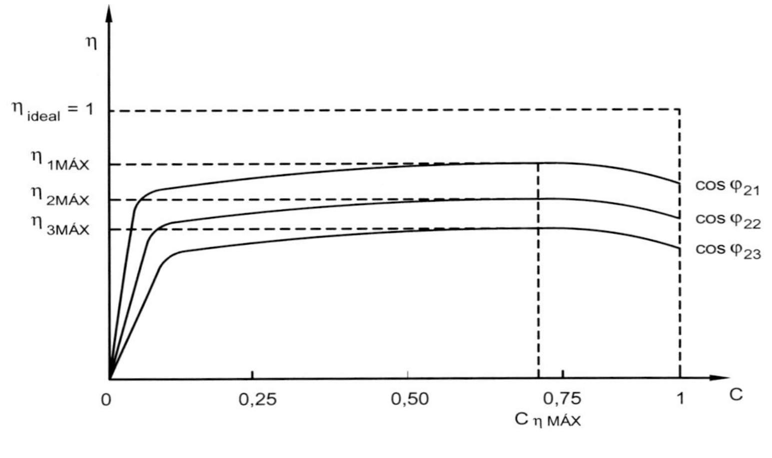

La ecuación [15] siendo C=variable, $\cos\varphi_2$= cte. ($\cos\varphi_{21} > \cos\varphi_{22} > \cos\varphi_{23} > \ldots$), y además $[U_2\, I_{2n}]$=cte., representa gráficamente una "familia de curvas del rendimiento en función de la variable C$\Rightarrow\eta = f_1$ (C)", para los diferentes valores de $\cos\varphi_{2x}$.

Cada curva alcanza un máximo en C= $C_{\eta\, máx}$ según el valor del $\cos\varphi_{2x}$.

Cuando en la ecuación [15] $\cos\varphi_2 = \cos\varphi_1 = 1$ y además se cumple: $C = C_{\eta\, Máx} = \sqrt{\frac{P_0}{P_{cc}}}$, se

obtiene el rendimiento máximo óptimo: $\eta_{Máx.\, Óptimo} = \frac{U_2 I_{2\,nom}}{U_2 I_{2\,nom} + 2\sqrt{P_0\, P_{cc}}} = 1-\frac{2\sqrt{P_0\, P_{cc}}}{U_1 I_{1\,nom}}$

También la ecuación [15] se puede expresar:

$$\eta = \frac{P_2}{P_1} = \frac{U_2 I_{2\,nominal}}{U_2 I_{2\,nominal} + \left[\frac{P_0 + C^2\ P_{cc}}{C\ \cos\varphi_2}\right]} = \frac{U_2 I_{2\,nominal}}{U_2 I_{2\,nominal} + \left[\frac{P_{Fe} + P_{Cu}}{C\ \cos\varphi_2}\right]} = 1 - \frac{\left[\frac{P_0 + C^2\ P_{cc}}{C\ \cos\varphi_1}\right]}{U_1 I_{1\,nominal}} \qquad [16]$$

La ecuación [16], siendo cos φ_2= variable, C=cte. ($C_1 > C_2 > C_3 > \ldots$), y [$U_2\ I_{2n}$]= cte, es una "familia de curvas $\eta = f_2(\cos\varphi_2)$ del rendimiento en función de la variable $\cos\varphi_2$".

Si cos $\varphi_2 \uparrow$, aumenta, el rendimiento aumenta $\eta \uparrow$.

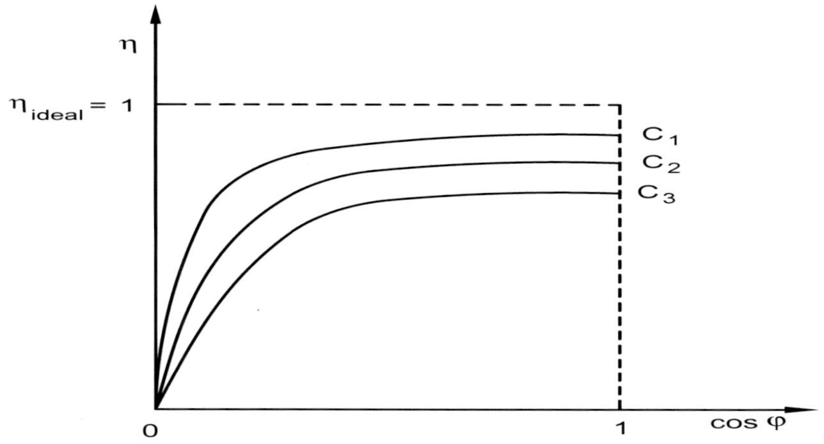

■ **CONCLUSIONES PRÁCTICAS**

- Cuando el transformador trabaja con índice de carga C:

Variable, debe evitarse operar a carga baja, pues el rendimiento es deficiente.

Lo conveniente es trabajar a carga $C \cong C = C_{\eta\ Máx} = \sqrt{\frac{P_0}{P_{cc}}}$ para así obtener $\eta_{máx}$.

Constante, lo deseable es operar a carga $C = C_{\eta\ Máx} = \sqrt{\frac{P_0}{P_{cc}}}$ y así obtener $\eta_{máx}$.

- Según ecuación [16] el rendimiento es $\eta = f_2(\cos\varphi_2)$, al variar cos φ_2:

Cuanto mayor sea el valor de cos $\varphi_2 \uparrow$, mayor será el rendimiento $\eta\uparrow$.

Pero aunque $\cos\varphi_{21} > \cos\varphi_{22}$, podría ocurrir al trabajar con C índices de carga diferentes, que el rendimiento fuese $\eta_{\cos\varphi\ 22} > \eta_{\cos\varphi\ 21}$.

- Al adquirir un transformador para una cierta actividad, debe elegirse aquella máquina cuya potencia sea tal que trabaje durante el mayor tiempo posible con índice de carga lo más próximo al del rendimiento máximo $C = C_{\eta\ Máx} = \sqrt{\frac{P_0}{P_{cc}}}$ y así obtener $\eta_{máx}$.

CUESTIONES

1.1. El transformador es una máquina estática que, basada en la inducción electromagnética, convierte la energía eléctrica de un nivel de tensión, en energía eléctrica de otro diferente nivel de tensión. Dicha máquina funciona mediante:

A) Corriente continua solamente.
B) Corriente alterna solamente.
C) Corriente continua o corriente alterna indistintamente.
D) Corriente transitoria polarizada.

1.2. El núcleo del transformador eléctrico es un circuito magnético, sin entrehierros, por cuyo interior circula el flujo magnético senoidal Φ, de forma que, siendo θ el potencial magnético, su característica magnética dada por la función $\Phi = f(\theta)$ es:

A) Constante. Su expresión es $\Phi = k$.
B) Variable. Su expresión es lineal y pero se representa por $\Phi = k\,\theta$.
C) Variable. Tiene una parte lineal $\Phi = k\,\theta$ y otra parte curva, no lineal, $\Phi = f(\theta)$.
D) Estacionaria.

1.3. La relación de transformación nominal $r_{t\,n}$, de un transformador eléctrico reductor, se define mediante la expresión adimensional:

A) $r_{t\,n} = \dfrac{U_{1\,nominal}}{U_{2\ vacío}}$

B) $r_{t\,n} = \dfrac{U^2_{1\,nominal}}{U^2_{2\ vacío}}$

C) $r_{t\,n} = \dfrac{U_{2\ vacío}}{U_{1\ nominal}}$

D) $r_{t\,n} = \dfrac{I_1 U_{1\,nominal}}{I_2 U_{2\ vacío}}$

1.4. En todo transformador ideal su rendimiento η se define mediante un cociente adimensional, cuyo valor es:

A) $\eta > 1$ muy próximo a la unidad, pero un poco mayor que ella.
B) $\eta < 1$ muy próximo a la unidad, pero un poco inferior a ella.
C) $\eta = 1$ siempre es exactamente igual a la unidad.
D) Oscila entre $0{,}960 \leq \eta \leq 0{,}997$.

1.5. En el transformador real monofásico, al realizar el ensayo en cortocircuito, en el secundario: $Z \cong 0$ y $U_{2cc} = 0$. En el primario al hacer circular $I_{1cc} = I_{1n}$ corriente nominal a frecuencia nominal, se obtiene la tensión en cortocircuito U_{1cc}. Prácticamente, las pérdidas de energía P_{cc} en el referido ensayo en cortocircuito se expresan:

A) $P_{cc} \approx [R_1 + R'_2]\, I^2_{2n}$

B) $P_{cc} \approx [R_1 + R_2]\, I^2_{1n}$

C) $P_{cc} \approx R_1\, I^2_{1n} + R'_2\, I^2_{2n}$

D) $P_{cc} \approx R_1 I^2_{1n} + R_2 I^2_{2n}$

1.6. Al realizar el ensayo en vacío, en un transformador real, el secundario se encuentra abierto y sin carga. La potencia total absorbida, por la máquina en dicho ensayo, se debe al consumo energético producido por:

A) Las corrientes de Foucault en el núcleo magnético.

B) Efecto Joule, al circular la corriente I_1 por el devanado de cobre del primario.

C) El consumo de los aparatos de medida (voltímetro, amperímetro y watímetro), ya que, al no existir carga en el secundario, la corriente en este devanado es nula.

D) Histéresis y corrientes de Foucault en el núcleo magnético, más el pequeño consumo de los aparatos de medida, y más otro consumo pequeñísimo debido a varias causas. Prácticamente en este ensayo se absorbe la potencia de las pérdidas nominales en el hierro: $P_0 = P_{Fe\,0} + P_{Aparatos} + P_{otros} \approx P_{Fe}$

1.7. La tensión relativa de cortocircuito en tanto por ciento, $\varepsilon_{cc}\,\%$, en un transformador real monofásico, se define mediante la siguiente expresión:

A) $\varepsilon_{cc}\% = \sqrt{\varepsilon^2_{Rcc} + \varepsilon^2_{Xcc}} = 100\ \dfrac{Z_{cc}\, I^2_{1n}}{S_{1n}}$

B) $\varepsilon_{cc}\% = 100\ \dfrac{Z_{cc} U_{1n}}{I_{1n}}$

C) $\varepsilon_{cc}\% = 100\ \dfrac{U_{1n}}{U_{cc}}$

D) $\varepsilon_{cc}\% = 100\ \dfrac{Z_{cc}\, I_{1n}}{U^2_{1n}}$

1.8. Al estudiar la caída de tensión interna en un transformador real monofásico, se produce, en ciertas circunstancias, una situación especial denominada "Efecto Ferranti". Siendo C el índice de carga del transformador, la expresión aproximada de la caída de tensión interna, $\varepsilon_{c\ Aprox}$, cuando tiene lugar el "Efecto Ferranti" está dada por:

A) $\varepsilon_{c\ Aprox} \approx C\ [\varepsilon_{Xcc} \cos\varphi_2 - \varepsilon_{Rcc} \operatorname{sen}\varphi_2]$ siendo φ inductivo.

B) $\varepsilon_{c\ Aprox} \approx C\ [\varepsilon_{Rcc} \operatorname{sen}\varphi_2 - \varepsilon_{Xcc} \cos\varphi_2]$ siendo φ capacitivo.

C) $\varepsilon_{c\ Aprox} \approx C\ [\varepsilon_{Rcc} \cos\varphi_2 - \varepsilon_{Xcc} \operatorname{sen}\varphi_2]$ siendo φ capacitivo.

D) $\varepsilon_{c\ Aprox} \approx C\ \varepsilon_{cc}\ [\cos\varphi_2 - \operatorname{sen}\varphi_2]$ siendo φ capacitivo.

1.9. Las pérdidas en el cobre P_{Cu} de un transformador real monofásico se producen, en las resistencias metálicas de los devanados, a causa del paso de la corriente eléctrica por el efecto Joule. Dichas pérdidas están relacionadas con las pérdidas P_{cc}, en el ensayo en cortocircuito, mediante la expresión:

A) $P_{Cu} = C^2\ P_{cc}$

B) $P_{Cu} = \dfrac{P_{cc}}{C^2}$

C) $P_{Cu} = 2\ C\ P_{cc}$

D) $P_{Cu} = P_{cc} = \text{cte.}$

1.10. Pérdidas en el hierro P_{Fe} se producen en el núcleo ferromagnético, del transformador real monofásico, al circular el flujo magnético senoidal por dentro del núcleo, originándose corrientes de Foucault y también histéresis magnética.

Al ser constante la tensión nominal de entrada en primario, $U_{1nom.}$=cte, las pérdidas en el hierro P_{Fe} se expresan de la siguiente manera:

A) $P_{Fe} = E^2_1\ I_{Fe}$.

B) $P_{Fe} = E_1 / R_{Fe}$.

C) $P_{Fe} = E_1\ I_{Fe} = E^2_1 / R_{Fe} \approx P_0 \approx \text{cte}$.

D) $P_{Fe} \approx C\ P_0$.

1.11. En los transformadores reales, de media y elevada potencia nominal, al calcular la caída de tensión interna, se emplea, a fin de simplificar notablemente los cálculos, el "Método de Kapp",. Mediante este método se suponen despreciables:

A) La corriente de vacío $\mathbf{J}_0 \approx 0$ y la corriente de cortocircuito $\mathbf{J}_{cc} \approx 0$

B) La corriente de vacío $\mathbf{J}_0 \approx 0$, y las capacidades parásitas $C_1 = C_2 = 0$

C) La resistencia de cortocircuito R_{cc} y la reactancia de cortocircuito X_{cc}

D) La corriente de cortocircuito $\mathbf{J}_{cc} \approx 0$, y las capacidades parásitas $C_1 = C_2 = 0$

1.12. El rendimiento η en el transformador real monofásico, se puede expresar de diversas maneras: $\eta = \dfrac{P_2}{P_{Fe} + P_{Cu} + P_2} = \dfrac{U_2 I_{2nom} \cos\varphi_2}{P_0 / C + C\, P_{cc} + U_2 I_{2nom} \cos\varphi_2}$

Para alcanzar el rendimiento máximo, $C_{\eta\ máx}$, el índice de carga, es:

A) $C_{\eta\ máx} = \dfrac{P_{cc}}{P_0}$ B) $C_{\eta\ máx} = \dfrac{P_0}{P_{cc}}$

C) $C_{\eta\ máx} = \sqrt{\dfrac{P_{cc}}{P_0}}$ D) $C_{\eta\ máx} = \sqrt{\dfrac{P_0}{P_{cc}}}$

1.13. Al adquirir un transformador eléctrico, a fin de que su rendimiento sea máximo, debe elegirse aquella máquina cuya potencia nominal sea tal que trabaje a lo largo del tiempo, durante el que está en funcionamiento, con un índice de carga C:

A) Siempre $C = 1$

B) Lo más próximo posible a $C = \sqrt{\dfrac{P_0}{P_{cc}}}$

C) Lo más próximo posible a $C = \sqrt{\dfrac{P_{cc}}{P_0}}$

D) Comprendido siempre entre el intervalo $0{,}5 \leq C \geq 1$

1.14. La caída de tensión interna de un transformador real monofásico que se encuentra en situación de carga $C > 0$, está causado por:

A) La fuerza magnetomotriz del núcleo ferromagnético.

B) Las resistencias de las bobinas R_1 y R_2 y las reactancias por dispersión X_{1d} y X_{2d}.

C) Las corrientes de Foucault producidas en cada una de las bobinas.

D) La histéresis magnética alternativa del núcleo ferromagnético.

1.15.- En el transformador ideal, la impedancia $\mathbf{Z_C}$, en bornes de salida del secundario, vista desde bornes de entrada del primario se "refleja en el lado del primario" y entonces al incluir a $\mathbf{Z_C}$ en el lado primario, dicha impedancia se denomina $\mathbf{Z'_C}$. Por tal motivo se dice que el transformador ideal es un "adaptador de impedancias".

El factor de reflexión de la impedancia $\mathbf{Z_C}$ al trasladarla del lado secundario al lado primario, es función de r_t la relación de transformación nominal, y su valor es:

A) $\dfrac{1}{r_t}$ B) $\sqrt{r_t}$

C) r_t^2 D) $\dfrac{1}{r_t^2}$

PROBLEMA 1

Se dispone de cuatro transformadores monofásicos de idéntica potencia aparente nominal S_{1n}=100 kVA, que trabajan siempre con cos φ_1= 0,85. Sus características son:

PÉRDIDAS DEL ENSAYO EN	T_1	T_2	T_3	T_4
VACÍO P_0 W	465	320	280	390
CORTOCIRCUITO P_{cc} W	1.650	1.620	1.675	1.580

El funcionamiento de las cuatro máquinas es siempre idéntico para todas y consiste en:

Lunes a viernes: 8 h/día, con índice de carga C_c= 0,60 %. El resto del día en vacío.

Sábado-domingo: durante todo el tiempo del día permanecen en vacío.

Se pide determinar por cada máquina:

1°. Energía consumida total, expresada en kWh/semana.

2°. Energía consumida, sólo en pérdidas, en kWh/semana.

3°. Rendimiento, con índice de carga C_c= 0,60%.

Ahora los cuatro transformadores anteriores, con cos φ_1= 0,85, funcionan con índice de carga C diferente. Para cada uno de ellos se desea obtener:

4°. Índice de carga cuando el rendimiento es máximo.

5°. Rendimiento máximo.

6°. Energía consumida, sólo en pérdidas, en kWh/semana, cuando el índice de carga es el correspondiente al máximo rendimiento.

SOLUCIÓN

1°. Energía consumida total, por cada máquina, expresada en kWh/semana

Como $P_0=P_{Fe}$, la energía consumida total por cada máquina en una semana se expresa:

$$C_T = 5\,[8\,(C_c S_{1n} \cos\varphi_1 + P_{Fe} + C_c^2 P_{CC}) + 16\,(P_{Fe} + C_V^2 P_{CC})] + 2\,[24\,(P_{Fe} + C_V^2 P_{CC})]\ \text{kWh / semana}$$

Según el enunciado S_{1n}=100 kVA, cos φ_1= 0,85, C_c= 0,60 %, C_v= 0,00 %

$$C_T = 2.040 + 168\,P_{Fe} + 14{,}4\,P_{CC}\ \text{kWh/semana}$$

Sustituyendo los datos del enunciado para cada transformador la energía total consumida semanalmente por cada uno, es:

$$C_{T1} = 2.040 + 168{\cdot}0{,}465 + 14{,}4{\cdot}\ 1{,}650 = 2040 + 101{,}88 = 2.141{,}88 \text{ kWh/semana}$$

$$C_{T2} = 2.040 + 168{\cdot}0{,}320 + 14{,}4{\cdot}\ 1{,}620 = 2040 + 77{,}088 = 2.117{,}088 \text{ kWh/semana}$$

$$C_{T3} = 2.040 + 168{\cdot}0{,}280 + 14{,}4{\cdot}\ 1{,}675 = 2040 + 71{,}16 = 2.111{,}16 \text{ kWh/semana}$$

$$C_{T4} = 2.040 + 168{\cdot}0{,}390 + 14{,}4{\cdot}\ 1{,}580 = 2040 + 88{,}272 = 2.128{,}272 \text{ kWh/semana}$$

2º. Energía consumida sólo en pérdidas, por cada máquina, en kWh / semana

$C_{T\ \text{PÉRDIDAS}} = 168{\cdot}\ P_{Fe} + 40{\cdot}C_c^{\ 2}{\cdot}\ P_{CC} = 168{\cdot}\ P_{Fe} + 14{,}4{\cdot}\ P_{CC}$ kWh/semana , al sustituir los datos del enunciado, las pérdidas de energía semanales de cada máquina son:

$$C_{T1\ \text{PÉRDIDAS}} = 168{\cdot}0{,}465 + 14{,}4{\cdot}\ 1{,}650 = 101{,}88 \text{ kWh/semana}$$

$$C_{T2\ \text{PÉRDIDAS}} = 168{\cdot}0{,}320 + 14{,}4{\cdot}\ 1{,}620 = 77{,}088 \text{ kWh/semana}$$

$$C_{T3\ \text{PÉRDIDAS}} = 168{\cdot}0{,}280 + 14{,}4{\cdot}\ 1{,}675 = 71{,}16 \text{ kWh/semana}$$

$$C_{T4\ \text{PÉRDIDAS}} = 168{\cdot}0{,}390 + 14{,}4{\cdot}\ 1{,}580 = 88{,}272 \text{ kWh/semana}$$

3º. Rendimiento de cada máquina, con índice de carga C_c=0,60 %

Como S_{1n}=100 kVA, y cos φ_1=0,85, P_{1n}=S_{1n} cos φ_1, el rendimiento se expresa:

$$\eta = 1 - \frac{P_0/C + C\ P_{cc}}{P_{1n}} = 1 - \frac{P_0/C + C\ P_{cc}}{S_{1n}\cos\varphi_1} = 1 - \frac{P_0/0{,}6 + 0{,}6\ P_{cc}}{100{\cdot}0{,}85} = 1 - \frac{P_0/0{,}6 + 0{,}6\ P_{cc}}{85}$$

Para cada máquina el rendimiento es:

$$\eta_{T1} = 1 - \frac{0{,}465/0{,}6 + 0{,}6\ {\cdot}1{,}650}{85} = 97{,}92\%\ ;\ \eta_{T2} = 1 - \frac{0{,}32/0{,}6 + 0{,}6\ {\cdot}1{,}62}{85} = 98{,}23\%$$

$$\eta_{T3} = 1 - \frac{0{,}28/0{,}6 + 0{,}6\ {\cdot}1{,}675}{85} = 98{,}27\%;\ \eta_{T4} = 1 - \frac{0{,}39/0{,}6 + 0{,}6\ {\cdot}1{,}58}{85} = 98{,}12\%$$

El transformador de mayor rendimiento es el T_3.

4º. Índice de carga cuando el rendimiento es máximo

El índice de carga para el rendimiento máximo es: $C_{\eta\ \text{máx}} = \sqrt{\dfrac{P_0}{P_{cc}}}$

Para cada transformador sustituyendo datos, el índice de carga resulta:

$$C_{\eta\ \text{máx T1}} = \sqrt{\frac{465}{1650}} = 53{,}08\ \%;\quad C_{\eta\ \text{máx T2}} = \sqrt{\frac{320}{1620}} = 44{,}44\ \%$$

$$C_{\eta\ \text{máx T3}} = \sqrt{\frac{280}{1675}} = 40{,}88\ \%;\quad C_{\eta\ \text{máx T4}} = \sqrt{\frac{390}{1580}} = 49{,}68\ \%$$

5º. Rendimiento máximo

Cuando se cumple $P_0=P_{Fe}=P_{Cu}$, se alcanza el rendimiento máximo y se expresa de las formas siguientes:

$$\eta_{Máx}=\left[\frac{P_2}{P_1}\right]_{Máx}=\left[\frac{P_2}{2P_{Fe}+P_2}\right]_{Máx}=\left[1-\frac{2P_0}{P_1}\right]_{Máx}=\left[1-\frac{2\ P_0}{C_{\eta\ máx}U_1I_{1nom}\cos\varphi_1}\right]_{Máx}$$

En nuestro caso particular, el rendimiento está dado por la expresión es:

$$\eta_{Máx}=\left[1-\frac{2P_0}{C_{\eta\ máx}S_{1nom}\cos\varphi_1}\right]_{Máx}=1-\frac{2P_0}{C_{\eta\ máx}100\cdot 0,85}=1-\frac{2P_0}{C_{\eta\ máx}85}$$

Por tanto, el rendimiento máximo para cada transformador es:

$$\eta_{Máx\ T1}=\left[\frac{P_2}{P_1}\right]_{Máx\ T1}=1-\frac{2\cdot 0,465}{0,5308\cdot 85}=97,938\ \%;\ \eta_{Máx\ T2}=\left[\frac{P_2}{P_1}\right]_{Máx\ T2}=1-\frac{2\cdot 0,320}{0,4444\cdot 85}=98,305\ \%$$

$$\eta_{Máx\ T3}=\left[\frac{P_2}{P_1}\right]_{Máx\ T3}=1-\frac{2\cdot 0,280}{0,4088\cdot 85}=98,388\ \%;\ \eta_{Máx\ T4}=\left[\frac{P_2}{P_1}\right]_{Máx\ T4}=1-\frac{2\cdot 0,390}{0,4968\cdot 85}=98,152\ \%$$

6º. Energía consumida, sólo en pérdidas, en kWh / semana, cuando el índice de carga es el correspondiente al máximo rendimiento

$$C_{T\ PÉRDIDAS}=168\cdot P_0+40\cdot C^2_{\eta\ máx}\cdot P_{CC}\ \text{kWh/semana}$$

Sustituyendo las pérdidas de cada máquina, dadas en el enunciado, cuando el rendimiento es máximo en donde se cumple $P_0=P_{Fe}=P_{cc}$ y siendo el índice de carga el correspondiente al máximo rendimiento, hallado en el apartado cuarto.

$$C_{T\ PÉRDIDAS}=P_0[168+40\cdot C^2_{\eta\ máx}]\ \text{kWh/semana}$$

La energía consumida para cada máquina, sólo en pérdidas en kWh/semana, cuando el índice de carga es el correspondiente al máximo rendimiento resulta:

$$C_{T1\ PÉRDIDAS}=0,465\cdot[168+40\cdot 0,5308^2]=83,360\ \text{kWh/semana}$$

$$C_{T2\ PÉRDIDAS}=0,320\cdot[168+40\cdot 0,4444^2]=56,287\ \text{kWh/semana}$$

$$C_{T3\ PÉRDIDAS}=0,280\cdot[168+40\cdot 0,4088^2]=48,911\ \text{kWh/semana}$$

$$C_{T4\ PÉRDIDAS}=0,390\cdot[168+40\cdot 0,4968^2]=69,370\ \text{kWh/semana}$$

Estos valores son menores que los calculados en el apartado 2º, al ser el índice de carga el correspondiente al máximo rendimiento.

PROBLEMA 2

Un transformador monofásico de potencia nominal aparente S_{1n}=1.250 kVA, tiene las características eléctricas siguientes:

Tensiones nominales 22.000/240 V. P_0= 2.130 W. P_{cc}=13.500 W. Valor relativo de la tensión en cortocircuito ε_{cc}= 5,5 %. Factor de potencia cos φ_2= 0,85 inductivo.

Para un índice de carga pleno C=1, determinar:

1º. Caída de tensión interna ε_c % expresión exacta. Tensión en secundario.

2º. Caída de tensión interna $\varepsilon_{c\ Aprox}$ %. Comparación entre ε_c % y $\varepsilon_{c\ Aprox}$ %

Ahora, el índice de carga inicial varía y pasa a ser el índice de carga cuando el rendimiento es máximo $C_{\eta\ máx}$, en esta circunstancia, sólo para los dos apartados siguientes, se pide calcular:

3º. Caída de tensión interna ε_c % expresión exacta.

4º. Caída de tensión interna $\varepsilon_{c\ Aprox}$ en %. Comparación entre ε_c % y $\varepsilon_{c\ Aprox}$ %.

A continuación con cos φ_2 =0,95 capacitivo, y con índice de carga C= 0,8, hallar:

5º. Caída de tensión interna $\varepsilon_{c\ Aprox}$ %. Indicar si se produce el "Efecto Ferranti".

Utilizando la expresión aproximada de la caída de tensión, determinar:

6º. Valor de φ_2 capacitivo para el cual $\varepsilon_{c\ Aprox}$= 0

SOLUCIÓN

1º. Caída de tensión interna ε_c % expresión exacta. Tensión en secundario

Partiendo de los datos del enunciado, como S_{1n}= I_{1n} U_{1n}=1.250 kVA se obtiene:

$$\varepsilon_{Rcc}\% = 100\frac{P_{cc}}{I_{1n}U_{1n}} = 100\frac{13,500}{1.250} = 1,080\%$$

$$\varepsilon_{Xcc}\% = \sqrt{\varepsilon^2_{cc} - \varepsilon^2_{Rcc}} = \sqrt{5,5^2 - 1,08^2} = 5,3929\ \%$$

La caída de tensión es: $\varepsilon_c = 100\frac{U_{1n} - U'_{2c}}{U_{1n}}\% = 100\ \frac{U_{2n} - U_{2c}}{U_{2n}}\%$

Con desfase inductivo cos φ_2= 0,85, la expresión exacta de la caída de tensión interna:

$$\varepsilon_c = C\ [\varepsilon_{Rcc}\ \cos\varphi_2 + \varepsilon_{Xcc}\ \text{sen}\varphi_2] + 100 - \sqrt{100^2 - C^2\ [\varepsilon_{Xcc}\ \cos\varphi_2 - \varepsilon_{Rcc}\ \text{sen}\varphi_2]^2}$$

Aplicando datos:

$$\varepsilon_c = 1\ [1,08\cdot0,85 + 5,3929\cdot0,5267] + 100 - \sqrt{100^2 - 1^2\cdot[5,3929\cdot 0,85 - 1,08\cdot0,5267]^2} = 3,8390\ \%$$

La tensión del secundario debida a la caída de tensión interna en el transformador es:

$$\varepsilon_c = 100\ \frac{U_{2n} - U_{2c}}{U_{2n}}\ \% \Rightarrow U_{2c} = U_{2n}\ [1 - \frac{\varepsilon_c}{100}] \Rightarrow U_{2c} = 240 \cdot [1 - 0{,}038390] = 230{,}786\ V < 240\ V$$

2º. Caída de tensión interna $\varepsilon_{c\ Aprox}$ %. Comparación entre ε_c % y $\varepsilon_{c\ Aprox}$ %

La expresión aproximada es: $\varepsilon_{c\ Aprox} \approx C\ [\varepsilon_{Rcc}\ \cos\varphi_2 + \varepsilon_{Xcc}\ \operatorname{sen}\varphi_2]$

Con los datos, calculando resulta: $\varepsilon_{c\ Aprox} \approx 1\ [1{,}08 \cdot 0{,}85 + 5{,}3929 \cdot 0{,}5267] = 3{,}7584\ \%$

La diferencia entre los valores exacto y aproximado de la caída de tensión interna, en tanto por ciento, es pequeña: $\frac{\varepsilon_c - \varepsilon_{c\ Aprox}}{\varepsilon_c} 100 = \frac{3{,}8390 - 3{,}7584}{3{,}8390} 100 = 2{,}099\ \%$

3º. Caída de tensión interna ε_c % expresión exacta

El índice de carga para el rendimiento es máximo:

$$C_{\eta\ máx} = \sqrt{\frac{P_0}{P_{cc}}} = \sqrt{\frac{2130}{13500}} = 0{,}3972$$

La caída de tensión interna exacta para el índice de carga con rendimiento máximo es

$$\varepsilon_c = 0{,}3972\ [1{,}08 \cdot 0{,}85 + 5{,}3929 \cdot 0{,}5267] + 100 - \sqrt{100^2 - 0{,}3972^2 \cdot [5{,}3929 \cdot 0{,}85 - 1{,}08 \cdot 0{,}5267]^2}$$

$$\varepsilon_c = 1{,}4928 + 0{,}0127 = 1{,}5055\ \%$$

4º. Caída de tensión interna $\varepsilon_{c\ Aprox}$ en %. Comparación entre ε_c % y $\varepsilon_{c\ Aprox}$ %

La expresión aproximada con los datos y cálculos correspondientes resulta

$$\varepsilon_{Aprox} \approx 0{,}3972\ [1{,}08 \cdot 0{,}85 + 5{,}3929 \cdot 0{,}5267] = 1{,}4928\ \%$$

La diferencia entre los valores exacto y aproximado de la caída de tensión interna, en tanto por ciento, es muy pequeña: $\frac{\varepsilon_c - \varepsilon_{c\ Aprox}}{\varepsilon_c} 100 = \frac{1{,}5055 - 1{,}4928}{1{,}5055} 100 = 0{,}843\ \%$

5º. Caída de tensión interna $\varepsilon_{c\ Aprox}$ %. Indicar si produce el "Efecto Ferranti"

Sustituyendo datos, cos φ_2 = 0,95 capacitivo, en la expresión aproximada de la caída de tensión es: $\varepsilon_{Aprox} \approx 0{,}8 \cdot [1{,}08 \cdot 0{,}95 - 5{,}3929 \cdot 0{,}31224] = -\ 0{,}5263\ \%$.

Como es negativa la caída de tensión interna del secundario del transformador, la nueva tensión del secundario es superior a la tensión nominal del secundario:

$$U_{2c} = U_{2n}\ [1 + \frac{\varepsilon_c}{100}] \Rightarrow U_{2c} = 240\ [1 + 0{,}005263] = 241{,}26\ V > 240\ V$$

Por tanto, si se produce el "Efecto Ferranti", ya que, según el cálculo anterior, la caída interna de tensión del transformador es negativa y la tensión U_{2c} es superior a la tensión nominal del secundario U_{2n}, es decir la diferencia entre los valores de ambas tensiones es negativa.

Resultando que si se produce el "Efecto Ferranti": $U_{2c} > U_{2n}$

6º. Valor de φ_2 capacitivo para el cual $\varepsilon_{c\ Aprox} = 0$

Cuando el desfase es capacitivo, haciendo nula la caída de tensión interna en la expresión aproximada, resulta: $\varepsilon_{c\ Aprox} \approx C\ [\varepsilon_{Rcc}\ \cos\varphi_2 \pm \varepsilon_{Xcc}\ \text{sen}\varphi_2]\ \%$

En el símbolo ± de la expresión anterior, se emplea el signo negativo, ya que el factor de potencia del secundario es capacitivo, en la condición de $\varepsilon_{c\ Aprox} = 0$.

$$\varepsilon_{c\ Aprox} \approx C\ [\varepsilon_{Rcc}\ \cos\varphi_2 - \varepsilon_{Xcc}\ \text{sen}\varphi_2] = 0 \Rightarrow \varepsilon_{Rcc}\ \cos\varphi_2 - \varepsilon_{Xcc}\ \text{sen}\varphi_2 = 0$$

Operando en la anterior ecuación, se obtiene el valor del desfase buscado:

$$\text{tag}\ \varphi_2 = \frac{\varepsilon_{Rcc}}{\varepsilon_{Xcc}} = \frac{100\dfrac{R_{cc}\ I_{1n}}{U_{1n}}}{100\dfrac{X_{cc}\ I_{1n}}{U_{1n}}} = \frac{R_{cc}}{X_{cc}} \Rightarrow \varphi_2 = \text{arc tg}\ [\frac{\varepsilon_{Rcc}}{\varepsilon_{Xcc}}] = \text{arc tg}\left[\frac{1{,}08}{5{,}3929}\right] = 11{,}32^\circ\ \text{capacitivo}$$

PROBLEMA 3

La potencia aparente nominal de un transformador monofásico es S_{1n}= 400 kVA, las tensiones nominales del primario y del secundario son 20/0,400 kV, está conectado a corriente eléctrica alterna de frecuencia ν=50 Hz, y trabaja con un factor de potencia cos φ_1= 0,85 inductivo. Sus devanados tienen las magnitudes eléctricas:

-Primario $\Rightarrow R_1 = 4\ \Omega$. $L_{1d} = 33{,}884$ mH

-Secundario $\Rightarrow R_2 = 3\ m\Omega$. $L_{2d} = 0{,}04775$ mH

Se desea determinar lo siguiente:

1º. Resistencia R_{cc} Ω, con reducción del secundario al primario.

2º. Reactancia X_{cc} Ω, con reducción del secundario al primario.

3º. Valor relativo de la tensión en cortocircuito ε_{cc} %

A partir de los resultados anteriores, cuando el transformador funciona a plena carga y con cos φ_1= 0,85 inductivo, el rendimiento resulta ser η = 98,388 %, hallar:

4º. Pérdidas en cortocircuito P_{cc} kW

5º. Pérdidas en vacío $P_0 = P_{Fe}$ kW

SOLUCIÓN

1º. Resistencia R_{cc} Ω, con reducción del secundario al primario

La relación de transformación nominal es: $r_t = \frac{U_{1\ nominal}}{U_{2\ nominal}} = \frac{20.000}{400} = 50$.

Refiriendo la resistencia del secundario al primario, la resistencia en cortocircuito es:

$$R_{cc} = R_1 + r_t^2\ R_2 = 4 + 3\cdot 10^{-3}\cdot \left[\frac{20.000}{400}\right]^2 = 11{,}5\ \Omega$$

2º. Reactancia X_{cc} Ω, con reducción del secundario al primario

Refiriendo la reactancia del secundario al primario, la reactancia en cortocircuito es:

$$X_{cc} = \omega\ L_{1d} + r_t^2\ \omega\ L_{2d} = 2\ \pi \cdot 50\cdot 33{,}884\cdot 10^{-3} + 2\ \pi \cdot 50\cdot 0{,}04775\cdot 10^{-3} \left[\frac{20.000}{400}\right]^2 = 48{,}147\ \Omega$$

Se comprueba que: $R_{cc} = 11{,}5\ \Omega < X_{cc} = 48{,}147\ \Omega$

3º. Valor relativo de la tensión en cortocircuito ε_{cc} %

$$\varepsilon_{cc}\% = \sqrt{\varepsilon^2_{Rcc} + \varepsilon^2_{Xcc}}\ \% = 100\ \frac{U_{cc}}{U_{1n}} = 100\ \frac{Z_{cc}\ I_{1n}}{U_{1n}} = 100\ \frac{Z_{cc}\ S_{1n}}{U^2_{1n}} = 100\ \sqrt{R^2_{cc} + X^2_{cc}}\ \frac{S_{1n}}{U^2_{1n}}$$

Sustituyendo valores: $\varepsilon_{cc}\% = 100\ \sqrt{11{,}5^2 + 48{,}147^2}\ \dfrac{400.000}{20.000^2} = 4{,}95\ \%$

4º. Pérdidas en cortocircuito P_{cc} kW

En primer lugar, hallaremos la tensión relativa resistiva en cortocircuito:

$$\text{Como: } \varepsilon_{Rcc}\% = 100\frac{R_{cc}\ I_{1n}}{U_{1n}} = 100\frac{R_{cc}[S_{1n}/U_{1n}]}{U_{1n}} = 100\ \frac{11{,}5\cdot [400.000\ /\ 20.000]}{20.000} = 1{,}15\%$$

Como la tensión relativa resistiva en cortocircuito es igual a las pérdidas en tanto por ciento del ensayo en cortocircuito, referidas a la potencia nominal S_{1n}.

$$\text{Es decir: } \varepsilon_{Rcc}\% = 100\frac{U_{Rcc}}{U_{1n}} = 100\frac{R_{cc}\ I_{1n}}{U_{1n}} = 100\frac{R_{cc}\ I^2_{1n}}{I_{1n}U_{1n}} = 100\frac{P_{cc}}{S_{1n}} = \varepsilon_{Pcc}\%$$

Despejando de la anterior ecuación las P_{cc} pérdidas en cortocircuito:

$$P_{cc} = \frac{\varepsilon_{Rcc}\ S_{1n}}{100} = \frac{\varepsilon_{Pcc}\ S_{1n}}{100} = \frac{1{,}15\cdot 400}{100} = 4{,}600\ \text{kW}$$

Como comprobación, también se obtienen las pérdidas en cortocircuito a partir de la resistencia en cortocircuito, antes calculada:

$$P_{cc} = R_{cc}\ I^2_{1n} = R_{cc}\left[\frac{S_{1n}}{U_{1n}}\right]^2 = 11{,}5\left[\frac{400.000}{20.000}\right]^2 = 4{,}600\ \text{kW}$$

5º. Pérdidas en vacío $P_0 = P_{Fe}$ kW

$$\text{Como el rendimiento es: } \eta = \frac{P_{CED.}}{P_{ABS.}} = 1 - \frac{P_0 + C^2\ P_{cc}}{CU_1I_{1n}\cos\varphi_1}$$

Despejando de la ecuación anterior las pérdidas en vacío resultan:

$$P_0 = [1-\eta]\ C\ U_1\ I_{1n}\cos\varphi_1 - C^2\ P_{cc}$$

Según enunciado: $S_{1n} = U_{1n}\ I_{1n} = 400$ kVA, $P_{cc} = 4{,}6$ kW, $\eta = 98{,}388\ \%$, índice de carga C=1 y el factor de potencia es $\cos\varphi_1 = 0{,}85$.

Sustituyendo datos en la ecuación anterior, las pérdidas en vacío son:

$$P_0 = [1 - 0{,}98388]\ 400\cdot 0{,}85 - 1^2\cdot 4{,}6 = 0{,}8808\ \text{kW}$$

Como comprobación del resultado de las pérdidas obtenidas en los apartados anteriores, verificamos que el rendimiento obtenido, mediante cálculos, coincide con el dado como dato en el enunciado del problema.

$$\eta = \frac{P_{CED.}}{P_{ABS.}} = 1 - \frac{P_0 + C^2\ P_{cc}}{CU_1I_{1n}\cos\varphi_1} = 1 - \frac{0{,}8808 + 1^2\cdot 4{,}600}{1\cdot 400\cdot 0{,}85} = 0{,}98388 = 98{,}388\ \%$$

PROBLEMA 4

Se dispone de un transformador monofásico cuyas características son:

Potencia nominal S_{1n}=250 kVA. Tensiones nominales 20/0,380 kV. Pérdidas en el cobre a plena carga 3,9 kW. Pérdidas en el hierro 0,800 kW. Tensión relativa en cortocircuito ε_{cc}= 4,5%. Está máquina está conectada a una red eléctrica alterna con un factor de potencia de funcionamiento inductivo cos φ_1=0,85. Determinar:

1°. Rendimiento a plena carga.

2°. Rendimiento máximo.

3°. Resistencia en cortocircuito.

4°. Reactancia en cortocircuito.

Ahora cuando se alimenta el transformador a su tensión nominal primaria, el factor de potencia inductivo es cos φ_2 = 0,85 y la carga es C= 0,75, hallar:

5°. Tensión a la salida del secundario valor exacto.

SOLUCIÓN

1°. Rendimiento a plena carga

Como el rendimiento es: $\eta=\dfrac{P_{CED.}}{P_{ABS.}}=1-\dfrac{P_0+C^2\ P_{cc}}{CU_1I_{1n}\cos\varphi_1}=1-\dfrac{P_0+C^2\ P_{cc}}{C\ S_{1n}\cos\varphi_1}$

S_{1n} =250 kVA, cos φ_1=0,85, pérdidas en vacío $P_0 = P_{Fe}$ = 0,800 kW.

A plena carga C=1: $P_{Cu\ nominal} = C^2\ P_{cc} = P_{cc}$ =3,900 kW.

Sustituyendo datos del enunciado, el rendimiento a plena carga C=1 es:

$$\eta=\frac{P_{CED.}}{P_{ABS.}}=1-\frac{0,800+1^2\cdot 3,900}{1\cdot 250\cdot 0,85}=0,97788=97,788\ \%$$

2°. Rendimiento máximo

Cuando $P_0=P_{Fe}=P_{Cu}$, se alcanza el rendimiento máximo con índice de carga $C_{\eta\ máx}$ y se expresa de las formas siguientes:

$$\eta_{Máx}=\left[\frac{P_2}{P_1}\right]_{Máx}=\left[\frac{P_2}{2P_{Fe}+P_2}\right]_{Máx}=\left[1-\frac{2P_0}{P_1}\right]_{Máx}=\left[1-\frac{2\ P_0}{C_{\eta\ máx}U_1I_{1nom}\cos\varphi_1}\right]_{Máx}$$

Índice de carga para rendimiento máximo: $C_{\eta\ máx}=\sqrt{\dfrac{P_0}{P_{cc}}}=\sqrt{\dfrac{800}{3900}}=0,4529$

Con $C_{\eta\ máx}$=0,4529 $\Rightarrow$ $\eta_{Máx}=\left[\dfrac{P_2}{P_1}\right]_{Máx}=\left[1-\dfrac{2\cdot 0,800}{0,4529\cdot 250\cdot 0,85}\right]_{Máx}=0,98337$

3º. Resistencia en cortocircuito

$$\text{Como: } \varepsilon_{Rcc}\% = 100\frac{U_{Rcc}}{U_{1n}} = 100\frac{R_{cc}\ I_{1n}}{U_{1n}} = 100\frac{R_{cc}\ I^2_{1n}}{I_{1n}U_{1n}} = 100\frac{P_{cc}}{S_{1n}} = \varepsilon_{Pcc}\%$$

La resistencia en cortocircuito, mediante la ecuación anterior y los datos, resulta:

$$100\frac{R_{cc}\ I^2_{1n}}{I_{1n}U_{1n}} = 100\frac{P_{cc}}{S_{1n}} \Rightarrow R_{cc} = \frac{P_{cc}}{I^2_{1n}} = \frac{3.900}{\left[\frac{250}{20}\right]^2} = 24,96\ \Omega$$

4º. Reactancia en cortocircuito

$$\text{Como: } \varepsilon_{cc}\% = 100\ \frac{U_{cc}}{U_{1n}} = 100\ \frac{Z_{cc}\ I_{1n}}{U_{1n}} = 100\ \frac{Z_{cc}\ I^2_{1n}}{S_{1n}} = 100\ \frac{Z_{cc}\ S_{1n}}{U^2_{1n}} = \sqrt{\varepsilon^2_{Rcc} + \varepsilon^2_{Xcc}}$$

La impedancia en cortocircuito es:

$$Z_{cc} = \frac{\varepsilon_{cc}U_{1n}}{100\ I_{1n}} = \frac{\varepsilon_{cc}U^2_{1n}}{100\ S_{1n}} = \frac{4,5\cdot 20.000^2}{100\cdot 250.000} = 72\ \Omega$$

$$\text{Como} \Rightarrow Z_{cc} = \sqrt{R^2_{cc} + X^2_{cc}}$$

La reactancia en cortocircuito es: $X_{cc} = \sqrt{Z^2_{cc} - R^2_{cc}} = \sqrt{72^2 - 24,96^2} = 67,53\ \Omega$

5º. Tensión a la salida del secundario valor exacto

La expresión exacta de la caída de tensión interna en el transformador en % es:

$$\varepsilon_c = C\ [\varepsilon_{Rcc}\ \cos\varphi_2 + \varepsilon_{Xcc}\ \text{sen}\varphi_2] + 100 - \sqrt{100^2 - C^2\ [\varepsilon_{Xcc}\ \cos\varphi_2 - \varepsilon_{Rcc}\ \text{sen}\varphi_2]^2}\ \%$$

Previamente hemos de calcular, la tensión relativa resistiva en cortocircuito:

$$\varepsilon_{Rcc}\% = 100\frac{U_{Rcc}}{U_{1n}} = 100\frac{R_{cc}\ I_{1n}}{U_{1n}} = 100\frac{24,96\cdot[250/20]}{20.000} = 1,56\ \%$$

Tensión relativa inductiva en cortocircuito:

$$\varepsilon_{Xcc}\% = 100\frac{U_{Xcc}}{U_{1n}} = 100\frac{X_{cc}\ I_{1n}}{U_{1n}} = 100\frac{67,53\cdot[250/20]}{20.000} = 4,22\ \%$$

Aplicando datos y cálculos anteriores, la caída de tensión interna exacta es:

$$\varepsilon_c = 0,75\cdot [1,56\cdot 0,85 + 4,22\cdot 0,5267] + 100 - \sqrt{100^2 - 0,75^2\ [4,22\cdot 0,85 - 1,56\cdot 0,5267]^2} = 2,683\ \%$$

La tensión del secundario U_{2c} debida a la caída de tensión interna en la máquina es:

$$\varepsilon_c = 100\ \frac{U_{2n} - U_{2c}}{U_{2n}}\ \% \Rightarrow U_{2c} = U_{2n}\ [1 - \frac{\varepsilon_c}{100}] \Rightarrow U_{2c} = 380\cdot[1 - 0,02683] = 369,806\ V < 380\ V$$

Se va a comprobar que los dos valores antes calculados de las tensiones relativas en cortocircuito, coinciden con el dato resultante de ε_{cc}= 4,5% la tensión relativa en cortocircuito obtenido a partir de ambos valores:

$$\varepsilon_{cc}\% = \sqrt{\varepsilon^2_{Rcc} + \varepsilon^2_{Xcc}} = \sqrt{1,56^2 + 4,22^2} = 4,5\%$$

PROBLEMA 5

Un transformador monofásico de potencia, trabaja conectado a una corriente eléctrica de frecuencia ν=50 Hz, con factor de potencia cos φ_1= 0,85 inductivo y sus devanados tienen las magnitudes eléctricas:

- Primario $\Rightarrow$ R_1= 5 Ω. L_{1d}= 55 mH
- Secundario $\Rightarrow$ R_2= 3,6 mΩ. L_{2d}= 0,07 mH

Además, se conocen los siguientes datos:

R_{cc}= 9,41 Ω, P_0= 4,500 kW, $\eta_{Máx}$= 98,5328 %, y el índice de carga correspondiente al rendimiento máximo $C_{\eta\ máx}$ = 0,4811. Se desea determinar lo siguiente:

1º. Relación de transformación nominal r_t

2º. Reactancia en cortocircuito X_{cc} Ω, con reducción del secundario al primario.

3º. Impedancia en cortocircuito Z_{cc} Ω, con reducción del secundario al primario.

4º. Potencia nominal S_{1n} kVA

5º. Pérdidas en cortocircuito P_{cc} kW

6º. Intensidad y tensión nominales I_{1n} A y U_{1n} kV

7º. Tensión relativa en cortocircuito ε_{cc} %

Se sabe que la máxima variación de caída tensión interna absoluta ocurre cuando en el triángulo de Kapp $\overrightarrow{\mathbf{U}_{1n}}$ y $\overrightarrow{\mathbf{U'}_{2c}}$ están en la misma recta, la hipotenusa del triángulo de caídas de tensión, de tal forma que, mediante la condición anterior, la máxima caída de tensión interna absoluta referida al primario es: $[U_{1n} - U'_{2c}]_{Máx} = U_{cc}$

El factor de potencia en el secundario cuando ocurre la máxima caída de tensión interna a plena carga es: $\cos\varphi_{2\ Máx\ c.d.t.} = \dfrac{U_{Rcc}}{U_{cc}}$. Según lo anterior obtener:

8º. Máxima c. d. t. interna entre vacío y plena carga referida al 2º. Cos $\varphi_{2\ máx.\ c.d.t.}$

9º. Verificación del apartado 8º, mediante la caída de tensión interna relativa $\varepsilon_{c\ máx}$

SOLUCIÓN

1º. Relación de transformación nominal r_t

La relación de transformación nominal $r_t = \dfrac{U_{1\ nominal}}{U_{2\ nominal}}$ se obtiene a partir de la ecuación que define la resistencia en cortocircuito, cuando se expresa como suma de la resistencia del primario y la resistencia del secundario referida al primario:

$R_{cc} = R_1 + r_t^2\ R_2 \Rightarrow r_t^2 = \dfrac{R_{cc} - R_1}{R_2}$. Operando resulta

Relación de transformación nominal $r_t = \sqrt{\dfrac{R_{cc} - R_1}{R_2}} = \sqrt{\dfrac{9,41 - 5}{3,6{\cdot}10^{-3}}} = 35$

2º. Reactancia en cortocircuito X_{cc} Ω, con reducción del secundario al primario

Refiriendo la reactancia del secundario al primario, la reactancia en cortocircuito es:

$$X_{cc} = \omega\ L_{1d} + r_t^2\ \omega\ L_{2d} = 2\ \pi \cdot 50 \cdot 55{\cdot}10^{-3} + 35^2 \cdot 2\ \pi \cdot 50 \cdot 0,07{\cdot}10^{-3} = 44,217\ \Omega$$

3º. Impedancia en cortocircuito Z_{cc} Ω, con reducción del secundario al primario

Como: $Z_{cc} = \sqrt{R^2_{cc} + X^2_{cc}} \Rightarrow Z_{cc} = \sqrt{9,41^2 + 44,217^2} = 45,207\ \Omega$.

4º. Potencia nominal S_{1n} kVA

Cuando el rendimiento es máximo se cumple $P_0 = P_{Fe} = P_{Cu}$, el índice de carga es el correspondiente al rendimiento máximo y se expresa de las formas siguientes:

$$\eta_{Máx} = \left[\frac{P_2}{P_1}\right]_{Máx} = \left[\frac{P_2}{2P_{Fe} + P_2}\right]_{Máx} = \left[1 - \frac{2P_{Fe}}{P_1}\right]_{Máx} = 1 - \frac{2\ P_{Fe}}{C_{\eta\ máx}\ U_1 I_{1nom} \cos\varphi_1} = 1 - \frac{2\ P_{Fe}}{C_{\eta\ máx}\ S_{1nom} \cos\varphi_1}$$

La potencia nominal, se obtiene a partir de la ecuación anterior y aplicando los datos indicados en el enunciado:

$$S_{1nom} = \frac{2\ P_{Fe}}{C_{\eta\ máx}\ [1 - \eta_{Máx}]\cos\varphi_1} = \frac{2{\cdot}4,500}{0,4811{\cdot}[1 - 0,985328]{\cdot}0,85} = 1.500\ \text{kVA}$$

5º. Pérdidas en cortocircuito P_{cc} kW

Como el índice de carga para el rendimiento máximo se define:

$$C_{\eta\ máx} = \sqrt{\frac{P_0}{P_{cc}}} \Rightarrow \text{Pérdidas en cc.} \Rightarrow P_{cc} = \frac{P_0}{C^2_{\eta\ máx}} = \frac{4,500}{0,4811^2} = 19,4420\ \text{kW}$$

6º. Intensidad y tensión nominales I_{1n} A y U_{1n} kV

Al estar el secundario en cortocircuito se cumple:

$$P_{cc} = R_{cc} I^2_{1n} \Rightarrow I_{1n} = \sqrt{\frac{P_{cc}}{R_{cc}}} = \sqrt{\frac{19.442,04}{9,41}} = 45,4544\ \text{A}$$

La tensión nominal es: $U_{1n} = \dfrac{S_{1\ nominal}}{I_{1nominal}} = \dfrac{1.500.000}{45,4544} = 33\ \text{kV}$

7º. Tensión relativa en cortocircuito ε_{cc} %

El valor relativo de la tensión en cortocircuito es: $\varepsilon_{cc}\% = 100\,\dfrac{U_{cc}}{U_{1n}} = 100\,\dfrac{Z_{cc}\,I_{1n}}{U_{1n}}$.

Sustituyendo valores: $\varepsilon_{cc}\% = 100\,\dfrac{45{,}207 \cdot 45{,}4544}{33.000} = 6{,}226\ \%$

8º. Máxima c.d.t. interna entre vacío y plena carga referida al 2º. Cos$\varphi_{2\text{máx. c.d.t.}}$

Según el enunciado la máxima caída de tensión interna absoluta, referida al primario, entre vacío y plena carga se expresa mediante:

$[U_{1n} - U'_{2c}]_{\text{Máx}} = U_{cc}$.

Por tanto la máxima caída de tensión interna absoluta referida ahora al secundario, entre vacío y plena carga, se formula por:

$[U_{2n} - U_{2c}]_{\text{Máx}} = \dfrac{U_{cc}}{r_t}$.

Operando: $[U_{2n} - U_{2c}]_{\text{Máx}} = \dfrac{U_{cc}}{r_t} = \dfrac{I_{cc} Z_{cc}}{r_t} = \dfrac{45{,}4544 \cdot 45{,}207}{35} = 58{,}71\ \text{V}$

El factor de potencia, cuando se produce en el secundario la máxima caída de tensión interna, a plena carga es inductivo:

$$\cos\varphi_{2\ \text{Máx c.d.t.}} = \frac{U_{Rcc}}{U_{cc}} = \frac{I_{1n}\,R_{cc}}{I_{1n}\,Z_{cc}} = \frac{R_{cc}}{Z_{cc}} = \frac{9{,}41}{45{,}207} = 0{,}20815 \Rightarrow \varphi_{2\ \text{Máx c.d.t.}} = 77{,}98^0.$$

9º. Verificación del apartado 8º, mediante caída de tensión interna relativa $\varepsilon_{c\ \text{máx}}$

La verificación de la máxima caída de tensión interna absoluta referida al secundario, se obtiene hallando la caída de tensión interna relativa máxima:

$$\varepsilon_{c\ \text{Máx}} = C\,[\varepsilon_{Rcc}\cos\varphi_{2\,\text{Máx}} + \varepsilon_{Xcc}\operatorname{sen}\varphi_{2\,\text{Máx}}] + 100 - \sqrt{100^2 - C^2\,[\varepsilon_{Xcc}\cos\varphi_{2\,\text{Máx}} - \varepsilon_{Rcc}\operatorname{sen}\varphi_{2\,\text{Máx}}]^2}$$

$$\left.\begin{array}{l}
\varepsilon_{Rcc}\% = 100\dfrac{R_{cc}\,I_{1n}}{U_{1n}} = 100\dfrac{9{,}41 \cdot 45{,}4544}{33000} = 1{,}2961\ \% \\
\varepsilon_{Xcc}\% = 100\,\dfrac{X_{cc}\,I_{1n}}{U_{1n}} = 100\,\dfrac{44{,}217 \cdot 45{,}4544}{33000} = 6{,}0904\ \% \\
\text{Ángulo para la máxima caída de tensión: } \varphi_{2\ \text{Máx.c.dt}} = 77{,}98^{\text{o}} \\
\text{Índice de plena a carga: } C = 1
\end{array}\right\}$$

Operando, con los datos anteriores en la expresión, indicado al inicio del apartado, de donde se obtiene la caída de tensión interna relativa máxima:

$$\varepsilon_{c\ \text{Máx}} = 1\ [1,2961\cdot \cos 77,98 + 6,0904\cdot \text{sen} 77,98] + 100 - \sqrt{100^2 - 1^2\ [6,0904\cdot \cos 77,98 - 1,2961\cdot \text{sen} 77,98]^2}$$

$$\varepsilon_{c\ \text{Máx}} = 6,22689\ \%$$

Como la caída de tensión interna relativa es: $\varepsilon_{c\ \text{Máx}} = 100\ \dfrac{[U_{2n} - U_{2c}]_{\text{Máx}}}{U_{2n}}\ \%$

Despejando la máxima caída de tensión interna absoluta, en el transformador, referida al secundario, y tras sustituir valores llegamos al resultado:

$$[U_{2n} - U_{2c}]_{\text{Máx}} = \frac{\varepsilon_{c\ \text{Máx}} U_{2n}}{100} = \frac{6,22689\cdot 33000/35}{100} = 58,71\ \text{V}$$

Valor coincidente con el obtenido de forma directa en el apartado 8º.

PROBLEMA 6

Un transformador monofásico de potencia aparente nominal S_{1n}= 400 kVA, y relación de transformación nominal r_t=50, es alimentado con una corriente alterna de frecuencia ν= 50 Hz. Sus magnitudes eléctricas son:

- Primario: Resistencia R_1= 4 Ω. Bobina de dispersión L_{1d}= 338,84 mH.
- Núcleo magnético: R_{Fe}= 454 k Ω. L_μ= 65 H.
- Secundario: Resistencia R_2= 3 mΩ. Bobina de dispersión L_{2d}= 0,04775 mH.
- Condensadores: $C_1=C_2=C_{12}=0$; M= inducción mutua.

Los bornes de salida están abiertos, en vacío. En bornes de entrada del primario del transformador la tensión es $\mathbf{E}_1 = 20\underline{|-90^\circ}$ kV. Determinar:

1°. Circuito equivalente con reducción del secundario al primario.

2°. Corrientes: de vacío $\mathbf{J}_0 = I_0\underline{|\varphi_0{}^\circ}$, magnetizante $\mathbf{J}_\mu = I_\mu\underline{|\varphi_\mu{}^\circ}$ y de pérdidas $\mathbf{J}_{Fe} = I_{Fe}\underline{|\varphi_{Fe}{}^\circ}$

3°. Tensiones en bornes del circuito a la entrada $\mathbf{U}_1 = U_1\underline{|\alpha_1{}^\circ}$ y salida $\mathbf{U}_2 = U_2\underline{|\alpha_2{}^\circ}$

4°. Potencia disipada absorbida a la entrada del transformador.

5°. Pérdidas en el hierro P_{Fe} W

SOLUCIÓN

1°. Circuito equivalente con reducción del secundario al primario

TRANSFORMADOR REAL. Secundario en vacío $\mathbf{J_2= 0}$. R_{Fe}, L_μ. L_{1d}, L_{2d}=0. $C_1=C_2=C_{12}=0$

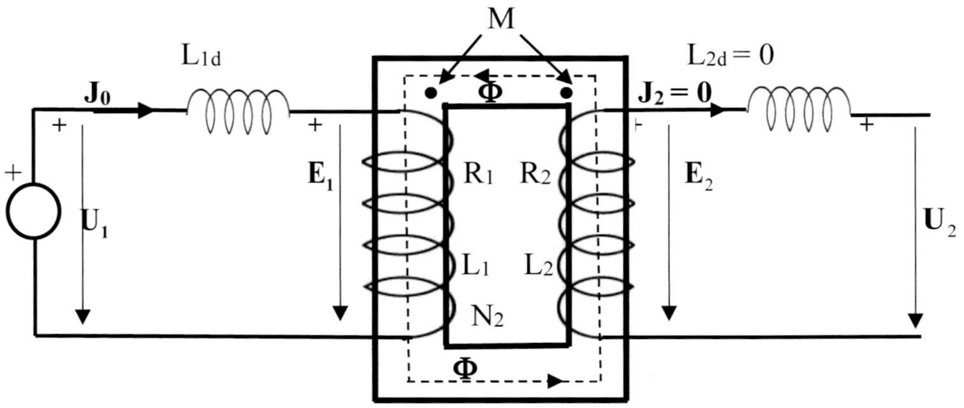

NÚCLEO MAGNÉTICO [R_{Fe}, L_μ]

CIRCUITO EQUIVALENTE, TRANSFORMADOR REAL con reducción del secundario al primario.

Condensadores: $C_1 = C_2 = C_{12} = 0$. Como el secundario está en vacío: $\mathbf{J_2 = 0} \Rightarrow L_{2d} = 0$.

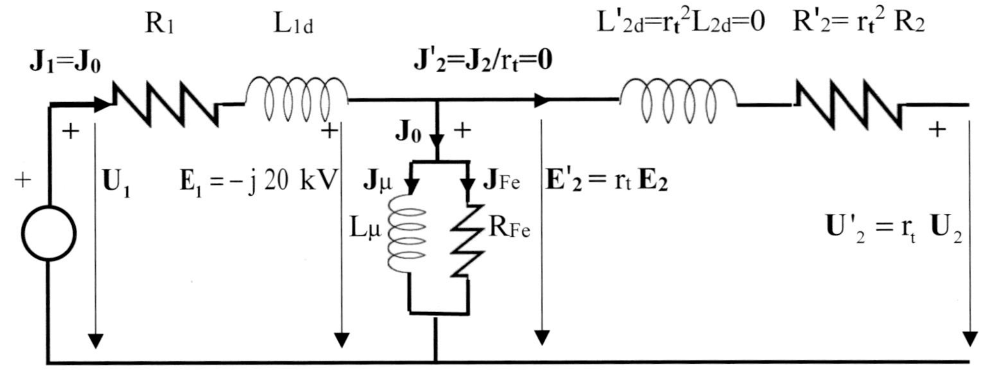

2º. Corrientes: de vacío $J_0 = I_0\underline{|\varphi_0{}^o}$, **magnetizante** $J_\mu = I_\mu\underline{|\varphi_\mu{}^o}$ **y de pérdidas** $J_{Fe} = I_{Fe}\underline{|\varphi_{Fe}{}^o}$

Los bornes del secundario están abiertos, en vacío, por tanto $\mathbf{J_2} = 0$

Según Kirchhoff en nudo: $\mathbf{J}_1 = \mathbf{J}_0 - \mathbf{J'}_2 = \mathbf{J}_0 = I_\mu + j\, I_{Fe}$.

Se sabe: tensión nominal del primario $\mathbf{E}_1 = 20000\ \underline{|-90^o}$ V y R_{Fe}=454 k Ω. L_μ=65 H.

$$\mathbf{E}_1 = r_t\, \mathbf{E}_2 = -j\, E_1 \begin{cases} -\,\mathbf{E}_1 = R_{Fe}\, j\, I_{Fe} \Rightarrow I_{Fe} = \dfrac{E_1}{R_{Fe}} = \dfrac{20000}{454000} = 0{,}044052 \text{ A} \Rightarrow \mathbf{J}_{Fe} = 0{,}044052\underline{|90^o} \\ -\,\mathbf{E}_1 = j\,\omega\, L_\mu I_\mu \Rightarrow I_\mu = \dfrac{E_1}{\omega\, L_\mu} = \dfrac{20000}{2{\cdot}50{\cdot}\pi{\cdot}65} = 0{,}979415 \text{ A} \Rightarrow \mathbf{J}_\mu = 0{,}979415\underline{|0^o} \end{cases}$$

$$[-\mathbf{E}_1] = \frac{R_{Fe}{\cdot}j\omega L_\mu}{R_{Fe} + j\omega L_\mu}\mathbf{J}_0 \Rightarrow \mathbf{J}_0 = \frac{R_{Fe} + j\omega L_\mu}{R_{Fe} j\omega L_\mu}[-\mathbf{E}_1] = \frac{R_{Fe} + j\omega L_\mu}{R_{Fe} j\omega L_\mu}[j\, E_1] = \frac{R_{Fe} + j\omega L_\mu}{R_{Fe}\omega L_\mu} E_1$$

$$\mathbf{J}_0 = \frac{454000 + j\, 2\pi{\cdot}\, 50{\cdot}65}{454000{\cdot}\, 2\pi{\cdot}\, 50{\cdot}\, 65}{\cdot}\ 20000 \Rightarrow \mathbf{J}_0 = 0{,}979415 + j\, 0{,}044052 = 0{,}980405\ \underline{|2{,}5753^o} \text{ A}$$

3º. Tensiones en bornes del circuito a la entrada $U_1 = U_1\underline{|\alpha_1{}^o}$ **y salida** $U_2 = U_2\underline{|\alpha_2{}^o}$

Según la ley de Ohm, se cumple en el primario y el secundario de transformador:

$$\left.\begin{array}{ll} \text{Primario:} & \mathbf{U}_1 = [R_1 + j\omega L_{1d} + j\omega L_1]\ \mathbf{J}_1 + j\omega M\ \mathbf{J}_2 \\ \text{Secundario:} & \mathbf{U}_2 = j\omega M\ \mathbf{J}_1 - [R_2 + j\omega L_{2d} + j\omega L_2]\ \mathbf{J}_2 \end{array}\right\} \text{Siendo: } M = k\sqrt{L_1\ L_2}$$

En el nudo, según Kirchhoff: $\mathbf{J}_1 = \mathbf{J}_0 - \dfrac{N_2}{N_1}\mathbf{J}_2 = \mathbf{J}_0 - \dfrac{\mathbf{J}_2}{r_t} = \mathbf{J}_0 = I_\mu + j\, I_{Fe}$

El secundario está abierto: $\mathbf{J_2}= 0$ y $\mathbf{J_1}=\mathbf{J_0}= 0{,}979415+j\ 0{,}044052= 0{,}980405\ \underline{|2{,}5753^o}$

$$\left.\begin{array}{l} -\mathbf{E_1} = j\omega L_1\mathbf{J}_1 + j\omega M\ \mathbf{J}_2 \\ \\ \mathbf{E}_2 = -j\omega L_2\mathbf{J}_2 + j\omega M\ \mathbf{J}_1 \end{array}\right\} \Rightarrow \begin{array}{l} \text{Primario:} \quad \mathbf{U}_1 = -\mathbf{E_1} + [R_1 + j\omega L_{1d}]\ \mathbf{J}_0 \\ \\ \text{Secundario:}\ \mathbf{U}_2 = \mathbf{E}_2 \end{array}\Bigg\}$$

En primario: $R_1= 4\ \Omega$. Bobina de dispersión $L_{1d}= 338{,}84$ mH

$$\mathbf{U}_1 = -\mathbf{E_1} + [R_1 + j\omega L_{1d}]\ \mathbf{J}_0 = 20000\ j + [4+j\ 100\ \pi\ 338{,}84\cdot 10^{-3}]\cdot 0{,}980405\ \underline{|2{,}5753^o}$$

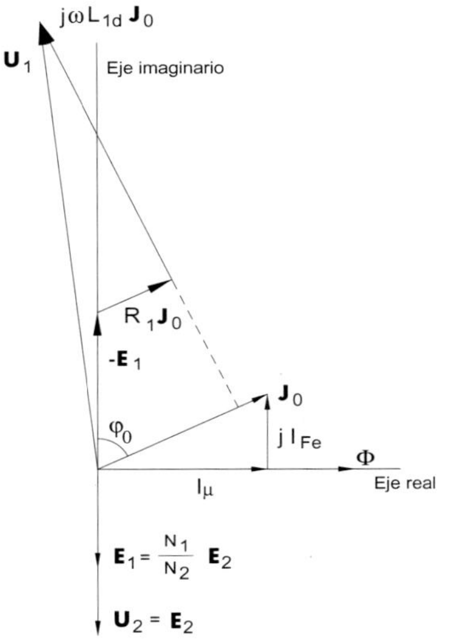

$\mathbf{U_1}=20000\ j+ [4+j\ 106{,}44972]\cdot [0{,}979415+j\ 0{,}044052]$

$$\mathbf{U}_1 = -\ 0{,}751852 + j\ 20104{,}627 = 20104{,}627\ \underline{|90{,}0021^o}\ \text{V}$$

Como: $\mathbf{E_1} = [N_1 / N_2]\ \mathbf{E_2} = r_t\ \mathbf{E_2} = 50\ \mathbf{E_2}$

En el secundario se cumple:

$\mathbf{E_2} = \mathbf{U_2} = \mathbf{E_1} / 50 = 400\underline{|-90^o}$ V

4º. Potencia disipada absorbida a la entrada del transformador

La potencia disipada es la potencia activa.

Esta potencia sólo se disipa en las resistencias del circuito: $R_1= 4\ \Omega$, $R_{Fe}= 454\ k\Omega$ y $R_2= 3\ m\Omega$, que son recorridas respectivamente por la componente eficaz real de la intensidad $\mathbf{J_1}=\mathbf{J_0}= 0{,}979415+j\ 0{,}044052$ y por las intensidades eficaces I_{Fe} y $I_2= 0$.

$P_{10} = 4\cdot 0{,}979415^2 + 454000\cdot 0{,}044052^2 + 5\cdot 10^{-3}\cdot 0 =3{,}8370+ 881{,}022= 884{,}859$ W

También se obtiene la potencia disipada, como potencia activa:

$$P_{10} = U_1\ I_0 \cos [90{,}0021 - 2{,}5753]= 20104{,}627\cdot 0{,}980405\cdot \cos 87{,}4268 = 884{,}92\ \text{W}$$

5º. Pérdidas en el hierro P_{Fe} W

Estas pérdidas se producen en el núcleo de reluctancia magnética $\Re> 0$ y son constantes, cuando siendo $U_{1nom}=$ cte y $\nu=$ cte, circula por el interior del núcleo ferromagnético un flujo magnético Φ = cte.

Si ν=cte y $U_{1nom} \cong E_1 = 4{,}4428\ N_1\ \nu\ \Phi_{0\ Máx} = 4{,}4428\ N_1\ \nu\ B_{0\ Máx}\ S_{Núcleo} =$ cte $\Rightarrow P_{Fe} \cong$ cte

Las pérdidas en el hierro son: $P_{Fe} = E_1 \ I_{Fe} = E^2{}_1 / R_{Fe} = 20000 \cdot 0,044052 = 881,04$ W

Su valor se obtiene con mediciones de aparatos al realizar el ensayo en vacío.

Se observa que P_{Fe} =881,04 W, es prácticamente coincidente con la potencia disipada en el transformador P_{10} =884,859 W, en el apartado 4º. Ya que al calcular las pérdidas en el hierro, mediante el ensayo en vacío, se desprecia la pequeña potencia [3,837 W] disipada en la resistencia R_1= 4 Ω recorrida por la pequeña corriente de vacío $\mathbf{J_0}$.

$$P_{Fe} = E_1 \ I_{Fe} = E^2{}_1 / R_{Fe} \approx U_1 \ I_0 \cos [90{,}0021 - 2{,}5753] = R_1 \ I^2_{1\,REAL} + R_{Fe} \ I^2_{Fe}$$

Es decir: P_{Fe} = 881,04 W≅ P_{10} = 884,859 W

PROBLEMA 7

Un transformador monofásico de potencia aparente nominal S_{1n}= 400 kVA, y relación de transformación nominal r_t=50, es alimentado mediante una corriente alterna de frecuencia ν=50 Hz. Sus magnitudes eléctricas son:

- Primario: Resistencia R_1= 4 Ω. Bobina de dispersión L_{1d}= 338,84 mH
- Núcleo magnético: R_{Fe}= 454 k Ω. L_μ= 65 H
- Secundario: Resistencia R_2= 3 mΩ. Bobina de dispersión L_{2d}= 0,04775 mH
- Condensadores: C_1=C_2=C_{12}=0; M= inducción mutua.

Los bornes de salida del circuito están en cortocircuito y por tanto $\mathbf{Z_c} \cong \mathbf{0}$

La tensión compleja, en bornes del primario, es $\mathbf{E}_1 = 20 \underline{|-90^o}$ kV

No se desprecia la rama en paralelo correspondiente al núcleo magnético, es decir si se tiene en cuenta la corriente de vacío $\mathbf{J_0} > \mathbf{0}$

Se desea obtener:

1º. Circuito equivalente con reducción del secundario al primario.

2º. Corrientes: $\mathbf{J}_1 = I_1 \underline{|\varphi_1{}^o}$ y $\mathbf{J}_2 = I_2 \underline{|\varphi_2{}^o}$

3º. Tensiones de entrada y salida del circuito: $\mathbf{U}_1 = U_1 \underline{|\alpha_1{}^o}$ y $\mathbf{U}_2 = U_2 \underline{|\alpha_2{}^o}$

4º. Impedancia total del circuito $\mathbf{Z}_T$ en cortocircuito.

SOLUCIÓN

1º. Circuito equivalente con reducción del secundario al primario

TRANSFORMADOR REAL. Secundario cortocircuito $\mathbf{Z_{cc}} \cong \mathbf{0}$. R_{Fe}, L_μ. L_{1d}, L_{2d}. C_1=C_2=C_{12}=0

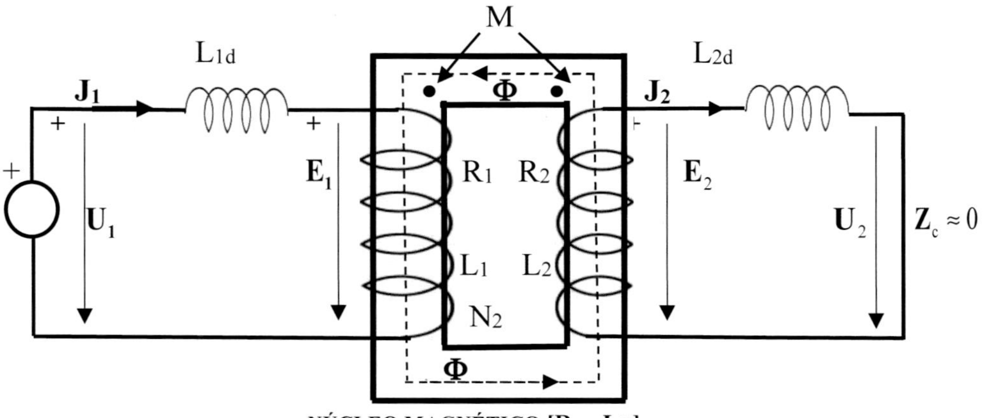

NÚCLEO MAGNÉTICO [R_{Fe}, L_μ]

CIRCUITO EQUIVALENTE TRANSFORMADOR REAL con reducción del secundario al primario.

Condensadores: $C_1 = C_2 = C_{12} = 0$. Secundario en cortocircuito $\mathbf{Z}_c \approx 0$. $\mathbf{E}_1 = 20 \,\underline{|-90^\circ}$ kV

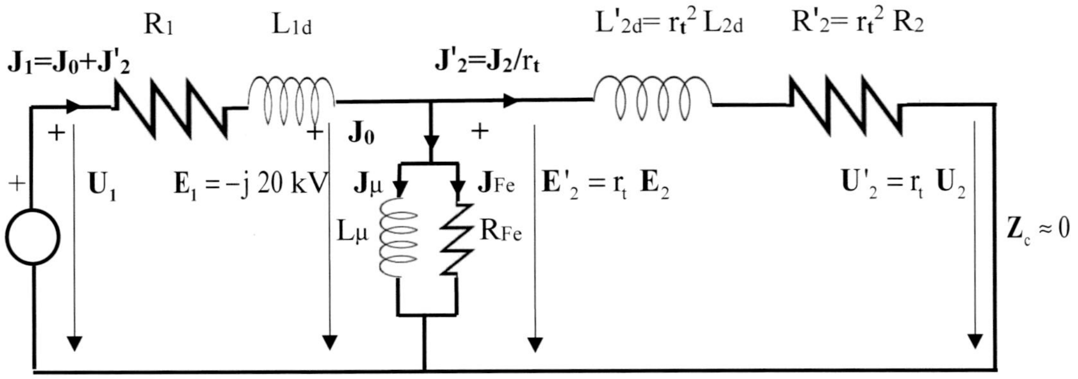

2º. Corrientes: $\mathbf{J}_1 = I_1 \underline{|\varphi_1{}^\circ}$ **y** $\mathbf{J}_2 = I_2 \underline{|\varphi_2{}^\circ}$

Según la ley de Ohm en cada circuito, como $\mathbf{Z}_c \approx 0$:

$$\left.\begin{array}{l}\mathbf{U}_1 = -\mathbf{E}_1 + [R_1 + j\omega L_{1d}]\,\mathbf{J}_1 \\ \\ \mathbf{U'}_2 = \mathbf{E'}_2 - [R'_2 + j\,\omega L'_{2d}]\,\mathbf{J'}_2 = 0\end{array}\right\} \Rightarrow \left.\begin{array}{ll}\mathbf{U}_1 = -\,\mathbf{E}_1 + [R_1 + j\,\omega\,L_{1d}]\,\mathbf{J}_1 & [1] \\ \\ \mathbf{U'}_2 = r_t\,\mathbf{E}_2 - [r_t^2\,R_2 + j\,r_t^2\,\omega\,L_{2d}]\,\dfrac{\mathbf{J}_2}{r_t} = 0 & [2]\end{array}\right\}$$

Mediante el enunciado : $\mathbf{E}_1 = 20 \,\underline{|-90^\circ}$ kV

Como $r_t = 50 \Rightarrow \mathbf{E}_2 = \mathbf{U}_2 = \mathbf{E}_1 / r_t = 400\underline{|-90^\circ}$ V $= -\,j\,400$ V

De la ecuación [2]: $\mathbf{J'}_2 = \dfrac{\mathbf{E'}_2}{R'_2 + j\omega L'_{2d}} = \dfrac{[-jE'_2]\cdot[R'_2 - j\omega L'_{2d}]}{R'^2_2 + \omega^2 L'^2_{2d}} = -\dfrac{[\omega L'_{2d} + jR'_2]}{R'^2_2 + \omega^2 L'^2_{2d}}\,E'_2$

Las magnitudes del secundario reflejadas en el primario son:

$R'_2 = r_t^2 R_2 = r_t^2\, 3\cdot10^{-3}\,\Omega$; $L'_{2d} = r_t^2\,\omega\,L_{2d} = r_t^2\, 2\,\pi\cdot 50\cdot\, 0{,}04775\cdot10^{-3}$; $E'_2 = r_t\,E_2$; $I'_2 = I_2/\,r_t$

$$\mathbf{J'}_2 = -\frac{[100\,\pi\cdot 0{,}04775\cdot10^{-3}\,r_t^2 + j\,3\cdot10^{-3}\,r_t^2]}{9\cdot10^{-6}\,r_t^4 + 10^4\pi^2\,0{,}04775^2\cdot10^{-6}\,r_t^4}\,400\cdot r_t = -\frac{[100\,\pi\cdot 0{,}04775 + j\,3]}{9 + 10^4\pi^2\cdot 0{,}04775^2}\,80 = -\,\frac{15{,}0011 + j\,3}{234{,}0331}\,80$$

$$\mathbf{J'}_2 = -\,[5{,}21785 + j\,1{,}025495] \Rightarrow \mathbf{J}_2 = 50\cdot\mathbf{J'}_2 = -\,50\cdot[5{,}21785 + j\,1{,}025495]$$

$$\text{Como: } \mathbf{E}_1 = r_t\,\mathbf{E}_2 = -j\,E_1 \left\{\begin{array}{l} -\mathbf{E}_1 = R_{Fe}\,j\,I_{Fe} \Rightarrow I_{Fe} = \dfrac{E_1}{R_{Fe}} = \dfrac{20000}{454000} = 0{,}044052\text{ A} \Rightarrow \mathbf{J}_{Fe} = 0{,}044052\underline{|90^\circ} \\ \\ -\mathbf{E}_1 = j\,\omega\,L_\mu I_\mu \Rightarrow I_\mu = \dfrac{E_1}{\omega\,L_\mu} = \dfrac{20000}{2\cdot 50\cdot\pi\cdot 65} = 0{,}979415\text{ A} \Rightarrow \mathbf{J}_\mu = 0{,}979415\underline{|0^\circ}\end{array}\right.$$

$\mathbf{J}_0 = 0,979415 + j\ 0,044052 = 0,980405\ \underline{|2,5753^o}\ A$

$$\left.\begin{array}{l} \mathbf{J}_0 = 0,979415 + j\ 0,044052\ A \\ \text{Según Kirchhoff en el nudo: } \mathbf{J}_1 = \mathbf{J}_0 - \dfrac{N_2}{N_1}\mathbf{J}_2 = \mathbf{J}_0 - \dfrac{\mathbf{J}_2}{r_t} \\ \mathbf{J}_2 = -\ [5,21785 + j\ 1,025495]\ A \end{array}\right\}\ \mathbf{J}_1 = \mathbf{J}_0 - \mathbf{J}'_2$$

$\mathbf{J}_1 = [0,979415 + j\ 0,044052] +\ [5,21785 + j\ 1,025495]$ operando se obtiene

$\mathbf{J}_1 = 6,197265 + j\ 1,069547 = 6,288881\ \underline{|9,7918^o}\ A$

3º. Tensiones de entrada y salida al circuito: $\mathbf{U}_1 = U_1 \underline{|\alpha_1{}^o}$ y $\mathbf{U}_2 = U_2\underline{|\alpha_2{}^o}$

Siendo: $R_1 = 4\ \Omega$. Bobina de dispersión $L_{1d} = 338,84$ mH. De la ecuación [1]:

$\mathbf{U}_1 = -\mathbf{E}_1 + [R_1 + j\omega L_{1d}]\ \mathbf{J}_1 = 20000\ j + [4 + j\ 100\ \pi\ 338,84 \cdot 10^{-3}] \cdot 6,288881\ \underline{|9,7918^o}\ A$

$\mathbf{U}_1 = 20000\ j + [4 + j\ 106,44972] \cdot [6,197265 + j\ 1,069547] = -\ 89,063918 + j\ 20661,18821$

$\mathbf{U}_1 =\ 20661,38017\ \underline{|90,2469^o}\ V$

Como los bornes de salida del circuito están en cortocircuito $\mathbf{Z}_c \approx 0$:

$\mathbf{U}_2 = U_2\underline{|\alpha_2{}^o} = 0\ V$

4º. Impedancia total del circuito Z_T en cortocircuito

Como: $R_{Fe} = 454\ k\Omega$. $L_\mu = 65$ H, la rama de la corriente de vacío $\mathbf{J}_0$ tiene de impedancia:

$$\mathbf{Z_0} = \frac{R_{Fe} j\omega L_\mu}{R_{Fe} + j\omega L_\mu} = \frac{454 \cdot 10^3 \cdot j \cdot 100 \cdot \pi \cdot 65}{454 \cdot 10^3 + j\ 100 \cdot \pi \cdot 65} = \frac{92,70839 \cdot 10^8\ \underline{|90^o}}{[454 + j\ 20,42035] \cdot 10^3} = \frac{92,70839 \cdot 10^5\ \underline{|90^o}}{454,459\ \underline{|2,757^o}}$$

$\mathbf{Z_0} = 2,03997 \cdot 10^4\ \underline{|87,423^o}\ \Omega$

En secundario: Resistencia $R_2 = 3\ m\Omega$. Bobina de dispersión $L_{2d} = 0,04775$ mH.

$\mathbf{Z}'_2 = [r_t^2\ R_2 + j\ r_t^2\ \omega\ L_{2d}] = 50^2\ [3 + j\ 100 \cdot \pi \cdot 0,04775] \cdot 10^{-3} = 7,5 + j\ 37,5027 = 38,2452\ \underline{|78,690^o}$

En el primario: Resistencia $R_1 = 4\ \Omega$. Bobina de dispersión $L_{1d} = 338,84$ mH.

$\mathbf{Z}_1 =\ R_1 + j\ \omega\ L_{1d} = 4 + j\ 100 \cdot \pi\ 338,84 \cdot 10^{-3} = 4 + j\ 106,449$

$$\left.\begin{array}{l} \text{Impedancia total circuito: } \mathbf{Z_T} = \mathbf{Z}_1 + \dfrac{\mathbf{Z_0} \cdot \mathbf{Z}'_2}{\mathbf{Z_0} + \mathbf{Z}'_2} \\ \text{Como se cumple: } \mathbf{Z_0} >> \mathbf{Z}'_2 \end{array}\right\}\ \text{Por tanto, operando se llega a:}$$

$$\mathbf{Z_T} = \mathbf{Z}_1 + \frac{\mathbf{Z'}_2}{\mathbf{Z_0}/\mathbf{Z_0} + \mathbf{Z'}_2/\mathbf{Z_0}} = \mathbf{Z}_1 + \frac{\mathbf{Z'}_2}{1 + \mathbf{Z'}_2/\mathbf{Z_0}} \approx \mathbf{Z}_1 + \mathbf{Z'}_2 = \mathbf{Z}_{cc}\,.$$

Sustituyendo valores:

$$\mathbf{Z_T} = 4 + \mathrm{j}\ 106{,}449 + \frac{2{,}03997 \cdot 10^4 \ \underline{|87{,}423^\circ} \cdot 38{,}2452 \underline{|78{,}690^\circ}}{2{,}03997 \cdot 10^4 \ \underline{|87{,}423^\circ} + 12{,}5 + \mathrm{j}\ 37{,}5027}$$

$$\mathbf{Z_T} \approx \mathbf{Z}_1 + \mathbf{Z'}_2 = \mathbf{Z}_{cc} = 4 + \mathrm{j}\ 106{,}449 + 7{,}5 + \mathrm{j}\ 37{,}5027 = 11{,}5 + \mathrm{j}\ 143{,}9517 = 144{,}41 \ \underline{|85{,}432^\circ}\ \Omega$$

La impedancia total del circuito $\mathbf{Z_T}$ coincide con la impedancia en cortocircuito $\mathbf{Z_{CC}}$.

PROBLEMA 8

Un transformador monofásico de potencia aparente nominal S_{1n}= 400 kVA, y relación de transformación r_t=50, es alimentado mediante una corriente alterna de frecuencia ν=50 Hz. Sus magnitudes eléctricas son:

- Primario: Resistencia R_1=4 Ω. Bobina de dispersión L_{1d}=338,84 mH
- Núcleo magnético: R_{Fe}= 454 k Ω. L_μ= 65 H
- Secundario: Resistencia R_2=3 mΩ. Bobina de dispersión L_{2d}=0,04775 mH
- Condensadores: $C_1=C_2=C_{12}=0$; M= inducción mutua.

Los bornes de salida del circuito están en cortocircuito $\mathbf{Z_c} \cong \mathbf{0}$. Por el primario circula la corriente nominal $\mathbf{J_1}=\mathbf{J_{1n}}=I_{1n}\,\underline{|\beta^o}$ >>$\mathbf{J_0}$,. Se desprecia la pequeña corriente de vacío $\mathbf{J_0} \cong 0$ y por tal motivo también se desprecia la rama en paralelo correspondiente al núcleo ferromagnético.

La tensión nominal, en bornes del primario, es $\mathbf{E}_{1n} = 20\,\underline{|-90^o}$ kV

Esta morfología y condiciones del circuito corresponden al ensayo del transformador en cortocircuito. Con estos supuestos, hallar:

1º. Circuito equivalente con reducción del secundario al primario.

2º. Tensión de entrada al circuito $\mathbf{U}_{1\,cc} = U_{1\,cc}\,\underline{|\varphi^o}$. Comparación de U_{1n} con U_{1cc}

3º. Tensión relativa en cortocircuito ε_{cc} %

4º. Pérdidas en cortocircuito P_{cc} kW directamente.

5º. Pérdidas en cortocircuito mediante los valores eficaces I_{1n} y U_{1cc}

6º. Impedancia total del circuito $\mathbf{Z}_T$ en cortocircuito.

SOLUCIÓN

1º. Circuito equivalente con reducción del secundario al primario

TRANSFORMADOR REAL. Secundario cortocircuito $\mathbf{Z_{cc}\cong 0}$. R_{Fe}, $L\mu$. L_{1d}, L_{2d}. $C_1=C_2=C_{12}=0$

Se hace circular por el primario la corriente nominal $\mathbf{J_{1n}}$

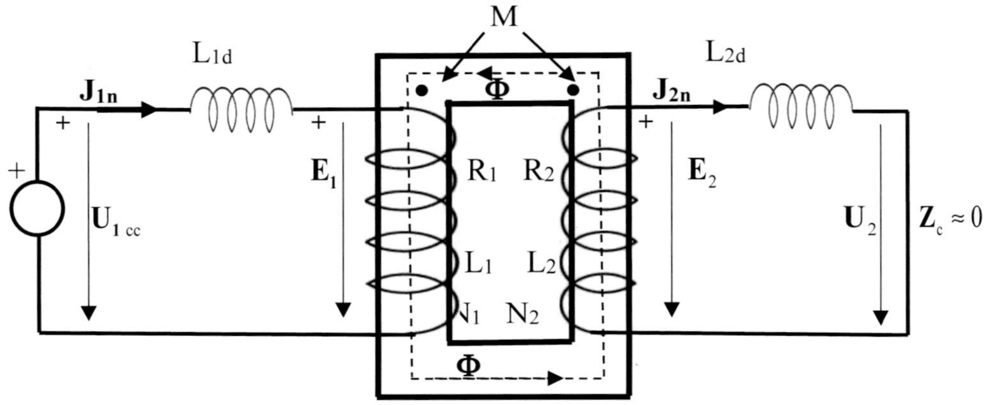

NÚCLEO MAGNÉTICO [R_{Fe}, $L\mu$]

CIRCUITO EQUIVALENTE DEL TRANSFORMADOR REAL con reducción del secundario al primario. Condensadores: $C_1= C_2= C_{12}= 0$. Secundario está en cortocircuito $\Rightarrow$ $Z_c \approx 0$

En el primario: $\mathbf{E}_{1n} = 20 \ \underline{|-90^\circ}\ \text{kV}$, se hace circular la corriente nominal $\mathbf{J_{1n}}$ y como se desprecia la rama en paralelo del núcleo ferromagnético, se cumple: $\mathbf{J_{1n} >> J_0}$

Por el secundario circula la intensidad nominal: $\mathbf{J_{2n}}$, y por lo tanto también se cumple $\mathbf{J_{1n} = J'_{2n} = J_{2n} / r_t >> J_0}$

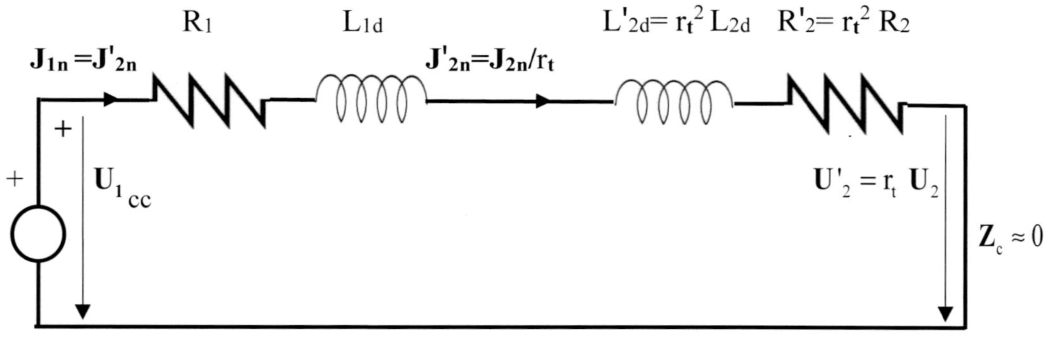

2º. Tensión de entrada al circuito $U_{1cc} = U_{1cc}\ \underline{|\varphi^\circ}$. Comparación de $\mathbf{U_{1n}}$ con $\mathbf{U_{1cc}}$

En primario: Resistencia R_1=4 Ω. Bobina de dispersión L_{1d}=338,84 mH

En secundario: Resistencia R_2=3 mΩ. Bobina de dispersión L_{2d}=0,04775 mH

De acuerdo con el circuito representado del apartado anterior:

$$\left.\begin{array}{l} \text{Por la ley de Ohm}: \mathbf{U}_{1cc} = [R_1 + j\,\omega\, L_{1d}]\,\mathbf{J}_{1n} + [R'_2 + j\,\omega\, L'_{2d}]\,\mathbf{J}'_{2n} \\ \text{Según enunciado}: \mathbf{J}_{1n} = \mathbf{J}'_{2n} = 400000/20000\,\underline{|\beta^o} = 20\,\underline{|\beta^o}\ \text{A} \\ R_{cc} = R_1 + R'_2 = R_1 + r_t^2\, R_2 = 4 + 50^2 \cdot 3 \cdot 10^{-3} = 11{,}5\ \Omega \\ X_{cc} = \omega\, L_{1d} + \omega\, L'_{2d} = \omega\, L_{1d} + r_t^2\ \omega\, L_{2d} = 2\,\pi \cdot 50 \cdot 10^{-3}\ [338{,}84 + 50^2 \cdot 0{,}04775] = 143{,}952\ \Omega \end{array}\right\}$$

$$\mathbf{Z}_T \approx \mathbf{Z}_1 + \mathbf{Z}'_2 = \mathbf{Z}_{cc} = 4 + j\,106{,}449 + 7{,}5 + j\,37{,}5027 = 11{,}5 + j\,143{,}9517 = 144{,}41\,\underline{|85{,}432^o}\ \Omega$$

$$\mathbf{U}_{1\,cc} = [R_{cc} + j\,X_{cc}]\,\mathbf{J}_{1n} \Rightarrow \mathbf{U}_{1\,cc} = 144{,}41\,\underline{|85{,}432^o} \cdot 20\,\underline{|\beta^o} = 2888{,}20\,\underline{|85{,}432^o + \beta^o}\ \text{V}$$

Por el enunciado: $\mathbf{E}_{1n} = 20\,\underline{|-90^o}$ kV y la corriente de vacío $\mathbf{J_0} \cong \mathbf{0}$ A es despreciable, de lo cual resulta: E_{1n}= 20.000 V $\cong U_{1n}$.

Al comparar valores: U_{1n} =20.000 V >> U_{1cc}= 2888,20 V, se observa que la tensión nominal del primario U_{1n} es mucho mayor, siete veces, que U_{1cc} la tensión del primario en el ensayo en cortocircuito.

3º. Tensión relativa en cortocircuito ε_{cc} %

Se define la tensión relativa en cortocircuito, mediante la expresión:

$$\varepsilon_{cc}\% = 100\,\sqrt{R^2_{cc} + X^2_{cc}}\ \frac{S_{1n}}{U^2_{1n}} = 100\ Z_{cc}\,\frac{S_{1n}}{U^2_{1n}}.$$

Resistencia en cortocircuito:

$$R_{cc} = R_1 + r_t^2\ R_2 = 4 + 50^2 \cdot 3 \cdot 10^{-3} = 11{,}5\ \Omega$$

Reactancia en cortocircuito:

$$X_{cc} = \omega\, L_{1d} + \omega\, L'_{2d} = \omega\, L_{1d} + r_t^2\ \omega\, L_{2d} = 2\pi \cdot 50[338{,}84 \cdot 10^{-3} + 50^2 \cdot 0{,}04775 \cdot 10^{-3}] = 143{,}952\ \Omega$$

Sustituyendo valores: $\varepsilon_{cc}\% = 100\ \sqrt{11{,}5^2 + 143{,}952^2}\ \dfrac{400.000}{20.000^2} = 14{,}44\ \%$

4º. Pérdidas en cortocircuito P_{cc} kW, directamente

Directamente las pérdidas en cortocircuito, se expresan mediante las potencias activas disipadas en las resistencias R_1 y R_2 del circuito:

$$P_{cc} \approx R_1 I^2_{1n} + R_2 I^2_{2n} = R_1 I^2_{1n} + R'_2\, I'^2_{2n} \approx [R_1 + R'_2]\ I^2_{1n} \approx R_{cc} I_{1n}^{\ 2}$$

Sustituyendo valores: $P_{cc} \approx 11{,}5\ \left[\dfrac{400000}{20000}\right]^2 = 4{,}600$ kW

5º. Pérdidas en cortocircuito mediante los valores eficaces U_{1cc} y I_{1n}

Las pérdidas en cortocircuito, a partir de los valores de la intensidad nominal del primario y la tensión del primario en cortocircuito, contenidos en apartado 2º, corresponden al valor de la potencia activa disipada en cortocircuito:

$$P_{cc} = U_{1cc}\ I_{1n}\ \cos\,[85{,}432 + \beta - \beta] = 2888{,}20 \cdot 20 \cdot \cos 85{,}432 = 4{,}600\ \text{kW}$$

Como se observa, coinciden los valores de este apartado y del anterior.

$$P_{cc} \approx R_1 I^2_{1n} + R_2 I^2_{2n} = R_1 I^2_{1n} + R'_2\, I'^2_{2n} \approx [R_1 + R'_2]\, I^2_{1n} \approx R_{cc} I_{1n}{}^2 = U_{1cc} I_{1n} \cos\,[\varphi_{U_{1cc}} - \varphi_{I_{1cc}}] = 4{,}6\ \text{kW}$$

6º. Impedancia total del circuito $\mathbf{Z}_T$ en cortocircuito

La impedancia total del circuito $\mathbf{Z}_T$ es la impedancia del circuito en cortocircuito $\mathbf{Z}_{CC}$.

$$\mathbf{Z}_T = \mathbf{Z}_{cc} = R_1 + j\,\omega\, L_{1d} + r_t^2\ R_2 + j\ r_t^2\ \omega\, L_{2d} = R_1 + r_t^2\ R_2 + j\,\omega\,[\ L_{1d} + r_t^2\ L_{2d}]$$

$$R_{cc} = R_1 + r_t^2\ R_2 = 4 + 50^2 \cdot 3 \cdot 10^{-3} = 11{,}5\ \Omega$$

$$X_{cc} = \omega\, L_{1d} + \omega\, L'_{2d} = \omega\, L_{1d} + r_t^2\ \omega\, L_{2d} = 2\pi \cdot 50[338{,}84 \cdot 10^{-3} + 50^2 \cdot 0{,}04775 \cdot 10^{-3}] = 143{,}952\ \Omega$$

$$\mathbf{Z}_T = \mathbf{Z}_{cc} = R_{cc} + j\, X_{cc} = \sqrt{R^2_{cc} + X^2_{cc}}\ \underline{|\varphi_{cc}} = 11{,}5 + j\ 143{,}9517 = 144{,}41\ \underline{|85{,}432^{\circ}}\ \Omega$$

PROBLEMA 9

Un transformador monofásico de potencia aparente nominal S_{1n}= 400 kVA, y relación de transformación r_t=50, es alimentado mediante una corriente alterna de frecuencia ν=50 Hz. Sus magnitudes eléctricas son:

- Primario: Resistencia R_1= 4 Ω. Bobina de dispersión L_{1d}= 338,84 mH.
- Núcleo magnético: R_{Fe}= 454 k Ω. L_μ= 65 H.
- Secundario: Resistencia R_2= 3 mΩ. Bobina de dispersión L_{2d}= 0,04775 mH.
- $C_1=C_2=C_{12}=0$. P_0=0,881 kW. P_{cc}=4,600 kW. M= inducción mutua.

Los bornes de salida del circuito están en cortocircuito $\mathbf{Z_c} \cong \mathbf{0}$. La tensión en bornes de entrada del primario es la tensión nominal compleja: $\mathbf{U}_{1n} = -\,\mathbf{E}_{1n} = 20\,\underline{|90^\circ}$ kV .

Se desprecia la pequeñísima corriente de vacío $\mathbf{J_0} \cong 0$ y por tanto también se desprecia la rama en paralelo correspondiente al núcleo ferromagnético.

Los bornes de salida del circuito están en $\mathbf{Z_c} \cong \mathbf{0}$, la impedancia del circuito es $\mathbf{Z_{cc}}$, impedancia en cortocircuito, se produce "ACCIDENTE DE CORTOCIRCUITO". Determinar:

1°. Circuito equivalente con reducción del secundario al primario.

2°. Intensidad eficaz de la corriente en el primario I_{1cc}, en cortocircuito.

3°. Intensidad eficaz de la corriente en el secundario I_{2cc}, en cortocircuito.

4°. Potencia disipada absorbida a la entrada del transformador en cortocircuito.

5°. Potencia disipada cedida a la salida del transformador en cortocircuito.

SOLUCIÓN

1°. Circuito equivalente con reducción del secundario al primario

TRANSFORMADOR REAL. Secundario cortocircuito $\mathbf{Z_{cc}}\cong\mathbf{0}$. R_{Fe}, $L\mu$. L_{1d}, L_{2d}. $C_1=C_2=C_{12}=0$

En bornes de entrada, por el primario, se establece la tensión nominal $\mathbf{U_{1n}}$

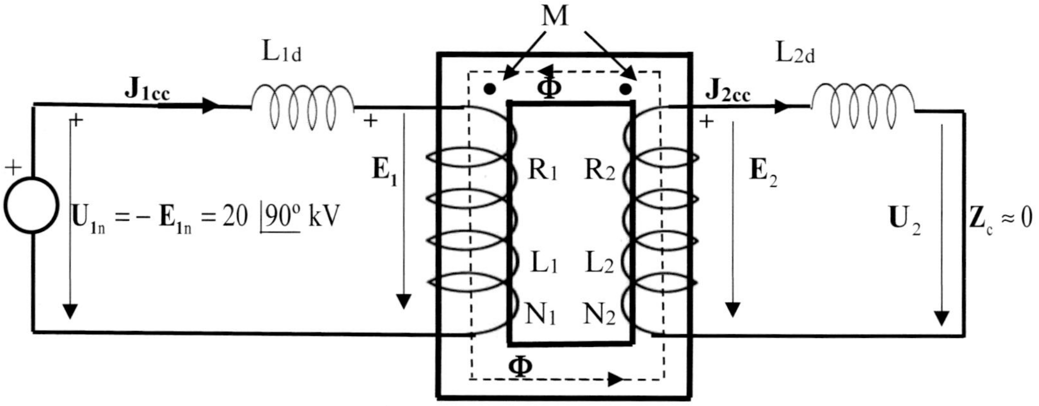

NÚCLEO MAGNÉTICO [R_{Fe}, $L\mu$]

CIRCUITO EQUIVALENTE DEL TRANSFORMADOR REAL con reducción del secundario al primario. Condensadores $C_1 = C_2 = C_{12} = 0$. Secundario está en cortocircuito $\Rightarrow \mathbf{Z}_c \approx 0$.

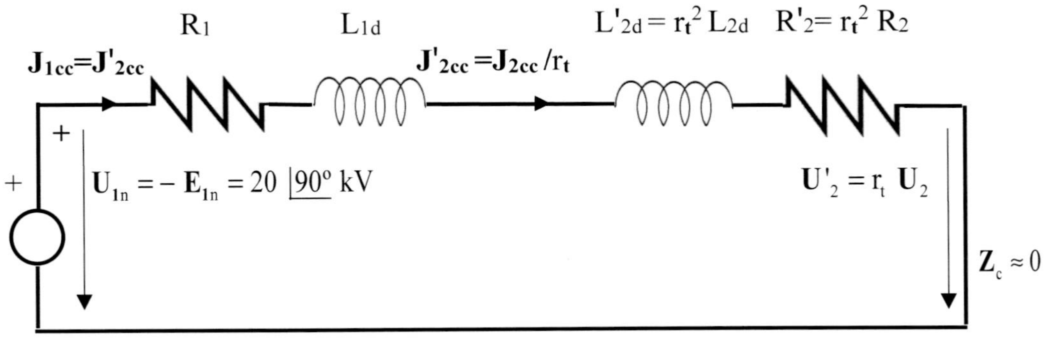

En el primario, según enunciado, la tensión es $\mathbf{U}_{1n} = -\mathbf{E}_{1n} = 20\ \underline{|90^o}\ \text{kV}$, y por el circula la intensidad denominada corriente de cortocircuito $\mathbf{J}_{1cc}$. Como se desprecia la rama en paralelo del núcleo, se cumple: $\mathbf{J}_{1cc} >> \mathbf{J}_0$.

Por lo antes indicado por el secundario circula la intensidad denominada corriente de cortocircuito: $\mathbf{J}_{2cc}$ y se cumple $\Rightarrow \mathbf{J}_{1cc} = \mathbf{J'}_{2cc} = \mathbf{J}_{2cc} / r_t >> \mathbf{J}_0$.

2º. Intensidad eficaz de la corriente en el primario I_{1cc}, en cortocircuito

En el ensayo en cortocircuito, se obtiene la impedancia en cortocircuito:

$$\mathbf{Z}_{cc} = R_{cc} + j\,\omega\,L_{cc} = [R_1 + r_t^2\,R_2] + j\,\omega\,[\,L_{1d} + r_t^2\,L_{2d}]\,;\ \mathbf{Z}_{cc} = \frac{\mathbf{U}_{1cc}}{\mathbf{J}_{1n}}\quad [1]$$

Según el enunciado, en bornes de entrada del circuito la tensión es $\mathbf{U}_{1n}$, y al estar el secundario en cortocircuito, la impedancia del circuito es la de cortocircuito $\mathbf{Z}_{cc}$.

Por tanto, según ley de Ohm: $\mathbf{U}_{1n} = \mathbf{Z}_{cc}\mathbf{J}_{1cc} \Rightarrow$ Corriente en cortocircuito: $\mathbf{J}_{1cc} = \dfrac{\mathbf{U}_{1n}}{\mathbf{Z}_{cc}}$ [2]

$$\text{Con las ecuaciones [1] y [2]:}\left\{\begin{array}{l} \mathbf{Z}_{cc} = \dfrac{\mathbf{U}_{1\,cc}}{\mathbf{J}_{1n}} \\ \qquad\qquad \Rightarrow \mathbf{J}_{1cc} = \dfrac{\mathbf{U}_{1n}}{\mathbf{U}_{1\,cc}}\mathbf{J}_{1n} \\ \mathbf{J}_{1cc} = \dfrac{\mathbf{U}_{1n}}{\mathbf{Z}_{cc}} \end{array}\right\}\ \mathbf{J}_{1cc} = \frac{\mathbf{U}_{1n}}{\mathbf{U}_{1\,cc}}\mathbf{J}_{1n} \Rightarrow I_{1cc} = \frac{100}{\varepsilon_{cc}\%}\,I_{1n}$$

$$\varepsilon_{cc}\% = 100\,\frac{U_{1\,cc}}{U_{1n}} = 100\,\frac{Z_{cc}\,I_{1n}}{U_{1n}} = 100\,\frac{Z_{cc}\,S_{1n}}{U^2_{1n}} \Rightarrow \frac{U_{1\,n}}{U_{1\,cc}} = \frac{100}{\varepsilon_{cc}\%}$$

Hallemos la tensión relativa en cortocircuito, mediante la expresión:

$$\varepsilon_{cc}\% = 100\,\sqrt{R^2_{cc} + X^2_{cc}}\,\frac{S_{1n}}{U^2_{1n}} = 100\,Z_{cc}\,\frac{S_{1n}}{U^2_{1n}}.$$

Resistencia de cortocircuito: $R_{cc} = R_1 + r_t^2\,R_2 = 4 + 50^2 \cdot 3 \cdot 10^{-3} = 11{,}5\ \Omega$

Reactancia de cortocircuito:

$$X_{cc} = \omega\, L_{1d} + \omega\, L'_{2d} = \omega\, L_{1d} + r_t^2\ \omega\, L_{2d} = 2\pi{\cdot}50[338{,}84{\cdot}10^{-3} + 50^2 \cdot 0{,}04775{\cdot}10^{-3}] = 143{,}952\ \Omega$$

Sustituyendo valores: $\varepsilon_{cc}\% = 100\ \sqrt{11{,}5^2 + 143{,}952^2}\ \dfrac{400.000}{20.000^2} = 14{,}44\ \%$

Como la corriente de vacío $\mathbf{J_0} \cong \mathbf{0}$ A es despreciable frente a la corriente nominal, resulta: E_{1n}= 20.000 V $\cong U_{1n}$ y por tanto $I_{1n} = S_{1n}/V_{1n}$ = 400000 / 20000 = 20 A.
Cuando la tensión en bornes de entrada del circuito es $\mathbf{U_{1n}}$, el elevadísimo valor I_{1cc} de la corriente en cortocircuito en el primario a la entrada del transformador es:

$$I_{1cc} = \frac{100}{\varepsilon_{cc}}\ I_{1n} = \frac{100}{14{,}44}\ \frac{400000}{20000} = 138{,}504\ \text{A} \gg I_{1n} = 20\text{A} \Rightarrow \text{"ACCIDENTE DE CORTOCIRCUITO"}$$

3º. Intensidad eficaz de la corriente en el secundario I_{2cc}, en cortocircuito

El valor eficaz de la corriente en cortocircuito en el secundario, a la salida del transformador, se obtiene a partir de I_{1cc} y de la relación de transformación r_t=50:

$$I_{2cc} = r_t\ I_{1cc} = \frac{100}{\varepsilon_{cc}} I_{1n} = 50{\cdot}\ 138{,}504\ \text{A} = 6925{,}20\ \text{A} > I_{2n} = I_{1n} \cdot r_t = 20{\cdot}\ 50 = 1000\ \text{A}$$

4º. Potencia disipada absorbida a la entrada del transformador en cortocircuito

La potencia disipada, es la potencia activa consumida en las resistencias del transformador existentes en la situación de cortocircuito.

Resistencia en cortocircuito: $R_{cc} = R_1 + R'_2 = R_1 + r_t^2\ R_2 = 4 + 50^2\ {\cdot}3{\cdot}10^{-3} = 11{,}5\ \Omega$.

La R_{cc} es recorrida por componente real eficaz de la intensidad $\mathbf{J_{1cc}}$. Este valor fue obtenido en apartado segundo: I_{1cc}= 138,504 A.

En el primario la potencia disipada absorbida a la entrada con el transformador en cortocircuito: $P_{\text{ACTIVA 1 ABSORBIDA en CC}} = I^2_{1cc} \cdot [R_1 + r_t^2\ R_2] = 138{,}504^2 {\cdot} 11{,}5 = 220{,}609$ kW.

5º. Potencia disipada cedida a la salida del transformador en cortocircuito

En el secundario la potencia activa disipada en el cortocircuito, que se cede al exterior:

$$P_{\text{ACT.2CEDenCC}} = I^2_{2cc} \cdot [\frac{R_1}{r_t^2} + R_2] - [P_0 + P_{cc}] = 6925{,}2^2 \cdot [\frac{4}{50^2} + 3{\cdot}10^{-3}] - [0{,}881 + 4{,}6] = 215{,}128\ \text{kW}.$$

Por tanto: $P_{\text{ACTIVA 1 ABSORBIDA en CC}} = P_{\text{ACTIVA 2 CEDIDA en CC}} + [P_0 + P_{cc}]$

220,609 kW= 215,128 kW+ 0,881 kW +4,6 kW.

Sabemos que los efectos térmicos y dinámicos de la corriente eléctrica crecen con el cuadrado de la intensidad eficaz.

Cuando se produce el "ACCIDENTE DE CORTOCIRCUITO", el enorme valor de la corriente del cortocircuito I_{1cc} debe impedirse por todos los medios posibles, mediante el empleo de protecciones eléctricas. Así se evitaría este Accidente, y consecuentemente graves daños físicos en las instalaciones receptoras, con importantes pérdidas materiales.

En caso, de que el "ACCIDENTE DE CORTOCIRCUITO" afecte directamente a personas, al recibir directamente sobre su cuerpo, la descarga de una elevada corriente eléctrica de cortocircuito, el daño ocasionado es mortal.

$S_{1n} = 20 \cdot 20 = 400$ kVA >> $S_{CC} = 138{,}504 \cdot 20 = 2770$ kVA.

PROBLEMA 10

Un transformador monofásico tiene potencia aparente nominal S_{1n}=500 kVA, las tensiones nominales del primario y del secundario son 22/0,400 kV, y es alimentado mediante una corriente alterna de frecuencia ν=50 Hz.

La máquina siempre trabaja con un factor de potencia inductivo cos φ_1 = 0,85.

Además se sabe que cuando el grado de carga es C = 0,75, su rendimiento en tanto por ciento es $\eta_{0,75}$= 98,6745 %.

También se conoce que su rendimiento máximo es $\eta_{MÁX}$ = 0,987764.

Determinar:

1º. Pérdidas en el hierro P_{Fe}= P_0. Pérdidas en cortocircuito P_{cc}.

2º. Grado de carga cuando se produce $\eta_{MÁX}$.

3º. Pérdidas en el cobre cuando se alcanza $\eta_{MÁX}$.

4º. Rendimiento para C= 0,90.

5º. Tensión relativa resistiva en cortocircuito %.

6º. Resistencia en cortocircuito.

SOLUCIÓN

1º. Pérdidas en el hierro P_{Fe}. Pérdidas en cortocircuito P_{cc}

Rendimiento en función del grado de carga C es: $\eta_C = \dfrac{P_2}{P_1} = 1 - \dfrac{\left[\dfrac{P_0 + C^2 P_{cc}}{C \cos\varphi_1}\right]}{S_{1nominal}}$

Por el enunciado se sabe: $\eta_{0,75}$= 0,986745; S_{1n}= 500 kVA; cos φ_1= 0,85 y C= 0,75

$$\left.\begin{array}{l} \eta_C = \dfrac{P_2}{P_1} = 1 - \dfrac{\left[\dfrac{P_0 + C^2 P_{cc}}{C \cos\varphi_1}\right]}{S_{1nominal}} \\ C = 0,75;\ \cos\varphi_1 = 0,85;\ \eta_{0,75} = 0,986745 \end{array}\right\} \Rightarrow 0,986745 = 1 - \frac{\left[\dfrac{P_0 + 0,75^2 P_{cc}}{0,75 \cdot 0,85}\right]}{500}$$

Operando se obtiene la ecuación $\Rightarrow$ 4,225 = P_0 + 0,5625 P_{cc} [1]

Por otro lado el rendimiento máximo se expresa: $\eta_{Máx} = 1 - \dfrac{2\sqrt{P_{cc} P_0}}{S_{1nom} \cos\varphi_1}$

$$\left.\begin{array}{l} \eta_{Máx} = 1 - \dfrac{2\sqrt{P_{cc} P_0}}{S_{1nom} \cos\varphi_1} \\ \cos\varphi_1 = 0,85;\ \eta_{Máx} = 0,987764 \end{array}\right\} \Rightarrow 0,987764 = 1 - \frac{2\sqrt{P_{cc} P_0}}{500 \cdot 0.85} \Rightarrow 6,760 = P_{cc} \cdot P_0 \quad [2]$$

Mediante las dos ecuaciones [1] y [2], obtenemos: $P^2_0 - 4{,}225\ P_0 + 3{,}8025 = 0$

La solución es: $P_0 = \dfrac{4{,}225 \pm \sqrt{4{,}225^2 - 4 \cdot 3{,}8025}}{2} = \dfrac{4{,}225 \pm 1{,}625}{2}$

Pérdidas en el hierro: $P_0 = \dfrac{4{,}225 - 1{,}625}{2} = 1{,}300\ \text{kW}$

Pérdidas en cortocircuito $P_{cc} = 6{,}760\ /\ 1{,}300 = 5{,}200$ kW

La otra solución posible de pérdidas en el hierro: $P'_0 = \dfrac{4{,}225 + 1{,}625}{2} = 2{,}925\ \text{kW}$, no es aceptable físicamente y por tanto se desprecia, puesto que nos lleva a obtener las pérdidas en cortocircuito $P'_{cc} = 6{,}760\ /\ 2{,}925 = 2{,}311$ kW, que no es válida, pues las pérdidas en cortocircuito siempre son superiores a las pérdidas en el hierro.

2º. Grado de carga cuando se produce $\eta_{MÁX}$

El rendimiento es máximo cuando : $P_0 = C^2\ P_{cc} \Rightarrow$ El índice de carga es: $C_{\eta\ máx} = \sqrt{\dfrac{P_0}{P_{cc}}} = \sqrt{\dfrac{1{,}3}{5{,}2}} = 0{,}5$

3º. Pérdidas en el cobre cuando alcanza $\eta_{MÁX}$

Cuando se produce el rendimiento máximo, se cumple: $P_{cu} = P_{Fe} = 1{,}30$ kW.

También: $P_{cu} = C^2_{\eta\ MÁX} \cdot P_{cc} = 0{,}5^2 \cdot 5{,}20 = 1{,}30$ kW

4º. Rendimiento para C= 0,90

El rendimiento se expresa:

$$\left.\begin{array}{l} \eta_C = \dfrac{P_2}{P_1} = 1 - \dfrac{\left[\dfrac{P_0 + C^2\ P_{cc}}{C\ \cos\varphi_1}\right]}{S_{1\,nominal}} \\ C = 0{,}90;\ \cos\varphi_1 = 0{,}85;\ S_{1n} = 500\ \text{kVA} \\ P_0 = 1{,}3\ \text{kW};\ \ P_{cc} = 5{,}2\ \text{kW} \end{array}\right\} \eta_{0,90} = 1 - \dfrac{\left[\dfrac{1{,}3 + 0{,}9^2\ 5{,}2}{0{,}90 \cdot 0{,}85}\right]}{500} = 98{,}558\%$$

5º. Tensión relativa resistiva en cortocircuito %

Se cumple que la tensión relativa resistiva en cortocircuito es igual a las pérdidas en tanto por ciento del ensayo en cortocircuito, referidas a la potencia nominal S_{1n}.

Tensión relativa Resistiva : $\varepsilon_{Rcc}\% = 100\dfrac{U_{Rcc}}{U_{1n}} = 100\dfrac{R_{cc}\ I_{1n}}{U_{1n}} = 100\dfrac{P_{cc}}{I_{1n}U_{1n}} = 100\dfrac{P_{cc}}{S_{1n}}$

Como $P_{cc} = 5{,}2$ kW y $S_{1n} = 500$ kVA $\Rightarrow \varepsilon_{Rcc}\% = 100\dfrac{5{,}2}{500} = 1{,}04\ \%$

6º. Resistencia en cortocircuito

La resistencia en cortocircuito se expresa, mediante las pérdidas en cortocircuito:

$$P_{cc} \approx R_1\, I^2_{1n} + R_2\, I^2_{2n} = R_{cc}\, I_{1n}^{\ 2} \Rightarrow \text{Por tanto: } R_{cc} = \frac{P_{cc}}{I_{1n}^{\ 2}} = \frac{5200}{\left[\frac{500}{22}\right]^2} = 10{,}0672\ \Omega$$

También se puede obtener la resistencia en cortocircuito:

$$\varepsilon_{Rcc}\% = 100\frac{R_{cc}\, I_{1n}}{U_{1n}} \Rightarrow R_{cc} = \frac{U_{1n}\, \varepsilon_{Rcc}\%}{100 \cdot I_{1n}} = \frac{22000 \cdot 1{,}04}{100 \cdot \frac{500}{22}} = 10{,}0672\ \Omega$$

APÉNDICE 2

SOLUCIÓN DE CUESTIONES

SOLUCIÓN DE CUESTIONES

CUESTIONES	CAPÍTULOS										APÉNDICE
	1	**2**	**3**	**4**	**5**	**6**	**7**	**8**	**9**	**10**	**1**
1	A	D	D	C	B	B	B	B	B	D	B
2	B	C	B	B	A	C	C	D	C	A	C
3	C	C	D	C	C	B	D	D	B	C	A
4	D	C	D	C	B	C	B	A	C	C	C
5	C	A	A	A	D	C	C	A	C	D	D
6	A	A	B	C	A	A	B	C	A	C	D
7	A	D	D	B	B	C	C	A	D	C	A
8	A	C	A	C	C	D	B	B	B	D	C
9	C	C	B	D	B	D	B	C	C	A	A
10	C	D	D	C	C	C	B	C	B	D	C
11	C	D	D	B	D	D	B	C	B	B	B
12	A	D	B	A	C	A	D	D	C	A	D
13	C	D	D	D	D	A	D	A	C	D	B
14	C	D	C	C	C	B	D	B	B	C	B
15	A	C	D	D	D	B	B	D	D	A	C

APÉNDICE 3

MAGNITUDES Y UNIDADES DE ELECTROMAGNETISMO

TABLA DE MAGNITUDES Y UNIDADES DE ELECTROMAGNETISMO

MAGNITUD FÍSICA	UNIDADES			
	SISTEMA INTERNACIONAL		SISTEMA C. G. S. ELECTROSTÁTICO	SISTEMA C. G. S. ELECTROMAGNÉTICO
CARGA ELÉCTRICA	Culombio	C	$1uee_q = 1 Franklin = 3{,}333 \cdot 10^{-10}$ C	$1uem_q = 10$ C
DENSIDAD LINEAL DE CARGA	Culombio $metro^{-1}$	$C\ m^{-1}$	$1uee_{\lambda q} = 3{,}333 \cdot 10^{-8}\ C\ m^{-1}$	$1uem_{\lambda q} = 10^3\ C\ m^{-1}$
DENSIDAD SUPERFICIAL DE CARGA	Culombio $metro^{-2}$	$C\ m^{-2}$	$1uee_{\sigma q} = 3{,}333 \cdot 10^{-6}\ C\ m^{-2}$	$1uem_{\sigma q} = 10^5\ C\ m^{-2}$
DENSIDAD CÚBICA DE CARGA	Culombio $metro^{-3}$	$C\ m^{-3}$	$1uee_{\rho q} = 3{,}333 \cdot 10^{-4}\ C\ m^{-3}$	$1uem_{\rho q} = 10^7\ C\ m^{-3}$
CARGA ELÉCTRICA ESPECÍFICA	Culombio $kilogramo^{-1}$	$C\ kg^{-1}$	$1uee_{q'} = 3{,}333 \cdot 10^{-7}\ C\ kg^{-1}$	$1uem_{q'} = 10^4\ C\ kg^{-1}$
CAMPO ELÉCTRICO	Voltio $metro^{-1}$	$V\ m^{-1}$	$1uee_E = 3{,}000 \cdot 10^4\ V\ m^{-1}$	$1uem_E = 10^{-6}\ V\ m^{-1}$
FLUJO ELECTROSTÁTICO	Voltio metro	V m	$1uee_{\Phi E} = 3{,}000$ V m	$1uem_{\Phi E} = 10^{-10}$ V m
POTENCIAL ELÉCTRICO	Voltio	$V = J\ C^{-1}$	$1uee_V = 3{,}000 \cdot 10^2$ V	$1uem_V = 10^{-8}$ V
CAPACIDAD ELÉCTRICA	Faradio	$F = C\ V^{-1}$	$1uee_C = 1{,}111 \cdot 10^{-12}$ F	$1uem_C = 10^9$ F
INTENSIDAD DE LA CORRIENTE	Amperio	A	$1uee_I = 3{,}333 \cdot 10^{-10}$ A	$1uem_I = 10$ A
DENSIDAD DE CORRIENTE	Amperio $metro^{-2}$	$A\ m^{-2}$	$1uee_J = 3{,}333 \cdot 10^{-6}\ A\ m^{-2}$	$1uem_J = 10^5\ A\ m^{-2}$
RESISTENCIA-IMPEDANCIA	Ohmio	$\Omega = A^{-1}\ V$	$1uee_R = 9{,}000 \cdot 10^{11}\ \Omega$	$1uem_R = 10^{-9}\ \Omega$
CONDUCTANCIA-ADMITANCIA	Siemens	$\Omega^{-1} = A\ V^{-1}$	$1uee_{Co} = 1{,}111 \cdot 10^{-12}\ \Omega^{-1}$	$1uem_{Co} = 10^9\ \Omega^{-1}$
RESISTIVIDAD	Ohmio metro	Ω m	$1uee_\rho = 9{,}000 \cdot 10^9\ \Omega\ m$	$1uem_\rho = 10^{-11}\ \Omega\ m$
CONDUCTIVIDAD	Siemens $metro^{-1}$	$\Omega^{-1}\ m^{-1}$	$1uee_\sigma = 1{,}111 \cdot 10^{-10}\ \Omega^{-1}\ m^{-1}$	$1uem_\sigma = 10^{12}\ \Omega^{-1}\ m^{-1}$
CAMPO MAGNÉTICO	Tesla	$T = Wb\ m^{-2}$	$1uee_B = 3{,}000 \cdot 10^6$ T	$1uem_B = 1$ Gauss $= 10^{-4}$ T
EXCITACION MAGNÉTICA	Amperio $metro^{-1}$	$A\ m^{-1}$	$1uee_H = 2{,}653 \cdot 10^{-9}\ A\ m^{-1}$	$1uem_H = 1$ Oersted $= 79{,}578\ A\ m^{-1}$
FLUJO MAGNÉTICO	Weber	Wb	$1uee_{\Phi m} = 3{,}000 \cdot 10^2$ Wb	$1uem_{\Phi m} = 1$ Maxwell $= 10^{-8}$ Wb
FUERZA MAGNETOMOTRIZ	Amperio vuelta	A vuelta	$1uee_{\mathcal{F}} = 2{,}653 \cdot 10^{-11}$ A vuelta	$1uem_{\mathcal{F}} = 7{,}958\ 10^{-1}$ A vuelta
RELUCTANCIA	Amperio vuelta Wb^{-1}	A vuelta Wb^{-1}	$1uee_{\mathfrak{R}} = 8{,}843 \cdot 10^{-14}\ A\ v\ Wb^{-1}$	$1uem_{\mathfrak{R}} = 7{,}958 \cdot 10^7$ A vuelta Wb^{-1}
PERMEANCIA	$Amperio^{-1}\ vuelta^{-1}$ Wb	$A^{-1}\ vuelta^{-1}$ Wb	$1uee_{\mathfrak{P}} = 1{,}131 \cdot 10^{13}\ A^{-1}\ v^{-1}\ Wb$	$1uem_{\mathfrak{P}} = 1{,}257 \cdot 10^{-8}\ A^{-1}\ v^{-1}\ Wb$
MOMENTO MAGNÉTICO	Amperio $metro^2$	$A\ m^2$	$1uee_{mB} = 3{,}333 \cdot 10^{-14}\ A\ m^2$	$1uem_{mB} = 10^{-3}\ A\ m^2$
POLO MAGNÉTICO	Amperio metro	A m	$1uee_p = 3{,}333 \cdot 10^{-12}$ A m	$1uem_p = 10^{-1}$ A m
IMANTACIÓN-DENSIDAD DE POLO	Amperio $metro^{-1}$	$A\ m^{-1}$	$1uee_M = 3{,}333 \cdot 10^{-8}\ A\ m^{-1}$	$1uem_M = 10^3\ A\ m^{-1}$
AUTOINDUCCIÓN-INDUCCIÓN MÚTUA	Henrio	$H = A^{-1}$ Wb	$1uee_L = 9{,}000 \cdot 10^{11}$ H	$1uem_L = 10^{-9}$ H

TABLA DE MAGNITUDES Y UNIDADES DE ELECTROMAGNETISMO

MAGNITUD FÍSICA		UNIDADES			
DENOMINACIÓN	DEFINICIÓN	SISTEMA INTERNACIONAL		SISTEMA C. G. S. ELECTROSTÁTICO	SISTEMA C. G. S. ELECTROMAGNÉTICO
CARGA ELÉCTRICA	$\vec{F} = \left[Q\,q / 4\pi\varepsilon_o r^3 \right] \vec{r}$	Culombio	C	$1 uee_q = 1 Franklin = 3{,}333 \cdot 10^{-10}$ C	$1 uem_q = 10$ C
DENSIDAD LINEAL DE CARGA	$\lambda_Q = dq / dl$	Culombio metro^{-1}	C m^{-1}	$1 uee_{\lambda q} = 3{,}333 \cdot 10^{-8}$ C m^{-1}	$1 uem_{\lambda q} = 10^3$ C m^{-1}
DENSIDAD SUPERFICIAL DE CARGA	$\sigma_Q = dq / dS$	Culombio metro^{-2}	C m^{-2}	$1 uee_{\sigma q} = 3{,}333 \cdot 10^{-6}$ C m^{-2}	$1 uem_{\sigma q} = 10^5$ C m^{-2}
DENSIDAD CÚBICA DE CARGA	$\rho_Q = dq / d\tau$	Culombio metro^{-3}	C m^{-3}	$1 uee_{\rho q} = 3{,}333 \cdot 10^{-4}$ C m^{-3}	$1 uem_{\rho q} = 10^7$ C m^{-3}
CARGA ELÉCTRICA ESPECÍFICA	$q' = q / m$	Culombio kilogramo^{-1}	C kg^{-1}	$1 uee_{q'} = 3{,}333 \cdot 10^{-7}$ C kg^{-1}	$1 uem_{q'} = 10^4$ C kg^{-1}
CAMPO ELÉCTRICO	$\vec{E} = \vec{F}/q$	Voltio metro^{-1}	V m^{-1}	$1 uee_E = 3{,}000 \cdot 10^4$ V m^{-1}	$1 uem_E = 10^{-6}$ V m^{-1}
FLUJO ELECTROSTÁTICO	$\Phi_E = \vec{E} \cdot \vec{S}$	Voltio metro	V m	$1 uee_{\Phi E} = 3{,}000$ V m	$1 uem_{\Phi E} = 10^{-10}$ V m
POTENCIAL ELÉCTRICO	$V = W / q$	Voltio	V= J C^{-1}	$1 uee_V = 3{,}000 \cdot 10^2$ V	$1 uem_V = 10^{-8}$ V
CAPACIDAD ELÉCTRICA	$C = q / V$	Faradio	F = C V^{-1}	$1 uee_C = 1{,}111 \cdot 10^{-12}$ F	$1 uem_C = 10^9$ F
INTENSIDAD DE LA CORRIENTE	$I = dq / dt$	Amperio	A	$1 uee_I = 3{,}333 \cdot 10^{-10}$ A	$1 uem_I = 10$ A
DENSIDAD DE CORRIENTE	$I = \vec{J} \cdot \vec{S}$	Amperio metro^{-2}	A m^{-2}	$1 uee_J = 3{,}333 \cdot 10^{-6}$ A m^{-2}	$1 uem_J = 10^5$ A m^{-2}
RESISTENCIA – IMPEDANCIA	$R = V / I$	Ohmio	$\Omega = A^{-1}$ V	$1 uee_R = 9{,}000 \cdot 10^{11}\ \Omega$	$1 uem_R = 10^{-9}\ \Omega$
CONDUCTANCIA –ADMITANCIA	$G = I / V = 1/R$	Siemens	Ω^{-1}= A V^{-1}	$1 uee_{Co} = 1{,}111 \cdot 10^{-12}\ \Omega^{-1}$	$1 uem_{Co} = 10^9\ \Omega^{-1}$
RESISTIVIDAD	$\rho = R\,S / \ell$	Ohmio metro	Ω m	$1 uee_\rho = 9{,}000 \cdot 10^9\ \Omega$ m	$1 uem_\rho = 10^{-11}\ \Omega$ m
CONDUCTIVIDAD	$\sigma = 1 / \rho$	Siemens metro^{-1}	Ω^{-1} m^{-1}	$1 uee_\sigma = 1{,}111 \cdot 10^{-10}\ \Omega^{-1}$ m^{-1}	$1 uem_\sigma = 10^{12}\ \Omega^{-1}$ m^{-1}
CAMPO MAGNÉTICO	$d\vec{B} = \mu_0 I [d\vec{l} \times \vec{r}] / 4\pi r^3$	Tesla	T= Wb m^{-2}	$1 uee_B = 3{,}000 \cdot 10^6$ T	$1 uem_B = 1$ Gauss $= 10^{-4}$ T
EXCITACIÓN MAGNÉTICA	$d\vec{H} = I [d\vec{l} \times \vec{r}] / 4\pi r^3$	Amperio metro^{-1}	A m^{-1}	$1 uee_H = 2{,}653 \cdot 10^{-9}$ A m^{-1}	$1 uem_H = 1$ Oersted $= 79{,}578$ A m^{-1}
FLUJO MAGNÉTICO	$\Phi_M = \vec{B} \cdot \vec{S}$	Weber	Wb	$1 uee_{\Phi m} = 3{,}000 \cdot 10^2$ Wb	$1 uem_{\Phi m} = 1$ Maxwell $= 10^{-8}$ Wb
FUERZA MAGNETOMOTRIZ	$\mathfrak{F} = N I$	Amperio vuelta	A vuelta	$1 uee_{\mathcal{F}} = 2{,}653 \cdot 10^{-11}$ A vuelta	$1 uem_{\mathcal{F}} = 7{,}958\ 10^{-1}$ A vuelta
RELUCTANCIA	$\mathfrak{R} = \ell / \mu S$	Amperio vuelta Wb^{-1}	A v Wb^{-1}	$1 uee_{\mathfrak{R}} = 8{,}843 \cdot 10^{-14}$ A v Wb^{-1}	$1 uem_{\mathfrak{R}} = 7{,}958 \cdot 10^7$ A vuelta Wb^{-1}
PERMEANCIA	$\mathfrak{P} = 1 / \mathfrak{R} = \mu S / \ell$	Amperio^{-1} vuelta^{-1} Wb	A^{-1} v^{-1} Wb	$1 uee_{\mathfrak{P}} = 1{,}131 \cdot 10^{13}$ A^{-1} v^{-1} Wb	$1 uem_{\mathfrak{P}} = 1{,}257 \cdot 10^{-8}$ A^{-1} v^{-1} Wb
MOMENTO MAGNÉTICO	$\vec{m} = I \cdot \vec{S}$	Amperio metro^2	A m^2	$1 uee_{mB} = 3{,}333 \cdot 10^{-14}$ A m^2	$1 uem_{mB} = 10^{-3}$ A m^2
POLO MAGNÉTICO	$p = \lvert \vec{m} \rvert / \ell$	Amperio metro	A m	$1 uee_p = 3{,}333 \cdot 10^{-12}$ A m	$1 uem_p = 10^{-1}$ A m
IMANTACIÓN-DENSIDAD DE POLO	$\vec{M} = d\vec{m} / d\tau$	Amperio metro^{-1}	A m^{-1}	$1 uee_M = 3{,}333 \cdot 10^{-8}$ A m^{-1}	$1 uem_M = 10^3$ A m^{-1}
AUTOINDUCCIÓN-INDUCCIÓN MÚTUA	$L = \Phi_M / I$	Henrio	H= A^{-1} Wb	$1 uee_L = 9{,}000 \cdot 10^{11}$ H	$1 uem_L = 10^{-9}$ H

APÉNDICE 4

TEORÍA DE CAMPOS

TEORÍA DE CAMPOS

Al iniciar el estudio de un campo escalar o vectorial resulta siempre necesario analizar sus características antes de abordar la formulación analítica del mismo. Estas son, la simetría, de su variación, pueden ayudar a la elección idónea de las coordenadas y el enjuiciamiento razonable de los resultados. Para la formulación usaremos en el espacio de tres dimensiones el sistema de coordenadas cartesianas ortogonales [x, y, z] en donde los vectores unitarios son [$\vec{\imath}$, $\vec{\jmath}$, $\vec{k}$].

1. CAMPOS ESCALARES

Si a cada punto A(x,y,z) de una región del espacio corresponde el valor de una magnitud física U, de naturaleza escalar, se dice que existe un campo escalar, en el que U es una función de punto.

Por ejemplo, $U = x^2 + y^2 + z^2$ (esfera centrada en el origen).

Si se iguala la función U a un parámetro C, se obtiene la ecuación U(x, y, z)= C, que representa una familia simplemente infinita de superficies. En la práctica se hace la representación gráfica de modo que el parámetro C varíe por incrementos iguales. Esto implica,U_1= a; U_2 = 2 a; …; U_n = n a, obteniéndose las llamadas "superficies de nivel".

En el ejemplo anterior las superficies de nivel serían esferas concéntricas de radio según la sucesión de los números naturales si se parte del valor "a=1".

1.1. GRADIENTE

Es el vector, $\vec{P} = \text{grad U} = \frac{\partial U}{\partial x}\vec{\imath} + \frac{\partial U}{\partial y}\vec{\jmath} + \frac{\partial U}{\partial z}\vec{k}$.

Ej. Si U = x y x → $\text{gradU} = 2x\vec{\imath} + 2y\vec{\jmath} + 2z\,\vec{k}$

Si se considera el operador nabla (que es un vector simbólico) $\vec{\nabla} = \frac{\partial}{\partial x}\vec{\imath} + \frac{\partial}{\partial y}\vec{\jmath} + \frac{\partial}{\partial z}\vec{k}$; se puede escribir, grad U = $\vec{\nabla}U$, cuyo módulo es, $P = |\vec{\nabla}U| = \sqrt{\left(\frac{\partial U}{\partial x}\right)^2 + \left(\frac{\partial U}{\partial y}\right)^2 + \left(\frac{\partial U}{\partial z}\right)^2}$, y sus cosenos directores son: $\cos\alpha = \frac{\frac{\partial U}{\partial x}}{P}$; $\cos\beta = \frac{\frac{\partial U}{\partial y}}{P}$; $\cos\gamma = \frac{\frac{\partial U}{\partial z}}{P}$

Los cuales son los cosenos directores de la normal a la superficie U(x, y, z) = C.

Luego el gradiente de U en un punto A(x, y, z) es un vector $\vec{\nabla}U$, normal a la superficie de nivel U(x,y,z) = C que pasa por dicho punto.

Siguiendo el ejemplo, en el punto A(0, 0, 1), se obtiene, $\text{gradU} = 2\,\vec{\imath}$; de módulo 2 y es un vector normal a la superficie $U = x^2 + y^2 + z^2$ (esfera). De cosenos directores,

$$\cos\alpha = 0;\ \cos\beta = 0;\ \cos\gamma = \frac{\frac{\partial U}{\partial z}}{P} = \frac{2z}{2}\ ;\ z = 1 \rightarrow \cos\gamma = 1 \rightarrow \varphi = 90°$$

Derivada direccional: La diferencial de la función U es, $dU = \frac{\partial U}{\partial x}dx + \frac{\partial U}{\partial y}dy + \frac{\partial U}{\partial z}dz$

Se puede expresar del siguiente modo, $dU = \vec{\nabla}U \cdot d\vec{s} = P \cdot ds \cdot \cos\theta$,

Si se escribe, $P_s = \frac{dU}{ds} = P\cos\theta = |\mathrm{grad}U| \cdot \cos\theta$, P_s es la derivada direccional de la función escalar U(x,y,z) según una dirección $\overrightarrow{AS}$.

Viendo la figura, se observa que es la proyección del gradiente sobre la citada dirección.

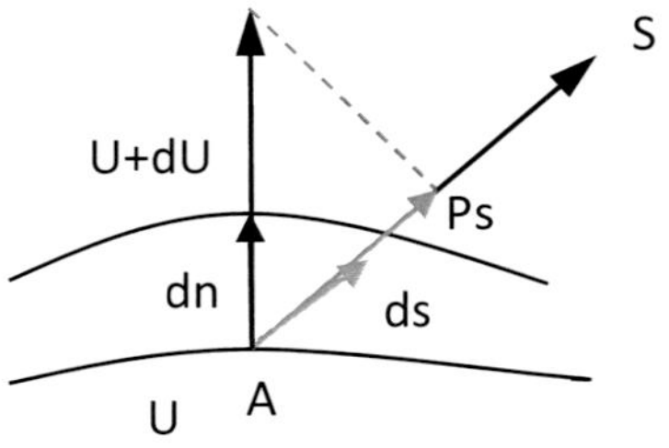

Si se hace cero el ángulo θ, se obtiene el módulo del gradiente: $P = \frac{dU}{dn}$, siendo "dn" la distancia entre dos superficies de nivel U y U+ d U, medidas a partir del punto A.

El gradiente $\vec{\nabla}U$ es la derivada direccional máxima.

Si se pasa de un punto de la superficie U a otro de la superficie U+ dU, el incremento dU es el mismo, pero ds > dn. Entonces,

$$P_s = \frac{dU}{ds} < \frac{dU}{dn} = P$$

Como el incremento dU es positivo, el módulo del gradiente P tiene el mismo sentido de crecimiento de la función escalar U.

2. CAMPOS VECTORIALES

Son regiones del espacio en las que se manifiestan magnitudes vectoriales. La magnitud física $\vec{P}$, puede tener significaciones físicas diversas.

Integral curvilínea de $\vec{A}$ el vector campo

Sea un punto del campo vectorial $\vec{A} = 0 + x\vec{i} + y\vec{j} + z\vec{k}$ en el cual la acción del campo es $\vec{P} = X\vec{i} + Y\vec{j} + Z\vec{k}$.

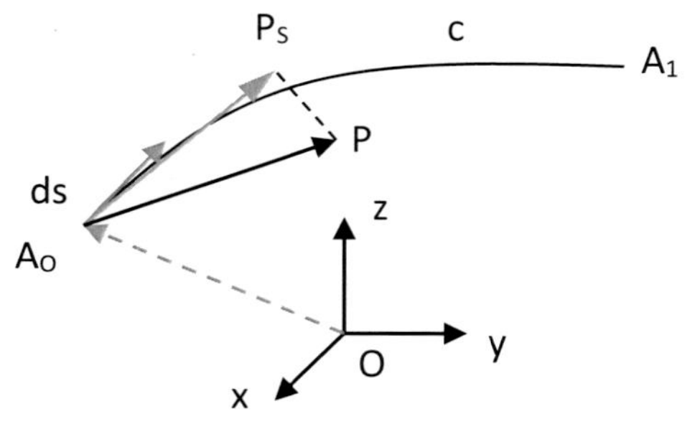

Supongamos que el punto de aplicación A del campo $\vec{P}$ se desplaza describiendo una curva "c", y consideremos el producto escalar, $dT = \vec{P} \cdot d\vec{s} = Xdx + Ydy + Zdz$

La integral, $T = \int_{A_o}^{A_1} Xdx + Ydy + Zdz$, se denomina integral curvilínea de $\vec{P}$ a lo largo de la curva "c" entre los puntos extremos de la integración. Si $\vec{P}$ es una fuerza, T es un trabajo mecánico. Si la trayectoria "c" es cerrada, se expresa, $T = \oint_c \vec{P}\, d\vec{s}$, llamándose circulación del vector $\vec{P}$ a lo largo de "c".

En la esfera del ejemplo, suponiendo que $\vec{P} = x\vec{i} + y\vec{j}$, la integral curvilínea entre los puntos A_o (0,1,0) y A_1 (1,0,0) es, $T = \int_{A_o}^{A_1} xdx + ydy = 0$. Si $\vec{P}$ es una fuerza, implica que no se realiza trabajo por el campo al desplazarse $\vec{P}$ por el ecuador de la esfera.

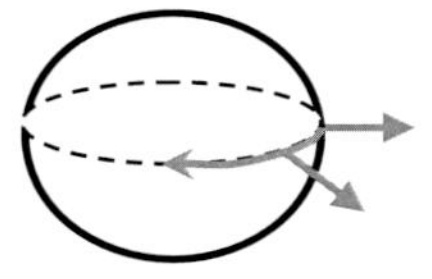

Potencial. Superficies equipotenciales

Si se tiene el vector $\vec{P}$ como gradiente de una función escalar U, la proyección de $\vec{P}$ según la dirección de $d\vec{s}$ es, $P_s = \frac{dU}{ds}$

$$T = \int_{A_O}^{A_1} \vec{P} \cdot d\vec{s} = \int_{A_O}^{A_1} P_S \cdot ds = \int_{A_O}^{A_1} \frac{dU}{ds} \cdot ds = [U]_{A_O}^{A_1} = U_1 - U_O$$

Se suele considerar en Física la función Potencial V = - U; entonces,

$$\vec{P} = \vec{\nabla} U = -\vec{\nabla} V$$

Si existe V se dice que el campo escalar U es campo conservativo.

Superficies equipotenciales. El potencial es una función de punto, y puede representarse como se indicó en el apartado de campos escalares. Si la función V(x,y,z) es uniforme, por un punto sólo puede pasar una superficie equipotencial. De modo que las superficies equipotenciales estarán distribuidas en forma de capas o láminas, distintas unas de otras, llamándose laminares a tales campos.

Sean V_n y $\vec{P}_n$, el potencial y el vector de uno de los campos; V y $\vec{P}$, el potencial y el vector del campo resultante.

Como $\vec{P}_n = -\vec{\nabla}V_n$; $\vec{P} = \sum \vec{P}_n$ entonces, $-\vec{\nabla}V = -\sum \vec{\nabla}V_n = -\vec{\nabla}\sum V_n$

De esta última igualdad se deduce que, $V = \sum V_n$. Esto significa lo siguiente:

Si se superponen varios campos conservativos, el potencial del campo resultante es la suma algebraica de los potenciales de los campos componentes.

Representación gráfica de los campos vectoriales

Se efectúa con las superficies equipotenciales de ecuación V(x,y,z) = C; dando a C los valores "a", "2a", "3a",....Se completa con las líneas vectoriales, que son las trayectorias ortogonales de las superficies equipotenciales, y como éstas son normales en cada punto al vector del campo $\vec{P}$, puede afirmarse que éste vector es tangente a las trayectorias ortogonales.

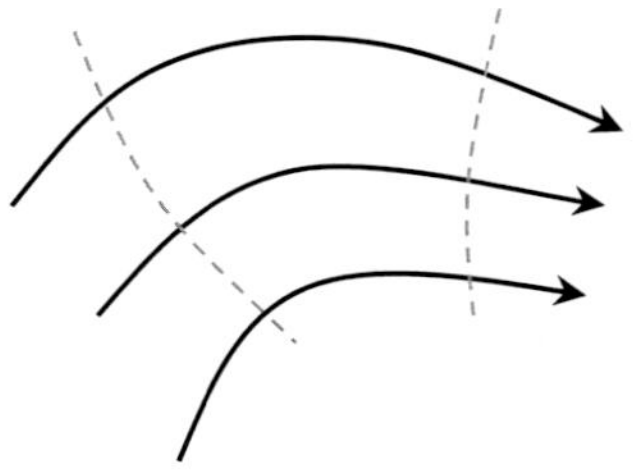

Para que la representación gráfica del campo de idea de la dirección y también de la magnitud del vector $\vec{P}$ del campo, se sigue el criterio siguiente. Considerando una porción de superficie equipotencial S_1, si P_1 es el valor medio de la acción o vector campo en un punto medio A_1 de la misma, se hace pasar por ella un número N de líneas vectoriales, tal que $P_1 = \frac{N}{S_1}$.

Como estas líneas vectoriales atravesarán la porción S_2 de otra superficie equipotencial, en el punto medio A_2 de ésta, la acción del campo será $P_2 = \frac{N}{S_2}$.

Si $S_1 < S_2$, se verifica que $P_2 = \frac{N}{S_1} < \frac{N}{P_2} = P_1$

Este resultado dice que en los puntos donde las líneas vectoriales estén más próximas la intensidad del vector campo será mayor.

Si por los puntos de un contorno cerrado "c" trazamos las líneas vectoriales correspondientes obtendremos una superficie llamada "tubo vectorial".

Flujo vectorial

Sea una superficie S, limitada por un contorno "c". Sea dS un elemento de superficie y P_n la componente normal a dS de la acción del campo $\vec{P}$. El flujo que atraviesa que atraviesa dS es, $d\Phi = P_n dS = P\cos\theta dS$. El flujo total será la integral extendida a toda la superficie, $\Phi = \int_S P_n\, dS = \int_S \vec{P}\vec{n}dS$

Si $\vec{P} = -\vec{\nabla}V$, su proyección sobre la dirección de $\vec{n}$ es, $P_n = -\frac{dV}{dn}$, con lo que el flujo total se puede expresar como, $\Phi = -\int_S \frac{dV}{dn}dS$

Si la superficie S es normal a las líneas vectoriales del campo $\vec{P}$, el flujo que atraviesa dS es, $d\Phi = PdS$, de modo que, $P = \frac{d\Phi}{dS}$. Lo cual indica que la intensidad del campo es el flujo que atraviesa una superficie normal al vector campo. Como el número de líneas vectoriales por unidad de superficie es igual a P, dicho número de líneas determina también el flujo que atraviesa la unidad de superficie. Por consiguiente, la superficie S estará cortada por un número de líneas vectoriales que medirá el flujo que atraviesa.

2.1. LA DIVERGENCIA

Hay campos vectoriales $\vec{P}$ originados por determinadas fuentes emisoras de una magnitud física. Si un volumen dv, situado en un punto A, emite un flujo $d\Phi$, el cociente $\vec{\nabla}\vec{P} = \frac{dI}{dv}$ recibe el nombre de divergencia del $\vec{P}$ del campo en el punto A,

Si la divergencia es positiva el punto A emite flujo (fuentes) y si es negativa el punto absorbe o recibe flujo (sumideros). La divergencia es el número de líneas vectoriales que nacen en dicho punto, si fuera positiva (la densidad de flujo disminuye). Lo contrario, si convergen las líneas vectoriales en dicho punto A (la densidad de flujo aumenta).

Si la divergencia de un campo es nula en todos sus puntos, ninguna línea vectorial tiene origen ni fin, debiendo ser todas ellas cerradas. Se dice entonces que $\vec{P}$ es campo vectorial "solenoidal".

La divergencia de cualquier campo cumple, $\vec{\nabla}\vec{P} = \frac{\partial X}{\partial x} + \frac{\partial Y}{\partial y} + \frac{\partial Z}{\partial z}$

Para el caso $\vec{P} = xy\vec{i} + y\vec{j} + z\vec{k}$, implica, $\vec{\nabla}\vec{P} = y + 2$. Al ser positivo, los puntos del campo situados en el semi espacio a partir del plano $y \geq 0$ indican que son fuentes del campo. Los puntos del campo situados a la izquierda del plano $y < -2$, aportarían una divergencia negativa y por lo tanto, serían sumideros.

Teorema de Gauss-Ostrogradsky $\iiint_\tau \vec{\nabla}\vec{P}d\tau = \iint_S \vec{P}\vec{n}dS = \Phi$

El flujo de un campo vectorial $\vec{P}$ a través de una superficie cerrada S, es igual a la integral de la divergencia en el volumen interior que encierra S.

2.2. EL ROTACIONAL

Sea un campo vectorial $\vec{P}$. Se define el rotacional $\vec{R}$ como la operación $\vec{R} = \vec{\nabla} \wedge \vec{P}$

Si se cumple $\vec{\nabla}(\overrightarrow{\vec{\nabla} \wedge \vec{P}}) \neq \vec{0}$ el rotacional es distinto de cero el campo $\vec{P}$ es solenoidal.

Si $\vec{\nabla}(\overrightarrow{\vec{\nabla} \wedge \vec{P}}) = \vec{0}$ entonces $\vec{P}$ es un campo irrotacional, es un campo de gradiente.

Se comprueba, $\vec{\nabla}\vec{R} = \vec{\nabla}(\overrightarrow{\vec{\nabla} \wedge \vec{P}}) = 0$, entonces, se dice que $\vec{P}$ es el potencial vector de $\vec{R}$.

Teorema de Stokes $\iint_\sigma \vec{\nabla} \wedge \vec{P}\, d\vec{\sigma} = \oint_C \vec{P}\, d\vec{\ell}$

La circulación del campo $\vec{P}$ a lo largo de una línea cerrada C es igual al flujo del rotacional del campo $\vec{P}$ a través de la superficie σ (que se apoya en C).

2.3. EL LAPLACIANO

Si en el campo vectorial $\vec{P}$ existe potencial, $\vec{P} = \vec{\nabla}U = -\vec{\nabla}V$, se cumple que,

$$\vec{\nabla}\,\vec{P} = -\vec{\nabla}\,\vec{\nabla}\,V = -\left[\frac{\partial^2 V}{\partial x^2} + \frac{\partial^2 V}{\partial y^2} + \frac{\partial^2 V}{\partial z^2}\right] = -\Delta V\,.$$

Al símbolo Δ se le llama operador de Laplace, es un operador diferencial de 2º orden expresado como el producto escalar simbólico del operador nabla por sí mismo. Se define, también, el laplaciano como la divergencia del gradiente. $\Delta = \vec{\nabla}\,\vec{\nabla} = \nabla^2$

Este operador diferencial ocupa un lugar destacado en Electrostática y en Mecánica Cuántica, interviene en la propagación de ondas y en la transmisión del calor. A continuación, se escriben dos ecuaciones de interés en Física:

Ecuación de Poisson: $-\Delta V = \upsilon \Diamond \quad \Delta V = -\frac{\upsilon}{\varepsilon_0}$

Ecuación de Laplace: $\Delta V = 0$, en este caso se dice que V es una función armónica

El laplaciano tiene carácter lineal, es conmutativo con: el gradiente, la divergencia y el rotacional.

El laplaciano aplicado a un campo escalar U es también un campo escalar

Si en todo el espacio: $\Delta U = \vec{\nabla} \cdot \vec{\nabla} U = \nabla^2 U = 0$, entonces U se denomina "campo escalar armónico". El gradiente del campo escalar armónico ∇U es campo vectorial solenoidal.

El laplaciano de un campo vectorial, es un vector y se define intrínsecamente, es decir de manera independiente del sistema de coordenadas de referencia:

$$\Delta \vec{V} = \vec{\nabla^2}\,\vec{V} = \vec{\nabla}\left[\vec{\nabla} \cdot \vec{V}\right] - \vec{\nabla} \wedge \left[\vec{\nabla} \wedge \vec{V}\right]$$

2.4. PROPIEDADES DESTACABLES DE LOS OPERADORES DE 1º Y 2º ORDEN

OPERADOR DE PRIMER ORDEN	PROPIEDADES MAS DESTACABLES
GRADIENTE DE U $\nabla U = \vec{\nabla} U$	$\nabla\ [U + R] = \nabla U + \nabla R$
	$\nabla\ [U\ R] = U\ \nabla R + R\ \nabla U$
	$[\vec{V}\cdot\nabla]\ \vec{V} = \frac{1}{2}\nabla\ [\vec{V}\cdot\vec{V}] - \vec{V}\wedge[\nabla\wedge\vec{V}]$
	$\nabla\ [\vec{V}\cdot\vec{W}] = [\vec{V}\cdot\nabla]\ \vec{W} + [\vec{W}\cdot\nabla]\ \vec{V} + \vec{V}\wedge[\nabla\wedge\vec{W}] + \vec{W}\wedge[\nabla\wedge\vec{V}]$
DIVERGENCIA DE $\vec{V}$ $\nabla\cdot\vec{V} = \vec{\nabla}\vec{V}$	$\nabla\cdot[\vec{V} + \vec{W}] = \nabla\cdot\vec{V} + \nabla\cdot\vec{W}$
	$\nabla\cdot[U\ \vec{V}] = U\ \nabla\cdot\vec{V} + \vec{V}\cdot\nabla U$
	$\nabla\cdot[\vec{V}\wedge\vec{W}] = -\vec{V}\cdot[\nabla\wedge\vec{W}] + \vec{W}\cdot[\nabla\wedge\vec{V}]$
	$\nabla\cdot[U\ \nabla R] = \nabla U\cdot\nabla R + U\ \Delta R$
	$\nabla\cdot[\nabla\wedge\vec{W}] = 0 \Rightarrow \nabla\wedge\vec{W}$ Rotacional de $\vec{W}$ es solenoidal
ROTACIONAL DE $\vec{V}$ $\nabla\wedge\vec{V} = \vec{\nabla}\wedge\vec{V}$	$\nabla\wedge[\vec{V} + \vec{W}] = \nabla\wedge\vec{V} + \nabla\wedge\vec{W}$
	$\nabla\wedge[U\ \vec{V}] = U\ [\nabla\wedge\vec{V}] + [\nabla\ U]\wedge\vec{V}$
	$\nabla\wedge[\vec{V}\wedge\vec{W}] = [\nabla\cdot\vec{W}]\ \vec{V} - [\nabla\cdot\vec{V}]\ \vec{W} + [\vec{W}\cdot\nabla]\ \vec{V} - [\vec{V}\cdot\nabla]\ \vec{W}$
	$\nabla\wedge[\nabla\wedge\vec{V}] = \nabla\ [\nabla\cdot\vec{V}] - \nabla^2\vec{V}$
	$\nabla\wedge[\nabla\ U] = \vec{0} \Rightarrow \nabla\ U$ Gradiente de U es irrotacional.

OPERADOR DE SEGUNDO ORDEN	PROPIEDADES MAS DESTACABLES
LAPLACIANO DE U $\triangle U = \vec{\nabla}^2 U$	$\nabla^2[U + R] = \nabla^2 U + \nabla^2 R$
	$\nabla^2[U\cdot R] = R\ \nabla^2 U + U\ \nabla^2 R + 2\nabla U\cdot\nabla R$
	$\nabla^2\ [\nabla\ U] = \nabla\ [\nabla^2\ U]$
	$\triangle U = \vec{\nabla}^2 U = 0 \Rightarrow U$ U es campo escalar armónico.
LAPLACIANO DE $\vec{V}$ $\triangle\vec{V} = \vec{\nabla}^2\vec{V}$	$\nabla^2\ [\vec{V} + \vec{W}] = \nabla^2\ \vec{V} + \nabla^2\ \vec{W}$
	$\triangle\vec{V} = \vec{\nabla}^2\vec{V} = \vec{\nabla}\ [\vec{\nabla}\cdot\vec{V}] - \vec{\nabla}\wedge[\vec{\nabla}\wedge\vec{V}]$
	$\nabla^2\ [\nabla\cdot\vec{V}] = \nabla\cdot[\nabla^2\vec{V}]$
	$\nabla^2\ [\nabla\wedge\vec{V}] = \nabla\wedge\ [\nabla^2\vec{V}]$
ROTACIONAL DE GRADIENTE DE U $\nabla\wedge[\nabla U] = \vec{\nabla}\vec{\nabla} U$	$\nabla\wedge[\nabla\ U] = \vec{0}$ Gradiente de U es irrotacional
DIVERGENCIA DEL ROTACIONAL DE $\vec{W}$ $\nabla\cdot[\nabla\wedge\vec{W}] = \vec{\nabla}\vec{\nabla}\wedge\vec{W}$	$\nabla\cdot[\nabla\wedge\vec{W}] = 0 \Rightarrow \nabla\wedge\vec{W} = \vec{A}$ es campo vectorial solenoidal

3. SISTEMAS DE COORDENADAS ORTOGONALES

3.1. COORDENADAS CARTESIANAS. [x,y,z].

Terna de vectores unitarios: $\vec{i}$, $\vec{j}$, $\vec{k}$

Factores de escala: $a_{11} = 1$; $a_{22} = 1$; $a_{33} = 1$

Diferencial de arco: $d\vec{\ell} = dx\,\vec{i} + dy\,\vec{j} + dz\,\vec{k}$

Diferencial de superficie: $d\vec{S} = dy\,dz\,\vec{i} + dx\,dz\,\vec{j} + dx\,dy\,\vec{k}$

Diferencial de volumen: $d\tau = dx\,dy\,dz$

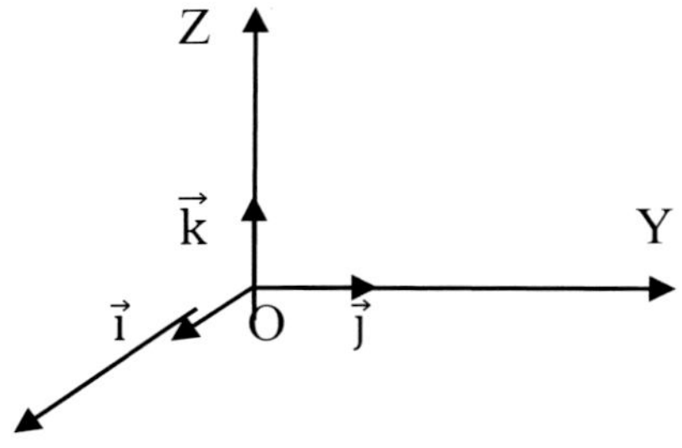

3.2. COORDENADAS CILÍNDRICAS. [r,φ,z]

Terna de vectores unitarios: $\vec{u}_r$, $\vec{u_\varphi}$, $\vec{u_z}$

Factores de escala: $a_{11} = 1$; $a_{22} = r$; $a_{33} = 1$

Diferencial de arco: $d\vec{\ell} = dr\,\vec{u}_r + r\,d\varphi\,\vec{u_\varphi} + dz\,\vec{u_z}$

Diferencial de superficie: $d\vec{S} = r\,d\varphi\,dz\,\vec{u}_r + dr\,dz\,\vec{u_\varphi} + r\,d\varphi\,dr\,\vec{u_z}$

Diferencial de volumen: $d\tau = r\,dr\,d\varphi\,dz$

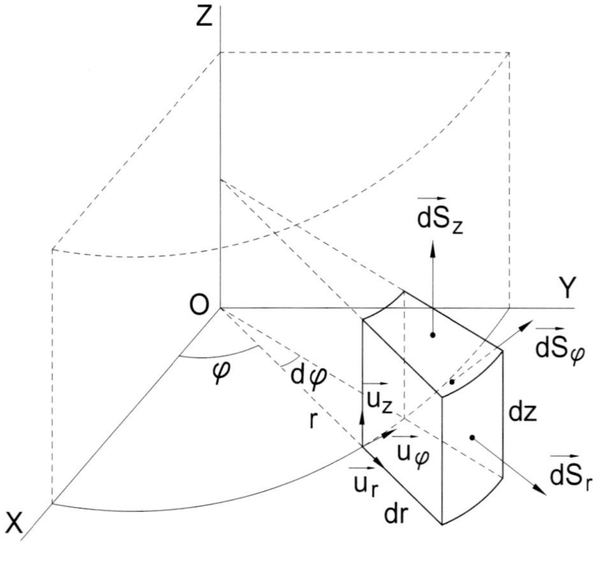

3.3.- COORDENADAS ESFÉRICAS. $[R,\theta,\varphi]$

Terna de vectores unitarios: $\overrightarrow{u_R}$, $\overrightarrow{u_\theta}$, $\overrightarrow{u_\varphi}$

Factores escala $a_{11}=1$; $a_{22}=R$; $a_{33}=R\,\text{sen}\theta$

Diferencial de arco: $d\vec{\ell} = dR\,\overrightarrow{u_R} + R\,d\,\overrightarrow{u_\theta} + R\,\text{sen}\,\theta\,d\,\varphi\,\overrightarrow{u_\varphi}$

Diferencial de superficie: $d\vec{S} = R^2\text{sen}\theta\,d\theta\,d\varphi\,\overrightarrow{u_R} + R\,\text{sen}\theta\,dR\,d\varphi\,\overrightarrow{u_\theta} + R\,dR\,d\theta\,\overrightarrow{u_\varphi}$

Diferencial de volumen: $d\tau = R^2\,\text{sen}\theta\,dR\,d\theta\,d\varphi$

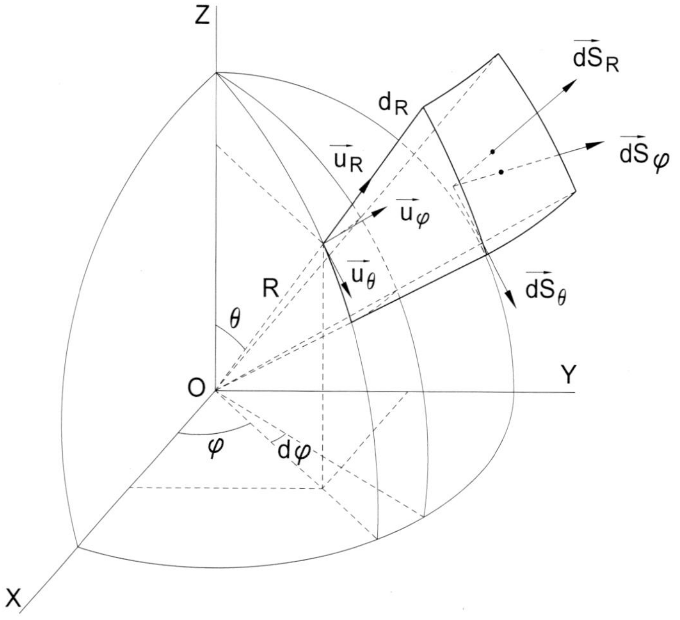

$x= r\cos\varphi$; $y= r\,\text{sen}\varphi$; $z=z$ $\qquad$ $x= R\,\text{sen}\,\theta\,\cos\varphi$; $y= R\,\text{sen}\,\theta\,\text{sen}\varphi$; $z= R\cos\theta$

$R = \sqrt{x^2+y^2}$; $\text{tag}\,\varphi = \frac{y}{x}$; $z=z$ $\qquad$ $R = \sqrt{x^2+y^2+z^2}$; $\text{tag}\,\beta = \frac{\sqrt{x^2+y^2}}{z}$; $\text{tag}\,\varphi = \frac{y}{x}$

COORDENADAS ORTOGONALES	VECTORES UNITARIOS	FACTORES DE ESCALA	ELEMENTOS DIFERENCIALES DE ARCO. SUPERFICIE. VOLUMEN
CARTESIANAS $[x, y, z]$	$\vec{i}, \vec{j}, \vec{k}$	$a_{11}=1$ $a_{22}=1$ $a_{33}=1$	$d\vec{\ell} = dx\,\vec{i} + dy\,\vec{j} + dz\,\vec{k}$ $d\vec{S} = dy\,dz\,\vec{i} + dx\,dz\,\vec{j} + dx\,dy\,\vec{k}$ $d\tau = dx\,dy\,dz$
CILÍNDRICAS $[r, \varphi, z]$	$\vec{u}_r, \vec{u}_\varphi, \vec{u}_z$	$a_{11}=1$ $a_{22}=r$ $a_{33}=1$	$d\vec{\ell} = dr\,\vec{u}_r + r\,d\varphi\,\overrightarrow{u_\varphi} + dz\,\overrightarrow{u_z}$ $d\vec{S} = r\,d\varphi\,dz\,\vec{u}_r + dr\,dz\,\vec{u}_\varphi + r\,d\varphi\,dr\,\vec{u}_z$ $d\tau = r\,dr\,d\varphi\,dz$
ESFÉRICAS $[R, \theta, \varphi]$	$\vec{u}_R, \vec{u}_\theta, \vec{u}_\varphi$	$a_{11}=1$ $a_{22}=R$ $a_{33}=R\,\text{sen}\theta$	$d\vec{\ell} = dR\,\overrightarrow{u_R} + R\,d\,\overrightarrow{u_\theta} + R\,\text{sen}\,\theta\,d\,\varphi$ $d\vec{S} = R^2\text{sen}\theta\,d\theta\,d\varphi\,\vec{u}_R + R\,\text{sen}\theta\,dR\,d\varphi\vec{u}_\theta + R\,dR\,d\theta\vec{u}_\varphi$ $d\tau = R^2\,\text{sen}\theta\,dR\,d\theta\,d\varphi$

3.4. EXPRESIÓN DE LOS OPERADORES EN COORDENADA ORTOGONALES

GRADIENTE DE U

Cartesianas ortogonales

$$\nabla U = \frac{\partial U}{\partial x}\vec{i} + \frac{\partial U}{\partial y}\vec{j} + \frac{\partial U}{\partial z}\vec{k}$$

Cilíndricas ortogonales

$$\nabla \cdot U = \frac{\partial U}{\partial r}\overrightarrow{u_r} + \frac{1}{r}\frac{\partial U}{\partial \varphi}\overrightarrow{u_\varphi} + \frac{\partial U}{\partial z}\ \overrightarrow{u_z}$$

Esféricas ortogonales

$$\nabla \cdot U = \frac{\partial U}{\partial R}\overrightarrow{u_R} + \frac{1}{R}\frac{\partial U}{\partial \theta}\overrightarrow{u_\theta} + \frac{1}{R\,\mathrm{sen}\,\theta}\frac{\partial U}{\partial \varphi}\overrightarrow{u_\varphi}$$

DIVERGENCIA DE $\vec{V}$

Cartesianas ortogonales

$$\nabla \cdot \vec{V} = \frac{\partial V_x}{\partial x} + \frac{\partial V_y}{\partial y} + \frac{\partial V_z}{\partial z}$$

Cilíndricas ortogonales

$$\nabla \cdot \vec{V} = \frac{V_r}{r} + \frac{\partial V_r}{\partial r} + \frac{1}{r}\frac{\partial V_\varphi}{\partial \varphi} + \frac{\partial V_z}{\partial z}$$

Esféricas ortogonales

$$\nabla \cdot \vec{V} = 2\frac{V_R}{R} + \frac{\partial V_R}{\partial R} + \frac{V_\theta}{R\,\mathrm{tg}\,\theta} + \frac{1}{R}\frac{\partial V_\theta}{\partial \theta} + \frac{1}{R\,\mathrm{sen}\,\theta}\frac{\partial V_\varphi}{\partial \varphi}$$

ROTACIONAL DE $\vec{V}$

Cartesianas ortogonales

$$\nabla \wedge \vec{V} = \begin{vmatrix} \vec{i} & \vec{j} & \vec{k} \\ \frac{\partial}{\partial x} & \frac{\partial}{\partial y} & \frac{\partial}{\partial z} \\ V_x & V_y & V_z \end{vmatrix} = \left[\frac{\partial V_z}{\partial y} - \frac{\partial V_y}{\partial z}\right]\vec{i} + \left[\frac{\partial V_x}{\partial z} - \frac{\partial Vz}{\partial x}\right]\vec{j} + \left[\frac{\partial V_y}{\partial x} - \frac{\partial V_x}{\partial y}\right]\vec{k}$$

Cilíndricas ortogonales

$$\nabla \wedge \vec{V} = \frac{1}{r}\begin{vmatrix} \overrightarrow{u_r} & r\overrightarrow{u_\varphi} & \overrightarrow{u_z} \\ \frac{\partial}{\partial r} & \frac{\partial}{\partial \varphi} & \frac{\partial}{\partial z} \\ V_r & rV_\varphi & V_z \end{vmatrix} = \frac{1}{r}\left[\left(\frac{\partial V_z}{\partial \varphi} - r\frac{\partial V_\varphi}{\partial z}\right)\overrightarrow{u_r} + r\left(\frac{\partial V_r}{\partial z} - \frac{\partial Vz}{\partial r}\right)\overrightarrow{u_\varphi} + (V_\varphi + r\frac{\partial V_\varphi}{\partial r} - \frac{\partial V_r}{\partial \varphi})\overrightarrow{u_z}\right]$$

Esféricas ortogonales

$$\nabla \wedge \vec{V} = \frac{1}{R^2 \text{sen}\,\theta} \begin{vmatrix} \overrightarrow{u_R} & R\,\overrightarrow{u_\theta} & R\text{sen}\theta\,\overrightarrow{u_\varphi} \\ \dfrac{\partial}{\partial R} & \dfrac{\partial}{\partial \theta} & \dfrac{\partial}{\partial \varphi} \\ V_R & R\,V_\theta & R\text{sen}\theta\,V_\varphi \end{vmatrix} =$$

$$= \frac{1}{R}\left[\left(\frac{V_\varphi}{\text{tg}\theta} + \frac{\partial V_\varphi}{\partial \theta} - \frac{1}{\text{sen}\theta}\frac{\partial V_\theta}{\partial \varphi}\right)\overrightarrow{u_R} + \left(\frac{1}{\text{sen}\theta}\frac{\partial V_R}{\partial \varphi} - V_\varphi - R\frac{\partial V\varphi}{\partial R}\right)\overrightarrow{u_\theta} + (V_\theta + R\frac{\partial V_\theta}{\partial R} - \frac{\partial V_R}{\partial \theta})\overrightarrow{u_\varphi}\right]$$

LAPLACIANO DE U

Cartesianas ortogonales

$$\triangle\,U = \nabla \cdot \nabla\,U = \overrightarrow{\nabla^2}U = \frac{\partial^2 U}{\partial x^2} + \frac{\partial^2 U}{\partial y^2} + \frac{\partial^2 U}{\partial z^2}$$

Cilíndricas ortogonales

$$\triangle\,U = \nabla \cdot \nabla\,U = \overrightarrow{\nabla^2}U = \frac{1}{r}\frac{\partial U}{\partial r} + \frac{\partial^2 U}{\partial r^2} + \frac{1}{r^2}\frac{\partial^2 U}{\partial \varphi^2} + \frac{\partial^2 U}{\partial z^2}$$

Esféricas ortogonales

$$\triangle\,U = \nabla \cdot \nabla\,U = \overrightarrow{\nabla^2}U = \frac{2}{R}\frac{\partial U}{\partial R} + \frac{\partial^2 U}{\partial R^2} + \frac{1}{R^2 \text{tg}\theta}\frac{\partial U}{\partial \theta} + \frac{1}{R^2}\frac{\partial^2 U}{\partial \theta^2} + \frac{1}{R^2 \text{sen}^2\theta}\frac{\partial^2 U}{\partial \varphi^2}$$

LAPLACIANO DE $\vec{V}$

Cartesianas ortogonales

$$\triangle\,\vec{V} = \overrightarrow{\nabla^2}\,\vec{V} = [\nabla^2 V_x]\,\vec{i} + [\nabla^2 V_y]\,\vec{j} + [\nabla^2 V_z]\,\vec{k} = \frac{\partial^2 V_x}{\partial x^2}\,\vec{i} + \frac{\partial^2 V_y}{\partial y^2}\vec{j} + \frac{\partial^2 V_z}{\partial z^2}\,\vec{k}$$

Cilíndricas ortogonales y Esféricas ortogonales

El cálculo es complicado se debe realizar mediante la definición intrínseca

$$\triangle\,\vec{V} = \overrightarrow{\nabla^2}\,\vec{V} = \vec{\nabla}[\vec{\nabla} \cdot \vec{V}] - \vec{\nabla} \wedge [\vec{\nabla} \wedge \vec{V}]$$